渔业技术与健康养殖

郭 文 主编

中国海洋大学出版社
·青岛·

内容简介

本书收录了山东省海洋生物研究院科研人员2013年至2014年发表在核心期刊的70篇论文,涵盖基础生物学及生理生态、繁育生物学与种质培育、健康养殖技术、营养生理与水产品安全、水生动物病害防治以及讨论与建言等六个部分。

本书可供高等院校、科研院所以及从事养殖工作的科技人员、生产者和管理工作者参考使用。

图书在版编目(CIP)数据

渔业技术与健康养殖/郭文主编.—青岛:中国海洋大学出版社,2016.11
ISBN 978-7-5670-1300-1

Ⅰ.①渔… Ⅱ.①郭… Ⅲ.①渔业—文集②水产养殖—文集 Ⅳ.①S9-53

中国版本图书馆CIP数据核字(2016)第284375号

出版发行	中国海洋大学出版社		
社　　址	青岛市香港东路23号	邮政编码	266071
出版人	杨立敏		
网　　址	http://www.ouc-press.com		
电子信箱	1079285664@qq.com		
订购电话	0532-82032573(传真)		
责任编辑	孟显丽　孙宇菲	电　话	0532-85901092
装帧设计	汇英文化传媒		
印　　制	日照报业印刷有限公司		
版　　次	2016年12月第1版		
印　　次	2016年12月第1次印刷		
成品尺寸	185 mm × 260 mm		
印　　张	37.25		
字　　数	853千		
印　　数	1—1000		
定　　价	98.00元		

编委会

主编 郭　文

编委 刘洪军　吴海一　雷西娟　郭萍萍　宋爱环　李天保
　　　　邱兆星　李成林　王　娟　王　颖　官曙光　胡发文
　　　　潘　雷　赵旭东

前言 Preface

中共中央、国务院在"加快推进生态文明建设"的意见中指出要"加强海洋资源科学开发和生态环境保护",山东省提出"海上粮仓"战略规划,为山东省海洋渔业带来更大的发展机遇,也为山东省海洋生物研究院的发展提供了更为广阔的空间。我院自2014年10月迁入新址,办公条件、实验场所、科研设施、仪器设备等条件上了新的台阶,为研究院积极参与"生态文明"和"海上粮仓"建设提供了有力支撑。在"十二五"收官之年,总结过去、展望未来,提高自主创新能力、提升技术创新水平是全院努力的主要方向,自汪洋副总理视察山东省海洋渔业以来,科企精准对接、科技成果转化已成为研究院发挥科技支撑作用的必然要求。

为了促进渔业技术交流与推广,山东省海洋生物研究院收集本院科技人员2013年至2014年发表在核心期刊的论文共70篇,编纂《渔业技术与健康养殖》(2013—2014)一书,涵盖基础生物学与生理生态、繁育生物学与种质培育、健康养殖技术、营养生理与水产品安全、水生生物疫病防治、讨论与建言等内容。本书是我院科技人员殚精竭虑、刻苦钻研的累累硕果,凝结了大家的心血与汗水,弥足珍贵,是我院科技论文阶段性成果的总结,可供渔业科技工作者、大专院校学生参考、查阅和收藏,也期望能够为基层技术人员和生产企业在实际生产中借鉴应用,从而促进我院技术成果的转化。

成立60多年来,山东省海洋生物研究院为我国海水养殖业发展的五次浪潮做出了重要贡献，进入"十三五"创新发展新时期，国家提出了建设"海洋强国""科技强国"战略，更要求我们研究院人锐意创新，勤勉耕耘，为即将到来的第六次浪潮推波助澜。"路漫漫其修远兮，吾将上下而求索"，我们全院科技人员将秉承"科技强院，人才兴院"的宗旨，紧紧围绕"海上粮仓"建设，严谨务实、精益求精，注重科技创新，注重科研成果的生产力转化，将更多的优秀论文谱写于蔚蓝的海洋中，为山东省海洋渔业的持续发展而努力拼搏。

山东省海洋生物研究院院长

2016年12月20日

目录 Contents

第一章 基础生物学及生理生态

浒苔对刺参幼参生长影响的初步研究 …………………………………………………… 3

非标记探针 HRM 法在中国对虾（*Fenneropenaeus chinensis*）EST-SNP 筛选中的应用
……………………………………………………………………………………………… 13

斑点鳟（*Oncorhynchus mykiss*）幼鱼消化酶活力的昼夜化 ……………………………… 22

大泷六线鱼（*Hexagrammos otakii*）仔鱼饥饿实验及不可逆点的研究 ………………… 30

大泷六线鱼仔、稚、幼鱼期消化酶活力的变化 …………………………………………… 38

利用响应面法优化鼠尾藻幼苗生长条件的研究 …………………………………………… 49

一株刺参养殖池塘降解菌的鉴定及其发酵条件的优化 …………………………………… 57

海黍子对外源无机碳利用机制的初步研究 ………………………………………………… 64

水温、盐度、pH 和光照度对龙须菜生长的影响 …………………………………………… 73

温度、光强和营养史对羊栖菜无机磷吸收的影响 ………………………………………… 80

光照和温度对脆江蓠的生长和生化组成的影响 …………………………………………… 88

光照强度对海黍子（*Sargassum muticum*）生长及部分生化指标的影响 ……………… 98

水层深度及水流速度对鼠尾藻幼苗生长和叶绿素 a 含量的影响 ……………………… 105

不同氮、磷浓度及配比对鼠尾藻幼苗生长的影响 ……………………………………… 112

文蛤对重金属 Cu 的富集与排出特征 …………………………………………………… 118

异源铜盐对仿刺参参急性毒性及组织形态学影响 ……………………………………… 126

汞及甲基汞在栉孔扇贝全组织内的积累与净化 ………………………………………… 136

Fe^{3+} 对鼠尾藻光合呼吸作用和生化组成的影响 ……………………………………… 147

镉在两种经济贝类体内富集与排出的动力学研究 ……………………………………… 153

山东沿海菲律宾蛤仔不同地理群体遗传多样性的 AFLP 分析 ………………………… 162

低盐胁迫对刺参非特异性免疫酶活性及抗菌活力的影响 ……………………………… 168

Habitat Suitability Analysis of Eelgrass *Zostera Marina* L. in the Subtidal Zone of Xiaoheishan Island ··175

第二章 繁育生物学与种质培育

黄海大头鳕胚胎发育过程 ··193
使用群体选育法选择大菱鲆耐高温亲鱼群体 ···201
大菱鲆子二代家系及亲本耐高温能力的比较 ···205
美洲黑石斑精子超低温保存研究 ··214
温度、盐度对斑点鳟发眼卵孵化的影响 ···221
地下深井水及水温对半滑舌鳎生长发育的影响 ··228
Breeding and Larval Rearing of Bluefin Leatherjacket, *Thamnaconus Modestus* ········234

第三章 健康养殖技术

苗种来源与增殖环境对底播刺参生长与存活的影响 ··247
温度对室内鼠尾藻生长影响及海上快速养殖试验 ···253
青岛马尾藻池塘栽培生态观察 ··258
鼠尾藻池塘秋冬季栽培生态观察 ··264
饲料中添加枯草芽孢杆菌对促进大菱鲆生长及养殖水环境的影响 ··························274
春季刺参池塘养殖管理技术要点 ··280
水温、盐度、pH和光照度对龙须菜生长的影响 ···283
Research Method in the Influence of Reclamation on Fishery Resources ···············289
Integrated Bioremediation Techniques in a Shrimp Farming Environment under Controlled Conditions ··295
PSR 模型在环渤海集约用海对渔业资源影响评价中应用的初步研究 ·······················307

第四章 营养生理与水产品安全

不同地理群体魁蚶的营养成分比较研究 ···315
青岛魁蚶软体部营养成分分析及评价 ··323
多棘海盘车营养成分分析及评价 ··331
浒苔作为仿刺参幼参植物饲料源的可行性研究 ··340
响应面法优化浒苔鱼松的加工工艺 ··347
文蛤对重金属 Cu 的富集与排出特征 ···355
太平洋牡蛎对铜的生物富集动力学特性研究 ···363

第五章　水生动物病害防治

一种水产迟钝爱德华氏菌快速药敏检测方法的研究……373

脂多糖与β葡聚糖对迟钝爱德华氏菌亚单位疫苗的免疫促进效果研究……382

刺参用新型免疫增强剂的应用……391

不同免疫增强剂对仿刺参肠道消化酶活性及组织结构的影响……398

黄芪多糖微胶囊制备及对刺参抗病力的影响……406

微胶囊剂型黄芪多糖对刺参生长性能、免疫力及抗病力的影响……412

致病性灿烂弧菌的分离鉴定及药敏特性研究……421

中国对虾和日本对虾对白斑综合征病毒（WSSV）敏感性的比较……428

Adjuvant and Immunostimulatory Effects of LPS and *β*-glucan on Immune Response in Japanese Flounder, Paralichthys Olivaceus……432

Synergy of Microcapsules Polysaccharides and *Bacillus Subtilis* on the Growth, Immunity and Resistance of Sea Cucumber *Apostichopus Japonicus* against *Vibrio Splendidus* Infection……447

Effects of Small Peptide on Non-specific Immune Responses in Sea Cucumber, *Apostichopus Japonicus*……461

Rapid, Simple, and Sensitive Detection of *Vibrio Alginolyticus* by Loop-Mediated Isothermal Amplification Assay……475

Immunopotentiating Effect of Small Peptides on Primary Culture Coelomocytes of Sea Cucumber, *Apostichopus Japonicus*……483

第六章　讨论与建言

山东省环渤海区域主要鱼类资源变化的研究……495

加快推进我省刺参生态健康养殖发展的建议……503

黄三角地区刺参产业状况与发展建议……507

关于山东省推进浅海底栖渔业资源开发战略的设想……511

我国海上筏式养殖模式的演变与发展趋势……522

斑点鳟网箱养殖技术……530

海域承载力研究进展……533

试论我国无居民海岛开发与保护——从海洋国家利益的战略高度……542

山东省休闲渔业建设及发展探讨……552

养殖海藻种质资源保存研究进展……557

浒苔生理活性与开发利用研究进展……565

附 录

鲆鲽鱼类常见病害初诊速查检索表…………………………………………575
大黄鱼常见病害初诊速查检索表……………………………………………580
鲍鱼常见病害初诊速查检索表………………………………………………582

第一章
基础生物学及生理生态

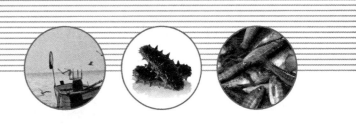

浒苔对刺参幼参生长影响的初步研究

浒苔(*Enteromorpha*)属于绿藻门(*Chlorophyta*)绿藻纲(*Chlorophyceae*)石莼目(*Ulvales*)石莼科(*Ulvaceae*),主要有条浒苔(*Enteromorpha clathrata*)、肠浒苔(*Enteromorpha intestinalis*)、扁浒苔(*Enteromorpha compressa*)、浒苔(*Enteromorpha prolifera*)和小管浒苔(*Enteromorpha tubulosa*)5种[1],是中国近海常见的一类大型绿藻,为黄海、东海海域优势种[2]。浒苔自古以来即被作为食用和药用植物[3],具有丰富的营养成分,开发潜力大,可作为一种海洋饵料资源[4],用于海水鱼、虾和贝类的饵料配料或添加剂[5-6]。近年来,由于全球气候变暖及水体富营养化,导致浒苔等海洋绿藻大量增殖,形成"绿潮"[7],给沿岸环境构成极大危害。如采用适当的方法将其变废为宝,将会取得良好的生态效益和经济效益。

随着刺参(*Apostichopus japonicas* Selenka)养殖业的迅速发展,刺参饵料的开发越来越受到人们的关注。目前,在刺参养殖过程中,稚参阶段饵料多是以鼠尾藻(*Sargassum thunbergii*)、马尾藻(*Sargassum muticum*)为主,其他大型褐藻碎液为辅[8]。由于这些常用天然藻类自然资源量显著下降[5],而且采收时间有季节限制,导致刺参饵料原料紧缺,制约了刺参苗种与养殖产业的发展,因此亟须寻找一种有效且资源量丰富的藻类作为刺参饵料的新来源。

本研究对浒苔属浒苔的营养成分进行了分析,将浒苔与常用作稚参饵料的马尾藻、鼠尾藻及海带(*Laminaria japonica*)进行比较,并对用这4种海藻单独投喂刺参幼参的效果进行了比较,探讨浒苔作为刺参饵料原料的可行性,为浒苔在水产动物饲料方面的应用提供科学依据。

1 材料与方法

1.1 实验材料

实验用浒苔采集于青岛八大峡(2010年7月),鼠尾藻采集于青岛八大关(2010年5月),马尾藻、海带购自荣成(2010年5月),海泥采自即墨鳌山卫。

实验用刺参幼参来自即墨鳌山卫育苗厂。

1.2 饵料制备

浒苔、马尾藻、鼠尾藻、海带、海泥分别烘干,粉碎,过200目筛备用。各组藻类饵料配置均按藻粉质量添加2%食母生和2%酵母,之后添加3倍质量的海泥。

1.3 实验设计

刺参取样后暂养 3 d,期间不投喂饵料。待暂养结束后,挑选体质健壮、规格相近的刺参进行投喂实验。刺参个体初始体质量为(5.24±0.11) g,分为 4 个处理组,各组分别投喂浒苔（Ⅰ组）、马尾藻（Ⅱ组）、鼠尾藻（Ⅲ组）、海带（Ⅳ组）,每处理组设 3 个重复,每个重复放置 20 头幼参,在 60 cm×40 cm×30 cm 的塑料水箱中饲养,饲养水体 50 L。每天早晚各投喂海参 1 次（9:00 AM 和 5:00 PM）,投喂饵料量按幼参体质量的 3%。喂养周期 70 d。整个实验在避光条件下进行,期间保持充氧,水温控制在(16±1.5) ℃。

1.4 养殖条件

养殖用海水先经逐级沉淀,后经砂滤池处理制得。水质监测结果:pH 8.2±0.2,盐度 30~31,氨氮 2.97~4.54 μg·L^{-1},亚硝酸盐 5~10 μg·L^{-1}。每天定时吸出粪便和残饵,更换养殖水体的 1/3,每 10 d 全部更换养殖用水并彻底清洗水箱,以保证水质清洁。

1.5 样品采集和数据测定

暂养结束后,随机抽取刺参 10 头,作为第 0 d 样品,测定湿重和干重;之后,从实验第 0 d 开始,每 10 d 从各水箱中随机抽取刺参 10 头,测定湿重;喂养实验结束后,刺参饥饿 48 h,从各水箱中随机抽取 10 头,作为第 70 d 的样品,测定湿重和干重。

湿重测定:称重时用捞网沥净刺参水分,之后将刺参放置在干滤纸上 30 s 后称重。为减小操作误差,测定过程均由固定人员操作。干重测定:将测得湿重的刺参 65 ℃下烘干 5 h 后称重。

刺参的质量增长率(G)[9]、特定生长率(SGR)[10]、消化率(IR)、饵料转化率(FE)[11-13]计算公式如下:

质量增长率 $G(\%) = [(WW_2 - WW_1)/WW_1] \times 100$

特定生长率 $SGR(\%/d) = 100(\ln WW_2 - \ln WW_1)/T$

摄食率 $IR(g/g\cdot d) = C/[T(DW_2 + DW_1)/2]$

饵料转化率 $FE(\%) = 100(DW_2 - DW_1)/C$

式中,WW_2 和 WW_1 分别为实验初始和结束时刺参湿重,DW_1 和 DW_2 分别为实验初始和结束时刺参干重,C 为实验过程中所消耗的饵料干重,T 为实验时间。

1.6 浒苔样品的分析方法

采集样品经鉴定为浒苔属浒苔,进行了营养成分和重金属含量的测定。

一般营养成分的测定:水分采用直接干燥法(GB 5009.3—2010),灰分采用高温灼烧法(GB 5009.4—2010),蛋白质采用凯氏定氮法(GB 5009.5—2010),脂肪采用索式抽提发(GB/T 5009.6—2003)。

氨基酸的分析:样品经 6 mol·L^{-1} 盐酸水解,水解时充氮气 24 h,采用安米诺西斯氨基酸分析仪自动分析仪测定 17 种氨基酸。另取样品用 5 mol·L^{-1} NaOH 溶液水解后,采用同机测定其色氨酸含量。

脂肪酸的分析:样品经氯仿-甲醇混合液提取后,用 1 mol·L^{-1} KOH 溶液处理,经硫酸甲酯化,用气相色谱仪测定。

重金属的测定:铅、镉使用石墨炉原子吸收光谱法进行测定;无机砷采用高效液相色谱-氢化物发生原子荧光(HPLC-HG-AFS)联用技术法测定[14];甲基汞采用气相色谱法测定。

1.7 数据统计分析

实验数据以均值±标准误差($\bar{x}\pm SE$)表示。实验数据用 SPSS13.0 软件进行差异显著性分析(ANOVA),并进行 Duncan 多重比较,差异显著度为 0.05。

2 结果与分析

2.1 4 种海藻营养成分的比较

表 1 表明,浒苔蛋白质含量为 15.7%,仅次于鼠尾藻,高于亨氏马尾藻和海带;浒苔脂肪含量低于亨氏马尾藻,而高于鼠尾藻和海带;灰分含量仅高于鼠尾藻,而低于马尾藻和海带。

表 1　4 种藻类基本营养成分的比较(%)

营养成分(以干基计)	蛋白质	脂肪	灰分
浒苔	15.70	1	14.70
亨氏马尾藻[15]	14.20	1.17	23.4
鼠尾藻[16]	19.35	0.41	14.44
海带	8.70	0.20	20.00

对浒苔、亨氏马尾藻和鼠尾藻这 3 种蛋白质含量高的藻类进行氨基酸含量比较,发现每 100 g 藻类干品中,氨基酸总量由高到低依次为鼠尾藻、浒苔、亨氏马尾藻,其中浒苔和鼠尾藻中氨基酸总量较为接近。浒苔中含量较高的氨基酸有天门冬氨酸、谷氨酸、丙氨酸、亮氨酸和苏氨酸(表 2)。

表 2　3 种藻类氨基酸含量的比较 g·100^{-1}·g^{-1}(DW)

氨基酸名称	浒苔	亨氏马尾藻[15]	鼠尾藻[16]
天门冬氨酸 Asp**	1.89	0.99	1.48
苏氨酸 Thr*	1.00	0.40	0.68
丝氨酸 Ser**	0.70	0.35	0.49
谷氨酸 Glu**	1.76	3.24	3.11
脯氨酸 Pro	0.51	1.12	—
甘氨酸 Gly**	0.9	0.96	0.75
丙氨酸 Ala**	1.53	1.17	1.33
缬氨酸 Val*	0.65	0.60	0.94
胱氨酸 Cys	0.71	—	0.10

续表

氨基酸名称	浒苔	亨氏马尾藻[15]	鼠尾藻[16]
蛋氨酸 Met*	0.15	0.09	0.31
异亮氨酸 Ile*	0.64	0.44	0.78
亮氨酸 Leu*	1.01	0.70	1.38
酪氨酸 Tyr	0.22	0.25	0.42
苯丙氨酸 Phe*	0.75	0.44	0.67
组氨酸 His	0.35	0.14	0.21
色氨酸 Trp*	0.17	0.17	0.07
赖氨酸 Lys*	0.44	0.51	1.12
精氨酸 Arg	0.73	0.57	0.81
氨基酸总量 Total amine acids content (TAA)	14.11	12.14	14.71

注：* 为必需氨基酸；** 为风味氨基酸。

浒苔脂肪酸组成如表3所示，饱和脂肪酸和不饱和脂肪酸分别占脂肪酸含量的57.14%、42.86%。多不饱和脂肪酸含量较高，占脂肪酸含量的24.49%，其中Ω_3脂肪酸占12.24%，Ω_6脂肪酸占11.22%。

表3 浒苔的脂肪酸组成和含量 $g \cdot 100^{-1} \cdot g^{-1}$（DW）

脂肪酸	含量
ΣSFA	0.56
ΣMUFA	0.18
ΣPUFA	0.24
$\Sigma\Omega$3PUFA	0.12
$\Sigma\Omega$6PUFA	0.11
$\Sigma\Omega$9PUFA	0.16

2.2 浒苔重金属含量

重金属是评价藻类安全的重要指标。4种主要重金属的测定结果表明，浒苔中无机砷含量较低，远低于GB 19643—2005《藻类制品卫生标准》和GB 13078—2001《饲料卫生标准》中的最低限量要求，镉、铅含量也均在安全限量内，未检出甲基汞（表4）。

表4 浒苔重金属元素含量（$mg \cdot kg^{-1}$）

重金属（以干基计）	无机砷	镉	铅	甲基汞
浒苔	0.28	0.603	0.677	未检出
GB 19643—2005	≤1.5	—	≤1.0	≤0.5
GB 13078—2001	≤2.0	≤0.75	≤5.0	≤0.5

2.3 不同藻类投喂对刺参生长与存活率的影响

实验过程中,各组水质正常,刺参摄食良好,无异常死亡。实验结束时,刺参形体肥满,棘刺坚挺,伸展性良好。不同藻类投喂对刺参生长的影响见表5。投喂70 d后,各处理组刺参体质量均得到了增长,终体质量均显著大于初始体质量($P < 0.05$);各处理组刺参终体质量由高到低依次为鼠尾藻组、浒苔组、马尾藻组、海带组;摄食不同饵料的幼参特定生长率(SGR)由高到低依次为鼠尾藻组、浒苔组、马尾藻组、海带组。实验结束后,浒苔投喂组海参的质量增长率为(99.43 ± 5.48)%,与马尾藻、鼠尾藻投喂组之间无显著差异($P > 0.05$),但显著高于海带投喂处理($P < 0.05$)。

表5 不同藻类投喂对刺参体质量和生长率的影响 $n = 10; \bar{x} \pm SE$

处理	初始湿重(g)	初始干重(g)	终湿重(g)	终干重(g)	质量增长率(%)	特定生长率($\% \cdot d^{-1}$) SGR
浒苔	5.21±0.12	0.40±0.01	10.90±0.50^a	1.25±0.06^a	99.43±5.48^a	1.63±0.04^a
马尾藻	5.27±0.09	0.40±0.00	10.7±50.57^a	1.22±0.07^a	92.45±13.97^a	1.58±0.10^a
鼠尾藻	5.25±0.11	0.40±0.00	11.90±0.70^a	1.29±0.08^a	108.3±17.22^a	1.69±0.11^a
海带	5.30±0.14	0.41±0.01	7.75±0.05^b	0.80±0.05^b	43.13±3.75^b	0.95±0.11^b

注:同一列标有不同相邻字母表示差异显著($P < 0.05$),不同相间字母表示差异极显著($P < 0.01$)。

从图1中可以看出,$0 \sim 40$ d,浒苔投喂刺参的长势良好,体质量始终大于鼠尾藻和马尾藻投喂的刺参,与鼠尾藻组差异不显著($P > 0.05$);$40 \sim 50$ d浒苔组出现负增长,鼠尾藻组刺参体质量超过浒苔组,但浒苔组的刺参体质量大于马尾藻组;$50 \sim 70$ d,浒苔组海参体质量继续增长,虽低于鼠尾藻组,但差异不显著($P > 0.05$)。

由表6可见,$0 \sim 10$ d,$20 \sim 30$ d浒苔投喂的刺参组SGR大于其他各组;$10 \sim 20$ d浒苔投喂的刺参SGR低于鼠尾藻组和海带组($P < 0.05$);$30 \sim 40$ d及$50 \sim 60$ d浒苔投喂组刺参SGR低于马尾藻组($P > 0.05$);$40 \sim 50$ d浒苔投喂组出现负增长;$60 \sim 70$ d浒苔投喂的刺参SGR低于马尾藻组($P < 0.05$)。但总体上,$0 \sim 40$ d各组投喂刺参的SGR较高,刺参生长良好;$40 \sim 70$ d各组的SGR较前40 d要低。

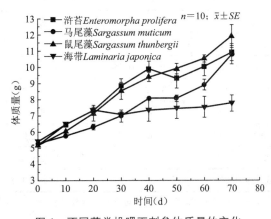

图1 不同藻类投喂下刺参体质量的变化

2.4 不同藻类投喂对刺参摄食率与饵料转化率的影响

如图2所示,刺参对各种藻类的摄食率(IR)由高到低依次为海带、马尾藻、浒苔、鼠尾藻,浒苔组的摄食率显著低于海带组($P < 0.05$),而高于鼠尾藻组($P < 0.05$)。刺参对各种藻类的饵料转化率(FE)由高到低依次为鼠尾藻、浒苔、马尾藻、海带,浒苔组的饵料转化率显著低于鼠尾藻组($P < 0.05$),而高于海带组($P < 0.05$)。

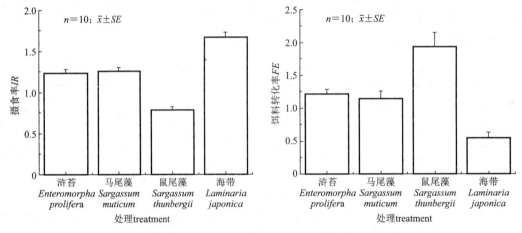

图2 不同藻类对刺参摄食率(IR)和饵料转化率(FE)的影响

3 讨论

3.1 浒苔营养成分与刺参营养需求的分析

浒苔蛋白质含量为15.7%,浒苔中含量较高的氨基酸有天门冬氨酸、谷氨酸、丙氨酸、亮氨酸和苏氨酸;脂肪含量1%,多不饱和脂肪酸占脂肪含量的比例较高;灰分含量为14.7%;无机砷、镉、铅、甲基汞的含量远低于GB 19643—2005《藻类制品卫生标准》和GB 13078—2001《饲料卫生标准》中的相关限量要求,是一种高蛋白、低脂肪、安全的海洋藻类。

表6 不同藻类对刺参特定生长率的影响 $n = 10; \bar{x} \pm SE; \%$

饲养时间	浒苔	马尾藻	鼠尾藻	海带
0～10 d	2.11±0.21[a]	0.85±0.07[b]	1.54±0.67[ab]	1.29±0.29[b]
10～20 d	1.25±0.06[a]	0.89±0.15[b]	1.69±0.22[c]	1.73±0.21[c]
20～30 d	1.89±0.43[a]	1.02±0.30[a]	1.76±0.16[a]	0.10±0.07[b]
30～40 d	1.12±0.12[a]	1.45±0.4[a]	0.99±0.31[a]	0.02±0.00[b]
40～50 d	−0.59±0.02[a]	0.01±0.0[b]	0.53±0.02[c]	−0.37±0.03[d]
50～60 d	0.74±0.07[a]	0.99±0.03[a]	0.63±0.03[a]	−0.8±0.02[b]
60～70 d	0.37±0.06[b]	1.33±0.17[a]	0.18±0.02[b]	0.32±0.01[b]

注:同一行肩注相邻字母表示差异显著($P < 0.05$),相间字母表示差异极显著($P < 0.01$)。

宋志东等[17]认为,从幼体发育到成体的过程中,刺参不断摄食藻类导致体内蛋白质含量增加,饲料蛋白含量是影响刺参生长的关键因素。朱伟等[9]研究发现刺参饲料中粗蛋白质的最佳水平为18.21%～24.18%。周玮等[18]报道,饲料蛋白水平为19.48%时,幼参的特定生长率最高,饵料系数最低。Seo等[19]对刺参的研究表明,饲料中蛋白质含量为20%或40%时,刺参特定生长率最高,显著高于30%饲料组。本研究测得浒苔蛋白质含量为15.7%,接近上述刺参蛋白质需求的最佳水平,这可能是浒苔组刺参的特定生长率较高的原因之一。鼠尾藻中粗蛋白含量为19.35%,也在蛋白质需求的最佳水平范围内,鼠尾藻组刺参特定生长率高于浒苔组,与朱伟等[9]的研究结果一致。Sun等[20]发现苏氨酸、缬氨酸、亮氨酸、苯丙氨酸、赖氨酸、组氨酸、精氨酸等在刺参的生长中起着极为重要的作用,刺参在摄食这些氨基酸较高的饵料后体质量增长较快。而就刺参生长发育过程而言,天门冬氨酸、谷氨酸、丝氨酸、苏氨酸、甘氨酸、丙氨酸等几种氨基酸的含量在一定阶段内随着个体的生长呈现显著升高的趋势[17]。浒苔氨基酸组成中天门冬氨酸、谷氨酸、丙氨酸、亮氨酸、苏氨酸的含量较高,与鼠尾藻的氨基酸构成是一致的,应该也是浒苔组刺参的特定生长率较高的原因。

王吉桥等[21]认为刺参幼参饲料中脂肪的最适含量为5.35%～7.05%,略高于朱伟等[9]的研究结果(5.0%),适当提高饵料中多不饱和脂肪酸含量能够有效促进刺参的生长。从饲料研究的角度考虑,刺参配合饲料中需要的脂肪含量不高,但是从刺参体壁脂肪酸的比例来看,其对多不饱和脂肪酸的含量要求较高[22-23],至于适宜的必需脂肪酸种类和需求量还需要深入研究[24]。浒苔中脂肪含量为1%,多不饱和脂肪酸占脂肪酸总量的24.49%;鼠尾藻脂肪含量0.4%[16],多不饱和脂肪酸占脂肪酸的44.26%[25]。用两者投喂,刺参生长效果都较好。从营养角度出发,以任意单一海藻喂养刺参,并不能取得最佳的投喂效果,如果适当调整饵料的蛋白和脂肪含量和搭配,投喂效果会更好。这就需要就刺参对原料中营养物质的利用率及对营养物质的需求量进行研究,从而寻找合理的营养比例搭配以满足刺参的营养需要。

饵料转化率是评价饲料质量的重要指标[26]。实验数据显示,投喂实验70 d,饵料转化率由高到低依次为鼠尾藻、浒苔、马尾藻、海带,与特定生长率呈现的关系一致,这与周玮等[18]的结论吻合。刺参对鼠尾藻的饵料转化率要显著高于浒苔,但摄食率却显著低于浒苔,这可能一方面说明刺参喜好摄食浒苔饵料,另一方面说明刺参对浒苔的利用率要低于鼠尾藻。另外,刺参对海带的摄食率较高,但是饵料转化率却很低。说明高的生长性能并不是以高摄食量为基础的,这与鱼类的生长研究有所不同[27]。可能是由于海带中蛋白质含量较低,无法满足幼参的生长需要。因饲料营养物质含量低而导致动物摄食量增加的现象在海胆、蟹等动物中也有报道[28-29]。动物摄食行为会随周围环境的改变而改变,而夏苏东认为,动物摄食补偿是刺参对海带饲料摄食量增加的主要原因[30]。

3.2 浒苔作为刺参饲料的应用价值

浒苔深加工产品用于水产养殖,已多见于鱼、虾、贝类水产动物,可有效促进生长、提高产量、改善肉质和体色、提高品质[31]。本实验将浒苔应用于海参幼参饲料,70 d养殖实验结果显示,各组饲料喂养的海参体质量都得到显著增长($P<0.05$);浒苔、鼠尾藻、马尾藻3

组刺参的 SGR 之间无显著差异($P > 0.05$),但都显著高于海带组($P < 0.05$)。鼠尾藻是刺参的优质饵料[32-34],浒苔喂养刺参幼参的总体效果与鼠尾藻差异不显著,说明浒苔可以作为刺参饵料原料。这与朱建新等[5]研究结果不相符,而与郭娜等[10]的研究结果一致。可能是由于朱建新等所采用的饵料为纯藻粉,没有添加海泥,而根据 Liu 等[12]的研究结果,单纯投喂藻粉会增加刺参的排泄能耗,不利于刺参的生长。本实验和郭娜等均采用浒苔与海泥的配合饵料,因此取得了较好喂养效果。$0 \sim 40\ d$ 浒苔投喂刺参的 SGR 较高,刺参生长良好;$40 \sim 50\ d$ 出现负增长,之后 30 d SGR 再次增大,即海参在摄食浒苔过程中出现了前期生长快速,中期变缓慢,后期又开始增长的情况,说明投喂浒苔饲料时,幼参需要有一个适应的过程,浒苔对海参的促生长作用可能还需要更长期的实验验证。

4 结论

浒苔高蛋白、低脂肪,氨基酸含量均衡,多不饱和脂肪酸占脂肪酸含量的比例高,无机砷、镉、铅、甲基汞的含量低于相关限量要求,是一种营养丰富、安全的海洋藻类;浒苔用于幼参养殖实验,使刺参体质量得到显著增加,喂养 70 d 与鼠尾藻效果差异不显著,具有较好的促刺参生长作用。因此,浒苔可以添加到幼参饵料中用做饵料原料,替代或部分替代鼠尾藻。

参考文献

[1] 王建伟,阎斌伦,林阿朋,等. 浒苔(Enteromorpha prolifera)生长剂孢子释放的生态因子研究[J]. 海洋通报,2007,26(2):60-65.

[2] 乔方利,马德毅,朱明远,等. 年黄海浒苔爆发的基本状况与科学应对措施[J]. 海洋科学进展,2008,26(3):409-410.

[3] 嵇国利,于广利,吴建东,等. 爆发期条浒苔多糖的提取分离及其理化性质研究[J]. 中国海洋药物杂志,2009,28(3):7-12.

[4] 林英庭,朱风华,徐坤,等. 青岛海域浒苔营养成分分析与评价[J]. 饲料工业,2009,30(3):46-49.

[5] 朱建新,曲克明,李健,等. 不同处理方法对浒苔饲喂稚幼刺参效果的影响[J]. 渔业科学进展,2009,30(5):108-112.

[6] 林文庭. 浅论浒苔的开发与利用[J]. 中国食物与营养,2007(9):23-25.

[7] 孙修涛,王翔宇,王文俊,等. 绿潮中浒苔的抗逆能力和药物杀灭效果初探[J]. 海洋水产研究,2008,29(5):130-136.

[8] 袁玉成. 海参饲料研究的现状与发展方向[J]. 水产科学,2005,24(12):54-56.

[9] 朱伟,麦康森,张百刚,等. 刺参稚参对蛋白质和脂肪需求量的初步研究[J]. 海洋科学,2005,29(3):53-58.

[10] 郭娜,董双林,刘慧. 几种饲料原料对刺参幼参生长和体成分的影响[J]. 渔业科学进展,2011,32(31):123-128.

[11] 曹俊明,许丹丹,黄燕华,等. 饲料中添加核苷酸对凡纳滨对虾生长、组织生化组成及非特异性免疫功能的影响[J]. 水产学报,2011,35(4):594-603.

[12] Liu Y, Dong S, Tian X, et al. Effect of dietary sea mud and yellow soil on growth and energy budget of the sea cucumber *Apostichopus japonicus* (Selenka)[J]. Aquaculture, 2009(286):266-270.

[13] 朱长波,董双林,王芳. 水环境($Mg^{2+}+Ca^{2+}$)/(Na^++K^+)比值对凡纳滨对虾幼虾生长和能量收支的影响[J]. 中国水产科学,2009,16(6):914-922.

[14] 尚德荣,宁劲松,赵艳芳,等. 高效液相色谱-氢化物发生原子荧光(HPLC-HG-AFS)联用技术检测海藻食品中无机砷[J]. 水产学报,2010,34(1):132-137.

[15] 谌素华,王维民,刘辉,等. 亨氏马尾藻化学成分分析及其营养学评价[J]. 食品研究与开发,2010,31(5):154-156.

[16] 吴海歌,于超,姚子昂,等. 鼠尾藻营养成分分析研究[J]. 大连大学学报,2008,29(3):84-93.

[17] 宋志东,王际英,王世信,等. 不同生长发育阶段刺参体壁营养成分及氨基酸组成比较分析[J]. 水产科技情报,2009,36(1):11-13.

[18] 周玮,张慧君,李赞东,等. 不同饲料蛋白水平对仿刺参生长的影响[J]. 大连海洋大学学报,2010,4(25):359-364.

[19] Seo J Y, Lee S M. Optimun dietary protein and lipid levels for growth of juvenile sea cucumber *Apostichopus japonicaus*[J]. Aquacult Nutr, 2011, 17:56-61.

[20] Sun H, Liang M, Yan J, et al. Nutrient requirements and growth of the sea cucumber, *Apostichopus japonicus*[J]. Adv Sea Cucumber Aquacult Manag, 2004, 15:327-331.

[21] 王吉桥,赵丽娟,苏久旺,等. 饲料中脂肪及乳化剂含量对仿刺参幼参生长和体组分的影响[J]. 大连水产学院学报,2009,24:17-23.

[22] 王际英,宋志东,王世信,等. 刺参体壁的营养成分分析[J]. 中国水产,2009,5:80-81.

[23] 李丹彤,常亚青,陈炜,等. 獐子岛野生刺参体壁营养成分的分析[J]. 大连水产学院学报,2006,21(3):278-282.

[24] 王吉桥,赵丽娟,姜玉声,等. 饲料中不同脂肪酸搭配对仿刺参幼参生长和体组分的影响[J]. 渔业科学进展,2009,12,30(6):62-74.

[25] 张敏,李瑞霞,伊纪峰,等. 4种经济海藻脂肪酸组成分析[J]. 海洋科学,2012,36(4):7-12.

[26] 李二超,陈立侨,顾顺樟,等. 水产饲料蛋白源营养价值的评价方法[J]. 海洋科学,2009,7(33):113-117.

[27] 孙晓峰,冯健,陈江虹,等. 投喂频率对尼罗系福罗非鱼幼鱼胃排空、生长性能和体组分的影响[J]. 水产学报,2011,35(11):1 677-1 683.

[28] Cruz-Rivera E, Hay M E. Can quantity replace quality? Food choice, compensatory feeding, and fitness of marine mesograzers[J]. Ecology, 2000, 81:201-219.

[29] Stachowicz J J, Hay M E. Facultative mutualism between an herbivorous crab and a coralline algae: advantages of eating noxious seaweeds[J]. Oecologia, 1996, 105: 377-387.

[30] 夏苏东. 刺参幼参摄食行为与蛋白质营养需求研究[D]. 青岛: 中科院海洋研究所, 2012: 25-27.

[31] 林英庭, 宋春阳, 薛强, 等. 浒苔对猪生长性能的影响及养分消化率的测定[J]. 饲料研究, 2009(3): 47-49.

[32] 朱建新, 刘慧, 冷凯良, 等. 几种常见饵料对稚幼参生长影响的初步研究[J]. 海洋水产研究, 2007, 28(5): 48-53.

[33] Battaglene S C, Evizel S J, Ramofafia C. Survival and growth of cultured juvenile sea cucumbers *Holothuria scabra*[J]. Aquaculture, 1999, 178: 293-322.

[34] Slater M J, Jeffs A G, Carton A G. The use of the waste from green-lipped mussels as a food source for juvenile sea cucumber, *Australostichopus mollis*[J]. Aquaculture, 2009, 292: 219-224.

（李晓，王颖，吴志宏，刘天红，孙元芹，李红艳）

非标记探针 HRM 法在中国对虾（*Fenneropenaeus chinensis*）EST-SNP 筛选中的应用

单核苷酸多态性（SNP）是基因组中最常见的变异形式[1]，在基因组中的分布频率很高，并往往和特定的性状关联[2]，因此成为当前水产生物遗传多样性分析、遗传育种等研究领域应用广泛的分子标记。目前报道的 SNP 检测方法很多，常用的技术有单核苷酸引物延伸（single nucleotide primer extension）[3]、单链构象多态性（SSCP）[4]、TaqMan 探针技术、变性高效液相色谱（DHPLC）[5]等。但这些方法都存在着一些缺点和不足，主要表现为检测过程烦琐、检测所用时间长、试剂昂贵等，从而不利于在生产中推广应用。目前，高分辨率熔解曲线技术（High-resolution melting，HRM），因其速度快、高通量、价格低廉、真正实现了闭管操作等优点，越来越多地受到国内外广大研究者的关注[6,7]。

中国对虾（*Fenneropenaeus chinensis*）是我国最具代表性的水产养殖种类之一，已先后培育"黄海 1 号"和"黄海 2 号"2 个新品种，其中"黄海 2 号"具有一定程度抗白斑综合征病毒（White spot syndrome，WSSV）的特性，但由于 WSSV 等对虾类病毒具有发病快、传染率高等特点，仍需加强具有更突出抗病优势新品种培育的力度。孟宪红通过分析中国对虾 WSSV 抗性的遗传力，推断中国对虾的抗病性可能由少数几个基因决定，因此对中国对虾进行高强度 WSSV 性状选择时，最后存活的少量个体有可能携带抗性基因，同时也预示着采用分子标记辅助选择育种（MAS）的可能性。与此同时，如果某个基因在生物的生长或抗病等方面起着重要作用，一般其不同的 SNP 所代表的各基因型相应地也会表现出一定的生物学功能差异[8]。因而在中国对虾基因组内挖掘 SNP，并通过 SNP 定位抗病相关基因对于中国对虾的遗传育种有着重要而积极的意义。本研究在中国对虾转录组 454 高通量测序 GS FLX 系统大规模测序的基础上，依据预测的 SNP 位点设计引物，通过非标记探针 HRM 技术进行候选 SNP 位点多态性的验证，以期建立简便快捷的中国对虾 SNP 分型方法，为中国对虾遗传图谱构建、重要性状 QTL 定位及其分子标记辅助选择打下基础，为 SNP 在中国对虾遗传学研究及遗传育种中应用提供技术支持。

1 材料和方法

1.1 实验材料

实验用中国对虾取自中国水产科学研究院黄海水产研究所鳌山卫水产遗传育种中心（2009年8月），由约100个养殖家系中随机挑选，共48尾。DNA提取自中国对虾尾部肌肉，采用酚/氯仿抽提，乙醇沉淀，紫外分光光度计定量，-20℃保存备用。具体操作参照石拓等[9]的方法。

1.2 EST-SNP的查找和引物、探针的设计

中国对虾转录组454高通量测序、contig的拼装和SNP位点的预测由国家人类基因组南方研究中心完成。根据中国对虾454高通量测序系统GS FLX大规模测序的结果推断候选SNP位点。利用引物设计网站http://frodo.wi.mit.edu/primer3/的引物在线设计程序进行引物设计。引物长度控制在20 bp左右，产物片段大小控制在60~110 bp以内。通过Primer Premier 5.0检查引物质量，不能有严重错配、引物二聚体和发夹结构等。针对每个候选SNP位点，设计一条长19~35 bp的未标记探针，使突变位点位于探针中心，T_m值介于59~61℃（T_m值可用在线程序http://www.basic.northwestern.edu/biotools/oligocalc.html进行估计），探针3'末端用两个错配碱基封闭。引物和探针均由上海生工生物工程技术服务有限公司合成。

1.3 引物验证和位点多态性检测

随机选取30个对虾个体DNA等量混合作为模版DNA，进行引物验证。实验采用10 μL体系的不对称PCR（20 ng模版DNA，0.1 μmol·L^{-1}正向引物，0.5 μmol·L^{-1}反向引物，1.5 μmol·L^{-1} MgCl$_2$溶液，2.0 mMdNTP，1UrTaqDNA聚合酶，1X LC Green Plus染料），95℃变性5 min之后，进行55个循环扩增（95℃ 40 s，60℃ 40 s，72℃ 40 s），最后在72℃延伸5 min。2%琼脂糖电泳检测扩增产物。

根据电泳结果，选择产生大小符合预期、单一条带PCR产物的位点进行探针的检测并对混合家系群体进行分型，PCR反应体系如前所述。扩增反应结束后，在超净工作台上对每个反应添加相应引物的探针至终浓度2.0 μmol·L^{-1}，95℃变性5min后25℃复性30 s。HRM分析利用Light Scanner仪器（美国Idaho公司）进行，以0.1℃·s^{-1}的速率缓慢从40℃升温至95℃，以0.1℃的分辨率采集荧光信号，采用Light Scanner软件进行荧光信号的分析处理。

1.4 遗传参数估计

利用对混合家系群体的分型结果采用POPGEN32（version 1.32）软件进行处理，估算SNP位点的主要遗传学参数。纯合子分别记为AA和BB，杂合子记为AB，统计各位点的有效等位基因数（effective number of alleles，N_e），期望杂合度（expected heterozygosity，H_e），观测杂合度（observed heterozygosity，H_o），统计家系基因型分布及其频率和最小等位基因频率（minor allele frequency，MAF）。用PIC_CALC(0.6)计算各位点多态信息含量（polymorphism information content,PIC)。

2 实验结果

2.1 引物验证及非标记探针 HRM 分型

根据 SNP 位点侧翼序列的保守性和位点分布频率,选取 118 个位点设计引物。其中 83 个位点产生符合预期产物大小的单一条带。对这 83 个位点设计并合成探针,并利用 1 个随机群体的 48 个个体进行非标记探针 HRM 分型。结果显示,其中 23 个位点(19.5%)无法准确分型,另 21 个位点(17.8%)在检测群体中无多态性,只有 39 个位点(33.1%)可以明显区分出两种不同的基因型位点。39 个位点的引物和探针序列等信息见表 1。

图 1 为位点 C1463-239AG 的群体分型结果。其中灰色样品为纯合峰,峰值较高,Tm 值约为 72℃,为 G/G 型;蓝色样品也是纯合峰,峰值较低,Tm 值约为 69℃,为 A/A 型;红色样品为杂合峰,为 A/G 型。表 1 为经过验证的 39 个 SNP 位点的详细信息,包括正反向引物和探针的序列,SNP 类型及产物长度等。

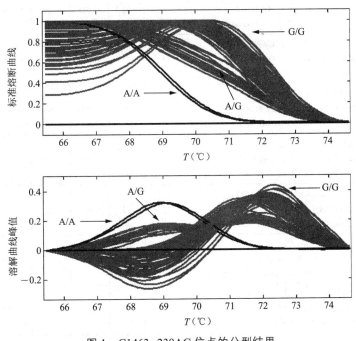

图 1 C1463-239AG 位点的分型结果

2.2 SNP 位点的群体多样性分析

利用上述 39 个 SNP 位点对 48 个个体组成的混合养殖家系群体进行遗传多样性分析。因为 SNP 位点为两等位基因类型,因此每个 SNP 位点的等位基因数目均为 2 个。分析数据显示观测杂合度的分布范围为 0.000 到 0.947,期望杂合度的范围从 0.049 到 0.506,有效等位基因数分布范围 1.051~1.999,最小等位基因频率分布范围 0.025~0.487 5(表 1)。多态信息含量分析显示 39 个位点的 PIC 值范围为 0.047 6 到 0.375,其中 12 个位点属于低度多态(PIC＜0.25),其余27个位点属于中度多态(0.25＜PIC＜0.5)。

表1 中国对虾39个多态SNP位点信息

位点名称	引物序列(5'→3')	产物大小	Ne	Ho	He	PIC	MAF
C26-2977GA	F: TCAACATGTGACTTCGGGTATC R: CGTTCCCTGTACTTGCGATT Pb: GAATTCTTTACCCTGGCTCAGTATAAAGCAGgt	106	1.406	0.100	0.292	0.247	0.175 0
C283-145AG	F: ATCACGGCCCCAAAGAAC R: ACGTAAACCACTCGGAATGC Pb: TCCCCGTGTAACATGAACACCtg	80	1.761	0.421	0.438	0.339	0.315 8
C364-89AT	F: AGGAAACAGTACAAGTGTCTGGTATTT R: AGGGAAGGAAAATGAGGCATA Pb: ATCAAAAGTTAGACTCATCATCAGAta	101	1.724	0.600	0.425	0.332	0.300 0
C732-151GA	F: ATCCGATGGCGTGACTTAT R: TGTCTTCGTCGCTCAAACAG Pb: CGAATCTCTGCGTTTTGGAATTcc	69	1.969	0.525	0.498	0.371	0.437 5
C732-412AG	F: GTGAACCCGGGAGACTGTAA R: AGGGCACACAAGTTGGGATA Pb: CCGGGAACTATAATCCTGTGTGCGtt	92	1.988	0.290	0.504	0.373	0.460 5
C760-261AT	F: CCATCTCGGCACAAGAATTT R: GCTGAATCCTCCACGAAGTT Pb: AGGTTGCTCTTGATGATTACAGCCTtg	74	1.742	0.000	0.432	0.335	0.307 7
C9138-1735GC	F: TCCCTGATGTACCAAGTTTCG R: TGCACTCTCGAATTCCTCAA Pb: CTTGGGAGGTGGAGACTCTGGACaa	92	1.995	0.650	0.505	0.374	0.475 0
C990-158CT	F: TGACTGGCATTATGCTCTGC R: ATCCTCTTGCGCAACATAGC Pb: AATTGCGGCCTGCTTTAAGTCAAGtc	93	1.995	0.650	0.505	0.374	0.475 0
C1004-189GA	F: CCCCAATGAAACAAAGTTCC R: TCCGGAGGAGGACTGCTG Pb: CAGGTGAAGATGCACGGACTATcc	95	1.418	0.103	0.298	0.251	0.179 5
C1463-239AG	F: CCTTGTGGGAGCAGTCCTT R: CGAGCTCCGTCTCCAGAGT Pb: GCCATGGACGCCAAGGACTTCGGGtg	63	1.941	0.375	0.491	0.367	0.412 5
C1667-112CT	F: TGGACAGACTCACGGATGC R: GAATGGTTGGAATGTAACCTCA Pb: GTATAATCTAACATCAGCAGGTCac	110	1.220	0.200	0.182	0.164	0.100 0
C2267-202TG	F: CTCAAGGACCCACGTTTGTT R: CGTCCCGCTGTATTCGTTAT Pb: AATTGCCTGAGATTCTATGATCGGAag	87	1.133	0.125	0.119	0.110	0.062 5
C2635-527CA	F: GAGGAGCTTCGCTCGACAC R: AACGTCCAACACCCATTCAT Pb: GAAGACTTGGAAGAACAAGAGCAAGAGCAAgg	96	1.919	0.436	0.485	0.364	0.397 4
C2637-182AT	F: TCATCACCTCCGTACACCTG R: TCAGACTGGGCAACAACAAG Pb: GGCTTCTTGTTGTACTTGTAGGTCTCGgt	99	1.600	0.450	0.380	0.305	0.250 0

续表

位点名称	引物序列（5'→3'）	产物大小	Ne	Ho	He	PIC	MAF
C2958-131GT	F: GCAGTGGACAACACACCAAT R: AGGCATAATTAGCCGCTGTG Pb: ACACCCAGACGCCCCCATGGTtg	85	1.730	0.342	0.428	0.333	0.302 6
C2958-191CT	F: TACCCAGGACAGCCTAACCA R: ATCTTCCGGTCATTGTCACAG Pb: TATGCTGTCTTTACACACCTGACTTCATGaa	95	1.800	0.615	0.450	0.346	0.333 3
C3040-180GT	F: GCGACCTTCGTCAAATGTAAA R: ATAGAGAATGGAGGCGCTGA Pb: CCGTTGTTGTCTGTATGAGGCCAGGgt	99	1.995	0.947	0.505	0.374	0.473 7
C3143-100AT	F: GAGAATCGGATGTACTCATTAAAGG R: GACTCCCTGCATGTTGATCC Pb: TCAAGATACCCAGATGAGCCTCCAAATAaa	99	1.535 5	0.250	0.353	0.288	0.225 0
C3488-75AT	F: ATCGTCAAGCAAGCGAAGA R: GTGGAATGACCCTTGAGGAG Pb: ACATCATCTTCTACCTCGGGGACGGct	95	1.430	0.368	0.305	0.255	0.184 2
C3544-79AT	F: TTCTGGTCGTCGTATCGTATGT R: TCCCAAATCATGTGGAGCTT Pb: AGTCATCCTTGGTTATATCATAGTCACCAGCtc	107	1.517	0.180	0.345	0.283	0.217 9
C3704-100AG	F: TGCATTGACCCTCTTCTCCT R: AATCTGCTGTTGGAGATGACC Pb: CTTCCTCTCATCCAAGGTTGAGGAGTTTcc	86	1.532	0.342	0.352	0.287	0.223 7
C3996-984TA	F: ATGGCCTGACCTTCACTGAG R: GCCCTTGGCAACCTTATCTT Pb: ACACCCTCAACACTGAGGTTGCCATTct	83	1.190	0.075	0.162	0.147	0.087 5
C4115-374AC	F: CCTCATGGATCAGGCCTTC R: TTACCGTCCTGAGCCTCGTA Pb: CGCTACATCAAGGAAAATAAGGGCATCct	87	1.999	0.775	0.506	0.375	0.487 5
C5111-135CA	F: GTTGAAACTCAGCGAGACCAG R: GCTTCCCTTGTTCACAGCTC Pb: GGGAAACTGATCAAGCTTGTTGTCATATAAGat	109	1.296	0.263	0.232	0.202	0.131 6
C5716-174CT	F: TCTTGAACTGTGTTCATTCATGTTT R: AACGCTTTGTGTCGTCTCCT Pb: GTAACTGCTACATGACGATTACTCTTTCCCta	101	1.616	0.513	0.386	0.309	0.256 4
C6014-223TC	F: GCGACCTAAAAAGGTAGCACAC R: CCTCCACACATACCCAAAGACT Pb: CAGAAGGACGCTTACGTCGGCGAac	107	1.352	0.256	0.264	0.226	0.153 8
C6781-218TC	F: GCGACCTAAAAAGGTAGCACAC R: CCTCCACACATACCCAAAGACT Pb: CAATAAGGGCAATCTTGGCTTCATAACTTag	102	1.084	0.081	0.079	0.075	0.040 5
C7348-158TA	F: AGCTGACATCACTAGCCATGAA R: GATGAACGCGTGTTTGAAGA Pb: GATTGAAGACCTTAACTTGGATGTGCTTAAAGTat	95	1.166	0.051	0.144	0.132	0.076 9
C7533-110AG	F: TGCTCTTGCTCTTGAGTCCA R: GCAAGGCCTGGTATGAAGG Pb: TCTCTGTAGGCAACCCTTCCACCACac	93	1.968	0.615	0.498	0.371	0.435 9

续表

位点名称	引物序列(5'→3')	产物大小	Ne	Ho	He	PIC	MAF
C8257-215TG	F: GTGGCCTACGAAGGAGAGTG R: GCTCGCACAAGTTGGAGTAAG Pb: ACTTACTCCAACTTGTGCGAGCTGGgt	103	1.105	0.000	0.096	0.090 5	0.050 0
C8646-733TC	F: ACGTGAAATCGTTCGTGACA R: AGAGGAAGCAGCAGCAACAT Pb: AGCTTTGCTACATTGCCCTTGACTTCGtc	88	1.051	0.050	0.049	0.047 6	0.025 0
C9672-115CT	F: CGATTCATGGATGCAGACAC R: TGGCTCGGTCCTGTAACACT Pb: CATCTACGGACGCCACAGCAGTTCACga	80	1.568	0.475	0.367	0.297	0.237 5
C9971-128CT	F: GCATATCCTGCGTTTGATGA R: TGAGGACAATGTTGGAGTAACG Pb: CGTAAGGTTATGTTCGCCATGACTTCCAag	107	1.772	0.487	0.441	0.341	0.320 5
C10199-423CA	F: GCCCAAAGTGATCAAGAAGTG R: AGCCTTCCAGCAAGAGTCTG Pb: GTGACTGTTTCCCTCTATTTAAGAGGTCCgg	106	1.078	0.075	0.073	0.069 6	0.037 5
C10572-325GA	F: TGGTACCACCAGACATGACG R: ATTCAGGAAACCGTCCACAG Pb: GTCCTTCCTGATGTCAATGTCGCACga	91	1.600	0.500	0.380	0.305	0.250 0
C12355-190GA	F: AACTTTGCCAAGGCTGCATA R: CCGTGAACTCCTGGTAGGG Pb: CCTATGCTTACCTGACACCAGATCTCTGct	109	1.663	0.450	0.404	0.319	0.275 0
C12355-421GA	F: TTGCTATCGGTGACTACAATGG R: GAGAGCTTGGCAAGAATGATG Pb: GTCTTGGTGTAAAGTGCAGCAAGGAAGTcc	100	1.600	0.450	0.380	0.305	0.250 0
C12355-592CT	F: GGGTCTGTTATGGTGCGTCT R: AGAGCTTCTTGGGAACAGAGG Pb: TCCCAGCTCCCCGTGGTACTGcg	76	1.568	0.325	0.367	0.297	0.237 5
C13092-238GA	F: ACAGCAAAACGTCCAAGAGG R: TGGTGACTCCTGCATCGTAA Pb: ATACTGTTGGAAGGTCTCCACGCACta	90	1.374	0.325	0.276	0.235	0.162 5

2.3 SNP 位点序列的功能分析

利用 NCBI 的 BLASTX 程序,对 39 个多态 SNP 对应的 contig 序列进行了功能注释(表2)。其中,28 个序列找到了疑似与其具有同源性的目的基因,这些基因大都与免疫相关,如雪蓝蛋白(hemocyanin)、雪蓝蛋白亚基 L(hemocyanin subunit L)、氧合酶(oxygenase)、假定 kazal 型蛋白酶抑制剂(hepatopancreas kazal-type proteinase inhibitor、hepatopancreas kazal-type proteinase inhibitor 1A1)等。

表2 对序列预测蛋白的基因注释信息

Query Name	Contig 长度	Putative function
Contig26	3 434	putative ficolin 推定的纤维胶凝蛋白
Contig283	269	effector caspase 天冬氨酸蛋白水解酶效应子

续表

Query Name	Contig 长度	Putative function
Contig364	332	putative CG2930-PD
Contig732	636	hepatopancreas kazal-type proteinase inhibitor
Contig760	533	BGBP_PENVA Beta-1, 3-glucan-binding protein precursor（βGBP）
Contig990	254	putative CG5190-PA
Contig1004	281	putative importin beta-3 假定输入蛋白 β-3
Contig1463	319	conserved hypothetical protein [Toxoplasma gondii GT1]
Contig1667	337	putative ficolin 推定的纤维胶凝蛋白
Contig2267	247	hypothetical protein SSE37_08583 假定蛋白 SSE37_08583
Contig2637	433	GLNA_PANAR Glutamine synthetase（Glutamate--ammonia ligase）
Contig3040	300	hemocyanin 血蓝蛋白
Contig3143	344	putative Uev1A CG10640-PA, isoform A isoform 1
Contig3488	256	A Chain A, Crystal Structure Of Shrimp Alkaline Phosphatase pdb
Contig3544	328	ovarian peritrophin 卵巢围食膜因子
Contig3704	259	putative G1/S-specific cyclin-C 假定 G1/S 特异的细胞周期蛋白 C
Contig3996	1 148	conserved hypothetical protein 保守的假定蛋白
Contig5111	360	oxygenase 氧合酶
Contig5716	273	putative ENSANGP00000022750
Contig6014	1 577	hemocyanin subunit L 血蓝蛋白亚基 L
Contig6781	300	putative MGC81821 protein 假定 MGC81821 蛋白
Contig7533	255	AGAP004984-PA
Contig8257	811	hepatopancreas kazal-type proteinase inhibitor 1A1 假定 kazal 型蛋白酶抑制剂 1A1
Contig8646	881	conserved hypothetical protein 保守的假定蛋白
Contig9138	2 254	hemocyanin subunit L 血蓝蛋白亚基 L
Contig9971	822	ribosomal protein S18
Contig10572	1 359	putative ENSANGP00000010572
Contig12355	907	unnamed protein product

3 讨论

HRM,是最新兴起的、低成本和操作简单的高通量突变扫描和基因分型技术。该技术在PCR结束后直接运行高分辨率熔解,通过饱和染料监控核酸的熔解过程,得到特征的熔解曲线,再根据熔解曲线的变化来判断核酸性质的差异[10]。但是,无义突变和碱基变化的类型等使得熔解曲线的分析变得比较复杂。为降低溶解曲线的复杂性,在 HRM 的基础上又推出了非标记探针 HRM。未标记探针是一段 3'端被封闭的小片段核苷酸,一般在 20～35 bp

之间,涵盖了与靶基因上的突变、缺失、错配区域互补部分[11]。加上探针长度较短,进一步提高了辨别不同样品之间的分辨率,使得不同纯合子样品可以被准确地鉴定出来。除此之外,非标记探针不需荧光标记,只需对 3'端进行封闭,因此价格低廉。标准的非标记探针法,探针是在 PCR 反应前加入的,实现了真正的闭管操作,不会对样品造成任何污染,同时也使操作更加方便快捷。

本研究运用非标记探针 HRM 技术,在中国对虾转录组 454 高通量 GS FLX 系统大规模测序的基础上,依据预测的 SNP 位点设计引物和非标记探针,验证了 39 个具有多态性的 SNP 位点。本研究是非标记探针 HRM 技术在中国对虾遗传多态性分析中的首次应用,结果表明运用非标记探针 HRM 法在优化后的非对称 PCR 反应条件下,可以快速、有效地对中国对虾 SNP 位点进行验证和基因分型。在中国对虾 SNP 分型研究方面,已经有了几种不同的应用方法,如张建勇等[12]采用四引物扩增受阻突变体系 PCR(Tetra-primer ARMS-PCR)技术,对中国对虾的 80 个 SNP 位点进行验证,结果显示 ARMS-PCR 是一种简单快速而有效的 SNP 基因分型方法,但对监测位点要求较高,且很容易受到 PCR 条件的影响;高焕等[13]在研究了中国对虾 3 种抗菌肽基因应答 WSSV 浸染的表达的基础上,运用 SSCP 技术对各类型中国对虾抗菌肽的 SNP 位点进行了筛选,进一步对不同 SNP 类型与抗 WSSV 或易感 WSSV 的关联程度进行了分析,SSCP 方法的优点在于简单快速,但同时具有不能确定突变类型和具体位置的弊端。实际的应用中,可以结合研究目的和实验室现有条件,选择合适的 SNP 标记筛选方法。

本研究利用开发的 39 个具有多态性的 SNP 位点,对一个混合家系养殖群体进行了遗传多态性分析。对 SNP 分型数据进行分析,平均有效等位基因数为 1.574,观测杂合度、期望杂合度和多态信息含量分别为 0.000~0.947、0.049~0.506 和 0.047 6~0.375。对比显示,SNP 标记揭示的群体多样性指数,如观测杂合度、期望杂合度和多态信息含量等均低于 SSR 标记[14]分析的结果,这是因为 SNP 标记为双等位形式,每个位点所携带的多态信息较少。

本研究用候选 SNP 位点均为来自编码区的 mis-sence 位点,即这类 SNP 的产生造成了氨基酸的改变。对这些 SNP 位点所在的基因功能注释表明,这些基因绝大多数都是机体参与免疫防御功能的基因,因此对这些 SNP 位点的开发,有利于找到中国对虾抗病相关的基因,为阐明中国对虾抗 WSSV 的遗传机理提供指导方法,进而推动中国对虾分子标记辅助育种工作的进程。

参考文献

[1] Brookes A, Day I. SNP attack on complex traits[J]. Nat Genet, 1998, 20(3):217-218.

[2] Kang J H, Lee S J, Park S R, Ryu H Y. DNA polymorphism in the growth hormone gene and its association with weight in olive flounder paralichthys olivaceus[J]. Fish Sci, 2002, 68:494-498.

[3] Syvanen A C, Aalto-Setala K, Harju L, Kontula K, Soderlund H A. primer-guided nucleotide incorporation assay in the genotyping of apolipoprotein E[J]. Genomics, 1990, 8(4):684-692.

[4] Orita M, Iwahana H, Kanazawa H, Hayashi K, Sekiya T. Detection of polymorphisms of human DNA by gel electrophoresis as single-strand conformation polymorphisms[J]. Proc Natl Acad Sci U S A, 1989, 86(8):2 766-2 770.

[5] O'Donovan M C, Oefner P J, Roberts S C, Austin J, Hoogendoorn B, Guy C, Speight G, Upadhyaya M, Sommer S S, McGuffin P. Blind analysis of denaturing high-performance liquid chromatography as a tool for mutation detection[J]. Genomics, 1998, 15;52(1):44-49.

[6] Garritano S, Gemignani F, Voegele C, Nguyen-Dumont T, Le Calvez-Kelm F, De Silva D, Lesueur F, Landi S, Tavtigian SV. Determining the effectiveness of high resolution melting analysis for SNP genotyping and mutation scanning at the TP53 locus[J]. BMC Gennomics, 2009, 10: 1-12.

[7] Zhou L, Myers A N, Vandersteen J G, Wang L, Wittwer C T. Closed-tube genotyping with unlabeled oligonucleotide probes and a saturating DNA dye[J]. Clinical Chemistry, 2004, 50(8):1 328-1 335.

[8] 王卓,昝林森. 秦川牛 H-FABP 基因第 1 外显子 SNP 及其与部分肉用性状相关性的研究 [J]. 西北农林科技大学学报(自然科学版), 2008, 36(11):11-15.

[9] 石拓,孔杰,刘萍,韩玲玲,庄志猛,邓景耀. 用 RAPD 技术对中国对虾遗传多样性分析-朝鲜半岛西海岸群体的 DNA 多态性 [J]. 海洋与湖沼, 1999, 30(6):609-616.

[10] 黄妤,黄国庆. 高分辨率熔解—SNP 及突变研究的最新工具 [J]. 生命的化学, 2007, 27(6):573-576.

[11] Margraf R L, Mao R, Wittwer C T. Masking selected sequence variation by incorporating mismatches into melting analysis probes[J]. Human Mutation, 2006, 27: 269-278.

[12] 张建勇,王清印,王伟继,孟宪红,孔杰,张全启. 四引物扩增受阻突变体系 PCR 技术在中国明对虾 SNP 基因分型中的研究 [J]. 中国水产科学, 2011, 18(4):751-759.

[13] 高焕,赖晓芳,孟宪红,罗坤,孔杰. 中国明对虾抗菌肽基因应答 WSSV 浸染的表达及其 SNP 分析 [J]. 中国水产科学, 2011, 18(3):646-653.

[14] 刘萍,孟宪红,孔杰,庄志猛,马春艳,王清印. 中国对虾微卫星 DNA 多态性分析 [J]. 自然科学进展, 2004, 14(3):333-338.

(吴莹莹,孟宪红,孔杰,王清印,栾生,罗坤)

斑点鳟(*Oncorhynchus mykiss*)幼鱼消化酶活力的昼夜化

斑点鳟(*Oncorhynchus mykiss*),俗称尊贵鱼,是鲑科(俗称三文鱼)鱼类的一种,因全身布满斑点而得名。斑点鳟属冷水性溯河洄游鱼类,是最新人工选育出来的三文鱼新品种,具有抗逆、速生、耐高温、广盐等优良性状[1]。由于该鱼适温范围广,生存温度0～23℃,适宜水温8～21℃,最适生长水温10～18℃,适盐范围较广,在淡水、海水中均可养殖,盐度0～33内均能存活;抗病力强,生长速度快,饲料转化率高达1.1:1,1年即可长至2～3 kg,2年可达3～5 kg。成体最大可达75 cm,体重18 kg以上。斑点鳟具备诸多特性,特别适合我国北方养殖。该鱼肉质细嫩、口感独特、营养价值高、少肌间刺、出肉率高,是制作生鱼片、烟熏三文鱼的首选鱼类,深受消费者喜爱。

消化酶对鱼类的生长发育具有极其重要的作用。鱼类的消化酶主要是由胃、幽门盲囊、胰脏、肠道等器官分别分泌的不同酶类,由于蛋白质、脂肪和糖类等大分子物质的结构较为复杂,不能直接渗透而被利用,通过消化酶的消化作用变成简单的可溶性物质,再经过循环系统运输到组织细胞,从而获得用于维持其自身生长发育和繁殖后代等生命活动的物质和能量[2]。随着水产养殖和鱼类营养学的发展,鱼类消化酶的相关研究日益受到重视。蛋白质、糖类和脂肪等是鱼类生长过程中必需的营养物质,而消化酶活力的大小则决定了饲料的消化率高低,进而决定了鱼类的生长发育。目前关于鱼类消化酶的研究已有大量报道[3-7],但关于斑点鳟消化酶活力的研究还未见报道。斑点鳟的幼鱼期在海水驯化过程中具有非常重要的作用,在整个生长发育过程中处于关键时期。本文研究了斑点鳟幼鱼胃、肠、肝胰脏组织中胃蛋白酶、胰蛋白酶、淀粉酶、脂肪酶4种重要的消化酶活力的昼夜变化,旨在为正确掌握斑点鳟幼鱼期消化酶的活力的昼夜变化规律,为合理掌握投喂饲料的时间和投喂量及人工养殖提供重要参考,对斑点鳟的大规模养殖生产具有现实的指导意义。

1 材料和方法

1.1 实验鱼及养殖管理

实验用斑点鳟取自青岛国家海洋科学研究中心苗种化产业基地山东省海洋生物研究院育种研究中心。养鱼池面积30 m², 池深100 cm, 养殖用水不含泥, 含沙量少, 水质清澈, 符合国家渔业二级水质标准。海水、井水水质优良,不含任何沉淀物和污物,水质透明清澈,不含有害重金属离子,硫化物不超过 0.02 mg·L^{-1},总大肠杆菌数小于 5 000 CFU·L^{-1},养殖用水使用前充分曝气,溶氧量达到 5~7 mg·L^{-1}。池内 1~2 m^2 安装气石 1 个,连续充气,使养鱼池内的溶解氧水平维持在 6 mg·L^{-1} 以上。盐度控制在 0~33,水温 10~18℃,pH 6.5~8.5。养殖管理过程中所用饲料采用鲑鳟鱼专用配合饲料,投饵率为 4%。

实验用斑点鳟幼鱼平均体重为 306 g,平均体长 28.9 cm。为了消除饥饱程度对消化酶活性的影响,每 4 h 投喂 1 次。投食前从养殖池中随机取样,每组 4 尾,每组均设三个平行组。取样时间为 13:00、17:00、21:00、1:00、5:00 和 9:00。

1.2 样品制备

冰盘中解剖实验鱼,取出胃、肠和肝胰脏,剔除脂肪和消化道的内含物。用 0.86% 的生理盐水冲净各器官的黏着物,滤纸吸干水分。分别剪碎组织后快速置于液氮中研磨,称取 200 mg 研磨组织于 5 mL 离心管中,置−80℃冰箱中保存,备用。

每离心管分别加入 2 mL 预冷的生理盐水进行匀浆,匀浆液 4℃,5 000 r·min^{-1} 离心 30 min,取上清液即粗酶提取液进行酶活力的测定。

1.3 消化酶活力测定

消化酶活力主要测定胃蛋白酶、胰蛋白酶、淀粉酶(AMS)和脂肪酶(LPS),均采用南京建成生物科技有限公司试剂盒进行测定。各组织中蛋白含量测定,参考 Bradford(1976)[8] 方法,以牛血清白蛋白为标准,采用考马斯亮蓝法测定。胃蛋白酶活力计算公式:

$$\frac{测定管 OD 值 - 测定空白 OD 值}{标准管 OD 值 - 测定空白 OD 值} \times 50 \text{ μg·mL}^{-1} \div 10 \text{ min} = \frac{反应应液总体积 0.64 \text{ mL}}{取样样量 0.04 \text{ mL}}$$

胰蛋白酶活力计算公式:

胰蛋白活力(U·mg^{-1} prov)

$$= \frac{测定(A_2 - A_1) - 空白(A_2 - A_1)}{20 \text{ min} \times 0.003} \times \frac{反应应液总体积(1.5 + 0.015)}{样本取样量 0.015} \div 样本中蛋白浓度 \times 样本取样量$$

淀粉酶(AMS)活力计算公式:

$$淀粉酶活力(U·mg^{-1} \text{ prov}) = \frac{空白管吸光度 - 测定管吸光度}{空白管吸光度} \times \frac{0.4 \times 0.5}{10} \times \frac{30 \text{ min}}{7.5 \text{ min}}$$

÷ 取样量 × 待测测样本蛋白浓度

脂肪酶(LPS)活力计算公式:

$$脂肪酶活力(U·mg^{-1} \text{ prov}) = \frac{A_1 - A_1}{As} \times 454 \text{ μmol·L}^{-1} \times$$

$$\frac{底物液量(2 \text{ mL}) - 试剂四量(0.025 \text{ mL}) + 样本取样量(0.025 \text{ mL})}{样本取样量(0.025)} \div$$

10 min ÷ 待测匀浆液样本蛋白浓度

1.4 实验数据分析

实验数据均以 3 个平行组数据的平均值 ± 标准差（$\bar{x} \pm SD$）表示，采用 IBM SPSS 19.0 软件进行单因素方差分析（One-Way ANOVA）及 Duncan 检验统计分析，以 $P < 0.05$ 作为差异显著水平。

2 结果

2.1 斑点鳟幼鱼胃、肠和肝胰脏中胃蛋白酶活力昼夜变化

胃蛋白酶活力在胃组织中活性最大。在前肠、中肠、后肠和肝胰脏中其活力值接近于 0，并且在 24 h 内无显著变化（$P > 0.05$）。在胃中，13:00、17:00 和 21:00 时胃蛋白酶活性大小没有较大变化，1:00 和 5:00 时达到最大值，分别为 26.270 U 和 26.632 U。且此时的胃蛋白酶活性显著高于前面三个时间点和后一个时间点（$P < 0.05$）。9:00 时活力又降至初始水平 18.216 U（表 1）。

表 1 斑点鳟幼鱼胃、肠和肝胰脏中胃蛋白酶活力的昼夜变化

检测时间	胃（U）	肠（U）			肝胰脏（U）
		前肠	中肠	后肠	
13:00	19.716[a]	2.782[a]	1.976[a]	1.572[a]	1.092[a]
17:00	19.708[a]	2.685[a]	1.550[a]	1.502[a]	1.355[a]
21:00	19.878[a]	2.473[a]	1.821[a]	1.428[a]	1.250[a]
1:00	26.270[b]	2.279[a]	1.424[a]	1.393[a]	1.294[a]
5:00	26.632[b]	2.450[a]	1.520[a]	1.409[a]	1.375[a]
9:00	18.216[a]	2.215[a]	1.815[a]	1.378[a]	1.233[a]

注：不同小写字母表示该种酶在同一组织不同时间段存在显著差异（$P < 0.05$）。

2.2 斑点鳟幼鱼胃、肠和肝胰脏中胰蛋白酶活力昼夜变化

胃中的胰蛋白酶活力在 24 h 内呈波动变化，13:00 时胃中的胰蛋白酶活性最低，为 507.71 $U \cdot mg^{-1}$ prov；17:00 时达到最大值 2 520.57 $U \cdot mg^{-1}$ prov；21:00 后活性开始降低，1:00 后又逐渐升高；9:00 时出现峰值，2 462.59 $U \cdot mg^{-1}$ prov。最大值和最小值之间具有显著差异（$P < 0.05$）（表 2）。

表 2 斑点鳟幼鱼胃、肠和肝胰脏中胰蛋白酶活力的昼夜变化

检测时间	胃（$U \cdot mg^{-1}$ prov）	肠（$U \cdot mg^{-1}$ prov）			肝胰脏（$U \cdot mg^{-1}$ prov）
		前肠	中肠	后肠	
13:00	507.71[a]	891.88[a]	837.23[a]	906.60[ab]	1 585.23[b]
17:00	2 520.57[e]	916.53[a]	786.23[a]	943.60[ab]	2 143.53[e]
21:00	2 401.88[d]	871.56[a]	2 126.90[e]	875.20[a]	853.52[a]
1:00	1 435.32[b]	1 214.90[b]	1 074.90[ab]	905.20[a]	1 428.92[b]

续表

检测时间	胃 (U·mg^{-1} prov)	肠(U·mg^{-1} prov)			肝胰脏(U·mg^{-1} prov)
		前肠	中肠	后肠	
5:00	2 183.30^e	1 010.90^a	1 277.20^b	906.50^{ab}	629.56^a
9:00	2 462.59^{de}	901.52^a	771.59^a	1 206.5^{ab}	823.56^a

注:不同小写字母表示该种酶在同一组织不同时间段存在显著差异($P<0.05$)。

前肠中,胰蛋白酶活性在 1:00 时达到最大值,且与其他时间点的活性值具有显著差异($P<0.05$)。中肠胰蛋白酶活从 17:00 开始增大,21:00 时达到最大值 2 126.9 U·mg^{-1} prov,以后开始逐渐减小,且最大值与其他时间的活性值之间具有显著差异($P<0.05$)。后肠中的胰蛋白酶活性在 24 h 内呈现平稳变化,9:00 达到最大值 1 206.5 U·mg^{-1} prov,并且显著高于其他时间的活性值($P<0.05$)(表2)。

肝胰脏中,胰蛋白酶活性显著高于其他组织,24 h 内,胰蛋白酶活性于 17:00 时达到最大值 2 143.53 U·mg^{-1} prov,显著高于其他时间的酶活性($P<0.05$),5:00 达到最低值 629.56 U·mg^{-1} prov (表2)。

2.3 斑点鳟幼鱼胃、肠和肝胰脏中淀粉酶活力昼夜变化

胃中的淀粉酶活性小于其他组织,在 24 h 内,胃中的淀粉酶活性总体变化较平稳,13:00 时最大值 0.182 U·mg^{-1} prov。前肠中的淀粉酶活性 17:00 时达到最大值,0.441 U·mg^{-1} prov 且显著高于其他时间点的活性($P<0.05$)。中肠中淀粉酶具有较高的活性,21:00 时达到最大值 0.458 U·mg^{-1} prov,并且显著高于其他时间点时的活性($P<0.05$)。后肠中淀粉酶活性呈现较平稳的变化,在整个实验时间内无显著变化($P>0.05$)。肝胰脏中的淀粉酶活性值最大,在 24 h 内总体变化较平稳,13:00 和 1:00 时淀粉酶的活性于其他时间具有显著差异($P<0.05$)(表3)。

表3 斑点鳟幼鱼胃、肠和肝胰脏中淀粉酶活力的昼夜变化

检测时间	胃(U·mg^{-1} prov)	肠(U·mg^{-1} prov)			肝胰脏(U·mg^{-1} prov)
		前肠	中肠	后肠	
13:00	0.182^a	0.415^c	0.430^{cd}	0.337^a	0.570^b
17:00	0.158^{ab}	0.441^d	0.393^c	0.359^a	0.543^a
21:00	0.162^{ab}	0.415^c	0.458^d	0.346^a	0.551^a
1:00	0.164^{ab}	0.373^b	0.407^{bc}	0.292^a	0.566^b
5:00	0.124^c	0.325^a	0.366^b	0.274^a	0.556^{ab}
9:00	0.138^{bc}	0.413^c	0.313^a	0.326^a	0.547^a

注:不同小写字母表示该种酶在同一组织不同时间段存在显著差异($P<0.05$)。

2.4 斑点鳟幼鱼胃、肠和肝胰脏中脂肪酶活力昼夜变化

胃中的脂肪酶活力从 17:00 时开始下降并于 1:00 时达到最小值,16.79 U·mg^{-1} prov。

然后逐渐增大于 9:00 达到最大值 108.5 U·mg^{-1} prov,最大值与最小值之间具有显著差异($P < 0.05$)。

前肠中脂肪酶活性较低,并且在整个实验时间内无显著变化($P > 0.05$)。中肠中脂肪酶活性较低,17:00 时达到最大值 39.55 U·mg^{-1} prov,且显著高于 1:00、5:00 和 9:00 时的活性值($P < 0.05$)。后肠中脂肪酶活性也较低,并且在整个实验时间内无显著变化($P > 0.05$)。肝胰脏中的脂肪酶活性总体高于其他组织,17:00 达到最大值 123.87 U·mg^{-1} prov,最大值和最小值之间具有显著差异($P < 0.05$)(表4)。

表4 斑点鳟幼鱼胃、肠和肝胰脏中脂肪酶活力的昼夜变化

检测时间	胃 (U·mg^{-1} prov)	肠(U·mg^{-1} prov)			肝胰脏(U·mg^{-1} prov)
		前肠	中肠	后肠	
13:00	70.93^c	35.26^a	24.56^{ab}	36.56^a	49.55^a
17:00	70.87^c	37.22^a	39.55^b	40.56^a	123.87^c
21:00	17.18^a	30.50a^a	28.48^{ab}	30.89^a	68.56^{ab}
1:00	16.79^a	25.54^a	18.55^a	27.55^a	64.54^{ab}
5:00	37.87^b	24.24^a	17.20^a	25.54^a	60.56^{ab}
9:00	108.50^d	35.54^a	16.12^a	37.58^a	91.21^{bc}

注:不同小写字母表示该种酶在同一组织不同时间段存在显著差异($P < 0.05$)。

3 讨论

Helaman[9],Okada[10],Schwassman[11]研究认为,鱼类摄食节律分为白天摄食型、晨昏摄食型、夜间摄食型、无明显节律变化 4 种类型。郑微云[12]等对真鲷(*Pagrosomus major*)早期幼体的消化酶研究发现消化酶活性变化有明显的昼夜节律。一般认为饵料是动物消化酶活力最直接的影响因子,消化酶活力的变化可能和鱼类的摄食密切相关。本实验整个投喂过程均投喂足量的饵料,因此能尽可能地排除因为饵料密度而对消化酶活力的昼夜变化规律的影响。

在鱼类的胃中作用最强的是胃蛋白酶,细胞中酶原颗粒需要在盐酸或相关的活性蛋白酶的作用下才能转变为有活性的胃蛋白酶。实验结果,24 h 内胃蛋白酶的活性在胃中的活性较高,而在前肠、中肠、后肠和肝胰脏中的活性始终都处于一个较低的水平,这是因为有研究证明有胃硬骨鱼类胃蛋白酶最适 pH 在 2～3[13],在较强的酸性范围之内,鱼类胃内 pH 主要受到胃液浓度的影响,进食一段时间后胃液偏酸性[14],而肠和肝胰脏中的 pH 呈中性或偏碱性,所以胃蛋白酶在胃中具有较高的活性,且其活性最高的时间集中在 1:00 和 5:00,在晚上较强。

研究表明,分泌蛋白酶的主要器官是胰脏,胰蛋白酶需要在肠致活酶的作用下才能成为有活性的蛋白酶,而肠黏膜可以分泌肠致活酶。此外,肠内还有来源于肝胰脏和幽门垂等种器官分泌的胰蛋白酶[15]。实验结果显示,斑点鳟幼鱼的胰蛋白酶在肝胰脏、中肠和胃中有

较强的活性,在前肠和后肠中活性相对较低。马燕梅[16]等研究黑鲷(*Sparus macrocep*)消化酶发现,蛋白酶的活性由高到低为:胃＞肠＞肝胰脏。在本研究中胃中的胰蛋白酶在 17：00、21：00、5：00 和 9：00 有较高的活性,在肝胰脏中,胰蛋白酶活性的峰值出现在 17：00,其活性在晚上时显著低于白天,并表现出明显的昼夜规律。中肠中的胰蛋白酶活性在 21：00 时出现了最大值。曹香林[17]等在研究草鱼消化酶活力的昼夜节律时发现其中肠蛋白酶活性的峰值出现在 17：00,本研究的结果与其一致。

实验结果显示:淀粉酶活性在肝胰脏中最高,在 24 h 内保持较高活性,最大值出现在 13：00 和 1：00,这是因为肝胰脏是淀粉酶生成的中心器官,分泌机能强弱直接影响鱼类对食物中淀粉的消化能力[18]。付新华[19]等对大菱鲆(*Scophthulmus maximus*)消化酶活性的研究发现,肠中淀粉酶活性由高到低为前肠、中肠、后肠。马燕梅[16]等对黑鲷(*Sparus macrocep*)的研究发现,淀粉酶活性由高到低为:肝胰脏＞肠＞胃。本实验的研究结果与以上的研究结果均一致。由此可以看出,斑点鳟幼鱼淀粉酶没有明显的昼夜节律,但在肝胰脏中始终保持较高的活性。

徐革锋[20]研究表明,脂肪酶几乎存在于鱼类所有的消化组织器官中,且其活性大小与鱼类摄食的食物中脂肪含量呈正相关。实验结果,斑点鳟幼鱼的脂肪酶活性在胃和肝胰脏中呈现出明显的昼夜变化节律,在前肠、中肠、后肠中的活性较低,且昼夜节律变化不明显。在胃中最大值出现在 9：00,最低值在 21：00 和 1：00;肝胰脏中,最高值出现在 17：00,最低值在 13：00。王重刚[21]等对真鲷幼鱼的脂肪酶活性昼夜变化研究发现,活性在夜间相对较高,最大值出现在 22：00,显示出真鲷幼鱼夜间消化食物能力较强。李希国[22]等研究黄鳍鲷(*Sparus latus*)幼鱼的消化酶活性昼夜变化时发现脂肪酶活性在 20：00 较高,也具有夜间消化食物的能力。实验研究结果与其不一致,这可能是由于不同的鱼类其消化酶活性具有一定的差异性,或由于养殖环境等其他方面因素的影响,以及鱼类自身的发育过程不相同,其消化酶活性的变化也会呈现出一定的差异性。消化酶在鱼类胃、肠、肝胰脏等消化器官中的活力分布随着鱼类种类不同,呈现出很大差异[17]。主要是由于鱼类的食性、生长阶段和组织功能的不同所致;另外,饲料成分对消化酶分布也有显著影响。Kenji[23]等研究了鳗鱼(*Anguilla anguilla*)食物添加剂对其消化酶的影响,结果表明,饵料中的添加剂增进了鳗鱼的摄食能力,而且促进了其消化和吸收。环境条件的变化如养殖水体盐度、pH 值、温度和光照的变化,也会对鱼类的消化酶活性产生一定的影响,李希国[22]等研究了盐度对黄鳍鲷幼鱼主要消化酶(蛋白酶、淀粉酶、脂肪酶)的影响及消化酶活性的昼夜变化,表明随着盐度的变化,消化酶的活性也随之产生一定的变化。不同生物种类,不同的组织器官以及不同的酶类具有不同的最适 pH,对红鳍笛鲷(*Lautiantu erythopterus*)[24]、大鳍鳠(*Mystus macropterus*)[25]的消化酶活性研究表明,在不同的 pH 下,其消化酶活性也呈现一定的变化,且在不同的组织中其影响程度不同。陈品健等[26]研究证明了真鲷幼鱼消化酶活性与饲养水温有直接的关系。真鲷摄食的适宜光照在 1～100 lx,最适光照为 10～100 lx,强光对仔鱼造成较大的有害刺激,从而影响了真鲷的摄食活动[27]。乔志刚[28]等研究了光照对鲇(*Silurus asotus*)幼鱼摄食的影响,指出鲇幼鱼昼夜均有连续摄食特性,但具有明显的摄食高峰(夜间)和低谷(白天),鲇属于典型的夜晚摄食型。由此认为,鱼类消化酶活性的变化会受到诸多方面因素的影响,以后要加深鱼类消化酶活性在环境因素方面的研究。

综上所述,在不同组织中,斑点鳟幼鱼4种消化酶活性的变化不同,淀粉酶、脂肪酶在白天具有较高的活性,胃蛋白酶、胰蛋白酶在夜间有较高活性,并呈现出一定的昼夜变化节律。因为此时的斑点鳟处于幼鱼时期,而幼鱼的胃容量是一定的,且由于白天鱼类的活动强度大,能量消耗多。夜间可以适当地进行投喂,对于斑点鳟幼鱼的生长发育也是有利的,从而提高斑点鳟的生长速度和成活率。

参考文献

[1] 王波,郭文,刘学政,等.斑点鳟鲑引种养殖前景初步分析[J].齐鲁渔业,2011,28(5):50-51.

[2] 陈进树.鱼类消化酶研究进展[J].生物学教学,2009,4(12):4-5.

[3] 李希国,李加儿,区又君.pH对黄鳍鲷主要消化酶活性的影响[J].南方水产,2005,1(6):18-22.

[4] 李希国,李加儿,区又君.温度对黄鳍鲷主要消化酶活性的影响[J].南方水产,2006,2(1):43-48.

[5] Hsu Y L, Wu J L. The relationship between feeding habits and digestive proteases of some fresh water fishes [J]. Bull Inst Zool Acad Sim, 1979, 18(1):45-53.

[6] Jonas E, Ragyanszki M, Olah J, et al. Proteolytic digestive enzymes of carnivorous (*Silurus glanis* L.), herbivorous (*Hypophthalmichthys molitrix* Val.) and omnivorous (*Cyprinus carpio* L.) fishes[J]. Aquaculture, 1983, 30(1-4):145-154.

[7] Kuzmina V V. Influence of age on digestive enzyme activity in some freshwater teleosts[J]. Aquaculture, 1996, 148(1):25-37.

[8] Bradford M M. A rapid and sensitive method for the quantitation of microgram quantities of protein utilizing the principle of protein dye binding[J]. Anal Biochem, 1976, 72:248-254.

[9] Helaman G S. Fish behavior by day, night and twilight[M]. The Johns Hopkins Liniv Press, 1986.

[10] Okada X. On the teeding activity of the young sea bream *Chrysophrys major* Temminck et Schleget in the Yellow Sea[J]. Bull Jpn Soc Sci Fish, 1965, 31(12):999-1005.

[11] Schwassman H O. Biological rhythms: their adaptive significance[M]. ALIED M A. Environmental physiology of fishes. New York: Plenum Press, 1980:613-630.

[12] 郑微云,苏永金,李文权,等.真鲷幼体的摄食与营养[J].水产学报,1994,18(2):124-130.

[13] 尾崎久雄.鱼类消化生理[M].上海:上海科学技术出版社,1985.

[14] 周景祥,陈勇,黄权,等. 鱼类消化酶的活性及环境条件的影响[J]. 北华大学学报,2001,2(1):70-73.

[15] 唐黎,王古桥,程骏驰,等. 水产动物消化酶的研究[J]. 饲料工业,2007,28(2)28-31.

[16] 马燕梅,梅景良. 黑鲷消化酶活性的初步研究[J]. 福建农林大学学报,2004,33(2):219-223.

[17] 曹香林,郭蓓,彭墨,等. 不同发育阶段草鱼消化酶活力的变化及其昼夜节律[J]. 河南农业科学,2009,7(1):120-123.

[18] Kuz'mina V V. Influence of age on digestive enzyme activity in some freshwater teleosts[J]. Aquaculture, 1996, 148: 25-37.

[19] 付新华,孙谧. 大菱鲆消化酶的活力[J]. 中国水产科学,2005,12(1):26-33.

[20] 徐革锋,陈侠君,杜佳,等. 鱼类消化系统的结构功能及消化酶的分布与特性[J]. 水产学杂志,2009,12(4):49-55.

[21] 王重刚,陈品健,郑森林. 真鲷幼鱼消化酶活性的昼夜变化[J]. 水产学报,1999,23(2):199-201.

[22] 李希国,李加儿,区又君. 盐度对黄鳍鲷幼鱼消化酶活性的影响及消化酶活性的昼夜变化[J]. 海洋水产研究,2006,27(1):40-45.

[23] Kenji T, Sadao S. The effect of feeding stimulant in diet on digestive enzyme activities of eel[J]. Bull Japan Soc Science Fish, 1986, 52(8): 1 449-1 454.

[24] 汤保贵,陈刚. pH、底物浓度及暂养盐度对红鳍笛鲷消化道淀粉酶活力的影响[J]. 动物学杂志,2004,39(2):70-73.

[25] 林仕梅,王友慧. 大鳍鳠蛋白酶活力的研究[J]. 中国水产科学,2003,10(2):169-173.

[26] 陈品健,王重刚,郑森林. 夏、冬两季真鲷仔、稚、幼鱼消化酶活性的比较[J]. 海洋学报,1998,25(5):90-92.

[27] 李大勇,何大仁,刘晓春. 光照对真鲷仔稚幼鱼摄食的影响[J]. 台湾海峡,1994,13(1):26-31.

[28] 乔志刚,张国梁,张英英,等. 不同光照周期下鲇幼鱼的日摄食节律[J]. 水产科学,2008,27(10):511-515.

(李莉,王雪,菅玉霞,张少春,高凤祥,胡发文,潘雷,郭文)

大泷六线鱼(*Hexagrammos otakii*)仔鱼饥饿实验及不可逆点的研究

仔鱼初次摄食期饥饿"不可逆点"(the point of noreturn,PNR),即初次摄食期仔鱼耐受饥饿的时间临界点,是由 Blaxter 等[1]于 1963 年首先提出的,从生态学的角度测定仔鱼的耐饥饿能力。PNR 是仔鱼耐受饥饿能力的临界点,仔鱼饥饿到该点时,多数个体已体质虚弱,尽管仍可存活一段时间,但不可能再恢复摄食能力而死亡。在对生物个体初次摄食期耐受饥饿的时间临界点的研究中,一些学者对多种淡水鱼,如鲤鱼(*Cyprinus carpio* L.)、鲢鱼(*Hypophthalmichthysmolitrix*)、鳙鱼(*Aristichthys nobilis*)、草鱼(*Ctenopharyngodonidella*)[2],海水鱼如漠斑牙鲆(*Paralichthyslethostigma*)[3]、真鲷(*Pagrosomus major*)、牙鲆(*Paralichalmus olivaceu*)[4]、早繁鱼[5]、黄鲷(*Dentex tumifron*)[6]、鳀鱼(*Engraulis japonicus*)[7]、条石鲷(*Oplegnathus fasciatus*)[8]等已经做了详细的研究。

大泷六线鱼(*Hexagrammos otakii*)又名欧氏六线鱼、六线鱼,俗称青岛黄鱼,隶属鲉形目(*Scorpaeniformes*)、六线鱼科(*Hexagrammidate*)、六线鱼属(*Hexagrammos*),为冷温性近海底层岩礁鱼类。主要分布于黄海和渤海沿岸,也见于朝鲜、日本和俄罗斯远东诸海,在中国主要产自山东和辽宁等地的近海多岩礁海区[9]。

目前,关于大泷六线鱼的研究主要集中在其基础生物学方面[10-13],全人工育苗仍处于实验阶段,尚未取得大规模苗种培育的成功[14]。有关大泷六线鱼仔鱼不可逆点的确定,邱丽华等[15]曾在水温 13.5～14℃条件下进行过研究。但是关于饥饿对大泷六线鱼卵黄囊及油球的吸收等方面的影响尚未见报道。早期仔鱼阶段是整个人工育苗的关键时期,在(16±0.5)℃条件下,作者就饥饿对大泷六线鱼仔鱼的生长、卵黄囊和油球吸收的影响进行了研究,并计算了饥饿仔鱼的 PNR,以期丰富大泷六线鱼早期发育阶段的生物学基础数据和资料,为大泷六线鱼人工育苗的研究和生产提供必要的基础性资料。

1 材料和方法

1.1 材料

2011 年 12 月,在山东省海洋生物研究院海水良种繁育中心内进行实验。实验用的大泷六线鱼亲鱼为海上网箱养殖 2～3 年的成鱼,鱼苗为经人工授精孵化而获得的仔鱼个体。

1.2 方法

1.2.1 大泷六线鱼仔鱼饥饿实验

大泷六线鱼仔鱼孵化后,将500尾初孵仔鱼放置在规格为47 cm×33 cm×24 cm 的塑料箱内进行仔鱼的饥饿实验。根据温度对大泷六线鱼受精卵孵化实验的影响可以得出,16℃时孵化率最高,畸形率最低[16],因此仔鱼饥饿实验水温保持在(16±0.5)℃,用WEIPRO MX300 IC 型控温仪调控水温,微充气,每天换等温海水1/2,不投饵直至100%死亡,实验用水为经沉淀砂滤的自然海水,并经过紫外线杀菌后保证水中无任何生物饵料,盐度31。另设正常摄食实验组为对照组,将500尾仔鱼放养于上述同一规格的塑料箱内,微充气,对照组仔鱼投喂小球藻(*Chlorella* sp.)和褶皱臂尾轮虫(*Brachionus plicatilis*)。

每天分别取饥饿仔鱼和正常摄食仔鱼20尾,用OPTEC显微图像采集处理系统测量仔鱼的全长,比较饥饿仔鱼和正常摄食仔鱼的生长情况。并同时测量卵黄囊长径和短径及油球直径,计算卵黄囊和油球体积。计算公式参照Alderdice等[17]的方法:卵黄囊体积=$\frac{4}{3}\pi \cdot \left[\frac{r}{2}\right]^2 \cdot \frac{R}{2}$,其中$r$为卵黄囊短径,$R$为卵黄囊长径。油球体积=$\frac{4}{3}\pi \cdot \left[\frac{R}{2}\right]^3$,其中$R$为油球直径。

1.2.2 大泷六线鱼仔鱼初次摄食率

大泷六线鱼仔鱼开口后,每天取20尾仔鱼,放入1 000 mL烧杯中,微充气,投喂经小球藻强化的褶皱臂尾轮虫,轮虫密度每毫升8~10个。烧杯放置于恒温(16±0.5)℃的水浴槽中。4 h后将仔鱼取出,用5%福尔马林固定,用SMZ-T4型解剖镜逐尾检查大泷六线鱼仔鱼的摄食情况,并计算初次摄食率。摄食率=(肠管内含有轮虫的仔鱼尾数/总测定仔鱼尾数)×100%。

1.2.3 PRN的确定

依据殷名称[18]采用的方法确定PNR。作者以大泷六线鱼孵化后的天数表示,每日测定饥饿实验组大泷六线鱼仔鱼的初次摄食率,当所测定的饥饿组仔鱼的初次摄食率低于最高初次摄食率的一半时,即为PNR的时间。

1.2.4 数据处理

所有数据均以3个平行组数据的平均值±标准差($\bar{x}$±SD)表示,并采用单因素方差分析(ANOVA)和Duncan检验法统计分析。

2 结果

2.1 饥饿仔鱼卵黄囊、油球的吸收

大泷六线鱼初孵仔鱼体长(6.18±0.25)mm,卵黄囊长径(1.87±0.09)mm,卵黄囊短径(1.32±0.06)mm,卵黄囊体积为(1.705 2±0.027 54)mm³。此时卵黄囊膨大成梨形,仔鱼出膜后很快展直身体,侧卧水底,活力较弱,1~2 h后开始间歇性运动,并上浮到水面。1日龄仔鱼卵黄消耗最大,体积减小为初孵时的50.41%。2日龄仔鱼卵黄消耗速率相对减慢,体积减为初孵仔鱼的25.14%。

饥饿仔鱼和摄食仔鱼卵黄的吸收见表1和图1,两组仔鱼卵黄的消耗速率差异显著($P<0.05$)。摄食组仔鱼5日龄时残存极少量卵黄,6日龄时就完全吸收;饥饿组仔鱼卵黄的吸收速率慢于摄食仔鱼,在第7天才完全被吸收。

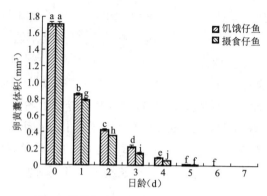

图1 饥饿仔鱼和摄食仔鱼卵黄的吸收

注:图中无相同字母表示存在显著性差异($P<0.05$),下同。

饥饿仔鱼和摄食仔鱼油球的吸收见图2,大泷六线鱼初孵仔鱼油球径(0.47 ± 0.02)mm,油球体积为(0.0543 ± 0.0005)mm^3。油球呈鲜黄色,1个(极少数2~5个),位于卵黄囊前端下缘。1日龄仔鱼油球体积减小为初孵时的76.61%。两组仔鱼油球的消耗速率在2日龄前差异不显著($P>0.05$),3日龄仔鱼开口后差异显著($P<0.05$)。

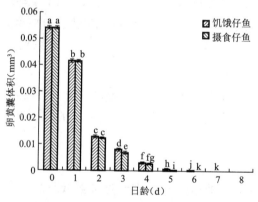

图2 饥饿仔鱼和摄食仔鱼油球的吸收

表1 大泷六线鱼仔鱼对卵黄的吸收

日龄	摄食组仔鱼			饥饿组仔鱼		
	卵黄囊长径(mm)	卵黄囊短径(mm)	卵黄囊体积(mm^3)	卵黄囊长径(mm)	卵黄囊短径(mm)	卵黄囊体积(mm^3)
初孵仔鱼	1.87±0.09	1.32±0.06	1.7052±0.0275[a]	1.87±0.09	1.32±0.06	1.7052±0.0275[a]
第1天仔鱼	1.79±0.06	0.92±0.07	0.7929±0.0080[g]	1.82±0.03	0.95±0.02	0.8596±0.0116[b]
第2天仔鱼	1.49±0.04	0.68±0.02	0.3606±0.0021[h]	1.58±0.02	0.72±0.04	0.4287±0.0124[c]

续表

日龄	摄食组仔鱼			饥饿组仔鱼		
	卵黄囊长径（mm）	卵黄囊短径（mm）	卵黄囊体积（mm³）	卵黄囊长径（mm）	卵黄囊短径（mm）	卵黄囊体积（mm³）
第3天仔鱼	1.32±0.03	0.46±0.03	0.146 2±0.007 1^i	1.44±0.05	0.55±0.03	0.228 0±0.015 6^d
第4天仔鱼	0.84±0.05	0.37±0.02	0.060 2±0.001 1^j	0.93±0.04	0.44±0.01	0.095 6±0.001 7^e
第5天仔鱼	0.32±0.04	0.16±0.01	0.004 3±0.000 2^f	0.52±0.06	0.22±0.02	0.013 2±0.001 7^f
第6天仔鱼	—	—	—	0.28±0.01	0.14±0.01	0.002 9±0.000 2^f
第7天仔鱼	—	—	—	—	—	—

注："—"表示完全吸收，下同；同一栏中无相同字母表示存在显著性差异（$P<0.05$），下同。

2.2 饥饿仔鱼的初次摄食率及不可逆点

仔鱼经饥饿后的初次摄食率变化情况见图3。3日龄仔鱼开口后的初次摄食率为15%±2%，6日龄时达到最大为65%±3%。此时卵黄仅有少量残痕，以后逐渐缩小，在9日龄时摄食率低于最高初次摄食率的1/2。由图3可知大泷六线鱼仔鱼饥饿不可逆点（PNR）出现在8日龄和9日龄之间。

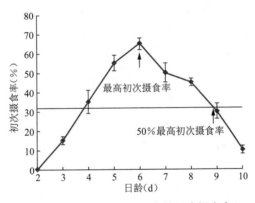

图3 大泷六线鱼饥饿仔鱼的初次摄食率

2.3 饥饿对仔鱼生长的影响

饥饿对两种仔鱼生长的影响见图4。3日龄开口前饥饿仔鱼和摄食仔鱼的生长无差异。从3日龄开始，生长速率开始出现分化，摄食仔鱼的全长保持线性生长，体全长（L）与日龄（d）符合线性关系式：$L=0.340\ 3d+6.253\ 2$（$R_2=0.990\ 4$）。而饥饿仔鱼的生长呈现先升高后降低的趋势，体全长与日龄符合关系式：$L=-0.031\ 3d_2+0.474\ 2d$（$R_2=0.988\ 6$）。到10日龄时，饥饿仔鱼全长为（7.73±0.07）mm，而摄食仔鱼全长却增加至（9.70±0.12）mm。

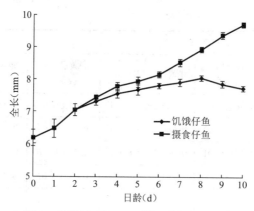

图4 饥饿对大泷六线鱼仔鱼生长的影响

3 讨论

大泷六线鱼受精卵为球形黏性卵,端黄卵,卵膜较厚,油球小而多且较分散,胚胎发育后期油球逐渐融合为 1~5 个[16]。少数3日龄仔鱼上下颌可启动,开口,开始摄食轮虫和小球藻,过渡到混合营养期阶段,初次摄食率仅为15%。仔鱼刚开口时以偶然碰撞的方式来摄取饵料,这与王有基等[19]对泥鳅(*Misgurnus anguillicaudatus*)的研究结果一致。在孵化后的第6天初次摄食率达到最大值,为65%,最高初次摄食率出现在卵黄耗尽的前一日。7日龄仔鱼卵黄全部耗尽,仔鱼全部摄食藻液和轮虫。8日龄仔鱼油球吸收完毕,完全依靠摄取外源性营养生存。随着饥饿时间的延长,幼体的各个器官形成受到影响,幼体的存活率显著降低,生长速度变慢。因此,人工育苗过程中的各个阶段应及时配套和补充相应的生物饵料。

鱼类的初次摄食时间与种类、卵黄囊的大小、培育水温及开口饵料的种类等有关[20]。本实验条件下(16±0.5)℃仔鱼孵出后第3天开口摄食,比邱丽华[15](6日龄,水温13.5~14℃)的研究提早。PNR是衡量鱼类仔鱼耐饥饿能力的常用指标,抵达PNR时间长,表明耐饥饿能力强;反之,则耐饥饿能力弱[21]。影响PNR的因素有内源因子,如受精卵的质量、仔鱼的游泳能力等;外源因子,如仔鱼的卵黄、油球容量、投饵密度及孵化温度等。目前,关于仔鱼初次摄食率及PNR的研究往往忽视内源因子的影响,这显然是不全面的(为了比较不同鱼类PNR时具有更加合理的标准)。近年来,有学者在研究PNR时采用有效积温(sum of effective temperature)[22]概念。PNR有效积温的计算公式可表示为PNR时间(d)×实验过程平均水温(℃)。大泷六线鱼的PNR有效积温为144℃·d。多数鱼类仔鱼PNR有效积温多在100~250℃·d[22],大泷六线鱼的有效积温处于中游的位置。大泷六线鱼多生活在近海的多岩礁海区,此生态环境稳定性较差,受外来因素影响巨大,繁殖季节时生物饵料丰富,因此仔鱼初次摄食时极容易建立外源性营养,仔鱼的耐饥饿能力还是很强的。

温度是影响仔鱼耐饥饿能力的重要因素[18],温度高,仔鱼的发育加快,对内源性营养的消耗加快,从而导致外源性营养阶段的提前,最终结果是PNR时间的提前[23]。柳敏海等[23]对点带石斑鱼(*Epinephelus malabaricus*)的研究以及Gustavo等[24]对大西洋牙鲆(*Paraljchthys dentatus*)的研究也证实了温度越高,PNR的时间越早这一结论。邱丽华等[15]

报道，在 13.5～14℃条件下，10 日龄大泷六线鱼仔鱼进入 PNR 期，本实验研究条件下 (16±0.5)℃大泷六线鱼仔鱼混合营养期为 5～6 d，饥饿不可逆点出现在 8～9 日龄，也验证了以上观点。造成上述差异的原因一是与实验水温有关，二是与大泷六线鱼亲鱼有关，亲鱼培育过程中的积温及所产卵的营养成分等也直接影响到 PNR。不同地区的种群遗传差异性是不同的，不同的种、同种不同种群，其 PNR 点也存在差异。

人工育苗过程中，仔鱼开口后应及时给予足够的生物饵料，以保证仔鱼器官形成、生长发育所需要的能量要求。仔鱼生长发育过程中，从内源性营养转入外源性营养是鱼类发育所要克服的一大障碍。如果仔鱼在混合营养期内没有建立外源性营养关系，将忍受进展性饥饿[19]。饥饿一直被认为是引起早期仔鱼大量死亡的重要原因之一。早期仔鱼的个体生长与其发育程度密切相关，在饥饿条件下大泷六线鱼仔鱼体内贮存的营养物质和能量主要用于提高活动水平，搜索并摄取饵料，如果仔鱼在完全消耗了卵黄和油球后，仍不能建立外源营养则开始消耗本身组织以满足其基础代谢耗能，随后器官发育缓慢甚至会萎缩，待自身储备能量不足时生长就会受到抑制，鱼体出现负增长，这表明延长耐受饥饿的时间与保持一定的发育速率之间存在着生态对策上的替代效应[25]。本实验证实在饥饿条件下，幼体依靠卵黄和油球营养来维持幼体的生存和生长。仔鱼开口前无向外界摄食的能力，卵黄营养足够维持生存需要的代谢耗能，因此开口前仔鱼的全长生长无差异。从 3 日龄开始，摄食仔鱼的全长保持线性生长，生长速率为 0.27 mm·d^{-1}，但饥饿仔鱼从 3 日龄开始至 8 日龄，由于未获得外源性营养的支持而只靠自身营养物质的消耗来维持生长所需能量，生长速度相对缓慢，生长速率为 0.12 mm·d^{-1}。8 日龄以后，饥饿仔鱼没有及时建立外源性营养，生长受到明显抑制，全长生长出现负生长。这是骨骼系统尚未发育的仔鱼为保障活动耗能，提高摄食存活机会的一种适应现象[26]。Farris[27]曾将仔鱼的生长划分成 3 个时期：初孵时的快速生长期，卵黄囊消失前后的慢速生长期及外源摄食后的稳定生长期(不能建立外源摄食的负生长期)。大泷六线鱼仔鱼生长与之基本相符合。

参考文献

[1] Blaxter J H S, Hemple G. The influence of eggs size on herring larvae(*Clupea harengus* L.)[J]. J Cons Perm Int Explor Mer, 1963, 28: 211-240.

[2] 王吉桥, 毛连菊, 姜静颖, 等. 鲤、鲢、鳙、草鱼苗和苗种饥饿致死时间的研究[J]. 大连水产学院学报, 1993, 8: 58-65.

[3] 徐永江, 蔡文超, 柳学周. 饥饿对漠斑牙鲆前期仔鱼生长发育的影响[J]. 海洋水产研究, 2007, 28(6): 51-55.

[4] 鲍宝龙, 苏锦祥, 殷名称. 延迟投饵对真鲷、牙鲆仔鱼早期阶段摄食、存活及生长的影响[J]. 水产学报, 1998, 22(1): 33-38.

[5] 彭志兰, 柳敏海, 傅荣兵, 等. 早繁娩鱼仔鱼饥饿试验及不可逆点的确定[J]. 海洋渔业, 2007, 29(4): 325-330.

[6] 夏连军,施兆鸿,陆建学. 黄鲷仔鱼饥饿试验及不可逆点的确定[J]. 海洋渔业, 2004, 26(4): 286-290.

[7] 万瑞景,李显森,庄志猛,等. 鳀鱼仔鱼饥饿试验及不可逆点的确定[J]. 水产学报, 2004, 28(1): 79-83.

[8] 彭志兰,柳敏海,罗海忠,等. 条石鲷仔鱼饥饿试验及不可逆点的确定. 水产科学, 2010, 29(3): 152-155.

[9] 中国科学院海洋研究所. 中国经济动物志(海产鱼类)[M]. 北京: 科学出版社, 1962: 135-137.

[10] 康斌,武云飞. 大泷六线鱼的营养成分分析[J]. 海洋科学, 1999, 68(6): 23-25.

[11] 吴立新,秦克静,姜志强,等. 大泷六线鱼(*Hexagrammoso takii*)人工育苗初步试验[J]. 海洋科学, 1996, 4: 32-34.

[12] 郭文,于道德,潘雷,等. 六线鱼科鱼类特殊体色与繁殖特性[J]. 海洋科学, 2011, 35(12): 132-136.

[13] 庄虔增,于鸿仙,刘岗,等. 六线鱼苗种生产技术的研究[J]. 中国水产, 1999, 6(1): 103-106.

[14] 胡发文,潘雷,高凤祥,等. 温度和盐度变化对大泷六线鱼幼鱼存活与生长的影响[J]. 海洋科学, 2012, 36(7): 44-48.

[15] 邱丽华,姜志强,秦克静. 大泷六线鱼仔鱼摄食及生长的研究[J]. 中国水产科学, 1999, 6(3): 1-4.

[16] 胡发文,潘雷,高凤祥,等. 大泷六线鱼胚胎发育及其与水温的关系[J]. 渔业科学进展, 2012, 33(1): 28-33.

[17] Alderdice D F, Rosenthal H, Velsen F P J. Influence of salinity and cadmium on capsule strenth in Pacific herring eggs[J]. Helgo1 Wisss Meeresunters, 1979, 32: 149-162.

[18] 殷名称. 鱼类早期生活史研究与其进展[J]. 水产学报, 1991, 15(4): 348-358.

[19] 王有基,宋立民,姚荣荣,等. 泥鳅仔鱼发育、摄食与不可逆点的确立[J]. 水利渔业, 2007, 27(6): 17-20.

[20] Houde E D. Fish early life dynamics and recruitment variability[J]. Amer Fish Soc Symp, 1987, 2: 17-29.

[21] 殷名称. 鲢、鳙、草、银鲫卵黄囊仔鱼的摄食生长、耐饥饿能力[A]. 中国鱼类学会编. 鱼类学论文集(第六辑)[A]. 北京: 科学出版社, 1997: 69-79.

[22] 陈国柱,方展强. 饥饿对唐鱼仔鱼摄食和生长的影响[J]. 动物学杂志, 2007, 42(5): 49-61.

[23] 柳敏海,施兆鸿,陈波,等. 饥饿对点带石斑鱼饵料转换期仔鱼生长和发育的影响[J]. 海洋渔业, 2006, 28(4): 292-298.

[24] Gustavo A B, David A B. Effects of delayed feeding on survival and growth of summer flounder *Paralichthys dentatus* larvae[J]. Ecol Prog Ser, 1995, 121: 301-306.

[25] 曹振东,谢小军. 温度对南方鲇饥饿仔鱼的半致死时间及其体质量和体长变化的影响[J]. 西南师范大学学报(自然科学版),2002,27(5):746-750.

[26] 殷名称. 北海鲱卵黄囊期仔鱼的摄食能力和生长[J]. 海洋与湖沼,1991,22(6):554-559.

[27] Farris D A. A change in the early growth rate of four larval marine fishes [J]. Linnol Oceanogr, 1959, 4: 29-36.

(菅玉霞,房慧,张少春,王雪,胡发文,高凤祥,潘雷,郭文)

大泷六线鱼仔、稚、幼鱼期消化酶活力的变化

由于大泷六线鱼肉质细嫩、味道鲜美、营养价值高,是北方网箱养殖的优良品种,素有"北方石斑"之称,深受广大消费者喜爱,目前已开展了人工养殖。

鱼类消化酶是消化腺细胞和消化系统分泌的酶类,是反映鱼类消化能力强弱的一项重要指标,其活力大小会受到多种因素的影响而直接影响鱼类对营养物质的消化吸收,并间接地影响鱼类的生长发育过程。蛋白质、糖类和脂肪等大分子物质是鱼类生长发育过程中必需的营养物质,鱼类摄入的食物经过消化器官的分解作用,成为可以被吸收的小分子物质,这些小分子物质再经过鱼类循环系统运输到各组织,供组织细胞利用,从而获得物质和能量来维持其生长发育和繁殖等生命活动[1]。随着水产养殖业和鱼类营养学的发展,鱼类消化酶的研究日益受到重视,对鱼类在仔、稚、幼鱼期的消化酶活力进行研究,不仅对深入了解鱼类的生长发育、摄食、消化等生理功能具有重要意义,也对鱼类早期发育过程中大量死亡原因的探索、苗种培育等具有重要意义。关于鱼类消化酶的研究已有大量报道[2-6],但对大泷六线鱼在早期生长发育阶段不同消化酶活力变化的研究尚未见报道。鉴于目前大泷六线鱼在大规模养殖过程中鱼苗成活率低、鱼苗大量死亡等问题,而市场对其苗种需求量大,亟须规模化人工苗种的繁育生产。因此,研究大泷六线鱼消化酶活力的变化机制,掌握仔、稚、幼鱼消化机能的特异性对饵料转换适应能力的基础,有助于了解鱼苗各阶段的营养需求及饵料利用情况,为提高大泷六线鱼鱼苗成活率及其相应的饵料供应提供有力依据,进一步推动其人工养殖及产业化进程。

1 材料与方法

1.1 实验材料及管理

实验所用大泷六线鱼取自山东省海水养殖研究所青岛即墨鳌山卫中试基地。培养条件为室内苗种培育池为长方形抹角水泥池(规格 4 m×3 m×1 m),仔鱼的布池密度为 $0.5 \sim 0.8 \times 10^4$ ind.·m^{-3},根据苗种的生长情况及时分池稀疏密度。光照强度控制在 $500 \sim 1\ 000$ lx,避免阳光直射,阴天和夜晚可以使用人工光源,水温 $16 \sim 17$ ℃,盐度 $29 \sim 31$,pH $7.8 \sim 8.1$,溶解氧 5 mg·L^{-1} 以上,NH$_4^+$-N 含量 ≤ 0.1 mg·L^{-1}。仔鱼刚孵出时水量为培育池体积的 3/5,前 5 d 采取逐渐加水至满,以后采取网箱换水方式,每天换水两

次,随着鱼苗的生长逐渐加大换水量,20 日龄前换水量为 60%,40 日龄前为 100%,60 日龄前为 150%,60 日龄后采取流水方式,随着鱼苗的生长和摄食量的增加,换水量逐渐增大到 200%~400%。人工培育的轮虫投喂前要经富含 EPA、DHA 的营养强化剂强化 12 h;卤虫无节幼体投喂前要经富含 EPA、DHA 的营养强化剂强化 6 h。仔鱼孵出后已经开口,第 5 天即开始投喂轮虫,每天 2~3 次,投喂密度为 4~6 ind.·mL^{-1},第 10 天开始投喂卤虫无节幼体,每天 2~3 次,投喂密度为 0.2~1.0 ind.·mL^{-1},第 50 天开始投喂配合饲料,30 日龄前每日向培育池中添加小球藻保持池内浓度为 $30×10^4$~$50×10^4$ cell·mL^{-1}。

1.2 实验方法

1.2.1 样品制备

实验于 2011 年 11 月 17 日仔鱼孵出后开始取样。由于刚孵出的仔鱼个体较小无法单独取出各种组织,同时为了保证实验的一致性,整个实验过程均采用整体取样的方法。取样时间为 0 d,5 d,10 d,15 d,20 d,30 d,40 d,50 d,60 d,70 d,80 d,90 d,100 d,为尽量消除实验误差,每个取样时间均设置 3 个平行组。

每天清晨饲喂前从养殖池中捞出实验用鱼,每个时期大致的取样量为:0~20 d (500~600 尾)、30~50 d(300~400 尾)、60~80 d(100~200 尾)、90~100 d(50~100 尾),将取出的鱼用纱布滤过放在吸水纸上吸干体表水分,迅速将鱼放入用液氮预冷的研钵中,加入液氮整体研磨。每管称取 200 mg 粉末于 5 mL 离心管中,置于 −80℃ 冰箱中保存备用。

1.2.2 酶液制备

取上述离心管,每管分别加入 2 mL 预冷的生理盐水进行匀浆,匀浆液于 4℃ 下离心 30 min(5 000 r·min^{-1}),取上清液即粗酶提取液进行酶活力的测定。

1.3 消化酶活力测定

试剂盒均购自南京建成生物科技有限公司,实验所有指标的测定方法均按照试剂盒中方法进行。

1.3.1 胃蛋白酶活力测定

样品及试剂在实验前提前从冰箱拿出,均要平衡至室温。在测定管和测定空白管中各加入 0.04 mL 样本,放入 37℃ 水浴 2 min。向测定空白管中加入 0.4 mL 试剂一。分别向测定管和测定空白管中加入 0.2 mL 试剂二,充分混匀后 37℃ 水浴 10 min。再向测定管中加入 0.4 mL 试剂一,充分混匀后 37℃ 水浴 10 min,3 500 r·min^{-1} 离心 10 min,取上清液进行显色反应。标准管中加入 0.3 mL 50 μg·mL^{-1} 标准应用液,标准空白管中加入 0.3 mL 标准品稀释液,测定管和测定空白管中分别加入 0.3 mL 上清液。向上述各管中加入 1.5 mL 试剂三和 0.3 mL 试剂四。充分混匀后于 37℃ 水浴 20 min,于 660 nm 处比色。

胃蛋白酶活力计算公式:

$$胃蛋白酶活力(U) = \frac{测定管\ OD\ 值 - 测定空白\ OD\ 值}{标准管\ OD\ 值 - 测定空白管\ OD\ 值} \times 50\ \mu g \cdot mL^{-1} \div 10\ min \times$$

$$\frac{反应液总体积\ 0.64\ mL}{取样量\ 0.04\ mL}$$

1.3.2 胰蛋白酶活力测定

分别向空白管和测定管中加入 1.5 mL 胰蛋白酶底物应用液,于 37℃水浴中预温 5 min。向测定管中加入 0.015 mL 样本,向空白管中加入 0.015 mL 样本匀浆介质。加入上述样本的同时开始计时,充分混匀后于 253 nm 处记下 30 s 时的吸光度 OD 值 A_1。将上一步中的反应液放入 37℃水浴锅中准确水浴 20 min,于 20 min 30 s 时记录吸光度 OD 值 A_2。

胰蛋白酶活力计算公式:

$$胰蛋白酶活性(U \cdot mg^{-1}\ prov) = \frac{测定(A_2 - A_1) - 空白(A_2 - A_1)}{20\ min \times 0.003} \times$$

$$\frac{反应液总体积(1.5 + 0.015)}{样本取样量\ 0.015} \div 样本中蛋白浓度 \times 样本取样量$$

1.3.3 淀粉酶(AMS)活力测定

将底物缓冲液于 37℃水浴锅中预温 5 min。向测定管和空白管中各加入 0.5 mL 已预温的底物缓冲液。向测定管中加入待测样本 0.1 mL,混匀后于 37℃水浴 7.5 min。向测定管和空白管中各加入碘应用液 0.5 mL 和蒸馏水 3.1 mL。充分混匀后于 660 nm 处测各管吸光度。

淀粉酶活力计算公式:

$$AMS\ 活力(U \cdot mg^{-1}\ prov) = \frac{空白管吸光度 - 测定管吸光度}{空白管吸光度} \times \frac{0.4 \times 0.5}{10} \times \frac{30\ min}{7.5\ min} \div$$

$$(取样量 \times 待测样本蛋白浓度)$$

1.3.4 脂肪酶(LPS)活力测定

将底物缓冲液于 37℃水浴锅中预温 5 min 以上。向试管中依次加入 25 μL 组织匀浆离心后的上清液、25 μL 试剂四,再加入 2 mL 已预温好的底物缓冲液,充分混匀,同时开始计时。30 s 时于 420 nm 处读取吸光度 OD 值 A_1。将上述反应液倒回原试管中于 37℃准确水浴 10 min,于 10 min 30 s 时读取吸光度 OD 值 A_2。求出两次吸光度差值($\Delta A = A_1 - A_2$)。

脂肪酶活力计算公式:

$$组织\ LPS\ 活力(U \cdot g^{-1}\ prov) = \frac{A_1 - A_2}{A_S} \times 454\ \mu mol \cdot L^{-1} \times$$

$$\frac{底物液量(2\ mL) - 试剂四量(0.025\ mL) + 样本取样量(0.025\ mL)}{样本取样量(0.025)} \div$$

$$10\ min \div 待测匀浆蛋白浓度$$

1.3.5 组织中蛋白含量测定

酶蛋白含量参考 Bradford[7] 方法测定,以牛血清白蛋白为标准,采用考马斯亮蓝法测定。

1.4 数据处理与分析

所有实验数据均以 3 个平行组数据的平均值 ± 标准差($\bar{x} \pm SD$)表示,采用 SPSS 软件进行相关分析。

2 结果

2.1 大泷六线鱼仔、稚、幼鱼期胃蛋白酶活力的变化

从图 1 可以看出,随着大泷六线鱼的生长发育,胃蛋白酶活力呈现逐渐增加的趋势。大泷六线鱼在 0~20 d 内消化酶活力逐渐上升,于 20 d 时达到最大值,并显著高于 0、5 d 时的活力值($P<0.05$)。40 d 后大泷六线鱼的消化酶活力逐渐升高,于 100 d 时达到峰值并显著高于仔鱼期($P<0.05$)。

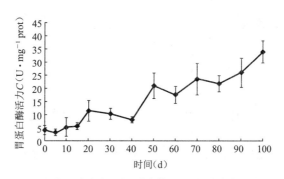

图 1 大泷六线鱼仔、稚、幼鱼期胃蛋白酶活力的变化

2.2 大泷六线鱼仔、稚、幼鱼期胰蛋白酶活力的变化

从图 2 可以看出,在 0~20 d 内,大泷六线鱼的胰蛋白酶活力整体呈现逐渐上升的趋势,并于 20 d 时达到峰值且显著高于 0 d、5 d 时的活力值($P<0.05$)。随着大泷六线鱼的生长发育,40 d 后胰蛋白酶活力逐渐升高,并于 60 d 时达到最大值且显著高于仔鱼期时的活力值($P<0.05$)。

2.3 大泷六线鱼仔、稚、幼鱼期淀粉酶活力的变化

从图 3 可以看出,在 0~20 d 内,大泷六线鱼的淀粉酶活力逐渐升高,并于 20 d 时达到最大值且显著高于 0 d、5 d 时的活力值($P<0.05$)。20 d 后淀粉酶活力突然下降后并呈现较平稳的变化,于 50 d 时达到峰值且显著小于仔鱼期时的活力值($P<0.05$)。

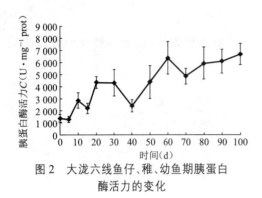

图2 大泷六线鱼仔、稚、幼鱼期胰蛋白酶活力的变化

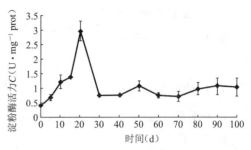

图3 大泷六线鱼仔、稚、幼鱼期淀粉酶活力的变化

2.4 大泷六线鱼仔、稚、幼鱼期脂肪酶活力的变化

从图4可以看出,大泷六线鱼的脂肪酶活力随着鱼体的生长发育变化不显著($P > 0.05$)。在 0～20 d 内,脂肪酶活力分别于 5d、10 d 达到最小值和最大值。40 d 后脂肪酶活力逐渐升高,但与 30 d 时相比差异不显著($P > 0.05$)。

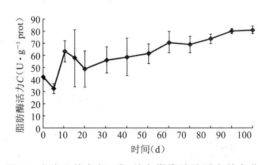

图4 大泷六线鱼仔、稚、幼鱼期脂肪酶活力的变化

3 讨论

由于鱼类的种类有很多,鱼类的消化酶在不同的器官中分布也不相同。对于同一种消化酶,在鱼类生长发育过程中的不同阶段,其活性的大小也会有所差别。鱼类早期个体发育过程中,从内源性营养转变为外源性营养是一个非常关键的时期,尤其是消化道的发育,不同于其他器官的逐次发育,消化道在这一时期将发生急剧的变化,由直的、管状的简单结构发育为具有功能分区的复杂结构[8]。Farris[9]将仔鱼的生长发育划分为 3 个时期:初孵时的快速生长期、卵黄囊消失前后的慢速生长期和摄食外源物质后的稳定生长期。大泷六线鱼仔鱼生长情况与之基本相符。另外,在鱼类生长发育的不同阶段,所需要的营养成分也不相同,并且随着机体消化器官逐渐发育和完善,其内分泌功能不断增强,消化酶活力也会随之产生变化。Hofer 等[10]研究了拟鲤(*Rutilus rutilu*)在各生长发育阶段胰蛋白酶和淀粉酶的活性。结果表明,随着拟鲤肠道的发育,消化酶的种类和活力大小也随之发生了变化;马爱军等[11]对半滑舌鳎(*Cynoglossus semilaevis*)仔稚幼鱼体内消化酶活性的变化的研究也获得了类似的结果。

3.1 大泷六线鱼仔、稚、幼鱼期胃蛋白酶活力变化

仔鱼胃的分化对其营养生理具有重要的影响,其功能的完善可以提高蛋白质的消化效率[12, 13]。大泷六线鱼的生长初孵仔鱼从孵出便已经开口但不摄食,胃蛋白酶属于酸性蛋白酶。从本研究的结果可以看出,在大泷六线鱼的生长发育早期就可以检测出胃蛋白酶活力,但活力较小,随着大泷六线鱼的生长发育其活力逐渐增加,其他种类如长嘴硬鳞鱼(*Atractosteus tristoechus*)[14]、高首鲟(*Acipenser transmontanu*)[15]、鸭嘴鲶(*Pseudoplatystoma corruscans*)[16]等也有相似的结果。在有胃鱼类中,胃蛋白酶的消化活性最强,它先是以无活性的酶原颗粒的形式贮存在细胞中,在盐酸或相关的已具有活性的蛋白酶的作用下才转变为具有活性的胃蛋白酶[17]。在有胃鱼类的发育早期,胃在形态和功能上并没有发育成熟且一开始并不具备分泌酸性物质和胃蛋白酶的功能,但饵料中含有一些外源消化酶可以在鱼类发育早期起到辅助消化的作用,随着鱼苗的不断生长发育和胃功能的完善,逐渐开始分泌有活性的胃蛋白酶。对真鲷仔鱼早期生长发育阶段胃蛋白酶活性的研究发现,真鲷仔鱼从开口到23 d内,其胃蛋白酶活性都处于一个较低的水平,此时的仔鱼死亡率较高,在进入稚鱼期以后,胃腺逐渐形成,胃蛋白酶活性增大,死亡率下降,生长加快[18],这与本研究的结果类似。在大泷六线鱼鱼苗培育过程中,5 d开始投喂轮虫,10 d开始投喂卤虫无节幼体,轮虫和卤虫等饵料中的蛋白质含量丰富,这时体内胃蛋白酶的活力虽然不高,但体内的丝氨酸蛋白酶等酶类同样可以消化蛋白质[8],在10 d左右时,仔鱼的卵黄囊吸收完毕并开始摄食建立外源性营养,胃蛋白酶活力开始有增大的趋势,且随着鱼体的生长发育,胃功能不断完善,酸性的胃蛋白酶分泌增多,所以40 d后胃蛋白酶的活力开始显著增大,并且在50 d时开始投喂配合饲料,在饵料转换的这个阶段,胃蛋白酶活力有一个显著增大的过程,这可能是因为随着鱼体的生长,饵料摄入量逐渐增大,同时也可能因为饵料中蛋白质含量丰富,能够刺激大泷六线鱼胃蛋白酶基因大量表达,分泌更多的胃蛋白酶来进行消化作用,将分解的物质供自身充分利用。由此可以推测大泷六线鱼胃蛋白酶活力不仅与鱼类的生长发育阶段有关,且与投喂的饵料有关。依据这个结果可以在鱼苗早期的生长阶段,卵黄囊还未完全吸收完毕时进行适当的混合投喂。考虑到这一时期的胃蛋白酶活力较低,可用水解蛋白作为蛋白源或者在饲料中适当添加一些酶来进行投喂。

3.2 大泷六线鱼仔、稚、幼鱼期胰蛋白酶活力变化

在鱼类的早期发育阶段,蛋白质的消化主要靠碱性蛋白酶完成[19]。胰脏是鱼类分泌蛋白酶的主要器官,胰蛋白酶属于碱性蛋白酶,它需要经过肠致活酶激活才能成为有活性的蛋白酶,而鱼类的肠黏膜可以分泌有活性的蛋白酶和肠致活酶。此外,肝胰脏和幽门垂等器官分泌的胰蛋白酶可以进入到肠内。在本研究中,胰蛋白酶在大泷六线鱼生长发育的早期即检测出活力,这与斑带副鲈(*Paralabrax maculato fasciatus*)[20]、似石首鱼(*Sciaenops ocellatus*)[21]、细点牙鲷(*Dentex dentex*)[22]等的研究结果相似。在5～10 d时胰蛋白酶活性有所增大,在Emai这一时期大泷六线鱼主要吸收自身卵黄囊中的营养,相对整个时期来说这一时期的胰蛋白酶活力不算太高,对蛋白质的消化能力还较弱,主要依靠仔鱼肠黏膜

上皮细胞的胞饮作用进行胞内消化。在 10 d 时,仔鱼的卵黄囊逐渐吸收完毕开始建立外源性营养,在这一时期仔鱼会有一个短暂的饥饿期,所以在这几天胰蛋白酶活性有个短暂的降低,之后仔鱼开始摄食饵料,胰蛋白酶活性开始增大,30 d 时又有所下降,从 40 d 开始,胰蛋白酶的活力开始增大,并于 60 d 时达到最大值后逐渐趋于稳定。从这可以看出在饵料转换的关键时期,大泷六线鱼的胰蛋白酶活性总是先下降后增大,有一个适应的过程,但从整个结果来看,胰蛋白酶的活性逐渐增大,饵料的消化效率也随之增大。大部分的研究认为,随着鱼类的胃功能逐渐发育完善,蛋白质的消化主要依赖于胃的酸性消化,碱性蛋白酶的作用将逐渐降低[14]。然而从本研究结果可以看出,随着日龄的增大,胰蛋白酶活性整体呈现逐渐增大的趋势。在对厚颌鲂(*Megalobrama pellegrini*)仔稚鱼消化酶活性变化的研究发现,其胰蛋白酶比活力从 15 日龄开始便急速下降后维持在较低水平,这与本研究的结果不一致[23],但与匙吻鲟(*Polyodon spathula*)仔稚鱼发育过程中胰蛋白酶活性的变化的研究结果一致[24]。由此可推测,在不同种类的鱼类发育过程中,其某种消化酶活性的变化并不是完全一致的,这与鱼类的食性、养殖温度、盐度、pH、投喂饵料种类等都有关系。本研究说明在大泷六线鱼的胃功能逐渐发育完善后,碱性蛋白酶在蛋白质的消化过程中仍然发挥着重要的作用。

3.3 大泷六线鱼仔、稚、幼鱼期淀粉酶活力变化

在鱼类的各种消化器官中均有淀粉酶存在,且由于鱼的种类和消化器官的不同其淀粉酶活性也存在差异。研究表明,许多海水鱼类在仔稚鱼时期其淀粉酶的活力维持在一个较高的水平,随着鱼类进一步生长发育,其淀粉酶比活力会随之降低[25,26]。大泷六线鱼是典型的肉食性鱼类,从本研究可以看出:在其内源性营养阶段,体内的淀粉酶具有较高的活性,随着生长发育,在开口摄食以后,其活力逐渐下降趋于稳定;这一变化模式与瓦氏黄颡鱼(*Peltebagrus vachelli*)[27]、石斑鱼(*Epinephelus sp*)[28]等肉食性鱼类的变化模式类似。仔鱼在生长发育早期具有较高的淀粉酶活性这一特征在鱼类中具有普遍性,这与卵黄囊中含有较多的糖原有较大的关系。有研究表明,在仔鱼的个体发育过程中,其 α- 淀粉酶活力的变化与所喂食物中碳水化合物的含量有关,高水平糖原含量能刺激淀粉酶的合成和分泌,而配合饲料中糖原含量水平较低则会降低淀粉酶活力[29]。从本研究的结果看出,在 20 d 时淀粉酶活性达到峰值,50 d 投喂配合饲料后淀粉酶活性稍有下降后逐渐趋于稳定,这一现象与上述的研究结果吻合,说明淀粉酶活性不仅与鱼类的生长发育有关,且与饵料的成分也有一定的关系。

3.4 大泷六线鱼仔、稚、幼鱼期脂肪酶活力变化

脂肪酶主要是鱼类的肝胰脏分泌的。现有研究表明,在鱼类所有的消化组织器官中几乎都存在脂肪酶,且其活性的大小与鱼类摄食的食物中脂肪的含量呈正相关。从本研究的结果可以看出,与另外 3 种消化酶一样,从大泷六线鱼初孵仔鱼就能检测到脂肪酶的活性,这在许多鱼类的研究中也得到了类似的结果,如黄尾(*Seriola lalandi*)[30]、少带重牙鲷(*Diplodus asrgus* L.)[31]等。在大泷六线鱼的内源性营养阶段,脂肪酶具有较高的活性,

Oozeki 等[32]研究认为,鱼类发育早期仔鱼体内存在两种类型的脂肪酶,一种是磷脂酶 A_2,其活性可被磷脂激活,而仔鱼的卵黄囊中磷脂含量丰富,这与大泷六线鱼在卵黄囊期就能检测出脂肪酶活性有关;另一种是脂酶,它能够被三酸甘油酯激活,其活性与外源饲料中脂肪的含量有着很大的关系,在仔鱼开口摄食转为外源性营养后,所检测到的脂肪酶活性可能是脂酶的活性。在本研究中,随着大泷六线鱼的生长发育,脂肪酶活性逐渐增大,反映出大泷六线鱼胰腺的发育、脂肪代谢系统的逐渐完善和对食物中脂肪消化能力的增强,同时也可根据脂肪酶活性的变化来考虑在饲料中合理添加脂肪。

总之,从本研究的结果可以看出,在大泷六线鱼的早期生长发育过程中,几种主要的消化酶在初孵时便可检测出活性,且其活性随着仔鱼消化系统的发育和完善而产生变化,从前人的研究以及本研究的结果来看,可以得出结论:在大泷六线鱼仔、稚、幼鱼期,不同的消化酶活性的变化趋势不相同,且这几种酶的活性与鱼类的营养来源、饵料种类以及处于不同的生长阶段都有关,从 4 种酶总体的变化趋势看,可以推出大泷六线鱼的消化机能逐渐发育完善。但在具体养殖的过程中也要注意其他因素对鱼类消化酶活性的影响,比如温度[33-35]、光照[36-39]等。对大泷六线鱼仔、稚、幼鱼期的消化酶活性进行研究,对了解大泷六线鱼苗种培育期鱼苗的消化能力具有实际意义,能为大泷六线鱼规模化苗种培育、人工饲料配制提供借鉴,通过分析苗种不同时期的营养需求,改善饵料营养,准确把握不同饵料的投喂时机,提高苗种成活率,为大泷六线鱼的规模化苗种培育提供理论依据。

参考文献

[1] 陈进树. 鱼类消化酶研究进展[J]. 生物学教学,2009,34(12):4-5.

[2] 李希国,李加儿,区又君. pH 值对黄鳍鲷主要消化酶活性的影响[J]. 南方水产,2005,1(6):18-22.

[3] 李希国,李加儿,区又君. 温度对黄鳍鲷主要消化酶活性的影响[J]. 南方水产,2006,2(1):43-48.

[4] Hsu Y L, Wu J L. The relationship between feeding habits and digestive proteases of some fresh water fishes[J]. Bull Inst Zool Acad Sim, 1979, 18(1):45-53.

[5] Jonas E, Ragy A M, Olah J, Boross L. Proteolytic digestive enzymes of carnivorous(*Silurus glanis* L.), herbivorous (*Hypophthal michthys molitrix* Val.) and omnivorous (*Cyprinus carpio* L.) fishes[J]. Aquaculture, 1983, 30 (1-4):145-154.

[6] Kuzmina V V. Influence of age on digestive enzyme activity in some freshwater teleosts[J]. Aquaculture, 1996, 148(1):25-37.

[7] Bradford M M. A rapid and sensitive method for the quantitation of microgram quantities of protein utilizing the principle of protein dye binding[J]. Anal Biochem, 1976, 72:248-254.

[8] Govoni J J, Boehlert G W, Watanabe Y. The physiology of digestion in fish larvae[J].

Environmental Biology of Fishes, 1986, 16(1-3): 59-77.

[9] Farris D A. A change in the early growth rate of four larval marine fishes[J]. Limnol Oceanogr, 1959, 4: 29-36.

[10] Hofer R, Uddin AN. Digestive processes during the development of the roach[J]. J Fish Biol, 1985, 26(6): 683-693.

[11] 马爱军, 柳学周, 吴莹莹, 徐永江. 消化酶在半滑舌鳎成鱼体内的分布及仔稚幼鱼期的活性变化[J]. 海洋水产研究, 2006, 27(2): 43-48.

[12] Martínez I, Moyano F J, Fernández-Díaz C, Yúfera M. Digestive enzyme activity during larval development of the Senegal sole (*Solea senegalensis*)[J]. Fish Physiology Biochemistry, 1999, 21(4): 317-323.

[13] Segner H, Storch V, Reinecke M, et al. The development of functional digestive and metabolic organs in turbot, *Scophthalmus maximus*[J]. Marine Biology, 1994, 119(3): 471-486.

[14] Comabella Y, Mendoza R, Aguilera C, et al. Digestive enzyme activity during early larval development of the Cuban gar *Atractosteus tristoechus*[J]. Fish Physiology Biochemistry, 2006, 32(2): 147-157.

[15] Gawlicka A, Teh S J, Hung S S O, et al. Histological and histochemical changes in the digestive tract of white sturgeon larvae during ontogeny[J]. Fish Physiology Biochemistry, 1995, 14(5): 357-371.

[16] Lundstedt L M, Bibiano J F, Moraes G. Digestive enzymes and metabolic profile of *Pseudoplatystoma corruscans* (Teleostei: Siluriformes) inresponse to diet composition[J]. Comparative Biochemistry Physiology, 2004, 137(3): 331-339.

[17] 周景祥, 陈勇, 黄权, 孙云农. 鱼类消化酶的活性及环境条件的影响[J]. 北华大学学报(自然科学版), 2001, 2(1): 70-73, 81.

[18] 陈品健, 王重刚, 黄崇能, 顾勇, 陆浩. 真鲷仔、稚、幼鱼期消化酶活性的变化[J]. 台湾海峡, 1997, 16(3): 245-24.

[19] Zambonino Infante J L, Cahu C. Ontogeny of the gastrointestinal tract of marine fish larvae[J]. Comp Biochem Physiol, 2001, 130(4): 477-487.

[20] Alvarez-González C A, Moyano-López F J, Civera-Cerecedo R, et al. Development of digestive enzyme activity in larvae of spottedsand bass *Paralabrax maculatofasciatus*.[J]. Biochemical analysis. Fish Physiology Biochemistry, 2008, 34(4): 373-384.

[21] Lazo J P, Mendoza R, Holt G J, et al. Characterization of digestive enzymes during larval development of red drum (*Sciaenops ocellatus*)[J]. Aquaculture, 2007, 265(1-4): 194-205.

[22] Gisbert E, Giménez G, Fernández I, et al. Development of digestive enzymes in common

[23] 李芹,唐洪玉. 厚颌鲂仔稚鱼消化酶活性变化研究[J]. 淡水渔业, 2012, 42(4): 9-13.

[24] 吉红,孙海涛,田晶晶,邱立疆. 匙吻鲟仔稚鱼消化酶发育的研究[J]. 水生生物学报, 2012, 36(3): 457-465.

[25] Zambonino Infante J L, Cahu C. Development and response to a diet change of some digestive enzymes in sea bass (*Dicentrarchus labrax*) larvae[J]. Fish Physiol Biochem, 1994, 12(5): 399-408.

[26] Ribeiro L, Sarasquete M C, Dinism M T. Histological and histochemical development of the digestive system of *Solea senegalensis*[J]. Fish Physiol Biochem, 1999, 171(3-4): 293-308.

[27] 李芹,龙勇,屈波,罗莉,刁晓明. 瓦氏黄颡鱼仔稚鱼发育过程中消化酶活性变化研究[J]. 中国水产科学, 2008, 15(1): 73-78.

[28] Cahu C L, Zambonino Infante J L. Effect of the molecular form of dietary nitrogen supply in sea bass larvae: Response of pancreatic enzymesand intestinal peptidases[J]. Fish Biochem Physiol, 1995, 14(3): 209-214.

[29] Ma H, Cahu C L, Zambonino Infante J L, et al. Activities of selected digestive enzymes during larval development of large yellow croaker (*Pseudosciaena crocea*)[J]. Aquaculture, 2005, 245(1): 239-248.

[30] Chen B N, Qin J G, Kumar M S, et al. Ontogenetic development of digestive enzymes in yellowtail kingfish *Seriola lalandi* larvae[J]. Aquaculture, 2006, 260(1-4): 264-271.

[31] Cara J B, Moyano F J, Cárdenas S. Assessment of digestive enzymes activities during larval development of white bream[J]. J Fish Biol, 2006, 63(1): 48-60.

[32] Oozeki Y, Bailey K M. Ontogenetic development of digestive enzyme activities in larval walleye pollock, *Theragra chalcogramma*[J]. Marine Biology, 1995, 122(2): 177-186.

[33] 田宏杰,庄平,高露姣. 生态因子对鱼类消化酶活力影响的研究进展[J]. 海洋渔业, 2006, 28(2): 158-162.

[34] 刘颖,万军利. 温度对大泷六线鱼(*Hexagrammos otakii*)消化酶活力的影响[J]. 现代渔业信息, 2009, 24(10): 5-8.

[35] 刘洋,牟振波,徐革锋,李永发. 水温对细鳞鱼幼鱼消化酶活性的影响[J]. 水产学杂志, 2011, 24(3): 6-9.

[36] 邱丽华,秦克静,吴立新,何志辉. 光照对大泷六线鱼仔鱼摄食量的影响[J]. 动物学杂志, 1999, 34(5): 4-8.

[37] Skiftesvik A B, Opstad I, Berghφ, et al. Effects of light on the development, activity and mortality of halibut (*Hippoglossus hippoglossus* L.) yolk sac larvae. [J]. ICES

Copenhagen, 1990, 16.

[38] 何大仁,罗会明,郑美丽. 不同照度下鲻鱼幼鱼摄食强度及其动力学[J]. 海洋科学, 1983, 3: 21-28.

[39] Batty R S. Responses of marine fish larvae to visual stimuli. Rapp P. v. Renu[J]. Ciem, 1988, 191: 484.

(潘雷,房慧,张少春,王雪,菅玉霞,胡发文,高凤祥,郭文)

利用响应面法优化鼠尾藻幼苗生长条件的研究

鼠尾藻(*Sargassum thunbergii*)属褐藻门(*Phaeophyta*)、褐藻纲(*Phaeophyceae*)、墨角藻目(*Fucales*)、马尾藻科(*Sargassaceae*)、马尾藻属(*Sargassum*),是我国沿海常见的大型野生藻类,应用经济价值较高,在医药、保健、化工[1-2]、饵料[3]以及海洋生态修复[4-5]等方面应用广泛。

鼠尾藻为多年生、多分枝藻类植物,多采用主枝劈叉进行营养体繁殖的方式进行增殖。近年来,鼠尾藻苗种繁育领域主要进行了生殖细胞成熟期、繁殖周期和受精过程等基础理论研究[6-13]。鼠尾藻作为大型经济褐藻资源在生理和生态学方面的研究,主要揭示了温度、光照强度等生态因子对鼠尾藻氨氮等营养盐的吸收,和对鼠尾藻叶绿素、蛋白含量的影响机制[14-15],以及对鼠尾藻体内具有医疗保健功效活性物质成分等方面的研究[16-18]。尽管已有学者对鼠尾藻新生枝条的生长条件进行了观察和初探[19],但温度、光照强度和盐度等生态多因子组合对鼠尾藻幼苗生长影响的研究尚未见报道。响应面分析法(response surface methodology, RSM)是一种常用的实验设计方法,具有使用方便、预测性好的特点,适用于多因素、多水平实验设计[20-22],目前该方法主要应用于生物酶培养基配置和食品加工等方面[23-25]。本章通过中心组合设计和响应面法研究了温度、光照强度、盐度等生态因子对鼠尾藻幼苗特定生长率的影响,从多变量系统角度出发,探讨并优化出适宜鼠尾藻幼苗生长的生态多因子组合条件,为鼠尾藻生态学和养殖学提供理论依据。

1 材料和方法

1.1 实验材料

实验材料选用人工培育的鼠尾藻幼苗。材料采集后于消毒海水中反复冲洗,清理附着杂藻及污物,在光照强度(7 000±500) lx、海水盐度30±1、温度(15±1)℃条件下,充气,每天更换海水,暂养15 d后用于实验。实验前逐株称鲜重,鼠尾藻幼苗株重为2.41～3.87 g(平均数 ± 标准差 = 3.01 g±0.67 g)。

1.2 方法

采用单因子实验方法确定适宜鼠尾藻幼苗生长的生态单因子条件。按等差数列设置了单一生态因子梯度,其中温度梯度为12℃,14℃,16℃,18℃,20℃,22℃,光照强度梯度为

2 000 lx、4 000 lx、6 000 lx、8 000 lx、10 000 lx、12 000 lx,盐度梯度为 12,16,20,24,28,32。

采用多因子实验方法进行了三因素三水平的中心组合设计实验和验证实验,首先对单因子实验结果进行估算,确定了生态因子的水平范围,根据 Box-Behnken 中心组合设计,进一步测定了鼠尾藻幼苗的特定生长率。数据经响应面法(Box-Behnken Design)优化,结合实验验证确定了适宜鼠尾藻幼苗生长的温度、光照强度和盐度最佳组合条件。

实验均在 1 000 mL 三角烧瓶中进行,每个烧瓶中装 600 mL 海水,每个处理设 3 个重复,每个重复放 20 株鼠尾藻幼苗。实验期间每天更换全部海水,实验进行第 7 d 取全部鼠尾藻幼苗,称取每株湿重,用于计算特定生长率。

特定生长率(SGR)采用 $SGR = (\ln W_t - \ln W_0)/t \times 100\%$ 方法计算,其中 W_0 为初始时鼠尾藻幼苗的鲜质量(g);W_t 为实验结束时鼠尾藻幼苗的鲜质量(g);t 为实验持续的天数。

实验采用数据统计软件 Design-Expert 8.0 对实验结果进行分析。

2 结果

2.1 生态单因子实验

由图 1～图 3 可见,温度、光照强度和盐度等生态单因子对鼠尾藻幼苗的特定生长率均有一定程度的影响。在单一条件下,特定生长率均呈抛物线变化,温度为 18℃、光照强度为 8 000 lx、盐度为 28 时出现峰值,分别为 5.860 81%、5.902 4% 和 5.260 33%。

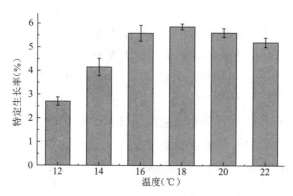

图 1　温度对鼠尾藻幼苗特定生长率的影响

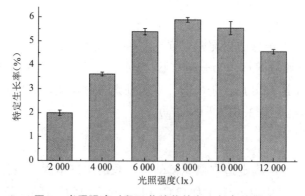

图 2　光照强度对鼠尾藻幼苗特定生长率的影响

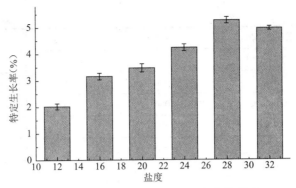

图 3 盐度对鼠尾藻幼苗特定生长率的影响

2.2 生态多因子实验

2.2.1 中心组合实验

选择温度、光照强度、盐度作为影响鼠尾藻幼苗生长过程的主要因素,通过对单因子实验结果进行分析,以温度为 18℃、光照强度为 8 000 lx、盐度为 28 为中心,按等差数列计算,确定了 Box-Behnken 的中心组合实验三因子水平范围(表1)。

表 1　Box-Behnken 中心组合方法的生态因子水平范围

因子	水平		
A 温度(℃)	15	18	21
B 光照强度(lx)	6 000	8 000	10 000
C 盐度	25	28	31

根据 Box-Behnken 的中心组合实验设计原理,对三因子水平范围进行统计分析,确定了 17 种温度、光照强度和盐度的不同组合方式。采用多因子实验方法,分别测定了 17 种组合方式条件下的鼠尾藻幼苗特定生长率(表2)。

表 2　Box-Behnken 中心组合方法测定鼠尾藻幼苗特定生长率

序号	A 温度(℃)	B 光照强度(lx)	C 盐度	Y 特定生长率(%)
1	18	8 000	28	6.157 65
2	15	8 000	31	5.692 65
3	21	8 000	25	4.858 85
4	18	6 000	31	5.893 02
5	15	8 000	25	4.852 36
6	18	10 000	25	5.096 27
7	18	10 000	31	5.294 09
8	18	8 000	28	6.267 15
9	21	6 000	28	5.519 51
10	18	8 000	28	6.165 98

续表

序号	A 温度(℃)	B 光照强度(lx)	C 盐度	Y 特定生长率(%)
11	18	8 000	28	6.270 31
12	15	6 000	28	5.371 55
13	21	8 000	31	5.188 05
14	18	8 000	28	6.154 48
15	18	6 000	25	4.973 55
16	21	10 000	28	4.826 91
17	15	10 000	28	5.178 84

2.2.2 响应法预测分析

以鼠尾藻幼苗特定生长率为响应值，利用 Design-Expert 8.0 软件对中心组合实验数据（表2）进行二次多元回归拟合，建立模型为

$$Y = +6.20 - 0.088 \times A - 0.17 \times B + 0.29 \times C - 0.12 \times AB - 0.13 \times AC - 0.18 \times BC - 0.57 \times A^2 - 0.41 \times B^2 - 0.48 \times C^2$$

方差分析数据表明失拟项不显著，P 值为 0.160 6（$p > 0.05$），而模型高度显著（$P < 0.000 1$），因此该模型可较好地描述各因素与响应值之间的真实关系。因素 C、A^2、B^2、C^2 对结果影响高度显著（$P < 0.000 1$），因素 B、BC 对结果影响极显著（$P < 0.01$），因素 A、AB、AC 对结果影响显著（$P < 0.05$）（表3）。方差分析后的复相关系数 R 的 R^2_{Adj} 为 0.977 2，说明响应值的变化有 97.72% 来源于所选变量，实验误差较小。

表 3　方差分析

变异来源	平方和	自由度	均方	F 值	P 值	显著性
模型	4.610 78	9	0.512 309	77.117 06	<0.000 1	显著
A	0.061 615	1	0.061 615	9.274 742	0.018 7	
B	0.231 717	1	0.231 717	34.880 02	0.000 6	
C	0.653 67	1	0.653 67	98.395 99	<0.000 1	
AB	0.062 473	1	0.062 473	9.403 889	0.018 2	
AC	0.065 303	1	0.065 303	9.829 997	0.016 5	
BC	0.130 195	1	0.130 195	19.598	0.003 1	
A^2	1.380 428	1	1.380 428	207.793 6	<0.000 1	
B^2	0.695 169	1	0.695 169	104.642 7	<0.000 1	
C^2	0.980 453	1	0.980 453	147.586 1	<0.000 1	
残差	0.046 503	7	0.006 643			
失拟性	0.032 076	3	0.010 692	2.964 401	0.160 6	不显著
纯误差	0.014 427	4	0.003 607			
总和	4.657 283	16				

通过模型计算,预测出适宜鼠尾藻幼苗生长的最佳生态因子组合条件,以及在该组合条件下鼠尾藻幼苗特定生长率。最佳组合条件为光照强度 7 449.27 lx、温度 17.74℃、盐度 29.08,其中预测特定生长率为 6.281 73%。经对回归方程中交互项所做的响应面(图 4~图 6)的分析,发现在所选范围内,随着温度、光照强度、盐度的增加,鼠尾藻幼苗的特定生长率均呈现先增加后降低的趋势,且交互作用显著。

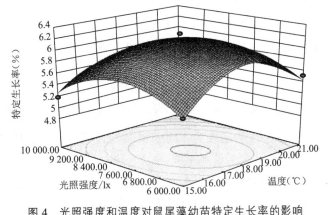

图 4 光照强度和温度对鼠尾藻幼苗特定生长率的影响

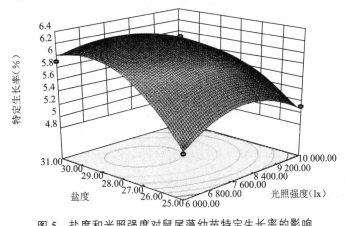

图 5 盐度和光照强度对鼠尾藻幼苗特定生长率的影响

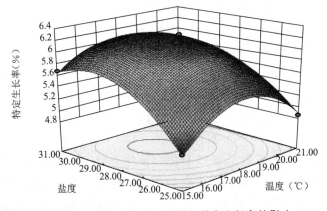

图 6 盐度和温度对鼠尾藻幼苗特定生长率的影响

2.2.3 验证实验

为了进一步验证响应法的预测分析结果,根据预测的适宜鼠尾藻幼苗生长的最佳生态因子组合条件(温度17.74℃、光照强度7 449.27 lx、盐度29.08),结合实验仪器可控范围,设计了实验条件(温度18℃、光照强度7 450 lx、盐度29)下的三因子验证实验。实验结束后测定鼠尾藻幼苗特定生长率平均值为6.275 28%,与响应法理论预测值基本相符,但明显高于单因子实验中鼠尾藻幼苗最大特定生长率,分别提高了6.70%、6.04%和16.26%,同时均高于Box-Behnken中心组合方法测定的17种组合方式的特定生长率,甚至比组合(温度21℃、光照强度10 000 lx、盐度28)显著提高了30.14%。

3 讨论

温度、光照强度和盐度等条件是海藻生长的主要生态限制因子[15、26],本章初步确定了鼠尾藻幼苗的单因子生长条件,当温度为12～18℃时,鼠尾藻幼苗的特定生长率呈上升趋势,当18℃时达到最高,随后特定生长率下降(图1),这与郑怡的研究结果一致,即自然条件下鼠尾藻适宜生长的海水温度是15～20℃[27]。在不同光照强度下,鼠尾藻幼苗的特定生长率随光照强度变大逐渐增加,达到最大值后随着光照强度增加而降低(图2),表明随着光照强度的增加,鼠尾藻幼苗通过光合作用积累的物质不断增加,但过高的光照强度会抑制鼠尾藻幼苗的生长[6]。在一定范围内,当盐度较高时,鼠尾藻幼苗特定生长率较大,当盐度为28时,达到最大值(图3),说明盐度是鼠尾藻生长的限制因子,从自然界鼠尾藻分布来看,其主要分布在盐度较高的潮间带,而盐度较低的长江口、黄河口等入海口则未有发现,这也间接证明了鼠尾藻具有喜盐的生活习性。

根据Box-Behnken中心组合设计方法,测定了17种不同温度、光照强度、盐度组合方式条件下鼠尾藻幼苗特定生长率,在此基础上,建立了二次多项回归方程模型。通过方差分析发现复相关系数R的R^2_{Adj}为0.977 2(表3),说明响应值的变化有97.72%来源于所选变量,实验误差较小,证明该模型可用于对鼠尾藻幼苗生长条件进行优化,同时可对其特定生长率进行分析和预测。对回归方程中交互项所做的响应面(图4～图6)分析,发现所选范围内温度、光照强度、盐度交互作用显著,这与模型方差分析(表3)结论一致,进一步证明该模型可用于优化最佳鼠尾藻幼苗生长组合条件,同时可预测在该条件下的鼠尾藻幼苗的特定生长率,并预测出最佳鼠尾藻幼苗生长组合条件为温度17.74℃、光照强度7 449.27 lx、盐度29.08、特定生长率为6.281 73%。

通过验证实验测定鼠尾藻特定生长率,进一步验证了Box-Behnken Design响应面法预测的结果。受实验条件限制,验证实验测定的鼠尾藻幼苗特定生长率,尽管略低于最佳生长因子组合条件下的预测值,但基本相符,而且验证实验测定的特定生长率值均显著高于单因子实验的最大特定生长率,分别提高了6.70%、6.04%和16.26%,同时也分别高于Box-Behnken中心组合设计法测定的17种组合条件下测定的鼠尾藻幼苗特定生长率。说明通过响应法优化的最佳鼠尾藻幼苗生长的生态因子组合条件(温度17.74℃、光照强度7 449.27 lx、盐度29.08)适宜鼠尾藻生长,可用于指导鼠尾藻幼苗早期培育和生长实践。另外,也表明可将本研究中优化确定的最佳鼠尾藻幼苗生长的生态因子组合条件为中心,对温度、光照强度和盐度进行适当的扩展,在适宜的生长条件范围内进行组合,以期进一步提高鼠尾藻幼苗长成。

综上所述,通过响应法优化鼠尾藻幼苗生长的生态因子组合的实验结果,可为鼠尾藻人工规模化繁育,鼠尾藻养殖学和生态学的深入研究提供理论依据。

参考文献

[1] Park P J, Heo S J, Park E J, et al. Reactive oxygen scavenging effect of enzymatic extracts from *Sargassum thunbergii* [J]. J. Agric. Food. Chem. , 2005, 53: 6 666-6 672.

[2] 詹冬梅,李美真,丁刚,宋爱环,于波,黄礼娟. 鼠尾藻有性繁育及人工育苗技术的初步研究 [J]. 海洋水产研究, 2006, 27(6): 57-59.

[3] 韩晓弟,李岚萍. 鼠尾藻特征特性与应用 [J]. 特种经济动植物, 2005, (1): 27.

[4] Zhang Q Sh, Li W, Liu S, Pan J H. Size-dependence of reproductive allocation of *Sargassum thunbergii* (Sargassaceae, Phaeophyta) in Bohai Bay, China [J]. Aquatic Botany, 2009, 91: 194-198.

[5] 吴海一,詹冬梅,刘洪军,丁刚,刘玮,李美真. 鼠尾藻(*Sargassum thunbergii*)对重金属锌、镉富集及排放作用的研究 [J]. 海洋科学, 2010, 37(1): 69-74.

[6] 王飞久,孙修涛,李锋. 鼠尾藻的有性繁殖过程和幼苗培育技术研究 [J]. 海洋水产研究, 2006, 27(5): 1-6.

[7] 詹冬梅,李美真,丁刚,等. 鼠尾藻有性繁育及人工育苗技术的初步研究 [J]. 海洋水产研究, 2006, 27(6): 55-59.

[8] 邹吉新,李源强,刘雨新,等. 鼠尾藻的生物学特性及筏式养殖技术研究 [J]. 齐鲁渔业, 2005, 22(3): 25-29.

[9] 张泽宇,李晓丽,韩余香,等. 鼠尾藻的繁殖生物学及人工育苗的初步研究 [J]. 大连水产学院学报, 2007, 22(4): 255-259.

[10] 李美真,丁刚,詹冬梅,等. 北方海区鼠尾藻大规格苗种提前育成技术 [J]. 渔业科学进展, 2009, 5(30): 75-82.

[11] Arsi A, Aral S, Miura A. Growth and marturatiou of *Sargassum thurbergil* (mertens ex Rcth) O. Kantze (Phaeophyta, Fucales) at Kominto, Chiba Prefecture [J]. Jpn. J. phycol. , 1985, 33: 160-166.

[12] Akira K, Masafumi I. On growth and maturation of *Sargassum thunbergii* from southern part of Nagasaki Prefecture [J], Japan. Jpn. J. Phycol. , 1999, 3: 179-186.

[13] Zhang Q Sh, Li W, Liu S, Pan J H. Size-dependence of reproductive allocation of *Sargassum thunbergii* (Sargassaceae, Phaeophyta) in Bohai Bay, China[J]. Aquatic Botany, 2009, 91 (3): 194-198.

[14] 包杰,田相利,董双林,等. 温度、盐度和光照强度对鼠尾藻氮、磷吸收的影响 [J]. 中

国水产科学, 2008, 2(15): 293-299.

[15] 姜宏波, 田相利, 董双林, 等. 温度和光照强度对鼠尾藻生长和生化组成的影响[J]. 应用生态学报, 2009, 20(1): 185-189.

[16] Kobayashi M, Hasegawa A, Mitsuhashi H. Marine sterols, XV: Isolation of 24-vinyloxycholesta-5, 23-dien-3β-ol from the brown alga *Sargassum thumbergii* [J]. Chem. Pharm. Bull., 1985, 33(9): 4 012-4 013.

[17] Shibata Y, Morita M. A novel, trimethylated arsenosugar isolated from the brown alga *Sargassum thunbergii* [J]. Agric. Biol. Chem., 1988, 52(4): 1 087-1 089.

[18] Kang J Y, Khan M N A, Park N H, Cho J Y, Lee M C, Fujii H, Hong Y K. Antipyretic, analgesic, and anti-inflammatory activities of the seaweed *Sargassum fulvellum* and *Sargassum thunbergii* in mice [J]. Journal of Ethnopharmacology, 2008, 116: 187-190.

[19] 孙修涛, 王飞久, 刘桂珍. 鼠尾藻新生枝条的室内培养及条件优化[J]. 海洋水产研究, 2006, 27(5): 7-12.

[20] Kramar A, Turk S, Vrecer C, et al. Statistical optimisation of diclofenac sustained release pellets coated with polymethacrylic films[J]. Int J Pharm, 2003, 256(1-2): 43-52.

[21] Nazzal S, Nutan M, Palamakula A, et al. Optimization of a selfnanoemulsified tablet dosage form of ubiquinone using response surface methodology: effect of formulation ingredients[J]. Int J Pharm, 2002, 240(1-2): 103-114.

[22] Gry S, Sverre A S, Solveig K. Formulation and characterization of primaquine loaded liposomes prepared by a pH gradient using experimental design[J]. Int J Pharm, 2000, 198(2): 213-228.

[23] 赵玉萍, 陈晓旺, 沈鹏伟. Box-Behnken实验设计及响应面分析优化锰过氧化物酶培养基条件[J]. 食品工业科技, 2013, 4: 207-211.

[24] 江元翔, 高淑红, 陈长华. 响应面设计法优化腺苷发酵培养基[J]. 华东理工大学学报(自然科学版), 2005, (3): 309-313.

[25] 孙元芹, 李翘楚, 卢珺, 等. 响应面法优化浒苔鱼松的加工工艺[J]. 渔业科学进展, 2013, (1): 166-171.

[26] 王巧晗, 董双林, 田相利, 等. 盐度日节律性连续变化对孔石莼生长和生化组成的影响[J]. 中国海洋大学学报(自然科学版), 2007, 37(6): 911-915.

[27] 郑怡, 陈灼华. 鼠尾藻生长和生殖季节的研究[J]. 福建师范大学学报(自然科学版), 1993, 9(1): 81-85.

(吴海一, 丁刚, 张少春, 詹冬梅)

一株刺参养殖池塘降解菌的鉴定及其发酵条件的优化

近年来刺参的养殖成规模增长,到2012年养殖面积已达6.7万公顷,产量达9万吨,总产值达180亿元。现如今刺参主要以集约化养殖为主,造成残饵、粪便大量积累使养殖水体的氨氮与有机质的含量升高,影响刺参的正常生长[1]。故研究能有效降解水质的微生态制剂意义重大。微生态制剂因其绿色、环保、无残留等特点得到的研究者的关注[2-3]。暴增海等[4]与李斌等[5]通过往养殖水体中添加菌株,发现可明显改善养殖水质。不仅如此,Rengpipat等[6]和Panigrahi等[7]研究表明,日粮中添加芽孢杆菌具有促进饵料蛋白的降解、鱼类生长、降低饵料用量以及改善鱼肉品质的作用。其中芽孢杆菌因其会产生大量的胞外酶,而且耐受性强,成为水产养殖行业比较常用的菌株[8-9]。现阶段,实际养殖所施用的菌株多为外来菌株,在施用过程中难以形成优势菌株,需重复施用。故本研究从刺参养殖池塘筛选得到一株菌株B_{11},前期研究结果,证实其对饵料培养基的降解效果比较好,经过生理生化及系统发育树分析,初步鉴定其为巨大芽孢杆菌,对其发酵条件进行研究,为菌株B_{11}的扩大培养及应用提供数据支持。

1 材料与方法

1.1 实验用菌株

实验用菌株为从青岛即墨刺参养殖池塘中分离得到的芽孢杆菌。

1.2 实验用培养基

液体培养基:称取25 g刺参饵料培养基,溶于1 L海水中,浸泡过夜,24 h后抽滤出浸出液。稀释至1 L,用5 mol·L^{-1}的NaOH溶液调节pH至7.0,于121℃下灭菌15 min,得到液体培养基。

固体培养基:1 L液体培养基在灭菌前加20 g琼脂,加热至琼脂溶解,将培养基于121℃下灭菌15 min,得到固体培养基。

1.3 菌株生理生化指标的测定

采用北京陆桥技术有限责任公司生产的细菌微量生化鉴定管对菌株的生理生化指标进

行测定。具体操作方法参照说明书。按照《伯杰细菌鉴定手册》[10]，对菌株 B_{12} 进行鉴定。

1.4 菌株 B_{12} 的系统发育树的构建

16SrDNA 序列分析：采用水煮法[11]提取细菌基因组 DNA 后，再进行扩增，所用正向引物：5′-AGAGTT TGA TCC TGG CTC AG-3′（E. coli 27F），反向引物：5′-TAC GGC TAC CTT GTT ACG ACTT-3′（E. coli 1492R）。PCR 产物（1.5 kb 左右）送至上海生工生物工程股份有限公司进行测序。将测序结果在 NCBI 库中进行 Blast，得到与目标菌株相似性高的序列，再用 CLUSTAL X 程序进行比对，最后采用 MEGA 4.1 工具构建 Neighbor-Joining 树[12]。

1.5 菌株发酵条件的研究

1.5.1 单因素实验

温度、pH、接种量、装液量，转速固定其他三个变量，变化考察变量。

（1）考察装液量。装液量分别为 20 mL/250 mL, 40 mL/250 mL, 60 mL/250 mL, 80 mL/250 mL, 100 mL/250 mL；温度为 28℃；pH 为 7；接种量为 2%；振荡 160 r·min^{-1}。

其中，接种量为所接种子液的百分比（种子液：用接种针在保种管内蘸取保种液，画线接种于平板培养基上，培养 48 h，用接种针挑单菌株再接种于液体培养基内（200 mL 容量瓶内，100 mL 液体培养基）），培养基成分：蛋白胨 10 g，牛肉膏 5 g，NaCl 5 g，1 L 培养基。培养 48 h 后即得种子液备用。

（2）考察接种量。接种量分别为 1%，3%，6%，9%，12%；温度为 28℃；pH 为 7；装液量为其单因素实验中得到的较优值；转速为 160 r·min^{-1}。

（3）考察 pH。pH 分别为 4，6，8，10，12；温度为 28℃；接种量与装液量分别采用单因素实验中得到的较优值；转速为 160 r·min^{-1}。

（4）考察温度。温度分别为 15℃，20℃，25℃，30℃，35℃；pH、接种量与装液量分别采用单因素实验中得到的最优值；转速为 160 r·min^{-1}。

（5）考察转速。转速分别为 70 r·min^{-1}, 110 r·min^{-1}, 150 r·min^{-1}, 190 r·min^{-1}, 230 r·min^{-1}；其他发酵条件采用单因素实验中得到最优值。

1.5.2 正交实验

通过单因素寻找到最优点，在最优点左右各取一个点，加上最优点，分别得到单因素的三个水平。设计四因素三水平的正交实验。

2 实验结果

2.1 菌株的鉴定

2.1.1 菌株的生理生化指标

菌株 B_{11} 的菌落形态为乳白色，圆菌落，边缘整齐，表面光滑，隆起，菌体呈杆状，革兰氏染色阳性。吲哚实验阴性，V-P 测定阴性，可利用柠檬酸盐，可水解淀粉，可在 7.5% NaCl 培养基上生长(表1)。

表 1　菌株的生理生化指标

测定项目	测定结果
革兰氏染色	＋
乳糖发酵实验	－
甲基红	－
VP	－
靛基质	－
H_2S	＋
柠檬酸利用实验	＋
明胶液化	－
淀粉水解实验	＋
吲哚实验	－
酪蛋白水解	＋
7.5% NaCl 溶液	＋
接触酶	＋

2.1.2　菌株的 16SrDNA 系统发育树

将 B_{11} 的 16SrDNA 基因在 NCBI 中进行 Blast。从中选取 30 个菌株的 16SrDNA 基因序列，B_{11} 与巨大芽孢杆菌 *B. megaterium*（AY553118.1）聚成一分支，遗传距离为 0.01，表明 B_{11} 与巨大芽孢杆菌的亲缘关系最近。菌株 B_{11} 的系统发育树如图 1 所示。综合考虑以上菌株的生理生化指标结果，判断该菌为巨大芽孢杆菌（*Bacillus megaterium*）。

2.2　菌株发酵条件结果

2.2.1　菌株发酵单因素实验结果

大量实验证明，菌株在 600 nm 时的 *OD* 值与菌浓度线性相关，故实验表明菌浓度所采用指标为 *OD* 值。图 2～图 6 分别为装液量、温度、pH、转速、接种量变化对菌株 *OD* 值的影响，可以看出其中 pH 变化时，*OD* 值呈现先增高后降低再升高的趋势，菌株浓度波动最大。*OD* 值随着温度的变化呈现先升高后降低的趋势，在 28℃时最高。*OD* 值随着转速的升高逐渐升高，但超过 190 r·min^{-1}时，转速继续升高，*OD* 值的升高不太明显，考虑到工业化的经济效益，正交实验选转速水平时定在 160 r·min^{-1}左右。接种量＞3%时，对 *OD* 值的影响较小，故后期正交实验时不考察接种量，定接种量为 3%。

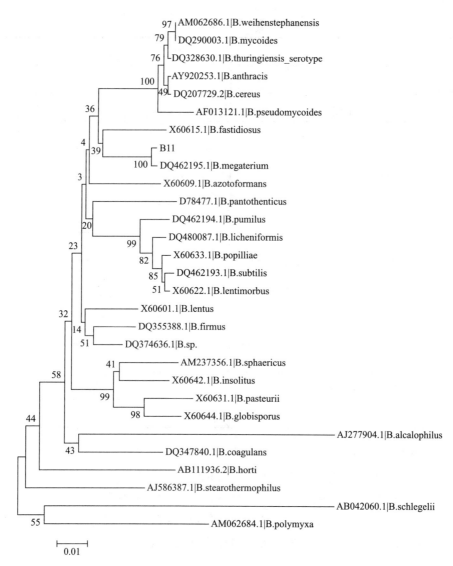

图1 菌株 B_{11} 的系统发育树

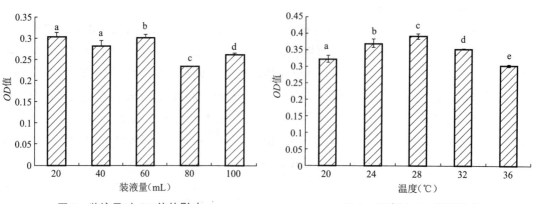

图2 装液量对 *OD* 值的影响　　　　　图3 温度对 *OD* 值的影响

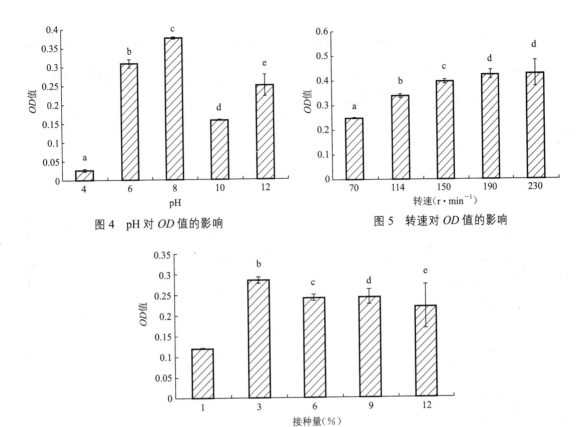

图4 pH对OD值的影响

图5 转速对OD值的影响

图6 接种量对OD值的影响

2.2.2 正交实验结果

根据单因素实验结果,确定正交实验考察因素为装液量、转速、pH与温度,各因素各取三个水平,建立L_4^3正交实验表,如表2所示。

表2 正交实验设计

因素	装液量(mL/250 mL)	转速(r·min^{-1})	pH	温度(℃)
水平	50	140	7	28
	60	160	8	30
	70	180	9	32

表3 正交实验结果

实验号	因素				菌密度(OD值)
	(A)装液量(mL)	(B)转速(r·min^{-1})	(C)pH	(D)温度(℃)	
1	50	140	7	28	0.270 4±0.017 3
2	50	160	8	30	0.316 2±0.007 8
3	50	180	9	32	0.294 2±0.010 4

续表

实验号	因素				菌密度（OD值）
	（A）装液量(mL)	（B）转速（r·min^{-1}）	（C）pH	（D）温度（℃）	
4	60	140	8	32	0.367 8±0.013 4
5	60	160	9	28	0.430 2±0.035 4
6	60	180	7	30	0.423 4±0.056 5
7	70	140	9	30	0.381 4±0.013 0
8	70	160	7	32	0.396 2±0.006 7
9	70	180	8	28	0.476 6±0.022 7
K_1	0.881	1.020	1.089	1.176	
K_2	1.221	1.143	1.161	1.122	
K_3	1.254	1.194	1.107	1.059	
k_1	0.294	0.340	0.363	0.392	
k_2	0.407	0.381	0.387	0.374	
k_3	0.418	0.398	0.369	0.353	
极差R	0.124	0.058	0.024	0.039	
主次顺序	A＞B＞C＞D				
优水平	A_3	B_3	C_2	D_1	
优组合	$A_3B_3C_2D_1$				

正交实验结果如表3所示，四个因素的极差水平为装液量＞转速＞pH＞温度，以装液量与转速对菌株发酵影响最大。计算各因素不同水平下实验指标的平均值（k_1，k_2，k_3），可以看出，装液量越高均值越大，转速越高均值越大，均值随着pH的升高而呈现先升高后降低的趋势，当pH为8时均值最大。均值随着培养温度的逐渐升高而降低。故最终确定装液量为70 mL/250 mL，转速为180 r·min^{-1}，培养温度为28℃，pH为8时最优。

3 结论

随着养殖业的迅猛发展，养殖密度的逐渐增大，养殖水环境日益恶化，而传统地通过投放抗生素、药物等方式保证养殖生物成活会造成有毒物质残留、不环保，人工换水或者建立循环水养殖方式资金投入过大，而益生菌以无残留、投资小的优点得到了广泛的关注[13-14]。本研究从刺参池塘中分离得到了一株降解性芽孢杆菌，对菌株16SrDNA基因进行分析，建立菌株B_{11}系统发育树，可以看出，菌株B_{11}与巨大芽孢杆菌聚成一个分支，亲缘关系最近，结合菌株的生理生化指标，最终确定菌株B_{11}为巨大芽孢杆菌（*Bacillus megaterium*）。

前期对于菌株的研究工作表明，菌株B_{11}的降解性能良好，故在工业上大规模使用需要对菌株B_{11}扩大培养的条件进行优化。本研究先通过单因素实验选定对于菌株发酵OD值影响较大的因素温度、转速、pH与装液量，再通过正交实验对菌株的培养条件温度、转速、

pH 与装液量的水平进行优化,最终确定装液量为 70 mL/250 mL,转速为 180 r•min^{-1},培养温度为 28℃,pH 为 8 时为最优发酵条件,在此条件下,菌株 B_{11} 生长良好,这为菌株 B_{11} 在工业上大规模使用提供了技术支持。

参考文献

[1] Funge-Smith S J, Briggs R P. Nitrogen budgets in intensive shrimp ponds: Implication s for sustainability [J]. A quac, 1998, 164(1/4):117-133.

[2] 乔志刚,张卫芳,马龙. 2 种微生态制剂对淇河鲫幼鱼摄食生长和体成分的影响 [J]. 水产科学, 2015, 34(1):27-30.

[3] 冯俊荣,陈营,李秉钧. 微生态制剂对牙鲆幼鱼脂肪酶的影响 [J]. 水产科学, 2008, 27(2):64-66.

[4] 暴增海,马桂珍,王淑芳,等. 海洋细菌 L1-9 菌株在日本囊对虾养殖池中的定殖及其抑菌和水质净化作用 [J]. 水产科学, 2013, 32(11):671-673.

[5] 李斌,张秀珍,马元庆,等. 生物絮团对水质的调控作用及仿刺参幼参生长的影响 [J]. 渔业科学进展, 2014, 35(4):87-89.

[6] Rengpipat S, Rukpratanporn S, Piyatiratitivorakul S, et al. Immunity enhancement in black tiger shrimp (*Penaeusmonodon*) by a probiont bacterium (*Bacillus* S_{11})[J]. Aquaculture, 2000, 191(4):271-288.

[7] Panigrahi A, Kiron V, Satoh S, et al. Immune modulationand expression of cytokine genes in rainbow trout *Oncorhynchus mykiss* upon probiotic feeding[J]. Developmental and Comparative Immunology, 2007, 31(4):372-382.

[8] 姚东林,邹青,刘文斌. 地衣芽孢杆菌和低聚木糖对草鱼生长性能肠道菌群和消化酶活性的影响 [J]. 大连海洋大学学报, 2014, 29(2):136-139.

[9] 王嘉妮,熊焰,胡敏. 高效降解蛋白枯草芽孢杆菌的筛选及促建鲤生长的研究 [J]. 微生物学通报, 2014, 41(10):2 043-2 051.

[10] 布坎南 R E,吉本斯 N E. 伯杰细菌鉴定手册 [M]. 中国科学院微生物研究所,译. 北京:科学出版社,1984:729-794.

[11] 赵伟伟,王秀华,孙振,等. 一株产絮凝剂芽孢杆菌的分离鉴定及絮凝剂特性分析 [J]. 中国水产科学, 2012, 19(4):647-653.

[12] 陶天申,杨瑞馥,东秀珠. 原核生物系统学 [M]. 北京:化学工业出版社,2007:63.

[13] 武鹏,赵大千,蔡欢欢,等. 3 种微生态制剂对水质及刺参幼参生长的影响 [J]. 大连海洋大学学报, 2013, 28(1):21-26.

[14] 吴保承,沈国强,杨春霞,等. 微生态制剂在水质净化中的应用现状及展望 [J]. 环境科学与技术, 2010, 33(12):408-410.

(辛美丽,吕芳,孙福新)

海黍子对外源无机碳利用机制的初步研究

目前,大气 CO_2 浓度升高引起的海水酸化和近海海水富营养化问题已经引起社会各界的广泛关注。大气 CO_2 浓度升高导致海水的 pH 降低,使海水中 CO_2 和 HCO_3^- 含量升高[1],海水富营养化则导致水体透明度降低的同时使海水 pH 升高,大大降低水体中溶解性无机碳的含量[2]。海水酸化与富营养化在改变海水 pH 值的同时也改变海水的碳酸盐系统,进而对藻体碳酸酐酶活性产生影响,造成大型海藻无机碳利用特性的适应性变化。研究表明,在酸性 pH 条件下,海藻的碳酸酐酶活性低,而在碱性条件下,碳酸酐酶活性高[3,4]。大型海藻是近海最重要的初级生产力,近些年由于社会各界对其碳汇和近海富营养修复功能的关注,有关大型海藻无机碳利用机制的研究成为学术界热点问题之一。

自然海水 pH 为 $8.0 \sim 8.2$,无机碳主要以 HCO_3^- 和 CO_3^{2-} 的形式存在,而游离 CO_2 的浓度很低。为了保证这种低 CO_2 浓度下的光合作用效率,大型海藻形成了独特的无机碳利用机制[5],许多种类的大型海藻均可利用海水中的 HCO_3^-,以此来适应海水中的低 CO_2[6,7]。大型海藻对 HCO_3^- 的利用主要有两种方式,一种是在胞外碳酸酐酶催化下,HCO_3^- 水解为游离的 CO_2,经扩散进入细胞;另一种是 HCO_3^- 的直接吸收,即通过阴离子交换蛋白使 HCO_3^- 进入胞内,在胞内转化为 CO_2。不同的种类可能具备不同的 HCO_3^- 利用途径,如坛紫菜自由丝状体可直接吸收 HCO_3^-[8],条斑紫菜叶状体则通过碳酸酐酶在胞外解离 HCO_3^- 后吸收利用[9],而江蓠同时具备这两种方式[10]。

海黍子为多年生大型褐藻,隶属于马尾藻科(Sargassaceae)、马尾藻属(Sargassum),广泛分布于我国黄海和渤海沿岸[11],是潮下带的常见种,也是近海海藻场的重要组成品种。海黍子是制造褐藻胶的重要原料,其提取物具有较高的抗氧化活性,是我国传统的药用海藻[12]。由于海黍子可作为海参养殖中的替代饲料,随着北方海参养殖业的迅速发展,对这种藻的需求量也不断增大,因而对于海黍子人工育苗技术的研究受到关注并取得了一定进展[13]。另外,海黍子对水体中的重金属如镉、镍具有良好的吸附作用,且成本低,对环境无污染,成为海水生态修复藻类的重要可选品种[14]。由于其重要的经济和生态价值,对于海黍子的研究也越来越为大家所重视,但有关海黍子无机碳利用机制的研究仍未见报道。本章以海黍子为实验材料,设置三种不同 pH 值,通过添加 AZ、EZ 和 DIDS 3 种抑制剂探讨海黍子对无机碳的利用形式及可能的利用机制,试图为海洋酸化和富营养化等环境变化背景下的大型海藻生态修复功能研究提供一定的理论参考。

1 材料与方法

1.1 实验材料

实验材料海黍子(*Sargassum muticum*)于 2014 年 4 月 25 日采自山东省荣成市俚岛镇自然海区,藻体采集后清洗干净,置于恒温箱(0～4℃)于 3 h 内运回实验室,在自然海水中暂养。暂养条件:光照强度为 150 μmol·m^{-2}·s^{-1},光照周期为 12 h/12 h,温度为 20℃,充气,每 24 h 换水一次。暂养 48 h 后,选择健康一致的藻体用于实验。

1.2 光合固碳速率的测定

采用氧电极(Chlorolab3,英国 Hansatech 公司)法测定海黍子光合放氧,以光合放氧速率(μmol(O_2)·g^{-1}·h^{-1})表示藻体的光合固碳速率。氧电极法测定时以恒温循环器(DTY-5A,北京德天佑科技发展有限公司)控制反应槽温度为 20℃,光照用碘钨灯提供,光强设定为 600 μmol·m^{-2}·s^{-1},光照强度以光量子计(QRT1,英国 Hansatech 公司)测定。取海黍子叶状体,剪成 1 cm 左右长的小段,恢复培养 1 h 避免机械损伤对光合作用的影响,称取约 0.15 g 左右湿重(fresh weight, FW)的藻体,置于氧电极的反应杯中,加入 8 mL 无碳海水,盖上反应杯,打开光照,适应一段时间,以消耗掉海水及藻体自身储存的碳,当放氧速率为负值或接近零时,表明藻体几乎无光合作用,此时藻体接近碳耗竭状态(此阶段约 10 min),然后加入一定浓度的 $NaHCO_3$ 母液,为藻体提供外源性无机碳,待放氧稳定,记录光合放氧速率。

1.3 缓冲剂 TRIS 对固碳速率的影响测定

保持其他条件不变,在无碳海水中加入 TRIS,不加 TRIS 的作为对照,添加 $NaHCO_3$ 作为碳源,通过氧电极法测定海黍子光合放氧速率。无碳海水的配制如下:取 500 mL 过滤灭菌海水,加入 1∶1 盐酸(使用时现配),采用 pH 计(PHS-3CW,上海理达仪器厂)测定 pH,pH 计使用前采用 pH 校正液校准,pH 降至 4.0 以下后,充氮气 2 h,加入 TRIS 缓冲液(最终浓度为 25 mmol·L^{-1}),以 1 mmol·L^{-1} 的 NaOH 溶液(使用时现配)调节 pH 值至 6.5、8.0、9.5,密封备用。

1.4 光合放氧速率 vs 无机碳浓度曲线(P-C 曲线)的获得

通过测定不同无机碳浓度下藻体的光合放氧速率来获得 P-C 曲线。放氧速率用氧电极法测定,不同的无机碳反应溶液是通过向无碳海水中添加不同量的 $NaHCO_3$ 获得。

获得不同无机碳浓度下的光合放氧速率后,利用米氏方程(如下)进行非线性拟合(Von Caemmerer 和 Farquhar 1981):

$$V = V_{max} \times S / (K_{0.5} + S)$$

其中,S 为不同的无机碳浓度,V 为不同无机碳浓度下的光合放氧速率,V_{max} 是最大固碳速率,$K_{0.5}$ 值是半饱和常数,$1/K_{0.5}$ 代表着藻体对无机碳的亲和力。V_{max} 和 $K_{0.5}$ 的值可以从拟合 P-C 曲线后计算获得。

1.5 抑制剂对放氧速率的影响测定

取 500 mL 灭菌海水(无机碳浓度为 2.2 mmol·L^{-1}),加入或不加入 TRIS,终浓度为 25 mmol·L^{-1},加入 1 mmol·L^{-1} NaOH 溶液或者 1∶1 HCl 溶液调节 pH 至 6.5、8.0、9.5,封口备用。称取 0.15 g(FW)左右的藻体,放入氧电极反应杯,加入 8 mL 不同 pH 的自然海水,待放氧曲线稳定后,加入碳酸酐酶抑制剂 acetazolamide(AZ)、6-ethoxyzolamide(EZ)或者阴离子交换蛋白抑制剂 4,4′-diisothiocyano-stilbene-2,2′-disulfonate(DIDS),AZ、EZ 使用终浓度为 200 μmol·L^{-1},DIDS 使用终浓度为 300 μmol·L^{-1},待放氧曲线稳定后记录放氧速率。

1.6 pH 补偿点的测定

称取 0.5 g 左右的藻体,加入 20 mL 灭菌海水于 25 mL 刻度管中,分别加入抑制剂 AZ、EZ 或 DIDS,对照组不加,密封,放于光照培养箱(MGC-250P 型,上海一恒科技有限公司),光照强度设置为 150 μmol·m^{-2}·s^{-1},温度为 25℃,每隔 1 h,测定 pH 直至 pH 不再变化为止,此时的 pH 值为藻体在该条件下的 pH 补偿点,这段时间内 pH 的变化曲线称为 pH 漂移曲线。

1.7 统计分析

所有的测定结果以平均值 ± 标准差($n \geq 3$)形式表示,用单因子方差分析(ANOVA)和 Tukey's 检验进行统计差异性分析,以 $P < 0.05$ 作为差异的显著性水平。

2 实验结果

2.1 缓冲液 TRIS 对海黍子光合固碳的影响

由表 1 可以看出,在 3 种 pH 条件下,对照与 TRIS、AZ 与 AZ + TRIS、EZ 与 EZ + TRIS、DIDS 与 DIDS + TRIS 均无显著性差异($P > 0.05$),表明加入 TRIS 对海黍子的光合放氧无影响。添加抑制剂 AZ、EZ 和 DIDS 均显著抑制。海黍子的光合放氧速率($P < 0.05$),在 pH 为 6.5 或 8.0 时,AZ 和 EZ 处理之间海黍子光合放氧速率无显著差异($P > 0.05$),但二者均与 DIDS 处理的有显著性差异($P < 0.05$),在 pH 为 9.5 时,加入 3 种抑制剂对光合放氧速率均无显著影响($P > 0.05$)。同时,在不同的 pH 值下,相同处理的海黍子光合放氧速率不同,随着 pH 值由 6.5 升到 9.5,光合放氧速率显著下降,说明 pH 值影响海黍子的光合放氧速率。

表 1 缓冲液 TRIS 和 3 种抑制剂对海黍子光合放氧速率的影响

处理	光合放氧速率(μmol(O$_2$)·g^{-1}·h^{-1})		
	pH 6.5	pH 8.0	pH 9.5
对照	96.12±7.98[a]	45.96±2.35[a]	15.60±3.67[a]
TRIS	95.46±2.85[a]	42.82±1.90[a]	15.91±3.40[a]
AZ	33.78±5.69[b]	13.05±3.14[b]	6.56±0.51[b]

续表

处理	光合放氧速率($\mu mol(O_2) \cdot g^{-1} \cdot h^{-1}$)		
	pH 6.5	pH 8.0	pH 9.5
AZ + TRIS	32.20±4.54[b]	14.00±0.14[b]	8.81±1.76[b]
EZ	36.53±2.82[b]	15.99±1.75[b]	9.21±2.60[b]
EZ + TRIS	33.82±2.99[b]	14.18±1.09[b]	7.24±1.66[b]
DIDS	11.86±0.70[c]	7.82±1.22[c]	6.29±0.72[b]
DIDS + TRIS	10.35±2.15[c]	4.94±0.66[c]	7.04±0.38[b]

注:同一列中不同的小写字母表示数值之间存在显著性差异($P<0.05$),$n=3$;$\bar{x}\pm SD$。

2.2 不同抑制剂和pH对海黍子光合放氧的影响

从图1可以看出,随着pH的增加,海黍子的光合放氧速率降低,pH显著影响海黍子的光合放氧速率($P<0.05$)。在pH为6.5时,CO_2/HCO_3^-的比例最大,此时具有最大的光合放氧速率;在pH为9.5时,CO_2/HCO_3^-的比例最小,此时光合放氧速率最小。pH为9.5时的光合放氧速率为pH8.0时的0.37倍,而pH为6.5时的光合放氧速率约为pH8.0时的2.23倍。在3种pH条件下,胞外碳酸酐酶抑制剂AZ、胞内碳酸酐酶抑制剂EZ和阴离子交换蛋白抑制剂DIDS均显著地抑制光合放氧速率($P<0.05$)(图2),抑制率分别为66%、64%和87%(pH 6.5)、67%、67%、88%(pH 8.0)、44%、55%、55%(pH9.5),pH为6.5或8.0时,DIDS具有最大的抑制作用,AZ和EZ的抑制作用无显著差别($P>0.05$),且均与DIDS有显著性差异($P<0.05$),pH为9.5时,3种抑制剂的抑制作用无显著差别($P>0.05$)。

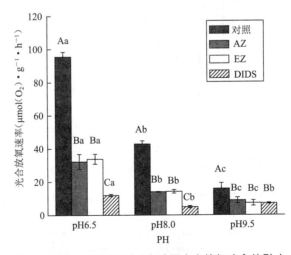

图1 不同pH下抑制剂对海黍子光合放氧速率的影响

注:不同的小写和大写字母分别表示不同pH下相同处理及相同pH下不同处理之间具有显著性差异。

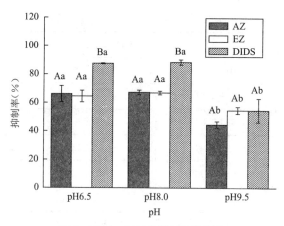

图 2 不同 pH 下抑制剂的抑制率

注：不同的小写和大写字母分别表示不同 pH 下相同处理及相同 pH 下不同处理之间具有显著性差异

2.3 不同 pH 值下海蒿子的 P-C 曲线

图 3 显示，随着无机碳浓度的增加，海蒿子的光合放氧速率也逐渐增加，当海水中的碳浓度为 8.8 mmol·L^{-1} 时，光合放氧速率在 pH8.0、9.5 这 2 种条件下达到最大值，在 pH 为 6.5 时，光合放氧速率在碳浓度为 2.2 mmol·L^{-1} 时达到最大值。从表 2 可以看出，pH 为 6.5 和 8.0 时的最大放氧速率无显著性差异（$P > 0.05$），与 pH8.0 相比，pH 为 9.5 时海蒿子的最大光合放氧速率下降了 56%。随着 pH 的上升，半饱和常数也逐渐增加，pH 为 6.5 时的半饱和常数最小，pH 为 9.5 时的半饱和常数最大，pH6.5 与 pH8.0 相比半饱和常数下降了 74%，而 pH 为 9.5 时的半饱和常数上升了 74%。

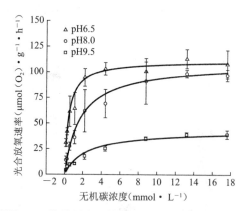

图 3 不同 pH 下海蒿子光合放氧速率对无机碳浓度升高的响应

表 2 不同 pH 下海蒿子的最大光合放氧速率（V_{max}）和半饱和浓度（$K_{0.5}$）

pH	V_{max}	$K_{0.5}$
6.5	112.15±2.97[a]	0.52±0.14[a]
8.0	109.73±9.32[ab]	1.97±0.58[ab]
9.5	47.86±3.93[b]	3.42±0.86[b]

注：同一列中不同的小写字母上标表示数值之间存在显著性差异（$P < 0.05$）。

2.4 海黍子的 pH 补偿点

在密闭系统中,藻类通过主动吸收和被动扩散的方式吸收海水中的有关离子 HCO_3^- 和分子 CO_2 来进行光合作用,同时释放出代谢产物,影响海水的化学性质,因此,可根据海水 pH 值的变化来判断藻类的生命活动最主要的为光合作用[15]。由图 4 可以看出,在未加入任何抑制剂的密闭系统中,随着时间的延长,海水的 pH 逐渐升高,pH 补偿点为 9.1,而在加入抑制剂 AZ 和 EZ 的密闭系统中,海水 pH 最终达到 8.75,且 AZ 与 EZ 处理的 pH 补偿点相同,加入抑制剂 DIDS 的密闭系统中,海水 pH 值明显低于对照,pH 补偿点为 8.60,较其他几组低。

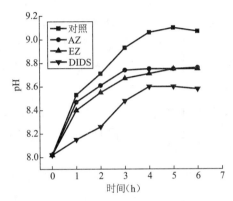

图 4 不同抑制剂添加下海黍子 pH 漂移曲线的变化

3 讨论

有报道指出,缓冲液 TRIS 可能对大型海藻的光合放氧产生抑制作用,如 TRIS 能够显著抑制甜褐藻和墨角藻的光合放氧,且逐渐提高 TRIS 的浓度会导致甜褐藻的净光合作用的降低,但对石莼和紫菜却无抑制作用[4]。Zou 等(2004)[16]在研究龙须菜的光合固碳中发现 TRIS 对龙须菜的光合放氧无显著影响。本研究中,加入 TRIS 对海黍子的光合放氧没有显著影响,因而我们选择了 TRIS 作为不同 pH 值调节时的缓冲剂。

当海水中的 pH 由 8.0 降到 6.0 时,海水中(总无机碳浓度为 2.2 mmol·L^{-1})游离 CO_2 的浓度由 15 μmol·L^{-1} 上升到 1 000 μmol·L^{-1},当海水的 pH 高于 8.0 或者更高时,海水中的无机碳多以 HCO_3^- 的形式存在,当 pH 由 8.0 升高到 10.0 时,游离 CO_2 的浓度由 15 μmol·L^{-1} 降到接近 0[17]。本研究中,当 pH 值由 8.0 降到 6.5 时,海黍子的光合放氧速率显著性升高($P < 0.01$),而当 pH 值由 8.0 升到 9.5 时,海黍子的光合固碳速率显著下降($P < 0.01$),这说明海黍子对 CO_2 具有很高的亲和力。另一方面,本研究还发现,随着外源总碳浓度的增加,海黍子的光合放氧速率逐渐增加,且添加抑制剂 AZ、EZ 或 DIDS 均可抑制海黍子光合放氧和 pH 补偿点,这表明海黍子同样具有利用 HCO_3^- 的能力。许多大型海藻都被证实有利用 HCO_3^- 的能力,以此来适应海水中的低 CO_2 环境。

藻类对 HCO_3^- 的利用能力与碳酸酐酶相关[18,19],胞外碳酸酐酶的作用就是将靠近细胞表面的 HCO_3^- 脱水成 CO_2,供藻体的光合作用,这部分的光合作用可被抑制剂 AZ 抑制,AZ

不能穿透细胞膜,仅对胞外碳酸酐酶具有抑制作用[20],而胞内碳酸酐酶的作用是协助无机碳在胞内的转运,最终使无机碳以 CO_2 的形式固定于 Rubisco 的羧化位点上,胞内碳酸酐酶的活性可被 EZ 抑制,且 EZ 可以穿透细胞膜,也可抑制胞外碳酸酐酶的活性[21]。本研究中,在 3 种 pH(6.5,8.0,9.5)条件下,海黍子的光合放氧速率均被 AZ、EZ 抑制剂所抑制,但两者间的抑制作用无显著性差别,这表明海黍子可以通过胞外碳酸酐酶的催化吸收利用 HCO_3^-,同时由于胞外碳酸酐酶活性决定着进入细胞内部的无机碳的量,当胞外碳酸酐酶活性受到抑制时,进入细胞内部的无机碳减少,无法满足细胞内碳同化对底物的需求,此时胞内碳酸酐酶活性没有得到充分发挥,EZ 对胞内 CA 的抑制效果被胞外 CA 的抑制效果所掩盖,这可能是 AZ 和 EZ 抑制率没有差异的重要原因。另一方面,在 pH 为 8.0 的正常海水和 pH 为 9.5 的无碳海水中,添加不同浓度的 $NaHCO_3$ 溶液作为碳源,此时海水中的游离 CO_2 浓度很低(pH 8.0)或几乎为 0(pH 9.5),但海黍子仍有较高的光合放氧速率,并且随着碳浓度的增加,光合放氧速率也逐渐增加,直至 8.8 mmol·L^{-1} 时达到饱和,这说明海黍子能够通过碳酸酐酶利用海水中的 HCO_3^- 作为光合作用的碳源。这种方式是大型海藻无机碳利用的重要方式之一[22],绝大多数大型海藻如褐藻中的海带[23]、红藻中的坛紫菜[24]和绿藻中的石莼[25]都具有胞外碳酸酐酶,并通过在胞外把 HCO_3^- 转化为 CO_2 后进入细胞,从而实现对 HCO_3^- 的利用。

大型海藻对 HCO_3^- 的利用也可通过阴离子交换蛋白直接转运 HCO_3^- 来实现,而这种形式的无机碳利用可以被特定的阴离子蛋白 DIDS(4,4-dissothiocyanatostilbene-2,2-disubphon)所抑制[26]。本研究中,当加入 DIDS 后,海黍子的光合放氧速率明显受到抑制,其抑制作用在 pH 为 6.5 与 8.0 时与 AZ、EZ 有显著性差别($P > 0.05$),有研究表明,在 pH 9.5 较高的条件下,由碳酸酐酶催化 HCO_3^- 水解的利用方式在高 pH 下会受到抑制[25,27],但本研究中海黍子在 pH 为 9.5 时依然具有一定的光合放氧速率,这种现象在其他大型褐藻如海带中也有发现[28],说明海黍子存在 HCO_3^- 直接吸收方式。

在密闭系统中,光合作用消耗无机碳源是使培养液 pH 升高的主要因素,因此,pH 补偿点在一定程度上也能反映藻类对无机碳的利用。Maberly 和 Spence(1983)[29]的研究发现,在 pH-drift 实验中,可利用 HCO_3^- 进行光合作用的藻类最终 pH 一般都大于 9.0,韩博平等(2003)[30]也认为若 pH 补偿点高于 9.0,则该藻具有利用 HCO_3^- 的能力,其他一些对 HCO_3^- 无利用能力的藻类如 Phyllariopsis purpurascens pH 补偿点均低于 9.0[31],海黍子的 pH 补偿点为 9.1,且加入的抑制剂 AZ、EZ 和 DIDS 均可使 pH 补偿点降低,这进一步说明海黍子可以利用 HCO_3^- 进行光合作用。

综上所述,海黍子除了可以利用海水中的游离 CO_2 外,还可以利用 HCO_3^- 作为光合作用的无机碳源,且同时具备两种利用机制,既能够通过胞外碳酸酐酶催化 HCO_3^- 水解,又可以直接通过阴离子交换蛋白直接吸收海水中的 HCO_3^-。但有研究表明,在 HCO_3^- 的利用中,直接吸收 HCO_3^- 要比由胞外碳酸酐酶催化 HCO_3^- 水解的利用方式有效[20,25,27],本研究也可看出,在 pH 为 6.5 和 8.0 时,DIDS 的抑制作用最大,与 AZ、EZ 存在显著性差异,且加入 DIDS 的 pH 补偿点也低于添加 AZ,由此推测,在这两种机制中,海黍子对 HCO_3^- 的利用可能更偏向于通过阴离子交换蛋白进行的直接吸收。

参考文献

[1] Feely R A, Sabine C L, Lee K, Berelson W, Kleypas J, Fabry V J, Millero F J. Impact of anthropogenic CO_2 on the $CaCO_3$ system in the oceans[J]. Science, 2004, 305: 362-366.

[2] 刘玲玲. 三种沉水植物无机碳利用机制研究[D]. 湖北: 华中师范大学, 2011.

[3] Axelsson L, Mercado J M, Figueroa F L. Utilization of HCO_3^- at high pH by the brown macroalga *Laminaria saccharina*[J]. Eur J Phycol, 2002, 35(1): 53-59.

[4] 徐军田, 王学文, 钟志海, 姚东瑞. 两种浒苔无机碳利用对温度响应的机制[J]. 生态学报, 2013, 33(24): 7 892-7 897.

[5] Axelsson L, Uusitalo J. Carbon acquisition strategies for marine macroalgae I. Utilization of proton exchanges visualized during photosynthesis in a closed system[J]. Mar Biol, 1988, 97: 295-300.

[6] Beer S, Rehnberg J. The acquisition of inorganic carbon by the seagrass *Zostera marina*[J]. Aquat Bot, 1997, 56: 277-283.

[7] 骆其君, 裴鲁青, 潘双叶, 王勇, 费志清. 坛紫菜自由丝状体对无机碳的利用[J]. 水产学报, 2002, 26(5): 477-480.

[8] 岳国锋, 周百成. 条斑紫菜对无机碳的利用[J]. 海洋与湖沼, 2000, 31(3): 246-251.

[9] Andria J R, Perez-Llorens J L, Vergara J J. Mechanisms of inorganic carbon acquisition in *Gracilaria gaditanano*m. prov. (Rhodophyta)[J]. Planta, 1999, 208: 564-573.

[10] 马伟伟, 李丽, 周革非. 海黍子硫酸多糖体外免疫与抗肿瘤活性[J]. 食品科学, 2013, 34(7): 270-274.

[11] 陈震, 刘红兵. 马尾藻的化学成分与生物活性研究进展[J]. 中国海洋药物杂志, 2012, 31(5): 41-51.

[12] 柴丽, 王丽梅, 宋广军, 高杉. 海黍子新生枝条的室内培养及有性生殖同步化[J]. 海洋渔业, 2012, 34(4): 423-428.

[13] 王一兵, 柯珂, 张荣灿, 高程海, 何碧娟. 海藻生物吸附重金属研究现状及展望[J]. 海洋科学进展, 2013, 31(4): 574-582.

[14] 邹定辉, 高坤山. 坛紫菜光合作用对重碳酸盐的利用[J]. 科学通报, 2002, 47(12): 926-930.

[15] Zou D, Xia J, Yang Y. Photosynthetic use of exogenous inorganic carbon in the agarophyte *Gracilaria lemaneiformis* (Rhodophyta)[J]. Aquaculture, 2004, 237: 421-431.

[16] Merian E. A Review of: "Aquatic Chemistry (An introduction emphasizing chemical equilibria in natural waters). Intern J Environ Anal Chem, 1982, 12: 317-318.

[17] Mercado J M, Figueroa F L, Niell F X. A new method for estimating external carbonic anhydrase activity in macroalgae[J]. J Phycol, 1997, 33: 999-1 006.

[18] Kaplan A, Reinhold L. CO$_2$ concentrating mechanisms in photosynthetic microorganisms[J]. Annu Rev Plant Physiol Plant Mol Biol, 1999, 50: 539-570.

[19] Fett J P, Coleman J R. Regulation of periplasmic carbonic anhydrase expression in *Chlamydomonas reinhardtii* by acetate and pH[J]. Plant Physiol, 1994, 106: 103-108.

[20] Larsson C, Axelsson L. Bicarbonate uptake and utilization in marine macroalgae[J]. Eur J Phycol, 1999, 34: 79-86.

[21] Moroney J V, Bartlett S G, Samuelsson G. Carbonic anhydrases in plants and algae[J]. Plant Cell Environ, 2001, 24: 141-153.

[22] 岳国峰,王金霞,王建飞,周百成,曾呈奎. 海带幼孢子体的光合碳利用[J]. 海洋与湖沼, 2001, 32(6): 647-652.

[23] 王淑刚,杨锐,周新倩,宋丹丹,孙雪,骆其君. 高温胁迫下坛紫菜(*Pyropia haitanensis*)对无机碳的利用[J]. 海洋与湖沼, 2013, 44(5): 1 378-1 385.

[24] Axelsson L, Ryberg H, Beer S. Two modes of bicarbonate utilization in the marine green macroalga *Ulva lactuca*[J]. Plant Cell Environ, 1995, 18(4): 439-445.

[25] Nimer N A, Iglesias-Rodriguez M D, Merrett M J. Bicarbonate utilization by marine phytoplankton species[J]. J Phycol, 1997, 33: 625-631.

[26] Larsson C, Axelsson L, Ryberg H, Beer S. Photosynthetic carbon utilization by Enteromorpha intestinalis (Chorophyta) from a Swedish rockpool[J]. Eur J Phycol, 1997, 32: 49-54.

[27] Ryberg H, Axelsson L, Carlberg S, Larsson C, Uusitalo J. CO$_2$ storage and CO$_2$ Concentrating in brown seaweeds I. Occurrence and ultrastructure[J]. Curr Res Photosynth, 1990, 18: 517-520.

[28] Maberly S C, Spence D H N. Photosynthetic inorganic carbon use by freshwater plants[J]. J Ecol, 1983, 71: 705-724.

[29] Von Caemmerer S, Farquhar G D. Some relationships between the biochemistry of photosynthesis and the gas exchange of leaves[J]. Planta, 1981, 153: 376-387.

[30] 韩博平,韩志国,付翔. 藻类光合作用机理与模型[M]. 北京:科学出版社, 2003: 217-252.

[31] Drechsler Z, Sharkia R, Cabantchik Z I, Beer S. Bicarbonate uptake in the marine macroalga Ulva sp. is inhibited by classical probes of anion exchange by red blood cells[J]. Planta, 1993, 191: 34-40.

(程苗,吴海一,詹冬梅,绳秀珍,徐智广)

水温、盐度、pH和光照度对龙须菜生长的影响

龙须菜(*Gracilaria lemaneiformis*)属江蓠属(*Gracilaria*),是一种大型经济红藻[1]。藻体直立,线形,圆柱状,藻丝直径 2～4 mm,长度 20～50 cm,最长可达 1 m 或以上,藻体呈红褐色,营固着生活[2-3]。龙须菜原产于山东省和辽宁省,自南移广东及福建沿海试养成功后,已在沿海地区形成规模养殖[4]。龙须菜是鲍鱼等水生动物的优良饵料,并在食物和饲料开发及生产琼胶藻等方面具有广阔的用途,其多糖成分为抗肿瘤药物的开发提供了依据[5]。

随着海水养殖业的迅速发展,尤其是近几年兴起的海参池塘养殖热潮,池塘养殖发展势头迅猛,且呈现继续增长的趋势。高密度的池塘养殖导致养殖池塘水质下降、溶氧降低、氮磷含量超标,养殖池塘废水大量排放,不但污染海洋环境,同时也使得养殖池塘自身污染,造成恶性循环。这些现象严重制约了池塘养殖的可持续发展。近年来的研究表明,养殖大型海藻是净化水质和延缓水域富营养化的有效措施之一[6-7]。龙须菜具有吸附 Cd^{2+}、Cu^{2+}、Ni^{2+}等金属离子的能力,同时能净化海水中的氨氮、亚硝氮等有害物质[8-11],可作为修复养殖池塘生态环境的生物材料。本研究旨在将南方浅海栽培的龙须菜引入北方池塘进行栽培,为龙须菜作为生物修复材料用于池塘生态修复提供技术依据。试验根据夏季养殖池塘水环境因子的变化情况及龙须菜的生长特性设置了不同水深栽培试验、未分苗与定期分苗栽培试验,以及不同光照强度对龙须菜生长影响等 3 种不同的池塘栽培模式,并重点观测了池塘水温、盐度和光照度对龙须菜生长的影响。

1 材料与方法

1.1 试验材料

2011 年 6 月至 10 月,选择山东东方海洋莱州生产基地某 30 亩刺参养殖池塘作为试验用池塘。池塘为沙质底,盐度 29～31.2,pH 7.9～8.4,水深 1.0～2.0 m。试验藻种为当年 6 月从福建引进的龙须菜,龙须菜藻种选择藻体完整、体色呈红褐色且分枝繁茂的藻株。试验苗架为边长 1 m 的正方形钢筋焊结框架,四边正中间位置绑扎聚乙烯纤维绳,纤维绳连接处绑扎浮漂。

1.2 试验方法

苗架处理：试验夹苗前先用 200 mg·L^{-1} 甲醛浸泡试验苗架和苗绳，去除有害物质，然后把苗绳间隔相同距离固定到苗架上，每个苗架固定 6 根苗绳，同时下面安装一张纤维绳做成的网兜，防止龙须菜脱落影响试验结果。

藻体分割及夹苗：把整株龙须菜藻体用消过毒的手术刀均匀的切割成几部分，分割的藻体尽量保持其完整；然后将分割的龙须菜以间隔 7 cm 的距离夹到苗绳上，每个试验苗架夹苗 1.0 kg。

试验设计：

（1）龙须菜不同水深栽培试验设计。取龙须菜试验苗架 9 个，分别放置在池塘水深 1.0 m、1.5 m 和 2.0 m 处，每处放置苗架 3 个，然后在浮漂上标记数字，作为试验编号。

（2）龙须菜不同光照度栽培试验设计。取龙须菜试验苗架 6 个，其中 3 个放置于池塘 2.0 m 水深处（在自然光照射条件下生长，测量显示晴好天气光照度 > 6 000 lx），间隔距离 40 m，在另 3 个苗架上方水面覆盖黑色遮阴网，控制遮阴网下生长的龙须菜在晴好天气条件下接受的光照度 < 3 000 lx，然后在浮漂上标记数字，作为试验编号。

（3）龙须菜未分苗与定期分苗栽培试验设计。本试验以池塘 2 m 水深处的 6 个龙须菜试验苗架为研究对象，3 个试验苗架龙须菜自然生长，另 3 个试验苗架生长的龙须菜分别于 7 月 18 日、8 月 18 日和 9 月 17 日对其进行分苗，分出的藻体分别加到相同的试验苗架上，同样放置于池塘 2 m 水深处栽培。分苗方式为：根据龙须菜生长情况，适当进行分割，7 月 18 日分出 3 个苗架，8 月 18 日分出 6 个苗架，9 月 17 日分出 12 个苗架，分出的苗架同样放置于池塘 2 m 水深处进行栽培，并在浮漂上标记数字，作为试验编号。

观察及测量：根据天气状况及试验，设定每 10 d 测量 1 次龙须菜藻体体长和藻体湿重。测量方式为：每个苗架生长的龙须菜各随机取 30 株，测量其藻体体长，取平均值作为单株生物量，同时测量藻体湿重。每天测量池塘水温、盐度和 pH，以每日 8:30、13:00 和 16:30 测量数据平均值作为当日试验数据。

1.3 统计分析

所有测定结果以平均数 ± 标准差（$n \geq 3$）形式表示，用方差分析（ANOVA）和 t-检验进行统计显著性分析，以 $P < 0.05$ 作为差异的显著性水平。

2 结果

2.1 不同水深条件下龙须菜生长情况比较

整个试验期间，池塘水温变化范围为 19～30.8℃，池塘水体盐度变化范围在 29～31.2，pH 变化范围为 7.9～8.4。分析发现，龙须菜藻体体长（图 1）和湿重（图 2）的生长受池塘水温变化影响较显著（$P < 0.05$），池塘水温变化幅度处于 19～25℃区间时，栽培龙须菜生长良好；而池塘水体盐度和 pH 变化对栽培龙须菜生长影响不显著。池塘水深

1.0 m、1.5 m 和 2 m 处生长的龙须菜,随着水深增加,其藻体体长和湿重逐渐增大($P < 0.05$),试验初期夹苗时藻体平均体长为 24.8 cm,至 9 月中旬,藻体平均体长分别为 48.6 cm、57.2 cm 和 60.1 cm,藻体平均体长随水深而增大。试验初期,每苗架夹苗量均为 1.0 kg,至 9 月中旬,苗架藻体平均湿重分别为 7.19 kg/苗架,8.73 kg/苗架和 9.61 kg/苗架,试验苗架藻体湿重随水深而增大。

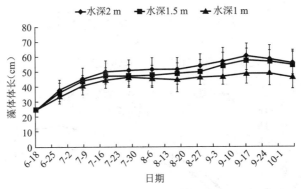

图 1 不同水深龙须菜藻体体长生长对比

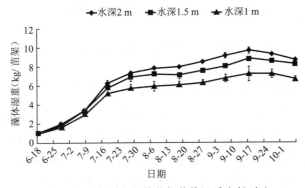

图 2 不同水深龙须菜苗架藻体湿重生长对比

2.2 光照度对龙须菜生长的影响

比较龙须菜在光照度 > 6 000 lx 和 < 3 000 lx 这两种条件下的生长情况可以发现,其体长(图 3)和湿重(图 4)的生长差别较大。光照度 < 3 000 lx 时龙须菜生长良好,光照度 > 6 000 lx 时龙须菜生长略差。至 9 月 17 日,两种不同光照强度下,前者的龙须菜藻体最大平均体长、最大平均湿重分别为 66.2 cm 和 12.2 kg/苗架,后者分别为 60.1 cm 和 9.61 kg/苗架($P < 0.05$)。观察发现,当池塘水温变化范围在 19～25℃时,龙须菜生长旺盛,侧枝繁茂整齐,体色呈深红褐色。说明光照强度及水温的变化能够对龙须菜的生长产生较为明显的影响。

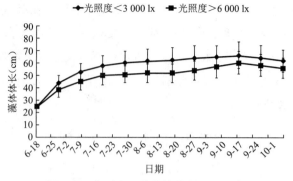

图3 光照度对龙须菜藻体体长生长的影响

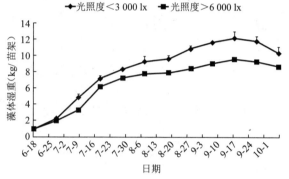

图4 光照度对龙须菜苗架藻体湿重生长的影响

2.3 龙须菜池塘栽培定期分苗与未分苗生长情况比较

试验显示:(1)龙须菜藻体平均体长:未分苗试验组,试验初期为24.8 cm,试验结束为56.0 cm;定期分苗试验组,试验初期为24.8 cm,试验结束为44.7 cm($P<0.05$)(图5)。(2)藻体湿重:未分苗试验组,试验初期为1.0 kg,试验结束为8.66 kg($P<0.05$)。(3)藻体湿重:定期分苗试验组,试验初期为1.0 kg,试验结束为50.12 kg(图6)。其原因可能是定期分苗会促进龙须菜藻体湿重的快速增长,在一定程度上也促进了藻体体长的生长,同时,充足的养殖空间也有利于其生长。

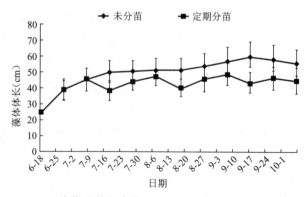

图5 定期分苗与未分苗龙须菜藻体体长生长对比

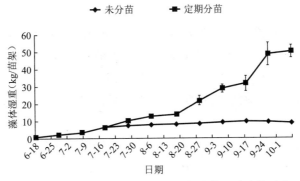

图 6 定期分苗与未分苗龙须菜苗架藻体湿重生长对比

3 讨论

研究显示,龙须菜生长受池塘水温和光照度变化影响显著。池塘水体在盐度 29～31.2 和 pH 7.9～8.4 自然变化区间范围内对龙须菜生长影响较小;池塘水温变化幅度在 19～27℃时龙须菜生长良好,水温＜19℃或＞27℃时龙须菜逐渐停止生长,同时侧枝出现腐烂衰退现象;光照度＜3 000 lx 时龙须菜生长较好,光照度＞6 000 lx 时龙须菜生长相对差一些。

刘树霞等[12]研究发现,龙须菜在 25℃条件下其相对生长速率最高,这与本研究结果基本相符。温度对龙须菜光合作用可产生显著的影响,在 25℃时具有最大的光合作用速率,这表明光合作用速率的大小在一定程度上反映了生长速率的大小[10]。很多研究者常用光合作用能力的强弱来估测一种海藻的生长情况[13-18]。本研究中,在池塘水温 19～27℃、光照度＜3 000 lx 时,龙须菜生长速率较大,说明在该条件下龙须菜光合作用速率较大。而光照度＞6 000 lx、水温＜19℃或＞27℃时,龙须菜生长较差,说明该条件下龙须菜光合作用速率较小,导致其生长速率较小。

龙须菜在自然生长环境条件下,随着温度的升高,藻体所接受的光照度会增加,较高的太阳辐射能够引起海水表面生长的龙须菜产生光抑制,反而会导致藻体生长速率的下降[19-21]。本研究显示,池塘水深 1.0 m、1.5 m 和 2 m 处生长的龙须菜随着水深增加,其藻体体长和湿重逐渐增大($P < 0.05$),并且定期分苗组藻体总湿重比未分苗组生长效果好。海区内龙须菜的生长不仅和温度有关,而且与营养盐供应水平、养殖密度以及藻体所接受的光照强度均有密切的关系[13-16],因此在养殖过程中,可以通过调节养殖池塘环境因子、养殖水深、定期分苗等手段,为藻体生长提供最适宜条件,在短时间内获得较高的产量。

参考文献

[1] 徐智广,邹定辉,高坤山,等. 不同温度、光照强度和硝氮浓度下龙须菜对无机磷吸收的影响[J]. 水产学报,2011,35(7):1 023-1 029.

[2] 严志洪. 龙须菜生物学特性及筏式栽培技术规范[J]. 海洋渔业,2003,25(3):153-

154.

[3] 曾呈奎. 经济海藻种质种苗生物学 [M]. 济南：山东科学技术出版社, 1999：1-154.

[4] 张学成, 费修绠, 王广策, 等. 江蓠属海藻龙须菜的基础研究与大规模栽培 [J]. 中国海洋大学学报：自然科学版, 2009, 39 (5)：947-954.

[5] 刘朝阳, 孙晓庆. 龙须菜的生物学作用及应用前景 [J]. 养殖与饲料, 2007 (5)：55-58.

[6] 包杰, 田相利, 董双林, 等. 温度、盐度和光照强度对鼠尾藻氮、磷吸收的影响 [J]. 中国水产科学, 2008, 15 (2)：293-300.

[7] Ahn O, Petrell R J, Harrison P J. Ammonium and nitrate uptake by Laminaria saccharina and Nereocystis leutkeana originating from a salmon sea cage farm [J]. J Appl Phycol, 1998, 10：333-340.

[8] 安鑫龙, 周启星. 水产养殖自身污染及其生物修复技术 [J]. 环境污染治理技术与设备, 2006, 7 (9)：1-6.

[9] 汤坤贤, 游秀萍, 林亚森, 等. 龙须菜对富营养化海水的生物修复 [J]. 生态学报, 2005, 25 (11)：252-259.

[10] 杨宇峰, 费修绠. 大型海藻对富营养化海水养殖区生物修复的研究与展望 [J]. 青岛海洋大学学报（自然科学版）, 2003, 33 (1)：53-57.

[11] 胡凡光, 王志刚, 王翔宇, 等. 脆江蓠池塘栽培技术 [J]. 渔业科学进展, 2011, 32 (5)：67-73.

[12] 刘树霞, 徐军田, 蒋栋成. 温度对经济红藻龙须菜生长及光合作用的影响 [J]. 安徽农业科学, 2009, 37 (33)：16 322-16 324.

[13] Gao K S, Xu J T. Effects of solar UV radiation on diurnal photosynthetic performance and growth of *Gracilaria lemaneiformis* (Rhodophyta) [J]. Eur J. Phycol, 2008, 4 (3)：297-307.

[14] Yang H S, Zhou Y, Mao Y Z, et al. Growth characters and photosynthetic capacity of *Gracilaria lemaneiform* is as a biofilter in a shellfish farming area in Sanggou Bay, China [J]. App J Phycol, 2005, 17 (3)：199-206.

[15] Yang Y F, Fei X G, Song J M, et al. Growth of *Gracilaria lemaneiform* is under different cultivation conditions and its effects on nutrient removal in Chinese coastal waters [J]. Aquaculture, 2006, 25 (4)：248-255.

[16] Zou D H, Xia J R, Yang Y F. Photosynthetic use of exogenous inorganic carbon in the agarophyte *Gracilaria lemaneiform* is (Rhodophyta) [J]. Aquaculture, 2004, 23 (7)：421-431.

[17] Ikusima I. Ecological studies on the productivity of aquaticplant communities I. Measurement of photosynthetic activity [J]. Bot Mag Tokyo, 1965, 7 (8)：202-211.

[18] 雷光英. 大型海藻龙须菜实验生态学的初步研究 [D]. 广州：暨南大学, 2007.

[19] Xu J T, Gao K S. Growth, pigments, UV-absorbing compoundsand agar yield of the economic red seaweed *Gracilaria lemaneiformis*(Rhodophyta) grown at different depths in the coastal water of the South China Sea[J]. Appl J. Phycol, 2008, 20: 681-686.
[20] 郑兵. 深澳湾环境因子的变化特征与龙须菜养殖的生态效应[D]. 汕头: 汕头大学, 2009.
[21] 蒋雯雯. 环境因子对菊花江蓠和细基江蓠繁枝变型生理生态学影响的比较研究[D]. 青岛: 中国海洋大学, 2010.

(胡凡光,郭萍萍,王娟,孙福新,吴海一,李美真,王志刚)

温度、光强和营养史对羊栖菜无机磷吸收的影响

近年来随着海洋动物养殖业的迅猛发展,加上陆源污染的持续注入,中国近海富营养化现象日益严重[1-3]。由于大型海藻能够快速吸收并移出海水中的氮、磷等营养物质,因此国内外学者普遍认为大型海藻的规模化栽培是延缓近海富营养化进程、修复近海生态环境的有效途径之一[4-6],而对大型海藻营养盐吸收特点和生物修复功能的研究也受到了广泛的关注[7-10]。

磷(P)是海藻生长的必需元素,是核蛋白和磷脂的重要成分,同时参与海藻细胞内很多生化反应过程,具有非常重要的生理地位[11]。但是,由于海洋中存在着能够将有机磷转化为无机磷的碱性磷酸酶[12-14],因此在自然海域中磷通常不被认为是海藻的生长限制因子。然而,随着近海富营养化现象的加重,氮浓度的急剧升高往往使得磷被动地成为海藻生长的限制因素,对大型海藻磷吸收的研究也因此逐渐受到大家的重视[7, 10, 15]。

羊栖菜(*Hizikia fusiforme*)是一种大型经济褐藻,在中国近海潮间带广泛分布。由于具有较高的营养和药用价值[16],人们对其的过度采集已造成当前羊栖菜自然资源的严重锐减。近年来国内学者对羊栖菜的人工繁育进行了初步的研究并取得一定的进展[17-18],其人工繁育和栽培在浙江近海形成了一定的规模,这使羊栖菜成为近海富营养化海水修复的潜在品种。文章以羊栖菜为研究材料,在实验室可控条件下探讨温度、光强和营养史等环境因子对其无机磷吸收的影响,试图为其在海水富营养化生物修复功能中的应用提供理论依据。

1 材料与方法

1.1 材料

野生羊栖菜采自汕头南澳岛潮间带,采集时选择健康一致、体长 5 cm 左右的孢子体,放于 4℃ 保温箱 3 h 内运到实验室,暂养在经高压灭菌的自然海水中备用。暂养海水 pH 值为 8.2,盐度为 33,无机氮(N)浓度为 10 $\mu mol \cdot L^{-1}$,无机磷(P)浓度为 0.5 $\mu mol \cdot L^{-1}$。培养温度为 20℃,光照强度为 200 $\mu mol\ photons \cdot m^{-2} \cdot s^{-1}$,光照周期为 12L:12D,24 h 充气。

1.2 不同培养条件的设置

1.2.1 不同温度条件的设置

光照控温培养箱设置 10℃、20℃和 30℃ 3 个温度梯度,不同温度下培养光强均为 200 μmol photons·m^{-2}·s^{-1},培养密度 10 g 湿重(FW)·L^{-1},培养海水(2 L)初始 N 浓度为 200 μmol·L^{-1},初始 P 浓度为 31 μmol·L^{-1}。初始 N 和 P 浓度分别通过向自然海水中添加 $NaNO_3$ 和 NaH_2PO_4 获得。

1.2.2 不同光强条件的设置

光照控温培养箱设置 0、30 μmol photons·m^{-2}·s^{-1} 和 130 μmol photons·m^{-2}·s^{-1} 个光强梯度,不同光强下温度均为 20℃,培养密度(FW)为 10 g·L^{-1},培养海水(2 L)初始 N 浓度为 200 μmol·L^{-1},初始 P 浓度为 31 μmol·L^{-1}。初始 N 和 P 浓度分别通过向自然海水中添加 $NaNO_3$ 和 NaH_2PO_4 获得。

1.2.3 不同营养史的获得

(1) F/2 加富人工海水的配制。首先在蒸馏水中溶解 NaCl 450 mmol·L^{-1}、KCl 10 mmol·L^{-1}、$CaCl_2$ 10 mmol·L^{-1}、$MgSO_4$ 30 mmol·L^{-1}、$NaHCO_3$ 2.2 mmol·L^{-1},获得人工海水[19],然后参照 Borowitzka 的方法[20]进行 F/2 配方营养加富,其中不添加 N 和 P,使培养水体中不缺乏其他营养元素而保证 N 和 P 浓度为零。

(2) 不同磷营养史的获得。健康一致的羊栖菜孢子体于 0、5 μmol·L^{-1} 或 50 μmol·L^{-1} 三种 P 浓度条件下分别适应培养 96 h,获得具有不同 P 营养史的实验材料。培养温度为 20℃,光强为 200 μmol photons·m^{-2}·s^{-1},光照周期为 12L:12D,N 浓度为 200 μmol·L^{-1}。培养密度 10 g FW·L^{-1},不间断充气,每 24 h 分别更换培养海水。培养海水使用如(1)配制的人工海水,通过添加 NaH_2PO_4 获得不同的 P 浓度。

(3) 不同氮营养史的获得。孢子体于 0、10 μmol·L^{-1} 或 200 μmol·L^{-1} 三种 N 浓度条件下分别适应培养 96 h,获得具有不同 N 营养史的实验材料。培养温度为 20℃,光强为 200 μmol photons·m^{-2}·s^{-1},光照周期为 12L:12D,P 浓度为 50 μmol·L^{-1}。培养密度 10 g FW·L^{-1},不间断充气,每 24 h 分别更换培养海水。培养海水使用如(1)配制的人工海水,通过添加 $NaNO_3$ 获得不同的 N 浓度。

(4) 培养后磷吸收的测定。具有不同营养史的孢子体材料,转入相同的培养条件的 2 L 培养海水中分别测定其 P 吸收情况。培养条件为温度 20℃,光强 200 μmol photons·m^{-2}·s^{-1},培养密度 10 g FW·L^{-1},培养海水初始 N 浓度为 200 μmol·L^{-1},初始 P 浓度为 31 μmol·L^{-1}。

1.3 磷吸收速率的测定

不同温度、光强或营养史条件下培养的羊栖菜,分别于 0 h、0.5 h、1 h、2 h、4 h、6 h 和 9 h 测定培养海水中的 P 浓度,以 P 浓度的变化来表示羊栖菜对 P 的吸收情况。吸收速率计算公式如下:吸收速率 $=(N_o - N_t) \times V \times t^{-1} \times W_o^{-1}$。其中,$N_o$ 为初始培养海水中的 P 浓度,N_t 为测量结束时的 P 浓度,V 为培养海水的体积,W_o 为初始时藻体的湿重(FW),t 为实验时间,单位为小时(h),吸收速率的单位为 $\mu mol·h^{-1}·g^{-1}$ FW。培养海水中 P 浓度的测定采用磷钼蓝分光光度法[21]。

1.4 数据处理和统计分析

所有测定结果以平均数 ± 标准差($n = 4$)的形式表示,用单因子方差分析(One-way ANOVA)和 t-检验进行差异显著性分析,以 $P < 0.05$ 作为差异的显著性水平。

2 结果

2.1 不同温度下羊栖菜对磷的吸收

图 1 为不同温度培养下羊栖菜培养海水中 P 浓度随时间变化的曲线。从图 1 看出,培养液中 P 浓度随时间逐渐下降,20 ℃时下降最快,10 ℃最慢,这说明羊栖菜对 P 的吸收速率在 20 ℃时达到最大,在 10 ℃时最小。9 h 内羊栖菜对 P 的平均吸收速率在不同温度条件之间存在显著性差异($P < 0.001$),吸收速率数值分别为 10 ℃时,(0.105 ± 0.001) $\mu mol·h^{-1}·g^{-1}$ FW;20 ℃时,(0.197 ± 0.005) $\mu mol·h^{-1}·g^{-1}$ FW;30 ℃时,(0.169 ± 0.001) $\mu mol·h^{-1}·g^{-1}$ FW。

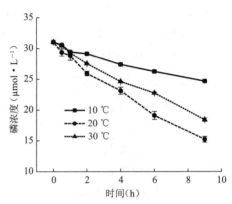

图 1 不同温度下羊栖菜培养海水中磷浓度的变化($n = 4$)

2.2 不同光强下羊栖菜对 P 的吸收

不同光强条件下羊栖菜培养海水中 P 浓度的变化曲线如图 2 所示。随着光照强度的增加,P 浓度的下降速度和程度都显著增加,说明羊栖菜对 P 的吸收速率随着光强升高而显著增大($P < 0.001$),9 h 内各光强下羊栖菜对 P 的平均吸收速率如下:0 $\mu mol\ photons·m^{-2}·s^{-1}$ 时,(0.148 ± 0.002) $\mu mol·h^{-1}·g^{-1}$ FW;30 $\mu mol\ photons·m^{-2}·s^{-1}$ 时,(0.197 ± 0.005) $\mu mol·h^{-1}·g^{-1}$ FW;130 $\mu mol\ photons·m^{-2}·s^{-1}$ 时,(0.241 ± 0.010) $\mu mol·h^{-1}·g^{-1}$ FW。

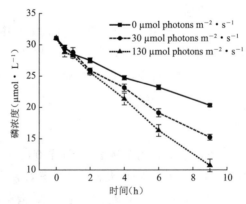

图 2 不同光强下羊栖菜培养海水中磷浓度的变化($n = 4$)

2.3 不同营养史的羊栖菜对 P 的吸收

具有不同 P 营养史的羊栖菜,在相同培养条件下,藻体对于 P 的吸收速率呈现出显著的差异($P < 0.05$),其培养海水中 P 浓度的变化曲线如图 3 所示。不同营养史的羊栖菜对 P 的吸收速率的特点为营养史中的培养海水 P 浓度越高,其吸收速率则越低,9 h 内平均吸收速率数值分别为:0 $\mu mol \cdot L^{-1}$ 营养史的藻体 P 吸收速率为(0.173 ± 0.001)$\mu mol \cdot h^{-1} \cdot g^{-1}$ FW;5 $\mu mol \cdot L^{-1}$ 营养史的藻体 P 吸收速率为(0.160 ± 0.001)$\mu mol \cdot h^{-1} \cdot g^{-1}$ FW;50 $\mu mol \cdot L^{-1}$ 营养史的藻体 P 吸收速率为(0.144 ± 0.000)$\mu mol \cdot h^{-1} \cdot g^{-1}$ FW。

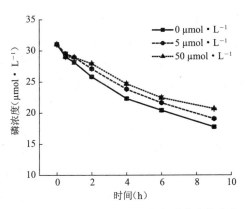

图 3　不同磷营养史的羊栖菜培养海水中磷浓度的变化($n = 4$)

具有不同 N 营养史的羊栖菜,在相同培养条件下,其培养海水中 P 浓度的变化曲线如图 4 所示。高氮(200 $\mu mol \cdot L^{-1}$)营养史藻体的 P 浓度随时间下降显著,而低氮(10 $\mu mol \cdot L^{-1}$)和无氮(0 $\mu mol \cdot L^{-1}$)营养史的藻体培养海水中 P 浓度随时间变化不明显,并且二者在 9 h 内对 P 的平均吸收速率之间不存在显著性差异($P > 0.1$)。无氮(0 $\mu mol \cdot L^{-1}$)、低氮(10 $\mu mol \cdot L^{-1}$)和高氮(200 $\mu mol \cdot L^{-1}$)3 种 N 营养史的藻体 9 h 内对 P 的平均吸收速率分别为(0.072 ± 0.003)$\mu mol \cdot h^{-1} \cdot g^{-1}$ Fw、(0.068 ± 0.004)$\mu mol \cdot h^{-1} \cdot g^{-1}$ FW 和(1.155 ± 0.007)$\mu mol \cdot h^{-1} \cdot g^{-1}$ FW。

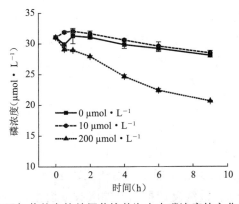

图 4　不同氮营养史的羊栖菜培养海水中磷浓度的变化($n = 4$)

3 讨论

P是大型海藻生长的必需元素,海藻对P的吸收为主动吸收[22],一般情况下其吸收特点符合典型的酶促反应动力学曲线特征[15,22]。P的吸收代谢与细胞的核酸合成、膜结构组装、识别调节蛋白和酶活性等生化过程密切相关[11],与海藻的生长以及光合作用紧密联系[23,24],因此,影响海藻生长和光合作用的环境因子也必将影响海藻对磷的吸收代谢过程。

PEDERSEN等[25]研究了温度对几种紫菜(Porphyra)营养盐吸收速率的影响,结果表明,在P供应充足的条件下,海藻对P的吸收速率随温度的升高而加快,温度每升高10℃吸收速率就增加2倍,即温度系数$Q_{10}=2$。研究结果显示:温度从10℃到20℃时,羊栖菜对P的吸收速率从(0.105 ± 0.001)μmol·h^{-1}·g^{-1} FW升高到(0.197 ± 0.005)μmol·h^{-1}·g^{-1} FW,Q_{10}约为1.88,这与PEDERSEN等的研究结果相似。其原因可能是由于在较高的温度下,P主动吸收需要的各种酶的活性增强,同时随温度加快的呼吸作用也能为其提供充足的能量,因此能够保持藻体较快的P吸收速率。但是,当温度为30℃时,羊栖菜对P的吸收反而出现了一定程度的降低,数值为(0.169 ± 0.001)μmol·h^{-1}·g^{-1} FW,这可能是高温对于P吸收作用相关酶的活性产生了影响。实际上,许忠能等[7]早在2002年对细基江蓠(Gracilaria tenuistipitata)的研究中就发现温度的升高没有使藻体对P的吸收增强,而徐智广等对龙须菜(Gracilaria lemaneiformis)P吸收的研究结果显示在不同的底物浓度下温度对P吸收特性各个参数的影响也存在差别[15]。温度变化对P吸收影响的差异,除了与不同的海藻种类相关外,很可能受到不同条件下海藻其他生理活动的影响,如光合作用、氮的代谢等[23]。

光照对营养盐吸收代谢的影响一般通过光合作用的变化实现。光合作用可以为P吸收提供代谢和相关酶合成所需的碳骨架,保证主动运输过程所需的能量供应[22],因此,光强的变化与P吸收具有一定的相关性。国外研究结果表明,在一定条件下,光照强度与海藻的P吸收速率呈近似的直角双曲线关系[26]。笔者研究证实,随着光强的增强,羊栖菜对P的吸收速率逐渐增强,而此前在对龙须菜的研究中却发现当光强较高(200 μmol photons·m^{-2}·s^{-1})时,海藻对P的吸收受到抑制[15]。羊栖菜与龙须菜P吸收对于光强的不同响应,可能是因为红藻特有的天线色素的高效捕光能力使龙须菜更能适应低光生活,而较高光强反而容易引起光抑制,对藻体的生理产生不利的影响。从研究结果可以看出,羊栖菜更能有效抵制高光带来的光抑制等的不利影响,从而可以为P吸收提供更多的能量和碳骨架。这一实验结果也和羊栖菜分布于潮间带的中潮位,龙须菜分布于潮间带的低潮位,适应不同的光照强度的自然现象相一致。

大型海藻对P的吸收不仅与光合作用联系紧密,同时也与海藻本身的氮、磷营养史密切相关。Lundberg等[27]通过核磁共振的方法研究了绿藻石莼(Ulva lactuca)对N和P的吸收利用关系,结果显示当硝氮的供应增加时,藻体内的多聚磷酸盐含量反而降低,海藻对P的吸收也受到抑制。这一现象的原因可能是硝氮的代谢争夺光合作用供应的能量和碳骨架,从而抑制多聚磷酸盐的合成,最终反馈抑制P的吸收。而李再亮等[28]对羊栖菜的研究表明,P吸收速率与N/P比值密切相关,在特定的N/P比值下达到最大。此项研究中,高浓度的硝氮刺激了羊栖菜对P的吸收,与Lundberg等的结果不同,与李再亮等[28]的研究结果相似。这一结果也符合大型海藻生长对 N、P 按一定比例需求的规律[29]。另一方面,海藻对 P 的吸收与细胞内磷库的含量呈典型的负相关关系,这在很多微藻的研究中已经得到了证实[30]。笔者研究中也发现了类似的结论:羊栖菜对 P 的吸收速率与营养史中 P 的培养浓度刚好呈相反的趋势(图3)。而 Hurd 和 Dring[31] 对 5 种墨角藻(*Fucus*) P 吸收动力学的研究表明,在开始的 30 min 内有一个快吸收,随后的 30 min 内几乎不吸收,然后维持稳定的中等吸收速率。这种吸收速率随时间变化的原因可能是藻体细胞内的营养库导致,开始的快吸收(10～60 min)用于充盈细胞内的 P 库,随后吸收速率下降则是胞内 P 库反馈调节的结果,最后的稳定速率则说明在保持一定 P 库含量的情况下 P 的吸收与同化速率达到了平衡[32]。

综上所述,羊栖菜对无机磷的吸收受到温度、光强以及 N、P 营养史的显著影响。因而在利用羊栖菜规模化栽培来修复富营养化海水时,要充分考虑海藻的栽培季节、挂养水深,以及修复周期等等与温度、光强、营养史相关的环境因素,根据不同的栽培海区条件,选择适宜的栽培方式,以达到理想的修复效果。

参考文献

[1] 姚云,沈志良. 胶州湾海水富营养化水平评价[J]. 海洋科学,2004,28(6):14-17,22.

[2] 徐明德,韦鹤平,张海平. 黄海南部近岸海域水质现状分析[J]. 中北大学学报(自然科学版),2006,27(1):66-70.

[3] 赵俊,过锋,张艳,等. 胶州湾湿地海水中营养盐的时空分布与富营养化[J]. 渔业科学进展,2011,32(6):107-114.

[4] 杨宇峰,费修绠. 大型海藻对富营养化海水养殖区生物修复的研究与展望[J]. 青岛海洋大学学报,2003,33(1):53-57.

[5] Fei X. Solving the costal eutrophication problem by large scale seaweed cultivation [J]. Hydrobiologia, 2004, 512(1):145-151.

[6] 何培民,徐珊楠,张寒野. 海藻在海洋生态修复和海水综合养殖中的应用研究简况[J]. 渔业现代化,2005,32(4):15-16.

[7] 许忠能,林小涛,林继辉,等. 营养盐因子对细基江蓠繁枝变种氮、磷吸收速率的影响[J]. 生态学报,2002,22(3):366-374.

[8] 汤坤贤,游秀萍,林亚森,等. 龙须菜对富营养化海水的生物修复[J]. 生态学报,2005,25(11):3 044-3 051.

[9] Zhou Y, Yang H, Hu H, et al. Bioremediation potential of the macroalga *Gracilaria lemaceiformis* (Rhodophyta) integrated into fed fish culture in coastal waters of north China [J]. Aquaculture, 2006, 252(2/3/4):264-276.

[10] 王翔宇,詹冬梅,李美真,等. 大型海藻吸收氮磷营养盐能力的初步研究[J]. 渔业科学进展,2011,32(4):67-71.

[11] Irihimovitch V, Yehudai-Resheff S. Phosphate and sulfur limitation responses in the chloroplast of *Chlamydomonas reinhardtii* [J]. FEMS Microbiol Lett, 2008, 283(1): 1-8.

[12] Tyrrell T. The relative influence of nitrogen and phosphorus on oceanic primary production [J]. Nature, 1999, 400 (6744): 525-531.

[13] Hernandez I, Niell F X, Whitton B A. Phosphatase activity of benthic marine algae [J]. J Appl Phycol, 2002, 14(6): 475-487.

[14] Hoppe H G. Phosphatase activity in the sea [J]. Hydrobiologia, 2003, 493 (1/2/3): 187-200.

[15] 徐智广, 邹定辉, 高坤山, 等. 不同温度、光照强度和硝氮浓度下龙须菜对无机磷吸收的影响 [J]. 水产学报, 2011, 35(7): 1 023-1 029.

[16] 阮积惠. 羊栖菜的药用功能研究现状 [J]. 中国野生植物资源, 2001, 20(6): 8-10.

[17] 张鑫, 邹定辉, 徐智广, 等. 不同光照周期对羊栖菜有性繁殖过程的影响 [J]. 水产科学, 2008, 27(9): 452-454.

[18] 李生尧, 许曹鲁, 李建榜, 等. 羊栖菜"鹿丰1号"人工选育及养殖中试 [J]. 渔业科学进展, 2010, 31(2): 88-94.

[19] Larsson C, Axelsson L, Ryberg H, et al. Photosynthetic carbon utilization by *Enteromorpha intestinalis* (Chorophyta) from a Swedish rockpool [J]. Eur J Phycol, 1997, 32(1): 49-54.

[20] Borowitzka M A. Microalgal biotechnology [M]. Cambridge: Cambridge University Press, 1988: 457-465.

[21] Harrison P J. Determining phosphate uptake rates of phytoplankton. In: LOBBAN C S, CHAPMAN D J, KREMER B P. Experimental Phycology: a Laboratory Manual [M]. New York: Cambridge University Press, 1988: 186-195.

[22] Lobban C S, Harrison P J. Seaweed Ecology and Physiology [M]. New York: Cambridge University Press, 1994: 75-110.

[23] Xu Z, Zou D, Gao K. Effects of elevated CO_2 and phosphorus supply on growth, photosynthesis and nutrient uptake in the marine macroalga *Gracilaria lemaneiformis* (Rhodophyta) [J]. Bot Mar, 2010, 53(2): 123-129.

[24] 李恒, 李美真, 徐智广, 等. 不同营养盐浓度对3种大型红藻氮、磷吸收及其生长的影响 [J]. 中国水产科学, 2012, 19(3): 462-470.

[25] Pedersen A, Kraemer G, Yarish C. The effects of temperature and nutrient concentrations on nitrate and phosphate uptake in different species of *Porphyra* from Long Island Sound (USA) [J]. J Exp Mar Biol Ecol, 2004, 312(2): 235-252.

[26] Floc'H J Y. Uptake of inorganic ions and their long distance transport in Fucales and Laminariales. In: Srivastava L M. Synthetic and degratative processes in marine macrophytes [M]. Berlin: Walter de Gruyter, 1982: 139-165.

[27] Lundberg P, Weich R G, Jensén P, et al. 31$_P$ and 14$_N$ NMR studies of the uptake of phophorus and nitrogen compounds in the marine macroalgae *Ulva lactuca* [J]. Plant Physiol, 1989, 89(4): 1 380-1 387.

[28] 李再亮, 申玉春, 谢恩义, 等. 羊栖菜对氮、磷的吸收速率研究 [J]. 河南农业科学, 2011, 40(3): 73-77.

[29] Sanudo-Wilhelmy S A, Tovar-Sanchez A, FU F X, et al. The impact of surface-adsorbed phosphorus on phytoplankton Redfield stoichiometry [J]. Nature, 2004, 432 (7019): 897-901.

[30] 朱小明, 沈国英. 几种浮游单胞藻类 P 代谢的初步研究 [J]. 厦门大学学报, 1996, 635(4): 619-624.

[31] Hurd C L, Dring M J. Phosphate uptake by intertidal fucoid algae in relation to zonation and season [J]. Mar Biol, 1990, 107(2): 281-289.

[32] Pederson M F, Paling E I, Walker D I. Nitrogen uptake and allocation in the seagrass *Amphibolis antarctica* [J]. Aquat Bot, 1997, 56(2): 105-117.

(徐智广,李美真,孙福新,王志刚,张莹)

光照和温度对脆江蓠的生长和生化组成的影响

脆江蓠(*Gracilaria chouae*),属红藻门(*Rhodophyta*)杉藻目(*Gigartinales*)江蓠科(*Gracilariaceae*)江蓠属,暖温带藻类,为中国特有种,自然分布于东南沿海的低潮带或潮下带[1]。脆江蓠藻体脆嫩,可作为养殖鲍的优质饵料,也是营养丰富的海洋蔬菜,由于体内含有多种活性物质,也被列为药源生物和保健品材料,具有较高的经济价值;其生长速度快,在养殖过程中能大量吸收水体中氮、磷、碳等生源要素,与海参、鲍等养殖动物混养可改善养殖池塘水质,具有较高生态价值。目前,我国福建沿海已展开了脆江蓠的规模化人工养殖,但脆江蓠基础生物学及生理生化方面的研究较为欠缺,严重制约了脆江蓠栽培产业的持续发展。

目前关于脆江蓠生长生理的研究较少,只有少数环境因子对脆江蓠生长的影响[2-4]、理化条件对脆江蓠氮磷吸收的影响[5-6]、池塘栽培方法[7-8]、凝集素性质和细胞结构[9-10]等方面的研究。2006 年,本实验室已将福建海区的脆江蓠养殖种群成功引入山东池塘。栽培实践表明,在夏季高温期,养殖池塘中的藻体也能维持生长。脆江蓠北方池塘移植栽培的成功,不但补充了北方海区夏季池塘大型海藻栽培种类,而且对养殖池塘富营养化水质有明显的净化作用[11-12]。应用技术的突破,迫切需要应用理论的指导。

2013 年,笔者曾对脆江蓠对光强条件的适应性做过研究,得到了脆江蓠生长的适宜光照强度及藻体光合色素和光合作用速率与光强的关系等研究结果[2]。而光强和温度是调节海藻生长的 2 个关键因素,温度条件及光温的交互作用在脆江蓠生长中所起的作用,以及脆江蓠在光温逆境胁迫下的响应是我们面临的新问题。为解决这一问题,我们继续研究了不同光强、温度及其交互作用对脆江蓠的生长、光合色素及丙二醛(MDA)和超氧化物歧化酶(SOD)含量的影响,旨在丰富脆江蓠的基础研究资料,同时为脆江蓠的人工栽培提供理论依据。

1 材料与方法

1.1 实验材料与预培养

脆江蓠采于福建宁德罗源湾人工养殖海区,用泡沫箱包装,于 4～8℃低温下,24 h 内运回青岛实验室。将脆江蓠藻体用清洁海水冲洗干净,剔除杂质。在温度 20℃、光照强度 60 $\mu mol \cdot m^{-2} \cdot s^{-1}$ 的玻璃水槽中充气预培养 2 周后备用。

1.2 实验方法

在预培养后的脆江蓠中,选取藻体健康形态一致的脆江蓠进行实验。实验前,用消毒海水将藻体冲洗干净,剪成长 2～3 cm 藻段,用 500 mL 三角瓶进行培养。培养介质为 f/2 培养液(培养海水煮沸消毒)[13],每瓶中加入 500 mL 培养液和 1.5 g 藻体,且每瓶中藻体尖端、中部和基部的藻段数量相当。设置 40 μmol·m^{-2}·s^{-1},80 μmol·m^{-2}·s^{-1},120 μmol·m^{-2}·s^{-1},160 μmol·m^{-2}·s^{-1},200 μmol·m^{-2}·s^{-1} 5 个光强梯度和 10℃、15℃、20℃、25℃ 4 个温度梯度,进行二因素多水平实验,每组 3 个平行组。在光照培养箱中充气培养,光周期为 12L∶12D,每周更换培养液 2 次,共培养 28 d。培养基中的氮含量为 6.2 mg,远多于 3 d 中藻体吸收量,可保证实验过程中营养盐的供应。培养过程中,每隔 7 d 测定一次鲜重,培养 28 d 后测藻体光合色素、丙二醛(MDA)和超氧化物歧化酶(SOD)的含量。

1.2.1 相对生长速率(R_{GR})测定

用每次实验中测得的藻体鲜重计算 R_{GR},计算公式[14]如下:

$$R_{GR}(\text{g·g}^{-1}\text{·d}^{-1}) = \frac{\ln W_t - \ln W_0}{t - t_0}$$

式中,W_0 为实验开始时藻体鲜重(g),W_t 为实验结束时藻体鲜重(g),t 为实验结束时的天数(d),t_0 为实验开始时的天数(d)。

1.2.2 光合色素含量的测定[15]

(1) 藻胆蛋白含量的测定。用反复冻融法[15]测定。取 0.7 g 藻体加 6.3 mL 0.1 mol·L^{-1} 的磷酸缓冲液(pH7.4),冰浴研磨制成 10% 的组织匀浆。在 −0℃ 和 4℃ 下反复冻融 6 次后,用台式离心机在 4℃、4 000 r·min^{-1} 下离心 20 min。取上清液,以磷酸缓冲液为参比液,测其分别在 565 nm、620 nm、652 nm、750 nm 下的吸光度值。并用以下公式计算藻红蛋白(PE)、藻蓝蛋白(PC)和别藻蓝蛋白(APC)含量:

$$C_{PE}(\text{mg·g}^{-1}, \text{FW}) = (0.104A_{565} - 0.253C_{PC} - 0.088C_{APC}) \cdot V \cdot m^{-1}$$
$$C_{PC}(\text{mg·g}^{-1}, \text{FW}) = (0.187A_{620} - 0.089A_{652}) \cdot V \cdot m^{-1}$$
$$C_{APC}(\text{mg·g}^{-1}, \text{FW}) = (0.196A_{652} - 0.041A_{620}) \cdot V \cdot m^{-1}$$

式中,C_{PE}、C_{PC}、C_{APC} 分别为藻红蛋白(PE)、藻蓝蛋白(PC)和别藻蓝蛋白(APC)质量分数,V 为试液体积(mL),m 为藻样鲜重(g)。

(2) 叶绿素 a 含量[15]的测定。取 0.7 g 藻体研磨成匀浆,加 4 mL 的 80% 丙酮,避光放置,提取 10 min,4 000 r·min^{-1} 下离心 20 min,得粗提液,测 663 nm,645 nm,750 nm 处的吸光度。用以下公式计算:

$$C_a(\mu\text{g·mL}^{-1}) = 12.7(A_{663} - A_{750}) - 2.69(A_{645} - A_{750});$$
$$C_{Chla}(\text{mg·g}^{-1}, \text{FW}) = C_a \cdot V \cdot m^{-1}$$

式中,C_a、C_{Chla} 分别为叶绿素 a 的质量浓度和质量分数。

1.2.3 MDA

含量的测定使用南京建成丙二醛(MDA)测试盒,采用硫代巴比妥酸法[16]进行测定。

1.2.4 SOD

含量的测定使用南京建成总超氧化物歧化酶(T-SOD)测试盒,采用黄嘌呤氧化酶法[17],在20℃下进行测定。

1.3 数据处理

采用SPSS软件对测得的实验数据进行双因子方差分析及Duncan多重比较,统计结果以平均值 ± 标准差($\bar{x}\pm SD$)的形式表示,设显著性水平为$P \leqslant 0.05$,极显著性水平为$P \leqslant 0.01$。

2 结果与分析

2.1 不同光照强度及温度对脆江蓠相对生长速率的影响

本实验方差分析结果表明:光照强度、温度及其交互作用均对脆江蓠的生长产生影响,且影响均达到极显著水平($P \leqslant 0.01$)。二者交互作用对脆江蓠生长影响相对较小,占总体变差的11.0%,而温度和光照强度对其生长的影响则分别占50%和33.3%(表1)。

表1 光照强度(L)和温度(T)及其相互作用(T-L)对脆江蓠的生长率、生化组成影响的方差分析结果

变量	变差来源	不同变差占总体变差的百分比(%)	F
藻蓝蛋白 PC	T	43.1	48.3**
	L	36.7	31.0**
	T-L	20.2	5.7**
别藻蓝蛋白 APC	T	45.2	17.6**
	L	36.5	10.7**
	T-L	18.3	1.7*
藻红蛋白 PE	T	23.1	28.2**
	L	50.2	46.0**
	T-L	26.7	8.2**
叶绿素 a Chla	T	35.4	10.2**
	L	50.9	19.5**
	T-L	13.7	1.3
相对生长速率 R_{GR}	T	50.0	36.3**
	L	33.3	20.4**
	T-L	16.7	3.0**

续表

变量	变差来源	不同变差占总体变差的百分比(%)	F
超氧化物歧化酶 SOD	T	9.7	118.1**
	L	89.4	819.2**
	$T-L$	0.9	2.1**
丙二醛 MDA	T	53.2	448.0**
	L	17.2	108.4**
	TL	29.6	62.2**

注:*表示 $P \leqslant 0.05$,**表示 $P \leqslant 0.01$。

脆江蓠的相对生长速率随温度的升高呈现先上升后下降的趋势,$40 \sim 80$ μmol·m^{-2}·s^{-1} 光强下,20℃和25℃温度组的 R_{GR} 显著高于其他温度组;$120 \sim 160$ μmol·m^{-2}·s^{-1} 光强下,20℃温度组的 R_{GR} 显著高于其他温度组($P \leqslant 0.05$);随光照强度的增大,相对生长速率也呈先上升后下降的趋势。20℃、120 μmol·m^{-2}·s^{-1} 条件下的 R_{GR} 显著高于其他各组($P \leqslant 0.05$),达 0.038 g·g^{-1}·d^{-1}(图1)。

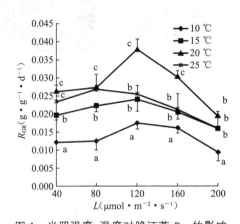

图 1 光照强度、温度对脆江蓠 R_{GR} 的影响

注:不同字母代表相同光强、不同温度之间的差异显著($P \leqslant 0.05$)。

2.2 不同光照强度及温度对脆江蓠光合色素含量的影响

由方差分析结果可见,光照强度、温度及其相互作用对脆江蓠 PE、PC、APC、Chla 含量都具有显著影响,其中光照强度对 PE、Chla 含量的影响较大,分别占总体变差的 50.2% 和 50.9%;温度对 PC、APC 含量的影响较大,分别占总体变差的 43.1% 和 45.2%(表1)。

在实验设置温度范围内(10~25℃),脆江蓠的 PE 含量随光照强度的升高呈现先升高后降低的变化,在 $40 \sim 120$ μmol·m^{-2}·s^{-1} 光强范围内随温度的升高而上升,在 $120 \sim 200$ μmol·m^{-2}·s^{-1} 范围内随温度的升高先上升后下降。$10 \sim 20$℃范围内,120 μmol·m^{-2}·s^{-1} 光强组的 PE 含量显著高于其他光强组($P \leqslant 0.05$),25℃下,120 μmol·m^{-2}·s^{-1} 光强组的 PE 含量显著高于 40 μmol·m^{-2}·s^{-1},160 μmol·m^{-2}·s^{-1} 和 200 μmol·m^{-2}·s^{-1} 光强组($P \leqslant 0.05$),达到 1.12 mg·g^{-1} 的最高值(图2)。

PC、APC 含量均在实验设计光强、温度范围内随温度的升高而上升,随光照强度的升高呈现先升高后降低的变化。120 μmol·m^{-2}·s^{-1} 光强组的 PC 含量均显著高于同温度条件下的其他各组($P \leqslant 0.05$),且该光强下的 20℃ 和 25℃ 温度组 PC 含量显著高于 10~15℃ 温度组($P \leqslant 0.05$),最高值达到 0.272 mg·g^{-1}(图 3)。15~20℃ 范围内,120 μmol·m^{-2}·s^{-1} 光强组的 APC 含量均显著高于其他光强组($P \leqslant 0.05$),25℃ 下,80 μmol·m^{-2}·s^{-1} 和 120 μmol·m^{-2}·s^{-1} 光强组显著高于其他组($P \leqslant 0.05$);120 μmol·m^{-2}·s^{-1} 光强下,25℃ 温度处理组 APC 含量显著高于该光强下其他各组($P \leqslant 0.05$),最高值达到 0.216 mg·g^{-1}(图 4)。

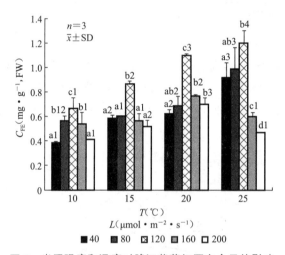

图 2 光照强度和温度对脆江蓠藻红蛋白含量的影响

注:不同字母代表相同温度、不同光强之间的差异显著;不同数字代表相同光强、不同温度之间的差异显著($P \leqslant 0.05$)。

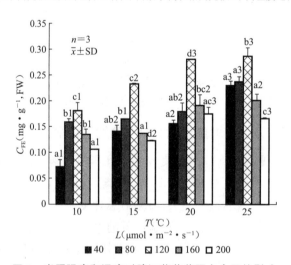

图 3 光照强度和温度对脆江蓠藻蓝蛋白含量的影响

注:不同字母代表相同温度、不同光强之间的差异显著;不同数字代表相同光强、不同温度之间的差异显著($P \leqslant 0.05$)。

Chla 含量随温度与光照强度的变化规律不明显,但在 15~25℃ 温度范围内,120 μmol·m^{-2}·s^{-1} 光强组的 Chla 含量均显著高于同温度下其他各光强组($P \leqslant 0.05$),

25℃、120 μmol·m^{-2}·s^{-1}处理组的Chla含量均显著高于其他各组($P \leqslant 0.05$),最高值达1.82 mg·g^{-1}(图5)。

2.3 不同光照强度及温度对脆江蓠MDA含量的影响

由方差分析结果可见,光照强度、温度及其交互作用均影响脆江蓠MDA含量,且影响均达到极显著水平($P \leqslant 0.01$)。温度对脆江蓠MDA含量影响最大,占总体变差的53.2%,而光照强度和交互作用则分别占17.2%和29.6%(见表1)。脆江蓠的MDA含量随温度和光照强度的升高呈现先下降后上升的趋势,20℃、160 μmol·m^{-2}·s^{-1}处理组MDA含量显著低于其他各组($P \leqslant 0.05$),为75.23 mg·g^{-1} FW;25℃、200 μmol·m^{-2}·s^{-1}处理组MDA含量显著高于其他各组($P \leqslant 0.05$),达211.85 mg·g^{-1} FW(图5)。

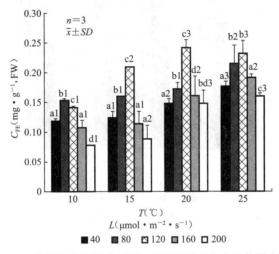

图4 光照强度和温度对脆江蓠别藻蓝蛋白含量的影响

注:不同字母代表相同温度、不同光强之间的差异显著;不同数字代表相同光强、不同温度之间的差异显著($P \leqslant 0.05$)。

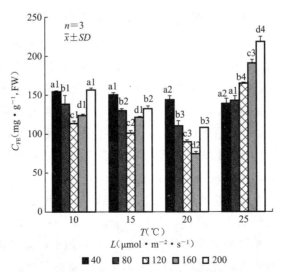

图5 光照强度和温度对脆江蓠丙二醛含量的影响

注:不同字母代表相同温度、不同光强之间的差异显著;不同数字代表相同光强、不同温度之间的差异显著($P \leqslant 0.05$)。

2.4 不同光照强度及温度对脆江蓠 SOD 含量的影响

方差分析结果可见,脆江蓠 SOD 含量主要受光照强度影响,占总体变差的 89.4%,而温度和二者交互作用对其影响较小,分别占 9.7% 和 0.9%(表 1)。SOD 含量随温度的升高而降低,随光照强度的升高而升高。在实验设置温度范围(10～25℃)内,120～200 $\mu mol·m^{-2}·s^{-1}$ 光强处理组 SOD 含量均显著高于同温度下其他处理组($P \leqslant 0.05$),达到 800 $U·g^{-1}$ 左右的较高水平(图 6)。

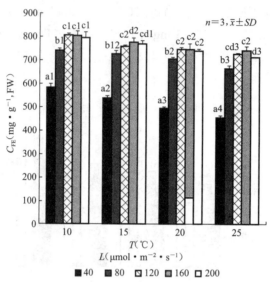

图 6　光照强度和温度对脆江蓠总超氧化物歧化酶(T-SOD)含量(20℃)的影响

注:不同字母代表相同温度、不同光强之间的差异显著;不同数字代表相同光强、不同温度之间的差异显著($P \leqslant 0.05$)。

3 讨论

3.1 不同光照强度及温度对脆江蓠相对生长速率的影响

本实验中,光照强度和温度均对脆江蓠的生长产生显著影响,且两因素的影响具有明显的交互作用。在 10～20℃温度范围内,随温度升高相对生长速率增加,当温度达到 25℃时生长速率下降,说明脆江蓠最适合生长温度为 20℃左右。金玉林等[3]研究发现:脆江蓠在 14～20℃生长较快,17℃生长最快;李恒等[4]研究显示,脆江蓠最适温度为 20℃。本研究结果与这些研究结果相近。实验中,各个光强处理组均在 20℃温度下达到最快生长速率,在实验所设的温度和光强范围内,脆江蓠 R_{GR} 随光强的增大呈先升后降的趋势,除 25℃高温组外,各温度下藻体均在 120 $\mu mol·m^{-2}·s^{-1}$ 光强处达到最大 R_{GR},25℃下,藻体在 80 $\mu mol·m^{-2}·s^{-1}$ 光强处即获得最大 R_{GR},这可能与相关酶在高温下活性降低有关。200 $\mu mol·m^{-2}·s^{-1}$ 强光照组藻体的 R_{GR} 低于 40 $\mu mol·m^{-2}·s^{-1}$ 较弱光照组,表明在强光照与较弱光照两种条件下,脆江蓠对弱光的耐受能力较强,由于红藻中含有藻胆蛋白等捕光色素,有利于在低光强条件下吸收光能,这也是多数阴生红藻的共性。

3.2 不同光照强度及温度对脆江蓠光合色素含量的影响

光照强度和温度对脆江蓠光合色素含量均有重要影响,在 $120\sim200\ \mu mol\cdot m^{-2}\cdot s^{-1}$ 光强范围内,随光照增强光合色素含量降低,说明过低和过高的光照强度均不利于光合色素的积累,高光照强度使藻体光合色素含量降低的现象在其他红藻中也广泛存在。如 Moon 等[18]在对麒麟菜(*Eucheuma isiforme*)的研究中发现,在自然水体中,冬季藻体的色素水平要高于夏季,认为此现象是由冬夏两季光照强度变化导致的。林贞贤等[19]发现龙须菜(*Gracilaria lemaneiformis*)的叶绿素 a 含量会随光照强度的升高而逐渐减少,刘静雯等[20]报道细基江蓠繁枝变体的藻红素与叶绿素 a 含量与光照强度负相关等。本研究结果发现,在 $40\sim120\ \mu mol\cdot m^{-2}\cdot s^{-1}$ 光强范围内,随光照增强光合色素含量升高,这种现象在现有研究中比较少见。在实验设计温度范围内,脆江蓠藻胆蛋白含量大致上随温度的升高而升高。金玉林等[3]对脆江蓠的研究也得到了相同的结果。这种光合色素含量与温度正相关的现象在其他江蓠属藻类中也同样存在。有研究表明,藻胆蛋白对自由基有很强的清除作用[21],可参与保护膜结构,提高抗逆性。$20\sim25$℃高温下藻胆蛋白的含量增多,可能是其抵抗逆境、适应环境的结果。同时,还有研究发现:藻胆蛋白除具有光合色素的功能外,还可作为藻体的储存 N 源[22]。低温条件下营养盐吸收减缓,会加速藻胆蛋白的分解,导致了适宜温度范围内藻胆蛋白与温度正相关的趋势。

3.3 不同光照强度及温度对脆江蓠 MDA 和 SOD 含量的影响

本实验中,脆江蓠的 MDA 含量随温度和光照强度的升高呈现先下降后上升的趋势,且主要受温度条件影响。在 $120\sim200\ \mu mol\cdot m^{-2}\cdot s^{-1}$ 光强范围内,25℃的高温组 MDA 含量要明显高于 $10\sim20$℃温度组,MDA 含量高低反映脂质过氧化和膜系统的受伤害程度[23]。这一结果表明脆江蓠耐热性较弱,在 25℃高温条件下细胞受害程度比 15℃以下的低温条件下更大。SOD 含量随温度的升高而降低,随光照强度的升高而升高,主要受光照强度影响。在实验设置温度范围内,$120\ \mu mol\cdot m^{-2}\cdot s^{-1}$ 及以上的高光强处理组 SOD 含量显著高于 $40\ \mu mol\cdot m^{-2}\cdot s^{-1}$ 和 $80\ \mu mol\cdot m^{-2}\cdot s^{-1}$ 光强处理组。SOD 含量高低反映细胞清除活性氧的能力和生物体抗逆性。这一结果反映了较高的光强条件有利于提高脆江蓠的抗逆性。$10\sim15$℃的低温下 MDA 含量较低,一方面是由于 SOD 含量高,起一定保护作用;另一方面是由于低温条件下藻体各项代谢反应均较慢,自由基积累较少,使细胞受害较轻。低温条件下 SOD 含量较高是脆江蓠对环境的一种积极的适应:低温下,藻体生长和酶促反应速率受到抑制,故各种酶会出现代偿性增长,以弥补酶活性的不足。

参考文献

[1] 陈锤. 海水养殖江蓠栽培[M]. 北京:中国农业出版社,2001:32.
[2] 卢晓,李美真,徐智广,等. 光照对脆江蓠生长及光合色素含量的影响[J]. 渔业科学进展,2013,34(1):145-50.

[3] 金玉林,吴文婷,陈伟洲. 不同温度和盐度条件对脆江蓠生长及其生化组分的影响[J]. 南方水产科学, 2012, 8(2): 51-7.

[4] 李恒,李美真,曹婧,等. 温度对几种大型海藻硝氮吸收及其生长的影响[J]. 渔业科学进展, 2013, 34(1): 159-65.

[5] 李恒,李美真,徐智广,等. 不同营养盐浓度对3种大型红藻氮磷吸收及其生长的影响[J]. 中国水产科学, 2012, 19(3): 462-70.

[6] 詹冬梅,李美真,王翔宇,等. 温度和光照对脆江蓠吸收 NH_4-N、P_3O_4-P 的影响[J]. 水产科学, 2011, 30(12): 774-76.

[7] Glenn E P, Moore D, Brown J et al. A sustainable culture system for *Gracilaria parvispora* (Rhodophyta) using sporelings, reef growout and floating cages in Hawaii[J]. Aquaculture, 1998, 165: 221-232.

[8] Nelson S G, Glenn E P, Conn J, et al. Cultivation of *Gracilariaparĺispora* (Rhodophyta) in shrimp-farm effluent ditches and floating cages in Hawaii: a two-phase polyculturesystem[J]. Aquaculture, 2001, 193: 239-248.

[9] 郑怡. 脆江蓠营养细胞超微细胞的研究[J]. 福建师范大学学报(自然科学版), 1998, 14(4): 67-70.

[10] 郑怡,余萍,刘艳如. 脆江蓠凝集素的部分性质及细胞凝集作用[J]. 应用与环境生物学报, 2002, 8(1): 66-70.

[11] 王志刚,李美真,胡凡光,等. 一种北方池塘脆江蓠移植栽培的方法: 中国, ZL201010127714[P]. 2010-07-21.

[12] 胡凡光,王志刚,王翔宇,等. 脆江蓠池塘栽培技术[J]. 渔业科学进展, 2011, 32(5): 67-73.

[13] Guillard R R L. Culture of phytoplankton for feeding marine invertebrates culture of marine invertebrate animals[M]. NewYork: Plenum Press, 1975.

[14] 李合生,孙群,赵世杰,等. 植物生理生化实验原理和技术[M]. 北京: 高等教育出版社, 2006: 105.

[15] 张学成,王永旭,仵小南,等. 不同产地龙须菜光合色素的比较研究[J]. 海洋湖沼通报, 1993(1): 52-59.

[16] 邹崎. 植物生理学实验指导[M]. 北京: 中国农业出版社, 2000: 173-174.

[17] 邹崎. 植物生理学实验指导[M]. 北京: 中国农业出版社, 2000: 163-165.

[18] Moon R E, Dawes C J. Pigment changes and photosynthetic rates under selected wavelengths in the growing tips of *Eucheumaisiforme* (C. Agardh) J. Agardh var. *Deudatum* Cheney during vegetative growth[J]. British Phycolog J, 1976, 11(2): 165-174.

[19] 林贞贤,宫相忠,李大鹏. 光照和营养盐胁迫对龙须菜生长及生化组成的影响[J]. 海洋科学, 2007, 31(11): 22-26.

[20] 刘静雯,董双林. 光照和温度对细基江蓠繁枝变型的生长及生化组成影响[J]. 青岛海洋大学学报(自然科学版),2001,31(3):332-338.

[21] Romay C H, Armesto J, Remirez D, et al. Antioxidant and anti-inflammatory properties of C-phycocyanin from blue green algae[J]. Inflamm Res, 1998, 47(1):36-41.

[22] Simon D C, Mark J O, William C D. *Gracilaria edulis*(Rhodophyla) as a biological indicator of pulsed nutrents in oligotrophic waters [J]. Phycology, 2000, 36:680-685.

[23] 李双顺,林桂珠,林植芳. 丙二醛对苋菜叶片光合作用的影响[J]. 植物生理学通讯,1988,1988(3):41-44.

(卢晓,李美真,王志刚,胡凡光,吴海一,孙福新)

光照强度对海黍子(*Sargassum muticum*)生长及部分生化指标的影响

海黍子(*Sargassum muticum*)是马尾藻属中藻体较大的一种,为多年生的大型褐藻,广泛分布于日本、越南、中国北方的黄海和渤海沿岸。海黍子幼苗可以食用,成藻可作为海参饲料及褐藻胶的原料[1]。海黍子与海参鲍鱼养殖结合,可形成优良的环境友好型立体生态养殖系统。海黍子藻体内含有的高相对分子质量的褐藻多酚具有较强抗氧化活性,是一类潜在的海洋生物天然抗氧化剂[2,3]。国外已有一些关于海黍子入侵后的分布[4]、生长及繁殖季节及其他生态方面[5-7]的研究,以及关于海黍子在各季节营养成分上的差异[8]、抗氧化活性物质[9]的研究,而有关光照对其生长率及生化指标影响的研究尚未见报道。作者就光照强度对海黍子生长率和部分生化指标的影响进行了初步研究,这将对海黍子的增养殖及活性物质开发具有重要意义。

1 材料和方法

1.1 材料及预培养

实验所用的海黍子于2011年12月采自荣成湾。选取健康藻体,用海水洗刷掉浮泥杂藻后,置于塑料水槽中预培养(培养条件为温度5℃、光照强度25 $\mu mol\cdot m^{-2}\cdot s^{-1}$)1周后,筛选生长健壮的藻体尖端,剪成3~5 cm长的片段,置于3 000 mL(内含2 500 mL消毒海水培养液)三角烧瓶中充气培养。每个三角烧瓶加入的藻体质量为(2.00±0.02)g,藻体称重前用滤纸吸干藻体表面水分。实验所用的海水培养液中都添加了NH_4Cl及KH_2PO_4,使培养液N、P的初始浓度分别为0.44 $mg\cdot L^{-1}$及0.044 $mg\cdot L^{-1}$。海水培养液的盐度为31,pH为8.0。实验在光照培养箱中进行,培养温度为10℃,光照周期$L:D = 12\ h:12\ h$。

1.2 方法

1.2.1 光照对生长的影响实验

设5个光照梯度(20 $\mu mol\cdot m^{-2}\cdot s^{-1}$、40 $\mu mol\cdot m^{-2}\cdot s^{-1}$、80 $\mu mol\cdot m^{-2}\cdot s^{-1}$、120 $\mu mol\cdot m^{-2}\cdot s^{-1}$、200 $\mu mol\cdot m^{-2}\cdot s^{-1}$),每个处理4个平行组。培养温度为10℃,光照周期$L:D = 12\ h:12\ h$。实验持续21 d,以鲜藻的特定生长率大小来比较海黍子的生长快慢。

1.2.2 特定生长率及含水量

实验期间每3天称重一次,特定生长率(RSG)用下式计算:

$$RSG = [(W_t/W_0)1/t^{-1}] \times 100$$

式中,RSG 为特定生长率(SGR),W_t 为实验中期或结束时藻体鲜重,W_0 指实验开始时藻体鲜重,t 为培养时间。

含水量测定按照陈毓荃(2002)[11]主编的《生物化学实验方法和技术》的测定方法测定。

1.2.3 生化组分的测定

在实验结束时测定各组鲜藻的叶绿素a、可溶性蛋白质和可溶性多糖含量。叶绿素a含量以占藻体湿质量的百分含量表示。褐藻多酚、可溶性糖和蛋白质的含量均以占藻体干质量的百分含量表示,但可溶性糖及可溶性蛋白含量测定是用海黍子鲜藻测定的,然后通过1.2.2测出的含水量换算成干质量的百分含量,褐藻多酚是直接用海黍子干品测定的。

1.2.3.1 叶绿素a

叶绿素a测定采用丙酮萃取法。用80%丙酮研磨约0.1 g 鲜重量的藻体,磨碎液在转速为 4 000 r·min^{-1} 条件下离心,收集上清液,用80%丙酮定容到10 mL,分别于波长663 nm 和 645 nm 处读取吸光值。按 Arnon(1949)[10]的公式计算提取液的叶绿素浓度。$Ca = 12.7\, OD_{663} - 2.69\, OD_{645}$,其中 Ca 代表叶绿素a的浓度(g·mL^{-1})[11]。

1.2.3.2 可溶性糖

称取样品 0.2 g(湿质量),加蒸馏水磨浆后,于沸水中提取 30 min,提取液过滤并定容到 10 mL,采用硫酸蒽酮法测定[11]。

1.2.3.3 可溶性蛋白

可溶性蛋白质测定是以牛血清白蛋白作为标准做标准曲线。测定时取样品 0.5 g(湿质量),加蒸馏水磨浆破碎后离心定容到 10 mL,按考马斯亮蓝法测定[11]。

1.2.3.4 褐藻多酚

取海黍子 0.1 g(干质量),以15%乙醇微波萃取后,在转速为4000 r·min^{-1} 条件下离心,取上清液并定容,按照福林酚比色法进行含量测定[9]。

1.3 数据处理与分析

实验数据用 SPSS11.0 软件经单因素方差分析,结果差异显著后进行多重比较(Duncan)。以 $P < 0.05$ 作为显著标准。

2 结果

2.1 不同光照强度对海黍子特定生长率(RSG)的影响

结果表明,海黍子在 20~200 μmol·m^{-2}·s^{-1} 光照范围内,海黍子达到最大生长率所需时间不同,即存在一个长短不一的滞缓期。20 μmol·m^{-2}·s^{-1} 光照条件下,海黍子在实验前9天生长滞缓;在120 μmol·m^{-2}·s^{-1} 光照条件下,在前3天生长滞缓,3天后生长逐渐加速;而在 40~120 μmol·m^{-2}·s^{-1} 光照下从实验开始时藻体生长速度就比较快,无明显的滞缓期。

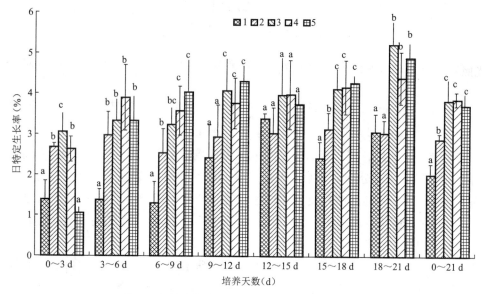

图 1　光照对海黍子特定生长率的影响（$n = 4$）

1. 光照为 20 $\mu mol \cdot m^{-2} \cdot s^{-1}$；2. 光照为 40 $\mu mol \cdot m^{-2} \cdot s^{-1}$；3. 光照为 80 $\mu mol \cdot m^{-2} \cdot s^{-1}$；4. 光照为 120 $\mu mol \cdot m^{-2} \cdot s^{-1}$；5. 光照为 200 $\mu mol \cdot m^{-2} \cdot s^{-1}$

注：同一培养天数组下标有不同字母（a、b、c）表示经多重检验相互之间的差异显著，$P < 0.05$。

从图 1 可以看出，在实验期间的各阶段，光照对海黍子生长率的影响结果比较一致。具体表现为光照在 80～200 $\mu mol \cdot m^{-2} \cdot s^{-1}$ 范围内时，各处理组的海黍子特定生长率都比较高，且无显著差异。光照低于 80 $\mu mol \cdot m^{-2} \cdot s^{-1}$ 时，特定生长率较低。

2.2　不同光照强度对海黍子生化组成的影响

不同光照强度对海黍子中叶绿素 a 含量的影响见图 2。

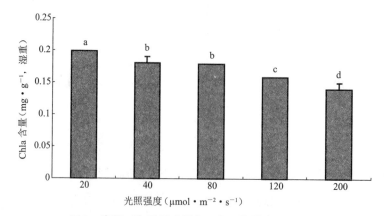

图 2　光照对海黍子叶绿色 a 含量的影响（$n = 4$）

注：柱形图上标有的不同字母（a、b、c、d）表示经多重检验相互之间的差异显著，$P < 0.05$。

数据分析结果表明,光照强度对海黍子叶绿素 a(Chla)含量有显著的影响($P < 0.05$)。光照 20 μmol·m^{-2}·s^{-1} 时的叶绿素 a 含量显著高于其他光照条件。光照 40~80 μmol·m^{-2}·s^{-1} 之间无显著差异,光照 120~200 μmol·m^{-2}·s^{-1} 之间无显著差异。但总的趋势是叶绿素 a 的含量都随着光照强度的增加而减小。

光照对海黍子可溶性蛋白、可溶性糖、褐藻多酚含量的影响见图 3。

数据分析结果表明,最低光照组(20 μmol·m^{-2}·s^{-1})的可溶性蛋白显著高于最高光照组(200 μmol·m^{-2}·s^{-1}),其余各组无显著性差异($P > 0.05$)。海黍子中可溶性糖在光照为 20 μmol·m^{-2}·s^{-1} 下含量最高,其余各处理组之间无显著差异($P > 0.05$)。

光照在 20~80 μmol·m^{-2}·s^{-1} 时,褐藻多酚含量变化不显著,当光照增加到 120 μmol·m^{-2}·s^{-1} 时,褐藻多酚含量降到最低,但若继续增加光照,使其达到 200 μmol·m^{-2}·s^{-1} 时,褐藻多酚含量急剧增加。

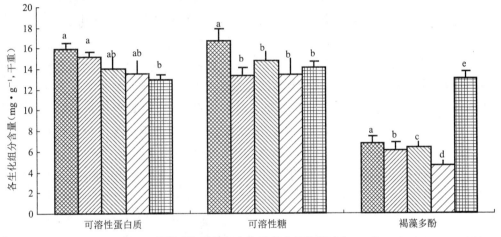

图 3 光照对海黍子各生化指标含量的影响($n = 4$)

1. 光照为 20 μmol·m^{-2}·s^{-1};2. 光照为 40 μmol·m^{-2}·s^{-1};3. 光照为 80 μmol·m^{-2}·s^{-1};4. 光照为 120 μmol·m^{-2}·s^{-1};5. 光照为 200 μmol·m^{-2}·s^{-1}

注:同一簇图中标有不同字母(a、b、c、d)表示经多重检验相互之间的差异显著,$P < 0.05$。

3 讨论

从 20 世纪 80 年代开始,海黍子从太平洋沿岸通过船只及贝壳入侵到欧洲与美洲,如爱尔兰[12]、荷兰、意大利[4]、西班牙[7]、葡萄牙[13]、英国、美国、墨西哥等国家,并为很多海洋脊椎动物提供了一个很稳定的栖息地[7],在池塘里形成的海黍子天蓬可使水温降低 2.7℃,并固定大量的碳[6],成为马尾藻床重要的组成部分[14]。

本实验结果表明,海黍子在实验光照范围内(20~200 μmol·m^{-2}·s^{-1})均能显著健壮生长,其特定生长率在光照为 80~200 μmol·m^{-2}·s^{-1} 范围内差异不显著,但显著高于 20~40 μmol·m^{-2}·s^{-1} 光照下的特定生长率,显示海黍子不仅有较强的光照适应能力,而且在 80 μmol·m^{-2}·s^{-1} 以上的较高光照条件下生长比较快,是一种适宜在较高光照下生长的海藻。这与鼠尾藻在 180 μmol·m^{-2}·s^{-1} 光照条件下生长就受到抑制不同[15]。对鼠尾藻的研究表明,达到鼠尾藻最大生长速率所需要的光照强度随着温度升高而上升[15]。本实验设定的温度为10℃,但在自然环境中海黍子生长最快时的水温在10～15℃之间。因此笔者推测,在此温度范围内随着温度的升高,海黍子最大生长率所需的光照可能会大于80 $\mu mol \cdot m^{-2} \cdot s^{-1}$。

Lewey 等(1984)[16]研究了各月份海黍子的色素组成及光合作用后发现,生长越快色素含量越低。他认为可能是色素的产生速度不及藻体生长速度导致被稀释而降低,第二个原因可能是夏天光线对色素有漂白作用而使其含量降低。本实验中海黍子叶绿素 a 随光照变化比较显著。随着光照强度的上升,海黍子叶绿素含量明显降低,特别是在低光照条件下(20 $\mu mol \cdot m^{-2} \cdot s^{-1}$)叶绿素 a 的含量明显高于其他组。光照上升到 120 $\mu mol \cdot m^{-2} \cdot s^{-1}$ 时,海黍子中叶绿素 a 含量降到最低值,超过 120 $\mu mol \cdot m^{-2} \cdot s^{-1}$ 时,其叶绿素 a 的含量仍稳定在最低值,不再继续降低。用"色素漂白使色素降低"的理论解释不了本实验的这种结果。一般藻类在强光下,叶绿素 a 含量均呈下降趋势,如龙须菜(*Gracilaria lemaneiformis*)[17]、麒麟菜(*Eucheuma isiforme*)、鼠尾藻[15]。在较低光照强度下藻体叶绿素的含量会增加,这种现象在其他海藻中也普遍存在。各位学者一般将叶绿素的增加归因于海藻对低光强的适应,即在较低光照强度下,海藻通过补偿性地增加光合色素来弥补光照不足而引起的光能利用率低和生长缓慢等问题[18]。这种理论与本实验的研究结果相一致。

植物体内可溶性蛋白质大多数是参与各种代谢的酶类,测其含量是了解植物体总代谢的一个重要指标。本研究发现海黍子可溶性蛋白随光照强度增加呈下降趋势。这与石莼[19]、鼠尾藻[15]、细基江蓠[18]一致。可能是因为低光照下藻类生长受到抑制,体内酶水平补偿性增加,从而提高了藻体对光能的有效利用率,这是对自然的一种积极生理适应,具有重要的生态学意义[15]。Gorham(1984)[8]研究海黍子化学组成随季节变化情况时,也发现蛋白质含量在冬天及初春最高,可能也是由于低温导致体内酶水平补偿性增加所致。

海藻多酚是海藻体内合成的、用以抵御植食者的一大类化学防御物质,是植物体内最普遍存在的次生代谢物质和唯一的分子水平上的防御物质[20]。Monteiro 等(2009)[13]发现13种葡萄牙当地海藻与入侵物种海黍子相比,当地食草生物更愿意以当地海藻为食,使得葡萄牙海岸入侵物种海黍子的扩张颇具竞争优势。马尾藻海黍子中褐藻多酚含量高且抗氧化活性强,是一类潜在的海洋生物天然抗氧化剂[3,21]。本研究中海黍子在 200 $\mu mol \cdot m^{-2} \cdot s^{-1}$ 的高光照条件下,褐藻多酚含量急剧增加,可能因为过强的光照启动了海黍子的防御功能,是海黍子的一种应激反应。褐藻多酚具有抗氧化、抗菌抗病毒、抗肿瘤等多种生物活性,具有潜在的开发价值。海黍子褐藻多酚含量在强光照下急剧增加的特性对褐藻多酚的开发应用具有十分重要的意义。

总之,海黍子具有较强的适应高光照能力,除褐藻多酚外,其他各生化指标含量虽然有显著差异,但变化比较平稳,而褐藻多酚含量在最大光强下的急剧增加体现了海黍子的一种应激防御功能。

参考文献

[1] 曹淑青,张泽宇. 海黍子室内人工育苗技术的研究[J]. 大连水产学院学报,2008, 23(5):359-364.

[2] 严小军. 中国常见褐藻的多酚含量测定[C]. 海洋科学集刊,1996:37-61.

[3] 魏玉西,徐祖洪. 褐藻中高相对分子质量褐藻多酚的抗氧化活性研究[J]. 中草药, 2003,34(4):317-319.

[4] Curiel1 D, Bellemo1 G, Marzocchi1 M. Distribution of introduced Japanese macroalgae *Undaria pinnatifida*, *Sargassum muticum* (Phaeophyta) and *Antithamnion Pectinatum* (Rhodophyta) in the Lagoon of Venice[J]. Hydrobiologia, 1998, 385:17-22.

[5] Norton T, Benson M. Ecological interactions between the brown seaweed *Sargassum muticum* and its associated fauna[J]. Marine Biology 1983, 75, 169-177.

[6] Critchley A, Visscher P, Nienhuis P. Canopy characteristics of the brown alga *Sargassum muticum* (Fucales, Phaeophyta) in Lake Grevelingen, southwest Netherlands[J]. Nienhuis Hydrobiologia, 1990, 204/205:211-217.

[7] Gestoso I, Olabarria C, Troncoso J. Effects of macroalgal identity on epifaunal assemblages: native species versus the invasive species *Sargassum muticum*. Helgoland marine research, 2001, 66(2):159.

[8] Gorham J, Lewey S. Seasonal changes in the chemical composition of *Sargassum muticum*[J]. Marine Biology , 1984, 80:103-107.

[9] Chew Y, Lim Y, Omar M, Khoo K S. Antioxidant activity of three edible seaweeds from two areas in South East Asia[J]. LWT-food Science and Technolog, 2008, 41(6):1067-1072.

[10] Arnon D I. Copper enzymes in isolated chloroplasts. Polyphenoloxidase in Beta vulgaris[J]. Plant Physiol, 1949, 24:1-15.

[11] 陈毓荃. 生物化学实验方法和技术[M]. 北京:科学出版社,2002:95-97.

[12] Kraan S. *Sargassum muticum* (Yendo) Fensholt in Ireland:aninvasive species on the move[J]. The Journal of Applied Phycology, 2007, 20(5):375-382.

[13] Monteiro C, Engelen A, Santos R. Macro- and mesoherbivores prefer native seaweeds over the invasive brown seaweed *Sargassum muticum*: a potential regulating role on invasions[J]. Mar Biol, 2009, 156:2 505-2 515.

[14] Thomcen M S, Wernberg T, Stahr P A, et al. Spatio-temporal distribution patterns of the invasive macroalga *Sargassum muticum* within a Danish Sargassum-bed[J]. Helgoland Marine Reserch, 2005, 60(1):50.

[15] 姜宏波,田相利,董双林,包杰. 温度和光照强度对鼠尾藻生长和生化组成的影响应用[J]. 生态学报,2009,20(1):185-189.

[16] Lewey S, Gorham J. Pigment composition and photosynthesis in *Sargassum muticum*[J]. Marine Biology, 1984,(80): 109-115.

[17] 林贞贤,宫相忠,李大鹏. 光照和营养盐胁迫对龙须菜生长及生化组成的影响[J]. 海洋科学, 2007: 31(11): 22-26.

[18] 刘静雯,董双林. 光照和温度对细基江蓠繁枝变型的生长及生化组成的影响[J]. 中国海洋大学学报, 2001, 31: 332-338.

[19] 王巧晗,董双林,田相利,王芳,董云伟,张凯. 光照强度对孔石莼生长和藻体化学组成的影响[J]. 海洋科学, 2010, 34: 76-80.

[20] 杨会成,董士远,刘尊英,郭玉华,李瑞雪,曾名勇. 海藻中多酚类化学成分及其生物活性研究进展[J]. 中国海洋药物杂志, 2007, 26(5): 53-59.

[21] 范晓,严小军,房国明. 高分子量褐藻多酚抗氧化性质研究[J]. 水生生物学报, 1999, 23(5): 494-499.

(詹冬梅,吴海一,刘梦侠,王翔宇,李美真)

水层深度及水流速度对鼠尾藻幼苗生长和叶绿素 a 含量的影响

水动力条件的变化,可以引起藻类生长环境的光照强度变化、营养盐运送能力变化及敌害生物捕食行为的变化,从而对藻类的生长产生不同程度的影响[1-5]。水流速度是水动力条件中最基本和最直观的参数。焦世珺等研究发现,三峡水库流速减缓,导致库区泥沙沉积,透明度增加,藻类生长繁殖加快,叶绿素 a 含量升高[6];廖平安等研究发现,增加水体的流速可以在一定程度上抑制藻类的生长,延缓水华的发生[7];Devercellim 通过多变量 RDA 研究发现,河流的水流量和透明度能明显影响藻类的群落组成[8];陈伟明等认为,水动力作用可以增加水体中的悬浮物质、降低透明度、改变水下光照条件,从而使浮游植物种群结构和数量发生改变[9];王红萍等总结影响汉江水化的水文因素包括流量、流速和水面比降,认为汉江中的藻类浓度与水流速度成指数关系[10];王利利研究认为,在小型模拟河道中,藻类生长在不同流速下可能存在临界值,在临界值之下,叶绿素 a 含量随流速增大而增大,在临界值之上,叶绿素 a 含量随流速增大而减小[11]。鼠尾藻是我国沿海分布较广的一种经济褐藻,近年来受到广泛的关注[12-14],对于养殖水层和水流速度变化对其生长影响也有研究开展[15-18],但多关注其生长速率变化,对于人工幼苗养殖阶段的生化物质组成变化及生物量积累未有进行研究。笔者进行了鼠尾藻人工幼苗的养殖实验,以生长速率和叶绿素 a 含量为监测指标,研究并探讨鼠尾藻幼苗生长发育对不同强度的水流刺激和不同培育水层的适应情况,为鼠尾藻人工幼苗适应产业化养殖提供理论依据和实验基础。

1 材料和方法

1.1 实验材料

实验材料选用人工培育的鼠尾藻幼苗。材料采集后于消毒海水中反复冲洗,清理附着杂藻及污物,然后于实验室条件下(海水盐度 29±1,温度(15±1)℃)暂养 15 d 后进行实验,期间充气并每天更换海水。实验时选取 20 株幼苗为一组,选取质量总重相近的为 1 组,每组湿重为 14.94～15.48 g(平均数 ± 标准差 = 15.21±0.27)。

1.2 实验方法

单因子实验中,水流速度水平为 0 m·s^{-1}、0.3 m·s^{-1}、0.6 m·s^{-1}、0.9 m·s^{-1}、

$1.2\ m\cdot s^{-1}$,$1.5\ m\cdot s^{-1}$,水层深度水平为 0 m,-0.3 m,-0.6 m,-0.9 m,-1.2 m,-1.5 m。双因子实验中设置水流速度 5 个水平、水层深度 4 个水平,实验因子水平见表 1。

表 1 双因子实验因子水平

水平	水流速度(m·s⁻¹)	水层深度(m)
1	0.0	0.0
2	0.3	-0.3
3	0.6	-0.6
4	0.9	-0.9
5	1.2	

实验时间为 7 d。实验结束后测定藻体的湿质量,并计算特定生长率(SGR)。

$$SGR = (\ln W_t - \ln W_0)/t \times 100\%$$

式中,W_0 为初始藻的鲜质量(g);W_t 为实验结束时藻的鲜质量(g);t 为实验持续的天数。实验期间的盐度、pH 和光周期与预培养条件相同。

叶绿素 a 含量的测定方法采用 Seely[19] 的褐藻叶绿素测定方法。

数据以平均值 ± 标准差($\bar{x} \pm SD$)表示。分析软件使用 SPSS 13.0,分别对数据进行单因素方差分析(ANOVA)和 Duncan 多重比较,用以检验数据间的差异显著性($P < 0.05$)。

2 结果与分析

2.1 不同水流速度对鼠尾藻幼苗生长速率和叶绿素 a 含量的影响

不同水流速度对鼠尾藻幼苗生长速率和叶绿素 a 含量的影响结果见图 1。由图 1 可见,在水流速度为 $0.9\ m\cdot s^{-1}$ 时,鼠尾藻幼苗特定生长率最高,显著高于其他水流速度。方差分析表明,不同水流速度对鼠尾藻幼苗生长速率影响显著($P < 0.05$)。随着水流速度的升高,鼠尾藻幼苗叶绿素 a 含量呈下降趋势。方差分析表明,不同水流速度对鼠尾藻幼苗叶绿素 a 含量的影响显著($P < 0.05$)。

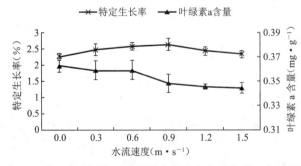

图 1 不同水流速度对鼠尾藻幼苗生长速率和叶绿素 a 含量的影响

2.2 不同水层深度对鼠尾藻幼苗生长速率和叶绿素 a 含量的影响

不同水层深度对鼠尾藻幼苗生长速率和叶绿素 a 含量的影响结果见图 2。由图 2 可见,在水层深度为 -0.3 m 时,鼠尾藻幼苗特定生长率最高,显著高于其他水层深度。方差分析表明,不同水层深度对鼠尾藻幼苗生长速率的影响极显著($P < 0.01$)。在水层深度为 -0.9 m 时,鼠尾藻幼苗叶绿素 a 含量最高,显著高于其他水层深度。方差分析表明,不同水层深度对鼠尾藻幼苗叶绿素 a 含量的影响极显著($P < 0.01$)。

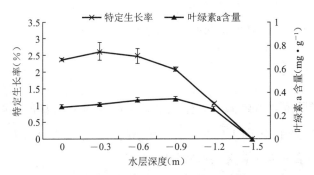

图 2 不同水层深度对鼠尾藻幼苗生长速率和叶绿素 a 含量的影响

2.3 不同水层深度、水流速度对鼠尾藻幼苗生长速率的影响

不同水层深度、水流速度对鼠尾藻幼苗生长速率的影响结果见图 3。双因子方差分析表明,二者对幼苗生长速率的交互作用极显著($P < 0.01$)。

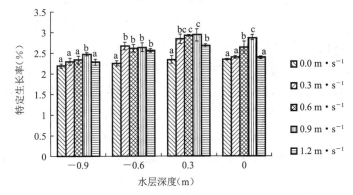

图 3 不同水层深度、水流速度对鼠尾藻幼苗生长速率的影响

注:不同小写字母代表相同水层深度、不同水流速度之间的差异显著($P < 0.05$)。

2.4 不同水层深度、水流速度对鼠尾藻幼苗叶绿素 a 含量的影响

不同水层深度、水流速度对鼠尾藻幼苗叶绿素 a 含量的影响结果见图 4。双因子方差分析表明,二者对幼苗生长速率的交互作用极显著($P < 0.01$)。

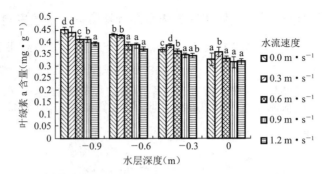

图4 不同水层深度、水流速度对鼠尾藻幼苗叶绿素 a 含量的影响

3 讨论

3.1 不同水层深度对鼠尾藻幼苗生长速率和叶绿素 a 含量的影响

单因子实验结果表明,不同水层深度对鼠尾藻幼苗的生长有显著影响($P<0.05$),对鼠尾藻幼苗的叶绿素 a 含量有极显著的影响($P<0.01$)。

不同水层深度对海藻生长的主要影响因素是光照强度,光照强度随着水层深度的变化而变化,即水层越深,光照强度越弱,尤其是正午时不同水层光强变化较大,存在指数关系[20],因而水层实验主要是研究光照强度的影响[21]。对江蓠的研究表明,位于水层表面的浮筏养殖年产量最高[22];对金鱼藻、苦草、轮叶黑藻、水盾草等沉水植物的研究表明,不同沉水植物在不同水层的生长情况不同。光照强度能够影响鼠尾藻对营养盐(N、P)的吸收[23],是影响藻类生长的重要影响因子[24]。本实验中,在水层深度为 -0.3 m 时,鼠尾藻幼苗特定生长率最高,较浅的水层适宜其生长;在水层深度为 -1.5 m 时,鼠尾藻幼苗已经开始溃烂,藻体脱落,显然过深的水层已经不适合鼠尾藻幼苗的生长。

叶绿素 a 是进行光合作用的主要物质,受光照强度的影响较大。由图4可见,随着水层深度增加,光照强度逐渐减弱,鼠尾藻幼苗叶绿素 a 的含量逐渐增多,在水层深度为 -0.9 m 时含量最高,这与 Ramus[25]、林贞贤[26]和刘静雯[27]的研究结果相似。但是,随着水层继续变深而含量减少,显然由于过深的水层光照强度较弱,在鼠尾藻幼苗生长受到影响的同时,叶绿素 a 含量的变化也受到不利的影响,在水层深度为 -1.5 m 时藻体甚至开始溃烂并脱落。

在较深的水层中,鼠尾藻幼苗的生长受到抑制,但是藻体内叶绿素 a 含量却有相应增加,这是海藻对自身进行调节以适应环境变化的机制,可以保证藻类的正常生长,对其在不同环境中生存具有积极的意义。从为生产服务的角度出发,需要在保证幼苗能够生长的前提下,实现较高的生长速率,因而,较浅的水层由于具备充足的光照条件,成为幼苗生长的适宜水层。

3.2 不同水流速度对鼠尾藻幼苗生长速率和叶绿素 a 含量的影响

单因子实验结果表明,不同水流速度对鼠尾藻幼苗特定生长率有显著影响($P<0.05$),对鼠尾藻幼苗叶绿素 a 含量的变化有极显著的影响($P<0.01$)。

适当的水体流动有利于藻类的生长和繁殖[28]，蓝藻[7, 29]、微囊藻[30, 31]等均可能存在最佳流速条件。对蓝藻的研究中，当 N∶P 为 4.5∶1 时，推测蓝藻适宜生长的临界流速为 0.50 m·s^{-1}；在 N∶P 为 2.7∶1 时，推测临界流速为 0.30 m·s^{-1}；铜绿微囊藻在流速 0.50 m·s^{-1} 条件下获得了最大比增殖速率[32]。本实验中，鼠尾藻幼苗特定生长率随着水流速度的增加而增加，在水流速度为 0.9 m·s^{-1} 时最高，然后开始下降，说明鼠尾藻幼苗在生长过程中，水流速度也存在临界点，这与鼠尾藻在池塘中的养殖情况相吻合[17]。

水体流动能够提高藻类对光的捕捉效率和对光的利用率[33-35]，因而，在较低的水流速度下，藻类内叶绿素 a 含量相应增加，以满足对光捕捉效率的需求，实现对光线的利用。本实验中，随着水流速度的升高，叶绿素 a 含量呈下降趋势。可见水流速度的增加对光照强度的变化有着积极的影响。从为生产服务的角度出发，适度的水流速度有利于鼠尾藻幼苗的快速生长。

3.3 不同水层深度和水流速度对鼠尾藻幼苗培育的意义

双因子方差分析表明，水层深度和水流速度对鼠尾藻幼苗特定生长率和叶绿素 a 含量均产生极显著的影响（$P < 0.01$）。

水动力条件的变化将直接影响到光照强度、温度、营养盐在不同水层的分布，从而影响鼠尾藻幼苗的培育过程。从本实验结果中可以看到，在较浅的培育水层（−0.3 m）和适度的水流速度（0.9 m·s^{-1}）条件下，鼠尾藻幼苗的特定生长率获得了较高的水平。在鼠尾藻幼苗培育过程中，需要综合考虑光照强度、温度、营养盐、水动力等不同条件。如何在培育过程中将诸多动态因子结合在一起并形成模式，需要进一步在实践中探索。

参考文献

[1] 颜润润，逄勇，赵伟，等．环流型水域水动力对藻类生长的影响[J]．中国环境科学，2008，28（9）：813-817．

[2] Grobbelaar J U. Turbulence in mass algal cultures and the role of light/dark fluctuations[J]. Journal of Applied Phycology, 1994, 6(3): 331-335.

[3] 张运林，秦伯强，陈伟民，等．模拟水流条件下初级生产力及光动力学参数[J]．生态学报，2004，24（8）：1 808-1 815．

[4] Alldredge A L, Silver M W. Characteristics, dynamics and significance of marine snow[J]. Progress in Oceanography, 1988, 20(1): 41-82.

[5] Kiorboe T, Anderson K P, Dam H G. Coagulation efficiency and aggregate formation in marine phytoplankton[J]. Marine Biology, 1990, 107(2): 235-245.

[6] 焦世珺，钟成华，邓春光．浅谈流速对三峡库区藻类生长的影响[J]．微量元素与健康研究，2006，23（2）：48-50．

[7] 廖平安，胡秀琳．流速对藻类生长影响的试验研究[J]．北京水利，2005（2）：12-14．

[8] Devercelli M. Phytoplankton of the Middle Parana River during an anomalous hydrological

period: a morphological and functional approach[J]. Hydrobiologia, 2006, 563(1): 465-478.

[9] 陈伟明, 陈宇炜, 秦伯强, 等. 模拟水动力对湖泊生物群落演替的实验[J]. 湖泊科学, 2000, 12(4): 343-352.

[10] 王红萍, 夏军, 谢平, 等. 汉江水华水文因素作用机理——基于藻类生长动力学的研究[J]. 长江流域资源与环境, 2004, 13(3): 282-285.

[11] 王利利. 水动力条件下藻类生长相关影响因素研究[D]. 重庆大学, 2006.

[12] 王飞久, 孙修涛, 李锋. 鼠尾藻的有性繁殖过程和幼苗培育技术研究[J]. 海洋水产研究, 2006, 27(5): 1-6.

[13] 詹冬梅, 李美真, 丁刚, 等. 鼠尾藻有性繁育及人工育苗技术的初步研究[J]. 海洋水产研究, 2006, 27(6): 55-59.

[14] 张泽宇, 李晓丽, 韩余香, 等. 鼠尾藻的繁殖生物学及人工育苗的初步研究[J]. 大连水产学院院报, 2007, 22(4): 255-259.

[15] 王丽梅, 宋广军, 何平等. 鼠尾藻人工苗种保苗及海上养殖技术研究[J]. 渔业现代化, 2011, 38(4): 37-40.

[16] 李美真, 丁刚, 詹冬梅, 等. 北方海区鼠尾藻大规格苗种提前育成技术[J]. 渔业科学进展, 2009, 30(5): 75-82.

[17] 胡凡光. 鼠尾藻池塘栽培技术研究[D]. 青岛: 中国海洋大学, 2011.

[18] 崔志峰. 烟台沿海鼠尾藻的生态学研究[D]. 北京: 中国农业科学院, 2009.

[19] Seely G R, Duncan M J, Vidaver W E. Preparative and analytical extraction of pigments from brown algae with dimethyl sulfoxide[J]. Marine Biology, 1972, 12: 184-188.

[20] 季高华, 徐后涛, 王丽卿, 等. 不同水层光照强度对4种沉水植物生长的影响[J]. 环境污染与防治, 2011, 33(10): 29-32.

[21] 李宏基, 李庆扬, 庄保玉. 温度和水层对石花菜生长的影响[J]. 水产学报, 1983, 7(4): 373-383.

[22] 刘思俭, 曾淑芳. 江蓠在不同水层中的光合作用与生长[J]. 水产学报, 1982, 6(1): 59-64.

[23] 包杰, 田相利, 董双林, 等. 温度、盐度和光照强度对鼠尾藻氮、磷吸收的影响[J]. 中国水产科学, 2008, 15(2): 293-300.

[24] Hanisak M D, Harlin M M. Uptake of nitrogen by Codium fragile subsp. Tomentosoides (Chlorophyta)[J]. J Phycol, 1978, 14(4): 450-454.

[25] Ramus J, Beale S I, Mauzerall D, et al. Changes in photosynthetic pigment concentration in seaweeds as a function of water depth[J]. Marine Biology, 1976, 37(3): 223-229.

[26] 林贞贤, 宫相忠, 李大鹏. 光照和营养盐胁迫对龙须菜生长及生化组成的影响[J]. 海洋科学, 2007, 31(11): 22-26.

[27] 刘静雯, 董双林, 马甡. 温度和盐度对几种大型海藻生长率和NH4-N吸收的影响[J].

海洋学报,2001,23(2):109-116.

[28] 福迪 B. 著,罗迪安译. 藻类学 [M]. 上海:上海科学技术出版社,1980:392-394.

[29] 张毅敏,张永春,张龙江等. 湖泊水动力对蓝藻生长的影响 [J]. 中国环境科学,2007,27(5):707-711.

[30] 金相灿,李兆春,郑朔方. 铜绿微囊藻生长特性研究 [J]. 环境科学研究,2004,17(增刊):52-54.

[31] 王婷婷,朱伟,李林. 不同温度下水流对铜绿微囊藻生长的影响模拟 [J]. 湖泊科学,2010,23(2):563-568.

[32] 赵颖,张永春. 流速与温度的交互作用对铜绿微囊藻生长的影响 [J]. 江苏环境科技,2008,21(1):23-26.

[33] 李林,朱伟. 不同光照条件下水流对铜绿微囊藻生长的影响 [J]. 湖南大学学报(自然科学版),2012,39(9):87-92.

[34] 张青田,王新华,林超,等. 温度和光照对铜绿微囊藻生长的影响 [J]. 天津科技大学学报,2011,26(2):24-27.

[35] Mitsuhashi S, Hosaka K, Tomonaga E, et al. Effects of shear flow on photosynthesis in a dilute suspension of microalgae[J]. Applied Microbiology and Biotechnology, 1995, 42(5):744-749.

(丁刚,吴海一,辛美丽,詹冬梅)

不同氮、磷浓度及配比对鼠尾藻幼苗生长的影响

鼠尾藻(*Sargassum thunbergii*)是我国沿海分布较广的一种经济褐藻,属褐藻门、马尾藻属。鼠尾藻不仅是海参育苗过程中的优质饵料,而且具有较高的工业和药用价值,同时在海洋生态系统中也具有重要作用。近年来,由于鼠尾藻经济价值高,导致需求量增大,而现有资源不足,因此鼠尾藻的苗种生产受到广泛的关注[1-3]。营养盐是海洋植物生长繁殖的基础,适当的营养盐可以控制藻类的生长、生物量以及种群结构[4-5]。氮和磷是藻类生长所必需的主要元素。不同氮磷质量浓度及氮磷比的差异对藻类的生长、形态有很大的影响[6-7]。目前,鼠尾藻对营养盐吸收方面已有研究开展[8-10],但是关于不同营养盐对鼠尾藻生长速率影响的研究较少。笔者进行了鼠尾藻人工幼苗的养殖实验,以生长速率为监测指标,研究并探讨鼠尾藻幼苗生长发育对氮、磷质量浓度及配比的适应情况,旨在为鼠尾藻人工幼苗适应产业化养殖提供理论依据。

1 材料和方法

1.1 实验材料

2010年6月末,在山东即墨市实验海区采集成熟的鼠尾藻雌、雄藻体,人工采苗后并培养至幼苗长0.3~0.5 cm。实验前挑选藻体完整、无损伤腐烂、规格均一的鼠尾藻幼苗置于智能型光照培养箱适应7 d,用灭菌天然海水作为培养液,培养温度为20℃。

鼠尾藻幼苗采集后于消毒海水中反复冲洗,清理附着杂藻及污物。实验室条件:海水盐度为30±1,温度为(15±1)℃,光周期为12 h:12 h,暂养15 d。暂养期间充气并每天更换海水。实验时选取20株幼苗为一组,选取质量相近的为实验组,每组湿质量为(2.21±0.77) g。

1.2 实验方法

在单因子实验中,氮的质量浓度分别为0 mg·L^{-1},2 mg·L^{-1},4 mg·L^{-1},6 mg·L^{-1},8 mg·L^{-1},10 mg·L^{-1},磷的质量浓度分别为0 mg·L^{-1},0.2 mg·L^{-1},0.4 mg·L^{-1},0.6 mg·L^{-1},0.8 mg·L^{-1},1.0 mg·L^{-1}。

双因子实验氮、磷各选择4个质量浓度,实验因子水平见表1。

表 1　双因子实验因子水平

水平	氮质量浓度（mg·L^{-1}）	磷质量浓度（mg·L^{-1}）
1	2	0.2
2	4	0.4
3	6	0.6
4	8	0.8

氮、磷质量浓度比实验根据预实验结果设置氮：磷分别为 5∶1、10∶1、15∶1、20∶1、25∶1、30∶1、35∶1、40∶1，其中磷质量浓度为 0.4 mg·L^{-1}。

实验时间为 7 d。实验期间海水盐度为 30±1，温度为（15±1）℃，光周期为 12 h∶12 h，保持充气并每天更换海水。实验结束后测量藻体的湿质量，并计算特定生长率，其计算公式为

$$SGR = (\ln m_t - \ln m_0)/t \times 100\%$$

式中，m_0 为初始藻的鲜质量（g）；m_t 为实验结束时藻的鲜质量（g）；t 为实验持续的天数。

1.3　数据处理与分析

实验数据以均值 ± 标准误差形式表示。实验数据用 SPSS13.0 软件进行差异显著性分析，并进行 Duncan 多重比较，以 $P < 0.05$ 作为差异显著的标志。

2　结果与分析

2.1　不同质量浓度氮对鼠尾藻幼苗生长速率的影响

不同质量浓度氮对鼠尾藻幼苗生长速率的影响结果见图 1。由图 1 可见，随着氮质量浓度的升高，鼠尾藻幼苗的特定生长率呈上升趋势。方差分析表明，不同氮质量浓度对鼠尾藻幼苗特定生长率的影响极显著（$P < 0.01$）。

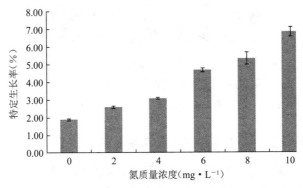

图 1　不同质量浓度氮对鼠尾藻幼苗生长速率的影响

2.2　不同质量浓度磷对鼠尾藻幼苗生长速率的影响

不同质量浓度磷对鼠尾藻幼苗生长速率的影响结果见图 2。由图 2 可见，在磷质量浓度

为 0.40 mg·L^{-1} 的情况下,鼠尾藻幼苗特定生长率最高,显著高于其他质量浓度。方差分析表明,不同质量浓度磷对鼠尾藻幼苗特定生长率的影响极显著($P < 0.01$)。

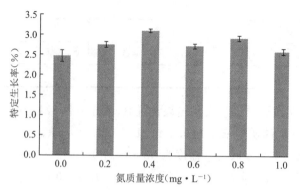

图 2 不同质量浓度磷对鼠尾藻幼苗生长速率的影响

2.3 不同质量浓度氮、磷对鼠尾藻幼苗生长速率的交互影响

不同质量浓度氮、磷对鼠尾藻幼苗生长速率的交互影响结果见图3。实验结果分析表明,氮和磷交互作用对鼠尾藻幼苗特定生长率影响显著($P < 0.05$)。

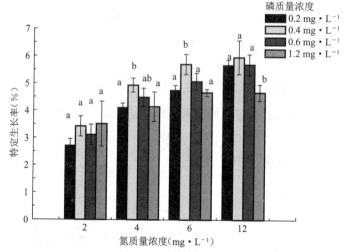

图 3 氮、磷不同质量浓度对鼠尾藻幼苗生长速率的影响

注:不同小写字母代表相同氮质量浓度、不同磷质量浓度之间的差异显著($P < 0.05$)。

2.4 氮、磷不同质量浓度比对鼠尾藻幼苗生长速率的影响

氮、磷不同质量浓度比对鼠尾藻幼苗生长速率的影响结果见图4。由图4可见,在氮、磷质量浓度比为20∶1时,鼠尾藻幼苗特定生长率最高,显著高于其他质量浓度。方差分析表明,不同氮、磷质量浓度比对鼠尾藻幼苗特定生长率的影响极显著($P < 0.01$)。

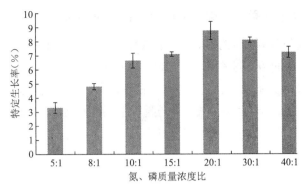

图 4 氮、磷不同质量浓度比对鼠尾藻幼苗生长速率的影响

3 讨论

3.1 氮、磷不同质量浓度对鼠尾藻幼苗生长发育的影响

单因子实验结果表明,氮和磷对鼠尾藻幼苗的生长均有极显著影响($P < 0.01$);双因子方差分析表明,氮和磷对鼠尾藻幼苗生长的交互作用影响显著($P < 0.05$)。对于多种藻类的研究表明,不同氮、磷质量浓度对藻类的影响显著[11-13]。对牟氏角毛藻(*Chaetoceros muelleri*)的研究表明,不同氮、磷质量浓度对其生长的交互作用影响显著[14-15]。但是对鼠尾藻新生枝条的室内培育条件优化研究发现,鼠尾藻新生枝条对氮和盐度的影响不敏感,低于光照和温度的影响[16],这与本实验的结果不同。究其原因,可能是由于本实验采用的材料是鼠尾藻幼苗,处于快速生长发育的幼苗增长期,对于营养盐的影响较为敏感所导致。此外,有学者认为氮磷平衡是影响藻类生长的重要因素[17]。本实验采用的鼠尾藻幼苗是通过有性繁殖产生的,自然界鼠尾藻分蘖形成的新生枝条则是通过营养繁殖产生的,不同质量浓度的营养盐对两者生长速率的影响是否存在差别、差别是否显著,有待于进一步研究探索。

3.2 不同氮磷比对鼠尾藻幼苗生长速率的影响

对铜绿微囊藻(*Microcystis aeruginosa*)等多种浮游植物的研究表明,不同氮、磷比对藻类生长的影响显著[17-20]。根据 Redfield 比值[21],海洋的浮游植物在一般情况下,对氮、磷营养盐的吸收比率符合 16∶1。本实验中,鼠尾藻幼苗在氮磷比为 20∶1 时,获得了较高的特定生长率。丰茂武等[6]认为,Redfield 定律有其适用的范围,铜绿囊微藻快速生长的适宜氮磷比是 40∶1;刘皓等[18]研究发现在外界营养盐充足的水平下,中肋骨条藻(*Skeletonema costatum*)和威氏海链藻(*Thalassiosira weissflogii*)所需的氮磷比组成接近于 16∶1,在氮限制或磷限制的情况下,不同时期藻细胞内的氮磷比组成会随着外界氮磷比的不同而改变;孙军等[19]研究表明新月柱鞘藻(*Cylindrotheca closterium*)在氮磷比为 160∶1 时,细胞比生长速率最快,而青岛大扁藻(*Platymonas helgolandica*)和米氏凯伦藻(*Karenia mikimotoi*)分别在 4∶1 和 80∶1 的条件下比生长速率最快。由此可见,不同浮游藻类对于适合各自生长所需的氮磷比需求存在不同,大型褐藻生长过程中对氮磷比的需求有可能会因种类不同而不同,也有可能会因为生长过程中的阶段不同而不同。

3.3 不同营养盐水平影响研究对鼠尾藻幼苗培育的意义

通过本实验研究发现，不同的氮、磷质量浓度及配比对鼠尾藻幼苗的生长有显著的影响。因而在鼠尾藻幼苗的培育过程中，应当对其培育环境的营养物质进行有目的性的调控，设置适宜的营养盐浓度及配比，从而实现较高的特定生长率。大型海藻的生长发育过程中不仅需要营养盐的适宜调节，还需要温度、光照等不同环境因子的合理搭配。如何将温度、光照、营养盐等各种因子有效组合在鼠尾藻幼苗培育的实际生产中，需要进一步在实践中探索。

参考文献

[1] 王飞久,孙修涛,李锋. 鼠尾藻的有性繁殖过程和幼苗培育技术研究[J]. 海洋水产研究, 2006, 27(5): 1-6.

[2] 詹冬梅,李美真,丁刚,等. 鼠尾藻有性繁育及人工育苗技术的初步研究[J]. 海洋水产研究, 2006, 27(6): 55-59.

[3] 张泽宇,李晓丽,韩余香,等. 鼠尾藻的繁殖生物学及人工育苗的初步研究[J]. 大连水产学院学报, 2007, 22(4): 255-259.

[4] Caron D A, Lim E L, Sanders R W, et al. Response of bacterioplankton and phytoplankton to organic carbon and inorganic nutrient additions in contrasting oceanic ecosystems[J]. Aquatic Microbial Ecology, 2000, 22: 175-184.

[5] Duarte C M, Agusti S, Agawin S R. Response of a Mediterranean phytoplankton community to increased nutrient inputs: a mesocosm experiment[J]. Marine Ecology Progress Series, 2000, 195: 61-70.

[6] 丰茂武,吴云海,冯仕训,等. 不同氮磷比对藻类生长的影响[J]. 生态环境, 2008, 17(5): 1 759-1 763.

[7] 张莹,李宝珍,屈建航,等. 斜生栅藻对低浓度无机磷去除和生长情况的研究[J]. 环境科学, 2010, 31(11): 2 661-2 665.

[8] 姜宏波,田相利,董双林,等. 不同营养盐因子对鼠尾藻氮、磷吸收速率的影响[J]. 中国海洋大学学报, 2007, 37(增刊1): 175-180.

[9] 包杰,田相利,董双林,等. 温度、盐度和光照强度对鼠尾藻氮、磷吸收的影响[J]. 中国水产科学, 2008, 15(2): 293-300.

[10] 王翔宇,詹冬梅,李美真,等. 大型海藻吸收氮磷营养盐能力的初步研究[J]. 渔业科学进展, 2011, 32(4): 67-71.

[11] 梁英,麦康森,孙世春,等. 不同的营养盐浓度对三角褐指藻生长的影响[J]. 海洋湖沼通报, 1999(4): 43-47.

[12] 林霞,陆开宏,盛岚岚. 氮磷铁营养浓度对不同品系三角褐指藻生长影响的比较研究[J]. 浙江海洋学院学报, 2000, 19(4): 384-387.

[13] 李雅娟,王起华. 氮、磷、铁、硅营养盐对底栖硅藻生长速率的影响[J]. 大连水产学院学报,1998,13(4):9-16.
[14] 于瑾,蒋霞敏,梁洪,邵力. 氮、磷、铁对牟氏角毛藻生长速率的影响[J]. 水产科学,2006,25(3):121-124.
[15] 王扬才. 氮磷铁营养盐浓度对牟氏角毛藻生长的影响[J]. 海洋渔业,2006,28(2):173-176.
[16] 孙修涛,王飞久,刘桂珍. 鼠尾藻新生枝条的室内培养及条件优化[J]. 海洋水产研究,2006,27(5):7-12.
[17] 陈建中,刘志礼,李晓明,等. 温度、pH和氮、磷含量对铜绿微囊藻(*Microcystis aeruginosa*)生长的影响[J]. 海洋与湖沼,2010,41(5):714-718.
[18] 刘皓,高永利,殷克东,等. 不同氮磷比对中肋骨条藻和威氏海链藻生长特性的影响[J]. 热带海洋学报,2010,29(6):92-97.
[19] 孙军,刘东艳,陈宗涛,等. 不同氮磷比率对青岛大扁藻、新月柱鞘藻和米氏凯伦藻生长影响及其生存策略研究[J]. 应用生态学报,2004,15(11):2 122-2 126.
[20] 刘东艳,孙军,陈宗涛,等. 不同氮磷比对中肋骨条藻生长特性的影响[J]. 海洋湖沼通报,2002,2(2):39-44.
[21] Redfield A C. The biological control of chemical fators in the environment[J]. Am. Sci.,1958,46(3):205-221.

(丁刚,于晓清,詹冬梅,张少春,卢晓,李美真,吴海一)

文蛤对重金属 Cu 的富集与排出特征

近年来,海洋污染现象日趋严重,近海生态系统污染加剧,尤其是重金属污染已成为渔业环境污染的主要问题之一。重金属污染能被生物体富集并沿食物链转移[1],进而影响人类健康[2-4]。海洋双壳贝类是我国主要的海洋食品原料之一,多栖息在污染比较严重的滨海或者河口地区,其滤食的生活特点和特殊的生活环境使其极易受到重金属的污染和毒害,是一种理想的海洋污染指示生物[5,6]。

2010 年,我国近岸海域水质一、二类海水比例为 62.7%,主要重金属污染因子有铜(Cu)、铅(Pb)和镉(Cd),其中 Cu 超标倍数达 3.8 倍,Cu^{2+} 成为构成海洋重金属污染的重要成分[7]。Cu 是机体进行正常生命活动所不可缺少的必需金属,但当浓度超过一定水平时会对机体产生毒害作用[8],带来慢性或急性中毒现象[9-11]。关于双壳贝类对重金属 Cu 富集的研究已有诸多报道,如泥蚶(*Tegillarca granosa* Linnaeus)[12,13]、褶牡蛎(*Ostrea plicatula* Gmelin)[14-16]、栉孔扇贝(*Chlamysfarreri*)[8,9] 等,但采用生物富集双箱动力学模型研究文蛤(*Meretrixmeretrix*)对 Cu 富集与排出规律的报道较少见。

本研究以山东沿海地区重要增养殖品种文蛤为研究对象,进行了其对重金属 Cu 的生物富集与排出实验,目的在于探讨文蛤对 Cu^{2+} 的耐受性、富集、排放能力及 Cu^{2+} 浓度对文蛤吸附速度的影响,以期为相关研究提供数据参考,并对生态风险评估及贝类食品的安全监测提供一定参考意义。

1 材料与方法

1.1 实验材料

实验用文蛤采自山东青岛即墨鳌山卫养殖场,剔除较小及碎壳个体,用海水清洗去除表面附着物及杂质。文蛤壳长 3.10～4.60 cm,壳宽 2.60～3.90 cm,壳高 1.50～2.3 cm,体重 16.00～26.00 g。自然海水暂养 7 d,连续充氧,每日换水 1 次,投喂藻密度 2×10^5 cell·mL^{-1} 的浓缩小球藻(*Platymonas spp*)。两次,实验前 1 d 停止投饵。暂养期间实验文蛤活动正常、无病,死亡率低于 5‰,于实验前随机分组。

实验海水经 II 级砂滤,水质分析结果:pH7.96～8.20,盐度 31.0±0.5,氨氮 2.97～4.54 μg·L^{-1},溶解氧大于 6.0 mg·L^{-1};Cu^{2+} 本底浓度为 0.002 76 mg·L^{-1}。实验在 300 L 的聚乙烯水箱中进行,实验前将不同处理组水箱用同等体积的暴露溶液浸泡 7 d,至内壁吸附重金属为饱和状态后备用。

1.2 实验设计

1.2.1 实验分组

$CuSO_4 \cdot 5H_2O$ 购自天津巴斯夫化工有限公司（A.R. 500 g）。以国标 GB3097—1997 海水水质标准（二类）$Cu^{2+} \leqslant 0.010$ mg·L^{-1} 为参考，实验水体浓度按 0.010 mg·L^{-1} 的 0.5 mg·L^{-1}，1.0 mg·L^{-1}，2.5 mg·L^{-1}，5.0 mg·L^{-1} 倍设置，即各实验组 Cu^{2+} 浓度分别为 0.005 mg·L^{-1}，0.010 mg·L^{-1}，0.025 mg·L^{-1}，0.05 mg·L^{-1}。以自然海水为对照，24 h 不间断充氧。实验时间为 2011 年 4 月 12 日～2011 年 6 月 30 日，共计 80 d。

1.2.2 富集实验

各水箱中养殖水体 270 L，文蛤 300 只，设平行组。采用半静态暴露染毒的方法富集 35 d，每 24 h 更换全部溶液；每天投喂小球藻两次；分别在第 0 d，5 d，10 d，15 d，20 d，25 d，30 d，35 d 每箱随机取活贝 10 只，取出后迅速用去离子水冲洗干净，剥壳解剖取全部内容物，经匀浆后冷冻存放待分析。

1.2.3 排出实验

35 d 富集实验结束后，将剩余文蛤转入自然海水进行排出实验 45 d，换水、喂食时间与富集阶段相同；投饵量根据水箱中剩余文蛤数量递减；分别在第 5 d，10 d，15 d，20 d，25 d，30 d，35 d，45 d 每箱随机取活贝 10 只，样品处理与富集阶段相同。

1.3 样品处理与铜浓度测定

铜含量测定采用 GB17378.6—2007 海洋监测规范第 6 部分，无火焰原子吸收分光光度法进行测定。铜含量单位用 mg·kg^{-1} 干重表示。

1.4 数据统计分析

数据统计采用 Origin 8.0 和 Excel 2003 软件包进行分析。

生物富集双箱动力学模型和生物富集系数（BCF）测定采用修正的双箱动力学模型方法，实验的两个阶段用方程描述为

富集过程（$0 < t < t^*$）：

$$c_A = c_0 + c_W \frac{k_1}{k_2}(1 - e^{k_2 t})(0 < t < t^*) \tag{1}$$

排出过程（$t > t^*$）：

$$c_A = c_0 + c_W \frac{k_1}{k_2}[e^{-k_2(t - t^*)} - e^{-k_2 t}] \ (t > t^*) \tag{2}$$

式中，k_1 为生物吸收速率常数，k_2 为生物排出速率常数，c_W 为水体 Cu^{2+} 浓度（mg·L^{-1}），c_A 为生物体内 Cu 的含量（mg·kg^{-1} 干重），c_0 为实验开始前生物体内 Cu 的含量（mg·kg^{-1} 干重），t^* 为富集实验结束的天数，由公式（1）、（2）对富集和排出过程中贝类体内 Cu 含量的动态检测结果进行非线性拟合得到 k_1、k_2 值。

生物富集系数 BCF 由公式（3）计算：

$$BCF = k_1/k_2 = \lim c_A/c_W (t \to \infty) \quad (3)$$

金属的生物学半衰期指的是生物体内的金属排出一半所需的时间，用公式（4）计算：

$$B_{1/2} = \frac{\ln 2}{k_2} \quad (4)$$

生物体内富集重金属达到平衡状态时体内含量 $c_{A\max}$ 由公式（5）计算：

$$c_{A\max} = BCF \times c_W \quad (5)$$

2 结果与讨论

2.1 不同处理组文蛤死亡数统计

统计时间从文蛤暴露于不同 Cu^{2+} 浓度组富集 35 d，至排出实验 45 d 结束，共计 80 d，若实验过程中处理组文蛤全部死亡则统计结束；每 5 d 累计各组文蛤死亡数。

由图 1 可以看出，对照组死贝数变化幅度为 0～2 只/5 d，累积死亡率为 4.33%。0.005 mg·L^{-1}、0.01 mg·L^{-1}、0.025 mg·L^{-1} Cu^{2+} 浓度组文蛤 5～10 d 即出现应激反应，死亡数峰值出现较早，10 d 后死贝数逐渐减少，65 d 后文蛤死亡数全部为零。分析认为，特定 Cu^{2+} 浓度范围内，文蛤对 Cu^{2+} 具有一定的耐受性，本实验 0.005 mg·L^{-1}、0.01 mg·L^{-1}、0.025 mg·L^{-1} 组暴露溶液 Cu^{2+} 浓度与文蛤死亡数及死亡峰值出现时间无相关性。0.05 mg·L^{-1} 处理组中，20～35 d 随着富集天数的增加，文蛤死亡数递增，35～40 d 累计死贝数达到峰值（37 只），分别为其余 3 组峰值数的 3.1（0.005 mg·L^{-1} 组）、3.7（0.01 mg·L^{-1} 组）、3.36（0.025 mg·L^{-1} 组）倍，40 d 后死贝数剧减，55 d 后死贝数为零。

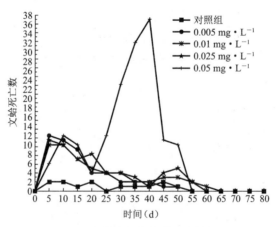

图 1　各浓度组文蛤的死亡情况

2.2 文蛤对 Cu^{2+} 的富集特征

由图 2 可以看出，实验期间对照组文蛤体内 Cu 含量为 4.72～8.04 mg·kg^{-1}。各处理组文蛤体内 Cu 含量均在暴露 5 d 时明显增加，0.05 mg·L^{-1} 组与 0 d 相比迅速提高了 4.18 倍；

5 d 后文蛤体内 Cu 含量基本增长平缓，15～25 d 时 0.005 mg•L^{-1}、0.05 mg•L^{-1} 组文蛤体内 Cu 含量先降低后增加；30 d 时 0.01 mg•L^{-1} 组文蛤体内 Cu 含量达到峰值，与 0 d 时相比提高了 1.60 倍，35 d 时 0.005 mg•L^{-1}、0.025 mg•L^{-1}、0.05 mg•L^{-1}，组文蛤体内 Cu 含量达到峰值，与 0 d 相比分别提高了 1.13、7.54、7.83 倍。

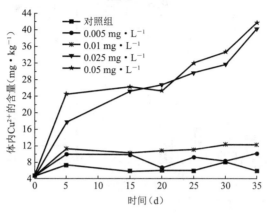

图 2　文蛤对 Cu^{2+} 的富集情况

2.3　文蛤对 Cu^{2+} 的排出特征

由图 3 可以看出，除对照组，5 d 时各组文蛤体内 Cu 含量迅速降低，与排出 0 d 相比体内 Cu 含量分别减少了 7.85%（0.005 mg•L^{-1}）、11.31%（0.01 mg•L^{-1}）、43.51%（0.025 mg•L^{-1}）和 53.98%（0.05 mg•L^{-1}）；15～25 d 时 0.025 mg•L^{-1}、0.05 mg•L^{-1} 处理组文蛤体内 Cu 含量出现了先增加后减少的现象，25～35 d 时 0.005 mg•L^{-1}，0.01 mg•L^{-1}，组出现了同样的变化趋势；30 d 时 0.05 mg•L^{-1} 组除取样外文蛤全部死亡。

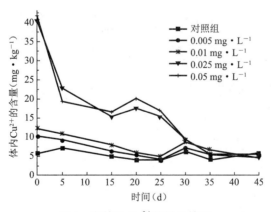

图 3　文蛤对 Cu^{2+} 的排出情况

2.4　文蛤对 Cu^{2+} 的富集、排出速率比较

由图 4 可以看出，富集前期文蛤对 Cu^{2+} 的富集速率明显大于后期，各浓度组的平均富集速率分别为 0.325（0.005 mg•kg^{-1}•d^{-1}）、0.470（0.01 mg•kg^{-1}•d^{-1}）、1.236（0.025 mg•kg^{-1}•d^{-1}）、1.765 mg•kg^{-1}•d^{-1}（0.05 mg•L^{-1}）。排出实验 30 d 时 0.05 mg•L^{-1}

组文蛤体内 Cu^{2+} 排出率 77.27%（除取样外文蛤全部死亡），排出速率 1.074 mg·kg^{-1}·d^{-1}；排出 45 d 时 0.005 mg·L^{-1}，0.01 mg·L^{-1}，0.025 mg·L^{-1} 组文蛤体内 Cu 含量与排出 0 d 相比分别减少了 45.48%、62% 和 88.7%，排出速率为 0.102 mg·kg^{-1}·d^{-1}，0.169 mg·kg^{-1}·d^{-1}，0.795 mg·kg^{-1}·d^{-1}（图5）。

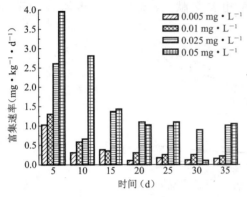

图4 不同时间文蛤对 Cu^{2+} 的富集速率　　图5 文蛤体内 Cu^{2+} 的排出速率

2.5 文蛤对 Cu^{2+} 的生物富集曲线及数据拟合

2.5.1 生物富集曲线

采用方程(1)和(2)对富集和排出阶段进行非线性拟合，得到不同暴露浓度下文蛤对 Cu^{2+} 的生物富集曲线（图6）。

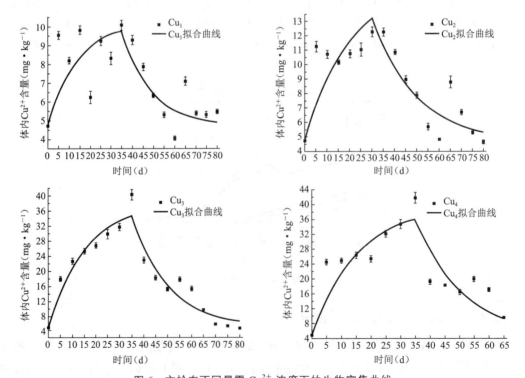

图6　文蛤在不同暴露 Cu^{2+} 浓度下的生物富集曲线

Cu_1: $c_w = 0.005$ mg·L^{-1}；Cu_2: $c_w = 0.010$ mg·L^{-1}；Cu_3: $c_w = 0.025$ mg·L^{-1}；Cu_4: $c_w = 0.050$ mg·L^{-1}

2.5.2 生物富集动力学参数

通过对富集与排出过程的非线性拟合,得到吸收速率常数 k_1、排出速率常数 k_2;然后根据公式(5)、(6)、(7),得出生物富集系数(BCF)、平衡状态下文蛤体内 Cu 含量(c_{Amax})、Cu 的生物学半衰期($B_{1/2}$)。

参考李学鹏等(2008)[12]、郭远明(2008)[13]相关文献,较低 Cu^{2+} 浓度水体中菲律宾蛤、泥蚶等贝类对 Cu^{2+} 无明显富集。本研究 4 个处理组富集参数无明显规律性,仅对 $0.01\ mg·L^{-1}$、$0.025\ mg·L^{-1}$、$0.05\ mg·L^{-1}$ 组文蛤富集参数进行比较。随着水体 Cu^{2+} 浓度的增大,k_1、k_2、BCF 先增加后减少,半衰期 $B_{1/2}$ 先减少后增加,c_{Amax} 逐渐增大。

李学鹏等(2008)[12]应用半静态双箱模型室内模拟泥蚶对重金属 Cu 的生物富集实验,发现 $0.01\sim0.10\ mg·L^{-1}$,处理组泥蚶对 Cu^{2+} 富集参数 k_1、BCF、$B_{1/2}$ 均随着暴露水体 Cu^{2+} 浓度增加呈先增加后减少的趋势,c_{Amax} 逐渐增加;郭远明(2008)[13]研究发现,$0.035\sim0.115\ mg·L^{-1}$,浓度组泥蚶对 Cu 富集动力学参数 k_1、BCF 随着暴露水体 Cu^{2+} 浓度增加呈先增加后减少的趋势,c_{Amax} 逐渐增加。本研究中富集参数 k_1、BCF、c_{Amax} 的变化规律与上述已有结论基本一致。

表 1 文蛤对铜富集动力学参数

浓度 c_w($mg·L^{-1}$)	k_2	k_2	R^2	BCF	c_{Amax}	$B_{1/2}$
0.005	64.570	0.095	0.479 5	679.7	3.40	7.3
0.01	41.223	0.049	0.645 3	841.3	8.41	14.1
0.025	74.521	0.061	0.916 8	1 221.7	30.54	11.4
0.05	40.287	0.059	0.727 1	682.8	34.14	11.7

注:海水 Cu^{2+} 本底浓度为 $0.002\ 76\ mg·L^{-1}$。

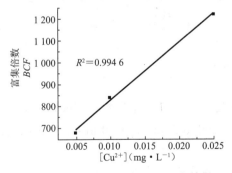 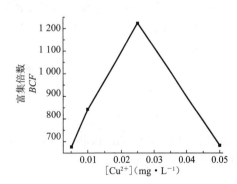

图 7 文蛤对不同 Cu^{2+} 浓度富集系数

由图 7 可以看出,$0.005\ mg·L^{-1}$、$0.01\ mg·L^{-1}$、$0.025\ mg·L^{-1}$ 组中文蛤对 Cu^{2+} 富集倍数与暴露水体 Cu^{2+} 浓度正相($R^2=0.994\ 6$);当浓度达到 $0.05\ mg·L^{-1}$ 时,富集倍数迅速降低。

2.6 富集平衡状态下 c_{Amax} 与暴露水体 Cu^{2+} 浓度的关系

$0.005\ mg·L^{-1}$、$0.01\ mg·L^{-1}$、$0.025\ mg·L^{-1}$ 处理组富集平衡状态下 c_{Amax} 随着暴露溶

液中 Cu^{2+} 浓度的增大而增大,呈明显的正相关关系($R^2 = 0.9907$);超出一定浓度范围后正相关性降低,0.005 mg·L^{-1}、0.01 mg·L^{-1}、0.025 mg·L^{-1}、0.05 mg·L^{-1} 组文蛤对 Cu^{2+} 富集平衡状态下 c_{Amax} 随着外部水体 Cu^{2+} 浓度的增大而增大,相关性较不显著($R_2 = 0.7341$)。

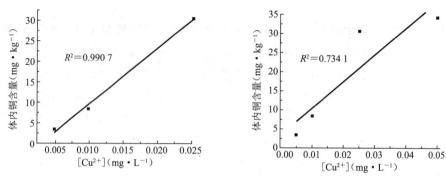

图 8　文蛤体内 Cu 含量与暴露水体中 Cu^{2+} 浓度的关系

3　结论

(1)富集 0～35 d 暴露水体 Cu^{2+} 浓度与文蛤体内 Cu 含量基本正相关,但与富集达到平衡时间相关性不大;排出实验 0.025 mg·L^{-1}、0.05 mg·L^{-1} 处理组文蛤体内 Cu 含量降低显著,最高排出率达 88.7%。

(2)0.01 mg·L^{-1}、0.025 mg·L^{-1}、0.05 mg·L^{-1} 组富集参数 k_1、k_2、BCF 随着暴露水体 Cu^{2+} 浓度的增加呈先增加后减小的趋势;0.005 mg·L^{-1}、0.01 mg·L^{-1}、0.025 mg·L^{-1} 处理组 BCF 正相关性显著($R^2 = 0.9946$)。

(3)c_{Amax} 随着外部水体 Cu^{2+} 浓度的增大而增大,0.005 mg·L^{-1}、0.01 mg·L^{-1}、0.025 mg·L^{-1} 处理组 c_{Amax} 与暴露水体 Cu^{2+} 浓度明显正相关($R^2 = 0.9907$);超出一定浓度范围后正相关性降低($R^2 = 0.7341$)。

参考文献

[1] 孙云明,刘会峦. 海洋中的主要化学污染物及其危害[J]. 化学教育,2001,22(7):1-4.

[2] Liu Z K, Lan Y F. The pollution of heavy metal and human health[J]. Science Garden Plot, 1991(2):35.

[3] Shuai J S, Wang L. Discussion about the health impact of heavy metal and the counter measure[J]. Environment and Exploitation, 2001, 16(4):62.

[4] Funes V, Alhama J, Navas J I. Ecotoxicological effects of metal pollution in two mollusc species from the Spanish South Atlantic littoral[J]. Environmental Pollution, 2006, 39(2):214-223.

[5] Farrington J W, Goldberg E D, Risebrough R W, et al. US. "Mussel Watch" 1976-1978: An overview of the trace-metal, DDE, PCB, hydrocarbon and artificial radionuclide

data[J]. Enviromental Sciene Technology, 1983, 17(8): 490-496.

[6] Cajaraville M P, Bebianno M J, Blasco J, et al. The use of biomarkers to assess the impact of pollution in coastal environments of the Iberian Peninsula: apractical approach[J]. Science of the Total Envinment, 2000, 247(2): 295-311.

[7] 李华, 李磊. 铜离子对栉孔扇贝幼贝几种免疫因子的影响[J]. 生命科学仪器, 2009, 7(10): 29-32.

[8] 孙福新, 王颖, 吴志宏. 栉孔扇贝对铜的富集与排出特征研究[J]. 水生态学杂志, 2101, 3(6): 110-115.

[9] 王凡, 赵元凤, 吕景才, 刘长发. 铜在栉孔扇贝组织蓄积、分配、排放的研究[J]. 水利渔业, 2007, 27(3): 84-87.

[10] 王晓宇, 杨红生, 王清. 重金属污染胁迫对双壳贝类生态毒理效应研究进展[J]. 海洋科学, 2009, 33(10): 112-118.

[11] 刘天红, 孙福新, 王颖, 吴志宏, 孙元芹, 李晓, 卢珺. 硫酸铜对栉孔扇贝急性毒性胁迫研究[J]. 水产科学, 2011, 30(6): 317-320.

[12] 李学鹏, 励建荣, 段青源, 赵广英, 王彦波, 傅玲琳, 谢晶. 泥蚶对重金属铜、铅、镉的生物富集动力学[J]. 水产学报, 2008, 32(4): 592-600.

[13] 郭远明. 海洋贝类对水体中重金属的富集能力研究[D]. 青岛: 中国海洋大学, 2008.

[14] 李学鹏. 重金属在双壳贝类体内的生物富集动力学及净化技术的初步研究[D]. 浙江: 浙江工商大学, 2008.

[15] 刘升发, 范德江, 张爱滨, 颜文涛. 胶州湾双壳类壳体中重金属元素的累积[J]. 海洋环境科学, 2008, 27(2): 135-138.

[16] 沈盎绿, 马继臻, 平仙隐, 沈新强. 褶牡蛎对重金属的生物富集动力学特性研究[J]. 农业环境科学学报, 2009, 28(4): 783-788.

(孙元芹, 吴志宏, 孙福新, 王颖, 李晓, 刘天红, 王志刚)

异源铜盐对仿刺参幼参急性毒性及组织形态学影响

仿刺参（*Apostichopus japonicus*），俗称海参、刺参，属棘皮动物门、海参纲、楯手目、刺参科、仿刺参属的种类[1]。在中国和马来西亚，刺参被认为是有很好滋补效果的补品，对高血压、哮喘病、风湿、阳痿、便秘等疾病有治疗作用[2-4]。刺参市场需求量增大，掀起了刺参养殖的热潮，但养殖过程中使用的饲料、各种抗菌药和消毒剂也给环境带来了不同程度的污染[5-6]。铜盐一般作为消毒剂用于消除池塘、水田、水渠和河湖中的绿藻污染[7]，铜（Cu）也是水产动物生长必需的微量元素之一[8]，对机体的生理功能和生长发育起着十分重要的作用。然而，当水体中的铜离子（Cu^{2+}）超出一定的范围，易引起 Cu 在生物机体内特别是肝脏的大量积蓄[9-10]，各国研究学者一般从 Cu 对水生动物细胞膜毒性和组织质量分数变化及分布规律等方面进行研究[8,11-12]。Bundridge[13]发现海参（*Pentacta anceps*）和绿刺参（*Stichopus chloronotus*）消化道能分泌一种消化酶消化饲料中的化合态铜，使其成为单体铜并积累到体壁组织中。高浓度 Cu 将变成一种抑制物或毒性物质，且在生态系统中不被分解或消除[14-15]。该研究以硫酸铜（$CuSO_4$）和氯化铜（$CuCl_2$）2 种异源铜盐对幼参进行攻毒实验，确定 2 种不同来源的 Cu^{2+} 对幼参的半致死质量浓度（LC_{50}）和安全质量浓度（SC），观察两者对幼参肠道组织学的影响，初步探讨刺参 Cu^{2+} 中毒机理，为制定不同铜盐作为消毒剂或兽药使用标准提供数据支持，也可用于刺参养殖环境评价学研究。

1 材料与方法

1.1 实验材料

仿刺参幼参由国家海洋科研基地内山东省海洋生物研究院海水良种繁育中心提供，所有幼参为同一批孵化，挑取体质量为 3～5 g 的健康个体暂养 7 d，暂养期间每天按参总质量 3% 辅以 3 倍干海泥（水分 7.90%）投喂商品饲料（YSB），定时吸污更换海水，实验前 1 d 不投饵。

1.2 实验方法

1.2.1 实验的理化条件

在山东省海洋生物研究院实验室中进行；水温（16 ± 1）℃，溶解氧质量浓度即时测定值 $\geqslant$ 6 mg·L^{-1}，24 h 不间断充氧；pH7.96～8.20，实验过程中每天 8:00 和 15:00 测定 2

次 pH；盐度 31.18 ± 0.34；海水来自青岛团岛海域，经沙滤池过滤；Cu^{2+} 的本底质量浓度为 0.001 mg·L^{-1}，符合 GB 11607—89 中铜质量浓度 < 0.10 mg·L^{-1} 的限量。

1.2.2 急性毒性实验

采用文献[16-18]的方法，根据预实验给出的 $CuSO_4$ 和 $CuCl_2$（$CuCl_2·2H_2O$ 和 $CuSO_4·5H_2O$ 为分析纯）100% 致死的最低浓度与 0% 致死的最大浓度结果，按浓度对数的等差比例设 5 个浓度组，1 个对照组，3 个平行组，每组投放平均体质量在 (3.88± 0.32) g 的刺参 10 只进行攻毒实验。采用静水法，实验期间不投饵，观察记录 24 h、48 h、72 h 和 96 h 各组刺参的死亡数，随时捞出死亡个体（取体壁匀浆 −18℃保存，用于刺参体内 Cu^{2+} 质量分数测定）或其他污物（主要指内脏）。结合文献[19]和实验观察，刺参死亡判断标准为萎缩、翻吻破肚、排脏、部分或全身发白、发蓝、溃烂，最后溶化。

1.2.3 刺参后肠组织学观察实验

根据 1.2.2 的结果选取 $CuSO_4$/$CuCl_2$ 急性毒性实验中间浓度进行实验，设对照组 1 组，每组 10 只刺参，攻毒 24 h 后活体解剖刺参。取后肠固定于波恩氏（Bioun's）溶液中，固定 24 h 后经冲洗、系列梯度酒精脱水、二甲苯透明、石蜡包埋、做连续切片（厚度为 7 μm）苏木精 - 伊红染色、中性树胶封片，显微镜下观察其组织结构，数码显微照相。

1.2.4 刺参体内 Cu^{2+} 质量分数测定

参照 GB /T 5009.13—2003 食品中铜的测定。

1.3 数据处理

使用 SPSS 13.0 数理统计软件计算求出 24 h、48 h、72 h 和 96 h 的 LC_{50} 及各自的 95% 置信区间，采用单因素方差分析，显著水平为 $P < 0.05$ 时采用 Tukey 检验进行多重比较，实验数据以平均值 ± 标准误差（$\bar{x} ± SE$）形式表示。

安全质量浓度计算公式[20]：

$$SC = \frac{LC_{50}^{48} \times 0.3}{\left(\frac{LC_{50}^{24}}{LC_{50}^{48}}\right)^2} \tag{1}$$

式中，LC_{50}^{24} 为生物 24 h LC_{50}（mg·L^{-1}）；LC_{50}^{48} 为生物 48 h LC_{50}（mg·L^{-1}）。

富集系数[21-22]：

$$BCF = \frac{c_W}{c_0} \tag{2}$$

式中，c_W 为幼参体内 Cu^{2+} 质量浓度（mg·L^{-1}）；c_0 为暴露质量浓度（mg·L^{-1}）。

2 结果与分析

2.1 异源铜盐攻毒刺参幼参后的中毒症状

使用 $CuSO_4$ 和 $CuCl_2$ 对刺参幼参攻毒后，幼参出现了不同程度的中毒现象，即根据浓度不同化皮程度也不同，部分刺参出现摇头现象，继而逐渐死亡，但 2 组均没有吐肠现象。

$\rho_{CuSO_4}^{Cu^{2+}} > 0.25$ mg·L^{-1}攻毒24 h后全部刺参沉入箱底,刺激无反应,化皮率100%;$\rho_{CuSO_4}^{Cu^{2+}} > 0.10$ mg·L^{-1}攻毒24 h后大部分刺参活动迟缓,管足不能附壁,沉入箱底,有3只幼参出现化皮现象,96 h后全部10只幼参完全化皮,刺激后反应微弱或无反应;$\rho_{CuSO_4}^{Cu^{2+}} > 0.075$ mg·L^{-1}攻毒24 h后即有2只幼参出现化皮,48 h后10只幼参全部出现化皮现象且刺激无反应;$\rho_{CuSO_4}^{Cu^{2+}} > 0.19$ mg·L^{-1}攻毒24 h后受试幼参全部化皮,溃烂。由此可以初步推断CuCl$_2$对幼参的急性毒性大于CuSO$_4$,这可能是实际生产中通常采用CuSO$_4$溶液来灭藻杀菌而不采用CuCl$_2$的原因。

2.2 CuSO$_4$/CuCl$_2$对幼参后肠毒性组织学观察结果

Cu^{2+}暴露液质量浓度为0.06 mg·L^{-1}时,幼参经过24 h暴露后体表有溃烂白点,肠道组织切片结果见图1。对照组健康刺参肠道由内到外分别为肠上皮、单层黏膜层、黏膜下层、较窄的纵层、较宽的环层、浆膜层构成(图1-a),对照组健康刺参的血小窦通过间皮细胞连接(图1-b)。图1-c~图1-e分别显示的CuCl$_2$攻毒刺参后肠40倍放大的图片,通过组织切片观察,CuCl$_2$和CuSO$_4$ 2组刺参的血小窦均已脱落成游离状态,图1-c中箭头所指部位为刺参后肠黏膜上层细胞皱襞脱落,刺参后肠黏膜层上皮细胞死亡分解,血窦内皮与黏膜层脱落(图1-d),黏膜下层结缔层与肌肉层分离,疏松结缔层内细胞已经死亡分解(图1-e);图1-f~图1-h分别显示的CuSO$_4$攻毒刺参后肠400倍放大图片,其中刺参肠道上皮细胞死亡(图1-f),生发层有大量嗜碱性细胞生成,显示的是刺参肠道上皮细胞正在分解(图1-g),黏膜上层与结缔层正在分离,结缔层生有大量嗜酸性细胞(图1-h)。通过组织切片的解析可以看出,CuSO$_4$和CuCl$_2$实验组的刺参肠道均有不同程度的损伤,表现为刺参肠道黏膜上层脱离黏膜下层结缔组织,结缔组织中出现许多吞噬变形细胞用于解毒。同一攻毒时间后的CuCl$_2$攻毒组的刺参肠道黏膜下层结缔层与肌肉层分离(图1-e),而CuSO$_4$攻毒组的黏膜上层与结缔层正在分离(图1-h),由此可见,CuCl$_2$对刺参肠道的毒性(类似腐蚀作用)大于CuSO$_4$的毒性。但刺参真正的致死原因是体表腐蚀作用,或是肠道腐蚀作用抑或是双重作用,有待进一步研究,以便用于指导刺参养殖过程中受到重金属侵染时做出及时正确的补救措施。吞噬变形细胞属于刺参体腔细胞,其在棘皮动物免疫过程中具有重要作用。

刺参体腔受到刺激后会产生相应的反应,体腔细胞开始合成或分泌多种效应因子,李霞等[23]发现虾夷马粪海胆(*Strongylocentrotus intermedius*)有2种体腔细胞,变形吞噬细胞具有吞噬酵母的功能,色素细胞可释放色素颗粒参与体液免疫反应。孙永欣[24]研究发现高剂量的黄芪多糖(APS)会刺激刺参体腔内的吞噬细胞增多,用于吞噬外源APS,与该研究的结果类似。

2.3 CuSO$_4$/CuCl$_2$

对幼参半致死浓度计算结果急性毒性浓度设置和死亡数量记录见表1。根据实验结果利用浓度对数-概率回归方程,计算出CuSO$_4$/CuCl$_2$对幼参的不同时间LC$_{50}$和95%置信区间,结果见表2。

表1　$CuSO_4/CuCl_2$ 来源的 Cu^{2+} 对幼参急性毒性实验浓度设计与死亡结果（$n=3$）　　　　$mg \cdot L^{-1}$

暴露时间（h）	$\rho^{Cu^{2+}}_{CuSO_4}$					$\rho^{Cu^{2+}}_{CuCl_2}$				
	0.25	0.16	0.10	0.06	0.04	0.19	0.12	0.075	0.05	0.03
24	9	6	3	0	0	9	6	3	0	0
48	10	9	6	2	0	10	9	9	2	1
72	10	10	8	7	4	10	10	10	4	3
96	10	10	10	8	7	10	10	10	6	5

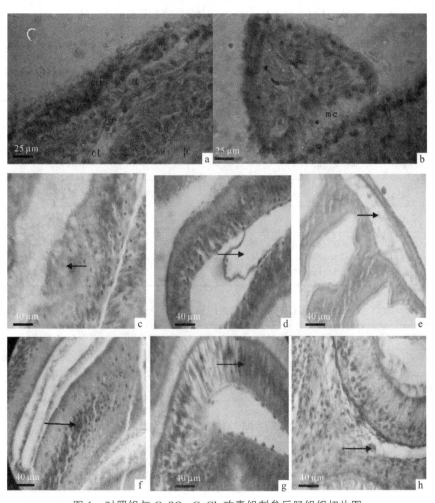

图1　对照组与 $CuSO_4 \cdot CuCl_2$ 攻毒组刺参后肠组织切片图

a. 对照组刺参后肠（×1 000）；b. 对照组血小窦（×1 000）；c～e. $CuCl_2$ 攻毒刺参后肠（×400）；f～h. $CuSO_4$ 攻毒刺参后肠（×400）；mL. 黏膜层；cm. 环肌；lm. 纵肌；ct. 结缔组织；mu. 黏膜上皮层；pce. 假复层纤毛柱状上皮；mc. 间皮细胞

采用 ANOVA 方差分析 2 种铜盐对幼参在不同时间的 LC_{50} 组间差异显著，采用 Tukey 进行双重检验，结果见表2。$CuSO_4$ 来源的 Cu^{2+} 对幼参 24 h、48 h 和 72 h 的 LC_{50} 均大于 $CuCl_2$ 来源的 Cu^{2+} 对幼参 24 h、48 h 和 72 h 的 LC_{50}，$CuCl_2$ 对幼参 96 h LC_{50} 大于 $CuSO_4$

对幼参96 h LC_{50};但2种铜盐在24 h和48 h的 LC_{50} 之间差异极其显著,而72 h和96 h的 LC_{50} 差异不显著;由此可见在暴露初期,前48 h内 Cu^{2+} 来源不同对刺参的毒性影响极其显著,随着暴露时间的延长 Cu^{2+} 来源的不同对刺参的毒性影响不显著。

分别将2种铜盐对幼参的暴露时间和 LC_{50} 结果拟合后发现,$CuSO_4$ 对幼参的 LC_{50} 与暴露时间满足对数函数关系,而 $CuCl_2$ 对幼参的 LC_{50} 与暴露时间满足幂函数关系,且相关系数都较高(表3);分别对暴露时间和 LC_{50} 进行t检验,发现 $CuSO_4$ 的暴露时间对 LC_{50} 差异不显著($P = 0.05$),而 $CuCl_2$ 的暴露时间对 LC_{50} 差异显著($P < 0.05$)。

表2 $CuSO_4/CuCl_2$ 来源的 Cu^{2+} 对幼参急性毒性实验统计结果($n = 3$)

时间(h)	硫酸铜/氯化铜	浓度对数-概率回归方程	半致死质量浓度(mg·L^{-1})	相对标准偏差 $RSD_{LC_{50}}$	95%置信区间(mg·L^{-1})	P
24	$CuSO_4$	$P = 5.29x + 4.53$	0.140	0.005 0	0.110~0.180	0.001
	$CuCl_2$	$P = 5.58x + 5.52$	0.100	0.005 0	0.097~0.130	
48	$CuSO_4$	$P = 5.72x + 5.97$	0.090	0.008 0	0.072~0.110	0.003
	$CuCl_2$	$P = 4.19x + 5.01$	0.064	0.008 0	0.053~0.076	
72	$CuSO_4$	$P = 3.62x + 4.81$	0.047	0.008 0	0.023~0.063	0.966
	$CuCl_2$	$P = 4.14x + 5.74$	0.041	0.009 0	0.028~0.053	
96	$CuSO_4$	$P = 4.18x + 6.24$	0.032	0.003 0	1.2×10^{-23}~0.045	0.933
	$CuCl_2$	$P = 5.31x + 7.75$	0.036	0.004 0	0.029~0.042	

表3 $CuSO_4/CuCl_2$ 对幼参的暴露时间和半致死浓度回归参数一览表

铜来源	回归方程	R^2	t
硫酸铜 $CuSO_4$	$y = -0.08\ln(x) + 0.141\ 1$	0.99	0.053
氯化铜 $CuCl_2$	$y = 0.110\ 3x^{-0.836}$	0.99	0.034

2.4 异源铜盐对幼参毒性限量与相关标准对比结果

根据1.3中式(1)得出异源铜盐对幼参的SC为 $SC_{CuSO_4} = 0.011$ mg·L^{-1},$SC_{CuCl_2} = 0.006\ 5$ mg·L^{-1},SC_{CuSO_4} 是 $SC_{CuCl_2} =$ 的1.69倍,说明 $CuCl_2$ 对幼参的毒性大于 $CuSO_4$ 对幼参的毒性。

通过中国不同海水水质标准对铜的限量(表4),可以看出关于海水水质的相关标准均是强制性的,但是标准中的 Cu^{2+} 没有针对来源进行规定。本章研究得出的 $CuSO_4$ 对幼参SC为0.010 mg·L^{-1},与《无公害食品海水养殖用水水质》、《海水水质标准》二类标准和《渔业水质标准》中的铜限量一致;$CuCl_2$ 对幼参SC为0.006 5 mg·L^{-1} 介于《海水水质标准》一类标准和二类标准之间。

表 4 国内不同标准中水环境铜限量汇总表[11-13]

标准名称	标准类型	最高限量(mg·L^{-1})		
NY 5052—2001	强制性		≤ 0.010	
GB 3097—1997	强制性	第一类 ≤ 0.005	第二类 ≤ 0.010	第三类、第四类 ≤ 0.050
GB 11607—1989	强制性		≤ 0.010	

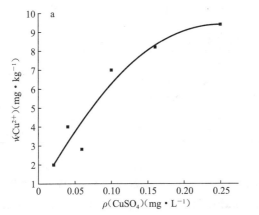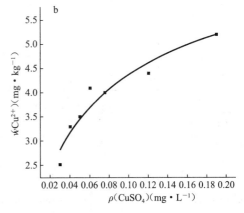

图 2 暴露水体中铜离子质量浓度与刺参体内壁铜质量分数关系图

2.5 幼参体壁内 Cu^{2+} 质量分数与暴露液中 Cu^{2+} 质量浓度的关系

刺参幼参体壁中 $w(Cu^{2+})$ 随暴露水体中 $\rho(Cu^{2+})$（$CuSO_4$ 来源）的增大呈现逐渐升高的趋势，两者的关系满足多项式 $y = -141.03x^2 + 70.58x + 0.5932$（$R^2 = 0.92$）（图 2-a）；对于 $CuCl_2$ 来源的刺参幼参体壁中 $w(Cu^{2+})$ 随暴露水体中 $\rho(Cu^{2+})$ 的变化也呈现同样的趋势，但两者的关系满足对数关系 $y = 1.302\ln(x) + 7.3737$（$R^2 = 0.93$）（图 2-b）。因此，刺参幼参对不同来源的 Cu^{2+} 的富集效果是不一样的。

刺参幼参对不同来源 Cu^{2+} 的 96 h 内富集系数不同，利用 AVONA 分析得出，两者差异不显著（$P = 0.56 > 0.050$），但幼参对 $CuSO_4$ 来源的富集系数小于 $CuCl_2$ 来源的富集系数（表 5）。$CuSO_4$ 对刺参幼参的毒性小于 $CuCl_2$，因此，渔业养殖中可采用 $CuSO_4$ 杀灭水质中的微生物或其他藻类。

表 5 刺参幼参对异源铜离子 96 h 富集系数

铜来源	暴露质量浓度(mg·L^{-1})	96 h 富集系数
硫酸铜 $CuSO_4$	0.020 ~ 0.25	27.37 ~ 100
氯化铜 $CuCl_2$	0.030 ~ 0.19	37.60 ~ 132.50

国家标准中不再对 Cu^{2+} 进行限量（表 6），但 Nrjagu[25] 认为 Cu 是所有生物都需要的微量元素，它对生物生长的抑制效应是浓度的两步函数，浓度过低会抑制生物的生长，甚至死亡，但过高会产生毒性效应。孙元芹等[22] 认为文蛤（*Meretrixmeretrix*）暴露在 $\rho(Cu^{2+})$ 为

$0.05~mg\cdot L^{-1}$，富集 30 d 后体内 $w(Cu^{2+})$ 达 $0.44~mg\cdot L^{-1}$ 时（鲜质量）文蛤全部死亡。刘天红等[26]前期研究认为 Cu^{2+} 对于 12 月龄栉孔扇贝（*Chlamys Farreri*）属于剧毒类物质。程波等[27]认为低浓度的 Cu^{2+} 对于凡纳滨对虾（*Litopenaeus vannamei*）具有重要的作用，可以作为他们的营养元素、血蓝蛋白成分，且在许多生物酶的组成和功能上也发挥着重要的作用，但是过量的 Cu^{2+} 对于对虾来说却是有害的，甚至会致死。由于金属能被海洋生物富集，沿食物链转移后最终影响人类健康[28-29]，因此，建议应该结合具体的养殖环境及食品安全毒理学评价数据，加强对水产品中 Cu^{2+} 限量的研究，而不只是参考国际食品法典标准。

表 6　关于铜限量的食品安全标准

标准名称	标准类型	最高限量（$mg\cdot L^{-1}$）
GB 2733—2005《鲜冻动物性水产品卫生标准》	强制性	/
GB 2762—2005《食品中污染物限量》	强制性	/
GB 15199—1994《食品中铜限量卫生标准》*	强制性	≤ 50

注：* 根据 2011 年第 3 号中国国家标准公告，已废止。

根据张志杰和张维平[30]的毒物毒性分级表（表 7），对不同来源的 Cu^{2+} 对刺参幼参毒性进行定性分析，半数耐受限（median tolerance limit，TLm）和 LC_{50} 在大部分情况下是等价的[22]。$CuSO_4$ 对刺参幼参 96 h 的 LC_{50} 为 $0.032~mg\cdot L^{-1}$，$CuCl_2$ 对刺参幼参 96h 的 LC_{50} 为 $0.036~mg\cdot L^{-1}$，通过与表 7 比对，认为 $CuSO_4$、$CuCl_2$ 对于幼参均属于剧毒类物质。刘存岐等[31]认为 Cu^{2+} 对日本沼虾（*Macrobrachiumnipponense*）的毒性较强，可能影响其体内酶的功能。程波等[27]认为可能是 $CuCl_2$、$CuSO_4$ 阴离子的不同引起凡纳滨对虾（*Litopenaeus vannamei*）蜕皮率和死亡率有所不同，但具体原因有待进一步研究。其他学者[32-33]也研究了 Cu^{2+} 毒性，但缺乏定性分析。

表 7　有毒物质对水产类的毒性标准

等级	剧毒	高毒	中毒	低毒
半数耐受限（$mg\cdot L^{-1}$ TLm）	< 0.10	0.10 ~ 1	1 ~ 10	> 10

3　结论

（1）$CuSO_4$ 和 $CuCl_2$ 对刺参幼参急性毒性效果不同，$CuSO_4$ 对刺参幼参的 24 h、48 h、72 h 和 96 h 的 LC_{50} 分别为 $0.14~mg\cdot L^{-1}$、$0.09~mg\cdot L^{-1}$、$0.047~mg\cdot L^{-1}$ 和 $0.032~mg\cdot L^{-1}$；$CuCl_2$ 对刺参幼参的 24 h、48 h、72 h 和 96 h 的 LC_{50} 分别为 $0.10~mg\cdot L^{-1}$、$0.064~mg\cdot L^{-1}$、$0.041~mg\cdot L^{-1}$ 和 $0.036~mg\cdot L^{-1}$；其中 $CuSO_4$ 和 $CuCl_2$ 对刺参幼参的 24 h 和 48 h LC_{50} 差异极其显著；72 h 和 96 h 差异不显著。

（2）$CuSO_4$ 和 $CuCl_2$ 对刺参幼参的 SC 分别为 $0.011~mg\cdot L^{-1}$、$0.065~mg\cdot L^{-1}$，对于刺参幼参属于剧毒物质。

（3）2 种来源的 Cu^{2+} 对刺参肠道均有不同程度的损伤，表现为刺参肠道黏膜上层脱离黏膜下层结缔组织，结缔组织中出现许多吞噬细胞用于解毒。

（4）暴露溶液中 $CuSO_4$ 来源的 Cu^{2+} 与 $CuCl_2$ 来源的 Cu^{2+} 都是水合铜离子，不同的主要是暴露溶液中的阴离子，实验说明不同的阴离子对 Cu^{2+} 的毒性有拮抗作用。

（5）建议应该结合具体的养殖环境及食品安全毒理学评价数据，加强对水产品中 Cu^{2+} 限量的研究。

参考文献

[1] 朱文嘉,王联珠. 优劣干海参的鉴别[J]. 科学养鱼,2011(5):68-69.

[2] Taiyeb T B, Zainuddin S L, Swaminathan D, et al. Efficacy of gamadent to othpaste on the healing of gingival tissues: apreliminary report[J]. J Oral Sci, 2003, 45(3): 153-159.

[3] 王淑娴,叶海斌,于晓清,等. 海参的免疫机制研究[J]. 安徽农业科学,2012,40(25): 12 553-12 555.

[4] Sun W H, Leng K L, Lin H. et al. Analysis and evaluation of chief nutrient composition in different parts of Stichopus japonicus[J]. Chin J Animal Nutr, 2010, 22(1): 212-220.

[5] 谷阳光,林钦,王增焕,等. 柘林湾及邻近海域沉积物重金属分布与潜在生态风险[J]. 南方水产科学,2013,9(2):32-37.

[6] Wang H, Dong Y H, Yang Y Y, et al. Changes in heavy metal contents in animal feeds and manures in an intensive animal production region of China[J]. J Environ Sci, 2013(12): 2 435-2 442.

[7] 张伟,阎海,吴之丽. 铜抑制单细胞绿藻生长的毒性效应[J]. 中国环境科学,2001,21(1):4-7.

[8] Rosa G C, Lucia L V, Alexandra P, et al. Sublethal zincand copper exposure affect acetylcholinesterase activity and accumulation in different dissues of leporinus obtusidens[J]. Bull Environ Contam Toxicol, 2013, 90(1): 12-6.

[9] 朱国霞,季延滨,孙学亮. Cu^{2+}、Fe^{2+} 及铜铁合剂对血鹦鹉幼鱼的急性毒性试验[J]. 中国水产,2013(8):56-58.

[10] 李华,李磊. 铜离子对栉孔扇贝幼贝几种免疫因子的影响[J]. 生命科学仪器,2009, 7(8):31-34.

[11] Karayakar F, Cicik B, Ciftci N. Accumulation of copperin liver, gill and muscle tissues of Anguilla Anguilla (Linnaeus, 1758)[J]. J Anim Vet Adv, 2010, 9(17): 2 271-2 274.

[12] Gaspar M C D M, Fernanda B I, Jaime D M E, et al. Acute toxicity, accumulation and tissue distribution of copper in the blue crab Callinectes sapidus acclimated to different salinities: in vivo and in vitro studies[J]. Aquat Toxicol, 2010, 101(1): 88-99.

[13] Bundrige J. A comparison of bioaccumulation and digestive enzymesolubilization of copper in two species of sea cucumbers with different feeding habits[D]. East Tennessee

State, US: East Tennessee State University, 2003: 49.

[14] 马莉芳,蒋晨,高春生. 水体铜对水生动物毒性的研究进展[J]. 江西农业学报, 2013,25(8):73-76.

[15] Gudrun D B, Wouter M, Wim D C, et al. Tissue-specific Cu bioaccumulation patterns and differences in sensitivity to waterborne Cu in three freshwater fish: rainbow trout (*Oncorhynchus mykiss*), *common carp* (*Cyprinus carpio*), and gibel carp (*Carassiusauratus gibelio*)[J]. Aquat Toxicol, 2004, 70(3):179-88.

[16] 周永欣,王士达,夏宜琤. 水生生物与环境保护[M]. 北京:科学出版社,1983.

[17] 张丽岩,宋欣,高玮玮,等. Cd^{2+}对青蛤(*Cyclina sinensis*)的毒性[J]. 海洋与湖沼, 2010,41(3):418-421.

[18] 刘天红,孙福新,王颖,等. 无机镉对栉孔扇贝(*Chlamysfarreri*)急性毒性研究及其安全评价[J]. 食品研究与开发,2010,31(4):161-165.

[19] 肖培华,唐永新,于乐河,等. 刺参病害细菌感染试验[J]. 齐鲁渔业,2005,22(6):26-27.

[20] 刘国光,王莉霞,徐海娟,等. 水生生物毒性试验研究进展[J]. 环境与健康杂志, 2004(6):67-69.

[21] 孙福新,李晓,王颖,等. 栉孔扇贝对无机砷的富集与排出特征研究[J]. 海洋科学, 2011,35(4):85-90.

[22] 孙元芹,吴志宏,孙福新,等. 文蛤对重金属Cu的富集与排出特征[J]. 渔业科学进展,2013,34(1):128-134.

[23] 李霞,王斌,刘静,等. 虾夷马粪海胆体腔细胞的类型及功能[J]. 中国水产科学, 2003,11(5):30-34.

[24] 孙永欣. 黄芪多糖促进刺参免疫力和生长性能的研究[D]. 大连:大连理工大学, 2008.

[25] Nrjagu J O. Zincin environment part Ⅱ[M]. New York: Wiley, 1980:415-438.

[26] 刘天红,孙福新,王颖,等. 硫酸铜对栉孔扇贝急性毒性胁迫研究[J]. 水产科学, 2011,30(6):11-14.

[27] 程波,刘鹰,杨红生. Cu^{2+}在凡纳滨对虾组织中的积累及其对蜕皮率、死亡率的影响[J]. 农业环境科学学报,2008(5):403-407.

[28] 孙云明,刘会峦. 海洋中的主要化学污染物及其危害[J]. 化学教育,2001(7/8):2-5.

[29] Funes V, Alhama J, Navas J I, et al. Ecotoxicological effects of metal pollution in two mollusc species from the Spanish south Atlantic littoral[J]. Environ Pollut, 2005, 139(2): 214-223.

[30] 张志杰,张维平. 环境污染生物监测与评价[M]. 北京:中国环境科学出版社,1991: 78-102.

[31] 刘存歧,安通伟,张亚娟,等. Cu^{2+}对日本沼虾的毒性研究[J]. 安徽农业科学,2008,

36(28):227-228.

[32] 李国基,刘明星,张首临,等. Zn 等金属离子对栉孔稚贝成活的毒性影响[J]. 海洋环境科学,1994,13(2):13-16.

[33] 刘亚杰,王笑月. 锌、铜、铅、镉金属离子对海湾扇贝稚贝的急性毒性试验[J]. 水产科学,1995,14(1):10-12.

(刘天红,于晓清,郭萍萍,王志刚,吴志宏,孙元芹,孙福新,王娟,麻丹萍)

汞及甲基汞在栉孔扇贝全组织内的积累与净化

汞及其化合物广泛存在于环境中,是具有积累作用的有害元素,对所有生物有毒性[1,2]。甲基汞(MeHg)是一种具有很强神经毒性的污染物,可以通过食物链在水生生物组织内累积并沿食物链传递,并最终危害处于食物链顶端的人类[3]。由于双壳贝类易于捕获、养殖和食用,且其对重金属特有的积累行为使其组织内重金属含量容易达到一个很高的水平,因此是理想的污染物指示品种[4,5]。重金属的生物积累效应被认为比直接测量环境中重金属浓度更适宜指示重金属的污染程度[6,7]。汞和甲基汞在生物组织内的积累情况是反映环境污染程度和评价环境中汞含量的重要手段。目前,关于 Cu、Cd、Zn 等重金属在贻贝科和牡蛎科的积累和净化的研究较多,但汞及甲基汞在扇贝科组织内的积累与净化研究相对较少[8,9]。

目前,我国很多食品和水产品质量标准如《食品中污染物限量》(GB2762—2005)是以甲基汞的含量来限定产品是否安全,也有以总汞和甲基汞的含量限定产品质量的,如《无公害食品水产品中有毒有害物质限量》(NY5073—2001)[10]。因此,本研究采用黄渤海地区主要经济贝类栉孔扇贝(*Chlamys farreri*),利用实验室双箱动力学模型,将栉孔扇贝暴露于汞溶液与自然海水后,分析其全组织的甲基汞和总汞含量,通过对积累和净化过程的双曲线拟合,探讨汞、甲基汞在栉孔扇贝全组织内的积累与净化动力学参数及其随暴露浓度的变化规律,为环境和水产品中总汞和甲基汞限量标准的完善提供数据支持。

1 材料与方法

1.1 受试生物

受试生物采用 12 月龄成熟健康的栉孔扇贝,来自山东青岛即墨鳌山卫扇贝养殖场。实验前挑除死贝、异贝及杂质,用自然海水冲洗贝壳表面附着的泥沙,入暂养池暂养 7 d,每 12 h 换水 1 次,并且 08:00 和 17:00 投喂小球藻(*Platymonas spp.*),密度为每毫升 2×10^4 个。暂养期间死亡率低于 5% 后进行实验;正式实验前 1 d 停止投饵,选择规格一致的栉孔扇贝(壳长 4.90~5.95 cm,壳高 5.26~6.11 cm),随机分组。

1.2 实验试剂与设备

$HgCl_2$,上海埃彼化学试剂有限公司(A.R. 250 g);电磁式空气压缩机,广东海利集团有限公司;

盐度比重计、金属套温度计,河北河间市黎民居玻璃仪器厂;电子天平 AL204,梅特勒-托利多仪器(上海)有限公司;精密 pH 计 pH_s-3B,上海精密科学仪器有限公司。

1.3 理化条件

实验于 2009 年 3 月 24 日～2009 年 5 月 27 日在山东省海水养殖研究所即墨鳌山卫实验基地养殖车间内进行。海水(c_{Hg} = 0.044 8 μg·L^{-1})符合渔业水质标准(GB11607—89),暴露液由自然海水(过 150 目筛绢)和 $HgCl_2$ 标准储备液配制,水温(19.2±1.3)℃,溶解氧 5.0～7.2 mg·L^{-1},pH7.96～8.20,盐度 31.18±0.34。

1.4 实验设计与方法

设 4 个实验组(Hg-1、Hg-2、Hg-3、Hg-4)和 1 个对照组,每组 3 个平行,汞浓度分别为 0.02 μg·L^{-1},0.2 μg·L^{-1},1 μg·L^{-1} 和 2 μg·L^{-1},对照组采用自然海水。在 300 L 实验箱中加入 270 L 各暴露液,浸泡 5 d,以减少正式实验过程中实验箱对暴露液的吸附。各组放入 200 只经暂养的栉孔扇贝,实验积累 35 d 之后将扇贝转入自然海水中净化 35 d;各实验组每天投喂小球藻 30 min 后彻底清洗实验箱并更换实验溶液或自然海水,防止小球藻吸附汞后被贝类滤食。每 5 d 间隔取样,取栉孔扇贝全部软组织打浆,-18℃冷冻保存待分析。水质中总汞检测标准按海洋监测规范第 4 部分:海水分析(GB17378.4—2007)[11]执行,栉孔扇贝中总汞检测标准按食品中总汞及有机汞的测定(GB/T5009.17—2003)[12]总汞测定第二法执行,栉孔扇贝中甲基汞按食品中总汞及有机汞的测定(GB/T5009.17—2003)[14]有机汞测定第二法执行。

1.5 方法模型的采用

汞与甲基汞在栉孔扇贝组织中的积累与净化实验采用半静态流动双箱模型,即每 24 h 更换暴露液的操作方法[13]。

积累阶段描述:
$$c_A = c_0 + c_W \frac{k_1}{k_2}(1 - e^{-k_2 t})(0 < t < t^*) \tag{1}$$

净化阶段描述:
$$c_A = c_0 + c_W \frac{k_1'}{k_2'}[1 - e^{-k_2'(t-t^*)} - e^{-k_2' t}] \quad (t > t^*) \tag{2}$$

式中,c_A 为栉孔扇贝组织中的重金属含量(mg·kg^{-1} dw),c_W 为暴露液浓度 mg·L^{-1},c_0 为常数($t=0$),k_1 为积累阶段吸收率常数,k_2 为积累阶段净化率常数,k_1' 为净化阶段吸收率常数,k_2' 为净化阶段净化率常数,t^* 为积累时间。

积累速率:
$$V_1 = \frac{c_{AT} - c_0}{t_1} \tag{3}$$

净化速率:
$$V_2 = \frac{c_{AT} - c_{AE}}{t_C} \tag{4}$$

式中,V_1 为重金属在生物组织内的积累速率(mg·kg^{-1}·d^{-1}),c_{AT} 为在积累实验结束时生物组织内重金属含量(mg·kg^{-1}),c_0 为实验开始时生物组织内重金属的本底浓度(mg·kg^{-1}),t_t 为积累时间,V_2 为重金属在生物组织内的净化速率(mg·kg^{-1}·d^{-1}),c_{AE} 为净化终点时生物组织内重金属含量（mg·kg^{-1}），t_C 为净化时间。

生物积累因子（BCF, Bioconcentration Factor）[13]：

$$BCF = \frac{k_1}{k_2'} = \lim \frac{c_A}{c_W}(t \to \infty) \quad (5)$$

式中，c_A 为栉孔扇贝组织中的重金属含量（mg·kg^{-1} dw），c_W 为暴露液浓度（mg·L^{-1}），k_1 为积累阶段吸收率常数，k_2' 为净化阶段净化率常数。

1.6 数据处理

采用 SPSS 13.0 和 Originpro 8.0 数据处理软件相结合，以 R^2 和 t 检验判断模型是否建立成功。

2 结果与讨论

2.1 汞对栉孔扇贝的慢性毒性

浓度为 0.02～2 μg·L^{-1} 的汞对栉孔扇贝毒性不明显，死亡个体与对照组数量相当。实验组在积累与净化阶段总死亡数量在 22～30 只之间，对照组死亡 24 只，具体关系见图 1，对照组与实验组死亡数量差异不显著（$P > 0.05$）；暴露 24 h 之后各组水体中的氨氮均有明显上升趋势，实验组的氨氮含量高于对照组，最高值分别为 97.85 μg·L^{-1}，67.85 μg·L^{-1}，这可能与实验组暴露液中的汞离子与栉孔扇贝组织中巯基结合，使与巯基有关的细胞色素氧化酶、丙酮酸激酶、琥珀酸脱氢酶等失去活性，阻碍了细胞生物活性和正常代谢有关[14]。

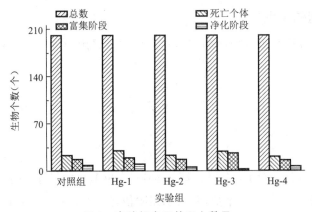

图 1 实验组扇贝的死亡数量

2.2 栉孔扇贝全组织中总汞与甲基汞含量结果与分析

从图 2 可以看出，各组栉孔扇贝组织内甲基汞含量变化趋势与总汞含量变化较为一致，即各个浓度组在积累阶段栉孔扇贝全组织中总汞和甲基汞的含量均随着暴露时间的延长逐渐升高，净化阶段随着时间的延长逐渐下降，但净化终点时各实验组栉孔扇贝组织中的总汞和甲基汞含量均高于实验初始时二者的数值；图 2-a 显示，空白组栉孔扇贝全组织中总汞与甲基汞含量变化规律不明显，总体上随着时间的延长逐渐升高，总汞最高值为

0.14 mg·kg^{-1}($t=30$ d),甲基汞最高值为 0.049 mg·kg^{-1}($t=50$ d);从图 2-b 可见,当环境中汞暴露浓度为 0.064 8 μg·L^{-1} 时,栉孔扇贝体内总汞和甲基汞的含量最高值分别为 1.71 mg·kg^{-1}($t=35$ d)、0.06 mg·kg^{-1}($t=40$ d),净化终点时栉孔扇贝体内总汞含量为起始浓度的 10 倍,甲基汞含量为起始浓度的 1.16 倍;从图 2-c 可见,当环境中汞暴露浓度为 0.244 8 μg·L^{-1} 时,栉孔扇贝体内总汞和甲基汞最高值分别为 3.4 mg·kg^{-1}($t=35$ d)、0.13 mg·kg^{-1}($t=40$ d),净化终点时栉孔扇贝体内总汞含量为起始浓度的 22.3 倍,甲基汞含量为起始浓度的 2.54 倍;Hg-2 组积累速率较 Hg-1 组快,净化速率 Hg-2 组较 Hg-1 组慢;从图 2-d 可见,当环境中汞暴露浓度为 1.044 8 μg·L^{-1} 时,栉孔扇贝体内总汞和甲基汞最高值分别为 25.31 mg·kg^{-1}($t=35$ d)、3.25 mg·kg^{-1}($t=40$ d),净化终点时栉孔扇贝体内总汞含量为起始浓度的 172 倍,甲基汞含量为起始浓度的 68.6 倍;从图 2-e 可见,当环境中汞暴露浓度为 2.044 8 μg·L^{-1} 时,栉孔扇贝体内总汞和甲基汞最高值分别为 63.51 mg·kg^{-1}($t=35$ d)、12.96 mg·kg^{-1}($t=40$ d),净化终点时栉孔扇贝体内总汞含量为起始浓度的 491 倍,甲基汞含量为起始浓度的 261 倍;Hg-3 组扇贝组织中汞净化速度较 Hg-4 组汞净化速度缓慢,Hg-4 组在净化阶段时其组织内总汞含量呈现急剧下降趋势,但实验结束时其组织内汞含量为 47.09 mg·kg^{-1},是对照组的 470 倍,充分证明了重金属汞易于积累但不易于净化。

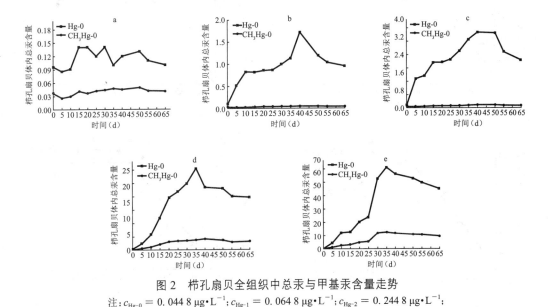

图 2 栉孔扇贝全组织中总汞与甲基汞含量走势

注:$c_{Hg-0}=0.044\ 8$ μg·L^{-1};$c_{Hg-1}=0.064\ 8$ μg·L^{-1};$c_{Hg-2}=0.244\ 8$ μg·L^{-1};$c_{Hg-3}=1.044\ 8$ μg·L^{-1};$c_{Hg-4}=2.044\ 8$ μg·L^{-1}

综上所述,说明暴露浓度与栉孔扇贝组织内总汞积累量呈正比例关系,且暴露浓度越大,净化终点时栉孔扇贝体内残留的总汞和甲基汞越多,越难排除。这与徐韧等(2007)[15] 等的研究一致,发现水体中的重金属含量与生活在该环境下贝类生物体的重金属含量呈明显正相关关系。郭远明(2008)[16] 也认为贝类组织内积累的重金属含量与暴露环境中重金属含量之间具有一定的正相关性。

2.3 总汞与甲基汞在栉孔扇贝组织中积累与净化动力学分析

对栉孔扇贝组织中总汞、甲基汞与海水中汞浓度按 1.5 和 1.6 中的方法处理，拟合结果见图 3~6。

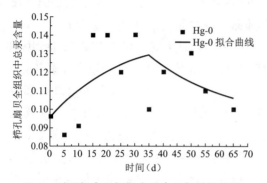

图 3 对照组扇贝组织内汞含量与时间关系

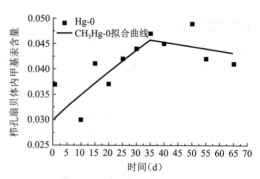

图 4 对照组扇贝组织内甲基汞含量与时间关系

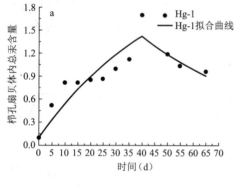

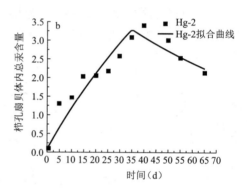

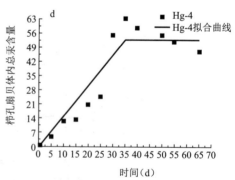

图 5 不同浓度组扇贝组织内汞含量与时间关系

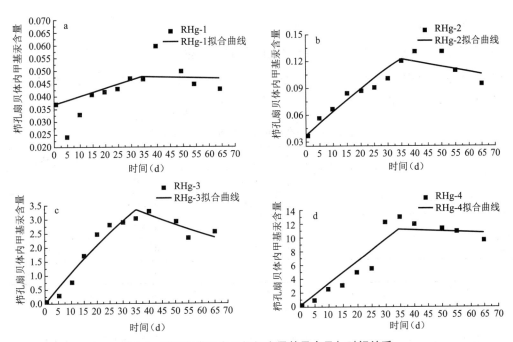

图6 不同浓度组扇贝组织内甲基汞含量与时间关系

从图3可以看出,对照组栉孔扇贝组织中总汞含量在积累和净化阶段没有趋势性变化,相关系数 $R^2=0.25$, $P<0.01$,生物富集因子 $BCF=978.25$,而理论平衡状态时 $c_{Amax}=0.043\,8\,\mu g\cdot kg^{-1}$,几乎与自然海水中汞的本底浓度 $0.044\,8\,\mu g\cdot L^{-1}$ 一致,说明在短时间内(70 d)栉孔扇贝在低浓度汞的海水中 BCF 较大,但是当时间 $t\to\infty$ 时,$BCF=1$,二者不一致,可能是由于积累时间不同引起的。从图4可以看出,扇贝组织内的甲基汞含量呈现明显的先上升后下降的趋势,$R^2=0.63$, $P<0.01$,生物富集因子 $BCF=1\,800$,而理论平衡状态时扇贝组织内的甲基汞 $c_{Amax}=0.080\,7\,\mu g\cdot kg^{-1}$,大约是海水中总汞浓度的两倍,说明在实验进行的 70 d 内扇贝将海水中的总汞利用生物作用转化成甲基汞的生物富集因子较大,但是当 $t\to\infty$ 时,$BCF=2$;由此可见,对照组总汞的 BCF 小于甲基汞的 BCF,实验室短时间内得出的 BCF 和 $t\to\infty$ 时甲基汞的 BCF 均是总汞 BCF 的两倍,说明甲基汞比总汞在扇贝组织中有较强的富集性。

从图5-a和图5-b可以看出,低浓度暴露液中的扇贝在积累阶段组织内总汞含量呈现指数函数增长趋势,而图5-c和图5-d中在积累阶段走线图呈直线上升趋势,净化阶段除 Hg-4 组拟合曲线出现平台期外,其他组别均是急剧下降。但是4组净化终点时栉孔扇贝组织内总汞含量远远高于富集阶段初始时组织内总汞含量,分别是初始时的9倍、20倍、160倍和450倍,说明积累在扇贝组织内的总汞在洁净海水中难以被快速净化。

从甲基汞在扇贝组织内含量与暴露时间拟合曲线(图6)可以看出,积累阶段 RHg-1 组拟合曲线呈缓慢上升的趋势,其他3组均呈现急剧上升趋势,净化阶段 RHg-1 组和 RHg-4 组的拟合曲线均呈现平台期,与 Hg-4 组的趋势较为接近,而 RHg-2 组和 RHg-3 组直线呈下降的趋势。净化结束时各组扇贝组织内甲基汞含量仍然较高,分别是初始含量的1.75倍、

4 倍、104 倍、375 倍。

2.4 总汞和甲基汞在栉孔扇贝组织内的动力学参数

根据 1.5 的处理方程和 Origin 数理软件，可以计算总汞和甲基汞在实验阶段的积累和净化速率常数，具体见表 1。

表 1　总汞和甲基汞在扇贝组织内平均积累和净化速率

编号	c_w(×10^{-3} mg·L^{-1})	V_1(mg·kg^{-1}·d^{-1})	V_2(mg·kg^{-1}·d^{-1})	RV_1(mg·kg^{-1}·d^{-1})	RV_2(mg·kg^{-1}·d^{-1})
0	0.044 8	0.001 5	0.001 1	0.000 2	0.000 5
1	0.064 8	0.040 4	0.030 0	0.000 6	0.000 7
2	0.244 8	0.082 6	0.050 4	0.002 3	0.001 4
3	1.044 8	0.720 4	0.293 7	0.080 3	0.028 4
4	2.044 8	1.811 8	0.547 3	0.369 2	0.110 3

注：c_w，实验组总汞暴露浓度(×10^{-3} mg·L^{-1})；V_1，总汞平均积累速率(mg·kg^{-1}·d^{-1})；V_2，总汞平均净化速率(mg·kg^{-1}·d^{-1})；RV_1，甲基汞平均积累速率；RV_2，甲基汞平均净化速率。

从表 1 可以看出，总汞与甲基汞积累平均速率和净化平均速率均随着暴露溶液中总汞浓度的升高而加快；在同样的汞暴露液中，甲基汞的积累平均速率和净化平均速率均低于总汞的积累平均速率和净化平均速率；重金属在生物组织内积累和净化速率及其比例可作为描述重金属在生物组织内积累与净化情况的一个直观辅助参数。

如图 7 所示，各实验组汞浓度与扇贝组织内汞与甲基汞的积累平均速率和净化平均速率均满足函数 $y = Ax + B$，相关系数 R^2 分别为 0.98、0.99、0.92、0.94，呈现良好的线性关系。

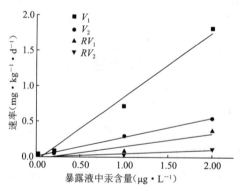

图 7　各实验组汞浓度与扇贝组织内汞与甲基汞的积累平均速率和净化平均速率关系

从表 2 可以看出，随着浓度的增大，k_1 呈现总体逐渐增大的趋势，即积累阶段的吸收率常数与暴露液内汞浓度呈现正相关关系；k_2' 总体呈现逐渐下降的趋势；BCF 和 c_{Amax} 随着暴露浓度的增大呈现逐渐增大的趋势；Hg 在扇贝组织内的生物半衰期随着暴露浓度的增大出现逐渐上升的趋势，但是 Hg-3 组突然出现急剧下降的趋势，这可能与非线性拟合时选取了较高的相关系数有关。

表 2　总汞在栉孔扇贝组织内非线性拟合动力学参数

编号	$c_W(\times 10^{-3}\,mg \cdot L^{-1})$	k_1	k_2'	R^2	BCF	$c_{Amax}(mg \cdot kg^{-1})$	$t_{1/2}(d)$
Hg-0	0.044 8	39.13	0.04	0.25	978.25	0.043 8	17.33
Hg-1	0.064 8	744.87	0.02	0.79	37 243	0.98	34.66
Hg-2	0.244 8	467.80	0.01	0.86	46 780	11.45	69.31
Hg-3	1.044 8	782.09	0.13	0.95	6 016	6.29	53.33
Hg-4	2.044 8	740.19	0.000 14	0.88	5 287 071	10 811	4 951.05

注：c_0，实验开始时($t=0$)扇贝组织内 Hg 的含量为 0.096 mg·kg^{-1}；c_W，暴露液浓度(mg·L^{-1})；k_1，积累阶段吸收率常数；k_2'，净化阶段净化率常数；R^2，相关系数；BCF，生物富集因子；c_{Amax}，理论平衡点时扇贝组织内的总汞含量(mg·kg^{-1}干重)；$t_{1/2}$，Hg 在扇贝组织内的生物学半衰期(d)。

已有的研究[7,17-19]采用的是改进双曲线毒性动力学模型方法，均采用同一个动力学参数组；而作者认为，在积累阶段水体中重金属的浓度远远大于净化阶段时水体中重金属的浓度，因此采用两组动力学参数。有些学者[20-23]采用修正的双箱动力学模型来描述重金属的积累与净化过程，但作者认为固定常数 c_0 不能忽略，应该是在 c_{Amax}，并且在积累的终点，生物组织内积累的常数较大，不能进行忽略校正。

从表 3 可以看出，暴露在汞溶液中的栉孔扇贝其组织内甲基汞对汞的生物富集因子与浓度成正相关关系；从拟合度 R^2 可以看出，甲基汞在栉孔扇贝组织内的积累与净化符合双箱动力学模型；吸收速率常数 k_1 随着暴露浓度的增大逐渐增大，净化速率常数 k_2' 与暴露浓度基本上呈负相关关系；理论平衡点时扇贝组织内甲基汞含量 c_{Amax} 随暴露浓度增大而增大，MeHg 在扇贝组织内的生物学半衰期 $t_{1/2}$ 也呈同样的趋势，但是 MeHg-2 组和 MeHg-3 组的数据出现了异常，具体原因有待进一步的研究。

表 3　甲基汞在栉孔扇贝组织内非线性拟合动力学参数

编号	$c_W(\times 10^{-3}\,mg \cdot L^{-1})$	k_1	k_2'	R^2	BCF	$c_{Amax}(mg \cdot kg^{-1})$	$t_{1/2}(d)$
MeHg-0	0.044 8	11.20	0.006 22	0.63	1 800	0.080 7	111.44
MeHg-1	0.064 8	5.11	0.002 5	0.43	2 044	0.12	277.26
MeHg-2	0.244 8	11.30	0.007 4	0.90	1 527	0.37	93.67
MeHg-3	1.044 8	110.16	0.011 79	0.94	9 343	9.76	58.79
MeHg-4	2.044 8	162.61	0.001 63	0.89	99 762	203.99	425.24

注：c_0，实验开始时($t=0$)扇贝组织内 MeHg 的含量为 0.037 mg·kg^{-1}；c_W，暴露液浓度(mg·L^{-1})；k_1，积累阶段吸收速率常数；k_2'，净化阶段净化率常数；R^2，相关系数；BCF，生物富集因子；c_{Amax}，理论平衡点时扇贝组织内的甲基汞含量(mg·kg^{-1}干重)；$t_{1/2}$，MeHg 在扇贝组织内的生物学半衰期(d)。

对比总汞和甲基汞在栉孔扇贝组织内积累与净化双箱动力学参数发现，总汞在栉孔扇贝组织内的 BCF 总体上大于甲基汞在栉孔扇贝组织内的 BCF，而实验中总汞和甲基汞的测定时间和样品是同步的，同样的现象也出现在 c_{Amax}、$t_{1/2}$ 两组数据中，这可能是由于总汞在扇贝组织内需要一定时间才能转化成甲基汞，目前没有相关文献支持同样的结论，本结果还有待进一步研究。对比 $t_{1/2}$，发现甲基汞的生物半衰期大于同组别总汞在栉孔扇贝组织内的生物半衰期,说明甲基汞比总汞更难于代谢。

2.5 环境中的汞对扇贝质量安全性影响分析

从表4可以看出,国家标准中关于总汞和甲基汞的限量不一致,其中无公害食品水产品中有毒有害物质限量(NY5073—2001)[10]既规定了总汞的限量也规定甲基汞的限量,总汞限量是甲基汞限量的两倍;食品中污染物限量(GB2762—2005)[24]、冻水产品卫生标准(GB2733—2005)[25]只规定了甲基汞的限量≤0.5 mg·kg^{-1};动物性水产干制品卫生标准(GB10144—2005)[26]没有对总汞和甲基汞的限量要求,建议加强标准之间的统一性研究,完善国家水产品安全标准体系,以便更好地指导水产品安全生产。根据本研究的实验数据可以看出,当环境中总汞浓度低于0.064 8 μg·L^{-1}[接近海水水质标准(GB 3097—1997)[27]一类水质标准的要求(≤0.000 05 mg·L^{-1})],栉孔扇贝全组织中的总汞含量可净化至符合无公害食品水产品中有毒有害物质限量(NY 5073—2001)[10] ≤1.0 mg·kg^{-1},甲基汞含量为0.043 mg·kg^{-1},低于表4中各标准的限量,可安全食用;但当暴露液中总汞浓度为c_{Hg-2} = 0.244 8 μg·L^{-1}、c_{Hg-3} = 1.044 8 μg·L^{-1}、c_{Hg-4} = 2.044 8 μg·L^{-1}时,净化终点时各浓度组对应的栉孔扇贝组织中总汞含量分别为2.14 mg·kg^{-1}、16.5 mg·kg^{-1}、47.09 mg·kg^{-1},远高于表4中总汞的限量,而相应组别栉孔扇贝组织中甲基汞含量分别为0.094 mg·kg^{-1}、2.54 mg·kg^{-1}、9.65 mg·kg^{-1},除Hg-2组(c_{Hg-2} = 0.244 8 μg·L^{-1})外,其他两组远高于表4中所规定的甲基汞的限量。因此,若只考虑甲基汞一个限量指标,来自海水中总汞浓度低于0.244 8 μg·L^{-1}海区的栉孔扇贝经过30 d自然海水净化后符合表4中各项标准中甲基汞含量的规定,可安全食用。这与海水水质标准(GB 3097—1997)[27]关于汞的限量标准二类标准一致(≤0.000 2 mg·L^{-1}),低于渔业水质标准(GB 11607—1989)[28]中汞的规定(≤0.000 5 mg·L^{-1})。

表4 贝类中总汞和甲基汞含量限量标准

标准编号	名称	总汞限量(mg·kg^{-1})	甲基汞限量(mg·kg^{-1})	性质
GB 2762—2005	食品中污染物限量	/	0.5	强制性
GB 2733—2005	鲜、冻水产品卫生标准	/	≤0.5	
GB 10144—2005	动物性水产干制品卫生标准	/	/	
NY 5073—2001	无公害食品水产品中有毒有害物质限量	≤1.0	≤0.5	

3 结论

本研究利用栉孔扇贝暴露于总汞溶液积累和净化实验,统计分析扇贝组织内的总汞和甲基汞含量及动力学参数,得出浓度低于2 μg·L^{-1}的$HgCl_2$溶液对栉孔扇贝慢性毒性较小的结论;栉孔扇贝体内汞转化成甲基汞的主要影响因子为环境中总汞的含量,且环境中总汞含量与扇贝组织内甲基汞含量成正相关关系;本研究中总汞和甲基汞在栉孔扇贝组织内的积累与净化规律符合双箱动力学模型,作者采用的是Kahle等(2002)[13]双箱动力学模型且积累和净化阶段使用的是两组不同动力学参数,因此本模型适于探讨和计算海洋环境中重金属汞在贝类组织内的富集系数BCF,以便指导贝类安全生产;平均积累速率和净化速率也可作为描述重金属在生物组织内的积累与净化情况的直观辅助参数,各实验组中总汞和甲基汞的平均积累速率均高于同组别的平均净化速率,实验结束时,各实验组扇贝组织内总汞含量和甲基汞含量均远高于相应的初始含量,充分说明总汞和甲基汞在栉孔扇贝组织内易于积累而不易于净化;总汞在栉孔扇贝组织内的富集高峰几乎没有延迟现象,而甲基汞在栉孔扇贝组织内的富集最高峰除高浓度组 Hg-4 之外均出现了延迟现象,说明汞需要一定的时间才能在扇贝组织内转成甲基汞形式,其转化机理有待进一步研究;总汞在栉孔扇贝组织内的 BCF 小于甲基汞在其组织内的 BCF,说明甲基汞在扇贝组织内比总汞有较强的富集性,因此建议应完善某些食品标准中对于甲基汞的限量;以总汞和甲基汞限量栉孔扇贝,则来自海水中总汞浓度低于 0.064 8 μg·L^{-1} 海区的栉孔扇贝经净化后可符合无公害食品水产品中有毒有害物质限量(NY 5073—2001)[10]的规定,若只考虑甲基汞一个限量指标,来自海水中总汞浓度低于 0.244 8 μg·L^{-1} 海区的栉孔扇贝经净化后可符合其他相关食品安全标准的规定。

参考文献

[1] Chouvelon T, Warnau M, Churlaud C, Bustamante P. Hg concentrations and related risk assessment in coral reef crustaceans, molluscs and fish from New Caledonia[J]. Environmental Pollution, 2009, 157: 331-340.

[2] 祝康. 原子荧光法测定水体中汞时常见问题的分析与探讨[J]. 治淮, 2009(12): 69-70.

[3] 江津津, 曾庆孝, 阮征, 魏东, 朱志伟, 张立彦. 水产品中汞与甲基汞风险评估的研究进展[J]. 食品工业科技, 2007, 28(11): 244-246.

[4] Phillips J H, Rainbow P S. Cosmopolitan biomonitors of trace metals[J]. Mar Pollut Bull, 1993, 26(11): 593-601.

[5] 贾晓平, 林钦, 李纯厚, 蔡文贵. "南海贻贝观察":广东沿海牡蛎体中 Zn 含量水平及其变化趋势[J]. 海洋环境科学, 2000, 19(4): 31-35.

[6] Roditi H A, Fisher N S, Sanudo-Wilhehny S A. Field testing a metal bioaccumulation model for zebra mussels[J]. EST, 2000, 34(13), 2817-2825.

[7] 王亚炜, 魏源送, 刘俊新. 水生生物重金属富集模型研究进展[J]. 环境科学学报, 2008, 28(1): 12-20.

[8] Bustamante P, Miramand P. Subcellular and body distribution of 17 trace elelment concentrations in pectinidae from European waters[J]. Chemosphere, 2004, 57: 1 355-1 362.

[9] Metian M, Bustamante P, Hédouin L, Warnau M. Accumulation of nine metals and one metalloid in the tropical scallop *Comptopallium radula* from coral reefs in New Caledonia[J]. Environmental Pollution, 2008, 152(3): 543-552.

[10] 中华人民共和国农业部. NY 5073—2001 无公害食品水产品中有毒有害物质限量[S]. 北京:农业标准出版社, 2001.

[11] 中华人民共和国卫生部, 中国国家标准化管理委员会. GB 17378.4—2007 海洋监测

规范第 4 部分:海水分析 [S]. 北京:中国标准出版社, 2007.

[12] 中华人民共和国卫生部,中国国家标准化管理委员会. GB/T 5009.17—2003 食品中总汞及有机汞的测定 [S]. 北京:中国标准出版社, 2007.

[13] Kahle J, Zauke G P. Bioaccumulation of trace metals in the copepod Calanoides acutus from the Weddell Sea (Antarctica): comparison of two-compartment and hyperbolic toxicokinetic models [J]. Aquat Toxicol, 2002, 59 (1-2): 115-135.

[14] 许韫,李积胜,李俊逸. 汞中毒对大鼠学习记忆能力和海马 NADPH-d 阳性神经元的影响 [J]. 毒理学杂志, 2006, 20 (6): 383-384.

[15] 徐韧,杨颖,李志恩. 海洋环境中重金属在贝类体内的蓄积分析 [J]. 海洋通报, 2007, 26 (5): 117-120.

[16] 郭远明. 海洋贝类对水体中重金属的富集能力研究 [D]. 青岛:中国海洋大学, 2008.

[17] 王晓丽,孙耀,张少娜,王修林. 牡蛎对重金属生物富集动力学特性研究 [J]. 生态学报, 2004, 24 (5): 1 086-1 090.

[18] 乔庆林,姜朝军,徐捷,蔡友琼. 菲律宾蛤仔养殖水体中 4 种重金属安全限量的研究 [J]. 浙江海洋学院学报(自然科学版), 2006, 25 (1): 5-9.

[19] 王凡,赵元凤,吕景才,刘长发. 铜在栉孔扇贝组织蓄积、分配、排放的研究 [J]. 水利渔业, 2007, 27 (3): 84-87.

[20] Boisson F, Cotret O, Fowler S W. Bioaccumulation and retention of lead in the mussel *Mytulus* galloprvincialis following uptake from seawater [J]. Science of the Total Environment, 1998, 222 (1-2): 55-61.

[21] 王修林,程刚. 海洋浮游植物的生物富集热力学模型:对疏水性污染有机物生物富集双箱热力学模型 [J]. 青岛海洋大学学报(自然科学版), 1998, 28 (2): 297-306.

[22] 薛秋红,孙耀,王修林,张军. 紫贻贝对石油烃的生物富集动力学参数的测定 [J]. 海洋水产研究, 2001, 22 (1): 32-36.

[23] 张少娜,孙耀,宋云利,于志刚. 紫贻贝(*Mytilusedulis*)对 4 种重金属的生物富集动力学特性研究 [J]. 海洋与湖沼, 2004, 35 (5): 438-445.

[24] 中华人民共和国卫生部,中国国家标准化管理委员会. GB 2762—2005 食品中污染物限量 [S]. 北京:中国标准出版社, 2005.

[25] 中华人民共和国卫生部,中国国家标准化管理委员会. GB 2733—2005 鲜、冻水产品卫生标准 [S]. 北京:中国标准出版社, 2005.

[26] 中华人民共和国卫生部,中国国家标准化管理委员会. GB 10144—2005 动物性水产干制品卫生标准 [S]. 北京:中国标准出版社, 2005.

[27] 国家海洋局第三海洋研究所,青岛海洋大学. GB 3097—1997 海水水质标准 [S]. 北京:中国标准出版社, 1997.

[28] 国家环境保护局. GB 11607—1989 渔业水质标准 [S]. 北京:中国标准出版社, 1989.

(刘天红,于晓清,孙福新,吴志宏,王颖,孙元芹,李晓,李红艳)

Fe^{3+} 对鼠尾藻光合呼吸作用和生化组成的影响

鼠尾藻(*Sargassum thunbergii*)属褐藻门、圆子纲、墨角藻目、马尾藻科、马尾藻属,是我国沿海常见的经济褐藻,其在我国沿海分布较广,北起辽东半岛,南至雷州半岛。鼠尾藻经济价值较高,是刺参的良好饵料;具有较高的工业和药用价值,可用于制备褐藻胶等;其生态价值也日渐显现,多被用于浅海养殖环境的修复,在浅海生态系统中起重要作用。

近年来,鼠尾藻自然资源不断减少,需要加大人工繁育和浅海增养殖。王飞久等探讨了鼠尾藻的繁殖习性,开展了鼠尾藻人工繁育实验[1];詹冬梅等分析了鼠尾藻生殖规律及人工育苗中的培养条件[2];张泽宇等研究了基质对鼠尾藻人工采苗的影响[3];李美真等利用早熟鼠尾藻在北方尝试了规格繁育,并获得3 000万株的种苗[4]。上述研究,仅限于温度、光照、盐度和氮肥等条件对鼠尾藻生长和发育的影响[5-10]。已有科研工作者研究了铜、锌、锅等对鼠尾藻的影响[9,10],但 Fe^{3+} 对鼠尾藻的生长发育的影响尚未见报道。

铁是藻类代谢过程中一种重要的微量元素,在有机体的光合呼吸和代谢过程中有重要作用,对氮和碳的同化过程起调节作用,在鼠尾藻体内含量可达 5 261 $\mu g \cdot g^{-1}$[11]。铁同氮和磷等营养盐具有相似的功能,是限制海洋植物初级生产力的重要因素[12]。根据海藻对铁的需求及铁在海水中的存在形式,铁的浓度可能限制一些海藻的生长。Fe^{3+} 对浮游生物的影响已有较多相关研究,但是对鼠尾藻光合呼吸作用和生化组成的影响还尚未见报道。

本研究通过 Fe^{3+} 对鼠尾藻光合呼吸作用和生化组成的影响,了解鼠尾藻生长过程中对微量元素的需求,旨在为进一步寻找鼠尾藻育苗过程中的最佳营养配比提供理论依据,从而为鼠尾藻人工繁育条件提供新的参数。

1 材料和方法

1.1 实验材料

本实验用鼠尾藻材料采自青岛花石楼附近海区潮间带,藻体长度为 7.5～19.9 cm,藻体健壮,均为新生藻体。实验材料采集后带回实验室,于消毒海水中反复冲洗,去除附着污物及杂藻等,用脱脂棉擦干净后集中于白色塑料盒中暂养。每次实验选取相同部位的藻体主枝顶端作为实验材料。

1.2 实验设计

实验选用柠檬酸铁作为铁源,共设置 5 个浓度梯度,分别为 0 mg·L^{-1}, 0.02 mg·L^{-1}, 0.04 mg·L^{-1}, 0.06 mg·L^{-1}, 0.08 mg·L^{-1},培养时间为 7 d,每组设置 3 个平行样。

将鼠尾藻藻体置于 250 mL 三角烧瓶中进行培养,每个烧瓶内培养液体积为 200 mL。营养盐为氮肥、磷肥两种,根据实验要求氮肥采用 $NaNO_3$,磷肥采用 KH_2PO_4,使有效氮浓度为 4 mg·L^{-1},磷浓度为 0.4 mg·L^{-1}。每个三角烧瓶中放(2.512±0.010)g 新鲜藻体,以保鲜膜封口,在光照培养箱内培养,培养环境水温为 18℃,光照强度为 8 000 lx,光周期为 12L∶12D,每天定时摇动培养瓶 6 次。

实验使用的器皿在 10% 的硝酸中加盖浸泡 2～3 天,然后用自来水冲洗干净,再用去离子水冲洗三次,培养液选用人工海水[13]。

1.3 测定项目及方法

在实验结束后,测定各处理组鼠尾藻真光合速率、呼吸速率、藻体的叶绿素 a 浓度、类胡萝卜素浓度、可溶性蛋白含量和可溶性糖含量。

其中,真光合速率及呼吸速率测量方法参照植物生理学实验指导方法[14]。叶绿素和类胡萝卜素的测定采用 Jensen 1978 年的方法[15]。可溶性蛋白分析参照 Bradford M. M. 1976 年的方法[16]。可溶性糖分析参照薛庆龙 1985 年的方法[17]。

1.4 数据处理

所得数据用 SPSS13.0 进行差异显著性分析(ANOVA),以 $P<0.05$ 作为差异显著水平。

2 结果与分析

2.1 不同 Fe^{3+} 浓度对鼠尾藻光合呼吸强度的影响

不同 Fe^{3+} 浓度下,鼠尾藻真光合速率变化如图 1 所示,呼吸速率变化如图 2 所示。方差分析表明,不同 Fe^{3+} 浓度对鼠尾藻真光合速率和呼吸速率均影响显著($P<0.05$)。

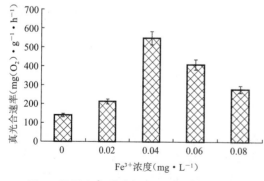

图 1 不同 Fe^{3+} 浓度下鼠尾藻的真光合速率

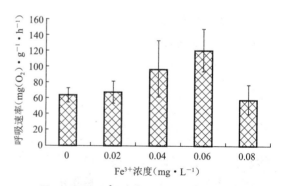

图 2 不同 Fe^{3+} 浓度下鼠尾藻的呼吸速率

由图 1 中可以看出,在 7 d 的实验时间内,鼠尾藻真光合速率在 Fe^{3+} 浓度为 0.04 mg·L^{-1} 时候最高;图 2 则说明鼠尾藻的呼吸速率在 Fe^{3+} 浓度为 0.06 mg·L^{-1} 时最为突出。

2.2 不同Fe^{3+}浓度对鼠尾藻体内叶绿素a和类胡萝卜素含量的变化

不同Fe^{3+}浓度下，鼠尾藻体内叶绿素a含量变化如图3所示，类胡萝卜素含量变化如图4所示。方差分析表明，不同Fe^{3+}浓度对鼠尾藻叶绿素a和类胡萝卜素含量均影响显著（$P < 0.05$）。从图中可以看到，在7 d实验期内，缺Fe^{3+}环境下鼠尾藻体内叶绿素a含量较低，而类胡萝卜素则在Fe^{3+}浓度为0.04 mg·L^{-1}时含量最高。

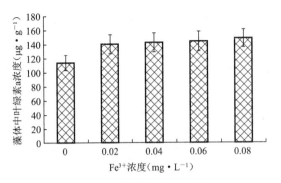

图3 不同Fe^{3+}浓度下鼠尾藻体内叶绿素a的含量

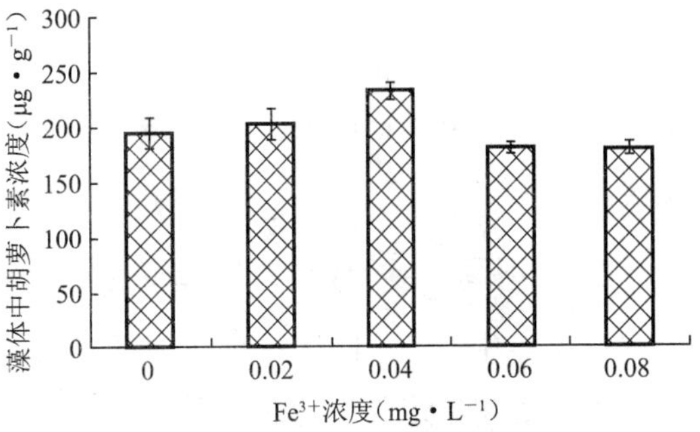

图4 不同Fe^{3+}浓度下鼠尾藻体内类胡萝卜素的含量

2.3 不同Fe^{3+}浓度对鼠尾藻可溶性蛋白和可溶性糖的影响

不同Fe^{3+}浓度下，鼠尾藻体内可溶性蛋白含量变化如图5所示，可溶性糖含量变化如图6所示。方差分析表明，不同Fe^{3+}浓度对可溶性蛋白含量和可溶性糖含量影响均不显著（$P > 0.05$）。从图5中可以看到，在7 d实验期内，在Fe^{3+}浓度为0.06 mg·L^{-1}时，鼠尾藻体内可溶性蛋白含量最高；从图6中可以看到，Fe^{3+}浓度为0.04 mg·L^{-1}时，鼠尾藻体内可溶性糖含量最高。

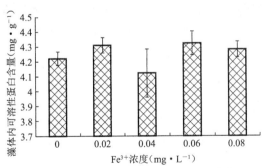
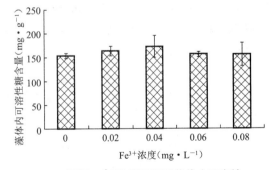

图5 不同Fe^{3+}浓度下鼠尾藻体内可溶性蛋白的含量

图6 不同Fe^{3+}浓度下鼠尾藻体内可溶性糖的含量

3 讨论

3.1 不同Fe^{3+}浓度对鼠尾藻光合呼吸作用的影响

实验表明，鼠尾藻的光合作用在Fe^{3+}浓度为0.04 mg·L^{-1}时最为强烈，同时，不同Fe^{3+}浓度下，鼠尾藻光合作用随着实验进展而缓慢增强，可见，不同的Fe^{3+}浓度对鼠尾藻光合作用均有积极的影响作用,适宜的 Fe^{3+} 浓度对鼠尾藻的光合作用能力有显著影响;鼠尾藻的呼吸作用随着 Fe^{3+} 浓度的增加而不断增强,在浓度为 0.06 mg·L^{-1} 时最为突出。这与 Fe^{3+} 对铜绿微囊藻的光合作用能力影响研究结果相似[18]。

袁征等人研究表明 Fe^{3+} 浓度范围在 $0\sim 5\times 10^{-6}$ mol·L^{-1} 内,海洋藻类最高生长速率的 Fe^{3+} 浓度为 5×10^{-6} mol·L^{-1} [19];在研究磷、铁对隐藻生长增殖的研究中发现,适宜隐藻生长的 Fe^{3+} 浓度范围为 50 nmol·L^{-1} $\sim$ 1 nmol·L^{-1},且在 10^{-7} mol·L^{-1} 浓度下生长速率达到最大值[20],说明海洋藻类的生长速率在较低 Fe^{3+} 浓度情况下得到了最大值。本实验结果表明,在 Fe^{3+} 浓度为 0.08 mg·L^{-1} 时,鼠尾藻的光合作用、呼吸作用均受到限制,过高的 Fe^{3+} 浓度对鼠尾藻已经形成抑制作用,不利于其生长,最适宜鼠尾藻生长的 Fe^{3+} 浓度也趋向于低浓度。

3.2 不同 Fe^{3+} 浓度对鼠尾藻生化组成的影响

在实验中,不同 Fe^{3+} 浓度下鼠尾藻体内叶绿素 a 含量和类胡萝卜素含量均变化显著。叶绿素 a 是进行光合作用的主要物质,而类胡萝卜素在光合作用中能吸收光能,将能量传递给叶绿素 a 的反应中心分子,并参与氧化还原反应,且对叶绿素 a 有保护作用。充足的铁在参与叶绿素形成过程中,大多以植物铁蛋白、细胞色素、铁硫蛋白等形式存在于叶绿素体内。铁是叶绿素的重要物质组成部分,也可以影响与叶绿素合成有关的酶的活性。实验中叶绿素 a 含量随 Fe^{3+} 浓度增加而增加,原因可能是由于部分铁参与了叶绿素的形成过程,导致了叶绿素 a 物质的积累,从而在浓度上未能表现出与光合呼吸作用的响应关系。以上只是对于这一实验结果的原因做出的推测,还需要进一步的实验进行验证。

在实验中,不同 Fe^{3+} 浓度下鼠尾藻体内可溶性蛋白含量和可溶性糖含量变化均不显著。有研究表明,铁能够抑制一部分蛋白合成,也能诱导一部分蛋白积累[21],可溶性糖对植物细胞具有渗透调节及保护细胞膜结构稳定的作用,对植物抵抗逆境胁迫具有重要作用[22]。铁在加速蛋白和糖生成的同时,作为植物体内多种酶的重要组成成分,参与呼吸作用,能够将有机物(糖类、脂类和蛋白质等)氧化分解,并释放出能量[23]。这可能是不同 Fe^{3+} 浓度下鼠尾藻体内可溶性蛋白和可溶性糖含量变化均不显著的原因。

参考文献

[1] 王飞久,孙修涛,李锋. 鼠尾藻的有性繁殖过程和幼苗培育技术研究[J]. 海洋水产研究,2006,27(5):1-6.

[2] 詹冬梅,李美真,丁刚,等. 鼠尾藻有性繁育及人工育苗技术的初步研究[J]. 海洋水产研究,2006,27(6):55-59.

[3] 张泽宇,李晓丽,韩余香,等. 鼠尾藻的繁殖生物学及人工育苗的初步研究[J]. 大连水产学院院报,2007,22(4):255-259.

[4] 李美真,丁刚,詹冬梅,等. 北方海区鼠尾藻大规格苗种提前育成技术[J]. 渔业科学进展,2009,30(5):75-82.

[5] 孙修涛,王飞久,刘桂珍. 鼠尾藻新生枝条的室内培养及条件优化[J]. 海洋水产研究, 2006, 27(5): 7-12.

[6] 包杰,田相利,董双林,等. 温度、盐度和光照强度对鼠尾藻氮、磷吸收的影响[J]. 中国水产科学, 2008, 15(2): 293-300.

[7] Artin J H, Coale K H, Johnson K S. Testing the iron hypothesis in ecosystems of the equatorial Pacific Ocean[J]. Nature, 1994, 371(6493): 123-129.

[8] Raven J A. Predictions of Mn and Fe use efficiencies of phototrophic growth as a function of light availability for growth and of C assimilation pathway[J]. New Phytol, 1990, 116(1): 1-18.

[9] 吴海一,詹冬梅,刘洪军,等. 鼠尾藻对重金属锌、锅富集及排放作用的研究[J]. 海洋科学, 2010, 34(1): 69-74.

[10] 梁洲瑞,王飞久,孙修涛,等. Cu^{2+} 对鼠尾藻幼孢子体生长的影响[J]. 渔业科学进展, 2010, 31(6): 116-121.

[11] 吕建洲,马庆惠,张冬玲,等. 大连旅顺沿海17种经济海藻微量元素的ICP侧定[J]. 微量元素与健康研究, 2005, 22(3): 41-43.

[12] Martin J H, Fitzwater S E. Iron deficiency limits phytoplankton growth in the northeast subarctic Pacific[J]. Nature, 1988, 331(6154): 341-343.

[13] Berges J A, Franklin D J, Harrison P J. Evolution of an artificial seawater medium: improvement sinenriehed seawater, artificial water over the last two decades[J]. Phycol, 2001, 37(6): 1138-1145.

[14] 华东师范大学生物系植物教研室主编. 植物生理学实验指导[M]. 北京:高等教育出版社, 1989: 102-105.

[15] Jensen A. Handbook of physiological methods[M]. NewYork: Cambridge University Press, 1978: 59-70.

[16] Bradford M. M. A rapid sensitive method for the quantiation of microgram quantities of protein utilizing the principle of proteins ye binding[J]. A nial Biochem, 1976, 72: 248-252.

[17] 薛庆龙. 植物生理学实验手册[M]. 上海:上海科学技术出版社, 1985: 136-137.

[18] 吕秀平,张栩,康瑞娟,等. Fe^{3+} 对铜绿微囊藻生长和光合作用的影响[J]. 北京化工大学学报, 2006, 33(1): 27-30.

[19] 袁征铁. 不同氮源和光强对海洋微藻生长的交互影响[D]. 青岛:中国海洋大学, 2003.

[20] 陈静峰,翁焕新,孙向卫. 磷、铁营养盐的交互作用对隐藻(*Cryptomonas sp.*)生长影响的初步研究[J]. 海洋科学进展, 2006, 24(1): 39-43.

[21] 李东侠,丛威,蔡昭铃,等. 铁胁迫诱导的赤潮异弯藻细胞生化组成变化[J]. 应用生态学报, 2003, 14(7): 1185-1187.

[22] 袁淑珍,采淑媛,乔辰. 低温胁迫对螺旋藻体内可溶性糖含量的影响[J]. 中国农学通报, 2008, 24(5): 113-116.

[23] Prassad D-Prassad A. Altered δ-aminolaevulinic acid metabolism by lead and mercury in germinating seedlings of Bajra (Penni. setum typhoideum) [J]. Journal of Plant Physiology, 1987, 127: 241-249.

(丁刚,吴海一,吕芳,刘玮,詹冬梅,王翔宇,徐智广)

镉在两种经济贝类体内富集与排出的动力学研究

近年来,重金属污染事件频发,由于重金属污染物在水体中具有高稳定性和难降解特性,极易对水生生态系统产生危害,镉又是重金属中公认的一种污染水环境最严重的高原子量金属之一,水体中镉的污染主要来自地表径流和工业废水。镉是生物非必需金属,其毒副效应非常强[1],极易蓄积在生物体中,并可沿食物链进行蓄积转移,具有很明显的隐藏特性和不可逆特性等[2]。

双壳贝类因为其固着性的滤食食性,及其自身用于代谢的混合氧化系统存在缺陷,对多种富集于体内化合物的释放比鱼类或甲壳类要慢很多,导致体内重金属含量较高,使其食用价值受到影响,并可通过食物链直接或间接地影响到人类健康,食用后会发生程度不同的中毒反应[3-4]。镉在人体内累积过多,对肾脏、肝脏、骨骼等都有较大的毒害作用,严重影响人类的身体健康。因此,开展双壳贝类体内重金属镉的富集和排出规律研究,可为贝类养殖环境安全评价技术体系的建立提供理论依据。

本章通过研究太平洋牡蛎(*Crassostrea gigas*)和文蛤(*Meretrix meretrix*)体内镉的富集和排出规律,以期为贝类的养殖净化提供科学依据。

1 材料

1.1 实验对象

实验采用健康的太平洋牡蛎和文蛤,洗净贝壳表面附着泥沙,挑选大小均匀个体,暂养 7 d,每 12 h 换水 1 次;暂养期间贝类活动正常,无病,死亡率低于 5% 后进行正式实验;实验前 1 d 停止投饵,选择滤水活动较为积极、规格基本一致的个体进行随机分组实验。两种贝类规格分别为太平洋牡蛎壳长 9.45~11.62 cm,壳宽 4.90~5.90 cm,壳高 5.20~6.08 cm,体重 58.7~100.5 g;文蛤壳长 3.08~4.47 cm,壳宽 1.98~2.20 cm,壳高 2.60~3.90 cm,体重 17.43~25.07 g。

1.2 实验用水

实验采用 II 级砂滤海水(盐度 31.18±0.34,镉本底浓度 0.000 42 mg·L^{-1}),实验期间水温为(19.2±1)℃,溶解氧:24 h 不间断充氧,大于 6.0 mg·L^{-1};pH 值:pH 在 7.96~8.20;氨氮:2.97~4.54 μg·L^{-1};

1.3 实验仪器与试剂

实验所用 $CdCl_2 \cdot 2.5H_2O$(AR)、高氯酸(GR)、硝酸(GR)和30%过氧化氢(GR),购自国药集团化学试剂有限公司;实验所用的仪器有富勒姆公司的超纯水装置、美国VRIAN公司的SpectrAA-Duo220FS/220型原子吸收分光光度计、美国YSI的多功能水质分析仪、广东海利集团有限公司的电磁式空气压缩机、河北河间市黎民居玻璃仪器厂的盐度比重计、表层海水温度计、梅特勒-托利多仪器(上海)有限公司的电子天平AL204以及上海精密科学仪器有限公司的精密pH计pHS-3B。

2 实验方法

2.1 镉浓度设计

以 GB 3097—1997 海水水质标准(二类)Cd^{2+}浓度为 0.005 mg·L^{-1}为参考,文蛤和太平洋牡蛎以水质标准的0.1、1、5倍为暴露浓度,即太平洋牡蛎和文蛤实验Cd^{2+}浓度分别为 0.000 5 mg·L^{-1}、0.005 mg·L^{-1}、0.025 mg·L^{-1},以自然海水为空白对照;自然海水中Cd^{2+}本底浓度为 0.000 42 mg·L^{-1},即实验组各理论浓度分别为 0.000 92 mg·L^{-1}、0.005 4 mg·L^{-1}、0.025 4 mg·L^{-1}。

2.2 实验方法

参照王晓丽、王凡、李学鹏等学者的研究,采用半静态暴露染毒的方法。实验在300 L的聚乙烯水族箱中进行,养殖水体270 L,文蛤实验数量为300只,太平洋牡蛎为77只。实验开始前,将各水箱用同等体积的实验溶液浸泡7 d,至内壁吸附重金属达到饱和状态。正式实验分为富集阶段和排出阶段。富集阶段35 d,每天10:00更换药液一次,每天8:00和17:00投喂小球藻各一次(藻密度为2×10^5 cell·mL^{-1})。富集阶段的第 0 d、5 d、10 d、15 d、20 d、25 d、30 d、35 d,各箱随机取活贝5只,以离子水洗净,剥壳取全部组织,匀浆3~5 min,-20℃冷冻存放待分析。排出阶段30 d,将贝类置于自然海水中,投喂及换水情况同富集阶段。排出阶段的第 0 d、5 d、10 d、15 d、20 d、25 d、30 d,各箱随机取活贝5只,剥壳取全部组织,匀浆3~5 min后,冷冻存放待分析。实验期间投饵量根据水箱中的剩余扇贝数量递减。

2.3 样品处理方法和镉的测定方法

参考 GB17378.6—2007 海洋监测规范第6部分:生物体分析方法测定。

2.4 模型采用

模型采用修正的双箱动力学模型[5-10]。实验中的富集阶段和排出阶段贝类体内镉浓度的计算公式为

富集阶段($0 < t < t^*$):

$$c_A = c_0 + c_W \frac{k_1}{k_2}(1 - e^{-k_2 t})(0 < t < t^*) \tag{1}$$

排出阶段($t > t^*$):

$$c_A = c_0 + c_W \frac{k_1}{k_2}[e^{-k_2(t-t^*)} - e^{-k_2 t}] \tag{2}$$

式中，k_1 为贝类吸收速率常数，k_2 为贝类排出速率常数，c_W 为水体中镉离子浓度（mg·L^{-1}），c_A 为贝类体内镉含量（mg·kg^{-1} 干重），c_0 为开始实验前贝类体内镉含量（mg·kg^{-1} 干重），t^* 为富集实验结束时的天数，通过公式(1)(2)对富集及排出过程中贝类体内镉含量的动态测量结果进行非线性拟合得出 k_1、k_2 值。

生物富集因子 BCF 根据公式(3)得出

$$BCF = \frac{k_1}{k_2} = \lim \frac{c_A}{c_W} (t \to \infty) \tag{3}$$

贝类体内镉的生物学半衰期根据公式(4)得出

$$t_{1/2} = \frac{\ln 2}{k_2} \tag{4}$$

贝类体内镉达到平衡状态时的含量 c_{Amax} 根据公式(5)得出

$$c_{Amax} = BCF \times c_W \tag{5}$$

2.3 数据处理

采用 SPSS 13.0 和 Originpro 8.0 相结合的数据处理方法。

3 结果与讨论

3.1 两种贝类体内镉的含量随时间的变化

从图1可以看出，在富集实验阶段，随着时间的延长，太平洋牡蛎体内镉含量逐渐增加。当实验进行到35 d，镉浓度为 0.000 5 mg·L^{-1}、0.005 mg·L^{-1} 的实验组中的太平洋牡蛎体内镉的含量基本趋于平衡状态，而镉浓度为 0.025 mg·L^{-1} 的实验组中的太平洋牡蛎体内镉的含量到达顶峰却仍未达到平衡，这说明随着暴露液中镉浓度的增大，镉在太平洋牡蛎体内富集达到平衡状态需要的时间增加。在排出阶段30 d，各实验组中太平洋牡蛎体内镉含量均随时间的延长逐渐降低。实验中各实验组太平洋牡蛎体内镉含量在35 d 富集实验达到平衡，35 d 后随着排出时间的增加逐渐下降。

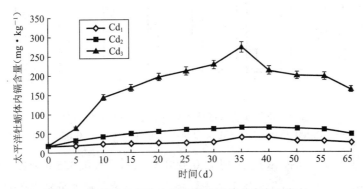

图1 太平洋牡蛎体内镉含量随时间的变化（鲜重）
Cd$_1$ = 0.000 92 mg·L^{-1}，Cd$_2$ = 0.005 4 mg·L^{-1}，Cd$_3$ = 0.025 4 mg·L^{-1}

如图2所示,在富集实验阶段,随着时间的延长文蛤体内镉含量逐渐增加。镉浓度低于 0.000 5 mg·L^{-1} 的实验组,当实验进行到 30 d 时文蛤体内镉的含量基本趋于平衡状态,而镉浓度高于 0.005 mg·L^{-1} 的实验组,到 35 d 时仍没有达到平衡,这说明随着暴露液中镉浓度的逐渐增大,镉在文蛤体内富集达到平衡状态需要的时间增加。在排出阶段的 30 d,各实验组中文蛤体内镉含量基本随排出时间的延长而逐渐降低。本实验中在镉浓度低于 0.000 5 mg·L^{-1} 的实验组,30 d 富集实验达到平衡,文蛤体内镉含量随着排出时间的增加逐渐缓慢下降;在高于 0.005 mg·L^{-1} 时,35 d 富集实验未达到平衡,文蛤体内镉含量随着排出时间的增加明显下降后又会升高,估计与文蛤个体差异有关。

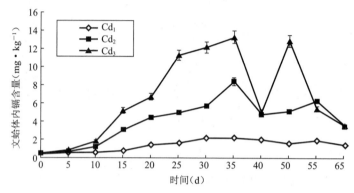

图2 文蛤体内镉含量随时间的变化(鲜重)
Cd_1 = 0.000 92 mg·L^{-1}, Cd_2 = 0.005 4 mg·L^{-1}, Cd_3 = 0.025 4 mg·L^{-1}

3.2 不同镉浓度下两种贝类富集和排出速率

通过图3～5在不同时间、不同浓度下两种贝类对镉的富集速率,可以看出在各实验组中随着镉浓度的增大,镉在两种贝类富集的速率明显增大。

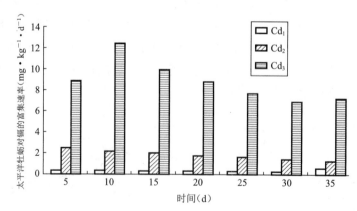

图3 不同实验浓度下太平洋牡蛎对镉的富集速率
Cd_1 = 0.000 92 mg·L^{-1}, Cd_2 = 0.005 4 mg·L^{-1}, Cd_3 = 0.025 4 mg·L^{-1}

通过图5结果分析,镉浓度分别为 0.000 5 mg·L^{-1}、0.005 mg·L^{-1}、0.025 mg·L^{-1} 的实验环境下,整个富集阶段(0～35 d)太平洋牡蛎的平均富集速率分别为 0.313 mg·kg^{-1}·d^{-1}、1.843 mg·kg^{-1}·d^{-1}、8.839 mg·kg^{-1}·d^{-1},文蛤的平均富集速率分别为 0.032 881 mg·kg^{-1}·d^{-1}、

2.430 6 mg·kg^{-1}·d^{-1},1.493 8 mg·kg^{-1}·d^{-1};在镉浓度大于 0.005 mg·L^{-1} 的实验组，镉在太平洋牡蛎体内富集的速率明显增大，而文蛤对镉的富集速率在水体中镉浓度大于 0.000 5 mg·L^{-1} 时明显增大;,当水体中镉浓度大于 0.005 mg·L^{-1} 时，文蛤对镉的富集速率又缓慢降低。

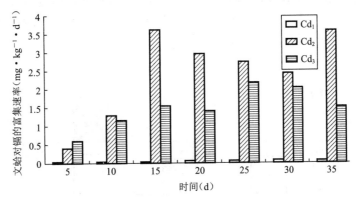

图 4 不同实验浓度下文蛤对镉的富集速率
$Cd_1 = 0.000\ 92$ mg·L^{-1}，$Cd_2 = 0.005\ 4$ mg·L^{-1}，$Cd_3 = 0.025\ 4$ mg·L^{-1}

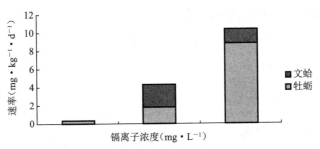

图 5 镉在两种贝类体内的平均富集速率

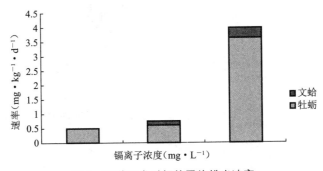

图 6 两种贝类对镉的平均排出速率

通过图 6 结果分析，在排出实验阶段，镉在太平洋牡蛎、文蛤的排出速率均与暴露液镉浓度呈正相关关系。当排出实验进行到 30 d,在暴露液中 Cd^{2+} 浓度分别为 0.000 5 mg·L^{-1}，0.005 mg·L^{-1}，0.025 mg·L^{-1} 时，太平洋牡蛎对镉的排出速率分别为 0.501 mg·kg^{-1}·d^{-1}，0.606 mg·kg^{-1}·d^{-1}，3.644 mg·kg^{-1}·d^{-1}，文蛤对镉的排出速率分别为 0.025 mg·kg^{-1}·d^{-1}，0.164 7 mg·kg^{-1}·d^{-1}，0.323 8 mg·kg^{-1}·d^{-1}，两者均随着镉浓度的增加而增加。

在近江牡蛎(*Crassostrea rivularis*)作为海洋重金属镉污染监测生物的研究中,陆超华等[11]提出牡蛎对海水中的镉有较强富集能力,体内镉累积与时间呈显著的线性正相关,但是体内积累的镉排出较为缓慢,在第 35 d 镉浓度为 0.05 mg·L^{-1} 实验组的牡蛎对镉排出率为 29%。由图 7 可以看出受镉污染较轻的太平洋牡蛎、文蛤,经转入清洁海水一段时间后,在低浓度下对镉的排出率较低,分别为 27.8%、12.22%,而在高浓度下太平洋牡蛎体中镉的排出率较高,分别达到 40.1%、59.4%,对镉的排出速率随着镉浓度的增加而增加,说明太平洋牡蛎、文蛤对镉有较强的排出能力。

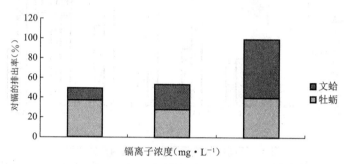

图 7 排出 30 d 后两种贝类体内镉的排出率

3.3 镉在两种贝类体内的生物富集

利用方程(1)、(2)对富集和排出阶段的非线性拟合,得出不同镉浓度下镉在两种贝类体内的生物富集曲线(见图 8、9)。

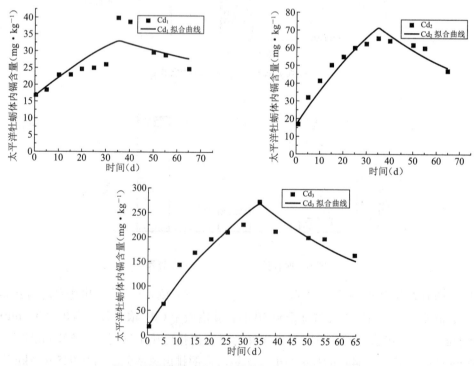

图 8 不同镉浓度下太平洋牡蛎体内的富集曲线,
$Cd_1 = 0.00092$ mg·L^{-1}, $Cd_2 = 0.0054$ mg·L^{-1}, $Cd_3 = 0.0254$ mg·L^{-1}

从图8可见太平洋牡蛎对镉的非线性拟合曲线在富集阶段均呈现上升趋势,其中Cd_3曲线斜率大于Cd_2曲线斜率大于Cd_1曲线斜率,这与表1中太平洋牡蛎对镉的富集速率变化情况一致;排出阶段的曲线呈现下降趋势,斜率变化规律与富集阶段一致,即暴露液的浓度对实验组牡蛎富集与排出规律呈正相关关系。

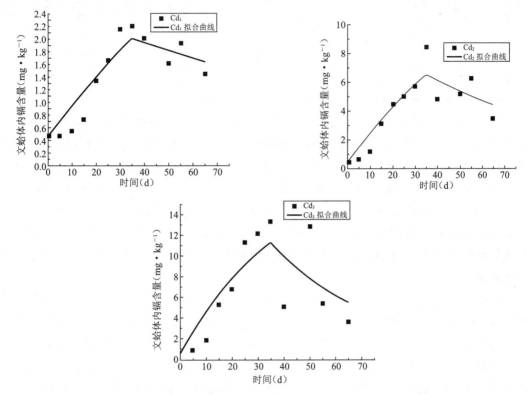

图9 不同镉浓度下文蛤体内的生物富集曲线
$Cd_1 = 0.000\ 92\ mg·L^{-1}$, $Cd_2 = 0.005\ 4\ mg·L^{-1}$, $Cd_3 = 0.025\ 4\ mg·L^{-1}$

从图9可见,文蛤对镉的非线性拟合曲线在富集阶段均呈现上升趋势,排出阶段的曲线呈现下降趋势,但Cd_3、Cd_2、Cd_1曲线斜率变化不大,这与表1中文蛤对镉的富集速率变化一致。

3.4 镉在两种贝类体内的生物富集动力学参数

通过对两种贝类体内镉的富集与排出过程的非线性拟合,得到吸收速率常数k_1,排出速率常数k_2、生物学半衰期$t_{1/2}$、生物富集因子BCF等动力学参数。

表1 镉在两种贝类体内的富集动力学参数($n = 3$)

种类	Cd^{2+}(mg·L^{-1})	k_1	k_2	R^2	BCF	c_{Amax}(mg·kg^{-1})	$t_{1/2}$(d)
太平洋	0.000 5	635±15	0.013±0.004	0.68	47 946±561	23.97±3.78	52±3.1
	0.005	392±8	0.018±0.005	0.91	21 509±903	107.55±9_11	38±3.9

续表

种类	$Cd^{2+}(mg·L^{-1})$	k_1	k_2	R^2	BCF	$c_{Amax}(mg·kg^{-1})$	$t_{1/2}(d)$
牡蛎	0.025	402±9	0.021±0.005	0.931	19 099±1 200	477.48±18.19	33±4.6
文蛤	0.000 5	51±1.2	0.009 1±0.000 3	0.84	6 212±387	3.11±0.98	76±5.1
	0.005	41±1.8	0.014±0.000 6	0.82	2 855±900	14.28±2.12	49±2.9
	0.025	18±0.9	0.026±0.009	0.64	719±345	17.96±3.06	27±1.0

根据表1可以看出,BCF与暴露液中Cd^{2+}浓度呈负相关关系,基本是随着水体中镉浓度增加而减小。在镉浓度为0.000 5 mg·L^{-1}实验组,两种贝类的BCF最大,分别为55 593,47 946,6 212,其中太平洋牡蛎大于文蛤,太平洋牡蛎在镉浓度为0.000 5 mg·L^{-1}暴露溶液中,BCF分别是其他2个实验组的2.22,2.51倍(分别为镉浓度0.005 mg·L^{-1},0.025 mg·L^{-1}实验组),文蛤在镉浓度为0.000 5 mg·L^{-1}暴露溶液中,BCF分别是其他2个实验组的2.2倍(镉浓度为0.005 mg·L^{-1})、8.6倍(镉浓度为0.025 mg·L^{-1})。根据BCF结果分析可以看出,太平洋牡蛎对镉有极强的富集能力,文蛤次之,两种贝类对镉的富集能力均随着暴露溶液里镉浓度的增大而减小。

根据c_{Amax}数据分析,在镉浓度为0.000 5 mg·L^{-1}平衡状态下两种贝类体内重金属镉的含量最低值分别为23.973 mg·kg^{-1},3.106 mg·kg^{-1},随着镉浓度增加,c_{Amax}逐渐增加,当镉浓度为0.025 mg·L^{-1}时,分别达到最大值477.475 mg·kg^{-1},17.975 mg·kg^{-1}。

随着水体中镉浓度的逐渐增大,太平洋牡蛎、文蛤对体内镉的排出速率常数k_2随着水体中镉浓度的逐渐增大而增大,当镉浓度为0.025 mg·L^{-1}时分别达到最大值0.021 07,0.025 7,当镉浓度为0.000 5 mg·L^{-1}时最小值分别为0.013 24,0.009 09。

重金属的生物学半衰期($t_{1/2}$)数据表明,随着水体中镉浓度的逐渐增大,太平洋牡蛎、文蛤对镉的生物学半衰期$t_{1/2}$随镉浓度的增加而降低,当镉浓度为0.025 mg·L^{-1}时最小值分别为33 d、27 d,说明太平洋牡蛎、文蛤对镉的排出能力较强。

4 结论

通过富集阶段实验结果得出太平洋牡蛎、文蛤对镉均具有较强的富集能力,镉在两种贝类体内的富集量与吸收速率暴露液与暴露液中镉浓度呈正相关关系;两种贝类受到镉污染后,转入清洁海水排出一段时间,太平洋牡蛎和文蛤对镉的排出率较高分别为40.1%和59.4%,说明太平洋牡蛎和文蛤对镉有一定的排出能力,但短时间内不能完全排出。

应用双箱动力学模型,得出镉在两种贝类体内的吸收速率常数k_1、生物富集因子BCF均随暴露液中镉浓度的增加而降低,而镉在两种贝类体内达到平衡状态时的含量c_{Amax}随暴露液中镉浓度的增大而增大,$t_{1/2}$随着外部水体中镉浓度的增大逐渐降低;暴露液中镉浓度相同时,两种贝类对镉的生物富集因子BCF大小顺序为太平洋牡蛎高于文蛤;c_{Amax}大小顺序为太平洋牡蛎高于文蛤。

双箱动力学模型可应用于贝类对重金属富集与排出规律的研究,可以推广应用到海洋污染的生物监测体系中。

参考文献

[1] 王夔. 生命科学中的微量元素 [S]. 北京:中国计量科学出版社,1996:850-885.

[2] 张翠,翟毓秀,宁劲松,尚德荣,王家林. 镉在水生动物体内的研究概况 [J]. 水产科学,2007,26(8):465-470.

[3] Miller B S. Mussels as biomonitors of point and diffuse sources of trace metals in the clyde sea area, Scotland [J]. Wat Sci Tceh, 1999, 39(12): 233-240.

[4] Annemarie W, Johan B. Biomonitoring of trace lements in Vietnamese freshwater mussels[J]. Spectorchimica Acta Part B, 2004, 59(8): 1 125-1 132.

[5] Banerjee S, Sugait R H. A simple method for determination bioconcentration parameters of hydrapholic compounds[J]. Environ sci. Technol, 1984, 18(2): 79-81.

[6] Florence B. Bioaccumulation and retention of lead in the mussel *Mytilus galloprovincialis* following uptake from seawater[J]. The science of the total Environment, 1998, 222 (1-2):56-61.

[7] Kahle T. Bioaccumulation of trace metals in the copepod Calanoides acutus from the Weddell sea (Antarctica): Comparison of two-compartment and hyperbolic toxic kinetic models[J]. Aquatic Toxicology, 2002, 59: 1-2.

[8] 汪小江,黄庆国,王连生. 生物富集系数的快速测定法 [J]. 环境化学,1991,10(4):44-49.

[9] 王修林,马延军,郁伟军,等. 海洋浮游植物的生物富集热力学模型——对疏水性污染有机物生物富集双箱热力学模型 [J]. 青岛海洋大学学报(自然科学版),1998,28(2):299-306.

[10] 薛秋红,孙耀,王修林,等. 紫贻贝对石油烃的生物富集动力学参数的测定 [J]. 海洋水产研究,2001,22(1):32-36.

[11] 陆超华,谢文造,周国君. 近江牡蛎作为海洋重金属 Cd 污染指示生物的研究 [J]. 水产科学,1998,2(5):79-83.

(吴志宏,王颖,李晓,刘天红,孙元芹,李红艳,卢珺,孙福新)

山东沿海菲律宾蛤仔不同地理群体遗传多样性的 AFLP 分析

菲律宾蛤仔(*Ruditapes philippinarum*)隶属于软体动物门(*Mollusca*)、瓣鳃纲(*Lamellibranchia*)、帘形目(*Veneroida*)的蛤仔属(*Ruditapes*),是广温、广盐、广分布的亚热带种,是我国仅有的两个蛤仔属种类之一[1]。我国是世界菲律宾蛤仔的第一养殖大国,而山东省是我国菲律宾蛤仔主产地。近年来,随着菲律宾蛤仔人工养殖规模的急速发展,异地移养现象频繁出现,加速了菲律宾蛤仔自然群体间遗传背景的混杂,对我国菲律宾蛤仔种质资源的保护产生了不利的影响。因此,深入研究菲律宾蛤仔群体遗传学,对保护菲律宾蛤仔种质资源及其增养殖业的健康发展有着重要的意义。

国内已有学者利用形态参数[2]、同工酶[3-5]、RAPD 标记[6]、AFLP 标记[7]对不同地理群体的菲律宾蛤仔进行了遗传学研究,但山东菲律宾蛤仔主要产区的蛤仔遗传基础背景依然模糊。本章对山东菲律宾蛤仔 4 个主要产区的自然群体进行遗传多样性 AFLP 分析,探讨各群体的主要遗传参数和遗传变异水平,为了解菲律宾蛤仔的种质状况提供数据支撑。

1 材料与方法

1.1 实验材料

实验用菲律宾蛤仔(*Ruditapes philippinarum*)样品为 2009 年 10 月采自烟台牟平(Muping,简称:MP)、威海乳山(Ru shan,简称:RS)、青岛即墨(Ji mo,简称:JM)和滨州无棣(Bin zhou,简称:WD)自然海区的野生个体,经活体运输至实验室进行形态性状测量与解剖。各样品采样地点、采集时间及样品数量详细信息列于表 1。取样品的闭壳肌放入离心管中,保存在 -76℃ 的超低温冰箱中,用于 DNA 提取。

实验用的 EcoR I、Mse I 内切酶和 T4-DNA 连接酶买自 Fermentas 公司,PCR 扩增体系使用的 Taq 酶、Buffer、$MgCl_2$、dNTP 购自青岛碧海生物技术有限公司。

表 1 菲律宾蛤仔实验样品来源

群体名称	采样地点	采集时间	样本数量
RS	乳山徐家海区(36°53′N, 121°47′E)	2009.10	50

续表

群体名称	采样地点	采集时间	样本数量
WD	无棣沙头堡海区(38°12′N, 118°04′E)	2009.10	50
MP	养马岛附近海区(37°26′N, 121°36′E)	2009.10	50
JM	鳌山湾海区(36°21′N, 120°42′E)	2009.10	50

1.2 DNA 提取和 AFLP 分析

采用 Li 等(2002)[8]的方法进行样品 DNA 提取。DNA 样品采用 0.8％的琼脂糖凝胶电泳进行质量检测,经紫外分光光度仪(VarianCary 50 型)进行定量,调整 DNA 浓度为 100 ng·μL^{-1},置于 4℃备用。

遗传多样性检测使用的六对 AFLP 选扩引物如下:E-ATG/M-CCT, E-ACA/M-CCT, E-AAG/M-CGA, E-ACA/M-CGA, E-ACT/M-CCT, E-ACT/M-CGA,主要参照 Vos 等(1995)[9]的方法进行检测。

1.3 数据分析

根据菲律宾蛤仔各群体基因组 DNA 电泳条带的有、无分别记录为"1"、"0",得到数据矩阵,找出 4 个地理群体的特异性扩增位点,并计算出现频率。

采用 AFLPSURV 1.0 软件计算多态位点比率(P)和期望杂合度(He)[10]。群体间遗传距离参照 Nei(1978)[11],用软件 TFPGA 软件进行计算[12],并使用 TFPGA 软件的非加权平均聚类法对菲律宾蛤仔的 4 个地理群体进行聚类分析,绘制聚类图。群体间 Fst 值的显著性检验采用 TFPGA 软件的 Exact Test 进行分析。

2 结果与分析

2.1 AFLP 扩增结果

在 100～330 bp 范围内,用 6 对扩增引物在菲律宾蛤仔 4 个野生地理群体共 200 个个体中统计了 356 个位点,平均每对引物扩增 59.3 条产物。其中 E-ACA/M-CGA 得到 56 个,E-AAG/M-CGA 得到 61 个,E-ATG/M-CCT 得到 82 个,E-ACT/M-CCT 得到 54 个,E-ACT/M-CGA 得到 40 个,E-ACA/M-CCT 得到 63 个。从表 2 可得知,乳山群体的扩增位点最多,无棣群体的扩增位点数最少。4 个菲律宾蛤仔地理群体的多态位点比率在 70.5％～74.7％之间,期望杂合度在 0.250～0.259 之间。其中即墨群体的期望杂合度值最大,为 0.259;无棣群体的期望杂合度值最小,为 0.250,具体见表 3。

表 2 菲律宾蛤仔群体 AFLP 标记扩增结果

引物组合	总片段	RS	MP	JM	WD
E-ACA/M-CGA	56	51	49	50	49
E-AAG/M-CGA	61	40	29	34	34
E-ATG/M-CCT	82	52	55	53	50

续表

引物组合	总片段	RS	MP	JM	WD
E-ACT/M-CCT	54	44	46	45	48
E-ACT/M-CGA	40	28	34	33	32
E-ACA/M-CCT	63	57	49	53	48
合计	356	272	262	268	261

表3 菲律宾蛤仔群体AFLP多态性位点比率和期望杂合度

群体	个体数	多态性位点比率% P	期望杂合度 He
RS	50	74.4	0.257
WD	50	70.5	0.250
MP	50	72.8	0.255
JM	50	74.7	0.259

2.2 遗传分化分析

4个菲律宾蛤仔野生地理群体间的遗传分化系数（Fst）在0.0635～0.1029之间，平均大小为0.0888。乳山与无棣2个群体之间的遗传分化系数最小，为0.0635，即墨与无棣群体之间的遗传分化系数最高。对4个群体两两 P 值的Exact Test结果显示，4个群体的遗传分化系数两两显著。

表4 菲律宾蛤仔群体间遗传分化分析（Fst,表左下角）

	RS	WD	MP	JM
RS		<0.001	<0.001	<0.001
WD	0.0635***		<0.001	<0.001
MP	0.0927***	0.0944***		<0.001
JM	0.0904***	0.1029***	0.0891***	

注：** 表示 $P<0.01$；*** 表示 $P<0.001$。

2.3 聚类分析

由表5可知，乳山群体与无棣群体的遗传距离最近（$D=0.0263$），而即墨群体和无棣群体之间的遗传距离最远（$D=0.0448$），变化趋势与Fst值一致。

表5 菲律宾蛤仔4个群体间遗传距离

	RS	WD	MP	JM
RS				
WD	0.0263			
MP	0.0398	0.0398		
JM	0.0397	0.0448	0.0385	

对菲律宾蛤仔 4 个地理群体进行聚类分析(见图 1)。结果显示,乳山群体与无棣群体亲缘关系最近,二个群体首先聚在一起,获得 99% 支持率;牟平群体和即墨群体的遗传距离次之,两者聚为一类,置信度获得 51% 支持率。

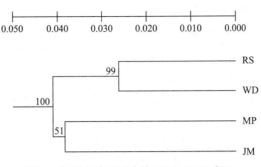

图 1 菲律宾蛤仔群体的 UPGMA 聚类图

3 讨论

3.1 AFLP 标记技术的检测效果评价

本研究对山东沿海菲律宾蛤仔 4 个野生地理群体进行遗传多样性 AFLP 分析。结果表明,4 个群体的平均多态位点比率为 73.10%,对比文蛤野生群体的平均多态位点比率 72.76%[13]和虾夷扇贝野生群体的平均多态位点比率 66.29%[14],可知我省菲律宾蛤仔的遗传多样性相对较高。

葛京盈等(2008)[4]对锦州、大连、丹东和青岛 4 个地方的野生菲律宾蛤仔群体的同工酶进行了检测,结果表明 4 个群体的多态位点百分数为 33.33,平均杂合度期望值为 0.082 5;李旭光等(2009)[5]采用同工酶技术对福建平潭岛、浙江象山港、江苏海州湾和辽宁辽东湾 4 个海区菲律宾蛤仔野生群体的生化遗传特征进行了分析,结果表明 4 个群体的平均多态位点比率为 68.75%,平均杂合度期望值为 0.306 1。由此可见与同工酶标记相比,在菲律宾蛤仔的检测中,AFLP 位点具有更丰富的多态性。

3.2 菲律宾蛤仔群体的遗传多样性分析

菲律宾蛤仔分布较广,其分布海域间的生态环境的客观差异,必然在各地理群体之间形成相对的地理隔离,进而造成某些差异。本研究中两两比较 4 个地理群体间的 Fst 值均显示差异显著,说明四个群体间存在显著遗传分化。各群体间的 Fst 值在 0.063 5~0.102 9 之间,其中无棣群体与乳山群体之间的遗传分化系数最小,即墨群体和牟平群体的遗传分化系数最高。Wright(1978)[15]认为 Fst 值在 0~0.05 之间,群体间无显著分化;Fst 值在 0.05~0.15 之间,群体间的分化程度中等。本研究的 4 个地理群体间 Fst 值均大于 0.05,显示了较高的分化程度。

4 结论

本章的研究结果表明,4 个菲律宾蛤仔野生群体间已出现一定的遗传分化。其中无棣群体和乳山群体的遗传距离最近,即墨群体与无棣群体遗传距离最远。UPGMA 树结果也显示无棣群体与乳山群体遗传距离最近,而即墨群体与牟平群体则另聚在一起。四个野生群体并没有遵循地理距离越近,遗传结构越为相似的规律,这可能与近年来菲律宾蛤仔异地移养所导致的种质混杂、遗传渐渗有关。

随着菲律宾蛤仔人工养殖规模的不断扩大,累代人工繁育导致的种质问题越来越严重,菲律宾蛤仔异地移养现象也随之广泛出现。异地移养虽然可以在短时间内提高养殖户的经济效益,但其底播增殖行为也在一定程度上造成了不同地区菲律宾蛤仔野生品种的交叉污染。山东省是菲律宾蛤仔养殖大省,同样存在这样的问题。近些年,福建菲律宾蛤仔苗种因为价格便宜,冲击了山东的菲律宾蛤仔苗种市场,许多育苗场大量采购福建蛤仔苗种,进行人工养殖、底播增殖,必然对当地的菲律宾蛤仔的遗传基础产生影响。Liu XQ 等(2007)[7]对我国大连、青岛、杭州和厦门四个菲律宾蛤仔自然群体遗传多样性进行的 AFLP 分析结果表明青岛群体与福建厦门群体遗传相似程度较高,进而得出异地购苗增养殖已经对青岛菲律宾蛤仔野生群体的遗传结构产生了一定影响的结论。本研究中青岛即墨群体与烟台牟平群体遗传距离较近,表明牟平菲律宾蛤仔野生群体可能也受到了福建菲律宾蛤仔遗传杂交的污染。

参考文献

[1] 葛京盈. 菲律宾蛤仔形态学与同工酶分析[D]. 青岛:中国海洋大学,2007.

[2] 刘仁沿,张喜昌,马成东,等. 菲律宾蛤仔形态性状及与遗传变异的关系研究[J]. 海洋环境科学,1999,18(2):6-10.

[3] 刘仁沿,梁玉波,张喜昌,等. 中国北方菲律宾蛤仔同工酶电泳的初步分析比较[J]. 海洋环境科学,1999,18(1):24-28.

[4] 葛京盈,刘萍,高天翔. 菲律宾蛤仔4个野生群体的同工酶分析[J]. 海洋水产研究,2008,29(6):63-70.

[5] 李旭光,许广平,阎斌伦,等. 菲律宾蛤仔不同地理群体生化遗传结构与变异的研究[J]. 海洋科学,2009,33(4):61-65.

[6] 王晓红. 菲律宾蛤仔生态遗传学研究[D]. 沈阳:辽宁师范大学,2003.

[7] Liu X Q, Bao Zh M, Hu J J et al. AFLP analysis revealed differences in genetic diversity of four natural populations of Manila clam (*Ruditapes philippinarum*) in China[J]. Acta Oceanologica Sinica, 2007, 26(1):150-158.

[8] Li Q, Park C, Kijima A A. Isolation and characterization of microsatellite loci in the Pacific abalone, *Haliotis discus hannai*[J]. Journal of Shellfish Research, 2002, 21(2):811-815.

[9] Vos P, Hogers R, Bleeker M, et al. AFLP: a new technique for DNA finger printing. Nucleic Acids Research [J]. Nucleic Acids Research, 1995, 23(21):4 407-4 114.

[10] Vekemans X, Beauwens T, Lemaire M, et al. Data from amplified fragment length

polymorphism(AFLP) markers show indication of size homoplasy and of a relationship between degree of homoplasy and fragment size[J]. Molecular Ecology, 2002, 11: 139-151.

[11] Nei M. The theory of genetic distance and evolution of human races[J]. Journal of Human Genetics, 1978, 23: 341-369.

[12] Miller M P. Tools for population genetic analysis(TFPGA)1.3: a Windows program for the analysis of allozyme and molecular population genetic data[J]. Computer software distributed by author, 1997, 4: 157.

[13] 林志华,贾守菊,董迎,等. 文蛤不同群体的同工酶分析[J]. 大连水产学院学报, 2009, 24(6): 525-530.

[14] 鲍相渤,董颖,赫崇波,等. 基于AFLP技术对中国虾夷扇贝群体种质资源的研究[J]. 生物技术通报, 2009, 4: 126-129.

[15] Wright S. Evolution and the genetics of populations[M]. Chicago: University Chicago Press, 1978.

(邹琰,李莉,张良,吕芳,辛美丽,张少春,邱兆星,刘洪军)

低盐胁迫对刺参非特异性免疫酶活性及抗菌活力的影响

刺参(*Apostichopus japonicus*)属于棘皮动物门(*Echinodermata*),海参纲(*Holothroidea*),是一种具有重要营养和生理功能价值的棘皮动物,刺参的人工养殖具有极高的经济效益[1]。随着人民生活水平的提高和保健意识的增强,刺参的医疗保健作用得到了越来越广泛的认同,刺参的需求量急剧增长,引发了刺参的过度捕捞和资源短缺,刺激了养殖业的蓬勃发展[2]。目前,刺参养殖在我国黄、渤海海域特别是山东沿海的海水养殖产业中所占比重日益增大,山东省刺参养殖总产量约占全国刺参养殖总产量的六成,已成为山东省渔业经济的支柱产业,代表我国海水养殖的第五次浪潮产业[3]。

目前,刺参的养殖生产易受诸多环境条件制约,其中盐度是影响海洋无脊椎动物生理生态学最重要的环境因子之一[4]。关于盐度对刺参生存、生长和代谢的影响已有不少报道[5-8],但涉及低盐环境对刺参免疫相关酶活性影响的研究报道尚不多见。本实验进行了低盐胁迫对刺参生存、生长及体腔液中超氧化物歧化酶(SOD)、溶菌酶(LZM)活性及抗菌活力的影响等方面的研究,旨在探明刺参耐受低盐的应激反应规律,为实际生产中更好地进行养殖水体盐度环境调控提供参考,同时也为棘皮动物非特异性免疫研究提供基础数据和理论依据。

1 材料与方法

1.1 实验刺参

实验于2012年5月在山东省海水养殖研究所遗传育种中心鳌山实验室进行。实验用刺参个体采自山东省莱阳市生态养殖池塘,选取表观正常、伸展自如、活力强、肉刺完整挺直的刺参个体,体重(28.6±3.0) g。

1.2 分组设计

按不同强度的胁迫盐度进行实验分组,以盐度33的自然海水为对照组(M),5个不同的低盐度梯度16、18、20、22、24为实验组,分别标记为A、B、C、D、E组。每个盐度梯度设3个平行组。

1.3 暂养

将实验用刺参运回实验室后放入塑料整理箱（80 cm×60 cm×48 cm）中暂养，每箱放 30 头，24 h 充气，日换水 1 次，水温范围 12～18℃。采用刺参专用配合饲料进行投喂，日投饵量为刺参体重的 5%～8%。暂养 5 d 后开始进行盐度驯化，实验组采用自然暴晒的自然水和自然海水混合的方式降低盐度，每天降低 2 个盐度单位，达到实验盐度后开始实验，并按暂养期管理方式进行日常管理，实验为期 30 d。

1.4 指标测定

1.4.1 刺参存活率、特定生长率的测定

$$刺参成活率(\%) = S/S_0 \times 100\%$$

式中，S_0 为实验开始时刺参数量，S 为结束时刺参数量。

刺参特定生长率（SGR）采用以下公式计算：

$$SGR\% = 100 \times (\ln W_t - \ln W_0)/t$$

式中，W_0 为体重初始值（g），W_t 为测定值（g），t 为实验时间（d）。

1.4.2 刺参免疫指标的测定

实验测定低盐胁迫条件下刺参体腔液中的免疫指标。刺参体腔液的采集参考江晓路等（2009）[9]的方法并做改进，方法如下：随机选取实验刺参，置于灭菌玻璃培养皿中，用解剖刀在刺参腹部切口 1 cm，立即用无菌注射器收集刺参体腔液 1 mL，1 000 r·min^{-1} 离心 10 min，取上清液置于 Eppendorf 管中，放置 −80℃ 冰箱内，保存待测。

超氧化物歧化酶（SOD）活性采用改进的连苯三酚自氧化测定法。溶菌酶活性和抗菌活力分别以溶壁微球菌（*Micrococcus lysodeikticus*）冻干粉和灿烂弧菌（*Vibrio splendisus*）的菌悬液为底物，参照 Hultmark 等改进的方法进行测定。

1.5 数据处理

实验数据利用 SPSS17.0 软件进行单因素方差分析和多重比较，结果用平均数 ± 标准差形式表示；以 $P < 0.05$ 表示差异显著。

2 结果

2.1 不同盐度胁迫条件对刺参生存、生长的影响

实验期间，除盐度 A、B、C 实验组，其他各组均没有出现刺参死亡现象。由图 1 可知，A 组刺参存活率最低，为 66.7%，与其他各组差异显著（$P < 0.05$）。B、C 组存活率分别为 88.9%、92.6%，2 组间无显著差异（$P > 0.05$）。

实验期间，不同盐度胁迫对刺参特定生长率的影响见表 1。对照组刺参体重特定生长率最高，为 0.843%·d^{-1}，与各实验组相比差异显著（$P < 0.05$），刺参身体能够自然伸展，肉刺尖突，活动能力较强，摄食量大，至实验结束刺参体重明显增加。实验结果表明低盐对刺参生长影响显著，具体表现为 A、B 组刺参体重均表现为负增长，A、B 组间差异不显著（$P > 0.05$），刺参个体表现为身体不能自然伸展、肉刺逐渐变圆滑，多数在水槽底部匍匐、基本不

摄食。C实验组刺参体重特定生长率为$-0.091\% \cdot d^{-1}$,与其他各实验组及对照组差异显著($P<0.05$),实验期间刺参活动力弱、个体摄食量较小、排泄物较少。D、E实验组至实验结束时体重略有增加,组间差异不显著($P>0.05$),与盐度低于20的实验组比较,刺参活动能力增强,能够自由爬行、附着在槽壁上,身体伸展自然,与自然海水盐度条件下的状态相比未见明显异常。

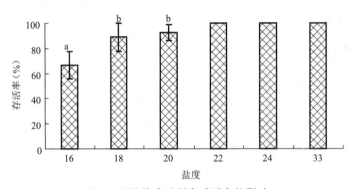

图1 不同盐度对刺参成活率的影响
注:不同字母表示组间差异显著($P<0.05$)。

表1 不同盐度处理对刺参特定生长率的影响

组别	盐度	初体重(g)	末体重(g)	特定生长率 SGR($\% \cdot d^{-1}$)
A	16	28.72 ± 1.521^a	23.34 ± 1.312^a	-0.652 ± 0.083^a
B	18	28.10 ± 1.735^a	26.22 ± 1.073^b	-0.237 ± 0.032^a
C	20	28.17 ± 1.627^a	29.02 ± 1.658^c	-0.091 ± 0.027^b
D	22	28.99 ± 1.671^a	30.27 ± 1.783^c	0.144 ± 0.025^c
E	24	29.18 ± 1.025^a	30.96 ± 1.117^c	0.209 ± 0.141^c
M	33	27.41 ± 1.073^a	29.17 ± 1.324^c	0.843 ± 0.472^d

注:同列中不同字母表示组间差异显著($P<0.05$)。

2.2 不同盐度胁迫条件对刺参SOD活性的影响

由图2可知,各实验组刺参体腔液中的SOD活性在实验起始时与对照组相比处于较高水平,并随盐度胁迫时间延长呈下降趋势。10 d时,各实验组SOD活性与对照组相比差异不显著($P>0.05$);20 d时,A、B实验组SOD活性大幅降低,与C、D、E组出现显著差异($P<0.05$),且均显著低于对照组M($P<0.05$);30 d时,A、B、C实验组SOD活性均降到较低水平,其中A实验组SOD活性降到最低,为(9 ± 5.8) $U \cdot mg^{-1}$,D、E实验组的SOD活性也有所降低,所有实验组SOD活性均显著低于对照组($P<0.05$)。

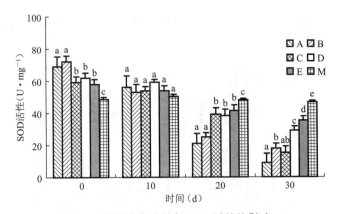

图 2　不同盐度对刺参 SOD 活性的影响

注：A:盐度 16，B:盐度 18，C:盐度 20，D:盐度 22，E:盐度 24，M:盐度 33；
图柱上同一时间内不同字母表示组间差异显著($P < 0.05$)。

2.3　不同盐度胁迫条件对刺参 LZM 活性的影响

除对照组外，各实验组刺参体腔液中 LZM 活性随盐度胁迫时间延长呈下降趋势(图3)。0 d、10 d 时，盐度 24 实验组 LZM 活性一直处在较高水平，且显著高于其他各实验组及对照组($P < 0.05$)，该时间段中，不同实验组 LZM 活性随胁迫盐度的降低而下降；20 d 时，除 A、B 组 LZM 活性较低外，其余实验组与对照组水平接近；30 d 时，A、B、C 实验组的 LZM 活性均显著低于对照组($P < 0.05$)。

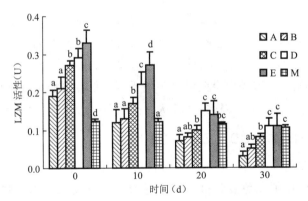

图 3　不同盐度对刺参 LZM 活性的影响

注：A:盐度 16，B:盐度 18，C:盐度 20，D:盐度 22，E:盐度 24，M:盐度 33；
图柱上同一时间内不同字母表示组间差异显著($P < 0.05$)。

2.4　不同盐度胁迫条件对刺参抗菌活力的影响

由图 4 可知，各实验组抗菌活力随盐度胁迫时间延长而下降。10 d 时，各实验组抗菌活力均显著高于对照组($P < 0.05$)，但组间差异不显著($P > 0.05$)；20 d 时，各实验组抗菌活力下降至对照组水平，其中 A、B、C 实验组与对照组相比已无显著差异($P > 0.05$)；30 d 时，各实验组抗菌活力较之前仍有所降低，盐度 16 实验组抗菌活力最低，为 1.04 U，显著低于对照组($P < 0.05$),C、D、E实验组抗菌活力与对照组之间差异不显著($P > 0.05$)。

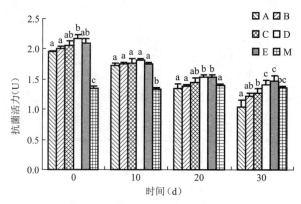

图4 不同盐度对刺参抗菌活力的影响

注:A:盐度16,B:盐度18,C:盐度20,D:盐度22,E:盐度24,M:盐度33;图柱上同一时间内不同字母表示组间差异显著($P < 0.05$)。

3 讨论

3.1 低盐胁迫对刺参生存、生长的影响

盐度是反映水中无机离子含量的指标,水生动物对环境的适应一般围绕其等渗点进行渗透压调节,而渗透压调节是一项需要耗费能量的生理过程[10]。当水生动物处于等渗点时,用于渗透压调节的耗能最少。在自然海区,刺参生活于正常海水中,盐度适应范围为26～36,最适盐度为28～34。本实验中,盐度33左右的对照组刺参表现出较高生长率,此时刺参即处在调节渗透压所需能量最少的等渗点附近。当盐度为20～24时,刺参仍能缓慢生长,但生长速度受到了一定程度的抑制;当盐度为20或低于20时,刺参体重均表现为负增长,并出现个体死亡。这是由于此时刺参用于调节低渗透压的能耗成梯度增加,且已超出了自身调节渗透压能力范围。因此,笔者认为盐度20应为刺参调节渗透能力的下限。

3.2 低盐胁迫对刺参SOD、LZM活性的影响

刺参同其他棘皮动物一样,进化地位较低,其特异性免疫机制还很不完善[11]。因此,刺参的非特异性免疫在刺参免疫防御系统中起着至关重要的作用。刺参体腔细胞既是细胞免疫的承担者,又是体液免疫因子的提供者[12]。激活后的体腔细胞可以产生多种免疫因子以及各种免疫活性的酶类(如超氧化物歧化酶、溶菌酶、酸性磷酸酶等),提高机体的免疫力[13]。SOD作为一种重要的抗氧化酶,可以清除体内自由基,保持细胞免受损害,使细胞能正常合成各种酶类,对增强吞噬细胞活性和整个机体的免疫功能具有重要的作用[14]。已有众多研究报道,SOD对于增强吞噬细胞的防御能力和整个机体的免疫功能有重要的作用[9,11,15-18]。溶菌酶LZM是体液中的一种碱性蛋白,能水解革兰氏阳性细菌细胞壁中黏肽的乙酰氨基多糖并使之裂解释放,形成一个水解酶体系,破坏和消除侵入体内的异物及其他抗菌因子作用后残余的细菌细胞壁,增强免疫因子的抗菌性[16]。在本实验中,不同低盐处理组刺参SOD、LZM的起始活性均显著高于对照,这是由于刺参对于实验初期盐度的大幅

降低产生了应激和自我保护反应,通过提高 SOD、LZM 活性来增强机体免疫力和抗病力。随着盐度胁迫时间的延长,SOD、LZM 活性逐渐降低,直至 30 d 实验结束时,SOD、LZM 活性降至整个实验过程中的最低水平,尤其是盐度低于 20 的 A、B、C 实验组,SOD、LZM 活性水平已影响到刺参的正常生存,致使三个实验组的刺参均出现不同程度的体表溃疡和死亡,而盐度高于 20,尤其是盐度高于 22 时,刺参均可正常存活,保持较好的活动、摄食和生长状态。实验结果显示,盐度低于 20 或长期较强的低盐胁迫,均会导致刺参体内 SOD、LZM 活性的降低,刺参机体免疫力和抗病力也随之下降,究其原因可能是由于较强的盐度胁迫已经超出了刺参自身调节渗透压的能力,消耗能量过度,已无足够能量保持 SOD、LZM 的较高活性。

3.3 低盐胁迫对刺参抗菌活力的影响

自然界中的刺参生存于细菌分布较广的岩礁底和泥沙底质环境中,在摄食时将众多细菌等微生物同时摄入体内,通过体腔液中具有吞噬能力的细胞对这些外来物质进行吞噬[19],继而依靠细胞内的非特异性免疫酶进行裂解和消化。当外界环境因子发生突变时,可能造成影响的对象首先是体腔细胞,在环境胁迫下,机体正常产生吞噬细胞的功能受到抑制,导致抗菌活力的下降。在本实验中,不同强度盐度胁迫下刺参的抗菌活力无一例外地随胁迫时间的延长而下降,推测是由于机体渗透压调节失衡,体腔细胞在长期受到盐度胁迫后,抗菌功能逐渐衰弱所致。

本实验结果为研究刺参对于低盐环境的适应能力以及进一步探讨刺参对低盐环境的适应机理等相关研究提供了依据。此外,本研究也表明,在刺参养殖过程中,盐度不可长时间低于 20,尤其不能长时间低于 18,低盐环境会造成刺参个体长期处于应激状态,增加刺参对病原菌的易感性风险,进而诱发疾病或出现死亡。

参考文献

[1] 王国利,祝文兴,李兆智,付荣恕. 温度与盐度对刺参(*Apostichopus japonicus*)生长的影响 [J]. 山东科学, 2007, 20(3): 6-9.

[2] 唐黎,王吉桥,许重,程骏驰. 不同发育期的幼体和不同规格刺参消化道中四种消化酶的活性 [J]. 水产科学, 2007, 26(5): 275-277.

[3] 李成林,宋爱环,胡炜,赵斌,李翘楚,麻丹萍. 山东省刺参养殖产业现状分析与可持续发展对策 [J]. 渔业科学进展, 2010, 31(4): 126-132.

[4] 马月钗,杨玉娇,王国良. 盐度变化对锯缘青蟹(*Scylla serrata*)免疫因子的胁迫影响 [J]. 浙江农业学报, 2010, 22(4): 479-484.

[5] 胡炜,李成林,赵斌,邹安革,董晓亮,赵洪友,邹士方,尉淑辉. 低盐胁迫对刺参存活、摄食和生长的影响 [J]. 渔业科学进展, 2012, 33(2): 92-96.

[6] 王吉桥,张筱堉,姜玉声,张剑诚,柳圭泽. 盐度骤降对不同发育阶段仿刺参存活和生长的影响 [J]. 大连水产学院学报, 2009, 24(增刊): 139-146.

[7] 袁秀堂,杨红生,周毅,毛玉泽,张涛,刘鹰.盐度对刺参(*Apostichopus japonicus*)呼吸和排泄的影响[J].海洋与湖沼,2006,37(4):348-354.

[8] 薛素燕,方建光,毛玉泽,张继红,张媛.高温下不同盐度对刺参幼参和1龄参呼吸排泄的影响[J].中国水产科学,2009,16(6):975-980.

[9] 江晓路,杜以帅,王鹏,刘瑞志,杨学宋,吕青.褐藻寡糖对刺参体腔液和体壁免疫相关酶活性变化的影响[J].中国海洋大学学报,2009,39(6):1 188-1 192.

[10] 陈勇,高峰,刘国山,邵丽萍,石国锋.温度、盐度和光照周期对刺参生长及行为的影响[J].水产学报,2007,31(5):687-691.

[11] 陈效儒,张文兵,麦康森,谭北平,艾庆辉,徐玮,马洪明,王小洁,刘付志国.饲料中添加甘草酸对刺参生长、免疫及抗病力的影响[J].水生生物学报,2010,34(4):731-738.

[12] Kudriavtsev I, Polevshchikov A. Comparative immunological analysis of echinodern cellular and humoral defense factors[J]. Zh. Obshch. Biol, 2004, 65(3):218-231.

[13] Coteur G, Warnau M, Jangoux M, Dubois P. Reactive oxygen species (ROS) production by amoebocytes of *Asteriasrubens* (Echinodermata)[J]. Fish Shellfish Immunol, 2002, 12:187-200.

[14] 刘志鸿,牟海津,王清印.软体动物免疫相关酶研究进展[J].海洋水产研究,2003,24(3):86-90.

[15] 李丹彤,谢广成,李洪福,邢殿楼,王斌,刘远,姜峰,胡昕江.裙带菜和萱藻凝集素对刺参组织主要免疫酶活性的影响[J].水产学报,2011,35(4):524-530.

[16] 樊英,于晓清,王淑娴,许拉,李天保,叶海斌,杨秀生,王勇强.不同剂型的黄芪多糖在刺参养殖中的应用研究[J].水产科学,2012,31(11):663-666.

[17] 李华,李强,曲健凤,陈静,王吉桥.不同盐度下凡纳滨对虾血淋巴免疫生理指标比较[J].中国海洋大学学报,2007,37(6):927-930.

[18] 沈丽琼,陈政强,陈昌生,何先明.盐度对凡纳滨对虾生长与免疫功能的影响[J].集美大学学报,2007,12(2):108-113.

[19] Chance B, Machly A C. Assay of catalase and peroxidases. Colowick S P. Methods in Enzymology(2)[M]. New York:Academic Press, 1995:764-775.

(董晓亮,李成林,赵斌,胡炜,韩莎,李琪)

Habitat Suitability Analysis of Eelgrass *Zostera Marina* L. in the Subtidal Zone of Xiaoheishan Island

1 INTRODUCTION

Eelgrass (*Zostera marina* L.) is widely distributed in the northern hemisphere [1], growing in the low-intertidal and subtidal zone along coasts and islands [2]. Eelgrass meadows provide a wide array of ecological functions that are important in maintaining healthy coastal ecosystems [3], such as forming the basis of primary production [4, 5], reducing the concentration of nutrient sand heavy metals [6, 7], weakening the hydrodynamic energy of waves [8] and solidifying dykes [9]. For all that, eelgrass habitat is being lost and fragmented. Seagrass losses have been reported worldwide for decades [10-12]. Therefore, numerous efforts have been made to restore eelgrass populations [13-15].

The Habitat Suitability Index (HSI) model, originally proposed by the U. S. Fish and Wildlife Division (USFWS), has been used to express the effect of major environmental factors on the distribution and abundance of species [16]. Because the HSI model helps to understand a species' niche and predict the potential distribution of that species, it is widely used to manage the distribution of species, assess the ecological impact of environmental factors, evaluate the risk of biological invasion and protect endangered species [17]. In recent years, with the development of global positioning systems (GPS), remote sensing (RS) and geographic information system (GIS) technology, especially the powerful spatial data collection, storage, analysis and graphical display capabilities of GIS, the HSI model has become more accurate and comprehensive. Most of the applications of HSI-GIS models have considered terrestrial ecosystems, with particular interest in charismatic wildlife species [18]. More recently, the approach has been used to identify appropriate sites for eelgrass restoration around the world. However, past eelgrass restoration projects have mainly taken place in estuaries and lagoons [12, 13], yielding no information on the possibility of restoration in the subtidal zones of islands.

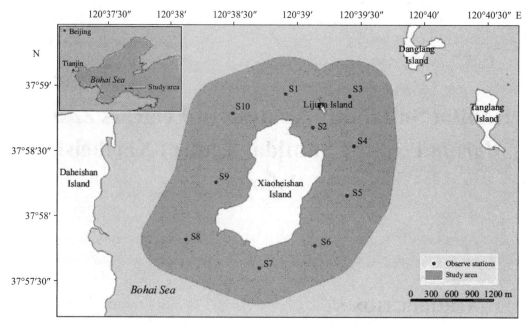

Figure 1　The Xiaoheishan Island and its position

Xiaoheishan Island (37°57′55″-7°58′44″N, 120°38′21″-20°39′10″E) located in the Bohai Strait is affiliated with the Miaodao Archipelago (Fig. 1), apart of Shandong Province, China. The eastern and southern intertidal zones of the island are gently sloped and are mostly underlain by gravel. However, the western and northern areas are mainly deep and have a bottom composed of rocky sand. The salinity of coastal water is between 21.9 and 31.5, and the annual average temperature is 12.3℃ [19]. There are many historic records of the presence of *Zostera marina* L. In low-intertidal and subtidal zone of the Miaodao Archipelago, as it is famous for " seaweed house" in this region. However, 90% of eelgrass meadows in this area have disappeared in the past 20 years, and the rate of disappearance is much larger than the global average loss rate of seagrass meadows (29%, 1879-006) [20]. Currently, there are only sporadic patches of eelgrass distributed in the subtidal zone of Xiaoheishan Island. The objective of this study was to identify potential eelgrass restoration sites in the subtidal zone of Xiaoheishan Island. Results from this study will be used to guide the development of an eelgrass habitat restoration plan for Xiaoheishan Island, thus contributing to the ecological improvement of the island's subtidal zone.

2 MATERIAL AND METHOD

The process of establishing HSI models generally includes ① screening environmental factors to gain the raw data, ② building specific factor suitability functions, ③ determining the weights of environmental factors (w_i), ④ calculating the total HSI value combined with the specific factor suitability functions, and ⑤ plotting the HSI map. In essence, the HSI model is based on forming the suitability index (SI) of various environmental factors and then computing the comprehensive HSI value math matically[21].

2.1 Study area

In this study, we set 10 survey stations around the island to obtain habitat parameters. The area extending 500 m on both sides of these stations was defined as the study area (as shown in Fig. 1). Overall, the area of the study region is 6.43 km².

Table 1 Classification of habitat suitability for *Zostera marina* L.

Specific factor	Optimal habitat (SI = 4)	Inferior habitat (SI = 3)	Marginal habitat (SI = 2)	Unsuitable habitat (SI = 0)
Secchi depth (m)	≥ 5	3.5 ~ 5	2 ~ 3.5	< 2
Sediment composition (%)	60 ~ 80	25 ~ 60 & 80 ~ 90	15 ~ 25 & > 90	< 15
Salinity	15 ~ 25	10 ~ 15 & 25 ~ 40	5 ~ 10 & 40 ~ 60	< 5 & > 60
Water temperature (℃)	15 ~ 20	10 ~ 15 & 20 ~ 30	30 ~ 35	< 10 & > 35
Current velocity (cm/s)	≤ 50	50 ~ 120	120 ~ 150	> 150
Water depth (m)	1 ~ 6	6 ~ 10	10 ~ 12	< 1 & > 12
Nutrient quality index	3 ~ 4	2.5 ~ 3	2 ~ 2.5	< 2 & > 4

2.2 Environment factor and data

As reported by Bos et al.[13], the survival of *Zostera mar ina* L. is closely related to variation inrelevant habitat variables, such as salinity, current velocity, wave exposure, duration of exposure to air and ammonium load. In the present study, we chose a set of seven environment variables that are known to affect eelgrass reproduction and abundance[22-24], namely: secchi depth (SD), sediment composition (SC), water temperature (WT), salinity (Sal), current velocity (CV), water depth (WD) and the nutrient quality index (NQI).

Sampling surveys have been conducted for four seasons (spring: 2013.6; summer: 2013.8; autumn: 2013.11; winter: 2014.3) in 2013 and 2014. All of the physical, chemical and hydrological data of samples were analysed, and the nutrient quality index of seawater (NQI) was calculated according to the method of Wu[25]. The formula of NQI as described here below:

$$NQI = COD/COD_s + DIN/DIN_s + DIP/DIP_s + Chla/Chla_s, \quad (1)$$

where COD, DIN, DIP and Chla are measured values of the environment and COD_s (3.0 mg·L^{-1}), DIN_s (0.3 mg·L^{-1}), DIP_s (0.03 mg·L^{-1}) and $Chla_s$ (5 μg·L^{-1}) are the standard values of these parameters. All of the data thus obtained were interpolated by using inverse distance weighted (IDW) interpolation method to generate raster data.

2.3 Specific factor suitability functions

Specific factor suitability functions have been defined to assess the suitability of a given site with respect to biogeochemical and physical parameters [26]. In this work, we used piecewise functions based on accessible historical data, as shown in Table 1 to illustrate the relationships between organisms and the environmental parameters. For each specific factor, suitability is expressed by 1 of 4 values (0, 2, 3 and 4), where 0 denotes unsuitable habitat, 2 denotes marginal habitat, 3 denotes inferior habitat, and 4 denotes optimal habitat.

2.3.1 Secchi depth (SD)

Light has been examined most extensively and appears to be the factor that most of ten controls the distribution of eelgrass [27, 28]. Secchi depth can directly reflect the available light intensity. Poor water clarity (Secchi depth < 2 m) is considered unsuitable for *Zosteramarina* L., and optimal habitat is characterized by high water transparency.

2.3.2 Sediment composition (SC)

Zostera marina L. prefers to live in silt (or clay) sediment, and Bos et al. [9] reported that there is apositive correlation between eelgrass density and the fraction of particles with grain size < 63 mm. According to Liu [29], optimal eelgrass substrate is characterized by a percentage of slit (60%~80%).

2.3.3 Water temperature (WT)

Water temperature affects all of the biochemical and physical activities of *Zostera marina* L. Optimal water temperature for growth has been found to be 15~20℃, and growth inhibition can be observed when water temperature is higher than 20℃ [30]. If water temperature is below 5℃ or above35℃, substantial eelgrass mortality can occur [31].

2.3.4 Salinity (Sal)

Water salinity, similarly to water temperature, affects survival and reproduction at all life stages of *Zostera marina* L. The range of salinity over which eelgrass can survive is very wide (5~60), whereas optimal growth requires water salinity in the range of 15 to 25 [32].

Table 2　Judgment matrix of specific factors

	Secchi depth	Sediment composition	Water temperature	Salinity	Current velocity	Water depth	Nutrient quality index
Secchi depth	1	1	2	2	3	3	4
Sediment composition	1	1	2	2	3	3	3
Water temperature	1/2	1/2	1	1	2	2	3

Continued

	Secchi depth	Sediment composition	Water temperature	Salinity	Current velocity	Water depth	Nutrient quality index
Salinity	1/2	1/2	1	1	2	2	2
Current velocity	1/3	1/3	1/2	1/2	1	1	2
Water depth	1/3	1/3	1/2	1/2	1	1	1
Nutrient quality index	1/4	1/3	1/2	1/2	1/2	1	1

2.3.5 Current velocity (CV)

Fonseca et al. [33] and Fonseca and Kenworthy [34] have shown that eelgrass can endure a maximum water flow rate of 120～150 cm·s^{-1}. However, eelgrass density was significantly reduced when the flow velocity was greater than 50 cm·s^{-1}.

2.3.6 Water depth (WD)

Water depth is a critical factor limiting the distribution of eelgrass [27, 35]. Many surveys indicate that *Zostera marina* L. is mainly located in water depths between 1 and 6 m. Shallower water (< 1 m) may impair *Zostera marina* L. growth by desiccation at low tide, and deeper water (> 12 m) may limit the amount of light reaching the bottom of the water.

2.3.7 Nutrient quality index (NQI)

In many cases, nutrient enrichment leads to the disappearance of *Zostera marina* L. [36, 37]. It seems that prolonged exposure to eutrophic water (NQI > 4) has a negative effect on *Zostera marina* L., as does oligotrophic water (NQI < 2). In this study, a habitat suitability rating of 0 is assigned to areas in which eutrophication is too high (NQI > 4) or too low (NQI < 2), a rating of 2 (3) to areas with a eutrophication index of 2～2.5 (2.5～3), and a rating of 4 for areas with an NQI of 3～4.

2.4 Weights of specific factors

In most HSI analyses, the weight of each factor is defined according to expert knowledge or set to be equal. Vinagre et al. [38] and Li et al. [39] both indicate that the effect of environmental factors vary between target organisms, so it is preferable to determine the weight attributed to each factor individually. Vinagre et al. [38] recommend using expert knowledge to determine the weights of specific factors. However, Li et al. [39] use analytic hierarchy process (AHP) to determine the weight attribution.

Many reports have shown that the two major microhabitat factors most closely related to eelgrass mortality are water clarity (Secchi depth) and sediment composition [40-43]. Moreover, a lot of reciprocal transplant experiments have indicated that other environment factors (such as water temperature, salinity and water depth) have a great influence on the survive of eelgrass [44]. Han and Shi [45] also pointed that current velocity and nutrients of water can affect the distribution of eelgrass. According to the literature information, the relative importance of each factor was determined as follows: water temperature > salinity > current velocity > water depth > nutrient quality index.

In this paper, we first use AHP analysis method (the judgment matrix built as shown in Table 2) to determine the relative importance of each specific factor, and then refine these weights according to the expert opinion of Prof. LIU Hongjun. And the defined weights are shown in Table 3. Weights are attained of other specific factors in order as follows: secchi depth (0.243), sediment composition (0.2377), water temperature (0.157), salinity (0.1344), current velocity (0.0839), water depth (0.076) and nutrient quality index (0.068).

Table 3 Defined weights of specific factoe (w_i)

Secchi depth	Sediment composition	Water temperature	Salinity	Current velocity	Water depth	Nutrient quality index
0.243	0.2377	0.157	0.1344	0.0839	0.076	0.068

2.5 HSI value

After both the suitability function and weight of each factor have been defined, they must be applied together to model the total HSI value and to implement a comprehensive analysis of the overall habitat suitability of the research area.

General speaking, there are many forms of HSI algorithms. Continued product model (CPM) and geometric mean model (GPM) that based on multiplication used to be the common methods. However, Layher and Maughan [46] indicated that multiplicative index model cannot simulate the complex relationship between the organism and environmental factors. In recent years, there are more and more weighted multi-index evaluation models applied in the habitat suitability analysis [47, 48]. In this study, the algorithm of the HSI model is:

$$HSI = \sum_{i=1}^{7} SI_i \times w_i$$

where SI_i is the suitability value of specific factor (i) according to Table 1; w_i is the weight corresponding to specific factor (i); and $i = 1, \cdots, 7$ is the index corresponding to the seven input factors of the model.

2.6 Plotting the map

According to the calculated result of total HSI value, a score of 0～1 was classified as unsuitable habitat, a score of 1~2 as marginal habitat, a score of 2~3 as inferior habitats and a score of 3~4 as optimal habitat. To make the assessment result more intuitive, we reclassified the HSI values to create a habitat suitability map with colours corresponding to HSI classifications. In this map, the areas of the four suitability categories of habitat were estimated using raster statistics.

3 RESULT

The habitat suitability analysis results of *Zosteramarina* L. based on GIS, for each individual season, are shown in Figs. 2-5.

The total HSI values during spring range from 1.983 8 to 3.010 6. According to the classification described in Section 2.6, the study area can be divided into three categories, as shown in Fig. 2. Most of the study area comprises inferior habitat (close to 6.05 km^2), followed by optimal habitat (approximately 0.23 km^2) and marginal habitat (nearly 0.06 km^2). The optimal habitat is located in the southeast of Xiaoheishan Island centred on S6, and the marginal habitat is in the west of the island centred on S9.

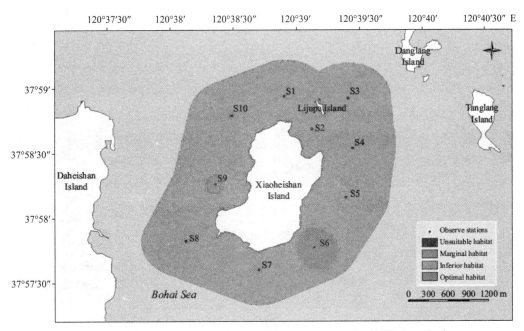

Figure 2　Map of habitat suftable area of *Zostera marina* L. (2013.6-spring)
Habitat surtability index (HSI) rankings range from 0 (red, unsutable) to 4 (green, optimal).

Figure 3 shows that, during summer, only a small portion of the study area centred around S5 is inferior habitat (nearly 0.74 km^2, account for 11.51% of the study area), and all of the remaining (5.69 km^2) area is classified as marginal habitat.

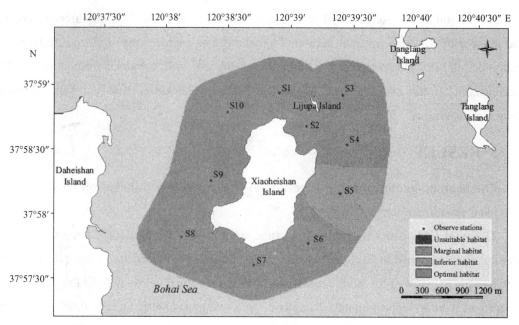

Figure 3　Map of habitat suftable area of *Zostera marina* L. (2013.8–summer)
Habitat surtability index (HSI) rankings range from 0 (red, unsutable) to 4 (green, optimal).

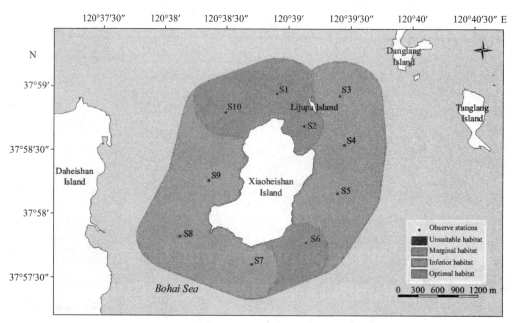

Figure 4　Map of habitat suftable area of *Zostera marina* L. (2013.11–autumn)
Habitat surtability index (HSI) rankings range from 0 (red, unsutable) to 4 (green, optimal).

In autumn, the value of total HSI ranges from 1.7443 to 2.414. Figure 4 illustrates that, in contrast to the results of summer described above, most of the study area (nearly 4.40 km^2, approximately 68.43%) is identified as inferior habitat and small part (approximately 31.57%) is classified as marginal habitat. The inferior habitat is mainly located to the east and west of

Xiaoheishan Island, with the northern and southern part of study area classified as marginal habitat.

There is little variation in the total HSI values among all of the survey stations in winter, as HSI values range from just 1.163 to 1.718. According to the classification hierarchy described above, the whole study area is defined as marginal habitat (as shown in Fig. 5).

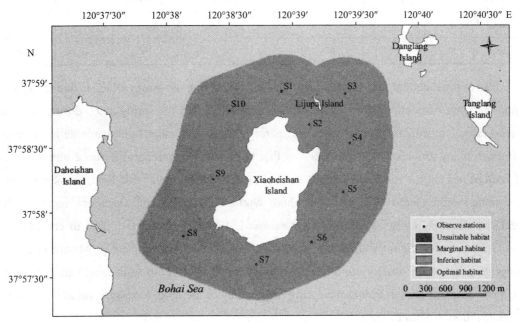

Figure 5　Map of habitat suftable area of *Zostera marina* L. (2014.3-winter)
Habitat surtability index (HSI) rankings range from 0 (red, unsutable) to 4 (green, optimal).

4　DISCUSSION

Despite increases in abundance in individual regions (such as the Izembek Lagoon in Alaska), *Zostera marina* L., eelgrass habitat is declining globally[49]. Management measures, especially restoration of degraded habitat, are required for comprehensive, ecosystem-based management of coastal resources. There has been considerable success in restoring seagrass in clear coastal and estuarine waters, principally in the USA and Australia[50]. In this work, we have shown that the application of a GIS-based habitat suitability model provides an effective methodology for identifying suitable sites for restoration of *Zosteramarina* L. habitat.

Overall, the results obtained from the HSI model indicate that the suitable habitat locations within the study area differ considerably in different seasons. The statistical results for the 4 seasons are shown in Table 4. In this study area, the best season for *Zosteramarina* L. habitat is spring, followed by autumn, summer, and winter.

Table 4 The statistical results of 4 seasons over the study area

Season	Optimal habitat		Inferior habitat		Marginal habitat		Unsuitable habitat	
	Area (km^2)	Percent (%)	Area (km^2)	Percent (%)	Area (km^2)	Percent (%)	Area (km^2)	Percent (%)
Spring	0.23	3.58	6.05	94.09	0.06	0.93	0	0.00
Summer	0	0.00	0.74	11.51	5.69	88.49	0	0.00
Autumn	0	0.00	4.40	68.43	2.03	31.57	0	0.00
Winter	0	0.00	0	0.00	6.43	100	0	0.00

The optimal habitat of *Zostera marina* L. Only appearing in spring, which is due to the most important environmental factor, secchi depth, scoring 2 during the spring and 0 during the other three seasons. Ingeneral, greater water transparency represents more light available to eelgrass. Although many articles [51-53] have reported that there is no significant difference ingermination of *Zostera marina* L. seed between dark and light environments, available light intensity can still determine seagrass survival by affecting photo synthesis. Backman and Barilotti[54] indicated that light can affect the cluster size of *Zostera marina* L. leaves, and 30 to 40 days of continuously low light can significantly limit eelgrass survival [55]. More importantly, Moore et al. [56] suggested that water quality conditions (mainly the water column light level) that allow for adequate seagrass growth during the spring may be key to the long-term survival and successful recolonization of *Zostera marina* L.

In addition, habitat suitability changes by season due to variations in water temperature. Water temperature of the study area showed distinct seasonal variation, ranging from 4.8℃ in winter to 24.8℃ in summer. Lee et al. [36] reported that the optimal water temperature for eelgrass growth was approximately 15~0℃ during the spring period. Eelgrass growth decreased with increasing water temperature, and shoot density showed a small peak when eelgrass plants were reexposed to optimal water temperatures during fall. In this paper, we found that the majority of the study area was inferior habitat during spring and autumn and that the best habitat was only marginal during the other two seasons, particularly in winter. However, clearly, there is no habitat in the subtidal zone of Xiaoheishan Island as it is unsuitable all year round, which provides a reliable foundation for eelgrass restoration.

It is noteworthy that the habitat suitability zones in a given class can occur in distinct locations within the same season. The main factors that give rise to the sedifferences are sediment composition and depth. For example, based on the survey results of spring, the slit percentage of sand (74.93%) at S6 is very suitable for *Zostera marina* L., while that for S9 (13.95%) is unsuitable for *Zosteramarina* L. Further, the depth at S9 (11 m) is classified as 2, with most other are as classified as 3. Through the comprehensive analysis of all of the environmental factors in spring, the region with S6 at the centre was identified as optimal habitat, while the area around S9 as marginal habitat. Overall, the optimum site for eelgrass restoration is located to the east of Xiaoheishan Island, followed by areas to the west and south. The northern region comprised of S1 and S2 is relatively poor for restoration.

Models predicting the spatial distribution of species, sometimes called habitat suitability models, are currently gaining popularity [17]. However, no model can account for every eventuality (although other parameters could be incorporated to improve the model) [3], and certainl your model is not very comprehensive either. It might well be that other internal or external factors significantly influence eelgrass survival and growth, such as reduction oxidation potential (RedOx), percentage of organic matter content, turbidity, water pH, pathogens and other forms of natural oranthropogenic disturbance. Moreover, interactions between parameters used in model could be taken into account. Finally, even though the weights used in this study have been defined through expert knowledge and the AHP method, there could be more accurate algorithms to identify the best set of weights. However, we believe that the model described here is able to provide useful information for site selection of *Zostera marina* L. restoration and can be considered applicable in other similar types of habitat evaluation.

5 CONCLUSION

Our study suggested that the suitable habitat locations within the study area differ considerably in different seasons. In general, the habitat of *Zosteramarina* L. remains suitable all year round, while the optimal habitat appears in spring. It indicates the great possibility for the long-term survival and successful recolonization of *Zostera marina* L. As space distribution concerned, the optimum site for eelgrass restoration is located in the eastern region, followed by the western and southern regions. Sediment composition and depth are the main two causes of these differences. In addition, the region centered on S5 and S6 is considered the best location for eelgrass restoration.

References

[1] Green E P, Short F T. World atlas of seagrasses[M]. University of California Press, 2003.

[2] Den Hartog C. The Sea-Grasses of the World[J]. North-Holland Pub. Co. , Amsterdam, London, 1970, 59(1-4):276.

[3] Short F T, Davis R C, Kopp B S, Short C A, Burdick D M. Site-selection model for optimal transplantation of eelgrass *Zostera marina* in the northeastern US[J]. Marine Ecology Progress Series, 2002, 227:253-267.

[4] Orth R J, Heck K L, Van M J. Faunal communities in seagrass beds: a review of the influence of plant structure and prey characteristics on predator-prey relationships[J]. Estuaries, 1984, 7(4): 339-350.

[5] Heck K L, Able K W, Roman C T, Fahay M P. Composition, abundance, biomass, and production of macrofauna in a New England estuary: comparisons among eelgrass meadows and other nursery habitats[J]. Estuaries, 1995, 18(2): 379-389.

[6] Stevenson J C. Comparative ecology of submersed grassbeds in freshwater, estuarine, and marine environment [J]. Limnology and Oceanography, 1998, 33(4 part 2): 867-893.

[7] Lewis M A, Dantin D D, Chancy C A, Abel K C, Lewis C G. Florida Seagrass habitat evaluation: a comparative survey for chemical quality[J]. Environmental Pollution, 2007, 146(1): 206-218.

[8] Bouma T J, De Vries M B, Low E, Peralta G, Tánczos I C, Vande Koppel J, Herman P M J. Trade-offs related to ecosystem engineering: a case study on stiffness of emerging macrophytes[J]. Ecology, 2005, 86(8): 2 187-2 199.

[9] Bos A R, Bouma T J, De Kort G L J, Van Katwijk M M. Ecosystem engineering by annual intertidal seagrass beds: sediment accretion and modification[J]. Estuarine, Coastaland Shelf Science, 2007, 74(1-2): 344-348.

[10] Orth R J, Carruthers T J, Dennison W C, Duarte C M, Fourqurean J W, Heck K L Jr, Hughes A R, Kendrick G A, Kenworthy W J, Olyarnik S, Short F T, Waycott M, Williams S L. A global crisis for seagrass ecosystems[J]. BioScience, 2006a, 56(12): 987-996.

[11] Hughes A R, Williams S L, Duarte C M, Heck K L J, Waycott M. Associations of concern: declining seagrasses and threatened dependent species[J]. Frontiers in Ecologyand the Environment, 2009, 7(5): 242-246.

[12] Valle M, Borja Á, Chust G, Galparsoro I, Garmendia J M. Modelling suitable estuarine habitats for *Zostera noltii*, using Ecological Niche Factor Analysis and Bathymetric LiDAR[J]. Estuarine, Coastal and Shelf Science, 2011, 94(2): 144-154.

[13] Bos A R, Dankers N M J A, Groeneweg A H, Hermus D C R, Jager Z, De Jong D J, Smit T, De Vlas J, Wieringen M, Van Katwijk M M. Eelgrass (*Zostera marina* L.) in the western Wadden Sea: monitoring, habitat suitability model, transplantations and communication[J]. VLIZ Publication, 2005.

[14] Van K M M, Bos A R, De J V N, Hanssen L S A M, Hermus D C R, De Jong D J. Guidelines for seagrass restoration: importance of habitat selection and donor population, spreading of risks, and ecosystem engineering effects[J]. Marine Pollution Bulletin, 2009, 58(2): 179-188.

[15] Busch K E, Golden R R, Parham T A, Karrh L P, Lewandowski M J, Naylor M D. Large-scale *Zostera marina* (eelgrass) restoration in Chesapeake Bay, Maryland, USA. Part I: A comparison of techniques and associated costs[J]. Restoration Ecology, 2010, 18(4): 490-500.

[16] Thomasma L E, Drummer T D, Peterson R O. Testing the habitat suitability index model for the fisher[J]. Wildlife Society Bulletin, 1991, 19(3): 291-297.

[17] Hirzel A H, Le Lay G, Helfer V, Randin C, Guisan A. Evaluating the ability of habitat suitability models to predict species presences[J]. Ecological Modelling, 2006, 199(2): 142-152.

[18] Vincenzi S, Caramori G, Rossi R, De Leo G A. A GIS based habitat suitability model for commercial yield estimation of *Tapes philippinarum* in a Mediterranean coastal lagoon (Sacca di Goro, Italy)[J]. Ecological Modelling, 2006, 193(1-2): 90-104.

[19] Li R S, Zhan S L. Marine Resources and Environment in Shandong[M]. Beijing: Ocean Press, 2002.

[20] Waycott M, Duarte C M, Carruthers T J, Orth R J, Dennison W C, Olyarnik S, Calladine A, Fourqurean J W, Heck K L Jr, Hughes A R, Kendrick G A, Kenworthy W J, Short F T, Williams S L. Accelerating loss of seagrasses across the globe threatens coastal ecosystems[J]. Proceedings of the National Academy of Sciences of the United States of America, 2009, 106(30): 12 377-12 381.

[21] Gong C X, Chen X J, Gao F, Guan W J, Lei L. Reviewon habitat suitability index in fishery science[J]. Journal of Shanghai Ocean University, 2011, 20(2): 260-269.

[22] Zimmerman R C, Reguzzoni J L, Wyllie-Echeverria S, Josselyn M, Alberte R S. Assessment of environmental suitability for growth of *Zostera marina* L. (eelgrass) in San Francisco Bay[J]. Aquatic Botany, 1991, 39(3-4): 353-366.

[23] Van Katwijk M M, Hermus D C R, De Jong D J, Asmus R M, De Jonge V N. Habitat suitability of the Wadden Seafor restoration of *Zostera marina* beds[J]. Helgoland Marine Research, 2000, 54(2-3): 117-128.

[24] Thom R M, Borde A B, Rumrill S, Woodruff D L, Williams G D, Southard J A, Sargeant S L. Factors influencing spatial and annual variability in eelgrass (*Zostera marina* L.) meadows in Willapa Bay, Washington, and Coos Bay, Oregon, estuaries[J]. Estuaries, 2003, 26(4): 1 117-1 129.

[25] Wu Z X. The eutrophication characteristics of typical Chinese coastal areas and applications of an integrated methodology for eutrophication assessment in these areas[C]. Chinese with English abstract, 2013: 1-141.

[26] Ranci O G, De L G A, Gatto M. VVF: integrating modelling and GIS in a software tool

for habitat suitability assessment[J]. Environmental Model ling & Software, 2000, 15 (1): 1-12.

[27] Dennison W C. Effects of light on seagrass photosynthesis, growth and depth distribution[J]. Aquatic Botany, 1987, 27 (1): 15-26.

[28] Hauxwell J, Cebrián J, Valiela I. Eelgrass *Zostera marina* loss in temperate estuaries: relationship to land derived nitrogen loads and effect of light limitation imposed by algae[J]. Marine Ecology Progress Series, 2003, 247: 59-73.

[29] Liu J. Effects of different environmental conditions on the growth and photosynthetic pigment contents of *Zostera marina* L. in Swan Lake[D]. Qingdao: Ocean University of China, 2011.

[30] Lee K S, Park S R, Kim J B. Production dynamics of the eelgrass, *Zostera marina* in two bay systems on the southcoast of the Korean peninsula[J]. Marine Biology, 2005, 147 (5): 1 091-1 108.

[31] Marsh J A J, Dennison W C, Alberte R S. Effects of temperature on photosynthesis and respiration in eelgrass (*Zostera marina* L.)[J]. Journal of Experimental Marine Biology and Ecology, 1986, 101 (3): 257-267.

[32] Yu J. Studies on Tissue Cultivation and Physiological Response to Salt Stress of Zostera marina L[D]. Qingdao: Ocean University of China, 2013.

[33] Fonseca M S, Zieman J C, Thayer G W, Fisher J S. The role of current velocity in structuring eelgrass (*Zostera marina* L.) meadows[J]. Estuarine, Coastal and Shelf Science, 1983, 17 (4): 367-380.

[34] Fonseca M S, Kenworthy W J. Effects of current on photosynthesis and distribution of seagrasses[J]. Aquatic Botany, 1987, 27 (1): 59-78.

[35] Short F T, Neckles H A. The effects of global climate change on seagrasses[J]. Aquatic Botany, 1999, 63 (3-4): 169-196.

[36] Boynton W R, Murray L, Hagy J D, Stokes C, Kemp W M. A comparative analysis of eutrophication patterns in a temperate coastal lagoon[J]. Estuaries, 1996, 19 (2): 408-421.

[37] Short F T, Wyllie-Echeverria S. Natural and human induced disturbance of seagrasses[J]. Environmental Conservation, 1996, 23 (1): 17-27.

[38] Vinagre C, Fonseca V, Cabral H, Costa M J. Habitat suitability index models for the juvenile soles, *Solea solea* and *Solea senegalensis*, in the Tagus estuary: defining variables for species management[J]. Fisheries Research, 2006, 82 (1-3): 140-149.

[39] Li F Q, Cai Q H, Fu X C, Liu J K. Construction of habitat suitability models (HSMs) for

benthic macroinvertebrate and their applications to instream environmental flows:acase study in Xiangxi River of Three Gorges Reservoir region, China[J]. Progress in Natural Science, 2009, 19(3):359-367.

[40] Churchill A. Field studies on seed germination and seedling development in *Zostera marina* L[J]. Aquatic Botany, 1983, 16(1):21-29.

[41] Orth R J, Luckenbach M L, Marion S R, Moore K, Wilcox D J. Seagrass recovery in the Delmarva Coastal Bays, USA[J]. Aquatic Botany, 2006b, 84(1):26-36.

[42] Abe M, Yokota K, Kurashima A, Maegawa M. Estimation of light requirement for growth of *Zostera japonica* cultured seedlings based on photosynthetic properties[J]. Fisheries Science, 2010, 76(2):235-242.

[43] Jiang X, Pan J H, Han H W, Zhang W F, Li X J, Zhang Z Z, Luo S J, Cong Y Z. Effects of substrate and water depth on distribution of sea weeds *Zostera marina* and *Z. caespitosa*[J]. Journal of Dalian Fisheries University, 2012, 27(2):101-104.

[44] Ye C J, Zhao K F. Advances in the study on the marine higher plant eelgrass (*Zostera marina* L.) and its adaptation to submerged life in seawater[J]. Chinese Bulletin of Botany, 2002, 19(2):184-193.

[45] Han Q Y, Shi P. Progress in the study of seagrass ecology[J]. Acta Ecologica Sinica, 2008, 28(11):5 561-5 570.

[46] Layher W G, Maughan O E. Spotted bass habitate valuation using an unweighted geometric mean to determine HSI values[J]. Proceedings of the Oklahoma Academy of Science, 1985, 65:11-17.

[47] Acevedo P, Cassinello J. Human-induced range expansion of wild ungulates causes niche overlap between previously allopatric species:red deer and Iberian ibex inmountainous regions of southern Spain[J]. Annales Zoologici Fennici, 2009, 46(1):39-50.

[48] Yan H, Duan J A, Sun C Z, Yu G, Jiang S. Research on suitability of producing areas of *Changium smymioides based* on TCMGIS[J]. Journal of Nanjing University of Traditional Chinese Medicine, 2012, 28(4):363-366.

[49] Wang W W, Li X J, Pan J H, Jiang X, Zhang W F. Review on *Zostera* resource dynamics and issues in restoration[J]. Marine Environmental Science, 2013, 32(2):316-320.

[50] Jørgensen S E et al. Applications in ecological engineering[M]. Beijing:Academic Press, 2009.

[51] Tutin T G. The autecology of *Zostera marina* in relation to its wasting disease[J]. New Phytologist, 1938, 37(1):50-71.

[52] Moore K A, Orth R J, Nowak J F. Environmental regulation of seed germination in *Zostera marina* L. (eelgrass) in Chesapeake Bay:effects of light, oxygen and sediment

burial[J]. Aquatic Botany, 1993, 45(1): 79-91.

[53] Liu Y L. The studies of factors influencing the germination of the seed of *Zostera marina* L[D]. Qingdao: First Institute of Oceanography, 2013.

[54] Backman T W, Barilotti D C. Irradiance reduction: effects on standing crops of the eelgrass *Zostera marina* in a coastal lagoon[J]. Marine Biology, 1976, 34(1): 33-40.

[55] Zimmerman R C, Reguzzoni J L, Alberte R S. Eelgrass (*Zostera marina* L.) transplants in San Francisco Bay: role of light availability on metabolism, growth and survival[J]. Aquatic Botany, 1995, 51(1-2): 67-86.

[56] Moore K A, Neckles H A, Orth R J. *Zostera marina* (eelgrass) growth and survival along a gradient of nutrients and turbidity in the lower Chesapeake Bay[J]. Marine Ecology Progress Series, 1996, 142(1): 247-259.

(Zhou Jian, Wang Qixiang, Zhao Wenxi, Yu Daode, Guan Shuguang)

第二章
繁育生物学与种质培育

黄海大头鳕胚胎发育过程

大头鳕(*Gadus macrocephalus* Tilesius),英文名太平洋鳕鱼(*Pacific cod*),属鲈形目(*Perciformes*)、鳕科(*Gadidae*)、鳕属(*Acanthopagrus*),与大西洋鳕鱼(*G. morhua*)、格陵兰鳕鱼(*G. ogac*)共同组成鳕属的3种鱼类,都分布于高纬度低温区域。大头鳕主要分布于北太平洋海域的大陆架,除了白令海峡、日本海域外,还包括我国的黄海北部。其中大西洋鳕鱼由于过度捕捞而导致资源崩溃,目前已成为红色濒危物种;如不考虑合理开发和保护,大头鳕可能面临同样风险。尤其是黄海群体几乎是隔离种群,其遗传多样性水平较低[1]。近期调查结果显示黄海大头鳕年龄结构仍然较为简单,且其分布范围较窄,资源易受外界环境变化的影响[2]。然而我国黄海大头鳕资源量尚可,加上市场价格不高(大头鳕在青岛当地俗称大头腥,2013年春节期间的市场价格仅在6～10元/kg),因而并未引起足够重视。基于上述因素,开展大头鳕苗种人工繁育研究,提前做好濒危或临近濒危品种的人工繁育和养殖研究,并为该鱼的增殖放流做好前期工作是科研人员应该首要考虑的问题。

日本学者很早开始关注大头鳕,研究了其繁殖行为学[3]、运动生理[4]等。国内对大头鳕也进行了基础生物学的研究,包括摄食食性[5]、种群遗传学[1],而相关人工繁育尚无报道。尽管卞晓东[6]对大头鳕的早期发育进行了相关报道,但由于试验是在日本进行的,且为日本群体,故对其人工繁育的相关研究被认为是国内空白。作者对黄海大头鳕的人工繁育进行了探索,就其胚胎发育过程进行了翔实的描述,以期为后续规模化人工繁育的开展提供基础数据。

1 材料与方法

1.1 亲鱼收集和驯化

2013年1月22日,采用流刺网在青岛近海捕获大头鳕54尾(体长40～60 cm),运至日照东港区海福育苗场。于6 m×6 m×1.2 m水泥池中暂养,气泵充气,25 W白炽灯控光,氟苯尼考3×10^{-6}药浴,每2天换水一次,换水量1/3。水温2.4℃,盐度28。暂养期间不投饵。

1.2 自然产卵与人工授精

2013年2月11日、2013年2月27日,大头鳕自然产卵,当时水温为3～4℃;分别于2013年2月28日、2013年3月7日和3月10日对发育成熟的亲鱼各进行了1次人工授精。

大头鳕生性平和,无须麻醉,便可进行人工授精,成熟较好的亲鱼,在操作过程中,其精液和卵子会自然从生殖孔流出,仅需轻压腹腔即可获得大量精卵,采用湿法授精。2～3 kg 的雄鱼,精液量为 100～280 mL,2～3 kg 雌鱼怀卵量为 700～1 200 mL。

1.3 受精卵及孵化条件

由于大头鳕的卵子具有弱黏性,无油球,属于沉性卵,自然产的受精卵停气后通过虹吸法用网袋收集,利用孵化网箱放入恒温水池进行流水孵化,受精卵孵化条件为水温(6±0.5)℃,盐度 32～33,pH7.8～8.2,网箱外充气。人工授精的卵子放入自制孵化网箱内充气孵化,孵化条件与自然产的受精卵相同。孵化网箱规格为 2.4 m×1 m×0.8 m。

1.4 观察方法

参照前人研究报道,在孵化前期,3 h 观察一次,原肠期后,每天观察 3 次。使用奥林巴斯 SZ61 解剖镜观察胚胎发育,记录发育各时期的形态特征;使用 CCD 图像传感器和 SONY H-50 相机拍照;使用 DN-2 显微图像处理软件,结合目微尺、台微尺测定卵径,每次观察胚胎 3 组,每组至少 30 枚。发育时间的确定按照受精卵 50% 以上达到该时期界定。

2 结果

大头鳕卵属端黄卵,为无油球的沉性卵,由于具有弱黏性,人工授精后,在孵化网箱中会自然黏合在一起形成卵团,但流水轻冲洗,即可散开。卵膜具龟裂结构,卵黄均匀无色,卵径 0.95～1.12 mm。

大头鳕受精卵行盘状卵裂。在水温(6±0.5)℃,盐度 33 的条件下,受精后 2 h 可以看到帽状胚盘,随后胚盘继续高隆;受精后 7 h 开始第一次卵裂,卵裂期共历时 24 h。受精后 35 h 胚盘细胞开始下包并内卷,胚胎发育进入原肠胚阶段,此阶段是胚体发育中变化最剧烈的时期,但是胚体雏形出现的时序较晚,且不清晰。70 h 达到原口关闭前期,胚胎下包 90% 以上,少数具卵黄栓,但仅个别胚胎出现克氏囊 KV(Kupffer'vesicle,KV),胚体仅具雏形,头部明显,个别胚体清晰可见。110 h 原口完全闭合,胚体形成,头部明显,眼泡形成,KV 囊出现比例不足 10%。原口关闭后,胚胎进入器官形成期。受精后 192 h,胚体尾芽形成并开始脱离卵黄囊,受精后 210 h 胚胎开始出现微弱心跳;随着胚体进一步发育,心跳加快,并伴随着肌体的间歇颤动。在受精后 278 h,胚体发育进入到最后的孵化时期,孵化方式为头部首先破膜。278～336 h 为孵化期,不同时间孵化的仔鱼在形态上有区别。其具体发育时序及发育特征见表 1 及图 1。

表 1 大头鳕的发育时序及发育特征

发育时期	发育时间(h)	胚胎主要发育特征	图
未受精卵	0	卵径 0.95～1.12 mm	1-1
胚盘形成	2	原生质在动物性极隆起形成状胚盘,并带动卵黄囊形成一个尖顶状突起,过程缓慢	1-2
2细胞期	7	受精卵第 1 次经裂。在胚盘顶部的中央出现纵行的分裂沟,将胚盘分割成 2 个等大的分裂球	1-3,1-4

续表

发育时期	发育时间（h）	胚胎主要发育特征	图
4细胞期	10	受精卵第2次经裂。分裂沟与第1次径裂沟相互垂直,胚盘被分割成4个相等的分裂球	1-5
8细胞期	13	第3次经裂,胚盘形成8个大小相似的细胞球,单细胞层,裂球开始不规则	1-6
16细胞期	16	第4次经裂,将胚盘分割成16个细胞球,仍为单细胞层	1-7
32细胞期	19	第5次纬裂之后,分裂球开始分层,形成两层细胞	1-8
64细胞期	22	第6次纬裂之后,分裂球变小,继续分层,形成多层细胞	1-9
桑葚期	24	胚盘多次经裂和纬裂的交叉进行,变成多层细胞球的堆积于动物极,怡似"桑葚"	1-10
高囊胚期	27	细胞分裂球在胚盘中央隆起并达到最高点,同时贴近卵黄的中央处出现囊胚腔	1-11
低囊胚期	35	囊胚的高度逐步降低,细胞层相对变薄,渐渐沿卵黄囊向扁平发展,为胚盘的下包做准备	1-12
原肠早期	43	下包20%,胚环出现,但不明显	1-13
原肠中期	48	下包30%左右,胚环明显,胚盾出现	1-14,1-15
原肠晚期	54	下包超过50%。胚盘继续向植物极运动,胚环细胞层的加厚使得胚胎两侧出现类似胚体形状	1-16
原口关闭前期	70	下包约90%以上,少数具卵黄栓,个别KV出现,不明显,胚体仅具雏形,头部明显,个别胚体清晰可见	1-17
原口关闭期	110	原口完全闭合,胚体形成,头部明显,眼泡形成,KV囊出现比例不足10%,肌节4～6对	1-18
视囊期	144	胚体绕卵黄囊已过一半,视囊开始形成,肌节8～12对,无色素出现,胚体中部逐渐变瘦,有刚出现KV囊的胚胎	1-19
色素形成期	164	胚体绕卵黄囊达3/4,胚体从尾部开始,向胚体中部陆续出现点状黑色素,类似KV的小泡在胚体中部多有出现,很多个体仍无KV出现,12～16体节	1-20
晶体形成	178	胚体绕卵黄囊近一周,头尾几乎连接,视囊内晶体开始发育,点状黑色素大量形成于头部以后的胚体,心脏原基出现于头部后下方	1-21
尾芽期	192	尾芽形成并开始游离于卵黄囊,与前些时期相比,胚体和头部都变得瘦小,清晰,色素进一步密集。游离的尾部偏向胚体头部的右侧,18～20体节	1-22
心跳期	210	游离尾芽占胚体长度约1/5,心脏开始有规律跳动,从20次每分钟逐渐加快,胚体扭动和颤动极少	1-23
肌肉效应期	240	游离尾芽占胚体长度1/3至1/4,由于胚体的延长,压缩卵黄囊呈现缺刻球型。此时心跳加快,心率达到40次每分钟,胚体间歇地进行扭动和颤动也很明显,次数达10次每分钟	1-24
孵化前Ⅰ期	258	胚体绕卵黄囊近一周半,胚体运动加剧,游离尾芽占胚体长度1/2至1/3,晶体开始出现黑色素	1-25
Ⅱ期	278	胚体延长不明显,但色素进一步加深,卵黄囊吸收明显。晶体色素增加,较淡,表现为棕色,此时仔鱼可孵化	1-26,1-29

续表

发育时期	发育时间(h)	胚胎主要发育特征	图
Ⅲ期	298	晶体色素增加,色素颜色变深,表现为黑色。胚体黑色素具扩散能力。少量个体孵化,肠道部分已经开始形成管腔	1-27, 1-30, 1-34
Ⅳ期	336	晶体色素沉积完善,具鸟粪色素。胚体典型两块色素带形成,肠道管腔沿卵黄囊向头尾扩大,可大量孵化	1-28
初孵仔鱼	336	低温硬骨鱼类典型的初孵仔鱼,头部向下弯曲,具有视觉功能的眼球,身体仅具黑色素一种,并形成一定体色模式,躯干部两条色素带,肠道部分开通	1-31, 1-32, 1-33

3 讨论

3.1 低温发育

作为低温鱼类,大头鳕的胚胎发育过程十分缓慢,本研究结果就与国内曾报道过的另一种低温鱼类条斑星鲽相似,通过对比两种鱼类,似乎可以从中看出一些低温鱼类胚胎发育的规律性(表2)。大头鳕胚胎发育的主要特征包括细胞分裂速度慢,尤其是原肠期持续近48 h。也正是因为其发育慢,使得人们可以了解很多不同的过程。不同步卵裂现象提前,而且裂球均一程度差,这一点与条斑星鲽类似[7]。而且这种不同步性在原口关闭期体现得更为明显,有的胚胎在该时期具有明显的胚体形成,头部分化明显,而大部分在该时期很难分辨胚体所在位置,需要不断拨动使受精卵翻转,才可以粗略看到,因此其细胞的下包和内移的过程是分开的,且速度不同,而对于暖水性鱼类来说,由于发育速度快无法表现而已。

表2 大头鳕与条斑星鲽胚胎发育比较

项目	大头鳕	条斑星鲽
发育温度	1~12℃	6~11℃
悬浮性	完全沉性(个别浮性)	低盐度(26)沉性
油球	无	无
胚盘形成	2 h	2.5 h
第一次卵裂	7 h	4 h
不同步卵裂现象	第二次卵裂	第三次卵裂
裂球均一程度	差、早	差、稍晚
仔鱼孵化	10 d (6℃±0.5℃)	9 d (8~10℃)
温度敏感期	整个胚胎发育过程	原肠期之前
空泡胚胎	有(正常)	有(病态)

3.2 黄海大头鳕卵子的物理特性

黄海大头鳕的卵子属无油球、沉性卵,与日本大头鳕相同[3]。海洋鱼类的卵子,其油球的有无与卵子的浮性相关,因为油球的本质为脂肪,比重轻于海水,因此具有油球的卵子一般都是浮性卵[8-9]。较高盐度(32～34)下,无油球的条斑星鲽卵子也呈现漂浮状态[7],这与卵子最后成熟阶段水化过程相关[10]。3月7日进行的人工授精实验,发现部分卵子具有浮性,经过一段时间检测,为正常发育的卵子,但是比例很小,不到0.1%。原因可能是由于大头鳕卵子具有弱黏性,卵子相互黏成团,间隙中存有气泡导致比重降低的缘故。另外,通过盐度实验发现,无论多高的盐度,即便达到饱和程度(使用海水粗盐调制),大头鳕的卵子都不具有上浮的特性,可见大头鳕卵子的密度很大,主要是卵黄物质致密,通过图1-29～1-31可以看出卵黄的吸收造成卵黄囊形成缺失,而不同于其他硬骨鱼类,随着发育的进行卵黄囊逐渐缩小。笔者推断,大头鳕的受精卵在自然界应该沉在海底进行孵化,其卵黄囊物质是否含有特定的抗压与耐寒成分还需要进一步研究。

3.3 成熟卵子与黏性

前人研究报道,大头鳕的卵子具有弱黏性,而且与其卵子的成熟度密切相关。笔者在进行3次人工授精的过程中发现:成熟度最好的一次(3月7日,受精率高达92%),轻压腹部,卵子自动流出,在烧杯中呈现流动状态,与混合其中的卵巢液可轻易倒入塑料盆中,仅在烧杯壁黏有个别卵子,其卵子表现为弱黏性。而在2月28日进行的人工授精过程,卵子黏性很大,烧杯壁黏满卵子,流水冲洗也不易剥落,其卵子相互挤压,为不规则的圆形,受精率仅为30%,发育至原肠期,几乎全部停止发育直至死亡。其究竟为未成熟或者是过熟还不得而知。在3月10日,进行人工授精与3月7日为同一条雌性亲鱼,发现卵子仍为弱黏性,但是受精率已经降低至1%以下,卵子表现局部发白,应该为过熟的卵子(图2)。

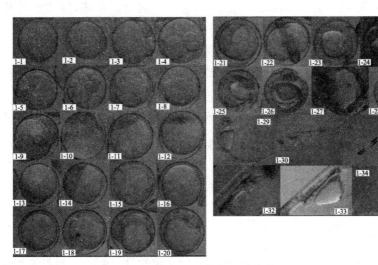

图 1　大头鳕的胚胎发育

1-1. 未受精卵;1-2. 胚盘形成;1-3.2 细胞侧面观;1-4.2 细胞背面观;1-5.4 细胞;1-6.8 细胞;1-7.16 细胞侧面观;1-8.32 细胞;1-9.64 细胞期;1-10. 桑葚期;1-11. 高囊胚期;1-12. 低囊胚期;1-13. 原肠早期;1-14. 原肠中期侧面观;1-15. 原肠中期背面观,可见胚环;1-16. 原肠晚期;1-17. 原口关闭前期;1-18. 原口关闭期;1-19. 视囊期;1-20. 色素形成期;1-21. 晶体形成;1-22. 尾芽期;1-23. 心跳期;1-24. 肌肉效应期;1-25. 孵化前Ⅰ期;1-26. 孵化前Ⅱ期;1-27. 孵化前Ⅲ期;1-28. 孵化前Ⅳ期;1-29. Ⅱ期孵化仔鱼;1-30. Ⅲ期孵化仔鱼;1-31. 初孵仔鱼;1-32. 示孵化仔鱼卵囊形态;1-33. 示孵化仔鱼卵黄囊形态;1-34. 示Ⅲ期孵化仔鱼,眼球色素沉淀尚不完全

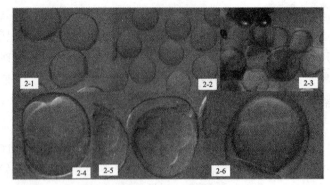

图 2　大头鳕 3 次人工授精结果对比

2-1. 刚授精卵子形态（第 1 次人工授精）；2-2. 刚授精卵子形态（第 2 次人工授精）；
2-3. 刚挤出的卵子形态，未进行授精（第 3 次人工授精）；2-4. 二细胞（第 1 次人工授精）；
2-5. 8 细胞（第 1 次人工授精）；2-6. 发育至原肠早期，可见卵子上龟裂明显（第 1 次人工授精）

通过受精率来判断，第 1 次人工授精中受精率为 30%，应该为发育中尚未达到成熟的卵子，而第 3 次肯定是过熟的卵子（因为取自同一条亲鱼）。由此可见，人工授精时机的把握非常重要，成熟的卵子在 3 天内会失去受精能力，这与前人研究的报道的不一致。

3.4　柯氏囊

为纪念 Kupffer 在 1868 年发现真骨鱼类胚胎发育过程中会出现一个暂时性的囊泡，而将其命名为柯氏囊（Kupffer'vesicle）[11]。近年来研究证实了柯氏囊中一个内含单纤毛细胞（monociliated cells）的器官，并且与胚胎发育的不对称性密切相关[12-13]。

硬骨鱼类 KV 囊的位置在其尾部的腹侧，离尾芽还有一段距离，因此出现的时机一般在原口关闭前或原口刚刚关闭的时期，随着胚胎的发育，在尾芽游离前即消失。如条石鲷（*Oplegnathus fasciatus* Temmine）的 KV 囊出现在原口关闭期，尾芽游离立刻消失[14]。黑棘鲷（*Acanthopagrus schlegelii*）的 KV 囊在原口关闭前期出现，同样在大头鳕的柯氏囊似乎可有可无，因为在很多胚胎时期几乎看不到它的存在，发现最多 10% 的胚胎具有 KV。而且，即使出现 KV 的个体，其出现的时序也要晚于其他硬骨鱼类，一般硬骨鱼类的 KV 出现在原口关闭前期。由此可见，这个暂时性的囊泡并非所有硬骨鱼类都出现，而且其作用是否如上所述，起始期胚胎发育的不对称性还有待进一步考证。在大头鳕胚胎发育过程中大量出现的其他囊泡（如图 1 中的 1-20，1-23，1-24）是否替代了 KV 及其功能也需要进一步证实。

3.5　孵化时期

作为低温孵化期长的鱼类，其孵化周期也长，这个很容易理解。但是对于其孵化出来的发育时期，却很少有差别。在真鲷、牙鲆等鱼类中，孵化周期也超过 6 h，但是初孵仔鱼的形态，尤其是体色模式规律性很强，发育时期也大体一致。而大头鳕的孵化周期近 60 h，初孵仔鱼形态也差异很大，如图 1-29 中，孵化前 II 期的仔鱼，躯干部并没有形成色素带，眼球晶体的色素沉积也不完善，在烧杯中的游动能力很差，几乎不能正常游动，这如果归结于其他因素导致的不正常孵化,也欠缺理论支持,这样的仔鱼随着发育,同样可以继续存活。导致其提前孵化或孵化时机的控制因素究竟是什么,还需要进一步探索。

3.6 胚胎高死亡率

在大头鳕胚胎发育过程中,从卵裂开始,就陆续出现大量死亡胚胎。本实验最后一次人工授精孵化水温为6℃,海水盐度等理化因子没有任何问题。从二细胞计算,受精率高达92%,但是到了原口关闭期,仅存活54%左右,并存在大量畸形发育的胚胎。临近孵化前期,仅存20%正常的胚胎,最终的孵化率在15.8%。在胚胎发育过程中的高死亡率并无具体的敏感期,其外界影响因素也不清楚。在收集到的自然受精的胚胎中,孵化率更是低至5%以下,这种胚胎期的高死亡率是否与遗传机制相关,而雌雄个体较高的绝对繁殖力似乎是弥补其胚胎高死亡率的进化对策之一,卞晓东[6]在日本的实验证实4~6℃是其孵化的最适温度。这是否与需要低温孵化,而作者的孵化温度过高导致的高死亡率有关还要进一步证实,尤其是在3月11日遭遇高温天气(车间无降温设备),池水温度达到8℃,也可能是其高死亡率的外界诱因之一。

参考文献

[1] 刘名. 太平洋鲱和大头鳕的群体遗传学研究[D]. 青岛:中国海洋大学,2010.

[2] 李忠炉,金显仕,张波,等. 黄海大头鳕(*Gadus macrocephalus* Tilesius)种群特征的年际变化[J]. 海洋与湖沼,2012,43(5):924-931.

[3] Sakurai Y, Hattori T. Reproductive behavior of Pacific cod in captivity[J]. Fisheries science, 1996, 62(2):222-228.

[4] Hanna S K, Haukenes A H, Foy R J, et al. Temperature effects on metabolic rate, swimming performance and condition of Pacific cod *Gadus macrocephalus* Tilesius[J]. Journal of Fish Biology, 2008, 72(4):1 068-1 078.

[5] 高天翔,杜宁,张义龙,等. 大头鳕(*Gadus macrocephalus* Tilesius)摄食食性的初步研究[J]. 海洋湖沼通报,2003,4:74-78.

[6] 卞晓东. 鱼卵、仔稚鱼形态生态学基础研究——兼报黄河口海域鱼类浮游生物调查[D]. 青岛:中国海洋大学,2010.

[7] 肖志忠,于道德,张修峰,等. 条斑星鲽早期发育生物学研究——受精卵的形态、生态和卵胚发育特征[J]. 海洋科学,2008,32(2):17-21.

[8] Ahlstrom E H, Moser H G. Characters useful in identification of pelagic marine fish eggs[J]. Reports of California Cooperative Oceanic Fisheries Investigations, 1980, 21:121-131.

[9] Riis-Vestergaard J. Energy density of marine pelagic fish eggs[J]. Journal of Fish Biology, 2002, 60:1 511-1 528.

[10] Selman K, Wallace R A, Cerda J. Bafilomycin A1 inhibits proteolytic cleavage and

hydration but not yolkcrystal disassembly or meiosis during maturation of seabass oocytes[J]. Journal of Experimental Zoology, 2001, 290: 265-278.

[11] Kupffer C. Beobachtungea uber die Entwicklung derKnochenfische[J]. Arch. Mikrob. Anat, 1868, 4: 209-272.

[12] Kreiling J A P, Williams G, Creton R. Analysis of Kupffer' vesicle in zebrafish embryos using a cave automated virtual environment[J]. Developmental Dynamics, 2007, 236 (7): 1 963-1 969.

[13] Essner J J, Amack J D, Nyholm M K, et al. Kupffer'vesicle is a ciliated organ of asymmetry in the zebrafish embryo that initiates left-right development of the brain, heart and gut[J]. Development, 2005, 132 (6): 1 247-1 260.

[14] 肖志忠,郑炯,于道德,等. 条石鲷早期发育的形态特征[J]. 海洋科学, 2008, 32（3）: 25-30.

（于道德,刘名,刘洪军,姜云荣,官曙光）

使用群体选育法选择大菱鲆耐高温亲鱼群体

在2000年前后引进大菱鲆(*Scophthalmus maximus*)并开展大规模养殖后,因其特别适合我国北方的气候、经济、技术条件,"养殖大棚＋深井海水"养殖模式迅猛发展,养殖面积500万平方米以上。随着地下海水资源的匮乏、南北接力养殖模式的出现,养殖生产中对耐高温特性大菱鲆品种/品系的需求日益增加。培育具有耐高温特性的大菱鲆品系,在养殖中可以部分使用自然海水,降低对地下海水的依赖程度,保护地下海水资源;扩大大菱鲆的适养范围,开辟新的适养地区;适应大菱鲆南北接力养殖模式的出现,在秋末—冬季—春末进行南方海上网箱的养殖。2006~2008年,为获得可能具有耐高温能力的大菱鲆亲鱼群体,在山东日照市涛雒镇进行了筛选耐高温大菱鲆的研究,获得了耐高温亲鱼群体,为大菱鲆耐高温品系的选育打下了物质基础。

1 材料与方法

1.1 实验鱼及培育方法

本研究于2006~2008年在山东日照市涛雒镇福海水产有限公司进行。使用该公司于2004年购买的大菱鲆苗种养殖至2006年4月中旬的成品鱼150尾。养殖池为边长6 m的正方形切角的水泥池,水深0.6 m,不间断充气。大菱鲆养殖方法为使用水深24~28 m的地下海水,盐度26~31,温度12.3~23.5℃,22小时黑暗、2小时光照(光强度≤1 000勒克斯)。所投喂饵料是山东升索渔用饲料研究中心生产的人工配合饲料和玉筋鱼。

1.2 高温水养殖筛选耐高温亲鱼群体实验

150尾大菱鲆成鱼平均分成3个平行组,每个平行组50尾,分别在不同养殖池养殖,养殖池为直径4 m的圆形水泥池,养殖方法同上。在2006年、2007年、2008年连续3个夏季对预选鱼进行筛选,每年春、秋、冬季使用地下海水,夏季添加部分自然海水,每年调节养殖水温在23.5~24.0℃范围内45天。每天的8:00、14:00、20:00三次检查、观察养殖鱼的状态,有死亡鱼则及时捞出。每间隔10天测定水温一次,2008年11月完成实验。

1.3 数据计算与统计分析

使用Excel 2003进行数据统计和制图,数据结果用平均值 ± 标准差($\bar{x} \pm SD$)形式表示。

2 结果

2.1 年水温变化和实验鱼死亡情况

2006～2007年度、2007～2008年度、2008年的培育水温变化情况，及实验鱼死亡的实时记录见图1、2、3、4。3年内养殖水温变化范围12.2～23.9℃，与季节变化表现出显著的相关性。2006年4月15日～2007年4月14日，实验鱼共死亡64尾；2007年4月15日～2008年4月14日，实验鱼共死亡34尾；2008年4月15日～2008年11月25日，实验鱼共死亡13尾，剩余39尾。死亡的高峰期出现于水温的高峰期，但实验鱼死亡高峰与水温高峰相比，存在一定的滞后。在非水温高峰期也有大菱鲆死亡发生，但死亡数量很低，每次出现都是仅死亡1尾，并且此情况较少发生。

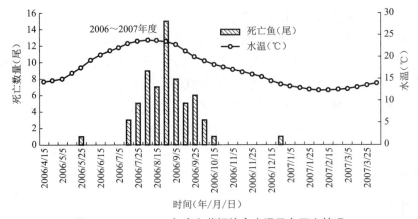

图1 2006～2007年度大菱鲆培育水温及鱼死亡情况

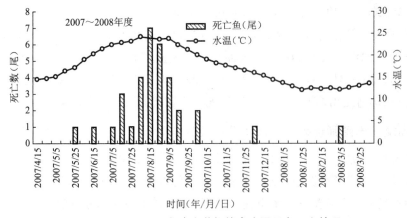

图2 2007～2008年度大菱鲆培育水温及鱼死亡情况

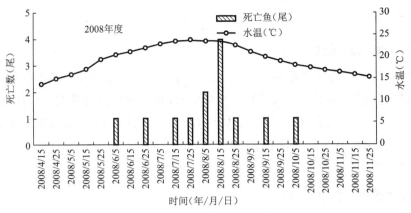

图 3　2008 年度大菱鲆培育水温及鱼死亡情况

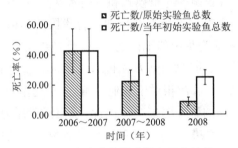

图 4　历年度大菱鲆实验鱼死亡情况

2.2 历年生长测定结果及存活数量

历年实验鱼存活数量及随机抽样测定总重、全长、体长、总高的情况见表1。2006～2007年度死亡较多,达64尾,占实验鱼总数的42.67%;2007～2008年度死亡34尾,占实验鱼总数的22.67%,占当年度初实验鱼数量的39.53%;2008年4月15日～11月25日死亡13尾,占实验鱼总数的8.67%,占当年度初实验鱼数量的25.00%。"当年度死亡鱼/原始实验鱼总数比率"和"死亡数/当年初始实验鱼总数"都呈现不断下降的趋势,相比之下,前者的下降更为显著,后者在2008年表现出较大的降幅。说明与实验初始时的实验鱼相比,此时存活的实验鱼总体上对高温水(23.5～24.0℃)养殖的适应性可能更强,因此淘汰率更低。

表1　历年生长测定结果及存活数量

时间 (年.月.日)	存活数量 (尾)	平均全重 (g)	平均全长 (mm)	平均体长 (mm)	平均总高 (mm)
2006.4.15	150	608.94±257.67	293.21±40.69	238.55±34.53	222.61±37.06
2007.4.15	86	1 334.06±172	388.48±15.50	314.85±13.55	312.13±17.11
2008.4.15	52	2 080.533±361.79	450.7±26.67	374.9±22.13	355.8±24.45
2008.11.25	39	2 872.33±748.00	518.83±35.21	435.17±28.88	426.33±38.60

3 讨论

3.1 亲本的定向选择

鲤育种中,使用具有耐低温特性的黑龙江野鲤与具有快速生长特性的荷包红鲤进行杂交,在获得的子一代个体中进行低温越冬养殖实验,筛选分离耐低温能力和体色性状,获得了抗寒能力达90%、体色全红、体型在2.0～2.3稳定遗传的F4荷包红鲤抗寒品系。本研究使用高温水养殖状态下个体的生活状态表型(存活率)作为筛选依据,进行具有耐高温特性亲鱼的筛选,也取得了较好的结果。

3.2 群体选择育种的利弊分析

大菱鲆引入我国以来,由于十年左右的累代养殖和近交繁殖,目前国内的养殖群体遗传较为混乱。但在养殖过程中,我国的养殖模式和养殖水文特点同时也对养殖鱼进行选择,比起最初引进的大菱鲆群体,现有的养殖群体更加适合我国的养殖模式和水文气候特点。日照的涛雒沿海是大菱鲆养殖最为集中的地区之一,由于养殖业开采了过量的地下海水,自然海水可能补偿了部分地下海水的损失(海水入侵),二者间可能存在一定程度的连通。因此在夏季涛雒的地下海水温度偏高,故相对于其他养殖区,在这里养殖的大菱鲆在夏季需要耐受更高的水温,可能具有更高的耐高温能力。因此,采用温度压力作为选择因子,在涛雒现有的养殖群体中,使用死亡淘汰法,就有可能筛选出具有耐高温性状的大菱鲆。

遵从亲本间具有不同亲缘关系的原则,本研究收集了来自法国、西班牙、丹麦的大菱鲆亲鱼群体,并分析各群体如高体型等性状特点。

楼允东认为,外地良种引入本地进行推广后,常因环境影响、天然杂交或突变而形成丰富的变异类型,也可作为良好的育种基础群体。大菱鲆自2000年前后大批量引入我国以来,多年的人工养殖实际是一种人为无意识的选择,同时也是我国的养殖条件对所养殖大菱鲆进行适应性筛选。因此可将现有国内累代繁养群体,视为较适应我国养殖环境条件和技术模式的大菱鲆品系。本研究中收集了山东沿海三个大菱鲆主养区的养殖群体亲鱼,并通过发病筛选和高温水养殖法筛选,对亲鱼进行了有意识的选择,为之后选育抗逆品系打下了基础。

一般认为,收集尽可能多的不同地理群体或养殖群体,可以获得混型程度较高的基础群体用于育种研究,因此相关学者都广泛收集不同群体。由于大菱鲆不是中国分布原种,因此无法获得我国周边海域群体,群体的获得只有通过引种和国内养殖群体的筛选。本研究收集了7个大菱鲆亲鱼群体,群体数量较多,各群体亲鱼保有数合理,适于进行选择育种研究。

(关健,刘洪军,官曙光,李成林,于道德,郑永允)

大菱鲆子二代家系及亲本耐高温能力的比较

由于大菱鲆(*Scophthalmus maximus*)对高温耐受能力较差,选育能够在特定时间区间内耐受高温的品系,可提高其在夏季高温期的成活率,提升经济效益。国外对大菱鲆的选育始于20世纪90年代,主要集中于法国和西班牙[1-3],2005年后国内许多单位开展大菱鲆育种研究,在生长[4,5]、遗传参数评估[6,7]、多倍体诱导[8]、转基因[9]等方面都取得了进展。对许多物种的研究发现,在适应不同环境时生物会产生对温度耐受力的差异[10],因此可以温度作为选择压力选育耐高温品系。本研究以大菱鲆耐高温品系培育为目的,运用温度突变刺激与亚致死温度养殖为选择压力,比较了2009年、2010年所建立的大菱鲆子二代(F_2)家系50日龄(以下简称dph, days post hatching)和100 dph幼鱼的热耐受力的差别,以期筛选出耐高温品系和子一代亲本。

1 材料与方法

1.1 实验材料及准备

实验于2009年、2010年在山东烟台百佳水产有限公司进行。实验家系:使用2006年~2008年收集的大菱鲆育种基础群体[11]所繁育的子一代(F_1)家系中具有耐高温性状的亲鱼,人工授精构建的子二代(F_2)家系。

实验鱼:22个2009年家系100 dph幼鱼(全长70~80 mm);36个2010年家系的50 dph幼鱼(全长17~24 mm)和100 dph幼鱼(全长75~90 mm),各家系父母本信息见表1、表2。家系仔、稚、幼鱼的培育方法同[12],至85 dph时以不同的颜色-位点组合的荧光色素橡胶标记幼鱼,以区分不同家系。

表1 大菱鲆2009年春季育种 F_2 家系父母本信息

家系	母本	父本	家系	母本	父本	家系	母本	父本
2009-K	2792	3920	2009-D	3366	271A	2009-X	2AA0	4836
2009-V	2792	3E87	2009-M	51AF	271A	2009-L	4D68	4836
2009-U	2C92	3E87	2009-G	53E4	29BB	2009-O	5140	3F9F
2009-E	3F93	3E87	2009-I	4637	29BB	2009-R	2BA1	4493

续表

家系	母本	父本	家系	母本	父本	家系	母本	父本
2009-C	4A65	3E87	2009-N	4637	4D61	2009-A	529E	483F
2009-B	2CA9	3C67	2009-H	4637	3CE0	2009-W	530A	4FC7
2009-S	2CA9	5372	2009-F	53E4	3CE0			
2009-T	2EA6	5372	2009-P	3471	2515	对照		

* 注：相同系本的为半同胞家系。

表2　大菱鲆2010年春季育种家系父母本信息

家系	母本	父本	家系	母本	父本	家系	母本	父本
2010-4	4266[①]	3369	2010-27	G8[④]	46C1	2010-43	48BC[⑧]	4031
2010-5	4266[①]	2943[a]	2010-28	G8[④]	47C5	2010-44	54AD	G14[h]
2010-6	4BEF	5058	2010-30	G10[⑤]	3600	2010-45	2B98	G14[h]
2010-8	5058[②]	326D	2010-31	G10[⑤]	49E8	2010-47	4846[⑨]	2574
2010-9	5058[②]	2C27	2010-33	29B1[⑥]	483B[d]	2010-48	4846[⑨]	G16
2010-10	5058[②]	3FA9	2010-34	29B1[⑥]	2247[b]	2010-49	4846[⑨]	4028
2010-12	2B98[③]	2247[b]	2010-35	29B1[⑥]	G13	2010-51	29B1[⑩]	2943[a]
2010-13	2B98[③]	3260	2010-37	2860[⑦]	2CA9[f]	2010-52	29B1[⑩]	483B[d]
2010-14	2B98[③]	37A5[c]	2010-38	2860[⑦]	4031	2010-53	29B1[⑩]	32DF
2010-18	G3	483B[d]	2010-39	2860[⑦]	2E21[g]	2010-54	361C	2943[a]
2010-24	4BEF	G7[e]	2010-40	4266	2E21[g]	2010-对照-A		
2010-25	2860	G7[e]	2010-41	48BC[⑧]	2E21[g]	2010-对照-B		
2010-26	G8[④]	37A5[c]	2010-42	48BC[⑧]	2CA9[f]	2010-对照-C		

* 注：亲本上标相同的家系为半同胞家系。

实验前驯化，50 dph 幼鱼：各家系和对照组随机抽取10尾作为一个实验组，预先在10 L水槽中驯化24 h（水温（17.5±1.0）℃，水体溶氧 DO ≥ 8 mg·L^{-1}，日换水率80%）。100 dph 幼鱼：各家系随机抽取10尾，与对照组混养于直径1.8 m、实验水体0.68 m³的锥形底玻璃钢水槽中。

1.2 实验设计、操作及观测指标

使用与正式实验相同的方法，通过对同批次、同规格的非家系幼鱼的预实验，确定了50 dph 幼鱼的热激2 h 后48 h 内半致死热激温度为30 ℃。由于2009年和2010年100 dph 幼鱼驯化水温不同（分别为21.0 ℃和14.8 ℃），高温养殖温度上限分别设置为27.0 ℃和25.0 ℃。使用同期培育的同规格普通幼鱼作为对照组。以下各实验组均设3个平行组，间隔12 h 检查实验鱼死亡数、摄食和生活状态。使用 MS-801型控温仪的电加热棒和鼓气设施控制水浴温度，保持温度稳定（预设温度 ±0.5 ℃）。

1.2.1 100 dph 幼鱼高温养殖实验

实验容器为直径1.8 m的锥形底玻璃钢水槽,实验水体0.68 m³。各家系随机抽取10尾幼鱼。2009年:22个家系及1个对照组,共230尾;2010年:26个家系及3个对照组,共290尾;每个平行混养于1个水槽内。实验鱼转入实验水槽驯化,驯化温度、时间、升温速率和高温水养殖时间见表3。驯化48 h后,每日08:00和16:00饱食策略投喂人工配合饲料。每日15:30清理出污物后,更换经预热至实验预设水温的新鲜海水,日换水率80%。

1.2.2 50 dph 幼鱼热刺激实验

水浴装置为200 L蓝色PVC水槽,海水体积80 L,使用10 L塑料水槽作为热激容器。36个2010年家系和对照组,各家系或对照分别收容于独立的10 L水槽中,将经驯养的实验鱼进行2 h的30.0℃热激后,迅速转入水温17.5℃的独立容器中培育。对照组操作相同。

表3 各组高温耐受实验的程序及相关条件

家系年份	发育时期（dph）	驯化方法	实验水体（L）	升温速率（℃·d⁻¹）	高温温度（℃）	热激/高温培育时间(h)	观察时间(h)
2009	100	21.0℃×72 h	680	1.5	27.0	72	72
2010	50	17.5℃×24 h	10.0	温度突变	30.0	2	48
2010	100	14.8℃×72 h	680	2.0	25.0	72	72

1.3 统计与分析

研究结果以平行组的平均值±标准差表示,使用SPSS 11.5单因素方差分析,$P<0.05$为差异显著,$P<0.01$差异极显著。使用Origin 8.0软件制图。以存活率作为判别家系耐高温能力的依据,以半同胞家系的平均存活率作为判别其亲本耐高温能力的依据。

2 结果

2.1 2009年家系100 dph幼鱼的高温实验结果

2009年家系100 dph幼鱼高温养殖实验期间水温变动见图1,27℃高温水培育存活率比较见图3。各家系在27℃中死亡率差异较大:存活率为0%的家系1个(占家系总数的4.55%),0.00%~40.00%的家系5个(占22.7%),多数家系处于40%~60%之间(12个家系,占54.5%),存活率>60%的家系4个(占18.2%)。对照家系为50.00%±20.00%。

母系、父系半同胞家系幼鱼在27℃高温水培育后的存活率见图4、图5。母系半同胞家系4个,母本分别为2792、2CA9、4637、53E4,半同胞平均存活率分别为41.67%、50%、41.67%和45.83%,全部处于40.00%~50.00%范围内,相互间无显著差异,故不能筛选出耐高温能力较强的母本亲鱼。父系半同胞家系6个,父本分别是271A、29BB、3CE0、3E87、4836和5372,半同胞平均存活率分别为58.33%、37.5%、29.17%、62.49%、50.00%和54.17%,处于29.17%~62.49%范围内。与母系半同胞家系相比,父系半同胞家系间差异较大,根据子代存活率判断亲鱼271A、3E87和5372具有耐高温性状。

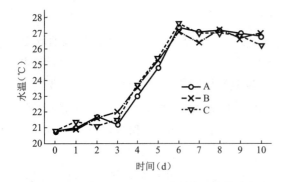

图 1 2009 年家系 100 dph 幼鱼高温水养殖实验期间水温变动

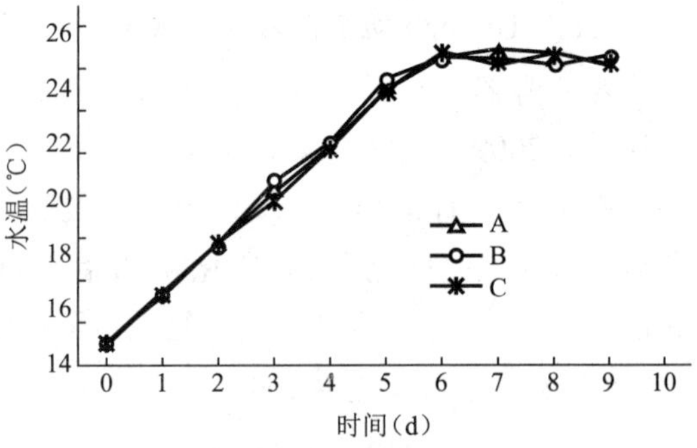

图 2 2010 年家系 100 dph 幼鱼高温水养殖实验期间水温变动

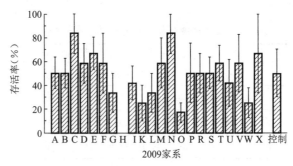

图 3 2009 年家系 27℃高温水培育存活率比较

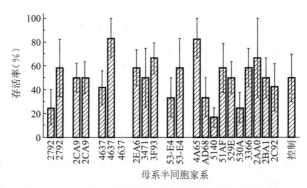

图 4 2009 母系半同胞家系高温水培育存活率比较

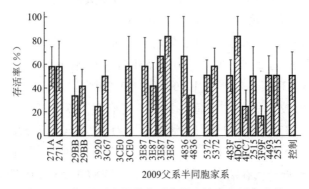

图 5 2009 父系半同胞家系高温水培育存活率比较

2.2 2010 年家系 50 dph 幼鱼 30℃热激实验结果

2010 年家系 50 日龄 30℃热激实验和 100 日龄 25℃高温水培育实验的存活率见图 6。50 dph 30℃热激实验存活率在 0.00%～100.00%之间都有分布，表现出较大差异和连续的正态分布：存活率为 0.00%的家系两个（占家系总数的 5.56%），10.00%～20.00%的家系 5 个（占 13.89%），20.00%～40.00%的 6 个（占 16.67%），40.00%～60.00%的 7 个（含 60.00%，占 19.44%），60.00%～80.00%的 9 个（不含 60.00%，含 80.00%，占 25.00%），80.00%～99.99%的 5 个（不含 80.00%，占 13.89%），存活率 100.00%的家系两个（占 5.56%）。

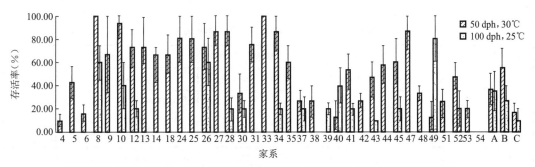

图 6　2010 年家系 50 日龄 30℃和 100 日龄 25℃高温水培育存活率的比较

母系、父系半同胞家系 50 dph 幼鱼的 30℃热激存活率见图 7、图 8。母系半同胞家系 10 个，母本分别为 2860、4266、4846、5058、29B1、2B98、48BC、4BEF、G10 和 G8，半同胞平均存活率分别为 33.34%、22.22%、44.44%、86.67%、56.53%、69.72%、42.22%、47.78%、54.45%和 82.22%，对照平均存活率为 36.10%，差异较大。其中有 5 个半同胞家系处于 40.00%～60.00%区间，占母本半同胞家系的 50%，基本呈连续的正态分布。根据子代存活率判断亲鱼 5058、2B98 和 G8 具耐高温性状。父系半同胞家系 8 个，父本分别为 2247、2943、2CA9、2E21、37A5、483B、G14 和 G7，半同胞平均存活率分别为 80.00%、23.34%、26.67%、22.22%、70.00%、71.11%、58.89%和 80.00%，对照的平均存活率为 36.10%。父系半同胞家系平均存活率呈现两极分化，3 个半同胞家系 25%左右，4 个半同胞家系处于 70%～80%。根据子代存活率判断亲鱼 2247、G7、37A5 和 483B 可能具有耐高温性状。

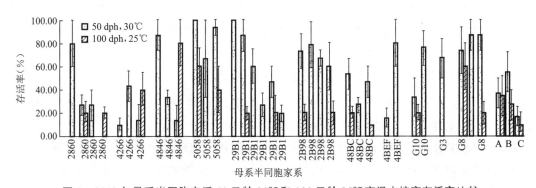

图 7　2010 年母系半同胞家系 50 日龄 30℃和 100 日龄 25℃高温水培育存活率比较

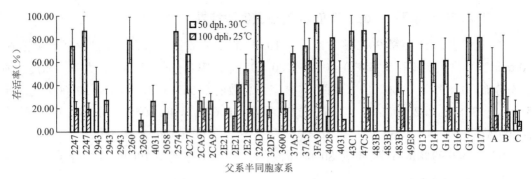

图 8 2010 年父系半同胞家系 50 日龄 30℃和 100 日龄 25℃高温水培育存活率比较

表 4 根据表型筛选出的可能具有耐高温形状的 F_2 家系

家系年份	家系数量	家系编号	发育时期(dph)	存活率(%)
2009	4	C, N, E, X	100	83.3、83.3、66.67、66.67
2010	13	12, 26, 31, 13, 25, 24, 28, 34, 27, 47, 10, 8, 33	50	73.33、73.33、75.56、78.89、80.00、80.00、86.67、86.67、86.67、86.67、93.34、100.00、100.00
2010	3	26, 8, 49	100	60.00、60.00、80.00
合计	20			

*注：亲鱼编号有下划线的为重复亲鱼。

表 5 根据子代表型筛选出的可能具有耐高温形状的 F_1 亲鱼

家系年份	发育时期(dph)	半同胞家系类型	亲鱼标记编号(%)	半同胞家系存活率
2009	100	母系 M	—	
2009	100	父系 P	271A, 3E87, 5372	62.49、62.49、54.17
2010	50	母系 M	5058, 2B98, G8	86.67、69.72、82.22
2010	50	父系 P	2247, G7, 37A5, 483B	80.00、80.00、70.00、71.11
2010	100	母系 M	4846, 5058, G8	40.00、33.33、40.00
2010	100	父系 P	37A5	30.00
合计			11	

*注：亲鱼编号有下划线的为重复亲鱼。

2.3 2010 年家系 100 dph 幼鱼 25℃高温实验结果

2010 年家系 100 dph 幼鱼高温水养殖实验期间水温变动情况见图 2，家系 100 日龄 25℃高温水培育实验的存活率见图 6。100 dph 25℃高温水培育实验的存活率在 0.00%～80.00%之间，差异范围较大。其中 13 个家系全部死亡，1 个家系存活率 10.00%，9 个家系存活率 20.00%、40.00%、60.00%的各两个家系，80.00%家系 1 个。多数家系的存活率较低。

母系、父系半同胞家系的 100 dph 幼鱼的 25℃热激存活率见图 7、图 8。母系半同胞家系共 10 个，母本分别为 2860、4266、4846、5058、29B1、2B98、48BC、4BEF、G10 和 G8，半同胞平均存活率分别为 10.00%、13.33%、40.00%、33.33%、8.00%、13.33%、10.00%、0%、10.00% 和 40.00%，存活率总体较低。根据子代存活率判断亲鱼 4846、5058 和 G8 具有耐高温性状。父系半同胞家系共 8 个，父本分别为 2247、2943、2CA9、2E21、37A5、483B、G14 和 G7，半同胞平均存活率分别为 20.00%、0.00%、26.67%、22.22%、30.00%、6.67%、10.00% 和 0.00%，存活率总体较低。根据子代存活率判断亲鱼 37A5 可能具有耐高温性状。

2.4 筛选出的可能具有耐高温性状的 F_1 亲本及 F_2 家系

根据 2.1～2.3 的高温后存活率表型，筛选出可能具有耐高温性状的 F_2 家系 20 个，根据子代半同胞家系表型筛选出可能具有耐高温性状的 F_1 亲鱼 11 尾，结果分别见表 4 和表 5。

3 讨论

3.1 水产动物耐温性状的培育及机制探讨

过去主要以培育和筛选低温耐受品系为目的研究水产动物温度耐受性[13]，对耐低温鲤(*Cyprinuscarpio*)的育种开展较早[14-16]，对尼罗罗非鱼(*Oreochromisniloticus*)[17]、大黄鱼(*Pseudosciaena crocea*)[18]的研究也获得相当的进展。2005 年以后，国内水产动物耐温品系的选育研究稳步增加[19-22]，这一方面表明对耐温性状的关注度上升，另一方面也说明产业对于耐温品系的迫切需求。就大菱鲆而言，养殖耐高温品系可提升高温期的成活率，扩大适养地域范围，使用自然海水部分替代深井海水，进而节能降耗，降低养殖成本，因此具有重要的经济价值和生态意义。

本研究中家系的亲本属耐高温能力较强的子一代，其子代家系中的耐高温能力差异较大，也说明耐温性状的遗传并不稳定。[21]使用两种动物模型计算大菱鲆耐高温性状遗传力分别为 0.026±0.034 和 0.026±0.053，与罗非鱼耐低温性状遗传力相近[23]，属于低遗传力，而对低遗传力物种进行选育的难度远大于高遗传力物种。同常规数量性状相似，动物当中有许多离散性状受多基因的控制，并被环境因子修饰[24]。目前对耐温性状的遗传学机制研究较少，有学者认为其属于数量性状范畴和微效多基因机制[25,26]，但目前尚不能定论，在今后仍需不断进行探索。

3.2 生活、驯化温度及个体规格对生物热耐受性的影响

生物某一时期极性致死温度的高低，同其在之前的生活温度高低直接相关，人工驯化或气候驯化还可在一定程度上改变生物体的耐受性，即气候适应[27,28]。大菱鲆属低温性鱼类，最适生长水温为 14～17℃，对高温适应能力差[29]。据养殖业者的信息，对比引种初期，目前我国大菱鲆养殖群体的耐温上限已获得了一定提高，其原因可能是长期的环境选择和气候适应。气候适应是育种研究的干扰因素之一。在面临相同环境时，由于前期生活环境的差异，会导致基因型相同的个体表型迥异。本研究也观察到气候适应现象：2009 年、2010 年

家系 100 dph 幼鱼实验前培育温度分别为 21℃和 14.8℃,而预实验中半致死温度差异较大,分别为 27℃和 25℃。[21]发现,大菱鲆个体耐高温性状与全重间呈表型负相关性(-1.00),表明在研究耐高温性状时,预先建立"个体规格－高温耐受"曲线,对表型进行校正是非常必要的。因此,比较不同个体规格、养殖区、养殖水温、养殖模式及不同年份家系的耐高温性状,一定要慎重考虑结果的准确性。综上所述,本研究开展的热刺激突变实验和高温养殖耐受实验周期较短,据实验结果筛选的家系和亲鱼可能具有较强的耐高温性状,虽然该性状的确定或者固定还需要今后长期的养殖实验检验,但可为耐高温品系的选育提供理论和技术依据。

参考文献

[1] Gjerde B, Roer J E, Lein I, et al, Heritability for body weight in farmed turbot[J]. Aquaculture interational: journal of the European Aquaculture Society, 1997, 5: 175-178.

[2] Haffray P, Martinez P. Review on breeding and reproduction of European aquaculture species-Turbot(*Scophthalmus maximus*)[J]. Aqua Breeding, 2008, 1-12.

[3] Imsland A K, Foss A, Stefansson S O. Variation in food intake, food conversion efficiency and growth of juvenile turbot from different geographic strains[J]. Journal of Fish Biology, 2001, 59(2): 449-454.

[4] 卢钟磊,池信才,王义权,沈月毛,郑忠辉,宋思扬. 褐牙鲆耐热性状相关的微卫星分子标记筛选[J]. 厦门大学学报(自然科学版),2007,46(3):396-402.

[5] 关健,郑永允,刘洪军,官曙光,张全启,雷霁霖. 大菱鲆子二代家系白化与正常幼鱼生长及形态学差异的初步研究[J]. 中国水产科学,2011,18(6):1 286-1 292.

[6] 王新安,马爱军,雷霁霖,杨志,曲江波,黄智慧,薛宝贵. 大菱鲆不同家系生长性能的比较[J]. 海洋科学,2011,35(4):1-8.

[7] 马爱军,王新安,杨志,曲江波,雷霁霖. 大菱鲆(*Scophthalmus maximus*)幼鱼生长性状的遗传力及其相关性分析[J]. 海洋与湖沼,2008,39(5):499-504.

[8] 张庆文,孔杰,栾生,于飞,罗坤,张天时. 大菱鲆 25 日龄 3 个经济性状的遗传参数评估[J]. 海洋水产研究,2008,29(3):53-56.

[9] 孟振,雷霁霖,刘新富,张和森. 不同倍性大菱虾胚胎发育的比较研究[J]. 中国海洋大学学报,2010,40(7):36-42.

[10] 刘婷,刘庆华,谭训刚,张培军,徐永立. 大菱鲆两种转基因方法的比较研究[J]. 海洋科学,2007,31(11):9-13.

[11] Kocovsky P M, Carline R. Influence of extreme temperatures on consumption and condition of walleyes in pymatuning sanctuary, Pennsylvania[J]. North American Journal of Fisheries Management, 2001, 21(1): 198-207.

[12] 关健,郑永允,刘洪军,官曙光,张全启,雷霁霖. 大菱鲆引进亲鱼与国内累代繁养亲

鱼群体的形态特征比较 [J]. 渔业科学进展, 2012, 33 (3): 48-53.
- [13] 雷霁霖. 海水鱼类养殖理论与技术 [M]. 北京: 中国农业出版社, 2005.
- [14] 楼允东. 鱼类育种学 [M]. 北京: 中国农业出版社, 1999.
- [15] 刘明华, 沈俊宝, 张铁齐. 选育中的高寒鲤. 中国水产科学, 1994, 1 (1): 10-19.
- [16] 梁利群, 李绍戊, 常玉梅, 高俊生, 孙效文, 雷清泉. 抑制消减杂交技术在鲤鱼抗寒研究中的应用 [J]. 中国水产科学, 2006, 13 (2): 194-199.
- [17] 潘贤, 梁利群, 雷清泉. 筛选与鲤鱼抗寒性状相关的微卫星分子标记 [J]. 哈尔滨工业大学学报, 2008, 40 (6): 915-918.
- [18] 李晨虹, 李思发. 不同品系尼罗罗非鱼致死低温的研究 [J]. 水产科技情报, 1996, 23 (5): 195-198.
- [19] 李明云, 吴玉珍, 冀德伟, 吴海庆, 陈炯, 史雨红, 罗海忠, 柳敏海, 傅荣兵. 低温选择大黄鱼（$Pseudosciaena\ crocea$）的肝脏蛋白质组双向电泳分析 [J]. 海洋与湖沼, 2010, 41 (3): 348-351.
- [20] 池信才. 耐温牙鲆的分子标记及人工选育的研究 [D]. 厦门: 厦门大学, 2006.
- [21] 刘广斌. 刺参（$Apostichopus\ japonicus$）耐高温品系选育的基础研究 [D]. 北京: 中国科学院, 2008.
- [22] 刘宝锁, 张天时, 孔杰, 王清印, 栾生, 曹宝祥. 菱鲆生长和耐高温性状的遗传参数估计 [J]. 水产学报, 2011, 35 (11): 1 601-1 606.
- [23] 田永胜, 汪娣, 徐营, 陈松林. 温度对半滑舌鳎家系生长及性别的影响 [J]. 水产学报, 2011, 35 (2): 176-182.
- [24] Behrends L L, Kingsley J B, Bulls M J. Cold tolrence in maternal mouth brooding tilapisa: phenotypic variation among species and hybrids [J]. Aquaculture, 1990, 85: 271-280.
- [25] 殷宗俊, 张勤. 多基因离散性状 QTL 连锁分析方法 [J]. 遗传, 2006, 28 (5): 578-582.
- [26] 吴常信. 为创建一门新的边缘学科:《分子数量遗传学》而努力 [J]. 中国畜牧杂志, 1993, 29 (4): 54-55.
- [27] 池信才, 王军, 宋思扬, 苏永全. 耐温牙鲆分子标记辅助选育研究 [J]. 厦门大学学报（自然科学版）, 2007, 46 (5): 693-696.
- [28] 李永材, 黄溢明. 比较生理学 [M]. 北京: 高等教育出版社, 1986.
- [29] 孙儒泳. 动物生态学原理（第三版）[M]. 北京: 北京师范大学出版社, 2001.
- [30] 申雪艳, 孔杰, 宫庆礼, 雷霁霖. 大菱鲆种质资源研究与开发 [J]. 海洋水产研究, 2005, 26 (6): 94-100.

（关健, 刘梦侠, 刘洪军, 于道德, 官曙光, 郑永允）

美洲黑石斑精子超低温保存研究

超低温冷冻保存是种质资源长期保存的一个重要方法。超低温保存的样品可进行长距离的运输,实现远缘杂交、异源精子雌核发育诱导;同时将精子超低温保存还可以提高精子的利用率,减少雄性亲鱼培育数量,降低成本;通过建立精子库对精液进行长期保存对种质资源保护具有重要意义,可以使濒临灭绝的物种的种质细胞得以长期的保存,待需要时解冻来恢复其资源结构[1-5]。自从1953年Blaxter成功冷冻保存大西洋鲱鱼(*Clupea harengus*)精巢[6]以来,鱼类种质细胞的低温保存迅速发展起来,在过去的50多年中,世界许多国家的科研工作者围绕超低温保存的降温方法、抗冻液的筛选、冷冻、解冻速率等方面开展了大量的研究工作,并取得了巨大的进展,现已有200多种鱼的精液被成功地超低温保存起来,其中有40多种海水鱼的精液已进行了成功的超低温保存研究[7]。中国随着海水养殖业发展的迫切需要以及对海洋种质资源保护的认识,海洋鱼类精液的超低温保存取得了巨大的进展,对于一些具有较高经济价值的鱼类的精液如真鲷(*Pagrusmajor*)[8-12]、黑鲷(*Sparus macrocephlus*)[13]、大黄鱼(*Pseudosciaena crocea*)[14]、大菱鲆(*Scophthalmusmaximus*)[15]、牙鲆(*Paralichthys olivaceus*)[16]、鲈鱼(*Lateolabrax japonicus*)[17]进行了成功的超低温保存研究。

美洲黑石斑(*Centropristis striata* L.)属于鮨科(Serranidae)石斑鱼亚科(Serraninae),俗名有翡翠斑、珍珠斑等美誉,属于目前国际上养殖的石斑鱼类之一,中国于2003年成功引进[18]。黑石斑鱼属于雌雄同体,首先发育为卵巢,至第3~5年精巢开始发育产生精子。因此,黑石斑鱼先雌后雄的繁育特性,给人工繁育带来了困难。因此,为了使得精子、卵子同步获得,笔者采用了超低温冷冻保存的方法首先将精子冻存,然后等待卵子的成熟。目前,虽然国外关于黑石斑精子的研究已有报道[19],但是仅限于小体积0.5 mL麦管保存,保存量远不能满足生产的需要。

本研究中,笔者拟采用2 mL的冻存管、程序降温法,分析了4种抗冻剂、5种降温速率和5种解冻温度对美洲黑石斑精子超低温保存的影响。采用程序降温法,进行大容量冷冻保存,建立一种黑石斑鱼精子实用型冷冻保存方法。建立美洲黑石斑精子超低温保存的方法可以减少雄性亲鱼的养殖量,从而减少养殖成本,同时对于石斑鱼其他种类精子超低温保存方法的建立具有重要的指导作用。

1 材料与方法

1.1 精子采集

实验材料于 2011 年采集美洲黑石斑性成熟盛期(3 月中旬至 5 月下旬),成熟的亲鱼养殖于烟台市百佳水产公司(龙口,黄山馆养殖基地)。10 尾雌鱼和 20 尾雄鱼(3~4 kg,6~7 龄)暂养于 20 m³ 水池中,循环海水。精子采集前雄鱼首先置于 0.003% 的丁香酚溶液中麻醉,然后取出将鱼体用蒸馏水冲洗、擦干,轻轻挤压腹部采集精液于玻璃器皿中,采集过程中注意海水、血液、粪便的污染。收集的精子立即进行镜检,活力较高的精子进行下面的实验。

1.2 抗冻剂的筛选

将精液与 Hanks' 液($NaCl$ 8.01 g·L^{-1};KCl 0.40 g·L^{-1};$CaCl_2$ 0.14 g·L^{-1};$NaHCO_3$ 0.35 g·L^{-1};KH_2PO_4 0.06 g·L^{-1};$MgCl·6H_2O$ 0.10 g·L^{-1};$MgSO_4·7H_2O$ 0.10 g·L^{-1};$Na_2HPO_4·2H_2O$ 0.06 g·L^{-1};Glucose 10.00 g·L^{-1};pH 6.80)稀释的不同种类不同浓度的抗冻剂:二甲基亚砜(DMSO)、乙二醇(EG)、丙二醇(PG)、甲醇(Meth)以 1:3 (V/V)的比例混合后,将混合液吸入 2 mL 的冷存管中,然后将冷存管转入 Kryo-360-1.7 程序降温仪,0℃平衡 2 min,置于程序降温仪中平衡,然后以 20℃·min^{-1} 的速度降至 -180℃并停留 2 min,然后转入液氮保存。保存一定的时间然后解冻激活,计算精子的运动率。实验中运动率的计算是采用精子激活后视野中运动的精子占所有精子的百分比,一个样品取 3 个视野,一个视野精子数不低于 100 个。

1.3 降温速率的筛选

将精液与 Hanks' 液稀释的 DMSO 以 1:3 的比例混合后,0℃平衡 2 min,置于程序降温仪中平衡,然后以 10℃·min^{-1},15℃·min^{-1},20℃·min^{-1},25℃·min^{-1},30℃·min^{-1} 的速度降至 -180℃并停留 2 min,然后转入液氮保存。4 个月后以 35℃水浴解冻计算运动率。每个实验均重复 3 次。

1.4 解冻温度的筛选

将精液与 Hanks' 稀释的 DMSO 以 1:3 的比例混合后,置于程序降温仪中,以不同的降温速率进行冷冻处理,然后保存于液氮中,4 个月后以 35℃水浴解冻计算运动率。每个实验均重复 3 次。

1.5 解冻方法的筛选

将精液与 Hanks' 液稀释的不同种类的抗冻剂以 1:3 的比例混合后,置于程序降温仪中,平衡 2 min,然后以 20℃·min^{-1} 的速度降至 -180℃并停留 2 min,最后快速转入液氮中进行超低温保存。保存 4 个月后分别以 30℃,35℃,45℃,45℃,50℃水浴解冻,计算运动率。每个实验均重复 3 次。

1.6 冻精活力持续时间

将精液与 Hanks' 稀释的 15% DMSO、15% EG、15% PG 以 1:3 的比例混合后,置于程序降温仪中,以 -30℃·min^{-1} 的降温速率进行冷冻处理,然后保存于液氮中,4 个月后以

35℃水浴解冻计算运动率。每个实验均重复3次。

1.7 统计分析

用 SPSS 11.0 软件对数据进行统计分析。数据结果用平均值 ± 标准差表示,用一元方差分析(ANOVA)进行差异比较,并运用 SNK(Student-Newman-Keuls'est)分析法进行显著性检验,当 $P < 0.05$ 认为差异显著。

2 结果

2.1 抗冻剂对冻精运动率的影响

抗冻剂对冻精运动率的影响如图1所示,采用 15% DMSO、15% EG、15% PG 作为抗冻液保存的精子解冻后活力分别为(61.2±6.8)%、(56.6±9.1)%、(64.7±7.4)%,虽然显著低于对照(新鲜精子)的运动率,但它们之间的差异并不显著。相对而言,10% Meth 保存的冻精的运动率较差,显著低于其他抗冻剂($P < 0.05$)。因此,作者确定了 15% DMSO、15% EG、15% PG 都可作为美洲黑石斑精子冷冻保存的抗冻剂。

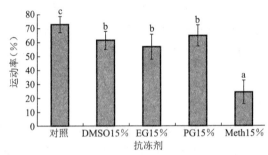

图 1 不同抗冻剂对冻精运动率的影响

注:标有不同字母的柱状图表示数值之间差异显著($P < 0.05$),图2、图3同。

2.2 降温速率对冻精运动率的影响

降温速率对冻精运动率的影响如图2所示,将 15% DMSO 保存的冻精,以 10℃·min^{-1},15℃·min^{-1}、20℃·min^{-1}、25℃·min^{-1}、30℃·min^{-1} 的降温速率保存的冻精激活后其运动率并没有显著的差异($P > 0.05$),但相对于对照(新鲜精子)还是显著降低($P < 0.05$)。因此,为了节省时间作者确定了 30℃·min^{-1} 作为美洲黑石斑精子超低温冷冻保存的降温速率。

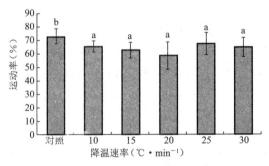

图 2 不同降温速率对冻精运动率的影响

2.3 解冻温度对精子运动率的影响

将 15% DMSO 保存的冻精,分别以 30℃,35℃,40℃,45℃,50℃ 的水浴解冻,水浴温度对精子运动率的影响见图 3。结果显示 30℃,35℃,40℃,45℃、50℃ 水浴解冻后的冻精的运动率间没有显著的差异($P > 0.05$),但相对于对照(新鲜精子)还是显著降低($P < 0.05$)。鉴于实验操作的方便性,因此作者确定 35℃ 作为美洲黑石斑冻精的解冻温度。

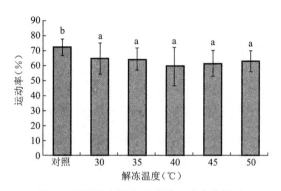

图 3　不同解冻温度对冻精运动率的影响

2.4 冻精激活后活力持续时间

15% DMSO、15% EG、15% PG 以 30℃·min^{-1} 的降温速率保存的冻精,35℃ 水浴解冻后,海水激活后活力状况与激活时间的关系见图 4。冻精活力在 15 s 之内急速下降,15 s 时冻精的运动率只有刚刚激活时的 1/3。冷冻精子活力持续的时间与鲜精比差异不显著($P > 0.05$),但是活力的下降速度明显比鲜精快。

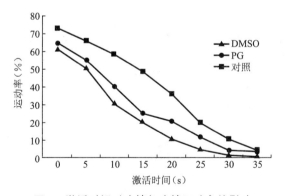

图 4　激活时间对冻精与冻精运动率的影响

3　讨论

适宜的抗冻剂是鱼类精子保存成功的关键因素,不同的抗冻剂对不同种鱼的精液保护作用差异很大。因此,建立精子冷冻保存方法的首要因素是筛选最适宜的抗冻剂的种类及浓度。参考课题组之前对真鲷、大菱鲆、大黄鱼等海水鱼类冷冻保存的方法以及黑石斑鱼精子的生理学特性,作者确定了 15% DMSO、15% EG、15% PG 以及 10% Meth 作为几种的主要抗冻剂进行筛选。在美洲黑石斑精子超低温保存中笔者发现 15% DMSO、15% EG、15% PG 获得了较好的保护效果。在 DeGraaf[19]等报道 0.5 mL 的麦管冷冻的黑石斑鱼精子采用 10% DMSO 也获得了较好的保存效果。DMSO 由于其具有较好的渗透性是鱼类精子超低温保存应用最为广泛的一种抗冻剂，5%～20% DMSO 在许多海水鱼类精子的超低温保存种都取得了令人满意的效果，例如，金头鲷（*Sparus aurata*）[20]、细须石首鱼（*sciaena russelli*）[21]和大菱鲆[15,22]。在大黄鱼精子超低温保存中 10% DMSO 也表现出较好的保护效果。EG、PG 也是渗透性较好的抗冻剂，在真鲷[8]精子超低温保存中也获得了较好的保存效果。但是对于大黄鱼精子 EG、PG 作为保护剂冷冻的精子其运动率一般。然而，PG、EG 在细须石首鱼[14,21]、金头鲷[20]精子的超低温保存取得了理想的运动率和受精率。在真鲷精子超低温保存中 DMSO、EG、PG 也获得了较好的保存效果[8-12,14]。但是，Meth 对美洲黑石斑的精子的保护效果较差，同样在大黄鱼[14]、真鲷[8]精子超低温保存中也获得了较差的保存效果，一些学者认为这是由于 Meth 过强的毒性和渗透性造成的，这也是实验中 Meth 选择 10% 而不是 15% 的原因。因此，抗冻剂种类以及浓度对精子的保护效果具有较强的鱼种的特异性，因此适宜抗冻剂及其浓度的选择是鱼类精子成功保存的关键环节。

降温速率和解冻温度对鱼类精子的超低温保存有重要作用。冷冻、解冻过程都会造成精子遭受结晶或者重结晶的损伤。但是对于美洲黑石斑精子，10～30℃·min^{-1}的降温速率、30～50℃水浴解冻温度对冷冻解冻后的精子活动率没有明显的影响。解冻温度过低会导致解冻时间较长，而解冻温度过高则影响操作的方便性，因此在实验中作者选择了 35℃水浴解冻。在大黄鱼精液超低温保存中笔者发现 43℃水浴解冻其运动率明显地高于 28℃水浴解冻[14]，然而在另一大黄鱼精液冷冻保存实验林丹军[23]等却发现室温解冻要优于 38～40℃水浴解冻。有研究[24]报道解冻温度的选择应取决于降温速率，以避免解冻过程中重结晶的形成。

笔者首次采用程序降温法成功地在超低温条件下保存美洲黑石斑精液，获得了较为理想的保存效果，并将冷冻的精子长期保存于中国科学院海洋研究所海洋动物种质库。通过实验，笔者建立了美洲黑石斑精液高效、系统、完整的超低温保存方法，此方法的建立对海水鱼类种质资源的保存和生物多样性的保护具有重要意义。

参考文献

[1] Gwo J C, Ohta H, Okuzawa K, et al. Cryopreservation of sperm from the endangered formosan landlocked salmon (*Oncorhynchus masou* formosanus)[J]. Theriogenology, 1999, 51(3): 569-582.

[2] Van Der Walt L D, Van Der Bank F H, Steyn G J. The suitability of using cryopreservation of spermatozoa for the conservation of genetic diversity in African catfish (*Clarias gariepinus*)[J]. Comparative Biochemistry and Physiology (Part A): Physiology, 1993, 106(2): 313-318.

[3] Tiersch T R, Wayman W R, Skapura D P, et al. Transport and cryopreservation of sperm of the common snook, *Centropomus undecimalis*(Bloch)[J]. Aquaculture Research, 2004, 35(3):278-288.

[4] Tiersch T R, Figiel C R, Wayman W R, et al, Cryopreservation of sperm of the Endangered Razorback Sucker[M]. Baton Rouge, Louisiana, USA:World Aquaculture Society, 2000:95-104.

[5] Ohta H, Kawamura K, Unuma T, et al. Cryopreservation of the sperm of the Japanese bitterling[J]. Journal of Fish Biology, 2001, 58(3):670-681.

[6] Blaxter J H S. Sperm storage and cross-fertilization of spring and autumn spawning herring[J]. Nature, 1953, 172: 1 189-1 190.

[7] Gwo J C. Cryopreservation of sperm of some marine fishes[M]. Baton Rouge, Louisiana, USA: World Aquaculture Society, 2000, 138-160.

[8] Liu Q, Li J, Zhang S, et al. An efficient methodology for cryopreservation of spermatozoa of red seabream, *Pagrus major*, with 2-mL cryovials[J]. Journal of the World Aquaculture Society, 2006, 37(3):289-297.

[9] Liu Q H, Li J, Xiao Z Z, et al. Use of computer-assistedsperm analysis(CASA) to evaluate the quality of cryopreserved sperm in red seabream(*Pagrus major*)[J]. Aquaculture, 2007, 263(1-4):20-25.

[10] Liu Q H, Li J, Zhang S C, et al. Flow cytometry and ultrastructure of cryopreserved red seabream(*Pagrusmajor*) sperm[J]. Theriogenology, 2007, 67(6):1 168-1 174.

[11] Liu Q H, Chen Y K, Xiao Z Z, et al. Effect of storage time and cryoprotectant concentrations on the fertilization rate and hatching rate of cryopreserved sperm in red seabream(*Pagrus major* Temminck & Schlegel, 1843)[J]. Aquaculture Research, 2010, 41(9):89-95.

[12] 李纯,李军,薛钦昭. 真鲷精子的超低温保存研究[J]. 海洋科学, 2001, 25(12):1-4.

[13] 叶霆,竺俊全,杨万喜,等. 黑鲷精子的超低温冻存及DNA损伤的SCGE检测[J]. 动物学研究, 2009, 30(2):151-157.

[14] 肖志忠,陈雄芳,丁福红,等. 大黄鱼精液的高效超低温保存[J]. 海洋科学, 2007, 31(4):1-4.

[15] Chen S L, Ji X S, Yu G C, et al. Cryopreservation of sperm from turbot(*Scophthalmus maximus*) and application to large-scale fertilization[J]. Aquaculture, 2004, 236(1-4):547-556.

[16] Chen S L, Tian Y S. Cryopreservation of flounder(*Paralichthys olivaceus*) embryos by vitrification[J]. Theriogenology, 2005, 63(4):1 207-1 219.

[17] 洪万树,张其永,许胜发,等. 花鲈精子生理特性及其精液超低温冷冻保存[J]. 海洋学报, 1996, 18:97-104.

[18] 雷霁霖,卢继武. 美洲黑石斑鱼的品种优势和养殖前景 [J]. 海洋水产研究, 2007, 28 (5): 110-115.

[19] DeGraaf J D, King W, Benton C, et al. Production and storage of sperm from the black sea bass *Centropristis striata* L[J]. Aquaculture Research, 2004, 35(15): 1 457-1 465.

[20] Fabbrocini A, Lavadera S L, Rispoli S, et al. Cryopreservation of seabream (*Sparus aurate*) spermatozoa[J]. Cryobiology, 2000, 40: 46-53.

[21] Gwo J C, Strawn K, Longnecker M T, et al. Cryopreservation of Atlantic croaker spermatozoa[J]. Aquaculture, 1991, 94(4): 355-375.

[22] Dreanno C, Suquet M, Quemener L, et al. Cryopreservation of turbot (*Scophthalmus Maximus*) spermatozoa[J]. Theriogenology, 1997, 48: 589-603.

[23] 林丹军,尤永隆. 大黄鱼精子生理特性及其冷冻保存 [J]. 热带海洋学报, 2002, 21 (4): 69-75.

[24] Gwo J C. Cryopreservation of black grouper (*Epinephelusmalabaricus*) spermatozoa[J]. Theriogenology, 1993, 39: 1 331-1 324.

(刘洪军,官曙光,刘清华,李军,于道德)

温度、盐度对斑点鳟发眼卵孵化的影响

斑点鳟(*Oncorhynchus mykiss*),俗称尊贵鱼,是鲑科(*Salmonidae*)鱼类的一种,因全身布满斑点而得名,属溯河洄游鱼类,是由道氏虹鳟(*Oncorhynchus mykiss*)与虹鳟(*Oncorhynchus mykiss*)的降海型品种硬头鳟(*Oncorhynchus mykiss*)杂交而成的虹鳟新品种,2010年由山东省海洋生物研究院与青岛福卡海洋生物科技有限公司联合引进中国[1-3]。斑点鳟肉质细嫩、营养价值高、少肌间刺、出肉率高,是制作生鱼片、烟熏三文鱼(*Oncorhynchus keta*)的首选鱼类,深受消费者喜爱。斑点鳟是广温、广盐性鱼类,生存温度0～24℃,适宜水温8～21℃,最适生长水温10～18℃;对盐度的适应能力也很强,在0～33盐度范围内均能存活[4]。抗病力强,生长速度快。

目前,国内外关于温度、盐度对鱼类包括虹鳟胚胎发育影响的报道较多[5-21]。斑点鳟作为一种虹鳟鱼类养殖的新品种,目前相关报道还很少[1-4],温度、盐度对斑点鳟发眼卵孵化的影响也均未见报道。笔者研究了温度、盐度对斑点鳟发眼卵孵化的影响,以期丰富斑点鳟早期发育阶段的生物学基础数据和资料,为苗种培育和工厂化养殖提供科学依据。

1 材料与方法

1.1 材料

实验在山东省海洋生物研究院海水良种繁育中心内进行。实验材料为同一批受精发育的斑点鳟发眼卵,于2012年2月27日由美国空运至我实验基地,此时的发眼卵有效积温为245℃·d,已受精24.5 d。实验在2 000 mL的烧杯中进行。

1.2 方法

1.2.1 不同温度下发眼卵的孵化

共设置10个温度梯度:6℃,8℃,10℃,12℃,14℃,16℃,18℃,20℃,22℃,24℃。在2 000 mL烧杯中放发眼卵60粒进行温度实验,孵化用水为淡水,每组设3个平行组。每天用相同温度水全量换水一次。烧杯置于规格为67 cm×46 cm×35 cm 的塑料箱内,以WEIPROMX300 IC控温仪保持各实验组温度恒定,实验期间温度波动±0.5℃。发眼卵置入烧杯后,以$1℃·h^{-1}$的速度升温到设计温度。观察记录不同水温下的孵化时间、孵化率。

1.2.2 不同盐度下发眼卵的孵化

设置9个盐度梯度：0，5，10，15，20，25，30，35，40；高盐度海水以砂滤海水添加海水晶配制而成；低盐度海水以砂滤海水加淡水（充分曝气除氯）配制。盐度用海水比重计（精确度±1）来标定。在2 000 mL烧杯中分别放入60粒发眼卵进行盐度实验，每个实验组设3个平行组。每天用相同盐度水全量换水一次。实验过程中及时清除死卵并记录。观察记录不同盐度条件下的孵化时间和孵化率。根据温度孵化实验设计实验水温为（10±0.5）℃。烧杯置于规格为67 cm×46 cm×35 cm的塑料箱内，以WEIPRO MX300 IC控温仪保持塑料箱内温度恒定。

1.3 数据处理

实验数据用Spss19.0软件进行统计，采用单因素方差分析（ANOVA）和Duncan检验法统计分析，采用Microsoft Excel 2003进行数据处理和图表制作。

2 结果与分析

2.1 温度对发眼卵孵化的影响

2.1.1 温度对斑点鳟发眼卵孵化率的影响

图1表明，温度对斑点鳟发眼卵孵化率影响显著（$P < 0.05$）。由图1可知，在水温6～22℃温度范围内，各实验组发眼卵都能完成孵化，其中10℃的孵化率最高。当孵化温度低于10℃时，斑点鳟发眼卵孵化率随温度的升高而升高；孵化温度高于10℃时，斑点鳟发眼卵孵化率随温度的升高而降低，22℃的孵化率最低。当水温超过24℃时，斑点鳟发眼卵不能孵化出仔鱼。从孵化率的角度评估，最佳孵化温度是10℃。斑点鳟发眼卵的孵化见图2。

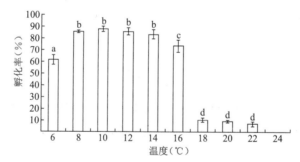

图1 斑点鳟发眼卵在不同温度下的孵化率

注：图中无相同字母表示存在显著性差异（$P < 0.05$），下同。

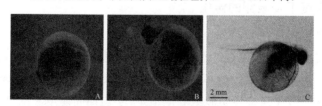

图2 斑点鳟发眼卵的孵化

A. 即将孵化的发眼卵1；B. 即将孵化的发眼卵2；C. 初孵仔鱼

2.1.2 温度对斑点鳟发眼卵孵化时间的影响

斑点鳟发眼卵的孵化时间指的是发眼卵全部孵化出仔鱼所需要的时间。由图3可知,在6～22℃,随着水温的升高,斑点鳟发眼卵的发育时间逐渐缩短。6℃时斑点鳟由发眼卵至破膜孵化出仔鱼长达15 d,而22℃,孵化出仔鱼仅需4 d。发眼卵孵化时间N(d)与温度T(℃)成负相关关系,符合对数关系式:$N = -5.031\ln(T) + 15.378$ ($R^2 = 0.9924$)。

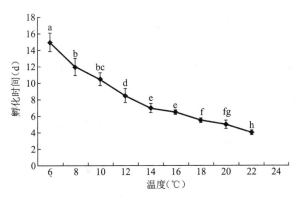

图3 温度对斑点鳟发眼卵孵化时间的影响

2.1.3 胚胎发育的有效积温值

对于鱼类的发育过程,每个阶段的积温是该阶段的平均温度和该阶段所持续时间的乘积,而孵化过程的总积温为各个阶段的积温之和[22]。由表1可知,本实验条件下斑点鳟胚胎发育的积温范围为333～350℃·d,平均积温值为343℃·d。

表1 斑点鳟发眼卵发育与水温的关系

组别	孵化水温(℃)	孵化时间(d)	培育期积温(℃·d)	引进时积温(℃·d)	总积温值(℃·d)
1	6	15	90	245	335
2	8	12	96	245	341
3	10	10.5	105	245	350
4	12	8.5	102	245	347
5	14	7	98	245	343
6	16	6.5	104	245	349
7	18	5.5	99	245	344
8	20	5	100	245	345
9	22	4	88	245	333

2.2 盐度对发眼卵孵化的影响

2.2.1 盐度对斑点鳟发眼卵孵化率的影响

图4表明,盐度对斑点鳟发眼卵孵化率影响显著($P < 0.05$),盐度超过20,发眼卵不能孵化。盐度高于30的实验组,实验开始10 h后就出现死卵,20 h后发眼卵全部变浑浊死亡。在盐度0～15范围内,随着盐度的升高,斑点鳟发眼卵孵化率逐渐降低。盐度为0时的孵

化率最高,达到 97%。

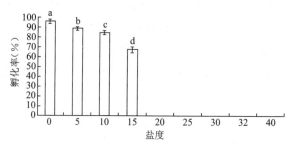

图 4 斑点鳟发眼卵在不同盐度下的孵化率(10±0.5)℃

2.2.2 盐度对斑点鳟发眼卵孵化时间的影响

盐度超过 20 发眼卵不能孵化,所以孵化时间只统计到盐度 15。由图 5 可知,在 0～15 范围内,随着盐度的升高,斑点鳟发眼卵的孵化时间逐渐变长。盐度 0 时斑点鳟由发眼卵至破膜孵化出仔鱼需要 11 d,而在盐度 10～15 时则需要 13 d。胚胎孵化时间 t(d)与盐度 S 成正相关关系,二者回归结果符合乘幂函数关系式:$t = 11.023 S_{0.1299}$($R^2 = 0.9604$)。

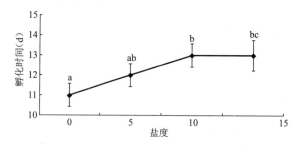

图 5 盐度对斑点鳟发眼卵发育时间的影响

3 讨论与结论

3.1 温度对发眼卵孵化的影响

水温是影响鱼类胚胎发育和孵化时间的重要环境因子之一,任何一种鱼类的胚胎发育都需要在适宜的温度条件下进行,不同的鱼种胚胎发育要求的温度条件不同,对温度的适应范围也有很大差异。本实验条件下,斑点鳟发眼卵全部孵化时 6℃时的积温值为 335℃·d,8℃时的积温值为 341℃·d,与虹鳟 6.3℃时的积温值为 328.12℃·d[23]、硬头鳟水温 8～10℃时的积温范围为 340～360℃·d[24]相似。高于山女鳟(*O. masou*)[25]平均水温 6.2℃、积温达 297℃·d,山女鳟平均水温 8.4℃,积温达 252℃·d 时才全部孵化。而低于白点鲑(*Salvelinus leucomaenis*)[15]在平均温度 5.16℃、积温 423.87℃·d 时才能全部孵化;也低于洄游性大西洋鲑(*Salmo salar*)在水温 8～10℃、积温达到 485℃以上时才孵化[26]。其产生差异的原因可能与这几种鲑科鱼类的生活习性、亲鱼培育的环境条件有关。另外,不同的水温下,仔鱼出膜所需的发育积温也略有差异,例如虹鳟在 9℃时约为 343.0℃·d,10℃时约为 309.73℃·d,12℃时约为 308.2℃·d[27]。本实验条件下斑点鳟在 6℃时的积温值为

335℃·d,10℃时为350℃·d,18℃时为344℃·d,也验证了这一点。

鱼类的胚胎发育时间长短与水温有着密切关系。本实验条件下,斑点鳟在平均水温6℃时全部孵出需要39.5 d,16℃时全部孵出需要31 d,而在平均温度为22℃时,28.5 d左右即可全部出膜。斑点鳟发眼卵发育速度随着水温的升高而加快,这同其他鱼类是一致的[28]。如虹鳟在平均水温7.5℃时,从受精至孵出需要46 d,平均水温9℃时,孵化期则为30~38 d,而在平均温度为12℃时,26 d左右即可出膜;山女鳟在8℃的水温孵化约需60 d,而在绥芬河(平均孵化水温低于4℃)的山女鳟则需要90 d的孵化才破膜而出[29]。哲罗鱼(*Hucho taimen* Pallas)[30]在水温8.3~11.6℃时,从卵受精到破膜需38~41 d。陆封型大西洋鲑发眼卵在水温3~11℃时破膜需要24 d,而水温2~8℃时破膜则长达45 d[31]。

鱼类胚胎的孵化出膜主要靠两方面的作用:胚体的运动和孵化酶的作用[10]。楼允东[32]、樊廷俊等[33]的研究表明,孵化酶的作用受温度的影响较明显,在孵化酶分泌过程中温度的下降,不仅能显著延迟孵化,而且胚胎的存活率也降低。温度主要通过影响孵化酶的分泌及其活性控制仔鱼的孵出,通常低温抑制孵化酶的分泌和作用,高温则使孵化酶失活。孵化期水温能够影响仔鱼对营养物质的吸收以及器官发育分化等,这些对于仔鱼初孵时迅速适应环境和成活至关重要。从实验结果看,水温升高到18℃以上时,仔鱼的孵化时间大大缩短,但是仔鱼的存活率也大大降低。胚胎发育所需时间和发育速率通常在一定范围内与温度成负相关,这与本实验结果一致。

张耀光等[34]认为一般把孵化率最高的温度作为鱼类胚胎发育的最适温度。本实验条件下,10℃时的孵化率最高,温度18~22℃范围内虽能孵化出仔鱼,但是孵化率比较低,当温度高于24℃时,斑点鳟发眼卵不能孵化出仔鱼。从孵化率的角度评估,可以得出斑点鳟发眼卵的适宜孵化水温为8~16℃,最适温度为10℃。

3.2 盐度对发眼卵孵化的影响

海水盐度是直接影响鱼类胚胎发育的主要因素,盐度对于鱼类的生长和繁殖具有重要的影响。从本研究结果看,斑点鳟的发眼卵孵化率随盐度的升高而降低,这与一般的海产鱼类条斑星鲽(*Veraspermoseri*)[5]、半滑舌鳎(*Cynoglossus semilaevis*)[8]、条石鲷(*Oplegnathus fasciatus*)[10]等孵化率随盐度的升高而升高相反,究其原因与斑点鳟的生活习性相关。斑点鳟属于溯河洄游鱼类,鱼卵在淡水中孵化,仔鱼孵出后能逐渐适应盐度的升高,最后可适应在海水中的生长,因此,发眼卵的孵化率随盐度的升高呈现降低的趋势。王宏田等[35]的研究表明,当盐度过高或过低时,卵膜由于难以调节细胞与周围介质之间的物质平衡会导致卵细胞受到损伤或破裂,从而出现死卵。盐度高于20时发眼卵不能孵化出仔鱼,鱼卵发白变浑浊死亡。盐度高于30的实验组,实验开始10 h后就出现死卵,20 h后发眼卵全部变浑浊死亡。

盐度同样影响斑点鳟发眼卵的胚胎发育时间,在0~15范围内,随着盐度的升高,斑点鳟发眼卵的发育时间逐渐变长。因此,结合盐度对孵化率及孵化时间的影响,可以得出斑点鳟发眼卵的适宜孵化盐度为0~15,最适盐度为0。

笔者只从温度、盐度对进入发眼期的斑点鳟胚胎进行了研究,至于温度、盐度对整个胚胎发育阶段的影响,还有待进一步的研究。

参考文献

[1] 王波,郭文,刘学政,等.斑点鳟引种养殖前景初步分析[J].齐鲁渔业,2011,28(5):50-51.

[2] 郭文,高凤祥,潘雷,等.斑点鳟仔、稚、幼鱼的形态发育[J].海洋渔业,2012,34(3):263-269.

[3] 郭文,胡发文,菅玉霞,等.温度变化对斑点鳟仔鱼存活与生长的影响[J].水产养殖,2012,33(7):44-46.

[4] 郭文,潘雷,张少春,等.斑点鳟发眼卵孵化及苗种培育试验[J].水产科技情报,2012,40(3):113-115.

[5] 王妍妍,柳学周,刘新富,等.温度、盐度对条斑星鲽胚胎发育的影响[J].海洋水产研究,2008,29(6):27-32.

[6] 关健,柳学周,兰春燕,等.温度、盐度对褐牙鲆(♀)×犬齿牙鲆(♂)杂交子一代胚胎发育和仔鱼存活的影响[J].海洋水产研究,2007,28(3):31-37.

[7] 陈朴贤.盐度对褐毛鲿胚胎发育和早期仔鱼存活率的影响[J].海洋科学,2012,36(11):24-29.

[8] 张鑫磊,陈四清,刘寿堂,等.温度、盐度对半滑舌鳎胚胎发育的影响[J].海洋科学进展,2006,24(3):342-348.

[9] 胡发文,潘雷,高凤祥,等.温度和盐度变化对大泷六线鱼幼鱼存活与生长的影响[J].海洋科学,2012,36(7):44-48.

[10] 徐永江,柳学周,王妍妍,等.温度、盐度对条石鲷胚胎发育影响及初孵仔鱼饥饿耐受力[J].渔业科学进展,2009,30(3):25-31.

[11] 柴学军,孙敏,许源剑.温度和盐度对日本黄姑鱼胚胎发育的影响[J].南方水产科学,2011,7(5):43-49.

[12] 黄金善,范兆廷,贾忠贺,等.沉性大卵径鱼卵的观察方法与虹鳟的胚胎发育[J].经济动物学报,2005,9(4):235-238.

[13] 张北平,蔡林纲,吐尔逊,等.高白鲑受精卵人工孵化及胚胎发育观察[J].水产学杂志,2001,14(2):24-27.

[14] 豪富华,陈毅峰,蔡斌.西藏亚东鲑的胚胎发育[J].水产学报,2006,30(3):289-296.

[15] 张永泉,刘奕,王炳谦,等.白点鲑胚胎与仔鱼发育[J].动物学杂志,2010,45(5):111-120.

[16] Mihelakakis A, Kitajima C. Effects of salinity and temperature on incubation period, hatching rate, and morphogenesis of the silver sea bream, Sparussarba[J]. Aquaculture, 1994, 126(3-4):361-371.

[17] Morgan R P, Rasin V J. Influence of temperature and salinity on development of white perch eggs[J]. Transactions of the American Fisheries Society, 1982, 111(3):396-398.

[18] Yasuhisa K, Tsuzumi M. Effects of salinity on the embryonic development and larval survival activity index of red spotted grouper *Epinephelus akaara* [J]. Saibai Giken, 1993, 22(1): 35-38.

[19] Turner M A, Viant M R, Teh S J, et al. Developmental rates, structural asymmetry, and metabolic fingerprints of steelhead trout (*Oncorhynchus mykiss*) eggs incubated at two temperatures[J]. Fish Physiology Biochemistry, 2007, 33: 59-72.

[20] Svecevicius G. Avoidance response of rainbow trout (*Oncorhynchus mykiss*) to heavy metal model mixture after long-term exposure in early development[J]. Bull Environ Contam Toxicol, 2003, 71: 226-233.

[21] Lazorchak J M, Smith M E. Rainbow trout (*Oncorhynchus mykiss*) and brook trout (*Salvelinus fontinalis*) 7-day survival and growth test method[J]. Arch Environ Contam Toxicol, 2007, 53: 397-405.

[22] 童永,沈建忠. 盘丽鱼胚胎发育的研究[J]. 安徽农业科学, 2008, 36(7): 2633-2635.

[23] 黄金善,范兆廷,贾忠贺,等. 沉性大卵径鱼卵的观察方法与虹鳟的胚胎发育[J]. 经济动物学报, 2005, 9(4): 235-238.

[24] 徐绍刚,田照辉,杨贵强. 硬头鳟苗种培育技术[J]. 中国水产, 2009, 4: 47-48.

[25] 王昭明,王新军,陈惠,等. 山女鳟人工授精孵化技术初步研究[J]. 水产学杂志, 2000, 13(2): 1-5.

[26] 米成志,邹积敏,赵学伟. 洄游型大西洋鲑苗种培育技术[J]. 中国水产, 2004, 11: 45-46.

[27] 王玉堂,熊贞. 淡水冷水性鱼类养殖新技术[M]. 北京:中国农业出版社, 2001.

[28] 杨州,华洁,陈晰. 暗纹东方鲀胚胎发育历期与温度的关系[J]. 淡水渔业, 2004, 34(2): 6-8.

[29] 范兆廷,姜作发,韩英. 冷水性鱼类养殖学[M]. 北京:中国农业出版社, 2008.

[30] 徐伟,尹家胜,匡友谊,等. 哲罗鱼人工育苗技术研究[J]. 上海水产大学学报, 2008, 17(4): 452-456.

[31] 夏重志,牟振波,陆久韶,等. 陆封型大西洋鲑发眼卵孵化及苗种培育试验[J]. 水产学杂志, 2002, 15(1): 1-4.

[32] 楼允东. 鱼类的孵化酶[J]. 动物学杂志, 1965, 7(3): 97-101.

[33] 樊廷俊,史振平. 鱼类孵化酶的研究进展及其应用前景[J]. 海洋湖沼通报, 2002, 53(1): 48-56.

[34] 张耀光,何学福,蒲德永. 长吻𩸞胚胎和胚后发育与温度的关系[J]. 水产学报, 1991, 15: 172-176.

[35] 王宏田,张培军. 环境因子对海产鱼类受精卵及早期仔鱼发育的影响[J]. 海洋科学, 1998, 22(4): 50-52.

(菅玉霞,潘雷,胡发文,高凤祥,张少春,王雪,李莉,郭文)

地下深井水及水温对半滑舌鳎生长发育的影响

半滑舌鳎(*Cynoglossus semilaevis*)隶属于鲽形目、舌鳎科、舌鳎亚科、舌鳎属、三线舌鳎亚属,俗称牛舌头、鳎目、鳎米,是一种暖温性近海大型底层鱼类,终年栖息在我国近海海区,尤以渤海、黄海为多,具广温、广盐和适应多变的环境条件的特点,适温范围3.5~32℃,最适水温14~24℃,适盐范围14~33。半滑舌鳎具有海产鱼类营养丰富的优点,含有较高的不饱和脂肪酸,蛋白质容易消化吸收[1-2]。其肌肉细嫩,口感爽滑,鱼肉久煮不老,无腥味和异味,属于高蛋白、低脂肪、富含维生素的优质比目鱼类。半滑舌鳎含有丰富的不饱和脂肪酸,鱼体肌肉组织中饱和脂肪酸的相对含量为38.2%,不饱和脂肪酸的相对含量为54.6%,二十二碳六烯酸(DHA)有助于人体脑细胞的生长发育和防止心脏病及多种疾病的发生,在半滑舌鳎的肌肉中,这种不饱和脂肪酸的相对含量高达3.2%[3]。

1 材料和方法

1.1 选择合适规格苗种分组实验

半滑舌鳎幼苗选用试验场自繁苗种,经一段时间养殖后选取规格为14~16 cm体长者进行试验。试验分四组:Ⅰ组选用试验鱼数量500尾,采用100%井水养殖,深井水经过三级沙滤后注入养殖水池,试验周期为一个月[4];Ⅱ组选用试验鱼500尾,采用自然海水和地下深井水各50%的比例混合后的海水进行养殖,海水经过三级沙滤后注入养殖水池,试验周期一个月;Ⅲ组选用试验鱼500尾,采用地下深井水占30%、自然海水占70%的比例进行混合的方式,将混合海水经过三级沙滤后注入养殖水池,试验周期一个月;Ⅳ组选用实验鱼500尾,全部使用自然海水,海水三级沙滤后注入养殖水池,试验周期一个月。

1.2 按照不同比例混合海水用于试验鱼的养殖

将各组海水按比例混合并沙滤后注入养殖水池中曝气24 h待用。

将试验用半滑舌鳎幼鱼分成四组,每组500尾,分别放入四组水池中,充气、流水[5]。

对试验用鱼每天投喂三次,分别为6:30投喂一次、12:30投喂一次、18:30投喂一次,晚上不投喂,饵料投喂量按照育苗总质量的3%~4%确定[6]。

日常管理:养殖池采用24 h流水养殖,养殖池水体为15 m³,当池水交换量小于每天5个全量以下时,适当降低密度;当交换量大于每天8个全量以上时,可酌情增加密度;也可根据监测水体中的溶解氧多少来决定增减密度,当溶解氧低于 5 mg·L^{-1} 时应降低养殖密度,反之可适当增加密度。

每个月对鱼进行取样测量结果,决定是否调整密度,根据规格 6～8 cm 密度(400～300)尾·m^{-2},8～10 cm 的苗种密度(250～150)尾·m^{-2} 进行调整。充分利用养殖面积,既不能因为放养过密而引起某些养殖池内的鱼生长速度下降,也不能因为放养密度过小而浪费养殖面积。在养殖过程中,半滑舌鳎个体生长差别明显,雌雄鱼生长快慢不同,出现个体大小悬殊的现象,需要及时疏密,按规格筛选,调整池中的养殖密度,使其符合池子的负载要求,保障生产正常进行[7-10]。

监测水质因子:养成期间定时检测水质,每天抽样检测养殖用水的温度、溶解氧、盐度、pH、硫化物含量、氨氮浓度等,主要通过调节水的交换量来控制。一般每天换水量保持在(3～8)个量程,具体需要根据养殖密度、水温及供水情况等因素进行综合考虑。水温超过 25℃ 时要加大换水量,当水温长期处于 30℃ 以上时,采取降温措施,以防止半滑舌鳎因高温导致发病死亡。

清污:每次投饵完毕 0.5 h,拔起池外排污立管,池底积存的残饵、粪便和其他污物便会随迅速下降的水位和高速旋转的水流排出池外。与此同时,要清洗池壁、充气管和气石上黏着的污物,捞出死鱼。死鱼集中埋掉或用火焚化。水桶、捞网及其他工具要用漂白粉消毒后备用,做到工具配备到池,专池专用。

倒池:为保证池内外环境清洁卫生,养鱼池要定期或不定期倒池。当个体差异明显,需要分选或密度日渐增大、池子老化及发现池内外卫生隐患时应及时倒池,进行消毒、洗刷等操作。

其他日常操作及注意事项:为了预防高温期疾病的发生,应采取降温措施。如遇短期高温,通过加强海水消毒,加大流量,适当减少投喂量和增加饲料的营养和维生素水平等,对预防高温发病起到了较好的效果。各个养成池配备的专用工具,使用前后严格消毒。工作人员出入车间和入池前均要对所用的工具、水靴和手脚进行消毒。每日工作结束后,车间的外池壁和走道都要进行消毒处理。白天要经常巡视车间,检查气、水、温度和鱼苗有无异常情况,及时捞出活动异常、有出血和溃疡症状的病鱼,焚埋处理。晚上安排专人值班,巡查鱼池和设备。每天晚上总结当天工作情况,并列出次日工作内容,每日观察并记录幼鱼的活动情况和死亡情况并记录[11-17]。

2 试验结果

对地下深井水送检进行水质化验,检测结果见表 1。

表 1　井水主要成分检测情况　　单位:μm·L^{-1}

井号	日期	盐度	pH	Ca^{2+}	Mn^{2+}	Mg^{2+}	Fe^{3+} Fe^{2+}	Cl^-	HCO_3^-	SO_4^{2-}	K^+	F^-
6#	08.28	29.8	7.41	0.55	801	1 110	180	15 590	296.3	2 210	110	0.36
17#	08.09	30.6	7.54	0.74	2 046	980	20	12 630	370.2	1 820	80	0.48

续表

井号	日期	盐度	pH	Ca^{2+}	Mn^{2+}	Mg^{2+}	Fe^{3+} Fe^{2+}	Cl^-	HCO_3^-	SO_4^{2-}	K^+	F^-
18#	08.18	28.9	7.29	0.88	1 023	1 120	510	14 230	230.8	1 260	170	0.52
26#	08.21	30.1	7.36	0.91	927	590	240	16 010	244.7	2 330	130	0.25

通过对比表1数据,我们发现:虽然为同一地区的井水,但是其成分也不完全相同,个别深井水的成分含量甚至与正常海水(表2)成分含量差距很大,本厂区深井水的氨、氮、锰、铁等的含量偏高,这种和自然海水的差异对半滑舌鳎的育苗及养成都会产生一定的影响。

对当地自然海水送检进行水质化验,检测结果如表3。

表2 正常海水中最重要的溶解元素的化学形态和浓度

元素	平均浓度	范围	单位(每千克海水)	主要的存在形态①
Li	174	②	μg	Li^+
B	4.5	②	mg	H_3BO_3
C	27.6	24~30	mg	HCO_3^-, CO_3^{2-}
N②	420	<1~630	μg	NO_3^-
F	1.3	②	mg	F^-, MgF^+
Na	10.77	②	g	Na^+
Mg	1.29	②	g	Mg^{2+}
Al	540	<10~1 200	ng	$Al(OH)_4^-$, $Al(OH)_3$
Si	2.8	<0.02~5	mg	H_4SiO_4
P	70	<0.1~110	μg	HPO_4^{2-}, $NaHPO_4^-$, $MgHPO_4$
S	0.094	②	g	$MgSO_4^0$, $NaSO_4^-$, SO_4^{2-}
Cl	19.354	②	g	Cl^-
K	0.399	②	g	K^+
Ca	0.412	②	g	Ca^{2+}
Mn	14	5~200	ng	Mn^{2+}, $MnCl^+$
Fe	55	5~140	ng	$Fe(OH)_3^0$
Ni	0.50	0.10~70	μg	$NiCO_3^0$, $NiCl^+$, Ni^{2+}
Cu	0.25	0.03~40	μg	$CuCO_3^0$, $CuOH^+$, Cu^{2+}
Zn	0.40	<0.01~60	μg	Zn^{2+}, $ZnOH^+$, $ZnCO_3^0$, $ZnCl^+$
As	1.7	1.1~1.9	μg	$HAsO_4^{2-}$
Br	67	②	mg	Br^-
Rb	120	②	μg	Rb^+
Sr	7.9	②	mg	Sr^{2+}

续表

元素 平均浓度	范围	单位（每千克海水）	主要的存在形态①
Cd 80	0.1～120	ng	$CdCl_2^0$
I 50	25～65	ng	IO_3^-
Cs 0.29	②	ng	Cs^+
Hg 1	0.4～2	ng	$HgCl_4^{2-}$
Ba 14	4～20	μg	Ba^{2+}
Pb③ 2	1～35	ng	$PbCO_2^0$, $Pb(CO_3)_3^{2-}$, $PbCl^+$
U 3.3	②	μg	$UO_2(CO_3)_3^{4-}$

① 是指氧化水体中的无机形态。
② 浓度对于化合的氮元素也以氮气形式存在。
③ 浓度受到大气中含铅汽油燃烧影响。

表3　海水中常量成分的含量

常量成分	含量($g·kg^{-1}$)	氯度比值	盐度比值	含量($mol·kg^{-1}$)
Cl^-	18.979 9	0.998 94	0.552 96	0.535 3
$1/2SO_4^{2-}$	2.648 8	0.139 4	0.077 17	0.055 1
HCO_3^-	0.139 7	0.007 35	0.004 07	0.002 3
Br^-	0.064 6	0.003 40	0.001 88	0.000 8
F^-	0.001 3	0.000 07	0.000 038	0.000 2
H_3BO_3	0.026 0	0.001 37	0.000 757	—
总计	—	—	—	0.593 6
Na^+	10.556	0.555 6	0.307 54	0.459 0
$1/2Mg^{2+}$	1.272	0.066 95	0.037 06	0.104 6
$1/2Ca^{2+}$	0.400 1	0.021 06	0.011 66	0.020 0
K^+	0.380 0	0.020 00	0.011 07	0.009 7
$1/2Sr^{2+}$	0.013 3	0.000 73	0.000 39	0.000 3
总计	—	—	—	0.593 6

表4　井水养殖对比试验

试验用水	试验数量（尾）	温度（℃）	pH	盐度	苗种规格		试验天数（天）	试验结果				
					体长(cm)	体重(g)		平均体长(cm)	平均体重(g)	均日增长(mm)	均日增重(g)	成活率(%)
100%深井水	500	16～20	7.7	27	15.4	15.2	62	18.2	51.1	0.35	0.39	72
50%深井水	500	18～25	7.8	29	16.2	15.8	98	21.3	80.5	0.52	0.66	92
30%深井水	500	18～27	7.8	30	15.5	14.9	102	24.8	136.3	0.91	1.19	89
100%自然海水	1 000	16～26	8.0	29	15.9	15.6	120	27.5	162	0.97	1.22	93

通过观察表4的数据，我们发现：使用100%井水养殖的半滑舌鳎苗种无论从均日增长、

均日增重上还是从其成活率上,其数据同按比例混合的自然海水相比都有着明显的差距。通过仔细对比各种比例海水与井水混合后对成活率的影响,我们发现:当地井水经处理后,利用量为50%以下是安全的,对半滑舌鳎的生长没有影响,超过50%利用量对生长速度存在一定的影响。

3 讨论

在我们很多养殖场普遍存在这样一个现象:利用自然海水的同时也利用本地区的地下深井水作为养殖用水。这样做有两个目的:一是降低远距离提取自然海水的成本,另一方面是在冬季作为调节自然海水水温的一个途径,用以减少燃料的使用[18]。但是在使用地下井水的同时也存在一个比较严重的问题,那就是由于井水成分和自然海水并不完全相同,过多地使用井水会对苗种的生长发育造成比较严重的影响,这就需要我们对其混合比例有一个合理的使用,通过我们的实验,希望能对今后的生产实践有所参考。

参考文献

[1] 黄大宏,余海,孙建玮,等. 半滑舌鳎工厂化养殖技术的初步研究[J]. 现代渔业信息,2007,22(8):18-20.

[2] 陈京华,赵波. 半滑舌鳎的生物学特性及养殖技术[J]. 水产科技情报,2005,32(3):105-109.

[3] 张守本,张志,任玉水. 半滑舌鳎的研究现状及发展前景[J]. 科学养鱼,2005,7:5.

[4] 吕永林,李凯,黄大宏. 半滑舌鳎工厂化养殖实验[J]. 科学养鱼,2006,6:34-35.

[6] 张志勇,张曹进,张志伟,等. 半滑舌鳎苗种对温度和盐度耐受性试验[J]. 水产养殖,2008,3:20-21.

[7] 张曹进,张志勇,彭友岐,等. 半滑舌鳎人工驯养和培育初探[J]. 科学养鱼,2005,(5):38-39.

[8] 张志勇,张曹进,彭友岐,等. 南黄海半滑舌鳎人工育苗试验[J]. 水产养殖,2006,27(1):35-6.

[9] 孙中之,柳学周,徐永江,等. 半滑舌鳎工厂化人工育苗工艺技术研究[J]. 中国水产科学,2007,14(2):244-248.

[10] 万瑞景,姜言伟,庄志猛. 半滑舌鳎早期形态及发育特征[J]. 动物学报,2004,50(1):91-102.

[11] 马爱军,刘新富,翟毓秀. 野生及人工养殖半滑舌鳎肌肉营养成分分析研究[J]. 海洋水产研究. 2006,2(27):50-54.

[12] 梁友,柳学周. 半滑舌鳎室内水泥池和池塘养殖技术的初步研究[J]. 海洋水产研究,2006,27(2):69-73.

[13] 木云雷,宋广军. 半滑舌鳎亲鱼培育技术研究[J]. 水产科学,2007,26(10):535-

538.
[14] 梁友,柳学周.半滑舌鳎室内水泥池和池塘养殖技术的初步研究[J].海洋水产研究,2006(2):69-73.
[15] 郑忠明,倪海儿.东海半滑舌鳎的生长与形态参数研究[J].宁波大学学报(理工版)2000,13(2):21-24.
[16] 孟田湘,任胜民.渤海半滑舌鳎的年龄与生长[J].海洋水产研究,1988(9):173-183.
[17] 柳学周,孙中之,庄志猛,等.半滑舌鳎亲鱼培育及采卵技术研究[J].海洋水产研究,2006(2):25-32.

(张伟)

Breeding and Larval Rearing of Bluefin Leatherjacket, *Thamnaconus Modestus*

Introduction

Monacanthid fishes are generally inhabiting both temperate and tropical shallow waters, there are about 95 species are known worldwide[1]. The bluefin leatherjacket *Thamnaconus modestus* belonging to the family of *Monacanthidae*, is an important commercial bottom-dwelling marine filefish which distributes in the northwestern Pacific Ocean[2]. As a traditional commercial fishery species, bluefin leatherjacket was widely fished in China, Korea and Japan in the 1990s[3]. However, due to over fishing, bluefin leatherjacket has become an endanger species in 1990s[4, 5]. In the past two decades, a series of studies have been conducted, including stocks and distributions identification[3, 5, 6], ecology factors[7], cryopreservation of sperm[8], and genetics[9]. Although several studies have been done on the morphological development and growth evaluation of bluefin leatherjacket[10, 11], most of these studies were conducted under field survey. Results from these studies are not consistent due to the limitation of the sampling scales. Up to present, little information is available on the developmental characters of bluefin leatherjacket at early stage. Furthermore, artificial breeding of this species is still under trial scales.

The aim of this study was to explore the spawning in captivity and larviculture of bluefin leatherjacket in commercial scales. Our study will provide fundamental information on the morphological and functional development of bluefin leatherjacket larvae reared under intensive conditions. Information such as the age and size appearing transformation, culture condition's evaluation for mass production of high quality seedling will benefit the further development of the breeding protocol on this species.

1 Results and Discussion

1.1 Spawning and Egg Production

Spawning commenced on 15th June, 2010 and continued to 9th August, 2010. The peak of spawning was from 1st July to 25th July, corresponding to the temperatures ranging from 21.0 ℃ to 22.0 ℃. The main diameter of the eggs was (0.607±0.03) mm, and a total of 4.345 million eggs were collected through the spawning season, of which 2.845 million were considered as well developed (Figure 1). 1.8 million newly hatched larvae were obtained in this study, and the hatching rate was 41.7%.

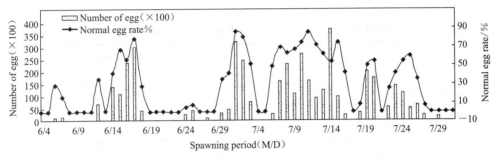

Figure 1　Spawning frequency and egg numbers produced by *T. Modestus*

Like most species from the family of *Monacanthidae*, the eggs of bluefin leatherjacket were subjected to adhesive egg. The adhesiveness of eggs from *Monacanthidae* is very strong [12]. In nature, this type of eggs was normally adhered to the substrate such as reef, algae and cay. There are a large number of viscin threads distributing on the egg surface of bluefin leatherjacket [12, 13]. Previous studies indicated that by using viscin threads the fertilized eggs of bluefin leatherjacket can stick on the substrates such as shell, coral reef, large algae, and rocks in the natural environment [2, 4]. Results from our previous investigation indicate that the plastic plate and black soft plastic film attracted more eggs in the artificial breeding environment, and the viscin threads of eggs were not well stuck to the rough surface materials. Therefore, plastic corrugated plates were used to collect the eggs in the present study.

In order to manipulate the natural hatching environment and reduce human interruption, after eggs collection, the eggs' together with attached plastic corrugated plates were directly incubated in the larval rearing tanks without any treatments. Because of the characteristic of sticky, the fertilized eggs were easily to be lumped with sands or other substrates. Copepod sand nematodes were observed living on the egg lumps in the present study. The hatching rate was only 41.7%, which was lower than those species with floating eggs [14, 15]. It is unclear whether the hatching rate was affected by lump-forms and parasites in the present study. In order to increase the hatching rate, future research should towards developing the hatching protocols foradhesive eggs, and technology such as eggs debonding should be considered in the future study.

1.2 Description of Development During Endogenous Feeding Period

After approximate 1 h 30 min, fertilized eggs entered into 2-cell stage, and 32-cell stage was recorded at 3 h 25 min (Table 1, Figure 2). After 6 h further development, the fertilized eggs entered into blastula stage, the accumulated temperature reached to 132.93 (℃ ×h). When the accumulated temperature reached to 210 (℃ ×h), fertilized eggs entered into gastrula stage. After 48 h development when the accumulated temperature reached to 1 000 (℃ ×h), fertilized eggs became pre-hatch embryo, and 50% eggs hatched when the accumulated temperature reached to 1 050 (℃ ×h) (Table 1, Figure 2).

Table 1 Embryonic development and accumulative temperature of *Thamnaconus modestus*

	Development hours	Development stages	Accumulated temperature (℃ ×h)	Figure
Prey-cleavage stage	0h	Fertilization	0	3-1
Cleavage stage	1 h 30 min	2-cell	31.50	3-2
	1 h 55 min	4-cell	39.90	3-3
	2 h 20 min	8-cell	48.93	3-4
	2 h 50 min	16-cell	59.43	3-5
	3 h 25 min	32-cell	71.40	3-6
Blastula stage	6 h 20 min	High blastula	132.93	3-7
	7 h 20 min	Low blastula	153.93	3-8
Gastrula stage	10 h	Early gastrula	210.00	3-9
	15 h 30 min	Late gastrula	321.30	3-10
Neurula stage	16 h	Neural stage	336.00	3-11
	17 h	Closure stage of blastopore	357.00	3-12
Organic forming stage	17 h 40 min	Formation of optic vesicle	371.07	3-13
	22 h 35 min	Formation of eye lens	474.60	3-14
Tail-bud stage	25 h 30 min	Tail-bud stage	531.30	3-15
Muscular contraction stage	31 h	Formation of optic capsule	651.00	3-16
	40 h	Muscular contraction	840.00	3-17
	44 h	Heart pulsation	924.00	3-18
Hatching stage	48 h	Pre-hatch embryo	1 000.00	3-19
	50 h	50% hatched	1 050.00	3-20

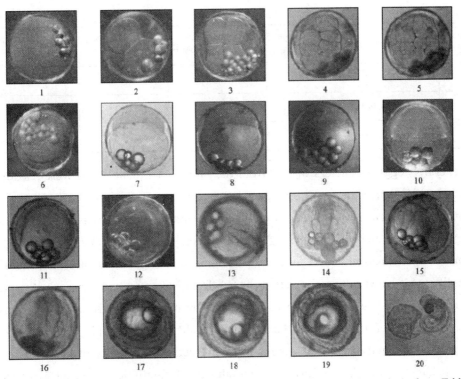

Figure 2　Embryonic development of *T.modestus*. Stages and development information refer to Table 1

1.3 Yolk and Oil Globule Absorption

Growth and morphological characteristics of the larvae during the first five days are presented in Table 2. The mean total length (TL) of newly hatched larvae was (2.08±0.09) mm with an ellipsoid yolk-sac of (0.533 1±0.036 6) mm long and (0.259 3±0.039 3) mm wide. One oil globule with the diameter of (0.20±0.01) mm was presented at the anterior end of the yolk-sac. After hatching, fish larvae had unpigmented eyes, and the mouth did not open. Melanophores were presented on the snout tip, the trunk and on the tissue surrounding the inner side of the yolk-sac. Xanthophores were presented on the trunk, abdomen and around the head. The mouth opened on 3dph, while first feeding was started between 3 and 4 dph. Yolk sac was completed absorbed on 2 dph, while oil globule was absorbed completely on 4 dph (104.4 d·℃) when larval sizer eached to (2.54±0.06) mm (TL, Table 2).

Table 2　Yolk-sac and oil globule volumes in larvae of *T.modestus* ($\bar{x}$±SD)

Days post hatching	Total length (mm)	Yolk volume (×10^{-3} mm^3)	Oil globule Volume (×10^{-3} mm^3)	Water temperature (℃)	Cumulative temperature (day-degrees×℃)
0	2.081±0.089	18.77±0.03	4.220±0.001	21.1	
1	2.548±0.057	6.86±0.05	4.577±0.002	20.7	41.8
2	2.597±0.072	0	2.674±0.006	20.6	62.4

Continued

Days post hatching	Total length (mm)	Yolk volume ($\times 10^{-3}$ mm³)	Oil globule Volume ($\times 10^{-3}$ mm³)	Water temperature (℃)	Cumulative temperature (day-degrees×℃)
3	2.642±0.135		0.894±0.004	20.9	83.3
4	2.544±0.061		0	21.1	104.4
5	2.682±0.095			21.5	125.9

Generally, egg's diameters of fish from the family of Monacanthid were less than one millimeter, forinstance the egg's diameters of *Rudarius ercodes* is about 0.52 mm [16,17], *Oxymonacanthus longirostris* is about 0.7 mm, and *Thamnaconus modestus* is about 0.64 mm [18]. In the present study, the egg diameter of bluefin leatherjacket was (0.607±0.03) mm, which was smaller than Nakazono and Kawase's [18] finding. The slight difference may cause by the genetic difference between two populations as fish from Nakazono and Kawase's [18] study was from Japanese Sea while our broodstocks were came from Bohai Sea. Because of the small size of egg, total length of newly hatched larval bluefin leatherjacket was only (2.08±0.09) mm. The character of small size larvae potentially increased the difficulty of larviculture during the first feeding period. For instant, as the mouth size of bluefin leatherjacket was very small (unpublished data), the size of live feeds could be the issue affecting the successful first feeding.

Live feeds supply during the first feeding for those small size fish at hatching has become the major bottleneck continually hinder the larval culture in the marine fish hatchery. Similar like grouper larvae, bluefin leatherjacket have very small mouth gap, under some particular situation, common rotifers may not fulfill the size of requirement for the first feeding bluefin leatherjacket larvae. Therefore, the production of live feeds with small size characteristics is an important hatchery operation in bluefin leatherjacket breeding. As the geographical difference, super small strain rotifers were not available in our region. Therefore, to explore new live feeds substrates is essential. In the present study, by using fertilized egg and trochophore-stage larvae of Pacific oyster(*Crassostrea gigas*) during the initial feeding stage, this issue was partially solved.

1.4 Growth and Seeding Rate

The *SGR* from 0 dph to 50 dph was 6.00% day^{-1}. The larvae grew exponentially and their growth can be described by the equation. $Y = 3.30394 - 0.31862x + 0.02222x^2$ ($R^2 = 0.90362, n = 427$).

Where *Y* is total length in millimeters and *x* is dayspost hatching (Figure 3). In this study, two heavy mortality periods were observed, which were found between 5~10 dph and 30~60 dph. After 70 days rearing, 0.33 million juveniles (mean total length > 40 mm) were obtained and the ratio of seedling/newly was (5.62±0.83)%.

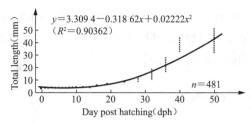

Figure 3   Growth of T.modestus during the first 50 days

From the physical aspect, sufficient nutrient supply depends on the efficiency of the digestive system. During the early development stage, lack of sufficient digestive capabilities is common in this phase and larvae mainly depend on pinocytosis and intracellular digestion and absorption [19]. Previous study indicates that the nutrition is presumably the predominant factor affecting the growth of fish in early life stage [20]. In species such as yellowtail kingfish (*Seriola lalandi*), growth is normally found accelerated after the digestive system is fully functional (Ma, unpublished data). In the present study, bluefin leatherjacket grew slowly in the original developmental stage (0～16 dph), the specific growth rate was only about 4.7%/day. The growth turning point was found around 20 dph, when the growth was accelerated. This may indicate that a more efficient digestive system was formed around this stage.

In present study, two heavy mortality periods were observed, which were found between 5～10 dph and 30～60 dph. During the first mortality period (5～10 dph), nearly 80% of fish were lost. Within this period, dead fish were examined under stereomicroscope. Dead fish was showing nutrition defeated sign that the body of fish was dark, and emaciated. Although feeds can be found in fish gut, little of them were digested. We suspected that this may cause by the D shaped larvae of Pacific oyster as the chitin shell of D shaped larvae cannot be digested by fish larvae, and its unique character may also block the digestive tract of fish larvae. Therefore, in the rest of our production run we started to control the development stage of the Pacific oyster larvae to make sure less Dshaped larvae were presented in the rearing tanks and a protocol has also been developed.

The second mortality period was started from 30 dph, which occurred after weaning started. Previous study have indicated that mortality happened within this period was contributed by cannibalism[21], feeding decrease or suspend [22], stress response enhancement [23], disease and so on. In the present study, cannibalism began from 30 dph, chasing, biting, and chocked fish can be easily found in each rearing tanks. In order to reduce cannibalism, in the rest of our production run we started to grade the fish weekly, and increased the water exchange rate during the daytime which the cannibalism was reduced.

In summary, the present study demonstrated that bluefin leatherjacket was feasible breeding under artificial environment. Aspects regarding to bluefin leatherjacket breeding have been successfully explored. Although the final seeding rate was low, as the first breeding experiment under commercial scales, our results can still provide the fundamental information on artificial breeding on this species. Future study should towards increasing the hatching rate and understand the digestive physiology of bluefin leatherjacket.

2 Materials and Methods

2.1 Broodstocks Management

Broodstocks (395 fish, mean total length =(277.8±30.0) mm) were caught in Bohai Sea, P. R. China, and have been acclimated in the artificial environment for 15 months in a commercial hatchery (Yantai, Shandong Province, P. R. China). A total of 216 fish was used in this study.

The fish were kept in the indoor cement tank (diameter 7.0 m; water depth 0.8～1.0 m) and the culture density was maintained at 4 fish·m^{-3}. Ambient seawater filtered by 100 μm filter was supplied to the rearing tank at 10 $m^3·h^{-1}$. Salinity was maintained at 30 through this study. A nature photoperiod was used in this study. The photoperiod at the start of the spawning season (June) was 13 h light: 11 h dark, and increased to a maximum day length in August (14 hlight: 10 h dark) at the end of spawning season (at the end of August). Vigorous aeration was provided through diffuser stones. Fish were hand-fed once per day to the level of satiation in the morning, with approximately (7～10)% amounts (by weight) of mixture diet (30% white-hair rough shrimp (*Trachypenaeuscurvirostris*, Stimpson), 40% pacific oyster (*Crassostreagigas*), 15% Mytilus edulis and 15% squid (*Loligosp.*). Pre to the spawning season, broodstocks (32 fish per tank) were transferred from the culture tank to spawning tanks (concrete, 28.8 m^3) with a sex ratio of 1:1 (female:male). Natural spawning occurred when the ambient water temperature increased from 19℃ to 21℃ in the spawning seasons.

2.2 Eggs Collection

The collection of eggs for larvi-culture started from early June to the end of July. The collection was stopped when egg quantity and quality decreased to a degree that made larvi-culture unviable for commercial proposes. The adhesive eggs from natural spawning were collected by using plastic corrugated plates (50 cm×50 cm) which were placed on the bottom of each spawning tank. These plates were placed at 10:00 am before each spawning event, and removed in the following day. Eggs were transferred to the larvae rearing tanks together with the attached plastic corrugated plates. At the same time, photographs of each plate were taken with a calibration scale for samples. The egg number per unit (5 cm×5 cm) on the plate was counted and calculated. A stereo microscope (Olympus SZ-61) was used to observe and measure the eggs. Eggs appear to be cloudy, unglobal or developed abnormally were considered as non-viable. A sample of 10 cm×10 cm egg collection plate was taken out daily to estimate the normal egg rate. 60 fertilized eggs were sampled from each batch, and the diameters were measured to the nearest 0.01 mm.

The eggs were incubated in the larval rearing tanks (concrete, 28.8 m^3) at an initial density of 3.0×10^5 eggs/tank. Constant aeration was supplied to each tank. The salinity and temperature were maintained at 30, 21℃, respectively. After hatching, the plastic corrugated plates with unhatched eggs were removed from the rearing tanks, and the yolk sac larvae were reared in the same tank.

2.3 Larval Rearing

The rearing density of fish larvae was maintained at 6 000~8 000 larvae·m^{-3}, and a total of 19 tanks were used in this study. The rearing tanks were supplied with sand-filtered seawater. Larvae were reared with a 24 h-light photoperiod, and the illumination was provided by fluorescent lamps suspended over the rearing tank, and light intensity was 1 500~2 000 lux (measured on the surface of water). The salinity and dissolved oxygen were maintained at 30, 5~7.0 mg·L^{-1} respectively. The water temperature was gradually increased from 21.0 ℃ (0 dph) to 26.0 ℃ (16 dph), and then maintained at 26 ℃ until the experiment was finished (Figure 4). Water exchanging in the rearing tanks was started on 4 dph, the exchange rate was gradually increased from 10% (4 dph) to 100% (20 dph). On 20 dph, all the juveniles were collected and transferred to new rearing tanks (concrete, 28.8 m^3) with a stock density of 2 000 fish·m^{-3}.

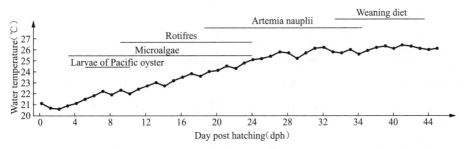

Figure 4 Feeding scheme and rearing temperature for *T.modestus* during the first 45 days post hatching

The feeding regime was summarized in Figure 4 from 1 dph, *Nannochloropsis* sp. was supplied to the rearing tank every morning to achieve an initial concentration of 3×10^5 cells·mL^{-1}. Larvae were fed with fertilized egg and trochophore-stage larvae of Pacific oyster (*Crassostrea gigas*) three times per day from 3 dph to 10 dph at a density of 10~20 inds·mL^{-1}. From 8 dph to 24 dph, rotifers (*Brachionus* sp., small strain) enriched with Algamac 3 050 (Aquafauna Bio-Marine, USA) were supplied to each rearing tank sat a density of 10~15 inds·mL^{-1}. Starting from 19 dph, *Artemia* nauplii enriched with Algamac 3 050(Aquafauna Bio-Marine, USA) were added into fish tanks, the feeding density was gradually increased from 5 (19 dph) to 20 nauplii·mL^{-1} (25 dph), from 32 dph, micro-particulate feeds (Otohime B_2, C_1, C_2, Marubeni Nisshin Feed Co., Ltd. Japan) were used starting from smaller size to large size. The amounts of micro-particulate feed were distributed by hand and adjusted according to fish demand at 1-h intervals from 900 hours to 1 900 hours each day. Weaning was completed on 36 dph. Outlet screens were cleaned, and tank bottoms were siphoned daily to remove dead fish, uneaten feeds and faeces.

2.4 Description of Embryonic Development During Endogenous Feeds Period

Approximately 5 000 eggs were taken from the egg collectors within an hour of spawning. The eggs were incubated at ambient water temperature (21℃) in a 200 L semi-conical tank supplied with 5μm filtered seawater flowing at 0.8 L·min^{-1}. Light density was maintained at 1500 ~ 2 000 lux (measured at the water surface) by using fluorescent lamps with a photoperiod of 14 h light: 10 h dark. Samples of eggs (20 eggs) were taken at various intervals and development stage, and were recorded by using a digital camera connected to microscope (Olympus SZ-61, Japan). This study was repeated for four different batches of eggs. As the development time was not significantly different between each batch ($P > 0.05$), the time to developmental checkpoint was taken as the earliest time that over 50% of the sample of embryos or larvae had reached a particular stage.

2.5 Morphological Measurements of Larvae and Juveniles

Fish samples were taken every day from 0 to 10 dph, and then were taken on 14 dph, 16 dph, 19 dph, 24 dph, 28 dph, 32 dph, 36 dph, 40 dph, and 50 dph. On each of the sampling day, 2~30 larvae were used for morphological measurements. Larvae were randomly selected and dipped at different zones from the rearing tank until 15 dph, after 16 dph were netted at different zones. All the fish were an aesthetized (MS-222, Tricaine methane sulfonate, 20 mg·L^{-1} ~ 30 mg·L^{-1}) and measured under dissecting microscope (Olympus SZ-61). The volume of yolk sac (VYS, mm^3) was calculated using the formula for an ellipsoidal volume: VYS = $\pi/6 \times L \times H_2$, where L was the major axis, and H was the minor axis of the yolk sac. The volume of oil globule (VOG) in cubic millimeter was calculated: VOG = $4/3\pi(d/2)^3$, where d is diameter of the spherical oil globule. Total length (TL) was measured from the tip of the lower jaw to the posterior margin of the caudal fin.

Growth was determined by the specific growth rate (SGR) as %/day using the following equations [24]. SGR = 100 (lnSL_f − lnSL_i)/Δt, where SL_f and SL_i were the final and initial fish total length (mm), respectively, and Δt was the time between sampling intervals. The seeding rate (SR) was calculated using the formula: SR = [number of young fish (Total length ≥ 50 mm)/number of normal newly hatched larvae] ×100%.

2.6 Statistical Analysis

The data in this article were expressed as $\bar{x} \pm SD$, and an independent t-test was used to compare the developing time of the embryo between different batches of eggs (PASW statistics 18.0, IBM, Chicago, IL, USA).

Acknowledgements

This research was sponsored by Science and Technology Development Program of Shandong Province "Breeding of bluefin leatherjacket, *Thamnaconus modestus* in commercial scales" (2009GG10005017), and Development Program of Fine Seeds Program in Shandong Province "Finfish breeding program for industry scales". The authors wish to thank staffs from Yantai Baijia fishery Co., Ltd. for technical assistance in broodstocks management and larval fish rearing. The authors would like to thank Mr. Ji-lin Lei, Dr. Yong-jiang Xu and Dr. Yun-wei Dong for early planning on this study.

References

[1] Nelson J S, et al. Fishes of the world[M]. New York: John Wiley & Sons, 1984

[2] Su J, Li C. Fauna Sinica: *Tetraodontiformes*, *Pegasiformes*, *Gobiesociformes* and *Lophiiformes*[M]. Beijing: Science Press, 2002.

[3] Xu X, Zheng Y, Liu S. Estimation of stock size of filefish *Thamaconus Modestus* in the East Sea and Yellow Sea[J]. Oceanol. Limnol. Sin., 1992, 23: 651-656.

[4] Qian S. The biological characteristics and resource status of theYellow-fin Filefish in the East China Sea[J]. J. Fish. Sci. China, 1998, 5(3): 25-29.

[5] Chen P, Zhan B. Age and growth of *Thamnaconus septentrionalis* and rational exploitation[J]. J. Fish. Sci. China, 2000, 7(1): 35-40.

[6] Ding M. On the stock of filefish Navodon septentrionalis and their distributions in the East China Sea[J]. J. Fish. China, 1994, 18: 45-56.

[7] Maekawa C. Relationship between water temperature and catch quantity of filefish *Thamnaconus modestus*[J]. Bull. Kanag. Prefect. Fish. Exp. Stati., 1989, 10: 27-30.

[8] Kang K H, Kho K H, Chen Z T, Kim J M, Kim Y H, Zhang Z F. Cryopreservation of filefish (*Thamnaconus septentrionalis* Gunther, 1877) sperm[J]. Aquac. Res., 2004, 35(15): 1429-1433.

[9] Xu G B, Chen S L, Tian Y S. New polymorphic microsatellite markers for bluefin leatherjacket (*Navodon septentrionalis* Gunther, 1877)[J]. Conserv Genet, 2010, 11(3): 1 111-1 113.

[10] Zhao C, Chen L. Artificial fertilization and larvae of the filefish, *Thamnaconus septentrionalis*[J]. Fish. Sci. Tech. Infor., 1980: 1-3.

[11] Chen L, Zheng Y. On the early decelopment, the spawning ground and spawning season of *Navodon septentrionalis* (Gunther) in the Donghai[J]. Acta Ecologica Sinica, 1984, 4: 73-79.

[12] Zhao C, Zhang R, Lu H, Lian C, Zang Z, Jiang Y. Fish egg and larvae of China coastal sea[M]. Shanghai: Shanghai scientific and technical publishers, 1985.

[13] Safran P, Omori M. Some ecological observations on fishes associated with drifting seaweed off Tohoku coast, Japan[J]. Marine Biology, 1990, 105 (3): 395-402.

[14] Ma Z, Qin J G, Hutchinson W, Chen B N. Food consumption and selective by larval yellowtail kingfish *Seriola lalandi* cultured at differernt live feed densities[J]. Aquac. Nutr., 2013, 19(4): 523-524.

[15] Nocillado J I, Penaflorida V D, Borlongan I G. Measures of egg auqality in induced spawns of the Asian sea bass, *Lates calcarifer* Bloch[J]. Fish Physiol. Biochem., 2000, 22(1): 1-9.

[16] Kawase H, Nakazono A. Embryonic and pre-larval development and otolith increments in two filefish, *Rudarius ercodes* and *Oaramonacanthus japonicus* (*Monacanthidae*)[J]. Japan. J. Ichthy., 1994, 41(1): 57-63.

[17] Kawase H, Nakazono A. Predominant maternal egg care and promiscuous mating system in the Japanese filefish, *Rudarius encodes* (*Monacanthidae*)[J]. Environ. Biol. Fish., 1995, 43 (3): 241-254.

[18] Nakazono A, Kawase H. Spawning and biparental egg-care in a temperate filefish, *Paramonacanthus japonicus* (*Monacanthidae*)[J]. Environ. Biol. Fish., 1993, 37(3): 245-256.

[19] Ma Z, Qin J G, Nie Z L. Morphological changes of marine fish larvae and their nutrition need[J]. Larvae: morphology biology and life cycle Nova Science Publishers, Inc, New York, 2012: 1-20.

[20] Yin M. Feeding and growth of the larva stage of fish[J]. Fish. China, 1995, 19: 335-342.

[21] Hoey A S, McCormick M I. Selective predation for low body condition at the larval-juvenile transition of a coral reef fish[J]. Oecologia, 2004, 139: 23-29.

[22] Folkvord A, Otterib H. Effects of initial size distribution, daylength, and feeding frequency on growth, survival, and cannibalism in juvenile Atlantic cod (*Gadus morhua* L.)[J]. Aquaculture, 1993, 114: 243-260.

[23] Wedemeyer G. Some Physiological Consequences of Handling Stress in the Juvenile Coho Salmon (*Oncorhynchus kisutch*) and Steelhead Trout (*Salmo gairdneri*)[J]. J. Fish. Res. Board Can., 1972, 29(12): 1 780-1 783.

[24] Hopkins K D. Reporting fish growth: a review of the basics[J]. Journal of the World Aquacult. Soc., 1992, 23 (3): 173-179.

(Guan Jian, Ma Zhenhua, Zheng Yongyun, Guan Shuguang, Li Chenglin, Liu Hongjun)

第三章 健康养殖技术

苗种来源与增殖环境对底播刺参生长与存活的影响

刺参(*Apostichopus japonicus*)是一种名贵的海珍品,因其营养价值较高,在我国和东南亚地区具有较高的市场需求[1]。近年来,随着人工育苗技术的不断进步,刺参增养殖发展迅速,并达到了前所未有的规模[2]。但受到沿海经济发展的冲击,池塘、围堰等刺参传统养殖空间被挤压。刺参浅海底播增殖因其成本低、获得产品品质高等优势,越来越受到养殖户及大型养殖企业的青睐[3]。利用人工鱼礁区和海藻(草)场增殖是我国北方进行刺参增殖的主要方式,但其养殖产量多不尽如人意[4]。目前,针对刺参底播增殖的研究主要集中在基础生态学、行为生态学以及礁体的改造优化等基础研究领域。如林承刚等[5]研究了光照强度对刺参运动行为以及生长的影响。佟飞等[6]利用紫外－可见吸收光谱和三维荧光光谱法,从 DOM 的来源与组成等方面对人工增殖区底播刺参饵料环境状况进行了研究与评价。张俊波等[7]采用行为学方法,分别研究了不同形状、不同材料的人工参礁对刺参的诱集效果。有关放流技术的研究较少,且多处于室内模拟试验阶段[8]。本研究拟通过对底播苗种来源以及增殖海区环境的研究,从人为可控因素入手,改善并提高刺参底播增殖效果。采用封闭网笼装置在增殖海区开展现场试验的方法,分别研究了不同苗种来源、不同增殖环境对底播刺参的影响,以期获得的数据结果能最大限度地反映规模化增殖的实际情况,从而为优化刺参增殖方式、提高增殖效果提供数据支持。

1 材料与方法

1.1 试验时间与地点

试验地点位于山东省青岛市四方区沿海,属于胶州湾海域,已开展刺参底播增养殖 3 年。试验时间为 2014 年 6 月至 11 月,期间海水温度为 8.1～26.8℃,盐度为 28～30,pH 为 8.06～8.37。

1.2 试验材料

试验选用两种不同来源的刺参苗种用于试验。一种苗种来源于青岛市胶南育苗场育苗大棚(记为 F),初始平均体质量(27.5±5.6) g ($n=30$);另一种苗种来源于青岛市红岛刺参养殖池塘中间培育网箱(记为 N),初始平均体质量(32.6±7.3) g ($n=30$)。试验用苗种挑选个体均匀、体表无外伤或腐皮的健康刺参。试验用装置为圆形网笼,网笼骨架为钢筋材料,外覆聚乙烯无结网,孔径为 1.0 cm,网笼内系绑束状附着基,并系坠石。

1.3 方法

选择两个不同的底播增殖试验点 A、B。试验点 A 为近岸藻礁区,水深 1～3 m,礁石上生长有鼠尾藻、裙带菜等大型藻类。试验点 B 为离岸礁区,水深 6～10 m,礁体已投放 3 年,礁体上附满底泥,无藻类生长。将试验苗种 F、N 分别放养于圆形网笼中,投放于 A、B 试验海域,每笼放养试验苗种 6 头。共计四组试验,依次记为试验组 F-A、试验组 F-B、试验组 N-A 和试验组 N-B,每组试验设置 5 个平行对照。

试验周期为 180 d,期间每隔 30 d 统计每个网笼刺参存活的个体数量,并测量刺参体质量。体质量的测量参照赵斌等的方法进行[9]。为减少试验期间人为干扰对刺参生长与存活的影响,在水温超过 20℃、刺参进入夏眠期间停止采样测量,因而 60 d、90 d 时数据为空白。整个试验过程中,除测量数据需要,不采取任何人为投喂与管理。

计算四组试验刺参的成活率与增重率,计算公式如下:

$$成活率 SR(\%) = 成活头数 / 总头数 \times 100$$

$$增重率 WGR(\%) = (W_t - W_0)/W_0 \times 100$$

式中,W_0 为初始体质量(g),W_t 为终末体质量(g),t 为试验天数(d)。

1.4 数据统计

获得的数据用 SPSS 19.0 统计软件进行分析处理,并进行方差分析与 Duncan 多重比较,显著性水平 $P < 0.05$ 为差异显著。

2 结果

2.1 对成活率的影响

图 1 结果表明,在 30 d 时,底播于近岸藻礁区(A 点)的苗种均正常存活,成活率为 100%;底播于离岸礁区(B 点)的苗种有不同程度的损失,其中来自池塘网箱的苗种损失较少,成活率为 96.67%,来自育苗大棚的苗种损失最多,成活率为 76.67%。30 d 后直至试验结束,底播苗种数量未发生变化,成活率由大到小的顺序为试验组 F-A = 试验组 N-A > 试验组 N-B > 试验组 F-B。

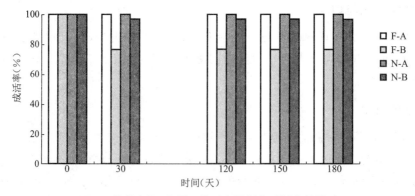

图 1 苗种来源、底播环境对底播刺参成活率的影响

统计分析结果表明(如表1所示),试验结束时,各试验组之间底播刺参的成活率差异显著($P < 0.05$)。试验组 F-A、试验组 N-A、试验组 N-B 中刺参底播成活率差异不显著($P > 0.05$),且该三组刺参成活率显著高于试验组 F-B($P < 0.05$)。

表1 不同试验组间成活率的方差分析

	F-A	F-B	N-A	N-B
F-A	—	< 0.05	> 0.05	> 0.05
F-B		—	< 0.05	< 0.05
N-A			—	> 0.05
N-B				—

2.2 对生长的影响

图2结果表明,在30 d时,试验组 F-A、F-B、N-B 中放养刺参体质量均有不同程度的下降,其中试验组 F-B 下降最多,体质量减少至初始体质量的43.73%,仅试验组 N-A 中刺参体质量增加,较初始体质量增加7.28%。经过夏季高温季节至120 d时,试验组 F-B、N-A、N-B 中刺参体质量逐渐恢复,且试验组 N-A 和 N-B 中刺参开始正常生长,仅试验组 F-A 中刺参体质量继续下降,减少至初始体质量的31.79%。在150 d时,试验组 N-A、N-B 中刺参生长迅速,体质量增加至初始体质量的30%以上。至试验结束时(180 d),各试验组刺参增重率由大到小依次为试验组 N-B > N-A > F-B > F-A,体质量增重率分别为56.43%、47.24%、29.48%和12.96%。

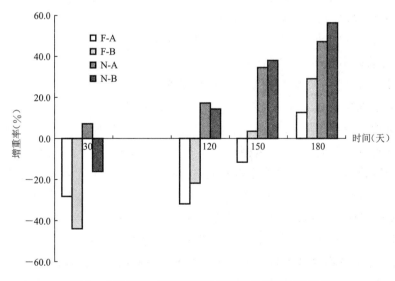

图2 苗种来源、底播环境对底播刺参增重率的影响

统计分析的结果表明(表2),试验结束时,各试验组之间底播刺参的增重率差异显著($P < 0.05$)。相同增殖环境下,苗种来源对底播刺参的增重率影响显著($P < 0.05$)。

表 2　不同试验组间增重率的方差分析

	F-A	F-B	N-A	N-B
F-A	—	> 0.05	< 0.05	< 0.05
F-B		—	> 0.05	< 0.05
N-A			—	> 0.05
N-B				—

3　讨论

浅海增殖是利用人为的条件,在海区的自然状态下,充分发挥海水的生物生产力。在保证放养刺参的成活率并确保达到商品规格的基础上,刺参增养殖工作才会成功[10]。放流效果与海区条件有直接关系,如底质环境、海流以及风浪等。牟绍敦等[11]在乳山海区放流半年后的稚参成活率为15.7%。吴耀泉等[12]在灵山岛浅海岩礁区增殖放流的刺参成活率仅为10%。Tanaka[13]认为导致人工鱼礁区刺参产量减少的主要原因可能是底播幼参的死亡率较高。本研究中,各试验组的成活率均达到75%以上,远远高于上述研究报道。该结果一方面是由于采用了笼养装置,避免了因风浪、潮汐和海流等因素导致的苗种流失;另一方面则是该增殖海域环境适宜开展刺参增殖,其所在胶州湾是一个半封闭型海湾,湾内波高一般小于0.4 m,潮流较弱[14],底播刺参受风浪、海流的影响较小,尤其是近岸藻礁区,密布的礁石和繁生的大型藻类为底播刺参提供了躲避风浪的良好场所,底播成活率可达100%。同时,不同苗种来源、不同增殖环境对底播刺参成活率影响显著,来自育苗大棚的苗种在离岸深水区域成活率最低(76.67%)。这可能与苗种底播前后养殖环境发生较大变化有关。与近岸礁区相比,离岸深水礁区的沉积环境、海流变化等更为复杂,底播苗种经由池塘网箱中间过渡后底播,可显著提高苗种底播成活率。

增殖海域的饵料状况是影响刺参生长的重要条件[15]。本研究中,同一增殖环境下不同来源刺参底播后的生长差异显著:来自池塘网箱的苗种增重率显著高于育苗大棚的苗种。分析其原因可能与苗种底播前后饵料成分的变化有关。在天然海区,刺参主要依靠吸收利用沉积质中的有机组分为生[16]。大棚苗种在人工育苗过程中以人工配合饵料为主要食物来源。而池塘网箱培育苗种的食物来源与组成则介于两者之间,在利用天然饵料的同时配合投喂少量人工饵料。因此,大棚苗种较池塘网箱苗种需要更长的时间来适应底播海域饵料与环境的变化(150～180 d),从而也延长了其达到商品规格的生长周期。另外,本研究中在苗种来源相同的情况下,底播于离岸深水礁区的苗种生长情况均优于近岸浅水礁区。在自然条件下,刺参的分布区域也随其个体体重的增长逐渐由浅水区向深水区转移[15]。这种分布上的特点也可能与增殖海域的饵料状况有关[17]。幼参多生活在中、低潮区或潮下带的岩礁缝隙及大型藻类根部,以摄取附着物上繁生的底栖硅藻、原生动物等为生。随着水层的加深,沉积物中的有机组分变得更为丰富,营养层次也有一定程度的提高,尤其是动物性饵料来源有所增加,从而满足大规格刺参生长的需要[4]。

综上所述，刺参放流至增殖区前，由室内育苗池转移至室外池塘网箱中进行中间培育，最后再放流至增殖区，可以显著提高其对自然海区饵料与生态环境变化的适应能力。同时，在选择增殖海域时，除考虑海浪、潮汐以及海流等海洋水文因素外，增殖海域的饵料状况也是影响增殖效果的重要因素之一。

参考文献

[1] 李成林，宋爱环，胡炜，等. 山东省刺参养殖产业现状分析与可持续发展对策[J]. 渔业科学进展，2010，31(4)：126-133.

[2] 袁秀堂. 刺参(*Apostichopus japonicus* Selenka)生理生态学及其生物修复作用的研究[D]. 青岛：中国科学院研究生院(海洋研究所)，2005：8-28.

[3] 邢坤. 刺参生态增养殖原理与关键技术[D]. 青岛：中国科学院研究生院(海洋研究所)，2009：4-7.

[4] 佟飞. 典型资源增殖区仿刺参饵料时空特征研究[D]. 青岛：中国海洋大学，2014：5-6.

[5] Lin C G, Zhang L B, Liu S L, et al. A comparison of the effects of light intensity on movement and growth of albino and normal sea cucumbers (*Apostichopus japonicus* Selenka)[J]. Marine Behaviour & Physiology, 2013, 46(6): 351-366.

[6] 佟飞，张秀梅，吴忠鑫，等. 4个人工增殖区仿刺参肠道内含物溶解有机质的光谱特性[J]. 中国水产科学，2014，21(1)：84-91.

[7] 张俊波，梁振林，黄六一，等. 不同材料、形状和空隙的人工参礁对刺参诱集效果的试验研究[J]. 中国水产科学，2011，18(4)：899-907.

[8] 林承刚. 四种物理环境因素对刺参运动和摄食行为的影响[D]. 青岛：中国科学院研究生院(海洋研究所)，2014：21-114.

[9] 赵斌，李成林，胡炜，等. 低温对不同规格刺参幼参生长与耗氧率的影响[J]. 海洋科学，2011，35(12)：88-91.

[10] Battaglene S, Bell J. The restocking of sea cucumbers in the Pacific Islands[J]. Fao Fisheries Technical Paper, 2004, 429: 109-132.

[11] 牟绍敦，李庆彪，张晓燕. 刺参人工苗种的放流增殖[J]. 海洋湖沼通报，1986，(3)：44-50.

[12] 吴耀泉，崔玉珩，孙道元，等. 灵山岛浅海岩礁区刺参增殖放流研究[J]. 齐鲁渔业，1996，(1)：22-24.

[13] Tanaka M. Diminution of sea cucumber (*Stichopus japonicus*) juveniles released on artificial reefs[J]. Bulletin of the Ishikawa Prefecture Fisheries Research Center, 2000, 2: 19-29.

[14] 杨世伦，李鹏，郜昂，等. 基于ADP—XR和OBS-3A的潮滩水文泥沙过程研究以胶

州湾北部红岛潮滩为例[J]. 海洋学报(中文版), 2006, 28(5): 56-63.

[15] 于东祥,张岩,陈四清,等. 刺参增殖的理论和技术(2)[J]. 齐鲁渔业, 2005, (7): 54-56.

[16] Choe S. Study of sea cucumber: Morphology, Ecology and Prop-agation of Sea Cucumber [M]. Tokyo: Kaibundou Publishing House, 1963: 133-138.

[17] 隋锡林. 刺参的放流增殖[J]. 齐鲁渔业, 2004, (6): 16-18.

（李莉,王晓红,邱兆星）

温度对室内鼠尾藻生长影响及海上快速养殖试验

鼠尾藻(*Sargassum thunbergii*)是北太平洋西部特有的暖温带海藻,我国北起辽东半岛、南至雷州半岛的硇洲岛均有分布[1]。鼠尾藻可作为多糖、甘露醇、碘等化工原料及凝集素、免疫多糖等多种生物活性物质等[2]。近年来,随着我国刺参养殖业的兴起,作为刺参优质饲料的鼠尾藻的需求量越来越大,野生资源已经难以满足市场需要。因此,开展鼠尾藻的人工养殖是解决供需矛盾的必然选择。尽管目前已有多篇通过有性繁殖获得孢子苗的报道[3-5],但人工繁育鼠尾藻孢子苗还存在成本高、周期长、出苗不稳等一系列问题,所以养殖鼠尾藻一般是采用潮间带野生苗作为养殖苗种。

传统的鼠尾藻养殖期从3月中下旬开始,到7月中旬结束[6,7]。3～4月份的水温比较低,此时养殖的鼠尾藻生长比较慢。而实际上3～5月份同时也是海带快速生长期,海区筏架基本都养着海带,很少有空置筏架。本研究涉及室内培养鼠尾藻时温度对其生长的影响。根据室内的试验结果,本研究又进行了海上快速养殖试验。一方面研究推迟常规的鼠尾藻夹苗时间、缩短鼠尾藻海面养殖期的可行性;另一方面利用海带收割后闲置下来的筏架养殖鼠尾藻,这样在不增加固定设施投入的情况下增加养殖收益。

郑怡对福建平潭鼠尾藻生长及生殖季节研究发现,3月和4月初生枝月平均增长最多,5～7月份侧枝长度生长非常快[8]。鼠尾藻养殖利用的是具有数十条侧枝的鼠尾藻大苗,生长点除了主枝顶端外,更多的生长点是从主枝旁边发出的数十条次生分枝。所以本研究以鼠尾藻大苗的次生分枝为室内培养的试验材料。

1 材料及方法

1.1 室内培养的材料及方法

鼠尾藻苗种为浙江洞头的鼠尾藻野生大苗,用过滤海水将材料冲洗干净,在实验室温度5℃、光照强度为2 000 lx的塑料水槽中预培养1周后,筛选生长健壮的次生分枝,剪成3～5 cm长的藻体,置于3 000 mL(内含2 500 mL海水培养液)三角烧瓶中培养。海水煮沸消毒,在培养液中添加NH_4Cl及KH_2PO_4,使培养液N、P的初始浓度分别为0.44 $mg·L^{-1}$及0.044 $mg·L^{-1}$。在光照培养箱中控温充气培养,光照强度为3 000 lx,光照周期$L:D$ = 12 h:12 h,盐度为31,pH为8.0。

1.2 海面养殖试验的材料及方法

1.2.1 材料及养殖海区条件

试验所用的鼠尾藻苗种为浙江洞头的鼠尾藻野生大苗,4月下旬在青岛神汤沟海区暂养。5月21日运至试验海区进行养殖试验。养殖海区为荣成俚道湾海区,水深5～8 m,试验海区面积为0.67 hm²。

1.2.2 养殖方法与管理

养殖方法:鼠尾藻是生长在潮间带耐强光藻类,因此采用平养方式,即苗绳两端分别挂于两行筏架上,苗绳中端系上一个直径为5 cm的塑料浮子,使鼠尾藻漂浮于水面。苗绳为聚乙烯绳,长3.5 m,夹苗时3～4株鼠尾藻为一簇,每株藻体长度40～76 cm,平均长度54 cm,每绳夹苗60簇,绳间距1 m。

测量方法:在养殖试验期间,每隔10 d测量一次藻体主枝、侧枝及生殖托长度并记录水温。测量时,随机取10个双绳分别称重,计算每绳鲜重平均值,并从中随机抽取10个鼠尾藻主枝测量其主枝、次生分枝及生殖托的长度。

管理:设专人管理,检查掉苗、绳与筏架交叉等情况,洗刷浮泥,清除杂藻及其他生物等。

2 结果

2.1 室内培育试验结果

鼠尾藻在各温度条件下的长度增长结果见图1。鼠尾藻在5～28℃的光照培养箱中培养,长度都有增加,特别是15℃组长度增加最快,在培养3周后长度达到最大值,并显著高于其他组的藻体长度。不过由于室内培育条件远比海面养殖条件差,在第4周时15℃组试验藻体死亡。5～10℃下,存活时间最长。23℃时只能存活2周,而28℃时,则不到一周就几乎死亡。

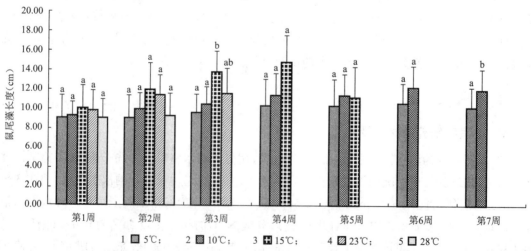

注:同一簇图中标有不同字母(a、b、c)表示经多重检验相互之间的差异显著($P<0.05$)。

图1 不同温度条件下培养的鼠尾藻长度

鼠尾藻在各温度条件下的重量增长结果见图2。在光照培养箱中,鼠尾藻重量几乎都是下降的,但在5～10℃的条件下,在整个试验期间重量下降得很少。15℃组前4周重量基本稳定,4周后重量降低得很快。23～28℃培养时,鼠尾藻从试验开始重量就快速下降。3周后23～28℃下的鼠尾藻基本死亡;5周后15℃下的鼠尾藻基本死亡,所以这3组后续无数据。5℃与10℃这两组在整个试验期间正常存活。

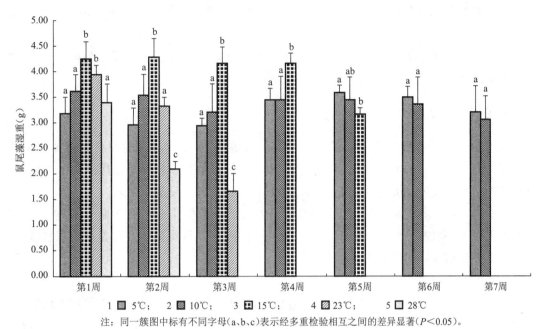

注:同一簇图中标有不同字母(a、b、c)表示经多重检验相互之间的差异显著($P<0.05$)。

图2 不同温度条件下培养的鼠尾藻重量

2.2 海面养殖试验结果

试验结果见表1。

表1 鼠尾藻海上养殖的试验结果

测量日期 (月-日)	水温 (℃)	双绳藻体鲜质量(kg)		藻体平均长度(cm)		次生分支长度(cm)	生殖托长度(cm)
		平均重量	日均增长值	平均长度	日均增长值		
5-21	10	1.78±0.26	—	54.7±1.8	—	3.2±0.6	0
6-3	13	2.58±0.35	0.06	60.8±2.3	0.47	4.0±0.9	0
6-16	15	3.08±0.68	0.04	75.1±2.1	14.7	5.3±1.3	0.2
6-28	16.5	4.62±0.46	0.14	85.3±3.5	10.2	6.2±1.5	0.6
7-5	17	5.65±0.52	0.15	90±5.2	4.7	7.8±2.1	0.9

2012年5月21日至7月5日共45 d,其养殖结果显示:每绳(双绳)平均增加鲜质量3.87 kg,藻体主枝长度从6月份开始快速生长,到6月底以后主枝长度增加缓慢,同时侧枝开始加速生长。最大藻体长度达到188 cm,藻体平均长度由试验开始时的54.7 cm生长到

75.1 cm,次生分支长度从 3.2 cm 生长到 7.8 cm,生殖托由试验初的无生殖托到试验结束时生殖托发育成熟。

藻体主枝长度增加方面,从 2012 年 5 月 21 日至 6 月 16 日共 27 d 时间内,藻长度从最初的 54.7 cm 长到 75.1 cm,日平均增长 0.76 cm·d^{-1}。本试验中,鼠尾藻在 6 月底主枝长度基本达到最大值,后期以侧枝及生殖托生长为主,6~7 月份鼠尾藻日均增重值均比较高。

藻体鲜重增加方面,在 45 d 养殖试验期间,鼠尾藻平均每绳增重 3.87 kg,每绳日增重 86 g。

海上养殖的鼠尾藻生殖托从 6 月中旬开始出现,6 月下旬快速生长,7 月初基本成熟,此时鼠尾藻完成其生命周期,需马上收获或者作为育苗用的种藻。

3 分析与讨论

温度对室内培养鼠尾藻生长的影响已有过报道[9,10],采用的试验材料是藻体初生枝顶端,结果是在 15~20℃时生长速度最快。本研究采用的试验材料是鼠尾藻的次生分枝,15℃时长度增长最快。从试验结果看出,二者最适宜的生长温度基本相同。

本试验室内培养的鼠尾藻,虽然 15℃时藻体长度快速增加,但鲜重不断下降,可能是由于室内无海流、潮汐等因素对鼠尾藻生长的促进作用,导致鼠尾藻体内营养物质积累减少,因此湿重持续减少。可以看出,鼠尾藻的生长不仅与温度有关,还与海水动力条件、潮汐等因素密切相关。

本试验中,海面养殖鼠尾藻的日增重达到每绳 86 g,远大于邹吉新[6]养殖试验结果,其平均每绳日增重 17 g。因为其养殖期是从 2012 年 3 月 26 日至 7 月 15 日,而 3~4 月份的水温在 10℃以下,鼠尾藻生长慢,使鼠尾藻日平均增重降低。而本试验从 5 月下旬开始至 7 月初结束,最适宜的水温使鼠尾藻始终保持了最快的生长速度。

值得一提的是,北方海区水温在 5 月份前比较低,鼠尾藻生长缓慢,而且海带还未收割,与鼠尾藻养殖期形成冲突。本试验中鼠尾藻开始夹苗养殖时期从 3 月下旬改变为 5 月中下旬,按照每亩养殖 400 绳(双绳)鼠尾藻计算,除去苗种重量,每亩产鼠尾藻约 1 500 kg,新增产值约 12 000 元。夹苗时间的改变不仅缩短了鼠尾藻养殖期,而且降低了养殖风险及成本,提高了养殖经济效益。

参考文献

[1] 曾呈奎,等. 中国海藻志:第三卷[M]. 北京:科学出版社,2005:56-58.

[2] 韩晓弟,李岚萍. 鼠尾藻特征与利用[J]. 特种经济动植物,2005,8(1):27-28.

[3] 王飞久,孙修涛,李锋. 鼠尾藻的有性繁殖过程和幼苗培育技术研究[J]. 海洋水产研究,2006,27(5):1-6.

[4] 张泽宇,李晓丽,韩余香,等. 鼠尾藻的繁殖生物学及人工育苗的初步研究[J]. 大连水产学院学报,2007,22:255-259.

[5] 李美真,丁刚,詹冬梅,等. 北方海区鼠尾藻大规格苗种提前育成技术[J]. 渔业科学进展, 2009, 30: 75-82.

[6] 邹吉新,李源强,刘雨新,等. 鼠尾藻的生物学特性及筏式养殖技术研究[J]. 齐鲁渔业, 2005, 22（3）: 25-29.

[7] 原永党,张少华,孙爱凤,等. 鼠尾藻劈叉筏式养殖试验[J]. 海洋湖沼通报, 2006, 2: 125-128.

[8] 郑怡,陈烁华. 鼠尾藻生长和生殖季节的研究[J]. 福建师范大学学报, 1993（1）: 81-85.

[9] 姜宏波,田相利,董双林,等. 温度和光照强度对鼠尾藻生长和生化组成的影响应用[J]. 生态学报, 2009, 20（1）: 185-189.

[10] 孙修涛,王飞久,刘桂珍. 鼠尾藻新生枝条的室内培养及条件优化[J]. 海洋水产研究, 2006, 27（5）: 7-12.

（詹冬梅,刘梦侠,王翔宇,李翘楚）

青岛马尾藻池塘栽培生态观察

青岛马尾藻(*Sargassum qingdaoense*)隶属褐藻门(*Phaeophyta*)、无孢子纲(*Cystosporeae*)、墨角藻目(*Fucales*)、马尾藻科(*Sargassaceae*)、马尾藻属(*Sargassum*)[1]。研究表明,从马尾藻里可提取出具有调血脂、抗菌、抗氧化、抗肿瘤等活性物质[2-6],其分离的纯化合物为新药开发提供了科学依据[7]。马尾藻在食物和饲料开发及制造褐藻胶等方面也具有广阔的用途。近年的研究表明,养殖大型海藻是净化水质和延缓水域富营养化的有效措施之一。马尾藻具有吸附亚甲基蓝、Cd^{2+}、Cu^{2+}、Ni^+、Eu^{3+}等离子的能力[10-13],同时能净化海水中的氨氮、亚硝酸氮等有害物质。而且马尾藻的藻体长,生长快,春、秋季都可生长且黏液少,是一种可与增殖型鱼礁结合修复海区的好藻种。本试验将马尾藻这种潮间带大型褐藻引入池塘栽培,为马尾藻作为生物修复材料用于池塘生态修复提供试验数据。

2010年4月至2011年6月在山东莱州一刺参养殖池塘进行了两次青岛马尾藻池塘栽培试验。试验根据池塘水环境因子及马尾藻的生长特性,设置了2种不同的栽培模式,并重点观测池塘水温、盐度和pH对青岛马尾藻生长的影响。

1 材料和方法

1.1 试验材料

试验池塘:选择莱州仓上一个2 hm^2(约30亩)的刺参养殖池塘作为试验用池塘;池塘为沙质底,水深1.0~2.0 m,海水盐度29.0~31.2,pH 7.9~8.3。试验藻种:当年4月初采集于青岛沿海的青岛马尾藻。试验苗架:池塘南北岸边间距2 m打木桩,岸两边木桩用聚乙烯纤维绳连接,架设宽2 m、长50 m的浮筏,每排浮筏间隔10 m,设浮漂和坠石若干。

1.2 试验方法

苗种处理:将采回的青岛马尾藻先用过滤海水浸泡5 h,使附着在藻体上的甲壳类和多毛类等动物游离下来。挑选个体完整、无损伤的青岛马尾藻,用毛刷在水龙头上将剩余附着的软体动物(多见为贻贝)、多毛类动物及泥沙洗刷掉;共生的杂藻如珊瑚藻、石莼等,要仔细地用手从藻体上剥离下来。洗刷时注意不要破坏藻体的完整性,即一个藻株必须包括固着器、主茎、枝和叶片四部分,将处理好的藻种置于大的玻璃容器中备用。

试验设计:消毒后的聚乙烯纤维绳截成 2 m 长的绳段作为苗绳,采集的藻种分 1 株藻体为一簇(簇与簇间隔 15 cm)和 2 株藻体为一簇(簇与簇间隔 20 cm),分别夹到苗绳上(青岛马尾藻单株、两株夹苗栽培试验);采集的青岛马尾藻藻体中间截断后并为一簇(簇与簇间隔 20 cm),夹到苗绳上(青岛马尾藻中间截断夹苗栽培试验),同时浮筏上绑缚好浮漂和坠石,控制青岛马尾藻处于 1.5~1.8 m 水深处。

观察及测量:详细观察记录青岛马尾藻出现次生分枝、气囊、生殖托,生殖托成熟、放散,次生分枝和主枝腐烂脱落等生长情况。设定每 10 d 定期测量体长和湿重。测量方式:随机采下 30 株藻体,分别测量其体长和湿重(称重时把苗体放置在脱脂纱布上吸干表面水),取平均值作为单株生物量。每天测量池塘表层和底层水温,每 10 d 定期测量池塘盐度和 pH,试验数据为测量当日 8:00、12:00 和 15:00 三个不同时间点测量数据的平均值。

1.3 统计分析

所有测定结果表示为平均数 ± 标准差($n \geq 3$),用方差分析(ANOVA)和 t- 检验进行统计显著性分析,以 $P < 0.05$ 作为差异的显著性水平。

2 结果

2.1 青岛马尾藻单株、两株夹苗生长情况

由表 1 可知,随着试验时间的推移,池塘水温从最初的 9℃持续升至最后的 26℃,盐度保持在 29.0~31.2 之间,pH 为 7.9~8.3。藻体体长和湿重的生长受水温的影响较大,水温在 9~18℃时青岛马尾藻生长最快,在 18~21℃时体长生长缓慢。此时由于藻体侧枝和生殖托处于生长旺盛期,同时生殖托逐渐成熟并放散,故湿重继续保持较快增长,21℃以上时藻体逐渐停止生长并出现腐烂脱落现象;盐度和 pH 对青岛马尾藻生长影响相对较小。

表 1 池塘环境因子和青岛马尾藻不同夹苗模式生长情况

$n = 30$

夹苗模式	日期(月-日)	水温(℃)	盐度	pH	藻体平均体长(cm)	单株藻体平均湿重(g)
单株夹苗	04-08	9.0	29.6	8.2	47.6±9.95	13.5±4.05
	04-18	11.2	30.0	8.1	75.6±13.76	32.3±12.25
	04-29	12.5	30.1	7.9	93.7±20.48	52.0±14.88
	05-09	18.0	30.0	7.8	109.5±26.15	75.5±22.86
	05-19	19.5	30.6	8.0	113.0±26.86	92.4±29.32
	05-31	21.0	31.0	8.3	117.5±27.78	117.2±37.12
	06-12	24.5	31.2	7.9	112.5±25.72	103.5±26.07
	06-18	26.0	30.3	8.1	108.2±26.24	95.7±26.11

续表

夹苗模式	日期(月-日)	水温(℃)	盐度	pH	藻体平均体长(cm)	单株藻体平均湿重(g)
两株夹苗	04-08	9.0	29.6	8.2	47.6±9.95	13.5±4.05
	04-18	11.2	30.0	8.1	81.0±15.68	40.6±13.18
	04-29	12.5	30.1	7.9	101.3±22.39	72.8±15.44
	05-09	18.0	30.0	7.8	122.9±29.04	117.2±37.12
	05-19	19.5	30.6	8.0	131.7±36.60	137.9±27.06
	05-31	21.0	31.0	8.3	138.7±34.34	162.8±47.40
	06-12	24.5	31.2	7.9	129.9±25.77	148.3±32.10
	06-18	26.0	30.3	8.1	121.4±26.40	137.0±30.03

同时可知,在同一试验条件下,两株夹苗模式在整个试验阶段比单株夹苗模式生长情况略好,其藻体平均体长和平均湿重与之相比均略大($P<0.05$)。初始夹苗藻体平均长47.6 cm,单株藻体平均湿重3.5 g,生长至5月下旬时,单株夹苗模式的藻体平均最大体长117.5 cm,平均最大湿重117.2 g;两株夹苗模式的藻体平均最大体长138.7 cm,平均最大湿重162.8 g。至6月上旬,由于池塘水温持续升高,导致藻体出现腐烂脱落现象,致使藻体平均体长逐渐缩短,平均湿重逐渐降低。

2.2 青岛马尾藻中间截断夹苗生长情况

由图1知,试验初始夹苗时藻体上半部分和下半部分平均体长分别为34.9 cm 和33.3 cm,随着时间的推移,藻体上半部分体长生长较快,至5月31日藻体平均体长达到78.8;6月上旬开始,由于池塘水温逐渐升高导致藻体出现腐烂脱落现象,故表现为藻体平均体长逐渐缩短;而藻体下半部分在整个试验期间,其平均体长几乎未增长($P<0.05$)。由图2知,初始夹苗时藻体上半部分和下半部分单株平均湿重分别为14.0 g和20.2 g,随着试验的进行,藻体上半部分和下半部分单株平均湿重均出现较快增长,至5月31日单株藻体平均湿重均达最大值,分别为53.2 g和66.3 g;至6月上旬随着池塘水温的逐渐升高,藻体出现腐烂脱落现象,致使单株藻体平均湿重逐渐降低($P<0.05$)。观察发现,试验期间虽然藻体下半部分其平均体长几乎未增长,但取而代之的是萌发出大量侧枝,从而印证了马尾藻是属于顶端生长的藻体,其分生组织位于藻体顶端这一生理特性。

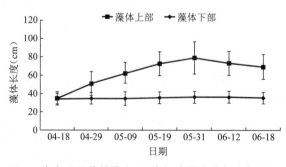

图1 青岛马尾藻藻体上、下半部分平均体长生长对比

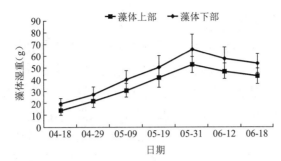

图2 青岛马尾藻藻体上、下半部分单株平均湿重生长对比

3 讨论

3.1 马尾藻生长及生理特性

池塘水温在9～18℃时青岛马尾藻生长最快,在18～21℃时生长缓慢,21℃以上逐渐停止生长并出现腐烂脱落。这些结果表明青岛马尾藻生长受池塘水温的变化影响明显。马尾藻能耐受一定的盐度变化,Norton[14]研究显示,海黍子(Sargassum muticum)一般适宜盐度为20～35,而马尾藻(Sargassum filipendula)的适宜盐度为15～35[15],本研究中盐度在29.0～31.2之间变化未对青岛马尾藻生长产生影响。青岛马尾藻两株夹苗模式在整个试验阶段比单株夹苗模式生长情况略好,其藻体平均体长和平均湿重与之相比均略大($P < 0.05$)。究其原因,栽培密度可能会对青岛马尾藻的生长产生一定影响,即密度稍大有利于其相互促进生长,密度稍小可能会影响其正常生长。截断试验显示,藻体上半部分体长生长良好,下半部分几乎未增长,但却萌发出大量侧枝,该结果与李美真等[16]认为鼠尾藻为顶端生长藻体,中间截断藻体几乎不增长的研究结果相似。本研究结果印证了马尾藻属于顶端生长的藻体,其分生组织位于藻体顶端的生理特性。

3.2 马尾藻生长繁殖周期

马尾藻的生长、生物量等有明显的季节性变化,生物量的消长与平均藻体长度消长的季节性变动基本保持一致[17-20]。谢恩义等[17]将硇洲马尾藻生活周期划分为4个时期,即8～10月为体止期,11月至翌年4月中旬为生长期,4月中旬至6月初是繁殖期,6月初至7月底为衰老期。本研究发现,池塘栽培的青岛马尾藻在4月上旬至5月上旬(水温9～18℃)为快速生长期,此时藻体长度和生物量均迅速增加;5月上旬至5月下旬(水温18～21℃)是有性生殖期,此时青岛马尾藻次生分枝生长旺盛,生殖托生长并成熟,藻体长度和生物量均在这一时期达到最高值;6月上旬(水温>21℃)开始为衰退期,这一时期由于水温继续升高,青岛马尾藻开始腐烂脱落。与硇洲马尾藻生活周期不同,分析原因主要是因为地域不同,以及相同时期池塘水温高于海区水温所致。本试验观察发现生殖托成熟放散后青岛马尾藻藻体开始腐烂脱落,其气囊、生殖托和叶片首先腐烂,随后次生分枝逐渐腐烂脱落,最后只剩主枝。孙修涛等[21]研究发现鼠尾藻产卵后2～3 d即可看见处于高潮位的鼠尾藻成熟枝条上面的侧枝和生殖托、气囊、叶片等逐渐腐烂、液化,枝条死亡的外观变化:初期外形无变化→叶片间隙生出白色菌→外表面被白色菌丝菌膜包被→膨胀破碎。

3.3 马尾藻的生态效应

大型海藻栽培不仅可有效降低 N、P 等营养物的浓度,而且通过大型海藻的光合固碳,构成水域初级生产力的基础,在水生态系统碳循环中具有重要作用[22-24]。本研究期间,通过对养殖池塘海藻栽培区和无海藻栽培区的 NH_4^+-N、NO_3^--N 及 P 等指标进行测量对比发现,海藻栽培区 NH_4^+-N、NO_3^--N 及 P 等指标明显比无海藻栽培区低,说明青岛马尾藻对养殖水体中的营养盐具有较强的吸收能力。因此,在养殖池塘人工栽培青岛马尾藻,可有效地吸收、利用水体中过量的营养盐,达到净化池塘水质和延缓水域富营养化的目的,使退化的养殖池塘得以修复。

参考文献

[1] 曾呈奎,陆保仁. 中国海藻志第三卷(褐藻门)第二册(墨角藻目) [M]. 北京:科学出版社,2000:75-77.

[2] 季宇彬,孔琪,杨卫东,等. 羊栖菜多糖对 p388 小鼠红细胞免疫促进作用的机制研究[J]. 中国海洋药物杂志,1998(2):14-18.

[3] 李八方,毛文君,胡建英. 羊栖菜水提取物及其复方食品对肌体生长发育的影响[J]. 中国海洋药物,1999(4):35-39.

[4] 于广利,吕志华,王曙光,等. 海黍子提取物对不饱和脂质抗氧化作用[J]. 青岛海洋大学学报,2000,30(1):75-80.

[5] 刘秋英,孟庆勇,刘志辉. 两种海藻多糖的提取分析及体外抗肿瘤作用[J]. 广东药学院学报,2003,19(4):336-337.

[6] Iwashima M, Mori J, Ting X, et al. Antioxidant and antiviral activities of plastoquinones from the brown alga (*Sargassum micracanthum*), and a new chromate derivative converted from the plastoquinones[J]. Boil Pharm Bull, 2005, 28(2):374-377.

[7] 徐石海,丁立生,王明奎,等. 匍枝马尾藻的化学成分研究[J]. 有机化学,2002,22(2):138-140.

[8] 包杰,田相利,董双林,等. 温度、盐度和光照强度对鼠尾藻氮、磷吸收的影响[J]. 中国水产科学,2008,15(2):293-300.

[9] Ahn O, Petrell R J, Harrison P J. Ammonium and nitrate uptake by *Laminaria saccharina* and *Nereocystis leutkeana* originating from a salmon sea cage farm[J]. Appl Phycol, 1998(10):333-340.

[10] 常秀莲,王文华,冯咏梅,等. 海黍子吸附重金属镉离子的研究[J]. 海洋通报,2003,22(4):26-31.

[11] Rubin E, Rodriguez P, Herrero R, et al. Removal of Methylene Blue from aqueous solutions using as biosorbent *Sargassum muticum*: an invasive macroalga in Europe[J]. J Chem Tech Biotech, 2005, 80(3):291-298.

[12] Kalyani S, Rao P S, Krishnaiah A. Removal of nickel(II) from aqueous solutions using marine macroalgae as thesorbing biomass[J]. Chemosphere, 2004, 57(9): 1 225-1 229.

[13] Diniz V, Volesky B. Biosorption of La, Eu and Yb using *Sargassum biomass*[J]. Water Res, 2005, 39(1): 239-247.

[14] Norton T A. Ecological experiments with *Sargassum muticum*[J]. J Mar Biol Ass UK., 1977, 57: 33-43.

[15] Clinton J D, David A T. Physiological responses of perennial bases of *Sargassum filipendula* from three sites on the west coast of Florida[J]. Bull Mar Sci, 1988, 42(2): 166-173.

[16] 李美真,徐智广,丁刚,等. 鼠尾藻切段离体培养、营养繁殖初步研究[A]//2011年全国海水养殖学术研讨会论文摘要集[C]. 北京:海洋出版社, 2011: 78-79.

[17] 谢恩义,贾桎,陈秀丽,等. 硇洲马尾藻的繁殖特性及体长生物量的季节变动[J]. 水产学报, 2011, 35(7): 1 015-1 022.

[18] Ang P O. Phenology of *Sargassum spp.* in Tung Ping Chau Marine Park, Hong Kong SAR, China[J]. Jounal of Applied Phycology, 2006, 18: 629-636.

[19] Hwang E K, Park C S, Baek J M. Artificial seed production and cultivation of the edible brown alga, *Sargassum fulvellum* (Turner) C. Agardh: Developing a new species for seaweed cultivation in Korea[J]. Jounal of Applied Phycology, 2006, 18: 251-257.

[20] Wong C L, Phang S M. Biomass production of two *Sargassum* species at Cape Rachado, Malaysia[J]. Hydrobiologia, 2004, 512: 79-88.

[21] 孙修涛,王飞久,刘桂珍. 鼠尾藻新生枝条的室内培养及条件优化[J]. 海洋水产研究, 2006, 27(5): 7-12.

[22] Troell M, Ronnback P, Halling C, et al. Ecological engineering in aquaculture: use of seaweeds for removing nutrients from intensive mariculture[J]. J Appl Phycol, 1999, 11: 89-97.

[23] 费修绠,鲍鹰,卢山. 海藻栽培——传统方式及其改造[J]. 海洋与湖沼, 2000, 31: 575-580.

[24] 董双林,刘静雯. 海藻营养代谢研究进展——海藻营养代谢的调节[J]. 青岛海洋大学学报, 2001, 31(1): 21-28.

(胡凡光,郭萍萍,吴志宏,王志刚,孙福新,李美真)

鼠尾藻池塘秋冬季栽培生态观察

鼠尾藻(*Sargassum thunbergii*)隶属褐藻门、圆子纲、墨角藻目、马尾藻科、马尾藻属,是北太平洋西部特有的暖温带性海藻,在我国北起辽东半岛、南至雷州半岛均有分布,是沿海常见的野生海藻[1,2],具有重要的经济价值,在海洋生态系统中占有重要地位(李美真等,2009),也是一种新型马尾藻的栽培品种。鼠尾藻的价值可体现在许多领域:如提取凝集素和抗菌物质,可用于代血浆,用于制备甘露醇、碘等,作为抗氧化剂用于很多方面[3-9]。

近年来,随着我国海水养殖业的迅速发展,池塘养殖规模正在逐年扩大,特别是海参的高密度池塘养殖,导致水质下降,出现富营养化,病害频发;另外,由于养殖池塘大量用药,带来水产品的安全隐患。如何进行池塘的海藻养殖、减缓浅海环境污染程度,是我国海水养殖业面临的重要问题。除了进行池塘废水的处理外,开展大型海藻的养殖,净化水质,减轻富营养化程度,也是一条有效途径[10,11]。由于鼠尾藻具有富集重金属,吸收海水中的氮、磷等,生长快,春、秋季均可生长的特性,因此其是一种多元养殖首选的材料[12,13]。

有关鼠尾藻春、夏两季的生长繁殖已有许多报道[12,14,15],但对其秋、冬季的生长、繁殖却研究较少。据此,本研究针对鼠尾藻秋、冬季的生长和繁殖,开展了研究与观察,试图获得其池塘养殖条件下生长、繁殖情况,为鼠尾藻秋冬季节池塘大规模栽培做准备。

1 材料与方法

1.1 试验时间及地点

2010年10月到2011年3月,在山东青岛胶南龙湾生物科技有限公司,进行了鼠尾藻池塘秋、冬季栽培试验,根据鼠尾藻(1年苗、2年苗)的生长特性设置了不同的栽培模式,重点观测了水温和光照对其生长、繁殖的影响,同时对鼠尾藻1年苗和2年苗的生长也进行了对比分析。

1.2 试验材料

试验池塘:选择胶南一个 3.3 hm^2 刺参养殖池塘作为试验用池塘。池塘底质为泥沙底质,泥:沙为(10%~20%):(80%~90%)、池塘海水盐度 29.1~31.0、pH 7.7~8.2、池塘水深 1.5~2.5 m。

试验藻种:选用人工当年培育鼠尾藻帘子苗(1年苗)和人工培育池塘养殖1周年的鼠尾藻帘子苗(2年苗)。

试验苗架:用 PVC 管做成长 6 m、宽 2 m 的日子形框架 6 个,沉石、浮漂和聚乙烯纤维绳若干(苗架制作时两端各留一直径 2 cm 小口,PVC 管内进水用)。

1.3 试验方法

1.3.1 苗种处理

试验用的鼠尾藻苗帘用过滤海水冲洗干净,同时把苗帘上面共生的杂藻(珊瑚藻、石莼等)及甲壳类和多毛类等动物用手仔细剥离下来,操作时要注意不要破坏藻体的完整性。

1.3.2 试验设计

1.3.2.1 鼠尾藻 1 年苗、2 年苗不同水层栽培试验设计

洗刷好的鼠尾藻苗帘以 20 cm 的距离隔开,两端分别固定到 PVC 管做成的日子形框架上,1 年苗挂苗框架 3 个,2 年苗挂苗框架 3 个。沿池塘南北方向设两根浮绳,苗架两侧分别用聚乙烯纤维绳连接浮漂和沉石,苗架管内进水后根据试验设计把浮漂固定到浮绳上,然后通过调节连接浮漂一侧绳的长度,分别把 1 年苗、2 年苗各 3 个苗架分别设定在池塘水深 0~20 cm 水层、40~60 cm 水层和 80~100 cm 水层。

1.3.2.2 鼠尾藻 1 年苗、2 年苗生长对比试验

通过观察及测量 1 年苗、2 年苗在整个试验期间的生长情况,试验采用 $S=$ 单株藻体平均湿重(g)/藻体平均体长(cm)的计算方式,比较 1 年苗和 2 年苗秋冬季生长藻体形态的差异,试验选用 40~60 cm 水层生长的鼠尾藻作为研究对象。

在日常管理方面,采用柴油压力喷水器冲刷苗帘,隔天 1 次。

1.3.3 观察及测量

试验期间,详细观察记录鼠尾藻出现气囊、生长点、次生分枝及其腐烂脱落和再生等生长情况。

根据天气状况及试验设定每 10 d 测量 1 次鼠尾藻藻体体长和藻体湿重,测量方式为每个水层生长的苗帘各随机采下 30 株鼠尾藻苗体,分别测量其藻体体长和藻体湿重(称重时把鼠尾藻苗体放置在脱脂纱布上吸干表面水),取平均值作为单株生物量。每天测量池塘表层水温和池塘底层水温,每 10 d 定期测量池塘盐度和 pH,试验数据为测量当日 08:00、12:00 和 15:00 时,3 个不同时间点测量数据的平均值。

1.4 统计分析

所有测定结果表示为平均数 ± 标准差($n \geq 3$),用方差分析(ANOVA)和(t^-)检验进行统计显著性分析,以 $P < 0.05$ 作为差异的显著性水平。

2 结果与分析

2.1 鼠尾藻 1 年苗不同养殖水层的生长情况

表 1 列出了池塘秋冬季栽培鼠尾藻 1 年苗不同水层生长的试验数据。通过分析表 1 试验数据得出：40～60 cm 水层鼠尾藻生长最好，其藻体长度最长、湿重最重；其次是 80～100 cm 水层生长的鼠尾藻；0～20 cm 水层鼠尾藻生长最慢，藻体长度最短、湿重增长最慢（$P<0.05$）。观察发现，整个试验期间鼠尾藻藻体未生长出生殖托和次生分枝；40～60 cm 和 80～100 cm 水层生长的鼠尾藻于 11 月中旬开始生长出气囊，12 月中旬气囊开始腐烂脱落，至翌年 1 月上旬池塘水温降至 0℃ 以下时，池塘水体表层出现结冰现象。此时鼠尾藻气囊已大部分脱落，同时鼠尾藻藻体也开始出现腐烂脱落现象，藻体体长缩短、藻体变瘦、湿重降低、体色呈黑褐色。2 月下旬随着水温的逐渐回升，鼠尾藻藻体开始出现生长迹象，藻体体长及湿重均有增长，至 3 月上旬发现部分藻体逐渐生长出气囊；0～20 cm 水层生长的鼠尾藻在整个秋、冬季未生长出气囊、生殖托和次生分枝。

表 1 鼠尾藻 1 年苗秋、冬季栽培不同水层环境因子及其生长情况

水层（cm）	日期（月-日）	水温（℃）	光照强度（lx）	盐度	pH	藻体平均体长（cm）	单株藻体平均湿重（g）
0～20	10-10	21.6	21 000	29.5	8.1	3.29±1.05	0.30±0.12
	10-20	16.6	20 000	30.1	8.0	5.08±1.78	0.47±0.17
	10-30	20.0	19 500	30.2	7.9	6.5±2.53	0.63±0.28
	11-10	13.5	19 000	30.5	7.8	7.25±1.96	0.71±0.31
	11-20	6.0	18 000	30.8	7.7	8.6±2.43	0.88±0.33
	12-03	5.5	18 500	31.0	7.7	8.47±2.24	0.86±0.23
	12-14	3.6	17 000	30.3	7.9	7.4±2.05	0.75±0.29
	12-25	1.2	17 500	29.1	8.0	6.56±1.59	0.65±0.25
	01-07	−0.8	5 000	29.4	8.2	6.42±2.04	0.63±0.25
	01-19	−0.5	4 000	29.5	8.0	6.28±1.99	0.60±0.26
	01-30	0.5	4 000	29.8	7.8	6.32±1.66	0.63±0.20
	02-12	1.5	5 000	29.3	7.9	6.4±1.83	0.62±0.18
	02-24	2.5	19 000	28.5	8.0	6.5±1.73	0.64±0.20
	03-04	5.0	20 000	29.5	8.0	6.68±2.12	0.69±0.28
	03-16	6.8	22 000	30.1	8.2	7.53±2.62	0.77±0.30

续表

水层（cm）	日期（月-日）	水温（℃）	光照强度（lx）	盐度	pH	藻体平均体长（cm）	单株藻体平均湿重（g）
40～60	10-10	21.4	7 000	29.5	8.1	3.3±1.05	0.30±0.12
	10-20	16.6	6 000	30.1	8.0	8.2±2.41	0.80±0.29
	10-30	19.8	5 500	30.2	7.9	12.0±2.76	1.27±0.41
	11-10	13.6	6 000	30.5	7.8	14.9±3.17	1.73±0.51
	11-20	6.2	5 000	30.8	7.7	18.5±4.01	2.07±0.59
	12-03	5.9	5 500	31.0	7.7	19.2±4.04	2.30±0.65
	12-14	3.9	4 500	30.3	7.9	16.0±4.22	1.72±0.53
	12-25	1.5	5 000	29.1	8.0	13.5±3.78	1.41±0.52
	01-07	−0.5	1 500	29.4	8.2	13.8±4.17	1.37±0.56
	01-19	−0.3	1 200	29.5	8.0	12.9±3.31	1.26±0.36
	01-30	0.7	1 000	29.8	7.8	12.5±3.48	1.23±0.42
	02-12	1.7	1 500	29.3	7.9	12.8±3.74	1.32±0.53
	02-24	2.8	4 500	28.5	8.0	13.3±4.06	1.40±0.59
	03-04	5.2	5 500	29.5	8.0	14.1±3.25	1.51±0.45
	03-16	6.9	6 000	30.1	8.2	15.3±3.54	1.65±0.58
80～100	10-10	21.0	3 500	29.5	8.1	3.3±1.05	0.30±0.12
	10-20	16.8	3 000	30.1	8.0	7.1±2.21	0.70±0.19
	10-30	19.5	3 000	30.2	7.9	10.4±2.65	1.11±0.41
	11-10	13.9	2 600	30.5	7.8	13.1±3.07	1.46±0.45
	11-20	6.8	2 400	30.8	7.7	16.4±3.72	1.82±0.70
	12-03	6.2	2 500	31	7.7	16.3±3.98	1.73±0.64
	12-14	4.1	2 300	30.3	7.9	13.9±3.78	1.44±0.43
	12-25	1.8	2 000	29.1	8.0	11.8±4.13	1.21±0.50
	01-07	0.0	800	29.4	8.2	11.7±3.95	1.16±0.52
	01-19	0.2	700	29.5	8.0	10.9±2.94	1.07±0.32
	01-30	1.0	650	29.8	7.8	10.8±2.87	1.09±0.30
	02-12	1.9	750	29.3	7.9	11.2±3.25	1.16±0.45
	02-24	3.5	2 500	28.5	8.0	11.0±2.44	1.18±0.42
	03-04	5.5	2 800	29.5	8.0	11.8±3.07	1.24±0.45
	03-16	7.1	3 000	30.1	8.2	12.9±3.53	1.39±0.53

2.2 鼠尾藻 2 年苗不同养殖水层的生长情况

表 2 为池塘秋、冬季栽培鼠尾藻 2 年苗不同水层生长的试验数据。由表 2 数据分析可见，

不同悬挂水层对鼠尾藻生长影响很大（$P < 0.05$），不同水层生长的鼠尾藻至11月中旬时其藻体体长和湿重均生长至最大,11月中旬后其体长和湿重均出现缩减。分析原因为11月中旬后由于池塘水温不断降低而导致藻体出现腐烂脱落现象,致使其体长和湿重出现缩减。至翌年2月下旬,随着池塘水温的逐渐回升,鼠尾藻藻体开始出现生长迹象,此时藻体体长及湿重均有增长。观察发现,整个试验期间未发现生殖托,部分体长藻体生长有1～2 cm次生分枝,试验开始时即长出气囊,12月中旬鼠尾藻气囊开始腐烂脱落,至翌年1月上旬鼠尾藻气囊已大部分脱落,同时鼠尾藻藻体也开始出现腐烂脱落现象,此时藻体体长缩短、藻体变瘦、湿重降低、体色呈黑褐色。2月下旬随着水温的逐渐回升,鼠尾藻藻体开始出现生长迹象,藻体体长及湿重均有增长,至3月上旬发现部分藻体逐渐生长出气囊。

表2 鼠尾藻两年苗秋、冬季栽培不同水层环境因子及其生长情况

水层(cm)	日期(月-日)	水温(℃)	光照强度(lx)	盐度	pH	藻体平均体长(cm)	单株藻体平均湿重(g)
0～20	10-10	21.6	21 000	29.5	8.1	12.2±3.12	1.33±0.49
	10-20	16.6	20 000	30.1	8.0	13.0±3.32	1.45±0.69
	10-30	20.0	19 500	30.2	7.9	14.0±4.59	1.60±0.49
	11-10	13.5	19 000	30.5	7.8	14.6±6.01	1.70±0.84
	11-20	6.0	18 000	30.8	7.7	16.5±5.12	1.90±0.84
	12-03	5.5	18 500	31.0	7.7	14.9±4.03	1.81±0.65
	12-14	3.6	17 000	30.3	7.9	12.1±2.71	1.50±0.47
	12-25	1.2	17 500	29.1	8.0	10.1±2.98	1.21±0.44
	01-07	−0.8	5 000	29.4	8.2	8.97±2.28	1.09±0.38
	01-19	−0.5	4 000	29.5	8.0	8.07±2.03	1.00±0.32
	01-30	0.5	4 000	29.8	7.8	8.02±2.53	0.95±0.45
	02-12	1.5	5 000	29.3	7.9	8.52±2.47	1.02±0.35
	02-24	2.5	19 000	28.5	8.0	9.0±2.44	1.10±0.55
	03-04	5.0	20 000	29.5	8.0	10.0±2.57	1.21±0.45
	03-16	6.8	22 000	30.1	8.2	11.4±3.41	1.35±0.62
40～60	10-10	21.4	7 000	29.5	8.1	12.2±3.12	1.33±0.49
	10-20	16.6	6 000	30.1	8.0	15.1±4.11	1.79±0.60
	10-30	19.8	5 500	30.2	7.9	19.1±4.50	2.30±0.65
	11-10	13.6	6 000	30.5	7.8	22.4±5.61	2.88±0.82
	11-20	6.2	5 000	30.8	7.7	25.8±7.53	3.50±.44
	12-03	5.9	5 500	31.0	7.7	23.4±6.87	3.20±1.15
	12-14	3.9	4 500	30.3	7.9	19.9±5.78	2.60±0.98
	12-25	1.5	5 000	29.1	8.0	18.3±4.99	2.15±0.81

续表

水层(cm)	日期(月-日)	水温(℃)	光照强度(lx)	盐度	pH	藻体平均体长(cm)	单株藻体平均湿重(g)
40~60	01-07	−0.5	1 500	29.4	8.2	17.5±4.70	1.91±0.67
	01-19	−0.3	1 200	29.5	8.0	17.1±4.46	1.80±0.73
	01-30	0.7	1 000	29.8	7.8	16.9±3.80	1.90±0.60
	02-12	1.7	1 500	29.3	7.9	17.0±5.05	2.03±0.78
	02-24	2.8	4 500	28.5	8.0	18.1±4.74	2.21±0.90
	03-04	5.2	5 500	29.5	8.0	20.5±5.29	2.51±0.81
	03-16	6.9	6 000	30.1	8.2	21.5±4.71	2.80±0.89
80~100	10-10	21.0	3 500	29.5	8.1	12.2±3.12	1.33±0.49
	10-20	16.8	3 000	30.1	8.0	14.0±3.37	1.60±0.45
	10-30	19.5	3 000	30.2	7.9	15.9±4.21	1.79±0.53
	11-10	13.9	2 600	30.5	7.8	18.1±4.53	2.09±0.67
	11-20	6.8	2 400	30.8	7.7	20.5±5.28	2.60±0.92
	12-03	6.2	2 500	31.0	7.7	20.1±5.92	2.50±0.91
	12-14	4.1	2 300	30.3	7.9	18.1±4.72	2.10±0.62
	12-25	1.8	2 000	29.1	8.0	17.0±5.57	2.01±0.92
	01-07	0.0	800	29.4	8.2	16.1±5.48	1.85±0.72
	01-19	0.2	700	29.5	8.0	14.9±4.61	1.75±0.79
	01-30	1.0	650	29.8	7.8	15.0±4.29	1.71±0.72
	02-12	1.9	750	29.3	7.9	15.8±4.71	1.75±0.71
	02-24	3.5	2 500	28.5	8.0	16.4±4.80	1.84±0.68
	03-04	5.5	2 800	29.5	8.0	16.9±5.37	1.99±0.72
	03-16	7.1	3 000	30.1	8.2	18.0±5.27	2.20±0.72

2.3 鼠尾藻1年苗、2年苗秋冬季栽培生长对比

表3为鼠尾藻1年苗、2年苗池塘40~60 cm水层秋、冬季栽培生长对比试验数据。由表3数据分析得出：鼠尾藻2年苗生长情况比1年苗略好，其同一时期测量的藻体平均体长和单株藻体平均湿重均比1年苗大（$P<0.05$）；鼠尾藻2年苗S值[S=单株藻体平均湿重(g)/藻体平均体长(cm)]大于1年苗。经过试验观察及数据分析发现造成这种现象的原因是鼠尾藻两年苗比1年苗长势旺盛，藻体更加粗壮，其盘状固着器比1年苗大，附着牢固，生长的初生分枝数量多，测量发现其藻体主枝直径比1年苗略大。

表3 鼠尾藻1年苗、2年苗秋、冬季栽培40～60 cm水层生长情况

水层（cm）	日期（月-日）	藻体平均体长（cm）	单株藻体平均湿重（g）	单株藻体平均湿重（g）/藻体平均体长（cm）
40～60（1年苗）	10-10	3.3±1.05	0.30±0.12	0.091
	10-20	8.2±2.41	0.80±0.29	0.098
	10-30	12±2.76	1.27±0.41	0.106
	11-10	14.9±3.17	1.73±0.51	0.116
	11-20	18.5±4.01	2.07±0.59	0.112
	12-03	19.2±4.04	2.30±0.65	0.120
	12-14	16±4.22	1.72±0.53	0.108
	12-25	13.5±3.78	1.41±0.52	0.104
	01-07	13.8±4.17	1.37±0.56	0.099
	01-19	12.9±3.31	1.26±0.36	0.098
	01-30	12.5±3.48	1.23±0.42	0.098
	02-12	12.8±3.74	1.32±0.53	0.103
	02-24	13.3±4.06	1.40±0.59	0.105
	03-04	14.1±3.25	1.51±0.45	0.107
	03-16	15.3±3.54	1.65±0.58	0.108
40～60（2年苗）	10-10	12.2±3.12	1.33±0.49	0.109
	10-20	15.1±4.11	1.79±0.60	0.119
	10-30	19.1±4.50	2.30±0.65	0.120
	11-10	22.4±5.61	2.88±0.82	0.129
	11-20	25.8±7.53	3.50±1.44	0.136
	12-03	23.4±6.87	3.20±1.15	0.137
	12-14	19.9±5.78	2.60±0.98	0.131
	12-25	18.3±4.99	2.15±0.81	0.117
	01-07	17.5±4.70	1.91±0.67	0.109
	01-19	17.1±4.46	1.80±0.73	0.105
	01-30	16.9±3.80	1.90±0.60	0.112
	02-12	17.0±5.05	2.03±0.78	0.119
	02-24	18.1±4.74	2.21±0.90	0.122
	03-04	20.5±5.29	2.51±0.81	0.122
	03-16	21.5±4.71	2.80±0.89	0.130

2.4 鼠尾藻秋冬季栽培生长图

图 1　1 年苗（日期：2012-11-20）

图 2　2 年苗（日期：2010-11-20）

图 3　鼠尾藻气囊（日期：2010-11-20）

图 4　越冬（日期：2011-01-11）

3 讨论

不同水层对生长的影响：鼠尾藻最佳池塘秋冬季栽培水层为 40～60 cm，在该水层下，藻体长度最大，湿重最重；其次是 80～100 cm；0～20 cm 水层生长最慢。试验开始至 11 月中旬，池塘水温大于 10℃，此时期鼠尾藻生长良好，随着水温的逐渐降低，鼠尾藻出现腐烂脱落现象，至翌年 2 月上旬水温逐渐回升，又开始逐渐生长，这表明鼠尾藻的生长受池塘水温和光照的影响较大。李美真等[14]发现鼠尾藻最适宜的生长水深为 -40 cm 处，水表层生长鼠尾藻由于受强光照射，藻体易受损伤；而水体过深，光强减弱，藻体生长缓慢。

鼠尾藻的生长适温范围为 10～20℃，其中 12～18℃时生长速度较快，本研究观察的结果与他人的结果类似[2]。

刘静雯等[15]研究细基江蓠繁枝变型、孔石莼和蜈蚣藻 3 种海藻的理论零生长率出现的低温值分别为 9.01℃、9.98℃和 11.70℃，而本研究鼠尾藻的理论零生长率低温值为 6℃。

鼠尾藻的生长、生物量等有明显的季节性变化，生物量的消长与平均藻体长度消长的季节性变化趋势一致[16,17]。本研究发现，秋冬季栽培的鼠尾藻 10 月上旬～11 月中旬（水温 10～21℃）是鼠尾藻快速生长期，此时期藻体长度和生物量均迅速增加；11 月中旬以后，由于水温逐渐降低，藻体出现腐烂脱落现象，此时藻体长度和生物量均有缩减，至翌年 2 月上旬水温逐渐回升，鼠尾藻藻体长度和生物量又有增加。孙修涛等[18]研究发现鼠尾藻产卵后 2～3 日即可看见处于高潮位的鼠尾藻成熟枝条上面的侧枝和生殖托、气囊、叶片等附件腐烂、液化。本研究观察发现，进入 11 月中旬以后，鼠尾藻藻体开始腐烂脱落，其气囊和部分老化叶片首先腐烂，随后 2 年苗的次生分枝逐渐腐烂脱落。

影响鼠尾藻生殖托生长并成熟的季节性环境因子主要是光照和水温。孙修涛等[15]报道青岛海区鼠尾藻繁殖季节在7月中下旬～9月中旬,盛期在8月;刘启顺等[19]报道,威海地区鼠尾藻繁殖季节是7月初～9月中旬;Umezaki[20]报道的日本舞鹤湾鼠尾藻于6月产生生殖托,7、8月为藻体生长的高峰期。而本研究中,鼠尾藻1年苗、两年苗在整个试验期间均未发现生殖托,笔者认为这主要是因为秋冬季池塘水温过低,不具备生长生殖托的条件。

试验对鼠尾藻1年苗、2年苗的秋、冬季生长比较发现,鼠尾藻2年苗S值[(S=单株藻体平均湿重(g)/藻体平均体长(cm)]大于1年苗。分析发现造成这种现象的原因是鼠尾藻2年苗经过1年的池塘栽培生长,其同一时间测量的藻体长度和生物量均大于1年苗藻体长度和生物量,而且试验期间比1年苗长势更加旺盛,其主枝直径比1年苗略大。翌年1月上旬池塘水体表层出现结冰现象,测量显示池塘水温降至0℃以下,鼠尾藻栽培水层的光照强度明显减弱,观察发现随着时间的推移,鼠尾藻藻体体色由褐色逐渐变成黑褐色,对比结冰前藻体略显瘦弱,分析出现这种现象的原因可能是由于水温降低、光照减弱造成的。因此,温度、光照等因子的变化对鼠尾藻生长会产生一定的影响,但如何影响的机制仍需进一步研究。

参考文献

[1] Philips N. Biogeography of *Sargassum*(Phaeophyta) in the Pacific basin. In:(I. A. Abbott, Eds)Taxonomy of Eco-nomic Seaweeds[J]. California Sea Grant College System, 1995, 5: 107-145.

[2] 原永党,张少华,孙爱凤,刘海燕. 鼠尾藻劈叉筏式养殖试验[J]. 海洋湖沼通报, 2006,(2):125-128.

[3] 郑怡. 福建部分海藻凝集素的监测[J]. 福建师范大学学(自然科学版),1994,10(1):101-105.

[4] 张尔贤,愈丽君,肖湘. 多糖类物质对O_2^-和OH^-的清除作用[J]. 中国生化药物杂志, 1995,16(1):9-11.

[5] 师然新,徐祖洪. 青岛沿海9种海藻的类脂及酚类抗菌活性的研究[J]. 中国海洋药物, 1997,64(4):16-194.

[6] 于广利,吕志华,王曙光,薛长湖,李兆杰,林洪. 海黍子提取物对不饱和脂质抗氧化作用[J]. 青岛海洋大学学报,2000,30(1):75-80.

[7] 魏玉西,于曙光. 两种褐藻乙醇提取物的抗氧化活性研究[J]. 海洋科学,2002,26(9):49-51.

[8] 韩晓弟,李岚萍. 鼠尾藻特征特性与利用[J]. 特种经济动植物,2005,(1):27.

[9] 邹吉新,李源强,刘雨新,张庭卫,王义民. 鼠尾藻的生物学特性及筏式养殖技术研究[J]. 齐鲁渔业,2005,22(3):25-29.

[10] 包杰,田相利,董双林,姜宏波. 温度、盐度和光照强度对鼠尾藻氮、磷吸收的影响[J].

中国水产科学, 2008, 15(2): 293-300.

[11] Ahn O, Pertrell R J, Harrison P J. Ammonium and nitrate uptake by *Laminaria saccharina and Nereocystis leutkeana* originating from a salmon sea cage farm[J]. Appl Phycol, 1998, 10: 333-340.

[12] 詹冬梅, 李美真, 丁刚, 宋爱环, 于波, 黄礼娟. 鼠尾藻有性繁育及人工育苗技术的初步研究[J]. 海洋水产研究, 2006, 27(6): 57-59.

[13] 吴海一, 刘洪军, 詹冬梅, 李美真. 鼠尾藻研究与利用现状[J]. 国土与自然资源研究, 2010, 1: 95-96.

[14] 李美真, 丁刚, 詹冬梅, 于波, 刘玮, 吴海一. 北方海区鼠尾藻大规格苗种提前育成技术[J]. 渔业科学进展, 2009, 30(5): 75-82.

[15] 刘静雯, 董双林, 马甡. 温度和盐度对几种大型海藻生长率和 NH_4-N 吸收的影响[J]. 海洋学报, 2001, 23(2): 109-116.

[15] 孙修涛, 王飞久, 张立敬, 王希明, 李峰, 刘桂珍, 刘勇. 鼠尾藻生殖托和气囊的形态结构观察[J]. 海洋水产研究, 2007, 28(3): 125-131.

[16] 何平, 许伟定, 王丽梅. 鼠尾藻研究现状及发展趋势[J]. 上海海洋大学学报, 2001, 20(3): 363-367.

[17] Largo D B, Ohno M. Phenology of two species of brown seaweeds, *Sargassum myriocystum* J Agardh and Sargassum siliquosum J Agardh (Sargassaceae, Fucales) in Liloan, Cebu, in Central Philippines[J]. Bulletin of Marine Science, 1992, 12: 17-27.

[18] 孙修涛, 王飞久, 刘桂珍. 鼠尾藻新生枝条的室内培养及条件优化[J]. 海洋水产研究, 2006, 27(5): 7-12.

[19] 刘启顺, 姜洪涛, 刘雨新, 刘洪斌, 童伟, 张学超. 鼠尾藻人工育苗技术研究[J]. 齐鲁渔业, 2006, 23(12): 5-9.

[20] Umezaki I. Ecological studies of *Sargassum thunbergii* (Mertens) O'Kuntze in Maizuru Bay, Japan Sea[J]. Journal of Plant Research, 1974, 87(4): 285-292.

(胡凡光, 王志刚, 李美真, 徐智广, 王翔宇, 袁辉, 李长春)

饲料中添加枯草芽孢杆菌对促进大菱鲆生长及养殖水环境的影响

随着饲料工业的发展,抗生素和化学药物对动物及养殖环境的危害越来越受到人们的重视,开发安全性高的饲料添加剂,替代原有的抗生素及化学制剂是未来发展的必然趋势。微生态制剂具有绿色、环保等优点,作为饲料添加剂使用,具有促进动物生长和改善养殖水环境的作用[1-2]。研究表明,饲料中添加枯草芽孢杆菌能改变鱼虾肠道内细菌群落,显著提高消化酶的活性和非特异性免疫反应,提高饲料转化率,促进生长[3-6]。本试验从健康大菱鲆鱼体肠道分离、培养同源枯草芽孢杆菌菌种,制成饲料添加剂,研究在饲料中添加不同剂量的枯草芽孢杆菌制剂对大菱鲆生长和养殖水环境的影响,探讨其适宜添加量及应用的可行性,为枯草芽孢杆菌在大菱鲆饲料中的应用提供理论依据。

1 材料与方法

1.1 枯草芽孢杆菌制剂的研制及饲料配制

试验从健康大菱鲆鱼体肠道分离、培养枯草芽孢杆菌菌种,制成饲料添加剂。具体操作步骤如下:无菌条件下,取大菱鲆鱼肠道 1 g 加入到盛有 45 mL 无菌生理盐水(浓度为 0.67%)的三角瓶,震荡打散、离心,悬浮液于 80 ℃下保持 10 min;取 5 mL 悬液接入 45 mL 富集培养基三角瓶中,37 ℃培养 20 h,然后取 1 mL 菌液用无菌水试管,稀释为 10^{-1}、10^{-2}、10^{-3}、10^{-4}、10^{-5}、10^{-6}、10^{-7},取稀释度为 10^{-6}、10^{-7} 的菌悬液各 100 μL 涂布在枯草芽孢杆菌分离培养基上(培养基配方:20 g 琼脂 + 20 g 葡萄糖 + 15 g 蛋白胨 + 5 g NaCl + 0.5 g 牛肉膏 + 1 000 mL 蒸馏水),37 ℃培养 10 h,接种至枯草芽孢杆菌种子培养基中,37 ℃ 150 r·min^{-1} 摇床振荡培养 8～12 h,制成大罐发酵菌种。

将大罐发酵菌种接种至枯草芽孢杆菌液体发酵培养基中,发酵罐中 37 ℃发酵 24 h;最后将发酵完成的枯草芽孢杆菌发酵液加入辅料以喷雾干燥的方法制成枯草芽孢杆菌饲料添加剂(活菌数 2.0×10^9 CFU·g^{-1})。

大菱鲆商品饲料分别添加 0.0%(对照组)、0.5%、1.0% 和 1.5% 的枯草芽孢杆菌饲料添加剂,冷藏备用。

饲料组成:优质鱼粉,面粉,豆粉,酵母粉,稳定型多维,赖氨酸,食盐,诱食剂等。

饲料营养组成：粗蛋白质≥54%，粗脂肪≥15%，粗纤维≤4%，粗灰分≤16%，赖氨酸≥1.8%，食盐≤3.8%，水分≤12%，钙≤5%，总磷≥0.5%。

1.2 试验设计与饲养管理

试验选择平均体质量为(113.4±18.1) g、外观正常、体质健壮的同批次大菱鲆，随机分为4组，每组设3个重复，每个重复30尾，以重复为单位饲养于0.4 m³水体的玻璃钢试验槽内。日投喂时间为7:00和17:00，1 h后吸出残饵计数，日均换水量为600%~800%，水温保持在15~17℃之间，溶氧量≥7.0 mg·L⁻¹。

生长测定：记录日均摄饵量，每20 d测量计算试验鱼的平均体质量、体长和体高（精确至0.1 g和0.1 cm）。

水质测定：试验第20天、第40天、第60天上午8:30鱼体测量前采集水样，在离水面15 cm处取水样，每次采集点相同。采用次溴酸盐氧化法测定氨氮(NH_4^+-N)，采用萘乙二胺分光光度法测定亚硝酸盐氮(NO_2^--N)，采用镉柱还原法测定硝酸盐氮(NO_3^--N)。

1.3 指标测定

测定大菱鲆的增重率(GR)、饲料系数(FC)、蛋白质效率(PER)和肥满度(CF)4种生长指标。

$$GR = [(W_t - W_0)/W_0] \times 100\%$$
$$FC = I_t/(W_t - W_0)$$
$$PER = [(W_t - W_0)/W_p] \times 100\%$$
$$CF = [W_b/L^3] \times 100\%$$

式中，t—饲养时间，d；W_0—平均每尾鱼初体质量，g；W_t—平均每尾鱼终末体质量，g；I_t—平均每尾鱼摄食饲料总重，g；W_p—平均每尾鱼摄入蛋白质总量，g；W_b—每尾鱼终末体质量，g；L—每尾鱼终末体长，cm。

1.4 统计分析

所有测定结果表示为平均数±标准差($n \geqslant 3$)，用方差分析(ANOVA)和t-检验进行统计显著性分析，以$P < 0.05$作为差异的显著性水平。

2 结果

2.1 枯草芽孢杆菌不同添加比率对大菱鲆生长的影响

由表1知，20 d测量数据显示，枯草芽孢杆菌0.5%组鱼平均增重大于对照组鱼，枯草芽孢杆菌1.0%和1.5%组平均增重均小于对照组鱼($P < 0.05$)；40 d和60 d测量显示，枯草芽孢杆菌0.5%、1.0%和1.5%试验组鱼平均增重均小于对照组鱼($P < 0.05$)。

试验开始至60 d时，各试验组测量大菱鲆平均体长和体高。数据显示：对照组体长、体高分别增长21.9%、27.1%；0.5%组体长、体高分别增长25.4%、30.4%；1.0%组体长、体高分别增长10.7%、20.8%；1.5%组体长、体高分别增长16.8%、14.6%。

表1 枯草芽孢杆菌不同添加比率对大菱鲆促生长对比

添加比率	时间(d)	平均体质量(g)	平均体长(cm)	平均体高(cm)
0.0%	0	114.7±18.2[a]	18.7±1.39	14.4±0.93
	20	166.2±27.0[b]	17.6±1.20	14.7±1.03
	40	233.3±42.1[c]	19.3±1.81	15.1±1.66
	60	288.7±60.0[d]	22.8±1.20	18.3±1.89
0.5%	0	112.1±17.8[a]	16.9±1.22	13.5±1.13
	20	171.3±25.4[b]	17.7±1.34	14.0±1.32
	40	211.2±35.8[c]	18.3±1.43	14.7±1.23
	60	262.4±53.3[d]	21.2±1.87	17.6±1.49
1.0%	0	115.0±20.2[a]	18.7±0.99	14.4±1.13
	20	165.2±26.3[b]	17.7±1.25	14.6±1.00
	40	211.0±37.6[c]	19.1±1.53	14.2±1.09
	60	265.3±51.7[d]	20.7±1.74	17.4±1.76
1.5%	0	111.8±16.3[a]	17.3±1.39	13.7±1.21
	20	156.9±26.5[b]	17.9±1.20	14.1±1.33
	40	218.7±37.4[c]	18.2±1.61	14.9±1.12
	60	263.0±47.9[d]	20.2±1.81	15.7±1.66

注：表中数据为平均值 ± 标准差($n = 30$)，表中同一列数据上标不同字母代表有显著性差异($P < 0.05$)。

2.2 枯草芽孢杆菌不同添加比率对大菱鲆生长指标影响

由表2知，各试验组第60天时增重率均低于对照组($P < 0.05$)；各试验组饲料系数与蛋白质效率与对照组相比，0.5%组持续投喂20 d、40 d、60 d与对照组相比，饲料系数降低10.3%、5.9%、−5.8%，蛋白质效率提高12.1%、4.4%、−4.4%；1.0%、1.5%组与对照组相比，各时间段显示饲料系数均大于对照组，蛋白质效率均低于对照组($P < 0.05$)；肥满度用%指标显示，各试验组在0 d、20 d、40 d时期肥满度指标逐渐增大，第60天时指标开始降低。

表2 枯草芽孢杆菌对大菱鲆生长性能的影响

添加比率	时间(d)	增重率	饵料系数	蛋白质效率	肥满度(%)
0.0%	0	—	—	—	1.75±0.10
	20	0.46±0.01[a]	0.68±0.02[a]	2.57±0.05[a]	3.05±0.15
	40	1.03±0.04[b]	0.68±0.01[a]	2.73±0.10[b]	3.25±0.12
	60	1.50±0.06[c]	0.69±0.01[b]	2.52±0.04[c]	2.44±0.11
0.5%	0	—	—	—	2.32±0.11
	20	0.48±0.01[a]	0.61±0.01[a]	2.88±0.06[a]	3.10±0.19
	40	0.88±0.04[b]	0.64±0.02[b]	2.85±0.03[a]	3.45±0.25
	60	1.34±0.05[c]	0.73±0.01[c]	2.41±0.04[b]	2.75±0.23

续表

添加比率	时间(d)	增重率	饵料系数	蛋白质效率	肥满度(%)
1.0%	0	—	—	—	1.76±0.15
	20	0.37±0.01^a	0.73±0.04^a	2.44±0.02^a	2.98±0.09
	40	0.84±0.03^b	0.71±0.02^b	2.63±0.04^b	3.03±0.13
	60	1.30±0.04^c	0.76±0.05^c	2.31±0.04^c	2.99±0.12
1.5%	0	—	—	—	2.16±0.10
	20	0.40±0.02^a	0.74±0.02^a	2.38±0.01^a	2.74±0.07
	40	0.95±0.05^b	0.70±0.02^b	2.63±0.04^b	3.63±0.13
	60	1.35±0.03^c	0.76±0.04^c	2.33±0.03^c	3.190±0.17

注：表中数据为平均值 ± 标准差（$n=30$），表中同一列数据上标不同字母代表有显著性差异（$P<0.05$）。

2.3 枯草芽孢杆菌不同添加比率对养殖水环境指标影响

由表3知，对照组、0.5%、1.0%和1.5%组水体中NH_4^+-N、NO_2^--N和NO_3^--N的浓度值总体变化趋势基本一致，随着养殖时间逐渐延长，浓度值均逐渐升高。数据显示，20 d后，对照组水体中的浓度值比0.5%、1.0%和1.5%组增加的快，0.5%、1.0%和1.5%组水体中的浓度值变化幅度区分不明显（$P<0.05$）。第60天时，0.5%组的浓度值分别比对照组降低了43.5%、62.5%、40.8%；1.0%组的浓度值分别比对照组降低了42.5%、68.5%、46.4%；1.5%组的浓度值分别比对照组降低了45.9%、66.1%、51.1%（$P<0.05$）。

表3 枯草芽孢杆菌对养殖水环境指标的影响

添加比率	时间(d)	NH_4^+-N (mg·L^{-1})	NO_3^--N (mg·L^{-1})	NO_3^--N (mg·L^{-1})
0.0%	0	0.030 5±0.003 1^a	0.003 5±0.000 4^a	0.132 2±0.036 1^a
	20	0.138 7±0.002 4^b	0.030 5±0.002 3^b	0.097 1±0.005 1^b
	40	0.166 6±0.015 5^c	0.051 4±0.002 2^c	0.252 1±0.026 5^{ac}
	60	0.288 9±0.028 6^d	0.133 6±0.003 2^d	0.374 6±0.019 4^d
0.5%	0	0.030 5±0.003 1^a	0.003 5±0.000 4^a	0.132 2±0.036 1^a
	20	0.135 7±0.006 1^b	0.027 9±0.001 6^b	0.092 7±0.008 2^b
	40	0.155 1±0.016 1^c	0.035 9±0.006 3^c	0.125 8±0.016 5^c
	60	0.163 2±0.023 2^d	0.050 1±0.000 4 3^d	0.221 7±0.020 1^d
1.0%	0	0.030 5±0.003 1^a	0.003 5±0.000 4^a	0.132 2±0.036 1^a
	20	0.140 2±0.012 3^b	0.026 3±0.000 4 6^b	0.086 7±0.010 6^b
	40	0.145 3±0.023 1^c	0.030 2±0.005 9^c	0.115 7±0.007 3^c
	60	0.166 2±0.030 4^d	0.042 1±0.000 2 9^d	0.200 7±0.011 2^d
1.5%	0	0.030 5±0.003 1^a	0.003 5±0.000 4^a	0.132 2±0.036 1^a
	20	0.130 7±0.009 4^b	0.031 7±0.000 8 3^b	0.078 2±0.009 3^b
	40	0.135 6±0.006 3^c	0.032 5±0.005 6^c	0.110 3±0.005 8^c
	60	0.156 1±0.022 1^d	0.045 3±0.009 1^d	0.183 2±0.010 1^d

注：表中数据为平均值 ± 标准差（$n=30$），表中同一列数据上标不同字母代表有显著性差异（$P<0.05$）。

3 讨论

3.1 降低饲料系数

本研究从大菱鲆鱼体肠道分离培养的同源枯草芽孢杆菌作为饲料添加剂,试验表明该添加剂能显著降低大菱鲆饲料系数,促进其快速生长。刘波等[7]研究在饲料中添加 200 mg·kg^{-1} 和 300 mg·kg^{-1} 地衣芽孢杆菌均可显著提高食糜中蛋白酶和淀粉酶活性及肠道内蛋白酶活性,降低异育银鲫的饲料系数;邱燕等[8]研究在草鱼饲料中添加 2 000 mg·kg^{-1} 的枯草芽孢杆菌能使草鱼的饲料系数比对照组降低 31.22%,而饲料投喂量并没有显著变化,当枯草芽孢杆菌添加量为 2 500 mg·kg^{-1} 时,草鱼饲料系数有所增加。本研究显示,枯草芽孢杆菌 0.5% 添加组能显著降低饲料系数,同样 0.5%、1.0% 和 1.5% 添加组能降低饲料投喂量,与上述研究结果相似。

3.2 促进生长,提高蛋白质效率

枯草芽孢杆菌作为饲料添加剂可以显著提高养殖动物体内消化酶的活性,提高蛋白质效率,起到促进生长的目的。李卫芬等[9]在饲料中添加枯草芽孢杆菌可以显著提高草鱼肠道和肝、胰脏中胰蛋白酶、脂肪酶以及肠道中淀粉酶活性,从而有助于草鱼对饲料的消化吸收,并促进草鱼生长,处理组草鱼的特定生长率比对照组提高了 16.67%($P < 0.05$);张保全等[10]在猪饲料中添加枯草芽孢杆菌不仅可以提高蛋白质效率和氮利用率,而且可以减少氨的产生;沈文英等[6]在饲料中添加枯草芽孢杆菌使草鱼的增重率提高了 21.78%,特定生长率提高了 16.67%,差异达到显著水平($P < 0.05$)。本研究显示,枯草芽孢杆菌 0.5% 添加组能显著提高蛋白质效率和增重率,与上述研究结果相似,同时也表明提高饵料利用效率才是枯草芽孢杆菌促进大菱鲆生长的重要方式之一。

3.3 改善水环境

研究表明,枯草芽孢杆菌能迅速降解、吸收和转化养殖水体中的氮、磷等富营养物质,具有明显改善养殖水体水质环境的能力[11]。齐欣等[12]研究表明,在彭泽鲫饲料中添加枯草芽孢杆菌可显著降低养殖水体中氨氮、亚硝酸盐氮及 COD 含量;姚茹等[13]在草鱼饲料中添加芽孢杆菌可显著降低养殖水体中氨氮、硝酸盐氮和亚硝酸盐氮的含量。本研究结果显示,枯草芽孢杆菌饲料添加剂同样能显著降低大菱鲆养殖水体中的 NH_4^+-N、NO_2^--N 和 NO_3^--N 浓度,与上述研究结果相似。本试验表明,饲料中添加枯草芽孢杆菌饲料添加剂能显著降低大菱鲆的饲料系数,提高增重率和蛋白质效率,同时对促进大菱鲆快速生长及净化养殖水质等方面具有良好的效果。

参考文献

[1] 王琨,孙云章,李富东,等. 饲料中添加两种寡糖和一种芽孢杆菌对牙鲆肠道菌群的影响[J]. 大连海洋大学学报,2011,26(4):299-305.

[2] 杨艳,刘萍,马鹏飞,等.巨大芽孢杆菌MPF 906对养鱼水质净化的初步研究[J].水产养殖,2007,28(3):6-8.

[3] 沈斌乾,陈建明,郭建林,等.饲料中添加枯草芽孢杆菌对青鱼生长、消化酶活性和鱼体组成的影响[J].水生生物学报,2013,37(1):48-53.

[4] Shen W Y, Fu L L, Li W F. Effect of *Bacillus subtilis* expressed the white spot syndrome virus envelope protein VP28 on immune response and disease resistance in *Penaeus vannamei*[J]. Acta Hydrobiologica Sinica, 2012, 36(2):375-378.

[5] Ai Q, Xu H, Mai K, et al. Effect of dietary supplementation of *Bacillus subtilis* and fructooligosaccharide on growth performance, survival, non-specific immune response and disease resistance of juvenile yellow croaker, *Larimichthys crocea*[J]. Aquaculture, 2011, 317(1-4):155-161.

[6] 沈文英,李卫芬,梁权,等.饲料中添加枯草芽孢杆菌对草鱼生长性能、免疫和抗氧化功能的影响[J].动物营养学报,2011,23(5):881-886.

[7] 刘波,刘文斌,王恬.地衣芽孢杆菌对异育银鲫消化机能和生长的影响[J].南京农业大学学报,2005,28(4):80-84.

[8] 邱燕,叶元土,蔡春芳,等.枯草芽孢杆菌对草鱼生长性能的影响[J].粮食与饲料工业,2010(10):47-49.

[9] 李卫芬,沈涛,陈南南,等.饲料中添加枯草芽孢杆菌对草鱼消化酶活性和肠道菌群的影响[J].大连海洋大学学报,2012,27(3):221-225.

[10] 张保全,朱年华.芽孢杆菌在畜牧业中应用的研究进展[J].江西畜牧兽医杂志,2007(1):2-3.

[11] 惠明,窦丽娜,田青,等.枯草芽孢杆菌的应用研究进展[J].安徽农业科学,2008,36(27):11 623-11 624,11 627.

[12] 齐欣,魏雪生,陈颖,等.益生菌在彭泽鲫养殖中的应用研究[J].饲料广角,2007(15):40-41.

[13] 姚茹,王智勇,王广军,等.饲料中添加芽孢杆菌对草鱼生长和水质的影响[J].江苏农业科学,2013,41(4):214-216.

(胡凡光,郭萍萍,麻丹萍,吴志宏,孙福新,王志刚)

春季刺参池塘养殖管理技术要点

春季随着水温逐渐升高,越冬的刺参逐渐开始活动和摄食,如何营造良好的池塘水环境,促进越冬期刺参恢复体质,提早摄食,增强抵抗力,从而充分把握和延长春季适温生长期,对于提高全年的养殖产量和经济效益,起着至关重要的作用。

1 春季刺参池塘存在的问题

1.1 底质环境差

冬季刺参池塘缺乏系统的管理,换水量少,池底积累了大量的有机物,不良的底质以及饵料的匮乏使得刺参不愿意下礁摄食。春季水温升高后,分解有机物的细菌大量繁殖,消耗水中大量的氧气,池水上下层对流缓慢,容易造成池塘底层溶氧较低,导致刺参抵抗力下降,而缺氧环境又非常利于刺参致病菌的繁殖,造成刺参腐皮综合征的发病率较高。

1.2 水环境不稳定

春季气温逐渐升高,池塘开始融冰,导致水体中的溶解气体短期内过饱和,刺参吸入后易引发气泡病。初春水温呈现先暖后冷再暖的过程,天气突变多,遇大风降温天气水温温差更大。在不稳定的水环境下,刺参受环境胁迫长期处于应激状态,不仅生长受影响,而且易发腐皮综合征等疾病。

1.3 水体分层

开春池塘开始融冰,使得池水上、下层水温和盐度各异,出现水温分层和盐度分层的现象。刺参在底层活动消耗了大量氧气,而水体因分层上下对流缓慢,缺乏及时补充的溶解氧,造成底层区成了低氧区,刺参抗逆、抗病能力大大削弱,各种细菌等病原体会乘虚而入,导致体质虚弱的刺参发病。

1.4 青苔泛滥

5月份,青苔等大型藻类逐步开始繁殖。青苔生长过快不仅消耗水体中的营养物质,抑制浮游藻类的繁殖,影响刺参正常的活动和摄食,死亡后还会造成臭底黑底,危害刺参的生存环境,青苔问题仍然是限制刺参池塘养殖产量的一道门槛。

2 管理措施

2.1 改良底质

刺参属于底栖生物,底质良好显得尤为重要,能从根本上预防病害的发生。定期投喂底质改良剂和微生态制剂,加快底层有害物质的氧化分解,降低对刺参的毒害作用,建立良好的底质环境。使用微生态制剂后,注意机械增氧,在改良底质的同时增加底层的溶氧。微生态制剂能够提高水体净化能力,平衡水体环境中的营养,有效地解决刺参池塘水质、底质的富营养化,营造相对平衡、稳定的养殖环境,也从根本上抑制了青苔大量繁殖的营养基础,避免了青苔的爆发给刺参养殖带来的危害。

2.2 调整水位

池塘融冰后要及早地排出表层盐度较低的冰水,打破水体分层,有条件地进行机械增氧,促进池水上下交换,避免底层缺氧现象的发生。随着开春水温升高,可适当调低水位,充分利用光照,尽快提高池塘水温,增加底部溶氧,促进单胞藻和底栖硅藻的生长繁殖。但要注意应随时关注天气变化,提升池塘水位,避免"倒春寒"现象,尽量减少温差,维持水温稳定。春末夏初降雨量也逐渐增加,要及时降低水位排出上层的淡水。水温升上来之后,逐步加深水位,保持高水位不仅能够降低水温,还能降低水体透明度,保持和控制好池塘水色,避免阳光直射刺参,控制底层的光照强度,起到抑制大型藻类繁殖的作用。

2.3 调控水质

通过换水更新水质是调控水质的有效措施,换水不仅可以增加池水中的溶解氧,排掉水中的代谢废物,还可以丰富海水中的藻类,为刺参提供大量的天然饵料。刺参适温生长期的水质调控,以肥水繁殖基础饵料和保持刺参适温生长为主。春季池塘应采取温和的换水方式,保持换水的均匀性,消除局部缺氧,本着多进少排的原则,少量多次的方式进行。视池水水质情况适量换水,低温时适量少换,保持池水有一定的肥度,利于藻类的繁殖。短时间不易大量换水,易造成池塘温差过大,水质环境的剧烈变动,刺参会因应激反应而受到伤害,免疫力下降而引发疾病。入夏水温升高后,要加大换水量来调节水温,防止水温过高。通过换水调节水质,保持水环境的稳定,为刺参的摄食生长打下良好的基础。

2.4 适度肥水

初春水温低,底栖硅藻繁殖速度慢,根据水质肥瘦变化,一要适当追肥,通过施加营养盐,以加快水中浮游生物及底栖硅藻的繁殖从而将水肥起来。水体中丰富的浮游藻类形成优势藻种,为刺参提供丰富的饵料。由于水中浮游植物的快速繁殖,使水色加深,降低池塘内水体的透明度,抑制了底层过强的光照,避免青苔等大型藻类的大量繁殖,肥水调控透明度在控制刺参池塘大型藻类的繁殖方面是可行的。在养殖过程中,也应根据水色及水的透明度,及时调节营养盐的用量,避免肥水过度。若池水过肥,可采取换水措施加以解决。5月份,青苔等藻类开始大量繁殖,要及时捞出死亡的藻类,否则沉底腐烂产生有害物质,导致池塘底部缺氧,引起刺参的死亡。

2.5 补充饵料

由于越冬期较长,刺参体内的营养物质消耗较大,体质较虚弱,开春时需投喂适口、营养丰富的饵料,以尽快增强体质,提高抗病力。可向池中泼洒全价配合饲料,诱导刺参尽早下礁觅食。

另外,还要定期巡池,潜入池底,观察池底环境、刺参的摄食、排便、活动情况,发现有患腐皮综合征的刺参,及时采取必要的措施处理,做好杀菌消毒工作,防止疾病的蔓延。

综上,重视春季刺参池塘养殖生产管理,及时采取有效的防控措施,可降低刺参发病率,增加刺参养殖产量,充分发挥池塘的养殖能力,实现刺参池塘养殖达到高产稳产。

(韩莎,胡炜,赵斌,李成林)

水温、盐度、pH 和光照度对龙须菜生长的影响

龙须菜(*Gracilaria lemaneiformis*)属江蓠属(*Gracilaria*),是一种大型经济红藻[1]。藻体直立,线形,圆柱状,藻丝直径 2～4 mm,长度 20～50 cm,最长可达 1 m 以上,藻体呈红褐色,营固着生活[2-3]。龙须菜原产于山东省和辽宁省,自南移广东及福建沿海试养成功后,已在沿海地区形成规模养殖[4]。龙须菜是鲍鱼等水生动物的优良饵料,并在食物和饲料开发及生产琼胶藻等方面具有广阔的用途,其多糖成分为抗肿瘤药物的开发提供了依据[5]。

随着海水养殖业的迅速发展,尤其是近几年兴起的海参池塘养殖热潮,发展势头迅猛,且呈现继续增长的趋势。高密度的池塘养殖导致养殖池塘水质下降、溶解氧降低、氮磷含量超标。养殖池塘废水的大量排放,不但污染海洋环境,同时也使得养殖池塘自身污染,造成恶性循环。这些现象严重制约了池塘养殖的可持续发展。近年来的研究表明,养殖大型海藻是净化水质和延缓水域富营养化的有效措施之一[6-7]。龙须菜具有吸附 Cd^{2+}、Cu^{2+}、Ni^{2+} 等金属离子的能力,同时能净化海水中的氨氮、亚硝氮等有害物质[8-11],可作为修复养殖池塘生态环境的生物材料。本研究旨在将南方浅海栽培的龙须菜引入北方池塘进行栽培,为龙须菜作为生物修复材料用于池塘生态修复提供技术依据。试验根据夏季养殖池塘水环境因子的变化情况及龙须菜的生长特性设置了不同水深栽培试验、未分苗与定期分苗栽培试验,以及不同光照强度对龙须菜生长影响等 3 种不同的池塘栽培模式,并重点观测了池塘水温、盐度和光照度对龙须菜生长的影响。

1 材料与方法

1.1 试验材料

2011 年 6 月至 10 月,选择山东东方海洋莱州生产基地某 30 亩刺参养殖池塘作为试验用池塘。池塘为沙质底,盐度 29.0～31.2,pH 7.9～8.4,水深 1.0～2.0 m。试验藻种为当年 6 月从福建引进的龙须菜,龙须菜藻种选择藻体完整、体色呈红褐色且分枝繁茂的藻株。试验苗架为边长 1 m 的正方形钢筋焊接框架,四边正中间位置绑扎聚乙烯纤维绳,纤维绳连接处绑扎浮漂。

1.2 试验方法

苗架处理:试验夹苗前先用 200 mg·L^{-1} 甲醛浸泡试验苗架和苗绳,去除有害物质,然后

把苗绳间隔相同距离固定到苗架上,每个苗架固定 6 根苗绳,同时下面安装一张纤维绳做成的网兜,防止龙须菜脱落影响试验结果。

藻体分割及夹苗:把整株龙须菜藻体用消过毒的手术刀均匀地切割成几部分,分割的藻体尽量保持其完整;然后将分割的龙须菜以间隔 7 cm 的距离夹到苗绳上,每个试验苗架夹苗 1.0 kg。

试验设计:

(1) 龙须菜不同水深栽培试验设计。取龙须菜试验苗架 9 个,分别放置在池塘水深 1.0 m、1.5 m 和 2.0 m 处,每处放置苗架 3 个,然后在浮漂上标记数字,作为试验编号。

(2) 龙须菜不同光照度栽培试验设计。取龙须菜试验苗架 6 个,其中 3 个放置于池塘 2.0 m 水深处(在自然光照射条件下生长,测量显示晴好天气光照度 > 6 000 lx),间隔距离 40 m,在另 3 个苗架上方水面覆盖黑色遮阴网,控制遮阴网下生长的龙须菜在晴好天气条件下接受的光照度 < 3 000 lx,然后在浮漂上标记数字,作为试验编号。

(3) 龙须菜未分苗与定期分苗栽培试验设计。本试验以池塘 2 m 水深处的 6 个龙须菜试验苗架为研究对象,3 个试验苗架龙须菜自然生长,另 3 个试验苗架生长的龙须菜分别于 7 月 18 日、8 月 18 日和 9 月 17 日对其进行分苗,分出的藻体分别加到相同的试验苗架上,同样放置于池塘 2 m 水深处栽培。分苗方式为根据龙须菜生长情况,适当进行分割,7 月 18 日分出 3 个苗架,8 月 18 日分出 6 个苗架,9 月 17 日分出 12 个苗架,分出的苗架同样放置于池塘 2 m 水深处进行栽培,并在浮漂上标记数字,作为试验编号。

观察及测量:根据天气状况及试验,设定每 10 d 测量 1 次龙须菜藻体体长和藻体湿重。测量方式为每个苗架生长的龙须菜各随机取 30 株,测量其藻体体长,取平均值作为单株生物量,同时测量藻体湿重。每天测量池塘水温、盐度和 pH,以每日 8:30、13:00 和 16:30 测量数据平均值为当日试验数据。

1.3 统计分析

所有测定结果表示为平均数 ± 标准差($n \geq 3$),用方差分析(ANOVA)和 t- 检验进行统计显著性分析,以 $P < 0.05$ 作为差异的显著性水平。

2 结果

2.1 不同水深条件下龙须菜生长情况的比较

整个试验期间,池塘水温变化范围为 19～30.8℃,池塘水体盐度变化范围为 29～31.2,pH 变化范围为 7.9～8.4。分析发现,龙须菜藻体体长(图 1)和湿重(图 2)的生长受池塘水温变化影响较显著($P < 0.05$),池塘水温变化幅度处于 19～25℃区间时,栽培龙须菜生长良好;而池塘水体盐度和 pH 变化对栽培龙须菜生长影响不显著。池塘水深 1.0 m、1.5 m 和 2 m 处生长的龙须菜,随着水深的增加,其藻体体长和湿重逐渐增大($P < 0.05$),试验初期夹苗时藻体平均体长为 24.8 cm,至 9 月中旬,藻体平均体长分别为 48.6 cm、57.2 cm 和 60.1 cm,藻体平均体长随水深而增大。试验初期,每苗架夹苗量均为

1.0 kg,至 9 月中旬,苗架藻体平均湿重分别为 7.19 kg、8.73 kg 和 9.61 kg,试验苗架藻体湿重随水深的增加而增大。

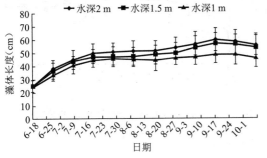

图 1　不同水深龙须菜藻体体长生长对比

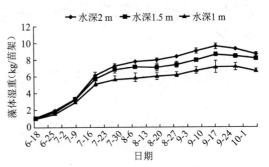

图 2　不同水深龙须菜苗架藻体湿重生长对比

2.2　光照度对龙须菜生长的影响

比较龙须菜在光照度＞6 000 lx 和＜3 000 lx 这两种条件下的生长情况可以发现,其体长(图 3)和湿重(图 4)的生长差别较大。光照度＜3 000 lx 时龙须菜生长良好,光照度＞6 000 lx 时龙须菜生长略差。至 9 月 17 日,两种不同光照强度下,前者的龙须菜藻体最大平均体长、最大平均湿重分别为 66.2 cm 和 12.2 kg/苗架,后者分别为 60.1 cm 和 9.61 kg/苗架($P<0.05$)。观察发现,当池塘水温变化范围在 19℃～25℃时,龙须菜生长旺盛,侧枝繁茂整齐,体色呈深红褐色。说明光照强度及水温的变化能够对龙须菜的生长产生较为明显的影响。

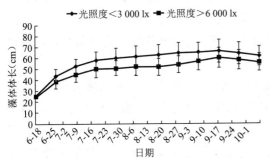

图 3　光照度对龙须菜藻体体长生长的影响

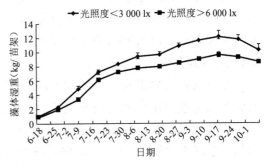

图 4　光照度对龙须菜苗架藻体湿重生长的影响

2.3　龙须菜池塘栽培定期分苗与未分苗生长情况比较

试验显示:(1) 龙须菜藻体平均体长方面,未分苗试验组,试验初期为 24.8 cm,试验结束时为 56.0 cm;定期分苗试验组,试验初期为 24.8 cm,试验结束时为 44.7 cm($P<0.05$)(图 5);(2) 藻体湿重方面,未分苗试验组,试验初期为 1.0 kg,试验结束为 8.66 kg($P<0.05$)。(3) 藻体湿重方面,定期分苗试验组,试验初期为 1.0 kg,试验结束为 50.12 kg(图 6)。其原因可能是定期分苗会促进龙须菜藻体湿重的快速增长,在一定程度上也促进了藻体体长的生长,同时,充足的养殖空间也有利于其生长。

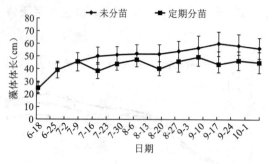

图5 定期分苗与未分苗龙须菜藻体体长生长对比

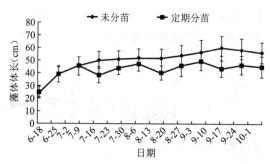

图6 定期分苗与未分苗龙须菜苗架藻体湿重生长对比

3 讨论

研究显示,龙须菜生长受池塘水温和光照度变化影响显著。池塘水体在盐度29～31.2和pH7.9～8.4自然变化区间范围内对龙须菜生长影响较小;池塘水温变化幅度在19～27℃时龙须菜生长良好,水温＜19℃或＞27℃时龙须菜逐渐停止生长,同时侧枝出现腐烂衰退现象;光照度＜3 000 lx时龙须菜生长较好,光照度＞6 000 lx时龙须菜生长相对差一些。

刘树霞等[12]研究发现,龙须菜在25℃条件下其相对生长速率最高,这与本研究结果基本相符。温度对龙须菜光合作用可产生显著的影响,在25℃时具有最大的光合作用速率,这表明光合作用速率的大小在一定程度上反映了生长速率的大小[10]。很多研究者常用光合作用能力的强弱来估测一种海藻的生长情况[13-18]。本研究中,在池塘水温19～27℃、光照度＜3 000 lx时,龙须菜生长速率较大,说明在该条件下龙须菜光合作用速率较大。而光照度＞6 000 lx、水温＜19℃或＞27℃时,龙须菜生长较差,说明该条件下龙须菜光合作用速率较小,导致其生长速率较小。

龙须菜在自然生长环境条件下,随着温度的升高,藻体所接受的光照度会增加,较高的太阳辐射能够引起海水表面生长的龙须菜产生光抑制,反而会导致藻体生长速率的下降[19-21]。本研究显示,池塘水深1.0 m、1.5 m和2 m处生长的龙须菜随着水深增加,其藻体体长和湿重逐渐增大($P<0.05$),并且定期分苗组藻体总湿重比未分苗组生长效果好。海区内龙须菜的生长不仅和温度有关,而且与营养盐供应水平、养殖密度以及藻体所接受的光照强度均有密切的关系[13-16]。因此,在养殖过程中,可以通过调节养殖池塘环境因子、养殖水深、定期分苗等手段,为藻体生长提供最适条件,在短时间内获得较高的产量。

参考文献

[1] 徐智广,邹定辉,高坤山,等. 不同温度、光照强度和硝氮浓度下龙须菜对无机磷吸收的影响[J]. 水产学报,2011,35(7):1 023-1 029.

[2] 严志洪. 龙须菜生物学特性及筏式栽培技术规范[J]. 海洋渔业,2003,25(3):153-

154.

[3] 曾呈奎. 经济海藻种质种苗生物学[M]. 济南:山东科学技术出版社,1999:1-154.

[4] 张学成,费修绠,王广策,等. 江蓠属海藻龙须菜的基础研究与大规模栽培[J]. 中国海洋大学学报(自然科学版),2009,39(5):947-954.

[5] 刘朝阳,孙晓庆. 龙须菜的生物学作用及应用前景[J]. 养殖与饲料,2007(5):55-58.

[6] 包杰,田相利,董双林,等. 温度、盐度和光照强度对鼠尾藻氮、磷吸收的影响[J]. 中国水产科学,2008,15(2):293-300.

[7] Ahn O, Petrell R J, Harrison P J. Ammonium and nitrate uptake by *Laminaria saccharina* and *Nereocystis leutkeana* originating from a salmon sea cage farm[J]. J. Appl Phycol, 1998, 10:333-340.

[8] 安鑫龙,周启星. 水产养殖自身污染及其生物修复技术[J]. 环境污染治理技术与设备, 2006, 7(9):1-6.

[9] 汤坤贤,游秀萍,林亚森,等. 龙须菜对富营养化海水的生物修复[J]. 生态学报, 2005, 25(11):252-259.

[10] 杨宇峰,费修绠. 大型海藻对富营养化海水养殖区生物修复的研究与展望[J]. 青岛海洋大学学报(自然科学版),2003,33(1):53-57.

[11] 胡凡光,王志刚,王翔宇,等. 脆江蓠池塘栽培技术[J]. 渔业科学进展,2011, 32(5):67-73.

[12] 刘树霞,徐军田,蒋栋成. 温度对经济红藻龙须菜生长及光合作用的影响[J]. 安徽农业科学,2009,37(33):16322-16324.

[13] Gao K S, Xu J T. Effects of solar UV radiation on diurnal photosynthetic performance and growth of *Gracilaria lemaneiformis*(Rhodophyta)[J]. Eur J. Phycol, 2008, 4(3):297-307.

[14] Yang H S, Zhou Y, Mao Y Z, et al. Growth characters and photosynthetic capacity of *Gracilaria lemaneiformis as* a biofilter in a shellfish farming area in Sanggou Bay, China[J]. App J. Phycol, 2005, 17(3):199-206.

[15] Yang Y F, Fei X G, Song J M, et al. Growth of *Gracilaria lemaneiform* is under different cultivation conditions and its effects on nutrient removal in Chinese coastal waters[J]. Aquaculture, 2006, 25(4):248-255.

[16] Zou D H, Xia J R, Yang Y F. Photosynthetic use of exogenous inorganic carbon in the agarophyte *Gracilaria lemaneiformis*(Rhodophyta)[J]. Aquaculture, 2004, 23(7):421-431.

[17] Iku S I. Ecological studies on the productivity of aquaticplant communities I. Measurement of photosynthetic activity[J]. Bot Mag Tokyo, 1965, 7(8):202-211.

[18] 雷光英. 大型海藻龙须菜试验生态学的初步研究[D]. 广州:暨南大学,2007.

[19] Xu J T, Gao K S. Growth, pigments, UV-absorbing compoundsand agar yield of the economic red seaweed *Gracilaria lemaneiformis*(Rhodophyta) grown at different depths in the coastal water of the South China Sea[J]. Appl J. Phycol, 2008, 20: 681-686.

[20] 郑兵. 深澳湾环境因子的变化特征与龙须菜养殖的生态效应[D]. 汕头:汕头大学, 2009.

[21] 蒋雯雯. 环境因子对菊花江蓠和细基江蓠繁枝变型生理生态学影响的比较研究[D]. 青岛:中国海洋大学, 2010.

(胡凡光,郭萍萍,王娟,孙福新,吴海一,李美真,王志刚)

Research Method in the Influence of Reclamation on Fishery Resources

Introduction

Because of the changing needs of society and the economy surrounding Bohai Sea, a huge demand for land was created. Reclamation provides a new way to meet our needs. In china, coastal areas are often densely populated areas, which lead to great pressure. They are the areas, which have the highest development speed in economy, society and urbanization[1]. And with the extension of non- agricultural land use and shortage of cultivated land, the extension from land to sea has become one of the most important manners to buffer the conflict of human and land resources. Yet because reclamation changes natural bank shape in short term and small scale, so it can strongly disturb the whole natural system and bring a bran-new misbalance, which affect the stability and diversity of the fishery resources. In order to lighten or avoid the influence of reclamation, we should analyze and diagnose the possible effects, which can do some theory preparations for settling this problem. The PSR model was used to research the influence of reclamation on fishery resources in Shandong Provence surrounding Bohai Sea.

Present condition of reclamation in Shandong Province

The rapid urban and industrial development in coastal areas in Shandong Province during the past 20 years has led to a sharp increase in the demand for usable land, which has resulted in extensive coastal land reclamation. Land reclamation is carried out by dumping fill materials such as decomposed granite rock from nearby hills onto the seabed of marine sediment[2]. A number of general investigations on the effects of reclamation on the marine environment have been carried out[3]. As the development of economy, there are more and more reclamation in Shandong Province, as shown in Fig. 1.

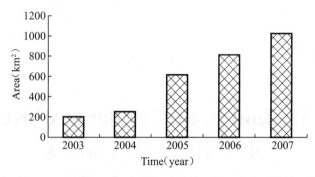

Fig.1　The area of reclamation in Shandong Province during 2003 to 2007

Reclamation is the important utilization manner of ocean for mankind. Yet because reclamation changes natural bank shape in short term, so it can strongly disturb the whole natural system and bring a new misbalance, which affect the stability, diversity and sustainability of the seashore[1]. A large scale sea reclamation damaged marine resource and national interests. The lands which were created by reclamation have manifold usage, such as shown in Table1. However, it has not been recognized that there may be various biology reactions in the reclamation site and that these reactions may have certain negative effect on the fishery resources which are limited [4]. In order to control the scale of sea-reclamation, the accrual of the state oceanic administration is required. Implementation planning of sea-reclamation and expert demonstration are key channels to control the sea-reclamation.

Table 1　The area statistical table of reclamation in Shandong Province surrounding Bohai Sea (2000—2010)(km²)

Reclamation	year			
	2000—2005	2005—2008	2008—2010	total
port	72.35	228.86	130.74	431.95
town	0.00	2.36	0.78	3.14
agriculture	8.71	0.22	0.58	9.51
aquqculture	85.04	45.57	87.74	218.35
saline	236.90	48.38	85.67	370.95
others	143.98	59.03	92.74	295.75
total	546.98	384.42	398.25	1329.65

Fishery resources in the Bohai Sea

The Bohai Sea is the largest inner sea of China (117°30′—121°E, 37—41°N)[5]. It is a semienclosed sea which is bounded by the Liaodong Peninsula and Shandong Peninsula with coverage of 78,000 km²[6], located in the north of the Yellow Sea. Areas with depth less than 10 m account for 20%, and depth at the Laotieshan Channel of the Bohai Strait reach up to 80 m due to succoring of tidal current[7]. There are unique natural environment, rich in fishery resources in last century. However, since excess utilization of fishery resources, environment pollution and climate warming, the marine fishery resources are declined and the capture fishery has met puzzle. The environmental capacity of the Bohai Sea is limited because of the poor exchange ability of water between the Bohai Sea and the Yellow Sea. Nevertheless, many pollutants have been discharged into the Bohai Sea from the surrounding regions, and its coastal waters have become polluted in recent years [8].

The coastal waters of the Bohai Sea are the main spawning and nursery area for fish and shrimp. With the deterioration of the environment, fisheries resources in the Bohai Sea have declined obviously in recent decades[9]. They have greatly decreased since the 1960s because of environmental pollution and overfishing, especially for fish caught by small-meshed trawling. Fish biomass in the Bohai Sea decreased from about 1 220 kg·km^{-2} in 1959 to about 700 kg·km^{-2} in 1982[10]. The community structure of the fish populations in the Bohai Sea has also changed with the decrease in stock size. There has been a significant shift from a community dominated by a few large-bodied species to one of mainly small-bodied ones [11], and many historically important commercial species such as the Pseudosciaena crocea, Pseudosciaena polyactis, Trichiurus haumela and red porgy, have almost completely disappeared from the Bohai Sea. Flat fishes maintained are latively stable level of biomass in this region. The biomass of flat fishes in the Bohai Sea in 1982—1983 was estimated at 3 863 tons (7% of the total biomass) and sustained an important commercial fishery in this area [10]. For effective management of fishery resources in the Bohai Sea, it is essential to understand the inter specific relationships among the fish and environment, which can be facilitated by the understanding of trophic relationships [12].

Preliminary Study on PSR model

Evaluation and comparison of various coastal reclamation plans are based on the values of several criteria and attributes. However, these are often complicated by the absence of a natural or obvious way to weigh the importance of the expected performance. These cannot be accurately quantified by routine methods. Various methods have been used for ecological evaluation: exposure-response method, integrated index number method, ecological capacity analysis as well as some ecological models are generally used. This paper adopted environmental index: concept model of environmental index PSR (Pressure-State-Response). The index system which was proposed by Organization of Canadian Economic Cooperation and Development (OECD) and United Nations Environment Programme (UNEP) can be considered as a basis for obtaining priorities and relative performance evaluation on reclamation site selection process.

The PSR model is based on the concept of causality: human activities exert pressures on the environment and change the quality and quantity of natural resources which lead to responses in human behavior. Three categories of indicators are distinguished. First of all, eco-environmental pressure indicators describe pressures on the environment by human activities and climate change[13]. Secondly, eco-environmental state indicators describe the present condition of the ecosystem function. Last but not the least important, societal response indicators show the degree to which society responds to eco-environmental changes and concerns. It is shown in Fig. 2. This could be the number and kind of measures taken, the efforts of implementing measures, or the effectiveness of those measures [14].

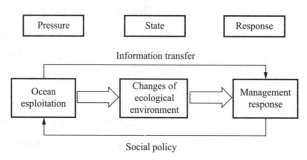

Figure 1 System of PSR for reclamation

As a case study in Shandong Province, this paper selects 14 indicators to base the indicator system. The frame principle of the indicator system includes scientific, viable, representative, systematic and hierarchical. Basing the influencing aspects, this article uses the method of analytic hierarchy process (AHP), qualitative and quantitive method to calculate the indicators. In possess of selecting these indicators, we have considered related methods about ecological security evaluation which used domestic and foreign at present.

The indicators have four levels above all. First is target level, namely composite index of ecological security; Secondly, eco-environmental state indicators describe the status quo of the natural environment and ecosystem function. Thirdly, societal response indicators show the degree to which society responds to eco-environmental changes and concerns [15]. This could be the number and kind of measures taken, the efforts of implementing measures, or the effectiveness of those measures.

The 14 independent indicators, representing principal the influence, were selected in an adapted PSR framework. With the help of frequency statistics, expert consultation and literatures investigate and survey, the evaluation index is finally determined, which is shown in Table 2.

Table 2 Index system of the influence on fishery resources

Target layer	Criterion layer	Indicator layer	
The influence of reclamation on fishery resources	Pressure	Reclamation	Land areas
			Cultured areas
		Over fishing	Total quantity of fishing vessel
			House-power of fishing vessel

Continued

Target layer	Criterion layer	Indicator layer	
The influence of reclamation on fishery resources	State	Aquatic organism	Plankton
			Spawn
			Coelenterate
		Fish recourses	Fish
			Molluscs
			Cephalopods
			Custaceans
	Response	Protection and restoration	Protection zone
			Artificial fish reef
			Enhancement of fishery resources

Acknowledgements

This work was financially supported by the National Marine Commonweal Project (201005009).

References

[1] Yu G, Zhang J Y. Analysis of the impact on ecosystem and environment of marin reclamation—A case study in Jiaozhou Bay[J]. Energy Procedia. 2011, 5: 105-111.

[2] Varriale A M C, Crema R, Galletti M C, et al. Environmental impact of extensive dredging in a coastal marine area [J]. Marine Pollution Bulletin, 1985, 16(12): 483-488.

[3] Smith J A, Millward G E, Babbedge N H. Monitoring and management of water and sediment quality changes caused by a harbour impoundment scheme[J]. Environment International, 1995, 21(2): 197-204.

[4] Chen K P, Jiao J J. Metal concentrations and mobility in marine sediment and groundwater in coastal reclamation areas: A case study in Shenzhen, China[J]. Environmental Pollution, 2008, 151: 576-584.

[5] Wei H, Sun J, Moll A, Zhao L. Phytoplankton dynamics in the Bohai Sea—obsercations and modeling[J]. Journal of Marine Systems, 2004, 44(3): 233-251.

[6] Shi W, Wang M H. Sea ice properties in the Bohai Sea measured by MODIS-Aqua: 2. Study of sea ice seasonal and interannual variability[J]. Journal of Marine Systems, 2012, 95: 41-49.

[7] Qin Y S, Zhao Y Y, Chen L R, Zhan S L. Geology of Bohai Sea[M]. Beijing: China Ocean Press, 1990.

[8] Zhang Y, Song J M, Yuan H M, Xu Y Y, He Z P, Duan L Q. Biomarker responses in the bivalve (Chlamys farreri) to exposure of the environmentally relevant concentrations of lead, mercury, copper[J]. Environmental Toxicology and Pharmacology, 2010, 30(1): 19-25.

[9] Xu S S, Song J M, et al. Petroleum hydrocarbons and their effects on fishery species in the Bohai Sea, North China[J]. Jorunal of Environmental Sciences, 2011, 23 (4):553-559.

[10] Yang J M, Yang W X et al. The estimated biomass of demersal fish in the Bohai Sea[J]. Acta Ocean. Sinica, 1990, 12: 360-365.

[11] Deng J Y. Ecological bases of marine ranching and management of the Bohai Sea[J]. Mar. Fish Res, 1988 (9): 1-10.

[12] Dou S H Z. Food Utilization of adult flatfishes co-occurring in the Bohai Sea of China[J]. Netherlands Journal of Sea Research, 1995, 34 (1-3): 183-193.

[13] Wang X D, Zhong X H, Gao P: A GIS-based decision support system for regional eco-security assessment and its application on the Tibetan Plateau[J]. Journal of Environmental Management, 2010, 91: 1 981-1 990.

[14] Ling P, Li M D, Gui J Y. Ecological security assessment of Beijing based on PSR[J] Model[J]. Environmental Sciences, 2010, 2: 832-841.

[15] Hua Y E, Yan M A, et al. Land ecoligical security assessment for Bai autonomous prefecture of Dali based using PSR Model-with data in 2009 as Case[J]. Energy Procedia, 2011, 5: 2 172-2 177.

(Zhang Tianwen, Song Aihuan, Li Qiachu, Xin Meili, Qiu Zhaoxing, Zheng Yongyun)

Integrated Bioremediation Techniques in a Shrimp Farming Environment under Controlled Conditions

1 Introduction

Intensive shrimp farming has caused considerable environmental impact and deterioration of ecosystem functioning in the last two decades[1]. Residual bait and biological excrement are the major sources of pollution to the pond environment and along with their degradation products, constitute the main forms of pollutants in the culture environment [2]. The biogeochemical processes involving suspended particles, inorganic nitrogen and phosphorus nutrients in the culture environment are very complex. Addressing any of these components alone is not sufficient for appropriate recovery of the system; consequently, one of the most effective means of alleviating shrimp self-pollution is the use of an appropriate bioremediation technology for the culture environment aimed at different sources and forms of pollutants. For the sustainable and healthy development of shrimp farming, a new shrimp breeding model that is environmentally friendly and self-healing is urgently needed [3].

Many countries have begun actively exploring healthy, environmentally friendly, sustainable, efficient shrimp production models. A few new methods and techniques have been developed for farming environment restoration and management [4-6]. Integrated Multi-trophic Aquaculture (IMTA) has been proposed as an effective method for responding to multiple stressors in coastal ocean ecosystems [7]. Several practices for the "environmentally clean" land-based culture of fish, bivalves, large algae and other large biological purification units have been proposed to reduce residual bait and suspended organic and inorganic nutrients in the water [3, 8-10]. Recently, an IMTA ecosystem model has been developed to optimize the stocking density of each trophic species in aquaculture systems [11]. These studies have provided important knowledge and means for mitigation of environmental impacts. However, the implication of those ecological culture models requires comprehensive understanding of functional responses of each trophic group to achieve the effective restoration of the ecological environment. Although different remediation techniques have been tried, the restoration efficiency has not been satisfactorily quantified. It is therefore essential to develop a practical technique for the restoration of the ecosystem.

This study investigated an integrated application of pollution control techniques to reduce residual bait using single-classification processing and a recycling technique under controlled indoor simulation conditions. Restoration techniques using scallop, large algae and bioremediation were optimized and integrated. The integrated technique can remove suspended particles, inorganic nutrients and macromolecule colloidal substances one by one in the water. We aimed to construct a preliminary comprehensive bioremediation technology system that could greatly reduce the contents of contaminants in shrimp effluent. This study provides a foundation for the further construction of integrated biological remediation systems for shrimp culture environments outdoor.

2 Materials and methods

2.1 The testing materials

This experiment was conducted in September-November 2007 in the Maidao Laboratory of the Yellow Sea Fisheries Research Institute. The capacity of the experimental tanks was 0.5 m^3 per tank. Pacific white shrimp (*Litopenaeus vannamei*) withbody lengths of 9~10 cm and body weights of 10~12 g were purchased from Jiaonan Farms in Shandong Qingdao (China). Bayscallops (*Argopecten irradians*) with shell lengths of 4~6 cm and weights of 12~20 g were obtained from Qingdao. Large algae (*Gracilaria lemaneiformis*) were from Guangdong Shantou (China). Barracuda (Liza haematocheila) with body lengths of 8~10 cm and body weights of 20~30 g, and a stocking rate of 16 tails were obtained from Qingdao Jiaonan Farms. Clam worm (*Perinereis aibuhitensis*) was obtained from Qingdao and used at a stocking rate of 250 g. These organisms were used in the experiment after domestication and adaptation for 7~10 d indoors. Bayscallops were housed in hanging cages in the tank, *G. Lemaneiformis* was clipped in hanging ropes, barracuda were free-range in the shrimp unit, and clam worms were buried in cages in these diment of the shrimp unit. The bait plates in the shrimp tanks were constructed of 60 mesh screen cloth on a bamboo weave douter shape with a diameter of 400 mm and a size that was approximately 1/8 of the water area. Special feed for *Litopenaeusvannamei* was produced by Zhongshan Yuehai Feed Co. Ltd (China), with a crude protein content of 39% or higher. The biofilter was constructed of a PVC tube with a diameter of 110 mm that was filled with coral stones. When a stable biofilm formed on the surfaces of the coral stones after the addition of the bacterial culture, the loop sequence used in series.

2.2 Experimental design

A total of two control groups and six experimental groups were used in the experiment. In the two control groups, the water was not changed with the shrimp monoculture model in Group CG1; in the shrimp intensive method in Group CG2, 10% of the water changed each day. Experimental group A was aclosed, recirculating aquaculture tank that included shrimp, scallop, and seaweed. The day circulation volume was 50% in Group A, and Group A included three groups (A1, A2, and A3) which represented different collocation density combinations of scallopand seaweed. The Group B was greater than that of Group A2 and included shrimp, scallop, biofilter and seaweed within aclosed recirculation system. The biofilter was filled with coral stone with biofilm. Group C was based on Group A2 but included barracuda in the shrimp unit to instantly remove the remnantbait. Group D was also based on Group A2, with the addition of clamworm in the bottom of the shrimp unit to instantly repair the biogenic sediment. A submersible pump was placed in the bottom of the seaweed unit, with an adjustable tong to control the submersible pump flow. The unit water circular route is illustrated in Fig. 1, and the composition of the biological material and the biomass is presented in Table 1.

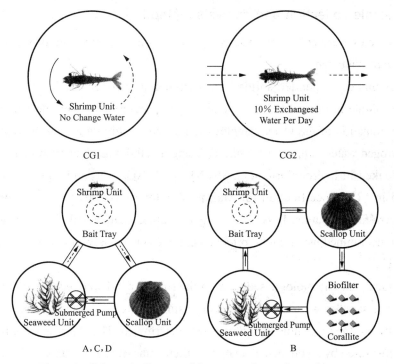

Figure 1 Schematic diagram of the proposed experimental groups

Table 1 Design of the integrated bioremediation test in the shrimp culture environment

Breeding method	Changing water condition	Categories	Shrimp biomass	Biomass of bioremediation organisms
Extensive culture	0	CG1, shrimp single raise	40	0
Intensive culture	10% exchanged water per day	CG2, shrimp single raise	40	0
		A1, shrimp, scallop, seaweed	40	30 scallops, 150 g seaweed
		A2, shrimp, scallop, seaweed	40	60 scallops, 300 g seaweed
		A3, shrimp, scallop, seaweed	40	90 scallops, 450 g seaweed
Integrated bioremediation	50% circulation volume per day	B, shrimp, scallop, seaweed, biofilter	40	60 scallops, 300 g seaweed, biofilter 0.1 m^3
		C, shrimp, scallop, seaweed, barracuda	40	60 scallops, 300 g seaweed, 16 barracuda
		D, shrimp, scallop, seaweed, clamworm	40	60 scallops, 300 g seaweed, 250 g clamworms

Notes: The body length of the shrimp was (5.2±0.3) cm, the shell length of the scallops was (5.5±0.5) cm, and the filter in the biofilter was coral stones with biofilm.

2.3 Sample collection and analysis method

Water samples were collected once every 3 d, and the survival rate of the species for the experiment were examined.

The contents of suspended solids (SS), ammonia nitrogen ($NH_4^+ - N$), nitritenitrogen ($NO_2^- - N$), nitrate nitrogen ($NO_3^- - N$), and total nitrogen (TN) were determined. The total nitrogen determination of the water samples did not require filtration, and the remainder of the inorganic nitrogen water samples were filtered using a celluloseacetate membrane (Φ: including 0.45 μm) soaked in hydrochloric acid. SS, $NH_4^+ - N$, $NO_2^- - N$, and $NO_3^- - N$ were detected as described in "The Specification for Marine Monitoring" (2007). TN was determined by potassium persulfate oxidation. Dissolved inorganic carbon (DIC) and dissolved organic carbon (DOC) were determined using a total organic carbon (TOC) analyzer (Shimadzu Corporation, TOC-V CPH).

The residual bait and biologic sediment in the shrimp pond were collected at the end of the experiment. The samples were desalinated with distilled water and dried to a constant weight at 60 ℃ for 48 h, and then the moisture content was determined. The samples were finely ground, and TN was measured by an elemental analyzer (Elementar III). The standard deviation was less than or equal to 0.1%.

2.4 Calculation methods and data processing

An integrated analysis of the repairing effect of the restoration technology system was conducted by comparing the effect of the remediation technology on the water quality of the shrimp ponds. The data sorting was analyzed by Excel 2007 and Origin 8. 0. The removal rate was calculated for SS, DIN, TN, DOC and DIC using the following equation: removal rate (%) $= (c_{inlet} - c_{outlet})/c_{inlet} \times 100\%$, c_{inlet} and c_{outlet} were the concentration of SS, DIN, TN, DOC and DIC in water inlet and water outlet in each relevant tank respectively.

3 Results

3.1 The efficiency of the bioremediation technology

3.1.1 Effectiveness of barracuda and clamworm as bioremediators

In Groups C and D, polyculture of barracuda and clamworm in the shrimp units resulted in a 35.81 % and 22.42 % reduction of residual bait (RB), respectively, compared to Group A2, however, biological sedimentation (BS) increased by 68.29% and 11.47%, respectively, compared to Group A2. Remnant instant repair technology led to an increase in the water quality indices compared to Group A2 (Fig. 2), in particular, the concentrations of SS and DOC were significantly different ($P < 0.01$). The average content of SS was highest in Group C and reached 190.18 mg·L^{-1}, 3.67-fold higher than that in Group A2. Therefore, we conclude that the effect of barracuda on SS was more significant than that of clamworm.

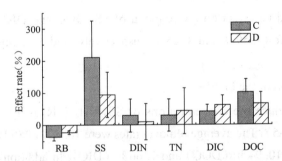

Figure 2   Effects of barracuda and clamworm on the environment of the shrimp unit

3.1.2 Effectiveness of scallop as bioremediators

A. *irradians* efficiently removed SS, DOC and DIC in aquaculture waters ($P < 0.01$) (Fig. 3). The average removal rates of SS, DOC, and DIC were 39.59%, 27.40%, and 18.95%, respectively. The removal rate of SS was positively correlated with the scallop stocking density, but the removal rates of DOC and DIC were negatively correlated with the stocking density. However, the excreta of A. *irradians* increased the contents of DIN and TN in the water by 31.01% and 5.60%, respectively.

3.1.3 Effectiveness of seaweed as bioremediators

G. *lemaneiformis* significantly reduced the DIN and TN contents in the aquaculture water ($P < 0.01$) (Fig. 4). However, G.

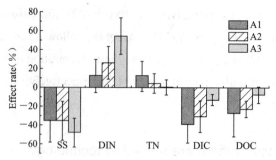

Figure 3　Effect of scallop on water quality

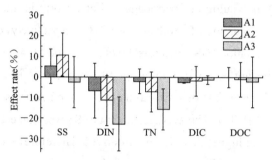

Figure 4　Effect of seaweed on water quality.

lemaneiformis had no effect on the removal of SS, DOC and DIC. The average removal rates of DIN or TN were 13.59% and 8.26%, respectively, and were positively correlated with the stocking Density.

3.1.4　Effectiveness of the biofilter

Biofilter could reduce the concentrations of SS, NH_4^+-N, NO_2^--N, DOC and DIC in aquaculture water (Fig. 5). The average removal rates were 18.22% (SS), 11.29% (NH_4^+-N), 34.45% (NO_2^--N), 10.94% (DOC) and 7.66% (DIC). In addition, the biofilter increased the concentrations of NO_3^--N (21.64%) and DIN (4.59%) in the water. The repair effect of the microorganisms on NO_2^--N was most remarkable because the microorganisms converted NO_2^--N to NO_3^--N. However, the DIC and DOC removal capabilities were insufficient.

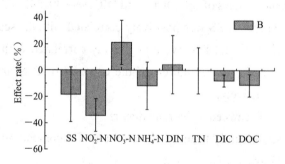

Figure 5　Effect of the biofilter on water quality

3.1.5 Remediation efficiency of different densities of scallop and seaweed

Scallop and seaweed significantly reduced SS, DIC and DOC($p < 0.01$) (Fig. 6). The removal rate was positively correlated with the stocking density. The content of DIN in each unit increased with increasing stocking density, but the TN content did not change significantly. The increase in the DIN content was probably due to the lower nitrogen fixation rate of seaweed rather than the rate of excretion of inorganic nitrogen by shrimp and scallop. Therefore, the repair effect of seaweed on DIN was not significant when the integrated remediation technology comprising shrimp, scallop, and seaweed was used to repair the DIN in the water.

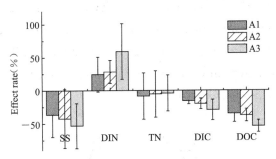

Figure 6　Effect of integrated remediation techniques on water quality

3.2 Remediation efficiency of the integrated bioremediation technology on shrimp unit water quality

The SS range of the control group was 33.4~191.0 mg·L^{-1}, and the average value was 100.3 mg·L^{-1} (Fig. 7). The SS of the shrimp unit water in Groups A and B varied in the range of 7.3~104.3 mg·L^{-1}, and the average value was 53.9 mg·L^{-1}, significantly lower than the control group ($P < 0.01$). The SS of the shrimp unit water in Groups C and D varied in the range of 57.4~365.6 mg·L^{-1}, and the average value was 149.2 mg·L^{-1}, significantly higher than the control group ($P < 0.05$). The changes in SS were smoother and steadier in the shrimp, scallop, and algae bioremediation technology compared to the other groups. This improvement was attributed to scallop (filter feeders), which effectively reduced the concentration of the organic matter of suspended particles in the water [12]. In addition, Group A3 group matched the maximum density of bay scallop. Therefore, the suspended particle removal efficiency was also highest in this group. Despite the significant fluctuation in SS in Groups C and D, the shrimp unit water exhibited strong bioturbation effects from barracuda and clamworm, leading to significantly higher SS compared to the other groups.

DIN in the shrimp water ranged from 1.75~9.63 mg·L^{-1}, with an average value of 5.63 mg·L^{-1} (Fig. 7). The TN range was 1.85~10.05 mg·L^{-1}, with an average value of 5.65 mg·L^{-1}. Figure 2 shows that the patterns of variation of DIN in each pond over time was not obvious, and the differences were therefore insignificant. The fluctuation trends of NH_4^+-N and NO_3^--N were complementary to each other due to the transformation of inorganic nitrogen in the shrimp culture. The concentrations of TN first decreased and then increased with culture time. This pattern of fluctuation indicates that the performance of the repair technology was optimalat the initial stage of the shrimp culture; the repair rate of nitrogenthen gradually decreased below the accumulation rate of organic nitrogen in the system. Therefore, maintaining optimal repair technology habitat conditions in the experiment is vital.

The DIC concentrations in the shrimp water ranged from 21.98 mg·L^{-1} to 62.52 mg·L^{-1}, with an average value of 33.20 mg·L^{-1} (Fig. 7). The DOC concentrations ranged from 3.74 mg·L^{-1} to 29.32 mg·L^{-1}, with an average value of 11.37 mg·L^{-1}. The contents of DIC and DOC increased gradually with culture time, but the average concentrations of DIC and DOC were significantly lower in Groups A and B than in Group CG-1 ($P < 0.05$). The average concentrations of DIC and DOC in Group B were the lowest among all groups, 31% and 52% lower, respectively, than those in Group CG-1.

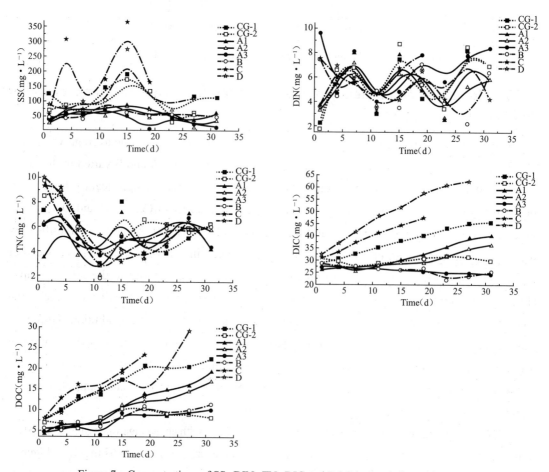

Figure 7 Concentrations of SS, DIN, TN, DIC and DOC in the shrimp unit water

4 Discussion

4.1 Selection of bioremediators

The use of an optimal feeding technique can considerably reduce unconsumed feed and mitigate environmental impacts. Although the biological process reduces unconsumed feed through the bioremediation technology, the biological disturbance of these diment would increase the contents of each index and biological deposition, especially increase the load of SS and organic matter near the bottom. Therefore, bioremediators should be selected cautiously, and factors including the breeding season, biological habits, repair capacity and economic value should be considered [13, 14]. Fish, crabs, and clamworm are appropriate species for shrimp pond culture [8, 15].

4.2 Key factors affecting the remediation efficiency of the scallop and seaweed

By converting the biological density into site data for experimental Group A3, we calculated that 388 kg of shrimp per mu in a 2 m deep farming pond should collocate with 5 509 kg of *A. irradians* and 1 200 kg of *G. lemaneiformis*. During the 30d test period, the average survival rates of shrimp and scallop were 95% and 92%, respectively. The DIN content in shrimp ponds still increased when the growth rates of shrimp, scallop, and seaweed were 23.91%, 6.24% and 374.89%, respectively. The present study suggests that seaweed is insufficient for mitigation. Therefore, the balance relationship between the nitrogen fixation rate of DIN by seaweed and the discharge rate of DIN by shrimp and scallop must be considered fully. The key factors that affect the in organic nitrogen uptake capacity by seaweed include light, temperature, salinity and water movement status [16, 17]. Therefore, the control of these key factors in integrated bioremediation technology merits further attention.

Although Group A3 exhibited the highest SS, DIC and DOC removal rates, the remediation efficiency of individual SS by *A. Irradians* and the removal efficiency of wet weight per unit of DIN by *G. lemaneiformis* were lowest. These results indicate that matching scallop and seaweed at maximum cannot achieve longterm, rapid, optimal repair. The appropriateness and sustainability of the collocation ratio of bioremediators must be fully considered to ensure stability in an integrated ecosystem. The mediation effects of scallop and large algae on the aquaculture system usually stabilized after a period of adaptation. Consequently, it is important to maintain the nutritional needs of scallop and seaweed to ensure their stable vitality in high-density cultivation [18].

4.3 Key factors affecting the remediation and their limitations

Microorganisms in the aquaculture environment use CO_2 and other organic matter in the water as donors of carbon and hydrogen to degrade organic matter. These microorganisms simultaneously complete the transformation of NH_4^+-N to NO_2^--N and NO_3^--N to achieve water restoration[19]. Bioremediationin the shrimp aquaculture systems was not only affected by temperature, substrate concentration and hydraulic loading but also by the microbial species, degree of curing of the biological membrane, and the succession cycle of dominant species. Therefore, it is crucial to control shrimp habitat conditions to maintain the effectiveness of remediation. In addition, our data also suggested that the capacity of bioremediators for organic matter was low. The removal rate of DOC was only 10.94%. Thus, the removalability of macromolecular colloids will be enhanced by adding auxiliary foam separation technology in integrated repair technologies.

5 Conclusions

(1) The use of shrimp, scallop and seaweed as bioremediators resulted in a considerable improvement in water quality after 30 d in closed circulation. The water quality in the shrimp unit was close to, or better than, single-species aquaculture with a 10% daily water change. Therefore, this multispecies system appears to be an appropriate combination for the remediation of environmental impacts by achieving outstanding removal rates of SS, NO_2^--N, NH_4^+-N, DOC and DIC.

(2) The concentrations of SS and DIC due to sediment bioturbationalone (by barracuda and clamworm) exceeded the national aquaculture water quality standard. These results suggest that barracuda and clamworm are not appropriate bioremediators in shrimp ponds.

(3) The seaweed was inefficient in extracting dissolved inorganic nitrogen from shrimp effluent at a ratio of 1:14:3 for the biomass of shrimp, scallop and seaweed. Therefore, optimal results require an appropriate proportion that is based on the physiological processes of bioremediators and the functional responses of cultured species in the farming ecosystems.

(4) The use of bioremediators alone could not achieve optimal remediation in shrimp effluent. A combination of bioremediator sand foam separation technology would considerably improve the effectiveness of the system to remove macromolecules.

(5) The integrated biological restoration technology was more effective than single-species aquaculture in the remediation of DOC and DIC. This study provides a basis for the further development of remediation techniques to reduce the environmental impact of shrimp aquaculture.

References

[1] Troell M, Joyce A, Chopin T, et al. Ecological engineering in aquaculture-Potential for integrated multi-trophic aquaculture (IMTA) in marine offshore systems[J]. Aquaculture, 2009, 297(1-4): 1-9.

[2] Herbeck L S, Unger D, Wu Y et al. Effluent, nutrient and organic matter export from shrimp and fish ponds causing eutrophication in coastal and back-reef waters of NE Hainan, tropical China[J]. Continental Shelf Research, 2013, 57: 92-104.

[3] Shpigel M, Neori A, Popper D M, et al. A proposed model for "environmentally clean" land-based culture of fish, bivalve sand seaweeds[J]. Aquaculture, 1993, 117 (1-2): 115-128.

[4] Shnel N, Barak Y, Ezer T, et al. Design and performance of azero-discharge tilapia recirculating system[J]. Aquaculture Engineering, 1996, 26 (3): 191-03.

[5] An Y, Zeng G Q, Chen X CH, et al. Study on compound in-situ ecological purification technology for treating *Penaeus vannamei* mariculture water[J]. Fishery Modernization (in Chinese), 2012, 39 (3): 28-33.

[6] Yu Z H, Zhu X S H, Jiang Y L, et al. Bioremediation and fodder potentials of two *Sargassum spp.* in coastal waters of Shenzhen, South China[J]. Marine Pollution Bulletin, 2014, 85 (2): 797-802.

[7] Tang Q S H, Fang J G, Zhang J H, et al. Impacts of multiple stressors on coastal ocean ecosystems and Integrated Multi-trophic Aquaculture[J]. Progress in Fishery Science (in Chinese), 2013, 34 (1): 1-11.

[8] Neori A, Shpigel M, Ben-Ezra D. A Sustainable integrated system for culture of fish, seaweed and abalone. Aquaculture, 2000, 186(3-4): 279-291.

[9] Jones A B, Dennison W C, Preston N P. Integrated treatment of shrimp effluent by sedimentation, oyster filtration and macroalgal absorption: a laboratory scale study[J]. Aquaculture, 2001, 193(1-2): 155-178.

[10] Handå A, Forbord S, Wang X X, et al. Seasonal-and depth dependent growth of cultivated kelp (*Saccharina latissima*) inclose proximity to salmon (*Salmo salar*) aquaculture in Norway[J]. Aquaculture, 2013, 414-415: 191-201.

[11] Ren J S, Stenton-Dozey J, Plew D R, et al. An ecosystem model for optimising production in integrated multitrophic aquaculture systems[J]. Ecological Modelling, 2012, 246: 34-46.

[12] Ramos R, Vinatea L, Seiffert W, et al. Treatment of shrimp effluent by sedimentation and oyster filtration using *Crassostrea gigas* and *C. rhizophorae*[J]. Brazilian Archives of Biology and technology, 2009, 52 (3): 775-783.

[13] Ray A J, Lewis B L, Browdy C L, et al., Suspended solids removal to improve shrimp (*Litopenaeus vannamei*) production and an evaluation of a plant-based feed in minimal-exchange, superintensive culture systems[J]. Aquaculture, 2010, 299(1-4): 89-98.

[14] Uddin M S, Farzana A, Fatema M K, et al. Technical evaluation of tilapia (*Oreochromis niloticus*) monoculture and tilapiaprawn (*Macrobrachium rosenbergii*) polyculture in

earthen ponds with or without substrates for periphyton development[J]. Aquaculture, 2007, 269 (1-4): 232-240.

[15] Kong Q. Study on physical and chemical biology factor of polyculture systems of *Litopenaeus vannameia* and *Mugil cephalusin* intensive pond (in Chinese) [D]. Zhanjiang: Guangdong Ocean University, 2010.

[16] Xu Y G, Qian L M, Jiao N Z H. Nitrogen nutritional character of *Gracilaria* as bioindicators and restoral plants of eutrophication[J]. Journal of Fishery Sciences of China (in Chinese), 2004, 11 (3): 276-280.

[17] Xu Z H G, Wu H Y, Zhan D M, et al. Combined effects of light intensity and NH_4^+-enrichment on growth, pigmentation, and photosynthetic performance of *Ulva prolifera* (Chlorophyta)[J]. Chinese Journal of Oceanology and Limnology, 2014, 32 (5): 1 016-1 023.

[18] Neori A, Krom M D, Ellner S P, et al. Seaweed biofilters as regulators of water quality in integrated fish-seaweed culture units. Aquaculture, 1996, 141 (3-4): 183-199.

[19] Kim S K, Kong I, Lee B H, et al. Removal of ammonium-N from a recirculation aquacultural system using an immobilized nitrifier[J]. Aquaculture Engineering, 2000, 21 (3): 139-150.

(Song Xianli, Yang Qian, Ren J. Shengmin, Sun Yao, Wang Xiulin, Sun Fuxin)

PSR 模型在环渤海集约用海对渔业资源影响评价中应用的初步研究

渤海是深入我国大陆的半封闭型浅海,不仅是我国唯一的内海,也是世界上十二大闭锁性海域之一[1]。渤海沿岸有辽河、海河、黄河等河流入海,由于河流带来的大量泥沙的沉降,渤海海底平坦、饵料丰富,是多种鱼虾繁殖、产卵、索饵的良好场所[2]。据以往调查资料,渤海湾共有生物资源600余种,其中鱼类生物资源289种,分别隶属5科27种。主要盛产带鱼、鲅鱼、鲈鱼、小黄鱼等海洋经济鱼类和对虾、梭子蟹、海参、鲍鱼等海珍品[3]。

自20世纪60年代以来,由于人类对环境的破坏和不合理利用,使渤海渔业资源的产量和质量明显降低[4]。环渤海新一轮沿岸开发的快速发展,以及能源重化工等一系列"两高一资"的"大项目"的启动,不但会加剧环渤海地区重化工业发展布局分散的态势,也将进一步加大该地区的海洋环境压力,降低环渤海地区经济发展与海洋资源环境保护的协调性。因此,研究环渤海区域海洋渔业资源状况,构建集约用海对渔业资源影响定性与定量评估的关键技术,保护海洋渔业资源多样性,促进渤海渔业健康可持续发展,对合理评价与优化集约用海的布局,确保国民经济的发展和社会的进步都具有深远的意义。本研究以渤海湾(山东省区域)为主要研究海区,基于PSR模型构建集约用海对渔业资源影响的定性与定量评估技术,为集约用海业务化应用研究的开展、指导区域集约用海合理布局提供参考。

1 相关概念

1.1 集约用海的内涵

在统一规划和部署下,一个区域内多个围填海项目集中成片开发的用海方式叫作集约用海。自20世纪40年代开始,日本政府就开始了集中围填海造地,形成了支撑日本经济的"四大工业地带"。二战之后,为了拉动其他地区发展,日本政府又通过统一规划布局,在沿海填海造地形成了24处重化工业开发基地,实现了日本工业组团发展。21世纪是海洋的世纪,海洋资源的开发和利用越来越引起世界各国的重视,海洋经济日益成为一个国家或地区发展的重要增长极。从世界范围看,新一轮的海洋开发热潮正在兴起,有限的内湾水域浅海、滩涂被大量围填。

在国内,近年来沿海省市纷纷实施重大海洋开发战略,其中河北曹妃甸工业区规划用海面积 310 km^2,其中填海造地面积 240 km^2,用于发展港口物流、钢铁、石化和装备制造等产业[5]。随着海洋经济的发展,山东省围填海也掀起了新一轮的高潮。从 2003 年开始,山东省围填海面积呈现逐年增加的趋势,同时也存在着海岸线长、海岸类型多样、沿海各地生产力发展不平衡等多种制约因素。集约用海是促进海岸带资源可持续利用的新方式,但是由于围填海面积较大,范围更广泛,面临的问题也更加复杂。因此需要科学合理地提出集约用海规划,认真分析集约用海对海洋生态环境的影响。

1.2 渔业资源的概念和渤海渔业资源现状

渔业资源(fishery resources)是指具有开发利用价值的鱼、虾、蟹、贝、藻和海兽类等经济动植物的总体。山东省渤海区域渔业资源属于海洋渔业资源范畴,渤海是我国的内海,地理位置和自然条件较为适宜,是鱼类的主要产卵场和索饵场,素有"生物资源摇篮"和"百鱼之乡"之称[6]。此外,黄河三角洲地区贝类资源丰富,主要有毛蚶、文蛤、四角蛤、缢蛏等,面积达 560 余万亩,产量 30 多万吨,是我国重要的贝类资源区。

自 20 世纪 60 年代以来,由于环境污染和"掠夺式"的开发,渤海渔业资源产量和品质出现明显下降。从 20 世纪 70 年代开始,渤海渔业资源开发和利用程度超过正常水平,加上渤海水域污染等原因引起海区生态环境日益恶化,导致海洋鱼类资源特别是一些主要经济鱼类资源开始出现不同程度的衰退。到 20 世纪 90 年代,渤海传统经济渔业种类资源多处于严重衰退和枯竭的边缘,渔业资源的开发和利用已难以为继。渤海渔业资源密度较 10 年前各季都有所下降,从平均 1.31 t·km^{-2} 降至 1.02 t·km^{-2},其中鱼类由 1.02 t·km^{-2} 降至 0.90 t·km^{-2},经济无脊椎动物由 0.29 t·km^{-2} 降至 0.12 t·km^{-2}[7]。随着环渤海区域营养盐类和沿岸工业、生活和海水养殖业的污染,渤海区域生物多样性遭受破坏,初级生产力平均降低 30%,浮游植物和浮游动物生物量减少 1 半以上[3],经济价值较低的小型中上层鱼类已成为渔业资源的主要成分。因此,研究渤海海域渔业资源状态,寻找合理开发渤海渔业资源途径,对促进山东省渤海区域渔业经济的可持续发展具有深远的意义。

1.3 集约用海对渔业资源影响的 PSR 模型框架构建

山东省环渤海区域集约用海对渔业资源影响的技术路线(如图 1 所示),根据收集到的渔业资源和集约用海状况资料,分析围填海实施前后渔业资源的变化情况。筛选围填海对渔业资源影响评价指标,建立围填海对渔业资源影响评估指标体系。根据搜集的历史资源及补充调查数据,分析集约用海对渔业资源的影响,按照科学性、适用性、综合性原则[8],确定不同集约用海方式中的指标渔业资源种类。根据渤海湾生物资源现状,研究集约用海对目标海域生态系统结构、组成与功能的影响,按照可查性、可比性、定量性、简约性原则,确定环境变化对指标海洋经济游泳动物影响的主要评估指标。

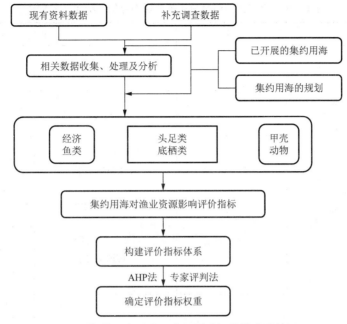

图 1　集约用海对渔业资源影响评价技术路线图

2　集约用海对渔业资源影响评价体系的构建

2.1　评价模型的构建

集约用海对山东省渤海区域渔业资源评价体系的建立是以集约用海开发活动对海洋资源影响程度为总体目标,在分析影响因子的基础上,充分考虑评价指标进行分析。模型的基本框架由目标层、准则层、指标层组成[9]。目标层确定集约用海活动对渤海区域渔业资源的影响程度,准则层是评价指标达到预定目标的中间环节,指标层是选取具有典型代表意义同时可以有效反应集约用海对渔业资源影响程度的特征指标。

根据渤海湾生物资源现状,结合游泳动物生活史,确定指标经济游泳动物种类。搜集渤海湾海域渔业资源状况的相关资料,分析渔业生产的历史资料及发展现状,根据不同海域不同集约用海方式确定指标渔业资源种类,以指标渔业资源种类的区域范围、产量、个体密度、年龄组成等生物学参数及在特定海域渔业生产中的比重为基础,研究指标渔业资源种类对环境演变的响应。

2.2　评价指标体系的选取

根据集约用海对渔业资源影响评价的 PSR 模型分析框架,遵循指标选取的典型性、系统性和可量化性等原则[10],构建环渤海区域集约用海对渔业资源影响的评价体系。该指标体系分为目标层、准则层和指标层,包括压力指标体系、状态指标体系和响应指标体系 3 个子系统,共计 14 个指标(如表 1 所示)。

表 1　环渤海集约用海对渔业资源影响评价指标体系的构建

目标层	准则层	指标层	
环渤海集约用海对渔业资源的影响	压力系统	围填海工程	围填海造地
			围填海养殖
		过度捕捞	渔船总量
			渔船总马力
	状态系统	水生生物群落	浮游植物
			鱼卵仔稚鱼
			腔肠动物（海蜇）
		重要渔业资源及游泳动物	经济鱼类
			底栖贝类
			头足类
			甲壳类
	响应系统	资源保护及修复	资源保护区建设
			人工鱼礁投放
			增殖放流

3　集约用海对渔业资源影响的指标权重的确定

评价指标权重的确定是评价关键环节之一。评价指标的权重集合 A_i 的恰当与否，直接影响评价的结果。A_i 的确定方法有多种，常用的方法有：专家调查法、判断矩阵分析法等[11]。在构建集约用海对渔业资源影响的 PSR 模型中，利用 AHP 法、专家评判方法确定评估指标权重，利用多层次模糊综合评判法构建集约用海对渔业资源响评价模型，并建立相应的评估标准体系。

对相对重要性指标的数据处理和表达，专家评价法主要应用于评价和预测。不同专家评价打分之间存在一定的差异，因此我们在确定指标权重时引入统计学中的可信度分析模块，用以评估该权重确定方法的可信性。可信度是指根据测验方法所得到的结果的一致性或稳定性，反映被测特征真实程度的指标。一般而言，两次或两个测验的结果愈是一致，则误差愈小，所得的信度愈高。

肯德尔 W 系数又称肯德尔和谐系数，是表示多列等级变量相关程度的一种方法，它适用于两列以上等级变量。

肯德尔和谐系数计算：

$$W=\frac{\sum R_i^2-\frac{(\sum R_i^2)^2}{N}}{\frac{1}{12}K^2(N^3-N)}$$

式中，W——肯德尔和谐系数；

$\quad K$——专家总人数；

$\quad N$——调查表中评价指标个数；

$\quad R_i$——第 i 个指标评分。

围填海对渔业资源影响评价指标的肯德尔和谐系数：Kendall's $W = 0.347$。Kendall's $W = 0.323$，$x^2 = K(N-1)W = 54.12$，进行 X^2 检验，用自由度 $df = 13$，查 X^2 值表得：$X^2_{(13)0.01} = 27.69$，故 $X^2 > X^2_{(13)0.01}$，求得的 W 值达到极显著的水平，说明该评价方法可信度较高。

根据评价指标权重确定的原则和相应的计算公式，确定集约用海对渔业资源影响的评价指标体系的各个权重，结果如表2所示。

表2 渔业资源评价指标体系的权重

渔业资源评价指标类型	权重	评价指标体系	指标权重
围填海工程	0.194 9	围填海造地	0.105 8
		围填海养殖	0.089 1
过度捕捞	0.180 7	渔船总量	0.091 6
		渔船总马力	0.089 1
水生生物群落	0.199 9	浮游植物	0.067 5
		鱼卵仔雉鱼	0.072 6
		腔肠动物（海蜇）	0.059 8
重要渔业资源及游泳动物	0.273 1	经济鱼类	0.067 4
		底栖贝类	0.072 2
		头足类	0.066 1
		甲壳类	0.067 4
资源保护及修复	0.151 4	资源保护区建设	0.048 4
		人工鱼礁投放	0.048 4
		增殖放流	0.054 6

参考文献

[1] 刘红卫，贺世杰，王传远．渤海海洋渔业资源科持续利用 [J]．安徽农业科学，2010，38（26）：14 579-14 581．

[2] 张耀光，关伟，李春平等．渤海海洋资源的开发与持续利用 [J]．自然资源学报，2002，11（17）：768-775．

[3] 邓景耀．渤海渔业资源管理与增殖 [J]．海洋水产研究，1988，9：1-10．

[4] 赵章元，孔令辉．渤海海域环境现状及保护对策 [J]．环境科学研究，2000，13（2）：23-27．

[5] 尹延鸿. 对河北唐山曹妃甸浅滩大面积填海的思考[J]. 海洋地质动态, 2007, 23(3): 1-10.

[6] 李显森, 牛明香, 戴芳群. 渤海渔业生物生殖群体结构及其分布特征[J]. 海洋水产研究, 2008, 29(4): 15-21.

[7] 金显仕, 唐启生. 渤海渔业资源结构、数量分布及其变化[J]. 中国水产科学, 1998, 5(3): 18-24.

[8] 周炳中, 杨浩, 包浩生等. PSR模型及在土地可持续利用评价中的应用[J]. 自然资源学报, 2002, 17(5): 541-548.

[9] 杨志, 赵冬至, 林元烧. 基于PSR模型的河口生态安全评价指标体系研究[J]. 海洋环境科学, 2011, 30(1): 138-141.

[10] 郑华伟, 刘友兆. 基于PSR模型的耕地集约利用空间差异分析—以四川省为例[J]. 农业系统科学与综合研究, 2001, 27(3): 257-262.

[11] 于定勇, 王昌海, 刘洪超. 基于PSR模型的围填海对海洋资源影响评价方法研究[J]. 中国海洋大学学报, 2011, 41(7/8): 170-175.

(张天文, 宋爱环, 邹琰, 辛美丽, 李莉, 邱兆星, 郑永允)

第四章
营养生理与水产品安全

不同地理群体魁蚶的营养成分比较研究

魁蚶(*Anadara uropygimelana*)俗称赤贝、血贝等,生活于 3～60 m 水深处的泥质或泥沙质海底,是一种大型海洋底栖经济贝类,在我国主要分布于黄海、渤海及东海沿岸的浅海里[1]。魁蚶成体个大体肥,肉质鲜美,古书中记载魁蚶有"令人能食、益血色、消血块和化痰积"之功效,营养价值和经济价值很高,是北方沿海重要的经济贝类之一。

目前,国内对魁蚶的研究主要集中于魁蚶的育苗、增养殖技术及其生物生态学上[2-4],迄今未见对魁蚶软体部的基本营养成分、氨基酸、脂肪酸、无机盐和微量元素等含量研究的报道,对不同地理群体的魁蚶营养成分的分析比较亦尚无报道。因此,本实验研究不同地理群体魁蚶的基本营养成分、氨基酸组成及矿物元素含量等情况,分析比较不同产地魁蚶的品质差异,以期为魁蚶的品种选育及食品开发与评价提供一定的参考。

1 材料与方法

1.1 材料、试剂与仪器

魁蚶活体于 2011 年 3 月分别采自山东即墨(简称为 JM)、辽宁庄河(简称为 ZH)和江苏连云港(简称为 LYG)。样品采集后,用游标卡尺(精度 0.01 mm)逐个测量魁蚶壳长、壳宽和壳高,电子天平(精度 0.001 g)称量湿质量,每组样品测量 80 个个体。样本平均壳长、宽、壳高和体质量分别为山东即墨:56.78 mm(39.60～83.30 mm)、32.77 mm(23.30～54.20 mm)、42.21 mm(29.70～65.90 mm)和 36.91 g(9.16～159.20 g);辽宁庄河:53.62 mm(34.72～79.60 mm)、31.17 mm(21.30～53.20 mm)、40.21 mm(30.20～64.80 mm)和 35.84 g(9.74～153.26 g);江苏连云港:57.02 mm(38.64～82.00 mm)、33.10 mm(24.50～55.20 mm)、41.27 mm(28.60～67.10 mm)和 35.87 g(10.24～148.57 g)。样品去壳取其软体部,吸干其表面水分,用去离子水冲洗后,于筛绢网上沥尽水分,测定软体部水分含量;随机将 20 个左右个体的软体部合并成 1 个样,共 3 个样,粉碎打浆后用于成分测定。

所用试剂如下:甲苯、石油醚(烟台三和化学试剂有限公司),氯仿、无水乙醚、氢氧化铵、盐酸、硫酸(莱阳经济技术开发区精细化工厂),硫酸钠、硫酸铜、硫酸钾(北京化工厂),硼酸、氢氧化钠(天津市科密欧化学试剂有限公司)。所有试剂均为分析纯。

所用仪器如下:安米诺西斯 A200 氨基酸自动分析仪(德国安米诺西斯公司);GC6890

气相色谱仪、1100液相色谱仪（美国安捷伦公司）；AA-6300C原子吸收分光光度计（日本岛津公司）；AFS-2000双道原子荧光光度计（北京海光仪器公司）；ZF-06脂肪测定仪（上海瑞正仪器设备有限公司）；KDN-08B凯氏定氮仪（上海新嘉电子有限公司）；F6010马弗炉（深圳市蓝鹰科技有限公司）。

1.2 方法

1.2.1 分析检测方法

水分：参照GB 5009.3—2010《食品中水分的测定》直接干燥法测定；粗蛋白：参照GB 5009.5—2010《食品中蛋白质的测定》凯氏定氮法测定；粗脂肪：参照GB/T5009.6—2003《食品中脂肪的测定》索氏抽提法测定；总糖：参照GB/T 9695.31—2008《肉制品总糖含量测定》直接滴定法测定；灰分：参照GB 5009.4—2010《食品中灰分的测定》测定。

氨基酸成分的测定：样品经6 mol·L^{-1}盐酸水解，水解时充氮气24 h，采用安米诺西斯氨基酸自动分析仪测定17种氨基酸。另取样品用5 mol·L^{-1}氢氧化钠溶液水解后，采用同机测定其色氨酸含量。

脂肪酸成分：参照参考文献[5]测定。

脂溶性维生素（VA）：根据GB/T 5009.82—2003《食品中VA和VE的测定》高效液相色谱法进行测定；VB_1：根据GB 5413.11—2010《食品安全国家标准婴幼儿食品和乳品中VB_1的测定》进行测定；VB_2：根据GB5413.12—2010《食品安全国家标准婴幼儿食品和乳品中VB_2的测定》进行测定；VB_5：根据GB 5413.15—2010《食品安全国家标准婴幼儿食品和乳品中烟酸和烟酰胺的测定》第一法高效液相色谱法进行测定；VB_5：根据GB 5413.17—2010《食品安全国家标准婴幼儿食品和乳品中泛酸的测定》第二法高效液相色谱法进行测定；VB_6：根据GB 5413.13—2010《食品安全国家标准婴幼儿食品和乳品中VB_6的测定》进行测定；VC：参照GB/T5009.159—2003《食品中还原型抗坏血酸的测定》进行测定。

无机砷：参照GB/T 5009.11—2003《食品中总砷及无机砷的测定》进行测定；镉：参照GB/T 5009.15—2003《食品中镉的测定》进行测定；铜：参照GB/T5009.13—2003《食品中铜的测定》进行测定；铅：参照GB 5009.12—2010《食品安全国家标准食品中铅的测定》进行测定；甲基汞：参照GB/T 5009.17—2003《食品中总汞及有机汞的测定》进行测定；钙：参照GB/T5009.92—2003《食品中钙的测定》进行测定；铁：参照GB/T 5009.90—2003《食品中铁、镁、锰的测定》进行测定；钠：参照GB/T 5009.91—2003《食品中钾、钠的测定》进行测定；锌：参照GB/T 5009.14—2003《食品中锌的测定》进行测定；硒：参照GB 5009.93—2010《食品安全国家标准食品中硒的测定》第一法氢化物原子荧光光谱法进行测定。

六六六、滴滴涕：参照GB/T 5009.19—2008《食品中有机氯农药多组分残留量的测定》进行测定。

1.2.2 氨基酸评分及化学评分计算方法

将所测得的必需氨基酸换算成每克蛋白质中含氨基酸毫克数，与1973年FAO/WHO暂定氨基酸的计分模式和以鸡蛋蛋白质作为理想蛋白质进行比较[6]，并按式（1），（2），（3）

计算氨基酸评分(AAS)、化学评分(CS)和必需氨基酸指数(IEAA)。

$$AAS = \frac{每克待评蛋白质中必需氨基酸含量(mg)}{FAO/WGO 模式中每克蛋白质中相应的必需氨基酸含量(mg)} \times 100 \quad (1)$$

$$CS = \frac{每克待评蛋白质中必需氨基酸含量(mg)}{每克鸡蛋蛋白质中相应的必需氨基酸含量(mg)} \times 100 \quad (2)$$

$$I_{EAA} = \sqrt[n]{\frac{100a}{A} \times \frac{100b}{B} \times \frac{100c}{C} \times \cdots \times \frac{100h}{H}} \quad (3)$$

式中,n 为比较的氨基酸数;$a,b,c,\cdots,h$ 分别为实验蛋白质的氨基酸含量;$A,B,C,\cdots,H$ 分别为鸡蛋蛋白质的氨基酸含量。

2 结果与分析

2.1 魁蚶软体部基本营养成分比较

由表1可见,3种不同产地的魁蚶软体部基本营养成分和能值的变化具有以下特点:水分、脂肪和灰分含量较为接近;粗蛋白含量由高到低依次为江苏连云港、辽宁庄河、山东即墨;碳水化合物含量由高到低依次为辽宁庄河、山东即墨、江苏连云港;能值由高到低依次为江苏连云港、辽宁庄河、山东即墨。

表1 不同地理群体魁蚶(湿质量)的营养成分及能值

地区	水分(%)	粗蛋白(%)	粗脂肪(%)	灰分(%)	碳水化合物(%)	能值($kJ·g^{-1}$)
JM	83.8	11.8	0.2	1.9	2.5	240
ZH	81.8	12.7	0.3	2.0	3.1	276
LYG	80.2	14.7	0.2	1.8	1.9	299

贝类软体部的营养成分含量与其生存环境(天然或人工养殖等)、饵料成分、生长期都有着密切的关系[7]。不同地理群体的魁蚶由于生存地域、环境存在差异,摄食饵料种类及数量不同,其软体部部分营养成分的含量差异较大。研究结果显示,魁蚶蛋白质含量平均为13.10%,脂肪含量平均为0.23%,因此,魁蚶是一类高蛋白、低脂肪的海产品。另外一些多糖还具有免疫功能[8-9],从保健角度来讲,辽宁庄河魁蚶群体的碳水化合物含量较高,更有优势。

2.2 氨基酸组成与含量

由表2可见,在这3个不同地理群体中,魁蚶氨基酸总量和必需氨基酸总量由大到小的变化顺序均为山东即墨、江苏连云港、辽宁庄河;各地理群体魁蚶的氨基酸组成中,呈鲜味的谷氨酸和天冬氨酸、呈甘味的甘氨酸和丙氨酸4种氨基酸含量较高,其变化顺序依次为山东即墨、江苏连云港、辽宁庄河;不同地理群体魁蚶氨基酸的支/芳比基本一致,高达1.94~1.99,高支、低芳氨基酸混合物具有保肝作用[10],因而,食用高支、低芳氨基酸的魁蚶有利于肝病患者的治疗。

表 2　不同地理群体魁蚶的氨基酸组成与含量（干质量）（mg·g^{-1}）

测定项目	JM	ZH	LYG
天冬氨酸（Asp）*	79.01	73.63	76.26
苏氨酸（Thr）#	35.19	32.97	35.86
丝氨酸（Ser）	29.01	27.47	27.27
谷氨酸（Glu）*	125.93	120.33	123.23
脯氨酸（Pro）	19.75	19.23	19.19
甘氨酸（Gly）*	43.21	39.56	41.92
丙氨酸（Ala）*	45.06	43.41	44.95
缬氨酸（Val）#	21.60	20.33	19.19
胱氨酸（Cys-Cys）	15.43	17.58	18.69
蛋氨酸（Met）#	19.14	18.13	17.68
异亮氨酸（Ile）#	30.86	29.67	30.30
亮氨酸（Leu）#	56.79	54.95	55.56
酪氨酸（Tyr）	22.84	21.98	22.22
苯丙氨酸（Phe）#	26.54	24.73	25.76
组氨酸（His）	22.84	20.88	21.21
色氨酸（Trp）#	5.56	6.04	6.06
赖氨酸（Lys）#	55.56	51.10	54.55
精氨酸（Arg）	65.43	63.19	63.64
氨基酸总量（TAA）	719.75	685.16	703.54
必需氨基酸总量（EAA）	251.23	237.91	244.95
呈味氨基酸总量（DAA）	293.21	276.92	286.36
支链氨基酸总量（BCAA）	109.26	104.95	105.05
芳香族氨基酸总量（AAA）	54.94	52.75	54.04
支/芳比（BCAA/AAA）	1.99	1.99	1.94
EAA/TAA	34.91	34.72	34.82
DAA/TAA	40.74	40.42	40.70

　　必需氨基酸中含量最高的为谷氨酸，其平均含量达 123.16 mg·g^{-1}，谷氨酸是主要呈味物质，这也是魁蚶味道鲜美的主要原因。同时从上述数据分析结果发现，山东即墨地区魁蚶群体的软体部的呈味氨基酸含量最高，说明山东即墨魁蚶群体的鲜美程度最高。尽管各地理群体魁蚶的蛋白质含量及各种氨基酸含量不同，但其氨基酸总量平均高达702.82 mg·g^{-1}，必需氨基酸占总氨基酸含量的 34.82%，这与 WHO/FAO 推荐的模式（35.38%）接近[11]，必需氨基酸含量丰富而均匀。

表 3 不同地理群体魁蚶氨基酸评价指标

测定项目	FAO模式	鸡蛋蛋白质	JM		ZH		LYG	
			AAS	CS	AAS	CS	AAS	CS
异亮氨酸(Ile)	40	49	106.18	86.67	106.30	86.78	102.05	83.31
亮氨酸(Leu)	70	66	111.64	118.41	112.49	119.30	106.90	113.38
赖氨酸(Lys)	55	66	139.00	115.83	133.15	110.95	133.58	111.32
半胱氨酸＋蛋氨酸(Cys＋Met)	35	47	135.91	101.21	146.23	108.90	139.95	104.22
苏氨酸(Thr)	40	45	121.05	107.60	118.10	104.98	120.75	107.33
色氨酸(Trp)	10	17	76.40	44.94	86.60	50.94	81.60	48.00
缬氨酸(Val)	50	54	59.46	55.06	58.26	53.94	51.70	47.87
酪氨酸＋苯丙氨酸(Tyr＋Phe)	60	86	113.26	79.02	111.55	77.82	107.71	75.15
平均得分			107.86		109.08		105.53	
I_{EAA}			61.21		59.54		60.83	

在食物蛋白中按照人体的需要及其比例相对不足的氨基酸称为限制性氨基酸。由氨基酸评分结果(AAS)可知,不同地理群体魁蚶的第一限制性氨基酸均为缬氨酸,第二限制性氨基酸为色氨酸。由化学评分(CS)可知,山东即墨和辽宁庄河群体的第一限制性氨基酸均为色氨酸,第二限制性氨基酸为缬氨酸;连云港群体的色氨酸和缬氨酸均为第一限制性氨基酸。可见魁蚶食用的限制性氨基酸主要为缬氨酸和色氨酸。

魁蚶软体部大多数氨基酸得分高于FAO/WHO理想模式,各必需氨基酸的平均得分由高到低依次为辽宁庄河109.08分、山东即墨107.86分、江苏连云港105.53分。3个不同地理群体魁蚶的必需氨基酸指数I_{EAA}由高到低依次为61.21(山东即墨)、60.83(江苏连云港)和59.54(辽宁庄河),高于紫贻贝(I_{EAA}57.29)[12]、美洲帘蛤(I_{EAA}46.83)[13]和橄榄蚶(I_{EAA}45.5)[14]等贝类,与"四大家鱼"和鲤鲫鱼类(I_{EAA}60～70)[11]相近,由此可见,魁蚶是海洋生物中的优质蛋白质来源。

2.3 脂肪酸组成与含量

虽然魁蚶的粗脂肪含量较低,但是其脂肪酸组成比较丰富。由表4可见,不同地理群体魁蚶的不饱和脂肪酸相对总量都在50%以上,含量由高到低依次为山东即墨、江苏连云港、辽宁庄河;多不饱和脂肪酸的相对含量接近或高于40%;不饱和脂肪酸的ω_3系列,3个地理群体的魁蚶的相对含量分别高达38.10%(山东即墨)、33.33%(辽宁庄河)和31.58%(江苏连云港)。ω_3系列的二十碳五烯酸(EPA)和二十二碳六烯酸(DHA)具有抑制前列腺素的合成、抑制血小板凝集、降低血液中的中性脂质、抗动脉粥样硬化、增强免疫功能等作用[15],DHA还有益于人脑,可改善记忆,有"脑黄金"的美誉[16]。魁蚶软体部中高含量的ω_3系列脂肪酸使其脂肪具有较高的营养价值。

表 4 不同地理群体魁蚶的脂肪酸组成(%)

脂肪酸	JM	ZH	LYG
饱和脂肪酸(SFA)	38.10	50.00	42.11
单不饱和脂肪酸(MUFA)	19.05	11.11	15.79
多不饱和脂肪酸(PUFA)	42.86	38.89	42.11
ω_3脂肪酸	38.10	33.33	31.58
ω_6脂肪酸	4.76	5.56	5.26
ω_9脂肪酸	9.52	11.11	10.53

2.4 维生素的组成与含量

由表 5 可见,魁蚶含有的维生素种类比较丰富,含有 VC、VB_3、VB_5 和 VB_2。魁蚶的 VC 含量最高,平均为 91.7 mg·kg^{-1};除 VB_5 外,不同地理群体的魁蚶各维生素含量的差异不明显;VB_5 含量由高到低依次为辽宁庄河、江苏连云港、山东即墨。VB_5 具备制造抗体功能,在维护头发、皮肤及血液健康方面亦扮演重要角色[13]。

表 5 不同地理群体魁蚶的维生素含量(mg·kg^{-1})

魁蚶种类	VA	VC	VB_1	VB_2	VB_3	VB_5	VB_6
JM	—	86.8	—	0.3	13.5	10.9	—
ZH	—	96.9	—	0.22	13.5	19.8	—
LYG	—	91.4	—	0.22	13.3	18.7	—

注:—未检出。下同。

2.5 矿物元素组成与含量

由表 6 可知,不同地理群体魁蚶中 Na 和 Zn 元素的含量差异不大;辽宁庄河群体的 Ca 元素含量最高,分别为江苏连云港和山东即墨的 1.50 和 1.26 倍;山东即墨群体则富含 Fe 和 Se 元素。生物体内的金属元素参与机体的许多生理活动及物质能量代谢,特别是微量元素,它们参与酶的合成、构成某些生物活性物质、参与免疫作用、促进机体正常的生理活动[17]。Ca、P、Fe、Se 是人体生长发育过程中必不可少的重要元素,Ca 和 P 是骨骼、牙齿、软组织结构的重要成分,并参与机体的能量代谢;Fe 与造血有关,是血红蛋白的重要成分,如缺乏将患缺铁性贫血;Se 作为谷胱甘肽过氧化物酶的活性中心元素,参与机体的物质能量代谢,为人体生长发育所必需[18]。测定数据显示,魁蚶软体部的矿物元素的含量大都高于乐清湾泥蚶[19]、毛蚶[20]、栉孔扇贝[17]等软体部中矿物元素的含量。总体上看,魁蚶软体部富含 Ca、Fe、Zn、Sn 等多种矿物元素,具有较高的营养价值。

表 6　不同地理群体魁蚶的矿物元素含量（mg·kg^{-1}）

魁蚶种类	Ca	Fe	Na	Zn	Se	As	Cd	Pb	Cu	Hg
JM	321	65	4 150	13	6	0.04	0.479	0.034	—	—
ZH	403	33	3 884	13	4	0.04	0.367	0.016	—	—
LYG	268	30	3 672	14	4	0.04	0.395	0.009	—	—

对重金属元素的检测表明，山东即墨地区群体的 Pb 和 Cd 含量相对其他两地较高，但不同地理群体魁蚶的重金属含量均远低于 GB 2762—2005《食品中污染物限量》、欧盟食品中重金属限量标准的规定。同时，3 个不同地理群体魁蚶软体部中均未检出六六六和滴滴涕的残留，说明魁蚶是一种较为纯净、安全的食品。

3　结论

不同地理群体魁蚶的一般营养组成相近，而蛋白质、碳水化合物以及能值有较大差异，其中江苏连云港群体的粗蛋白含量和能值最高，尤为显著地体现了海产贝类高蛋白、低脂肪的营养特点；辽宁庄河群体的碳水化合物含量最高，这意味着其在促进人体免疫方面可能具有重要的食疗价值。在氨基酸组成上，不同地理群体的魁蚶均含有 18 种氨基酸，氨基酸总量平均高达 702.82 mg·g^{-1}，呈味氨基酸含量高达 40% 以上，必需氨基酸平均占总氨基酸含量的 34.82%，与 WHO/FAO 推荐的模式接近，必需氨基酸指数 I_{EAA} 高于多种双壳贝类；氨基酸含量及组成以山东即墨群体为最佳；氨基酸评分结果表明，魁蚶食用的限制性氨基酸主要为缬氨酸和色氨酸。不同地理群体魁蚶的脂肪含量虽然较低，但脂肪酸丰富，其中 ω_3 PUFA 含量平均高达 34.34%，具有较高的食用价值；不同地理群体魁蚶均含有较为丰富的维生素；不同地理群体的魁蚶各矿物元素的含量略有不同，但均富含人体所需的 Ca、Fe、Zn、Se 等人体必需矿物元素；其重金属含量极低，无重金属污染，无六六六和滴滴涕的残留，食用安全无风险。

综上所述，魁蚶是一种优质的高蛋白、低脂肪食品，其营养价值高，味道鲜美，具有良好的市场前景和开发利用价值。

参考文献

[1] 毕庶万，徐宗法．黄渤海魁蚶资源的开发与合理利用[J]．水产科技情报，1989，(6)：182-184.

[2] 栾希波，王波，曲秀家．魁蚶常温育苗高产技术研究[J]．齐鲁渔业，2003，20(3)：10-12.

[3] 唐启升，王俊，邱显寅，等．魁蚶底播增殖的试验研究[J]．海洋水产研究，1994，(15)：79-86.

[4] 陈琳琳，孔晓瑜，周立石，等．魁蚶核糖体 DNA 基因转录间隔区的序列特征[J]．中国水产科学，2005，12(1)：104-108.

[5] Association of Official Agricultural Chemists. 41. 1. 28A-2002 AOACofficial method 996. 06 fat (total, saturated, and unsaturated) in foods[S]. Washington: J. AOAC Int, 2002.

[6] 王红梅. 营养与食品卫生学[M]. 上海:上海交通大学出版社,2000:8-10.

[7] 张善发,邓岳文,王庆恒,等. 几种饵料对华贵栉孔扇贝浮游幼虫生长和成活率的影响[J]. 水产科学,2008,27(4):184-186.

[8] 廖芙蓉. 海洋贝类多糖的制备及生物活性研究概况[J]. 饮料工业,2012,15(2):12-14;19.

[9] 朱涛,李朝品. 贝类多糖抗肿瘤作用的研究进展[J]. 中国医疗前沿,2009,4(4):24-26.

[10] Kano T, Nagaki M, Takahashi T, et al. Plasma free aminoacid pattern in chronic hepatitis as sensitive and prognostic index[J]. Gastroenterol J PN, 1991, 26(3): 344-349.

[11] 李晓英,李勇,周淑青,等. 两种淡水螺肉的营养成分分析与评价[J]. 食品科学,2010,31(13):276-279.

[12] 毛玉英,陈玉新,冯志哲. 紫贻贝营养成分分析[J]. 上海水产大学学报,1993,2(4):220-223.

[13] 杨建敏,邱盛尧,郑小东,等. 美洲帘蛤软体部营养成分分析及评价[J]. 水产学报,2003,27(5):495-498.

[14] 吴爱春,张永普,周化斌. 橄榄蚶软体部营养成分分析与评价[J]. 动物学杂志,2009,44(1):92-98.

[15] 谢宗墉. 海洋水产品营养与保健[M]. 青岛:青岛海洋大学出版社,1991:113-122.

[16] 中国预防医学科学院营养与食品卫生研究所. 食物成分表[M]. 北京:人民卫生出版社,1991:15-17.

[17] 杨凤影,张弼. 不同地理群体栉孔扇贝营养成分的比较分析[J]. 安徽农业科学,2009,37(9):4 073-4 075.

[18] 张永普. 小荚蛏肉营养成分的分析及评价[J]. 动物学杂志,2002,37(6):63-66.

[19] 吴洪喜,柴雪良,李元中. 乐清湾泥蚶肉营养成分的分析及评价[J]. 海洋科学,2004,28(8):19-22.

[20] 孙同秋,韩松,鞠东,等. 渤海南部毛蚶营养成分分析及评价[J]. 齐鲁渔业,2009,26(8):10-12.

(王颖,吴志宏,李红艳,刘天红,孙元芹,李晓,郑永允)

青岛魁蚶软体部营养成分分析及评价

魁蚶(*Anadarauropygimelana*)俗称赤贝、血贝等,生活于水深3～60 m处的泥质或泥沙质海底,是一种大型海洋底栖经济贝类,广泛分布于太平洋西北部日本海、黄海、渤海及东海海域[1]。魁蚶成体个大体肥,肉质鲜美,经济价值很高,是北方沿海重要的经济贝类之一。

目前,国内对魁蚶的研究主要集中于魁蚶的育苗、增养殖技术及生物生态学上[2-4],迄今未见有关其软体部的基本营养成分、氨基酸、脂肪酸、无机盐和微量元素含量的报道。本研究通过对魁蚶进行全面的营养成分分析和营养评价,旨在提高人们对魁蚶的认识,为全面、科学、合理地开发和利用魁蚶资源提供理论依据。

1 材料与方法

1.1 材料

魁蚶活体于2011年3月采自山东省青岛市即墨海区77渔区。样品采集后,用游标卡尺(精度0.01 mm)逐个测量魁蚶壳长、壳宽和壳高,电子天平(精度0.001 g)称量湿重,每组样品测量80个个体。青岛即墨样本平均壳长、壳宽、壳高和体重分别为56.78 mm(39.60～83.30 mm)、32.77 mm(23.30～54.20 mm)、42.21 mm(29.70～65.90 mm)和36.91 g(9.16～159.20 g)。

分析测定时,样品去壳取其软体部,用去离子水冲洗后,于筛绢网上沥水,吸干样品表面水分,测定软体部水分含量;随机取20个魁蚶的软体部合并成1个样,以此制备3个平行样,粉碎打浆后用于成分测定。

1.2 检测与数据处理方法

1.2.1 营养成分分析

水分、粗蛋白、粗脂肪、总糖和灰分:分别参照GB 5009.3—2010直接干燥法、GB 5009.5—2010凯氏定氮法、GB/T 5009.6—2003索氏抽提法、GB/T 9695.31—2008直接滴定法、GB 5009.4—2010食品中灰分的测定法进行测定。

氨基酸成分测定:样品经6 mol·L^{-1}盐酸水解,水解时充氮气24 h,采用安米诺西斯A200氨基酸分析仪测定17种氨基酸。另取样品用5 mol·L^{-1}氢氧化钠溶液水解后,采用同机测定其色氨酸含量。

脂肪酸成分：参照 AOAC 996.06Fat（Total, saturated, and unsaturated in foods），样品经酸水解后，加入甘油三酯和 C11∶0 作为内标，以乙醚萃取脂质，然后于甲醇中以 BF3 转化为脂肪酸甲酯，气相色谱（安捷伦 GC6890）分析。

脂溶性维生素 VA：根据 GB/T 5009.82—2003 食品中维生素 A 和维生素 E 的测定，皂化后，由乙醚萃取，经洗涤浓缩，液相色谱（安捷伦 1100）分析。

维生素 VB_1、VB_2、VB_3、VB_5、VB_6：分别参照 GB 5413.11、GB 5413.12、GB 5413.15、GB 5413.17、GB5413.13-2010，样品经前处理后，0.45 μm 膜过滤，液相色谱（安捷伦 1100）分析。

维生素 C：参照 GB/T 5009.159—2003 食品中还原型抗坏血酸的测定，采用固蓝盐比色法测定还原型抗坏血酸。

钙、铁、锌、镉、铜、铅、甲基汞：分别参照 GB/T 5009.92、GB/T 5009.90、GB/T 5009.14、GB/T 5009.15、GB/T 5009.13、GB/T 5009.17—2003、GB 5009.12—2010，采用（石墨炉）原子吸收分光光度法（岛津原子吸收分光光度计 AA-6300C）测定。

钠：参照 GB/T 5009.91—2003 食品中钾、钠的测定，采用火焰发射光谱法（上海精科 FP6410）测定。

硒、无机砷：参照 GB 5009.93—2010、GB/T 5009.11—2003，采用氢化物原子荧光光谱法（海光 AFS—2000）测定。

六六六，滴滴涕：参照 GB/T 5009.19—2008 食品中有机氯农药多组分残留量的测定进行。

1.2.2 氨基酸分及化学分计算方法

将所测得的必需氨基酸换算成每克蛋白质中含氨基酸毫克数，与 1973 年 FAO/WHO 暂定氨基酸的计分模式和以鸡蛋蛋白质作为理想蛋白质进行比较，并按下式计算氨基酸分（Amino acid score，AAS）和化学分（Chemical score，CS）。

$$AAS = \frac{每克待评蛋白质中必需氨基酸含量（mg）}{FAO/WGO 模式中每克蛋白质中相应的必需氨基酸含量（mg）} \times 100$$

$$CS = \frac{每克待评蛋白质中必需氨基酸含量（mg）}{每克鸡蛋蛋白质中相应的必需氨基酸含量（mg）} \times 100$$

1.2.3 生物质量评价方法

评价方法采用生物质量指数[5]，即用公式 $P_i = C_i/C_{si}$ 进行评价。式中，P_i 为第 i 种污染物的生物质量指数；C_i 为第 i 种污染物的实测值；C_{si} 为第 i 种污染物的标准值。评价标准采用中国海岸带和海涂资源综合调查中关于贝类的标准（表 1）：当 $P_i \leq 1.0$ 时，生物质量符合标准；当 $P_i > 1.0$ 时，生物质量超出标准。

表 1 海洋生物质量评价标准（%）

污染物种类	Cd	Pb	As	Hg	Cu
评价标准	5.5	10.0	10.0	0.3	100

1.2.4 数据处理

实验数据采用 SPSS 13.0 处理,文中所有数据均用平均值 ± 标准差表示。

2 结果与讨论

2.1 主要营养成分

魁蚶软体部主要营养成分分析结果显示,粗蛋白含量较高,占干重的 72.67%;粗脂肪、总糖和灰分分别占软体部干重的 1.23%、4.44% 和 11.73%。与其他双壳贝类相比(表2),魁蚶的粗蛋白含量显著高于文蛤[6]和近江牡蛎[7],明显高于毛蚶[8]、泥蚶[9]、橄榄蚶[10],仅次于马氏珠母贝[11];粗脂肪含量远远低于其他双壳贝类;灰分含量低于泥蚶、近江牡蛎和小荚蛏,高于毛蚶、橄榄蚶和文蛤。魁蚶软体部的主要营养成分突出体现了双壳贝类共有的高蛋白、低脂肪的特点。

表2 魁蚶与其他双壳贝类主要营养成分含量(干重)的比较(%)

种类	水分	蛋白质	脂肪	总糖	灰分
魁蚶 *Anadara uropygimelana*	83.8±0.78	72.67±0.32	1.23±0.07	4.44±0.12	11.73±0.38
毛蚶 *Scapharca subcrenata*	81.4	61.7	3.3	—	3.11
泥蚶 *Tegillarca granosa*	82.15	62.74	4.7	6	15.46
橄榄蚶 *Estellarca olivacea*	81.36	63.64	10.95	13.55	8.97
文蛤 *Meretrix* Linnaeus	76.90	59.3	3.7	26	10.8
近江牡蛎 *Crassostrea rivularis* Gould	83.09	52.94	5.84	—	13.82
马氏珠母贝 *Pinctada martensii*	80.9	74.9	6.5	6.6	12.6

2.2 氨基酸含量及营养评价

对魁蚶软体部的氨基酸分析结果表明(如表3所示),魁蚶软体部氨基酸种类齐全,共检测出 18 种氨基酸,干品中氨基酸总量为 719.75 mg·g^{-1};必需氨基酸总量为 251.23 mg·g^{-1},占氨基酸总量的 34.91%;呈鲜味的特征氨基酸天冬氨酸和谷氨酸,分别占氨基酸总量的 10.98% 和 17.50%;呈甘味的特征氨基酸丙氨酸和甘氨酸,分别占氨基酸总量的 6.26% 和 6.00%;与甘味有关的丝氨酸和脯氨酸分别占氨基酸总量的 4.03% 和 2.74%。所有氨基酸中谷氨酸的含量最高,为 125.93 mg·g^{-1};色氨酸的含量较低,为 5.56 mg·g^{-1}。

表 3 魁蚶氨基酸组成及其含量(%)

氨基酸	含量(mg·g^{-1})	含量(mg·g^{-1})	氨基酸	含量(mg·g^{-1})	含量(mg·g^{-1})
天门冬氨酸 Asp*	79.01±0.69	108.73	苯丙氨酸 Phe#	26.54±0.12	36.53
苏氨酸 Thr#	35.19±0.21	48.42	组氨酸 His	22.84±0.14	31.43
丝氨酸 Ser	29.01±0.17	39.92	色氨酸 Trp#	5.56±0.07	7.64
谷氨酸 Glu*	125.93±0.93	173.28	赖氨酸 Lys#	55.56±0.36	76.45
脯氨酸 Pro	19.75±0.20	27.18	精氨酸 Arg	65.43±0.27	90.04
甘氨酸 Gly*	43.21±0.25	59.46	氨基酸总量 TAA	719.75±2.39	
丙氨酸 Ala*	45.06±0.19	62.01	必需氨基酸总量 EAA	251.23±1.47	
缬氨酸 Val#	21.60±0.16	29.73	呈味氨基酸总量 FAA	293.21±1.24	
胱氨酸 Cys-Cys	15.43±0.15	21.24	支链氨基酸总量 BCAA	109.26±0.48	
蛋氨酸 Met#	19.14±0.22	26.33	芳香族氨基酸总量 AAA	54.94±0.27	
异亮氨酸 Ile#	30.86±0.31	42.47	支/芳比 BCAA/AAA	1.99	
亮氨酸 Leu#	56.79±0.43	78.15	EAA/TAA	34.91	
酪氨酸 Tyr	22.84±0.18	31.43	FAA/TAA	40.74	

注：#表示必需氨基酸；*表示呈味氨基酸。

必需氨基酸的含量与组成特点是评价食物营养价值的最重要指标，根据 FAO/WHO 的理想模式，质量较好的蛋白质，其氨基酸组成中必需氨基酸占总氨基酸的比值为 35.38%左右[12]。魁蚶的必需氨基酸与氨基酸的比值(34.91%)与 FAO/WHO 的理想模式较为接近，是质量较好的蛋白质。动物蛋白质的鲜美在一定程度上取决于呈鲜味的天冬氨酸和谷氨酸、呈甘味的甘氨酸和丙氨酸以及与甘味有关的脯氨酸和丝氨酸等 6 种氨基酸的含量[10]，魁蚶软体部呈味氨基酸占氨基酸总量的 40.74%，使得魁蚶明显具备了海产贝类的鲜美品质。

氨基酸评分(Amino acid score, AAS)是目前广泛使用的一种评价食物营养价值的方法。从魁蚶软体部的必需氨基酸得分可以看出(表 4)，赖氨酸的得分最高为 139.00 分，大多数氨基酸得分超过 FAO/WHO 理想模式，各必需氨基酸的平均得分为 107.86 分，说明魁蚶蛋白质易被人体均衡吸收，蛋白质的营养价值较高。根据 AAS 可知，缬氨酸得分最低，为 59.46 分，其次色氨酸得分为 76.40。因此，魁蚶蛋白质的第一限制性氨基酸为缬氨酸，第二限制性氨基酸为色氨酸。根据 CS 可知，色氨酸得分最低，为 44.94 分，其次缬氨酸得分为 55.06 分。因此，色氨酸为第一限制性氨基酸，缬氨酸为第二限制性氨基酸。可见，魁蚶软体部的限制性氨基酸主要为缬氨酸和色氨酸。

表 4　魁蚶必需氨基酸组成的评价（%）

必需氨基酸 EAA(mg·g^{-1})	异亮氨酸 lie	亮氨酸 Leu	赖氨酸 Lys	半胱氨酸+蛋氨酸 Cys+Met	苏氨酸 Thr	色氨酸 Trp	缬氨酸 Val	酪氨酸+苯丙氨酸 Tyr+Phe
魁蚶 A. uropygimelana	42.47	78.15	76.45	47.57	48.42	7.64	29.73	67.95
FAO 模式	40	70	55	35	40	10	50	60
氨基酸得分（AAS）	106.18	111.64	139.00	135.91	121.05	76.40	59.46	113.26
鸡蛋蛋白质	49	66	66	47	45	17	54	86
化学分（CS）	86.67	118.41	115.83	101.21	107.60	44.94	55.06	79.02

2.3　脂肪酸组成与含量

虽然魁蚶的粗脂肪含量并不高，但其脂肪酸种类比较丰富。魁蚶软体部的不饱和脂肪酸、单不饱和脂肪酸、多不饱和脂肪酸和 ω-3 系列多不饱和脂肪酸（ω-3PUFA）分别占脂肪酸的 61.90%、19.05%、42.85% 和 33.32%。由表 5 可以看出，魁蚶软体部脂肪的不饱和脂肪酸含量高于其余几种食用双壳贝类，尤其是 ω-3PUFA 含量显著高于其他食用双壳贝类。ω-3PUFA 具有抑制血栓形成、降血压、降低甘油三酯、增高高密度蛋白胆固醇、降低低密度蛋白胆固醇、延缓动脉粥样硬化、抑制肿瘤的生长和转移等作用[10]，因而魁蚶的脂肪酸具有较高的营养价值。

表 5　魁蚶脂肪酸组成及与其他双壳贝类的比较（%）

脂肪酸含量	魁蚶 A. uropygimela na	泥蚶 T. granosa	橄榄蚶 E. olivacea	近江牡蛎 C. rivlaris Gould
饱和脂肪酸（SFA）	38.10±0.77	55.67	58.14	33.33
单不饱和脂肪酸（MUFA）	19.05±0.28	5.98	23.06	30.05
多不饱和脂肪酸（PUFA）	42.85±0.56	38.35	18.25	21.60
ω-3 脂肪酸（ω-3PUFA）	33.32±0.42	20.10	10.54	—
ω-6 脂肪酸（ω-6PUFA）	3.76±0.15	13.52	5.72	—
ω-9 脂肪酸（ω-9PUFA）	5.77±0.24	4.75	14.93	30.50

2.4　维生素含量

魁蚶软体部的水溶性维生素含量较为丰富（表 6）。其中，含量最高的是 VC，其次为 VB_3，此外还含有 VB_5 和 VB_2，VA、VB_1 和 VB_6 含量低于检测限，未检出。水溶性维生素种类较多，其结构和生理功能各异，其中绝大多数都是通过组成酶的辅酶而对生物体代谢产生影响。含量较高的 VB_5 是脂肪和糖类转变成能量时不可缺少的物质，主要存在于动物的肝脏，包括烟酸和烟酰胺。烟酸在体内转变为烟酰胺后才具有活性，后者是辅酶Ⅰ（NAD）和辅酶Ⅱ（NADP）的组成成分，在体内氧化还原反应中发挥重要作用[13]，因此，从生理角度来看，魁蚶具有较强的代谢和适应能力。

表 6　魁蚶的维生素含量（mg·kg^{-1}）

维生素	VC	VB$_1$	VB$_2$	VB$_3$	VB$_5$	VB$_6$	VA
含量	86.8±1.7	nd*	0.30	13.5±0.2	10.9±0.2	nd*	nd*

注：* 未检出。

2.5　无机元素含量

由表 7 可知，魁蚶软体部含有丰富的矿物元素。与其他食用双壳贝类相比，魁蚶软体部除富含人体所需的 Ca、Fe、Zn 等无机元素外，Se 的含量也较高。Se 作为谷胱甘肽过氧化物酶的活性中心元素，参与机体的物质能量代谢，为人体生长发育所必需。研究发现，Se 可以防治克山病、大骨节病，能增强机体的免疫能力，抑制心血管疾病的发病，可抗癌、防癌，预防老年病等[14]。

表 7　魁蚶中矿物质含量及与其他双壳贝类的比较（mg·kg^{-1}）

含量	Ca	Fe	Na	Zn	Se
魁蚶 A. uropygimelana	321±11	65±4	4 150±57	13±2	6±1
泥蚶 T. granosa	252.5	43.6	0.21	10.5	—
毛蚶 S. subcrenata	6 321	386.2	27 800	75.4	—
近江牡蛎 C. rivlaris Gould	22 600	929	28 400	920	—
翡翠贻贝 P. Perna viridis	2 175	500.6	—	75.16	6.02

由表 8 可知，魁蚶中 As、Cd、Pb、Cu、Hg 等重金属的生物质量指数 P_i 均远小于 1.0，小于马明辉等[15]报道的文蛤、毛蚶、魁蚶及庆宁等[16]报道的翡翠贻贝的各 P_i 值，完全符合环境质量评价标准。同时，魁蚶软体部中未检出六六六和滴滴涕的残留，说明魁蚶是一种较为纯净、安全的食品。

表 8　魁蚶中重金属污染物浓度及与其他双壳贝类的比较

含量	As	P_1	Cd	P_2	Pb	P_3	Cu	P_4	Hg	Ps
魁蚶 A. uropygimelana	0.04±0	0.004	0.479±0.025	0.087	0.034±0.006	0.003	nd*	0	nd*	0
文蛤 Meretrix Linnaeus	3.11	0.311	1.20	0.22	0.10	0.01	1.31	0.01	0.003	0.01
毛蚶 Scapharca subcrenata	0.92	0.092	1.21	0.22	0.07	0.007	1.61	0.02	0.006	0.02
魁蚶 A. uropygimelana	1.24	0.124	1.16	0.21	0.07	0.007	0.69	0.007	0.004	0.01
翡翠贻贝 Perna viridis	—	—	0.5	0.09	6.7	0.67	37.8	0.378	—	—

注：* 未检出。

3 结语

青岛魁蚶软体部的蛋白质含量高达72.67%,氨基酸总含量为719.75 mg·g^{-1},且氨基酸种类齐全,8种必需氨基酸约占总氨基酸的34.91%,呈味氨基酸含量高达40.74%,风味良好,营养均衡;魁蚶软体部脂肪酸中 ω-3PUFA 含量高达33.32%,具有较高的食用价值;其含有丰富的人体所需的无机盐和微量元素;其重金属含量极低,无重金属污染,无六六六和滴滴涕的残留,食用安全无风险。

魁蚶是一种良好的高蛋白、低脂肪食品,味道鲜美,营养均衡,具有较好的市场前景和开发利用价值。

参考文献

[1] 毕庶万,徐宗法. 黄渤海魁蚶资源的开发与合理利用[J]. 水产科技情报,1989,16(6):182-184.

[2] 栾希波,王波,曲秀家. 魁蚶常温育苗高产技术研究[J]. 齐鲁渔业,2003,20(3):10-12.

[3] 唐启升,王俊,邱显寅,郭学武. 魁蚶底播增殖的试验研究[J]. 海洋水产研究,1994,15:79-86.

[4] 陈琳琳,孔晓瑜,周立石,陈丽梅,喻子牛. 魁蚶核糖体DNA基因转录间隔区的序列特征[J]. 中国水产科学,2005,12(1):104-108.

[5] 郦桂芬. 环境质量评价[M]. 北京:中国环境科学出版社,1989,36-44.

[6] 关志强,郑贤德,洪鹏志,张静,谌素华,章超桦. 冻结对文蛤肉营养成分及质构的影响[J]. 制冷,2003,22(1):1-4.

[7] 迟淑艳,周歧存,周健斌,杨奇慧,董晓慧. 华南沿海5种养殖贝类营养成分的比较分析[J]. 2007,水产科学,26(2):79-83.

[8] 孙同秋,韩松,鞠东,崔玥,王玉清,郑小东. 渤海南部毛蚶营养成分分析及评价[J]. 齐鲁渔业,2009,26(8):10-12.

[9] 张永普,贾守菊,应雪萍. 不同种群泥蚶肉营养成分的比较研究[J]. 海洋湖沼通报,2002,(2):33-38.

[10] 吴爱春,张永普,周化斌. 橄榄蚶软体部营养成分分析与评价[J]. 动物学杂志,2009,44(1):92-98.

[11] 张永普. 小荚蛏肉营养成分的分析及评价[J]. 动物学杂志,2002,37(6):63-66.

[12] 李晓英,李勇,周淑青,阎斌伦. 两种淡水螺肉的营养成分分析与评价[J]. 食品科学,2010,31(13):276-279.

[13] 杨建敏,邱盛尧,郑小东,王如才,刘爱英. 美洲帘蛤软体部营养成分分析及评价[J]. 水产学报,2003,27(5):495-498.

[14] 毛文君,管华诗. 紫贻贝和海湾扇贝生化成分中硒的分布特点[J]. 中国海洋药物,

1996,57(1):16-18.

[15] 马明辉,海志杰,冯志权,关春江,陈红星.辽东湾双台子河海区动物体内污染物含量及时空分布[J].海洋环境科学,1999,18(1):61-76.

[16] 庆 宁,林岳光,金启增.翡翠贻贝软体部营养成分的研究[J].热带海洋学报,2000,19(1):81-84.

（王颖,吴志宏,李红艳,刘天红,李晓,孙元芹,郑永允）

多棘海盘车营养成分分析及评价

多棘海盘车(*Asterias amurensis*)属于棘皮动物门(*Echinodermata*)、海盘车纲(*Asteroidea*)、钳棘目(*Forcipulate*)、海盘车科(*Asteriidate*),是我国北方海域海星的主要品种[1]。其功效为平肝和胃、止痛和镇惊,首载于《东北动物药》。多棘海盘车因喜食海参、鲍鱼等海洋珍贵软体动物及牡蛎、贻贝和蛤蜊等,被视为海洋生态灾害成因生物之一。自2006年来,我国北方沿海地区突发大量海盘车,给贝类养殖业造成巨大的经济损失[2]。如何将多棘海盘车变废为宝、变害为利,实现多途径高效开发利用,是一个值得深入研究与探讨的重要问题。本实验利用现代化学分析手段,对多棘海盘车的生殖腺和体壁进行了营养成分分析和评价,为其在食品、保健、医药、饲料等方面的开发利用提供基础资料和理论依据。

1 材料与方法

1.1 材料与试剂

新鲜的多棘海盘车于2012年9月采自青岛市栈桥附近海域。样品采集后,以自来水冲洗泥沙,随机选取10个多棘海盘车为1份样品,多棘海盘车体质量为91~148 g。将多棘海盘车沿腹面步带沟用刀具剖开,分离出生殖腺和体壁。生殖腺约占多棘海盘车总质量的25%。生殖腺经高速组织捣碎机匀浆,−20℃冷冻备用。体壁剪成小块,粉碎打浆,−20℃冷冻备用。依上述步骤制备3份样品用于营养成分的分析测定。

所用试剂:甲苯、石油醚(烟台三和化学试剂有限公司);氯仿、无水乙醚、氢氧化铵、盐酸、硫酸(莱阳经济技术开发区精细化工厂);硫酸钠、硫酸铜、硫酸钾(北京化工厂);硼酸、氢氧化钠(天津市科密欧化学试剂有限公司)。所有试剂均为分析纯。

1.2 仪器与设备

安米诺西斯A2000氨基酸自动分析仪(德国安米诺西斯公司);GC6890气相色谱仪、1100液相色谱仪(美国安捷伦公司);AA-6300C原子吸收分光光度计(日本岛津公司);AFS-2000双道原子荧光光度计(北京海光仪器公司);ZF-06脂肪测定仪(上海瑞正仪器设备有限公司);KDN-08B凯氏定氮仪(上海新嘉电子有限公司);F6010马弗炉(深圳市蓝鹰科技有限公司)。

1.3 方法

1.3.1 营养成分分析

水分:参照 GB 5009.3—2010《食品中水分的测定》采用直接干燥法测定;粗蛋白质:参照 GB 5009.5—2010《食品中蛋白质的测定》采用凯氏定氮法测定;粗脂肪:GB/T 5009.6—2003《食品中脂肪的测定》采用酸水解法测定;总糖:参照 GB/T 9695.31—2008《肉制品总糖含量测定》采用直接滴定法测定;灰分:参照 GB 5009.4—2010《食品中灰分的测定》采用食品中灰分的测定法测定。

氨基酸成分和牛磺酸测定:样品经 6 mol·L^{-1} 盐酸溶液水解,水解时充氮气 24 h,采用氨基酸分析仪测定 17 种氨基酸和牛磺酸。另取样品用 5 mol·L^{-1} 氢氧化钠溶液水解后,同机测定其色氨酸含量。

脂肪酸成分测定:参照 AOAC 996.06《食品中总脂肪、饱和脂肪、不饱和脂肪的测定》,样品经酸水解后,加入甘油三酯和十一碳烷酸(C11:0)作为内标,以乙醚萃取脂质,然后于甲醇中以三氟化硼(trifluoroborane,BF3)转化为脂肪酸甲酯,气相色谱分析。

脂溶性 VA 测定:根据 GB/T 5009.82—2003《食品中维生素 A 和维生素 E 的测定》,皂化后,由乙醚萃取,经洗涤浓缩,液相色谱分析;VB$_1$、VB$_2$、VB$_6$、VB$_{12}$ 测定:分别参照 GB 5413.11—2010《婴幼儿配方食品和乳粉中维生素 B$_1$ 的测定》、GB5413.12—2010《婴幼儿食品和乳品中维生素 B$_2$ 的测定》、GB5413.13—2010《婴幼儿食品和乳品中维生素 B$_6$ 的测定》、GB5413.14—2010《婴幼儿食品和乳品中维生素 B$_{12}$ 的测定》,样品经前处理后,0.45 μm 膜过滤,液相色谱分析。VD、VE 测定:参照 GB/T 5413.9—2010《婴幼儿食品和乳品中维生素 A、D、E 的测定》,液相色谱分析。

Ca、Fe、Mn、Mg、Zn、Ni、Cr、Cd、Cu、Pb、HgCH$_3$ 的测定:分别参照 GB/T 5009.92—2003《食品中钙的测定》、GB/T 5009.90—2003《食品中铁、镁、锰的测定》、GB/T 5009.14—2003《食品中锌的测定》、GB/T 5009.138—2003《食品中镍的测定》、GB/T 5009.123—2003《食品中铬的测定》、GB/T 5009.15—2003《食品中镉的测定》、GB/T 5009.13—2003《食品中铜的测定》、GB 5009.12—2010《食品中铅的测定》、GB/T 5009.17—2003《食品中总汞及有机汞的测定》,采用(石墨炉)原子吸收分光光度法测定。Se、无机 As 的测定:参照 GB/T 5009.93—2010《食品中硒的测定》、GB/T 5009.11—2003《食品中总砷及无机砷的测定》,采用氢化物原子荧光光谱法测定。

六六六、滴滴涕的测定:参照 GB/T 5009.19—2008《食品中有机氯农药多组分残留量的测定》进行。

1.3.2 氨基酸评分及化学评分计算方法

将所测得必需氨基酸换算成 1 g 蛋白质中含氨基酸毫克数,与 1973 年粮食与农业组织(Food and Agriculture Organization,FAO)/世界卫生组织(World Health Organization,WHO)暂定氨基酸的计分模式和以鸡蛋蛋白质作为理想蛋白质进行比较,分别按式(1)、(2)计算氨基酸评分(amino acid score,AAS)和化学评分(chemical score,CS)。

$$AAS = \frac{每克待评蛋白质中必需氨基酸含量(mg)}{FAO/WGO 模式中每克蛋白质中相应的必需氨基酸含量(mg)} \times 100 \quad (1)$$

$$CS = \frac{每克待评蛋白质中必需氨基酸含量(mg)}{每克鸡蛋蛋白质中相应的必需氨基酸含量(mg)} \times 100 \quad (2)$$

1.3.3 生物质量评价方法

评价方法采用生物质量指数[3],即用公式 $P_i = C_i/C_{si}$ 进行评价。式中,P_i 为第 i 种污染物的生物质量指数;C_i 为第 i 种污染物含量的实测值;C_{si} 为第 i 种污染物含量的标准值。C_{si} 评价标准采用中国海岸带和海涂资源综合调查中关于贝类的标准[3](以下数据以湿质量计):Cd 为 5.5 mg·kg^{-1}、Pb 为 10.0 mg·kg^{-1}、As 为 10.0 mg·kg^{-1}、Hg 为 0.3 mg·kg^{-1}、Cu 为 100.0 mg·kg^{-1}。当 $P_i \leqslant 1.0$ 时,生物质量符合标准;当 $P_i > 1.0$ 时,生物质量超出标准。

1.4 数据处理

实验数据采用 SPSS 16.0 处理,文中所有数据均以平均值 ± 标准差($\bar{x} \pm SD$)表示。

2 结果与分析

2.1 主要营养成分分析结果

如表 1 所示,多棘海盘车生殖腺的蛋白质含量较高,占干质量的 43.14%,高于马粪海胆生殖腺的蛋白质含量,而低于乳山刺参体壁和皱纹盘鲍足肌的蛋白质含量;脂肪含量高达 39.22%,与《中国食物成分表 2004》[7]中所列的水产品相比,脂肪含量相对较高;灰分含量则相对较低。多棘海盘车体壁的蛋白质含量为 29.49%;灰分含量高达 65.90%,说明体壁中含有大量的无机盐和矿物质;脂肪和总糖含量较低。

表 1 多棘海盘车主要营养成分含量($\bar{x} \pm SD$) %

样品	水分	蛋白质	脂肪	总糖	灰分
多棘海盘车生殖腺	64.30±1.76	43.14±0.86	39.22±1.38	0.67±0.03	4.20±0.14
多棘海盘车体壁	61.00±1.63	29.49±0.75	1.54±0.12	0.62±0.03	65.90±1.37
马粪海胆生殖腺[4]	64.20	34.22	6.54	15.61	35.47
乳山刺参体壁[5]	90.67±2.66	49.75±2.33	6.56±0.39	—	27.50±0.71
皱纹盘鲍足肌[6]	79.50	56.05	5.07	—	10.54

注:表中数据以干质量计;—文献中未给出。

多棘海盘车生殖腺的营养成分与郝林华[8]和王长云[9]等的测定结果相比,灰分(4.01%)和脂肪(36.32%)含量基本一致,蛋白质(51.19%)含量偏低,总糖(7.68%)含量偏低且差别较大。多棘海盘车体壁营养成分与郝林华等[8]的测定结果相比,蛋白质(27.72%)含量较为一致,灰分含量(44.44%)较高,脂肪(2.56%)和总糖(1.28%)含量偏低;与王长云等[9]的测定结果相比,蛋白质(32.08%)含量较为一致,灰分(57.92%)含量偏高,脂肪(5.83%)和总糖(8.33%)含量偏低且差别较大。推测可能是多棘海盘车采集的地点、时间及检测方法的差异导致了检测结果的不同。

2.2 氨基酸含量及营养评价

如表 2 所示,对多棘海盘车生殖腺的氨基酸分析结果表明,共检测出 18 种氨基酸,氨基酸总量为 342.30 mg·g^{-1};必需氨基酸总量为 127.73 mg·g^{-1},占氨基酸总量的 37.32%。必需氨基酸的含量与组成特点是评价食物营养价值的最重要指标,根据 FAO/WHO 的理想模式,质量较好的蛋白质,其氨基酸组成中必需氨基酸占总氨基酸的 40%左右[10]。多棘海盘车生殖腺的必需氨基酸与总氨基酸的比值与 FAO/WHO 的理想模式较为接近,是质量较好的蛋白质。动物蛋白质的鲜美在一定程度上取决于呈鲜味的天冬氨酸和谷氨酸、呈甘味的甘氨酸和丙氨酸以及与甘味有关的脯氨酸和丝氨酸等 6 种呈味氨基酸的含量[11],多棘海盘车生殖腺呈味氨基酸占氨基酸总量的 33.14%,使得多棘海盘车生殖腺明显具备了海产品的鲜美品质。

表 2 多棘海盘车氨基酸组成及其含量(mg·g^{-1})

氨基酸	生殖腺	体壁
天冬氨酸*	34.73±0.18	23.08±0.39
苏氨酸#	20.17±0.11	7.18±0.12
丝氨酸	15.13±0.12	17.44±0.17
谷氨酸*	38.66±0.23	33.33±0.25
脯氨酸	10.92±0.07	19.74±0.18
甘氨酸*	25.21±0.31	52.31±0.26
丙氨酸*	14.85±0.14	28.21±0.11
缬氨酸	13.73±0.12	4.62±0.04
胱氨酸	16.53±0.16	3.85±0.07
蛋氨酸#	11.20±0.09	4.62±0.04
异亮氨酸#	8.40±0.05	3.59±0.03
亮氨酸#	24.09±0.17	6.67±0.08
酪氨酸	10.08±0.08	4.62±0.04
苯丙氨酸#	23.53±0.16	3.59±0.05
组氨酸	27.45±0.25	8.72±0.10
色氨酸#	5.04±0.07	3.59±0.03
赖氨酸#	21.57±0.21	8.72±0.06
精氨酸	21.01±0.13	25.64±0.17
TAA	342.30±4.51	259.49±2.19
EAA	127.73±0.48	42.56±0.32
DAA	113.45±0.37	136.92±0.46
EAA/TAA	37.32	16.40
DAA/TAA	33.14	52.77

续表

氨基酸	生殖腺	体壁
羟脯氨酸	—	11.28±0.19
牛磺酸	—	5.25±0.07

注：表中数据以干质量计。#：必需氨基酸；*：呈味氨基酸；—：未检测；TAA：氨基酸总量；EAA：必需氨基酸总量；DAA：呈味氨基酸总量。

多棘海盘车体壁共检测19种氨基酸和1种非蛋白质氨基酸，检测结果表明，多棘海盘车体壁氨基酸总量为259.49 mg·g^{-1}，氨基酸种类齐全，且羟脯氨酸的含量较高。羟脯氨酸是胶原蛋白的特征氨基酸，可见多棘海盘车体壁富含胶原蛋白，可用于提取胶原蛋白或制备明胶。此外，值得注意的是，多棘海盘车体壁中牛磺酸的含量也较高。牛磺酸具有促进大脑发育，调节神经传导，维持正常的心脏、肝脏、内分泌、视网膜系统的功能，具有独特的生理及药理作用[12]，长期摄入有利于促进动物的生长发育，可以考虑将多棘海盘车体壁用于开发水产动物饲料。

AAS是目前广泛使用的一种评价食物营养价值的方法。从多棘海盘车生殖腺的必需氨基酸得分可以看出(表3)，半胱氨酸+蛋氨酸的得分最高为183.66，各必需氨基酸的平均得分为103.79，说明多棘海盘车生殖腺蛋白质的营养价值较高。根据AAS和CS，异亮氨酸得分最低，其次为缬氨酸。因此，多棘海盘车生殖腺蛋白质的第一限制性氨基酸为异亮氨酸，第二限制性氨基酸为缬氨酸。由多棘海盘车体壁的必需氨基酸得分可以看出，色氨酸得分最高为121.70，各必需氨基酸平均得分为53.34，营养价值偏低，在配制动物饲料时可适当补充得分偏低的氨基酸。根据AAS和CS，多棘海盘车体壁蛋白质的限制性氨基酸为异亮氨酸和缬氨酸。

表3　多棘海盘车必需氨基酸组成的评价

氨基酸	FAO/WHO模式	鸡蛋蛋白质	生殖腺		体壁	
			AAS	CS	AAS	CS
异亮氨酸	40	49	48.70	39.76	30.43	24.84
亮氨酸	70	66	79.77	84.61	32.30	34.26
赖氨酸	55	66	90.91	75.76	53.75	44.79
半胱氨酸+蛋氨酸	35	47	183.66	136.77	81.98	61.05
苏氨酸	40	45	116.88	103.89	60.88	54.11
色氨酸	10	17	116.90	68.76	121.70	71.59
缬氨酸	50	54	63.64	58.93	31.30	28.98
酪氨酸+苯丙氨酸	60	86	129.86	90.60	46.37	32.35
氨基酸评分	—	—	103.79		53.34	

2.3 脂肪酸组成

对多棘海盘车生殖腺和体壁进行脂肪酸成分分析，脂肪酸图谱如图1和图2所示，定性定量结果见表4。由以上图表分析可知,多棘海盘车生殖腺粗脂肪含量很高,其中含有大量的不饱和脂肪酸,多不饱和脂肪酸含量占总脂肪酸含量的48.92%,二十碳五烯酸(eicosapentaenoicacid,EPA)和二十二碳六烯酸(docosahexaenoic acid,DHA)含量分别为10.35%和9.19%。虽然多棘海盘车体壁的粗脂肪含量并不高,但其脂肪酸种类比较丰富。多棘海盘车体壁中的脂肪酸以不饱和脂肪酸为主,EPA含量占脂肪酸总量的16.67%。EPA和DHA是人体必需的ω-3多不饱和脂肪酸,具有广泛的生理活性,能竞争性地抑制血小板的聚集,减少血栓的形成,降血脂、降血压、延缓动脉粥样硬化,预防心脑血管梗塞。DHA还可以补脑健脑、提高视力、阻止肿瘤细胞的异常增生,起到抑癌作用[13-14]。从脂肪酸组成分析来看,多棘海盘车生殖腺可以用于制药或开发保健品,具有综合开发利用的价值。

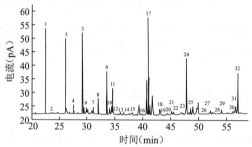

1—十一碳烷酸;2—十二碳烷酸;3—豆蔻酸;4—十五碳烷酸;5—棕榈酸;6—棕榈油酸;7—十七碳烷酸;
8—顺-10-十七碳烯酸;9—硬脂酸;10—反-9-十八碳烯酸;11—顺-9-十八碳烯酸;12—反-9,12-十八碳二烯酸;
13—顺-9,12-十八碳二烯酸;14—γ-十八碳三烯酸;15—α-十八碳三烯酸;16—花生酸;17—顺-11-二十碳烯酸;
18—顺-11,14-二十碳二烯酸;19—二十一碳烷酸;20—顺-8,11,14-二十碳三烯酸;
21—顺-5,8,11,14-二十碳四烯酸(花生四烯酸);22—顺-11,14,17-二十碳三烯酸;23—二十二碳烷酸;
24—二十碳五烯酸(EPA);25—顺-13-二十二碳烯酸;26—顺-13,16-二十二碳二烯酸;27—二十三碳烷酸;
28—顺-7,10,13,16-二十二碳四烯酸;29—二十二碳五烯酸(ω-6);30—二十二碳五烯酸(ω-3,DPA);
31—顺-15-二十四碳烯酸;32—二十二碳六烯酸(DHA)

图1 多棘海盘车生殖腺脂肪酸气相色谱

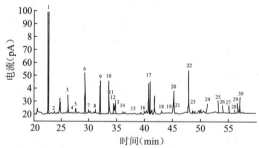

1—十一碳烷酸;2—十二碳烷酸;3—十四碳烯酸;4—豆蔻酸;5—十五碳烷酸;6—棕榈酸;7—棕榈油酸;8—十七碳烷酸;
9—顺-10-十七碳烯酸;10—硬脂酸;11—反-9-十八碳烯酸;12—顺-9-十八碳烯酸;13—反-9,12-十八碳二烯酸;
14—顺-9,12-十八碳二烯酸;15—α-十八碳三烯酸;16—花生酸;17—顺-11-二十碳烯酸;
18—顺-11,14-二十碳二烯酸;19—顺-8,11,14-二十碳三烯酸;20—顺-5,8,11,14-二十碳四烯酸(花生四烯酸);
21—顺-11,14,17-二十碳三烯酸;22—二十碳五烯酸(EPA);23—顺-13-二十二碳烯酸;24—二十三碳烷酸;
25—顺-7,10,13,16-二十二碳四烯酸;26—二十二碳五烯酸(ω-6);27—二十四碳烷酸;
28—二十二碳五烯酸(ω-3,DPA);29—顺-15-二十四碳烯酸;30—二十二碳六烯酸(DHA)

图2 多棘海盘车体壁脂肪酸气相色谱

表 4 多棘海盘车脂肪酸含量及组成(%)

脂肪酸含量	生殖腺	体壁
饱和脂肪酸	24.67	25.00
单不饱和脂肪酸	26.41	25.00
多不饱和脂肪酸	48.92	50.00
ω-3 脂肪酸	21.36	20.83
ω-6 脂肪酸	4.39	12.50
ω-9 脂肪酸	23.18	16.67
EPA	10.35	16.67
DHA	9.19	4.17

2.4 维生素含量

由表5可知,多棘海盘车生殖腺中含有丰富的维生素,其中含量最高的是VE,其次为VB_2,此外还含有VB_1和VB_{12}、α-胡萝卜素和β-胡萝卜素,VA、VB_6和VD含量低于检测限,未检出。多棘海盘车体壁中含有VE、VB_2和VB_{12}。VE是机体重要的脂溶性维生素,具有抵抗自由基侵害、预防癌症和心肌梗塞等功能[15];VB_2是我国膳食容易缺乏的营养素之一,具有增进视力、减轻眼睛疲劳等功能[15];胡萝卜素不仅可以在体内转变成VA,还能淬灭单线态氧,清除自由基,提高人体免疫力,延缓细胞和机体衰老,减少疾病的发生[16]。VB_1和VB_{12}是人和动物体内非常重要的水溶性维生素,参与体内糖、蛋白质和脂肪的代谢,具有镇痛、帮助维持心脏和神经系统功能、维持消化系统及皮肤的健康等作用[17-19]。

表 5 多棘海盘车的维生素含量($mg \cdot kg^{-1}$)

样品	VA	VB_1	VB_2	VB_6	VB_{12}	VD	VE	α-胡萝卜素	β-胡萝卜素
生殖腺	—	0.50±0.06	3.00±0.21	—	0.028±0.002	—	40.0±1.2	0.83±0.04	0.88±0.04
体壁	—	—	0.50±0.07	—	0.089±0.003	—	10.0±0.8	—	—

注:—. 未检出。下同。

2.5 无机元素含量

由表6可知,多棘海盘车生殖腺富含人体所需的Ca、Fe、Cu、Zn、Mg等无机元素;多棘海盘车体壁中含有大量的Ca和Mg,此外,含有较为丰富的Zn和少量的Fe、Cu及Mn。Ca、Mg是动物组织结构的重要常量元素,参与机体的许多生理活动及物质能量代谢[6];Fe、Cu等必需微量元素在维持人体正常生理代谢、延缓衰老和防止贫血等方面有重要的作用[20];Zn对促进神经系统的发育和完善、促进淋巴细胞增殖和活动、防御细菌和病毒侵入、促进伤口愈合等均具有很好的作用[21]。

表6 多棘海盘车中无机元素含量($\bar{x}\pm SD$)（mg·kg^{-1}）

样品	Ca	Fe	Cu	Zn	Mn	Mg	Ni	Cr	Se
生殖腺	649±24	103.7±1.7	28.10±0.77	23.1±0.3	—	542±11	—	—	—
体壁	106 932±577	8.4±0.3	2.20±0.04	52.4±0.5	2.3±0.2	6 079±58	—	—	—

由表7可知，多棘海盘车体壁和生殖腺中As、Cd、Pb、Cu、Hg等重金属的生物质量指数P_i均远小于1.0，完全符合环境质量评价标准。此外，多棘海盘车体壁与内脏中均未检出六六六和滴滴涕的残留，说明本实验中近海采集的多棘海盘车样品未受污染。

表7 多棘海盘车中重金属污染物含量（mg·kg^{-1}）

样品	As	P_1	Cd	P_2	Pb	P_3	Cu	P_4	Hg	P_5
生殖腺	0.01±0.00	0.001	0.31±0.03	0.056	0.07±0.00	0.007	28.10±0.77	0.281	—	0
体壁	—	0.000	0.32±0.02	0.058	0.05±0.00	0.005	2.20±0.04	0.022	—	0

3 结论

多棘海盘车生殖腺含有丰富全面的营养物质，其蛋白质含量高达43.14%，氨基酸种类齐全，必需氨基酸占氨基酸总量的37.32%；脂肪含量高达39.22%，多不饱和脂肪酸含量占总脂肪酸总量的48.92%，EPA、DHA含量丰富，具有较高的食用和药用价值；富含VE、VB_2、VB_1、VB_{12}、α-胡萝卜素和β-胡萝卜素等多种维生素及其前体物质；无机元素种类众多且无重金属污染，具有较高的营养价值。

多棘海盘车体壁的蛋白质含量较高，且氨基酸种类齐全，牛磺酸含量较高；脂肪含量较低，但多不饱和脂肪酸比例很高，EPA含量高达16.67%；Ca、Mg等无机常量元素和Zn、Fe、Cu、Mn等微量元素含量丰富，可望用于开发研制水产动物饲料。此外，多棘海盘车体壁中胶原蛋白的特征氨基酸——羟脯氨酸含量丰富，可用于提取胶原蛋白或明胶，并进一步应用于食品或医药行业。另外，近年来对多棘海盘车的研究表明，海盘车生殖腺、幽门毛囊、胃和体壁中均含有海星皂苷，具有轻微的细胞毒性和溶血性[22]，因而海星食用或饲用时，需要对其进行适当的脱毒处理以保障其安全性。

参考文献

[1] 常丽影，高淑华，李静辉，等．多棘海盘车的生药学研究[J]．吉林中医药，2001，(6)：60．

[2] 周书珩，王印庚．近海水域海星泛滥引起的反思[J]．水产科学，2008，27(10)：555-556．

[3] 郦桂芬．环境质量评价[M]．北京：中国环境科学出版社，1989：36-44．

[4] 牛宗亮，王荣镇，董新伟，等．马粪海胆生殖腺营养成分的含量测定[J]．中国海洋药物杂志，2009，28(6)：26-30．

[5] 刘小芳,薛长湖,王玉明,等.乳山刺参体壁和内脏营养成分比较分析[J].水产学报,2011,35(4):587-593.

[6] 陈炜,孟宪治,陶平.2种壳色皱纹盘鲍营养成分的比较[J].中国水产科学,2004,11(4):367-370.

[7] 杨月欣.中国食物成分表2004(第二册)[M].北京:北京医科大学出版社,2004:146-148.

[8] 郝林华,李八方.多棘海盘车营养成分的研究[J].水产学报,1998,22(4):385-388.

[9] 王长云,顾谦群,周鹏.多棘海盘车用作新型海洋食品原料的可行性研究[J].中国水产科学,1999,6(4):67-71.

[10] 朱成科,黄辉,向枭,等.泉水鱼肌肉营养成分分析及营养学评价[J].食品科学,2013,34(11):246-249.

[11] 徐加涛,徐国成,许星鸿,等.小刀蛏软体部营养成分分析及评价[J].食品科学,2013,34(17):263-267.

[12] 陈秋虹,莫建光,黄艳.天然牛磺酸的提取与应用[J].氨基酸和生物资源,2011,33(2):43-45.

[13] 王颖,吴志宏,李红艳,等.不同地理群体魁蚶的营养成分比较研究[J].食品科学,2013,34(3):248-252.

[14] 黄升谋.ω-3系列多不饱和脂肪酸生理功能及其机理[J].襄樊学院学报,2010,31(5):16-19.

[15] 董辉,王颉,刘亚琼,等.杂色蛤软体部营养成分分析及评价[J].水产学报,2011,35(2):276-282.

[16] 苏伟,王纪宁,刘韬.胡萝卜素的提取及其护肝作用的研究[J].食品科学,2006,27(11):486-488.

[17] 何志交,曹俊明,陈冰,等.凡纳滨对虾(*Litopenaeus vannamei*)维生素B_1需要量的研究[J].动物营养学报,2010,22(4):977-984.

[18] 吴凡,文华,蒋明,等.维生素B_{12}对草鱼幼鱼生长、体组分和造血机能的影响[J].吉林农业大学学报,2007,29(6):695-699.

[19] 贺端端,曹红.B族维生素的镇痛作用及机制研究进展[J].实用疼痛学杂志,2007,3(3):228-231.

[20] 吴闯,马家海,高嵩,等.2010年绿潮藻营养成分分析及其食用安全性评价[J].水产学报,2013,37(1):141-150.

[21] 程波,陈超,王印庚,等.七带石斑鱼肌肉营养成分分析与品质评价[J].渔业科学进展,2009,30(5):51-57.

[22] 刘铁铮,郭爱洁,王桂春,等.海星化学成分的生物活性及应用研究进展[J].广东农业科学,2011,38(13):122-125.

(李红艳,李晓,孙元芹,王丽媛,刘天红,王颖)

浒苔作为仿刺参幼参植物饲料源的可行性研究

仿刺参（*Apostichopus japonicus*）为"海产八珍"之一，是一种药膳和滋补食品，在我国北方沿海广为养殖[1]。随着刺参养殖业的迅速发展，刺参饲料受到越来越多的关注。研究和生产实践发现，马尾藻（*Sargassum pallidum*）和鼠尾藻（*Sargassum thunbergii*）是刺参的优质天然饵料，市场需求量成倍增加。掠夺式的采收方式导致这两种藻类的野生资源遭到了很大破坏，种群规模和数量不断减小，生态环境也发生了变化[2]。因此，寻找刺参饲料中合适的植物蛋白源尤为重要。浒苔（*Enteromorpha prolifra*）营养丰富，蛋白质含量高，富含多种氨基酸和13种脂肪酸，其中11种为不饱和脂肪酸，亚麻酸、油酸含量较高，还含有丰富的矿物质[3-8]，是低污染、高蛋白、低脂肪、矿物质丰富的海洋藻类，可用于开发海珍品饲料。但是，浒苔细胞壁中纤维素含量较高，影响了浒苔的开发和利用。本研究拟采用破壁的浒苔粉作为饲料的植物源室内养殖仿刺参幼参，研究其对仿刺参幼参摄食和生长的影响，探讨浒苔作为刺参幼参饲料植物蛋白源的可行性。

1 材料与方法

1.1 材料

浒苔于2010年7月采自青岛栈桥海域，在70℃下烘干，粉碎过200目和400目筛制成浒苔粉。

配方1（对照组）：以鼠尾藻粉（200目）、马尾藻粉（200目）为原料配制成1∶1的基础饲料，添加2%的酵母和2%的食母生。

配方2：以浒苔粉、鼠尾藻粉、马尾藻粉为原料配制成1∶1∶1的基础饲料，添加2%的酵母和2%的食母生。

配方3：市售商品饲料A（配方为鼠尾藻粉、贻贝粉、大豆蛋白、脱脂豆粕、蛋壳粉、酵母粉、大蒜素、复合维生素、矿物质、免疫增强剂等），添加2%的酵母和2%的食母生。

配方4：市售商品饲料B（配方为鼠尾藻粉、马尾藻粉、贻贝粉、进口鱼粉、矿物质、维生素、免疫增强剂、微生态制剂、酶制剂等），添加2%的酵母和2%的食母生。

1.2 方法

1.2.1 浒苔粉粒径筛选

按刺参幼参总质量的3%分别投喂200目和400目浒苔粉,不添加海泥,试验前刺参空腹排便3 d,投喂上述饲料2 d后收集粪便,通过显微镜观察投喂前后刺参粪便中浒苔细胞破碎程度。

1.2.2 饲养管理

试验用仿刺参幼参来自青岛即墨鳌山卫育苗厂,体质量2.5~3.5 g,体长2.5~3.5 cm,在置有50 L海水的塑料桶中暂养3d,随机分组;一个对照组(配方1)和3个试验组(配方2、3、4),每个处理组设3个平行,每桶投入17只海参。试验期间所用海水符合中华人民共和国国家标准渔业水质标准(GB11607—89)。试验期间海水溶氧≥6 mg·L^{-1},温度(15.3±2.8)℃,盐度30~31,pH=8.2±0.2。每日早晚各投喂一次,投喂量按幼参总体质量的3%称取饲料,并加入海泥,饲料与海泥比例为1:3,每日上午定点吸污,视水质和残饵,换掉1/3~1/2的海水,每隔10 d彻底清洗养殖桶,更换全部海水。

1.3 指标测定

(1)平均质量增加率的测定。每隔10 d更换全部海水时,用网沥净水分,用精密度0.1 g的天平称各组刺参总体质量。

$$平均质量增加率(\%)=(m_t + 10m_t) \times 100/N$$

式中,m_t为t d时刺参总体质量;m_t+10为t+10 d时刺参总体质量;N为刺参总头数。

(2)体长的测定。试验开始时(t=0 d)和结束时(t=60 d)分别取全组刺参沥水后平放至解剖盘内,用精确度为0.1 cm的刻度尺测量其体长;单位为cm,n=3,结果用平均值±标准误差表示。

(3)饲料系数=投喂饲料量(g)/刺参体质量增加量(g)

(4)刺参特定生长率(%)=(ln m_2 - ln m_1)/t×100%

式中,m_1为初始体质量(g);m_2为试验结束时的体质量(g);t为试验时间(d)。

1.4 统计分析

采用SPSS 13.0软件和Origin 8.0软件处理数据,作图分析,单因素方差分析(ANOVA),显著水平为P<0.05时,采用Tukey检验进行多重比较,试验数据以平均值±标准误差表示。

2 结果

2.1 浒苔粉粒径筛选结果

由图1(a)可见,200目浒苔粉中有大片段的细胞没有破碎,细胞联结。将200目浒苔粉投喂刺参24 h后镜检发现粪便中仍有大片段浒苔细胞图2(a),说明刺参对纤维素含量高的浒苔消化能力较弱。而图1(b)显示的是400目浒苔粉,经400倍放大后发现没有联结的细胞片段,只有残留的部分细胞壁。从图2(b)中可以看出,刺参粪便中残留物的大小与400目浒苔粉中的细胞大小相当。刺参幼参对200目浒苔消化能力较弱,且200目浒苔粉破碎不完全,不利于细胞质溶出,其营养成分不易被刺参吸收,因此本次试验采用是400目浒苔粉。

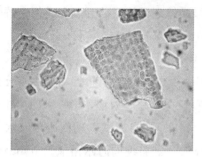 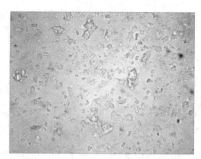

(a)过200目网的浒苔粉　　　　　　　　(b)过400目网的浒苔粉

图1　不同目的浒苔粉

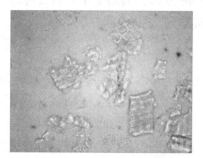 

(a)摄食200目浒苔粉后刺参粪便　　　　(b)摄食400目浒苔粉后刺参粪便

图2　幼参摄食过不同目数筛绢的浒苔粉后的粪便

注:图1～图2采用400倍放大(奥林巴斯SZX7-3063)。

2.2　不同饲料对刺参摄食的影响

以四种不同饲料辅以海泥投喂各处理组刺参,观察刺参摄食后的残饵、水质和粪便等参数,结果见表1。

表1　各处理组刺参对不同饲料摄食与排泄的对比

配方	摄食	24 h后残饵量	粪便成型性	水体浑浊度
1组	一般	较多	一般	浑浊
2组	较为积极	较少	较好	稍微浑浊
3组	良好	无	较差,拖便	清澈
4组	良好	无	良好	较清澈

表1表明:3组、4组的刺参摄食情况优于其他两组,1组的刺参摄食情况较差;饲养24 h后3组、4组无残饵且水体清澈,而1组和2组由于有残饵导致水体有不同程度的浑浊;4组粪便成型性良好,无拖便,3组成型较差且拖便,1组一般偶见拖便现象,2组良好基本无拖便,说明浒苔的添加有利于刺身粪便的成型,防止拖便,保护了幼参的肠道系统,可能和

浒苔中含有较高的膳食纤维有关。本试验 60 d 内各试验组和对照组刺参成活率为 100%。

2.3 不同饲料对刺参生长的影响

试验初始时($t = 0$ d)和结束时($t = 60$ d)测量各组刺参体长,结果如表 2 所示。

表 2　四组饲料对刺参体长的影响(平均数 ± 标准误差, $n = 3$)[1,2]　　cm

参数	1组	2组	3组	4组
初始体长	\multicolumn{4}{c}{3.1 ± 0.4^a}			
结束体长	4.2 ± 0.5^b	5.9 ± 0.7^c	6.0 ± 0.9^d	6.8 ± 0.7^e

注:1. 表中数据为 3 个重复的平均数及标准误差;2. 平均数后不同的上标表示差异显著($P < 0.05$)。

单因素方差分析表明,饲养 60 d 时 2 组和 4 组海参体长差异不显著($P = 0.242 > 0.05$),其他各组间刺参体长差异极其显著($P = 0.00 < 0.01$)(表 2)。从体长上来看,4 组的刺参生长情况最好,其次为 3 组和 2 组,对照 1 组较差。

由图 3 可见,在 60 d 的养殖期内各组刺参不同生长时间段的平均质量增加率不同,其中 1 组和 2 组刺参质量增加率比值为 1.12 ~ 6.46,20 ~ 30 d 二组饲料质量增加率差距最大,两者比值为 6.46,40 ~ 50 d 二组饲料质量增加率差距最小,两者比值为 1.12;通过 t 检验可得出,饲养时间对两组饲料组内差异影响均极其显著($P < 0.01$)。说明随着养殖时间的延长,投喂饲料量的增加,刺参的体重呈现上升趋势,所以每隔 10 d 质量增加率之间的差异极其显著。单因素方差分析结果显示,1 组和 2 组组间差异显著($P = 0.024 < 0.05$),F 值为 5.597,自由度为 1。对比 1 组和 2 组配料得出,添加浒苔的 2 组对刺参的质量增加率显著高于未添加浒苔的 1 组,即 400 目的浒苔粉促进了刺参的生长。

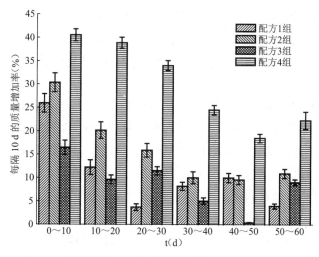

图 3　不同饲料组对刺参平均质量增加率对比($n = 3$)

单因素方差分析显示,四组刺参体质量增加率组间差异极其显著($P = 0.001 < 0.05$)。Tukey 多重检验表明,虽然 2 组的刺参质量增加率高于 3 组,但二者差异不显著($P = 0.249 > 0.05$);2 组和 4 组的刺参质量增加率差异显著($P = 0.02 < 0.05$),而 3 组和 4 组的刺

参质量增加率差异极其显著($P = 0.001 < 0.01$)。4个试验组中配方4组刺参平均质量增加率优于配方2组,其次为配方3组和1组,说明配方4组促进刺参幼参生长更明显。

2.4 四组饲料对刺参饲料系数和特定生长率的影响

单因素方差分析表明,四种饲料的饲料系数差异均极其显著($P < 0.01$)(表3),四种饲料的饲料系数由低至高为配方4<配方2<配方3<配方1;配方1、2、3对刺参特定生长率的影响组间差异显著($P < 0.05$),而配方4对刺参特定生长率的影响与前三组相比差异极其显著($P < 0.01$)(表3)。由特定生长率值可以看出,各组饲料对刺参质量增加速率的影响由高至低为配方4>配方2>配方1>配方3,摄食配方4组的刺参每天质量增加速率与其他三组的速率差异极其显著。由饲料系数和特定生长率值可以判断出本次试验采用的饲料优劣为配方4组最优,其次为配方2组。

表3 摄食四组饲料的刺参特定生长率和饲料系数(平均数 ± 标准误差,$n = 3$)[1,2]

考核指标	1组	2组	3组	4组
饲料系数	2.15±0.08[a]	1.45±0.07[b]	1.84±0.18[c]	0.69±0.04[d]
特定生长率	0.47±0.09[a*]	0.62±0.12[b*]	0.46±0.03[a*]	0.91±0.03[c]

注:1. 表中数据为3个重复的平均数及标准误差。
2. 平均数后字母的不同表示差异极其显著($P < 0.01$)。
3. *表示差异显著($P < 0.05$)。

3 讨论

浒苔中纤维素含量为6.57%,细胞壁致密且厚[9,10]。本试验发现,刺参对200目浒苔粉消化能力较弱,显微镜下观察粪便中仍然有连续的细胞;400目浒苔粉较200目浒苔粉粒径小,显微镜下未见连片细胞,有利于细胞内营养物质的溶出。但关于浒苔粉粒径与细胞壁破碎后营养溶出的研究未见报道,因此,不同粒径浒苔对不同生长阶段刺参生长的影响有待进一步研究。

饲料适口性和诱食性决定了刺参摄食的积极性、残饵量和养殖水体浑浊度。残饵量较多将导致水体浑浊,势必会增加刺参养殖中的换水量和频率,加大发病率风险。试验中添加了浒苔的配方2组中刺参摄食较配方1组积极,残饵较少,说明添加一定粒径的浒苔粉可能对刺参幼参有诱食效果。刺参粪便是否成型及是否有拖便现象一定程度上反映刺参肠道系统的健康状况,配方2组刺参粪便成型性较对照组好,可能是配方2组较对照组添加了浒苔粉,且徐大伦认为,浒苔多糖具有增强机体免疫的功能[3,4,13],因此饲料中添加浒苔粉可能对刺参的肠道系统具有一定的保护作用,防止刺参产生拖便现象。

很多因素影响饲料系数:如配合饲料的质量与数量、投饵技术、竞食生物、水质状况。饲料营养价值高,饲料系数低,饵料效率就高;特定生长率越大,每天增重越快。经过60 d的养殖,配方1组的刺参体长明显低于配方2组。实践证明,鼠尾藻和马尾藻是优质的刺参饵料,蛋白质含量高,脂肪含量较低,氨基酸较全面,不含大量藻胶[11,12],因此,试验中配方1组的基础饲料采用鼠尾藻和马尾藻,配方2组为配方1组的配方添加400目浒苔粉作为幼参饲料。结果表明,添加浒苔的配方2组刺参的体长较未添加浒苔的配方1组显著增加,在60 d的养殖期内配方2组刺参的增重率显著高于配方1组,在基础饲料中添加浒苔促进了刺参幼参生长;与商品饲料对比发现,配方2组刺参增重率较市售商品饲料A组好,次于市售商品饲料B组。配方4组对刺参的生长影响优于配方2组,其次是1组和3组,说明添加了浒苔的自制饲料对刺参的生长影响优于配方3组。对比配方3组和配方4组的配方发现,后者投喂刺参的质量增加率、饲料系数和特定生长率均明显优于前者的原因可能是配方4组中的配方中较3组中多了马尾藻和微生态制剂等营养物质,但是否是由于这些因素提高了刺参的质量增加率还有待进一步的研究。

浒苔作为饲料源多见于牲畜饲料,可有效地促进质量增加、产量提高、品质改善,少见于鱼、虾、贝水产动物[9, 14-16]。浒苔作为一种绿藻,爆发时生物量大,如能采用适当的方法把它加工成海珍品饲料,变害为利,则不仅能缓解鼠尾藻和马尾藻市场需求,还有利于保护天然的鼠尾藻和马尾藻资源,收到良好的生态效益和经济效益。

参考文献

[1] 王吉桥,蒋湘辉,赵丽娟,等. 不同饲料蛋白源对仿刺参幼参生长的影响[J]. 饲料博览(技术版),2007,10:9-13.

[2] 王增福. 鼠尾藻的生理生态和繁殖生物学研究[D]. 青岛:中国科学院海洋研究所,2007:8-15.

[3] 徐大伦. 浒苔主要化学组分的分析及多糖活性的研究[D]. 青岛:中国海洋大学,2004:20-34.

[4] 徐大伦,黄晓春,杨文鸽,等. 浒苔营养成分分析[J]. 浙江海洋学院学报(自然科学版),2004,22:318-320.

[5] 林文庭. 浅论浒苔的开发与利用[J]. 中国食物与营养,2007,9:23-25.

[6] 何清,胡晓波,周峙苗,等. 东海绿藻缘管浒苔营养成分分析及评价[J]. 海洋科学,2006,30(1):34-38.

[7] 蔡春尔,姚彬,沈伟荣,等. 条浒苔营养成分测定与分析[J]. 上海海洋大学学报,2009,18(2):155-159.

[8] 孙伟红,冷凯良,王志杰,等. 浒苔的氨基酸和脂肪酸组成研究[J]. 渔业科学进展,2009,30(2):106-109.

[9] 林英庭,朱风华,徐坤,等. 青岛海域浒苔营养成分分析与评价[J]. 饲料工业,2009,30(3):46-49.

[10] 牛建峰,范晓蕾,潘光华,等. 青岛海域大面积聚集漂浮浒苔的显微观测[J]. 海洋科学,2008,32(8):30-33.

[11] 朱建新,刘慧,冷凯良,等. 几种常用饵料对稚幼参生长影响的初步研究[J]. 海洋水

产研究,2007,28(5):48-53.
- [12] 吴海歌,于超,姚子昂,等. 鼠尾藻营养成分分析[J]. 大连大学学报,2008,29(3):84-85.
- [13] 徐大伦,黄晓春,欧春荣,等. 浒苔多糖对非特异性免疫功能的体外实验研究[J]. 食品科学,2005,26(10):232-235.
- [14] 周蔚,徐小明,嵇珍,等. 浒苔用作肉兔饲料的研究[J]. 江苏农业科学,2001,6:68-69.
- [15] 孙建凤,赵军,祁茹,等. 日粮中浒苔添加水平对肉鸡免疫功能和血清生化指标的影响[J]. 动物营养学报,2010,22(3):682-688.
- [16] 赵军,王利华,朱凤华,等. 日粮中不同添加水平浒苔粉对蛋鸡生产性能及蛋品质的影响[J]. 中国饲料,2010,18:16-18.

(刘天红,吴志宏,王颖,孙元芹,李晓,李红艳)

响应面法优化浒苔鱼松的加工工艺

浒苔(Enteromorpha prolifera)自古以来就被认为是可食用和药用的藻类,在我国古代药典《本草纲目》和《随息居饮食谱》中都记载了它的功效[1],其是一种高蛋白、高膳食纤维、低脂肪、低能量、富含矿物质和维生素的理想天然营养食品的原料[2],浒苔多糖具有免疫调节、抗肿瘤、抗凝血、抗病毒、抗氧化等多种生理活性功能[3]。小黄花鱼(Pseudosciaenapolyactis)是我国东海、黄海、南海产量较大的鱼类,含有多种营养成分和丰富的生理活性物质[4],食用、药用价值高[5],《本草纲目》记载"甘平无毒,合莼菜作羹,开胃益气。晾干称为白鲞,炙食能治暴下痢,及卒腹胀不消,鲜者不及"。

鱼松营养丰富[6,7],是提供给幼儿蛋白质和钙质的优良食品,对老人、病人的营养摄食尤有帮助[8,9],市场发展前景良好。浒苔中鲜味氨基酸达总氨基酸含量的 26.19%,可作为很好的食物氨基酸的来源[10],纯粉具有润肠通便和调节血脂等功能[11],藻体中含量较高的无机盐能够起到对鱼味的增强作用[12],其特殊清香可充分调动出小黄花鱼肉的鲜美。本研究选择浒苔、小黄花鱼为主料进行新型鱼松产品的研制,以期为多渠道、多样化、高附加值开发二者资源开辟一条新的途径。

1 材料与方法

1.1 试验材料

小黄花鱼:新鲜原料,鱼体 12～15 cm,购于山东省青岛市八大峡农贸市场。浒苔:绿藻门、石莼目、石莼科、浒苔属,新鲜原料,2011 年 7 月采自青岛栈桥近海海域。辅料:食盐、味精、白糖、料酒,均为食用级。

1.2 设备

电热鼓风干燥箱:DGX-9073BC-1,上海福玛试验设备有限公司。不锈钢高压锅:YS24E,浙江苏泊尔股份有限公司。菜馅机:CP-30II,山东省章丘炊具机械总厂。真空包装机:DZ-600/2S,诸城市正泰机械有限公司。

1.3 实验方法

1.3.1 工艺流程

```
新鲜浒苔 —预处理→ 挑选、清洗 —烘干、研磨→ 浒苔粉 ┐
                                                ├ 调配、炒制 → 调味 → 检验、包装
成品新鲜小黄花鱼 —预处理→ 高压 —打浆→ 鱼糜    ┘
```

1.3.2 操作要点

1.3.2.1 浒苔的预处理

将采集的浒苔洗净杂质后，均匀平铺于烘盘上，(105±5)℃烘干(3±0.5) h后，调至(70±5)℃继续烘烤(2±0.5) h至水分含量11%±2%。严格控制烘烤温度和时间，要求受热均匀。将烘干后的浒苔研磨成粉，过80目筛，备用。

1.3.2.2 小黄花鱼的预处理

选择市售新鲜小黄花鱼，去头、鳍和内脏后冲洗干净，加入调味料放置于高压锅内煮制3～5 min，将煮熟的鱼趁热剔掉骨刺及腹膜等，鱼肉打浆成鱼糜备用。

1.3.2.3 炒制、调配

锅热后加少许食用油，鱼糜入锅初炒，水分明显减少至30%左右调至小火继续炒酥，至鱼糜均匀松散呈绒毛状，加入预处理得到的浒苔粉翻炒均匀后停火。

1.3.2.4 待温度冷却至室温后真空包装得成品。

1.3.3 实验方案设计

1.3.3.1 小黄花鱼调味料的选择

以影响产品风味的调味料食盐、味精、白糖、料酒为主要因素进行4因素3水平L9(34)正交试验，因素水平见表1。

表1　正交试验因素水平

水平	A 食盐(%)	B 味精(%)	C 白糖(%)	D 料酒(%)
1	2.5	0.6	1.5	0.5
2	3.0	0.8	2.0	0.8
3	3.5	1.0	2.5	1.0

1.3.3.2 响应面法优化浒苔鱼松加工工艺

选择小黄花鱼糜:浒苔粉添加比例、初炒时间、炒酥时间作为影响产品品质及风味的主要因素，按照Box-Bohnken设计法每个因素取3个水平，以产品总体感官评分为响应值，借助DesignExpert 7.1.3软件进行数据分析并建立二次响应面经验模型，从而寻找最佳生产工艺条件。实验因素水平设计如表2所示。

表 2　因素水平设计

水平	鱼糜:浒苔粉	初炒时间(min)	炒酥时间(min)
1	3:1	10	35
2	4:1	15	40
3	5:1	20	45

1.3.4　产品感官评分标准

成立 10 人评定小组,按照各范围预期所达到的不同程度设置相应感官评分分值,经评定小组人员独立品尝打分后各取平均分。

计分标准:以满分 100 分计。对预处理后鱼糜的气味、口味进行评分,其中无腥气 30 分,咸淡适中 30 分,口感鲜香 40 分,结果见表 3。对加工后浒苔鱼松成品的色泽、状态、口味进行评分,其中色泽均匀 30 分,绒状疏松 30 分,风味良好 40 分,感官评分以总分计,根据评分结果结合响应面分析确定产品最佳配方组成,结果见表 5。

2　实验结果分析

2.1　正交试验结果分析

综合评价结果的极差分析 R 值显示(表 3),4 因素的影响作用 A＞B＞D＞C,即食盐添加量对预处理小黄花鱼整体风味影响最大,其次是味精、料酒、白糖的添加量。较优水平组合为 $A_2B_2C_2D_3$,即食盐添加量 3.0%,味精 0.8%,白糖 2.0%,料酒 1.0%,小黄花鱼糜整体风味达到最佳。

表 3　正交试验结果 L9（3^4）

试验号	A	B	C	D	无腥气	咸淡	鲜香	总分
1	1	1	1	1	25	20	36	81
2	1	2	2	2	24	26	36	86
3	1	3	3	3	22	25	32	79
4	2	1	2	3	26	28	36	90
5	2	2	3	1	24	26	35	85
6	2	3	1	2	28	26	32	86
7	3	1	3	2	26	23	30	79
8	3	2	1	3	24	25	35	84
9	3	3	2	1	22	22	32	76
K1	246	250	251	242				
K2	261	255	252	251				
K3	239	241	243	253				
R	22	14	9	11				

2.2 小黄花鱼打浆颗粒度的控制

根据鱼松咀嚼感和感官要求,小黄花鱼在打碎过程中要保持一定的颗粒度。若打浆时间过长,炒制后降低产品咀嚼感,松度不明显;若打浆时间过短,鱼肉颗粒较大、较粗,延长炒制时间,降低产品质量和口感。小黄花鱼打浆时间对产品风味影响见表4。

表4 小黄花鱼打浆时间对产品风味的影响

试验号	打浆时间(min)	产品风味
1	3	颗粒较粗、较大,口感较差
2	4	有一定颗粒感、黏稠度,口感好
3	6	整体组织细腻、无咀嚼感、口感较黏

经反复试验,确定打浆时间为 4 min,得到的鱼糜口感松软,有一定的咀嚼感。将预处理后的小黄花鱼糜盛于干净容器中,备用。

2.3 浒苔鱼松加工工艺的响应面结果分析

2.3.1 响应面结果

表5 Box-Bohnken 设计方案及响应值结果(min)

试验号	鱼糜:浒苔粉	初炒时间(min)	炒酥时间	感官评分
1	3	15	35	80
2	3	10	40	80
3	4	15	40	93
4	4	10	35	70
5	4	15	40	93
6	5	10	40	70
7	4	15	40	95
8	4	15	40	93
9	4	20	35	75
10	5	15	45	80
11	4	20	45	72
12	5	15	35	70
13	5	20	40	68
14	4	15	40	95
15	4	10	45	85
16	3	20	40	70
17	3	15	45	83

2.3.2 方差分析

利用软件对试验结果进行二次多元回归拟合,对表 5 的数据进行方差分析后得到模型的二次多项回归方程为

$Y = +93.80 - 3.12 \times A - 2.50 \times B + 3.13 \times C + 2.00 \times AB + 1.75 \times AC - 4.50 \times BC - 9.53 \times A_2 - 12.28 \times B_2 - 6.02 \times C_2$

由表 6 可知,失拟项不显著($P = 0.6356 > 0.05$),而模型的 P 值 < 0.0001,表明模型高度显著。因素一次项 A、C、交互项 BC、二次项 A_2、B_2、C_2 对结果影响高度显著($P < 0.0001$),一次项 B、交互项 AB、AC 对结果影响显著($P < 0.05$);软件分析的复相关系数 R 的 R^2_{Adj} 的值为 99.00%,表明模型拟合程度良好,试验误差小,可用于对浒苔鱼松产品总体感官品质的分析和预测。

表 6 方差分析

变异来源	自由度	平方和	均方	F 值	P 值	显著性
模型	9	178.72	19.86	177.45	< 0.0001	★★
A	1	78.12	78.12	77.57	< 0.0001	★★
B	1	50.00	50.00	49.65	0.0002	★
C	1	78.13	78.13	77.57	< 0.0001	★★
AB	1	16.00	16.00	15.89	0.0053	★
AC	1	12.25	12.25	12.16	0.0102	★
BC	1	81.00	81.00	80.43	< 0.0001	★★
A^2	1	382.00	382.00	379.29	< 0.0001	★★
B^2	1	634.42	634.42	629.92	< 0.0001	★★
C^2	1	152.84	152.84	151.76	< 0.0001	★★
残差	7	1.01	0.14			
失拟项	3	0.75	0.25	0.62	0.6356	
纯误差	4	1.2	0.3			
总变异	16	1 615.53				

注:$P \leq 0.0001$ 为高度显著,用 ** 表示;$P \leq 0.05$ 为显著,用 * 表示;$P > 0.05$ 为不显著。

2.3.3 响应曲面图分析

手动优化后,回归方程中交互项所做的响应面图,如图 1~图 3 所示。

由图 1~图 3 可知,在所选范围内,随着小黄花鱼糜与浒苔粉添加比例、初炒时间及炒酥时间的增加,感官评分均先增加后降低,且交互作用显著,这与表 6 所示结果一致。

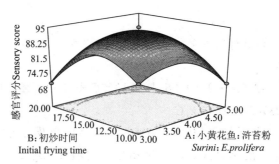

图 1　小黄花鱼糜、浒苔粉添加量比值与初炒时间对感官评分的影响

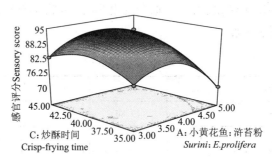

图 2　小黄花鱼糜、浒苔粉添加量比值与炒酥时间对感官评分的影响

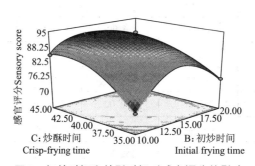

图 3　初炒时间和炒酥时间对感官评分的影响

2.3.4　验证试验

通过 DesignExpert 7.1.3 软件对经手动优化后的回归方程求解,在试验的因素水平范围内预测最佳生产工艺条件为小黄花鱼糜、浒苔粉添加量之比 3.85∶1,初炒时间 14.2 min,炒酥时间 41.5 min,此时产品的感官评分可达 94.72 分。在此条件下,进行 3 次验证性试验,感官评分平均值 93.7,与理论预测值基本吻合,证明采用响应面分析法优化得到的工艺条件参数准确可靠,具有实用价值。

3　浒苔鱼松的质量标准(参考 GB/T23968—2009《肉松》)

3.1　感官指标

取 20 g 成品置于白色盘内,在自然光线下用镊子搅拌,进行观察。形态:绒状,纤维疏松;色泽:整体呈淡绿色,均匀一致;滋味与气味:浒苔清香烘托鱼肉鲜美,口味独特,咸甜适口,

3.2 理化指标

蛋白质≥35%（GB5009.5—2010食品中蛋白质的测定）；脂肪≤10%（GB/T5009.6—2003食品中脂肪的测定）；水分≤18%（GB5009.3—2010食品中水分的测定）；灰分≤7%（GB5009.4—2010食品中灰分的测定）。

3.3 微生物指标

细菌总数≤3×10^4 CFU·g^{-1}（GB/T4789.2—2010菌落总数测定）；大肠菌群≤30 MPN/100 g（GB/T4789.3—2010大肠菌群测定）；致病菌不得检出（GB/T4789.4—2010沙门氏菌测定、GB/T4789.10—2010金黄色葡萄球菌测定、GB/T4789.5—2003志贺氏菌测定）。

随机取3份产品进行测定分析，产品色泽均匀，呈绒状，纤维疏松，口感鲜香；蛋白质36.2%±0.54%，脂肪6.3%±0.36%，水分16.1%±0.45%，灰分5.7%±0.25%；细菌总数<100 CFU·g^{-1}，大肠菌群20 MPN/100 g，致病菌未检出。

4 结论

预处理小黄花鱼调味料配比为食盐3.0%，味精0.8%，白糖2.0%，料酒1.0%。小黄花鱼打浆时间为4 min。响应面法优化产品加工工艺及配方，小黄花鱼糜、浒苔粉添加量之比3.85:1，初炒时间14.2 min，炒酥时间41.5 min，该条件下产品感官评分94.72。制得新型即食浒苔鱼松，开发前景广阔。

本研究以健康饮食观念为切入点，将浒苔和小黄花鱼科学复配，独具特色风味；产品食用方便，大大延长货架期；并可以此为基础配方，根据消费者的不同需求制成多种口味的系列产品，如选择不同品种鱼类原料或使用猪、羊肉等取代鱼肉，或添加不同蔬菜粉均衡营养，以满足日益细分的市场需求。

参考文献

[1] 高福成. 新型海洋食品[M]. 北京：轻工业出版社，1999，100-101.
[2] 林文庭. 浅论浒苔的开发与利用[J]. 中国食物与营养，2007，9：23-25.
[3] 金浩良，徐年军，严小军. 浒苔中生物活性物质的研究进展[J]. 海洋科学，2011，35(4)：100-106.
[4] 刁全平，侯冬岩，回瑞华，李铁纯. 小小黄花鱼不同部位脂肪酸的气相色谱-质谱分析[J]. 鞍山师范学院学报，2010，12(6)：51-53.
[5] 黄昊，程启群. 小黄鱼生物学研究进展[J]. 现代渔业信息，2010，25(9)：9-12.
[6] 范江平，卢昭芬，李吉云，骆莉. 不同风味鱼肉松的加工试制[J]. 肉类工业，2005，10：47-48.
[7] 张乾能，熊善柏，张京，宗力. 鱼松加工工艺参数的研究[J]. 食品与生物技术学报，

2010,29(6):854-858.

[8] 严宏忠. 风味淡水鱼肉松生产工艺研究[J]. 食品科技,2002,3:22-23.

[9] 邓后勤,夏延斌,曹小彦,危小湘,曹薇,卢琼[J]. 麻辣风味鱼松的调味研究. 现代食品科技,2006,22(1):48-50.

[10] 徐大伦. 浒苔主要化学组分的分析及多糖活性的研究[D]. 青岛:中国海洋大学,2004.

[11] 林文庭,朱萍萍,钟礼云. 浒苔深加工产品的润肠通便和调节血脂作用研究[J]. 营养学报,2009,31(6):569-573.

[12] 莫意平,娄永江,薛长湖. 水产品风味研究综述[J]. 水利渔业,2005,25(1):82-84.

(孙元芹,李翘楚,卢珺,王颖,吴志宏,刘天红,李晓,李红艳)

文蛤对重金属 Cu 的富集与排出特征

海洋污染现象日趋严重,近海生态系统污染加剧,尤其是重金属污染已成为近年来渔业环境污染的主要问题之一。重金属污染能被生物体富集并沿食物链转移[1],进而影响人类健康[2-4]。海洋双壳贝类是我国主要的海洋食品原料之一,多栖息在污染比较严重的滨海或者河口地区,其滤食的生活特点和特殊的生活环境使其极易受到重金属的污染和毒害,是一种理想的海洋污染指示生物[5,6]。

2010 年我国近岸海域水质一、二类海水比例为 62.7%,主要重金属污染因子有铜(Cu)、铅(Pb)和镉(Cd),其中 Cu 超标倍数达 3.8 倍,Cu^{2+} 成为构成海洋重金属污染的重要成分[7]。Cu 是机体进行正常生命活动所不可缺少的必需金属,但当浓度超过一定水平时会对机体产生毒害作用[8],带来慢性或急性中毒现象[9-11]。关于双壳贝类对重金属 Cu 富集研究已有诸多报道,如泥蚶(*Tegillarcagranosa Linnaeus*)[12,13]、褶牡蛎(*Ostrea plicatula* Gmelin)[14-16]、栉孔扇贝(*Chlamys farreri*)[8,9]等,但采用生物富集双箱动力学模型研究文蛤 *Meretrixmeretrix* 对 Cu 富集与排出规律的报道较少见。

本研究以山东沿海地区重要增养殖品种文蛤为研究对象,进行了其对重金属 Cu 的生物富集与排出试验,目的在于探讨文蛤对 Cu^{2+} 的耐受性、富集、排放能力及 Cu^{2+} 浓度对文蛤吸附速度的影响,以期为相关研究提供数据参考,并对生态风险评估及贝类食品的安全监测提供一定参考意义。

1 材料与方法

1.1 试验材料

试验用文蛤采自山东青岛即墨鳌山卫养殖场,剔除较小及碎壳个体,海水清洗去除表面附着物及杂质。文蛤壳长 3.10～4.60 cm,壳宽 2.60～3.90 cm,壳高 1.50～2.3 cm,体重 16.00～26.00 g。自然海水暂养 7 d,连续充氧,每日换水 1 次,投喂藻密度 $2×10^5$ cell·mL^{-1} 浓缩小球藻(*Platymonas spp.*)两次,试验前 1d 停止投饵。暂养期间试验文蛤活动正常、无病,死亡率低于 0.5%,于试验前随机分组。

试验海水经 II 级砂滤,水质分析结果:pH7.96～8.20,盐度 31.0±0.5,氨氮 2.97～4.54 μg·L^{-1},溶解氧大于 6.0 mg·L^{-1};Cu^{2+} 本底浓度为 0.00276 mg·L^{-1}。试验在 300 L 的聚乙烯水箱中进行,试验前将不同处理组水箱用同等体积的暴露溶液浸泡 7 d,至内壁吸附重金属为饱和状态后备用。

1.2 试验设计

1.2.1 试验分组

$CuSO_4 \cdot 5H_2O$ 购自天津巴斯夫化工有限公司（A.R. 500 g）。以国标 GB3097—1997 海水水质标准（二类）$Cu^{2+} \leqslant 0.010$ mg·L^{-1} 为参考，试验水体浓度按 0.010 mg·L^{-1} 的 0.5、1.0、2.5、5.0 倍设置，即各试验组 Cu^{2+} 浓度分别为 0.005 mg·L^{-1}、0.010 mg·L^{-1}、0.025 mg·L^{-1}、0.05 mg·L^{-1}。以自然海水为对照，24 h 不间断充氧。试验时间为 2011 年 4 月 12 日～6 月 30 日，共计 80 d。

1.2.2 富集试验

各水箱中养殖水体 270 L，文蛤 300 只，设平行组。采用半静态暴露染毒的方法富集 35 d，每 24 h 更换全部溶液；每天投喂小球藻两次；分别在第 0、5、10、15、20、25、30、35 天每箱随机取活贝 10 只，取出后迅速用去离子水冲洗干净，剥壳解剖取全部内容物，经匀浆后冷冻存放待分析。

1.2.3 排出试验

35 d 富集试验结束后，将剩余文蛤转入自然海水进行排出试验 45 d，换水、喂食时间与富集阶段同；投饵量根据水箱中剩余文蛤数量递减；分别在第 5、10、15、20、25、30、35、45 天每箱随机取活贝 10 只，样品处理与富集阶段同。

1.3 样品处理与铜浓度测定

铜含量测定采用 GB17378.6—2007 海洋监测规范第 6 部分，无火焰原子吸收分光光度法进行测定。铜含量单位用 mg·kg^{-1} 干重表示。

1.4 数据统计分析

数据统计采用 Origin 8.0 和 Excel 2003 软件包进行分析。

生物富集双箱动力学模型和生物富集系数（BCF）测定采用修正的双箱动力学模型方法，试验的两个阶段用方程描述为

富集过程（$0 < t < t^*$）：

$$c_A = c_0 + c_W \frac{k_1}{k_2}(1 - e^{k_2 t})(0 < t < t^*) \tag{1}$$

排出过程（$t > t^*$）：

$$c_A = c_0 + c_W \frac{k_1}{k_2}[e^{-k_2(t-t^*)} - e^{-k_2 t}] \quad (t > t^*) \tag{2}$$

式中，k_1 为生物吸收速率常数，k_2 为生物排出速率常数，c_W 为水体 Cu^{2+} 浓度（mg·L^{-1}），c_A 为生物体内 Cu 的含量（mg·kg^{-1} 干重），c_0 为试验开始前生物体内 Cu 的含量（mg·kg^{-1} 干重），t^* 为富集试验结束的天数，由公式（1）、（2）对富集和排出过程中贝类体内 Cu 含量的动态检测结果进行非线性拟合得到 k_1、k_2 值。

生物富集系数 BCF 由公式（3）计算：

$$BCF = \frac{k_1}{k_2} = \lim \frac{c_A}{c_W}(t \to \infty) \quad (3)$$

金属的生物学半衰期指的是生物体内的金属排出一半所需的时间，用公式（4）计算：

$$B_{1/2} = \frac{\ln 2}{k_2} \quad (4)$$

生物体内富集重金属达到平衡状态时体内含量 c_{Amax} 由公式（5）计算：

$$c_{Amax} = BCF \times c_W \quad (5)$$

2 结果与讨论

2.1 不同处理组文蛤死亡数统计

统计时间从文蛤暴露于不同 Cu^{2+} 浓度组富集 35 d，至排出试验 45 d 结束，共计 80 d，若试验过程中处理组文蛤全部死亡则统计结束；每 5 d 累计各组文蛤死亡数。

由图 1 可以看出，对照组死贝数变化幅度为 0～2 只/5 d，累积死亡率为 4.33%。0.005 mg·L^{-1}、0.01 mg·L^{-1}、0.025 mg·L^{-1} Cu^{2+} 浓度组文蛤 5～10 d 即出现应激反应，死亡数峰值出现较早，10 d 后死贝逐渐减少，65 d 后文蛤死亡数全部为零。分析认为，特定 Cu^{2+} 浓度范围内，文蛤对 Cu^{2+} 具有一定耐受性，本试验 0.005 mg·L^{-1}、0.01 mg·L^{-1}、0.025 mg·L^{-1} 组暴露溶液 Cu^{2+} 浓度与文蛤死亡数及死亡峰值出现时间无相关。0.05 mg·L^{-1} 处理组中，20～35 d 随着富集天数的增加，文蛤死亡数递增，35～40 d 累计死贝数达到峰值（37 只），分别为其余 3 组峰值数的 3.1（0.005 mg·L^{-1} 组）、3.7（0.01 mg·L^{-1} 组）、3.36（0.025 mg·L^{-1} 组）倍，40 d 后死贝数剧减，55 d 后死亡数为零。

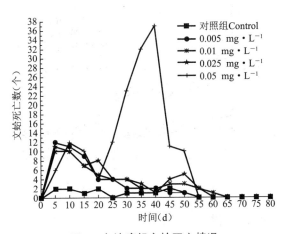

图 1 各浓度组文蛤死亡情况

2.2 文蛤对 Cu^{2+} 的富集特征

由图 2 可以看出，试验期间对照组文蛤体内 Cu 含量为 4.72～8.04 mg·kg^{-1}。各处理组文蛤体内 Cu 含量均在暴露 5 d 时明显增加，0.05 mg·L^{-1} 组与 0d 相比迅速提高了 4.18 倍；5 d 后文蛤体内 Cu 含量基本增长平缓，15~25 d 时 0.005 mg·L^{-1}、0.05 mg·L^{-1} 组文蛤体内 Cu 含量先降低后增加；30 d 时 0.01 mg·L^{-1} 组文蛤体内 Cu 含量达到峰值，与 0 d 时相比提高了 1.60 倍，35 d 时 0.005 mg·L^{-1}、0.025 mg·L^{-1}、0.05 mg·L^{-1} 组文蛤体内 Cu 含量达到峰值，与 0 d 相比分别提高了 1.13、7.54、7.83 倍。

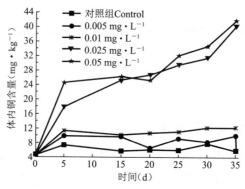

图 2 文蛤对 Cu^{2+} 的富集情况

2.3 对 Cu^{2+} 的排出特征

由图 3 可以看出，除对照组外，5 d 时各组文蛤体内 Cu 含量迅速降低，与排出 0 d 相比体内 Cu 含量分别减少了 7.85%（0.005 mg·L^{-1}）、11.31%（0.01 mg·L^{-1}）、43.51%（0.025 mg·L^{-1}）和 53.98%（0.05 mg·L^{-1}）；15~25 d 时，0.025 mg·L^{-1}、0.05 mg·L^{-1} 处理组文蛤体内 Cu 含量出现了先增加后减少的趋势，25~35 d 时，0.005 mg·L^{-1}、0.01 mg·L^{-1} 组出现了同样的变化趋势；30 d 时 0.05 mg·L^{-1} 组除取样外文蛤全部死亡。

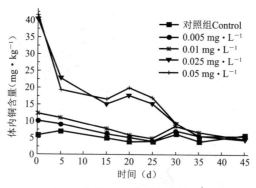

图 3 文蛤对 Cu^{2+} 的排出情况

2.4 文蛤对 Cu^{2+} 的富集、排出速率比较

由图 4 可以看出，富集前期文蛤对 Cu^{2+} 的富集速率明显大于后期，各浓度组的平均富集速率分别为 0.325 mg·kg^{-1}·d^{-1}（0.005 mg·L^{-1}）、0.470 mg·kg^{-1}·d^{-1}（0.01 mg·L^{-1}）、1.236 mg·kg^{-1}·d^{-1}（0.025 mg·L^{-1}）、1.765 mg·kg^{-1}·d^{-1}（0.05 mg·L^{-1}）。排出试验 30 d 时 0.05 mg·L^{-1} 组文蛤体内 Cu^{2+} 排出率 77.27%（除取样外文蛤全部死亡），排出速率

1.074 mg·kg^{-1}·d^{-1}；排出 45 d 时 0.005 mg·L^{-1}、0.01 mg·L^{-1}、0.025 mg·L^{-1} 组文蛤体内 Cu 含量与排出 0 d 相比分别减少了 45.48%、62% 和 88.7%，排出速率为 0.102 mg·kg^{-1}·d^{-1}、0.169 mg·kg^{-1}·d^{-1}、0.795 mg·kg^{-1}·d^{-1}（图 5）。

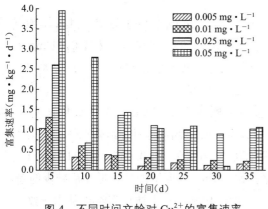

图 4　不同时间文蛤对 Cu^{2+} 的富集速率

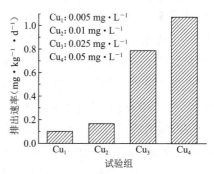

图 5　文蛤体内 Cu^{2+} 排出速率

2.5　文蛤对 Cu^{2+} 的生物富集曲线及数据拟合

2.5.1　生物富集曲线

采用方程（1）和（2）对富集和排出阶段进行非线性拟合，得到不同暴露浓度下文蛤对 Cu^{2+} 的生物富集曲线（图 6）。

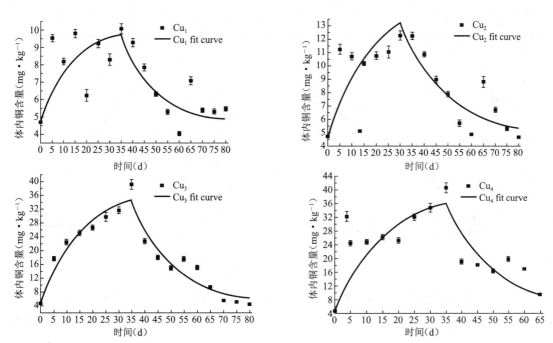

图 6　文蛤在不同暴露 Cu^{2+} 浓度下的生物富集曲线

Cu$_1$：$c_W = 0.005$ mg·L^{-1}；Cu$_2$：$c_W = 0.010$ mg·L^{-1}；Cu$_3$：$c_W = 0.025$ mg·L^{-1}；Cu$_4$：$c_W = 0.050$ mg·L^{-1}

2.5.2 生物富集动力学参数

通过对富集与排出过程的非线性拟合,得到吸收速率常数 k_1、排出速率常数 k_2;然后根据公式(5)、(6)、(7),得出生物富集系数(BCF)、平衡状态下文蛤体内 Cu 含量(c_{Amax})、Cu 的生物学半衰期($B_{1/2}$)。

参考李学鹏等、郭远明[12,13]相关文献,较低 Cu^{2+} 浓度水体中菲律宾蛤、泥蚶等贝类对 Cu^{2+} 无明显富集,本研究 4 个处理组富集参数无明显规律性,仅对 0.01 mg·L^{-1}、0.025 mg·L^{-1}、0.05 mg·L^{-1} 组文蛤富集参数进行比较。随着水体 Cu^{2+} 浓度的增大,k_1、k_2、BCF 先增加后减少,半衰期 $B_{1/2}$ 先减少后增加,c_{Amax} 逐渐增大。

李学鹏等[12]应用半静态双箱模型室内模拟泥蚶对重金属 Cu 的生物富集试验,发现 0.01~0.10 mg·L^{-1} 处理组泥蚶对 Cu^{2+} 富集参数 k_1、BCF、$B_{1/2}$ 均随着暴露水体 Cu^{2+} 浓度增加呈先增加后减少的趋势,c_{Amax} 逐渐增加;郭远明[13]研究发现,0.035~0.115 mg·L^{-1} 浓度组泥蚶对 Cu 富集动力学参数 k_1、BCF 随着暴露水体 Cu^{2+} 浓度增加呈先增加后减少的趋势,c_{Amax} 逐渐增加。本研究中富集参数 k_1、BCF、c_{Amax} 的变化规律与上述已有结论基本一致。

表1 文蛤对铜富集动力学参数

浓度 c_W (mg·L^{-1})	k_1	k_2	R^2	BCF	c_{Amax}	$B_{1/2}$
0.005	54.570	0.0095	0.4795	579.7	3.40	7.3
0.01	41.223	0.049	0.6453	841.3	8.41	14.1
0.025	74.521	0.061	0.9158	122.7	30.54	11.4
0.05	40.287	0.059	0.7271	682.8	84.14	11.7

注:海水 Cu^{2+} 本底浓度为 0.00276 mg·L^{-1}。

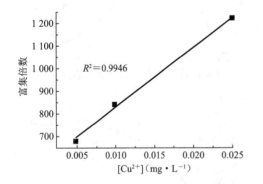
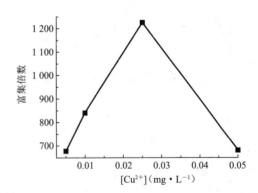

图7 文蛤对不同 Cu^{2+} 浓度富集系数

由图7可以看出,0.005 mg·L^{-1}、0.01 mg·L^{-1}、0.025 mg·L^{-1} 组中文蛤对 Cu^{2+} 富集倍数与暴露水体 Cu^{2+} 浓度正相关($R^2=0.9946$);当浓度达到 0.05 mg·L^{-1} 时,富集倍数迅速降低。

2.6 富集平衡状态下 c_{Amax} 与暴露水体 Cu^{2+} 浓度的关系

0.005 mg·L^{-1}、0.01 mg·L^{-1}、0.025 mg·L^{-1} 处理组富集平衡状态下 c_{Amax} 随着暴露溶

液中 Cu^{2+} 浓度的增大而增大,呈明显的正相关关系($R^2 = 0.9907$);超出一定浓度范围后正相关性降低,0.005 mg·L^{-1}、0.01 mg·L^{-1}、0.025 mg·L^{-1}、0.05 mg·L^{-1} 组文蛤对 Cu^{2+} 富集平衡状态下 c_{Amax} 随着外部水体 Cu^{2+} 浓度的增大而增大,相关性较不显著($R^2 = 0.7341$)。

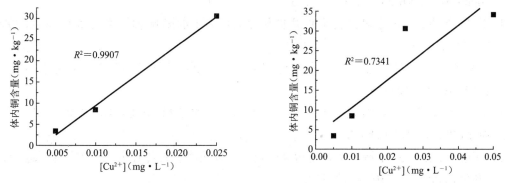

图 8 文蛤体内 Cu 含量与暴露水体中 Cu^{2+} 浓度的关系

3 结论

(1)富集 0~35 d 暴露水体 Cu^{2+} 浓度与文蛤体内 Cu 含量基本正相关,但与富集达到平衡时间相关性不大;排出试验 0.025 mg·L^{-1}、0.05 mg·L^{-1} 处理组文蛤体内 Cu 含量降低显著,最高排出率达 88.7%。

(2)0.01 mg·L^{-1}、0.025 mg·L^{-1}、0.05 mg·L^{-1} 组富集参数 k_1、k_2、BCF 随着暴露水体 Cu^{2+} 浓度的增加呈先增加后减小的趋势;0.005 mg·L^{-1}、0.01 mg·L^{-1}、0.025 mg·L^{-1} 处理组 BCF 正相关显著($R^2 = 0.9946$)。

(3)c_{Amax} 随着外部水体 Cu^{2+} 浓度的增大而增大,0.005 mg·L^{-1}、0.01 mg·L^{-1}、0.025 mg·L^{-1} 处理组 c_{Amax} 与暴露水体 Cu^{2+} 浓度明显正相关($R^2 = 0.9907$);超出一定浓度范围后正相关性降低($R^2 = 0.7341$)。

参考文献

[1] 孙云明,刘会峦. 海洋中的主要化学污染物及其危害[J]. 化学教育,2001,(7-8):1-4.

[2] Liu Z K, Lan Y F. The pollution of heavy metal and human health[J]. Science Garden Plot, 1991(2):35.

[3] Shuai J S, Wang L. Discussion about the health impact of heavy metal and the countermeasure[J]. Environment and Exploitation, 2001, 16(4):62.

[4] Funes V, Alhama J, Navas J I. Ecotoxicological effects of metal pollution in two mollusc species from the Spanish South Atlantic littoral[J]. Environmental Pollution, 2006, 139(2):214-223.

[5] Farrington J W, Goldberg E D, Risebrough R W, et al. U. S. "Mussel Watch" 1976~1978: an overview of the trace-metal, DDE, PCB, hydrocarbon and artificial radionuclide

data[J]. EnvSciTech, 1983, 17(8): 490-496.

[6] Cajaraville M P, Bebianno M J, Blasco J, et al. The use of biomarkers to assess the impact of pollution in coastal environments of the Iberian Peninsula: apractical approach[J]. Sci Total Env, 2000, 247(2-3): 295-311.

[7] 李华, 李磊. 铜离子对栉孔扇贝幼贝几种免疫因子的影响[J]. 生命科学仪器, 2009, 7(10): 29-32.

[8] 孙福新, 王颖, 吴志宏. 栉孔扇贝对铜的富集与排出特征研究[J]. 水生态学杂志, 2010, 3(6): 110-115.

[9] 王凡, 赵元凤, 吕景才, 刘长发. 铜在栉孔扇贝组织蓄积、分配、排放的研究[J]. 水利渔业, 2007, 27(3): 84-87.

[10] 王晓宇, 杨红生, 王清. 重金属污染胁迫对双壳贝类生态毒理效应研究进展[J]. 海洋科学, 2009, 33(10): 112-118.

[11] 刘天红, 孙福新, 王颖, 吴志宏, 孙元芹, 李晓, 卢珺. 硫酸铜对栉孔扇贝急性毒性胁迫研究[J]. 水产科学, 2011, 30(6): 317-320.

[12] 李学鹏, 励建荣, 段青源, 赵广英, 王彦波, 傅玲琳, 谢晶. 泥蚶对重金属铜、铅、镉的生物富集动力学[J]. 水产学报, 2008, 32(4): 592-600.

[13] 郭远明. 海洋贝类对水体中重金属的富集能力研究[D]. 青岛: 中国海洋大学, 2008.

[14] 李学鹏. 重金属在双壳贝类体内的生物富集动力学及净化技术的初步研究[D]. 浙江: 浙江工商大学, 2008.

[15] 刘升发, 范德江, 张爱滨, 颜文涛. 胶州湾双壳类壳体中重金属元素的累积[J]. 海洋环境科学, 2008, 27(2): 135-138.

[16] 沈盎绿, 马继臻, 平仙隐, 沈新强. 褶牡蛎对重金属的生物富集动力学特性研究[J]. 农业环境科学学报, 2009, 28(4): 783-788.

(孙元芹, 吴志宏, 孙福新, 王颖, 李晓, 刘天红, 王志刚)

太平洋牡蛎对铜的生物富集动力学特性研究

近年来,我国水环境重金属污染问题突出,近岸海域环境破坏日益严重[1]。海洋中的重金属多以络合和螯合等化学形式存在[2],在环境中迁移性差,残留性强,易沿食物链富集进而威胁人类健康[3-6]。海洋贝类由于分布广、活动性低及固着型的滤食方式,被广泛用作监测重金属生物有效性的指示生物[7-10],用来指示水环境中重金属污染现状[11-12]。目前,针对双壳贝类对重金属的富集研究较多,如牡蛎(*C. gigas thunberg*)对重金属砷、汞、镉、铅的富集排放规律研究[13];海洋贝类泥蚶(*Tegillarca granosa* Linnaeus)、菲律宾蛤(*Ruditapes philippinarum*)、缢蛏(*Sinonovacula constricat* canarck)和单齿螺(*Monodonta labio*)对重金属铜、铅、镉的富集能力研究[14]。但关于太平洋牡蛎(*Crassostrea gigas*)对重金属铜的生物富集动力学特性研究报道还较少。

铜对生物抑制效应是浓度的两步函数,即铜是生物生长必需的微量元素,但含量过高也会产生毒性效应[15]。本实验以山东沿海常见养殖贝类太平洋牡蛎为主要研究对象,采用生物富集双箱动力学模型,研究其在半静态暴露染毒条件下对铜的生物富集动力学特性,以期为生态风险评估及贝类食品的安全监测提供参考。

1 材料与方法

1.1 实验材料

健康太平洋牡蛎采自青岛即墨鳌山卫养殖场。自然海水暂养7 d,连续充氧;每天换水1次、投喂小球藻(*Platymonas spp.*)2次;及时剔除死亡贝体,死亡率低于5%;实验前1 d停止投饵,以便排尽牡蛎体内摄食的饵料,尽量降低实验误差。选择生长良好,个体较为均等的贝类用于实验,随机分组。太平洋牡蛎壳长9.45~11.62 cm,壳宽4.90~5.90 cm,壳高5.20~6.08 cm,体重58.7~100.5 g。

实验在300 L的聚乙烯水箱中进行,实验前将各处理组水箱用等体积暴露溶液浸泡7 d。实验海水经Ⅱ级砂滤,水质指标:pH 7.96~8.20,盐度31.18±0.34,氨氮2.97~4.54 μg·L^{-1},亚硝酸盐氮0.005~0.010 mg·L^{-1},溶氧>6.0 mg·L^{-1},Cu^{2+}本底浓度0.00276 mg·L^{-1}。

1.2 实验方法

1.2.1 实验分组

铜离子(Cu^{2+})溶液采用分析纯 $CuSO_4 \cdot 5H_2O$(天津巴斯夫化工有限公司,A. R. 500 g)配置而成。以 GB3097—1997 海水水质标准(二类) $Cu^{2+} \leq 0.010$ mg·L^{-1} 为参考,按照 0.010 mg·L^{-1} 的 0.5、1.0、2.5、5.0、10.0 倍设置重金属溶液浓度梯度为 0.005 mg·L^{-1}、0.010 mg·L^{-1}、0.025 mg·L^{-1}、0.05 mg·L^{-1}、0.10 mg·L^{-1} 进行添加。实验期间连续充氧,以自然海水为对照。本实验用于分析和计算富集动力学参数的 Cu^{2+} 浓度均为添加浓度与自然海水浓度之和。

1.2.2 富集与排出实验

富集阶段,实验水箱中养殖水体为 270 L,每个水箱放入暂养净化后的牡蛎 77 只,设平行 2 个实验组。各组采用半静态暴露染毒的方法富集 35 d,每 24 h 更换全部溶液;每天投喂小球藻 2 次;在第 0、5、10、15、20、25、30、35 天时,每箱随机取活贝样 5 只,迅速用去离子水冲洗干净,剥壳解剖取全部内容物,经匀浆后冷冻存放待分析。

富集结束后,将剩余贝类转移到自然海水中,养殖水体体积、换水和喂食时间与富集阶段相同。投饵量根据水箱中所剩余贝类数量递减,各组排出实验 30 d,分别在第 5、10、15、20、25、30 天,随机取太平洋牡蛎活贝 5 只,各样品处理与富集阶段相同。

1.3 样品处理与铜浓度测定

Cu^{2+} 含量测定根据 GB 17378.6—2007 海洋监测规范第 6 部分,采用无火焰原子吸收分光光度法进行测定。Cu^{2+} 含量单位用 mg·kg^{-1} 干重表示。

1.4 数据统计分析

生物富集双箱动力学模型和生物富集系数(BCF)测定采用修正的双箱动力学模型方法[16-21],实验的两个阶段用方程描述为

富集过程($0 < t < t^*$):

$$c_A = c_0 + c_W \frac{k_1}{k_2}(1 - e^{k_2 t})(0 < t < t^*) \tag{1}$$

排出过程($t > t^*$):

$$c_A = c_0 + c_W \frac{k_1}{k_2}[e^{-k_2(t-t^*)} - e^{-k_2 t}](t > t^*) \tag{2}$$

式中,k_1——生物吸收速率常数;k_2——生物排出速率常数;c_W——水体 Cu^{2+} 浓度,mg·L^{-1};c_A——生物体内 Cu^{2+} 的含量,mg·kg^{-1} 干重;c_0——实验开始前生物体内 Cu^{2+} 的含量,mg·kg^{-1} 干重;t^*——富集实验结束的天数,d。由公式(1)、(2)对富集和排出过程中贝类体内 Cu^{2+} 含量的动态检测结果进行非线性拟合,得到 k_1、k_2 值。

BCF,即生物富集系数,是估算水生生物富集污染物质能力的一个量度;金属的生物学半衰期 $B_{1/2}$,指生物体内的金属排出一半所需的时间(d);c_{Amax} 指生物体内富集重金属达到平衡态时体内含量(mg·kg^{-1})。分别采用公式(3)、(4)、(5)进行计算。

$$BCF = \frac{k_1}{k_2} = \lim \frac{c_A}{c_W}(t \to \infty) \tag{3}$$

$$B_{1/2} = \frac{\ln 2}{k_2} \tag{4}$$

$$c_{Amax} = BCF \times c_W \tag{5}$$

2 结果与分析

2.1 太平洋牡蛎对 Cu^{2+} 的富集

如图1所示,富集阶段,对照组体内 Cu^{2+} 含量变化范围为 136.53～196.11 mg·kg^{-1}。0.005 mg·L^{-1} 和 0.01 mg·L^{-1} 组:0～20 d 增长缓慢,25～35 d 均先降低后增长,在 25 d(0.01 mg·L^{-1})和 35 d(0.005 mg·L^{-1})时,牡蛎体内 Cu^{2+} 含量达到峰值,与 0 d 时相比,分别提高 0.81 倍(0.005 mg·L^{-1})和 2.29 倍(0.01 mg·L^{-1})。0.025 mg·L^{-1} 和 0.05 mg·L^{-1} 组:0～10 d 体内 Cu^{2+} 含量变化较为一致;10～25 d,0.05 mg/L 组牡蛎体内 Cu^{2+} 含量增长幅度明显大于 0.025 mg·L^{-1} 组;25 d 时,牡蛎体内 Cu^{2+} 含量与 0 d 时相比,分别提高了 3.36 倍(0.025 mg·L^{-1})和 6.71 倍(0.05 mg·L^{-1})。0.10 mg·L^{-1} 组:暴露 5 d 时,体内 Cu 含量与 0 d 相比迅速提高了 1.78 倍,5～15 d 增长较为平缓,15～25 d 正相关迅速增加,25 d 时体内 Cu 含量与 0 d 相比提高了 7.9 倍。数据表明,太平洋牡蛎对 Cu^{2+} 具有较强的富集能力,暴露 0～25 d,各实验组牡蛎体内 Cu^{2+} 含量与暴露溶液 Cu^{2+} 浓度、暴露时间基本正相关。

2.2 太平洋牡蛎对 Cu^{2+} 的排出

如图2所示,0.005 mg·L^{-1}、0.01 mg·L^{-1}、0.025 mg·L^{-1} 组,牡蛎体内 Cu^{2+} 含量呈先减少后增加、再减少的趋势排出,30 d 与 0 d 相比,牡蛎体内 Cu^{2+} 含量分别降低了 22.43%(0.005 mg·L^{-1})、34.45%(0.01 mg·L^{-1})、42.27%(0.025 mg·L^{-1});0.05 mg·L^{-1}、0.10 mg·L^{-1} 组,牡蛎体内 Cu^{2+} 含量呈现不稳定波动状态,0.10 mg·L^{-1} 组 3 个变化转折点均滞后 0.05 mg·L^{-1} 组 5 d 时间,分别为整体实验 45 d(0.05 mg·L^{-1})、50 d(0.10 mg·L^{-1})时牡蛎体内 Cu^{2+} 含量。

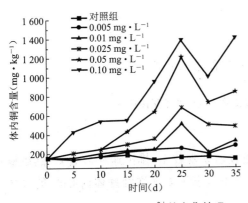

图1 太平洋牡蛎对 Cu^{2+} 的富集情况

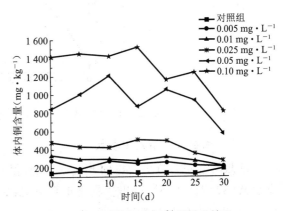

图2 太平洋牡蛎对 Cu^{2+} 的排出情况

2.3 太平洋牡蛎对 Cu^{2+} 的生物富集曲线及数据拟合

2.3.1 生物富集曲线

采用方程(1)和(2)对富集和排出阶段进行非线性拟合,得到不同暴露浓度下太平洋牡蛎对 Cu^{2+} 的生物富集曲线(图3)。

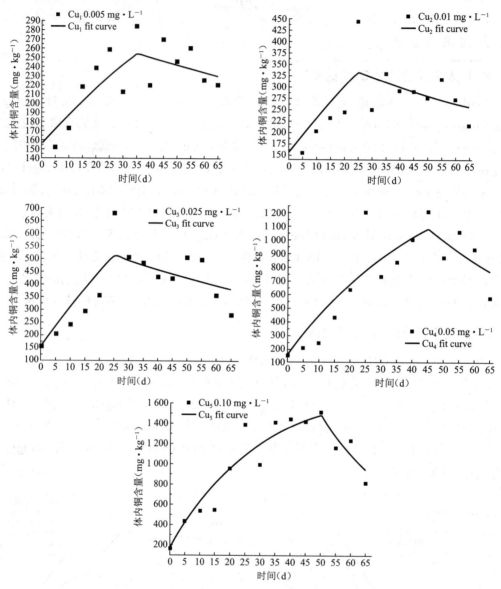

图3 太平洋牡蛎在不同 Cu^{2+} 暴露浓度下的生物富集曲线

2.3.2 生物富集动力学参数

通过对富集与排出过程的非线性拟合,得到吸收速率常数 k_1,排出速率常数 k_2;然后根据公式(3)～公式(5),得出生物富集系数(BCF)、平衡状态下太平洋牡蛎体内 Cu^{2+} 的含量(c_{Amax})和 Cu^{2+} 的生物学半衰期($B_{1/2}$)。

由表 1 可知，除 0.01 mg·L^{-1} 组外，各实验组拟合优度系数 R^2 介于 0.508 8~0.881 1，该模型可以描述太平洋牡蛎对铜的富集与代谢情况。0.005 mg·L^{-1}、0.01 mg·L^{-1}、0.025 mg·L^{-1} 实验组的生物学半衰期 $B_{1/2}$ 分别为 73.0 d、49.5 d、60.3 d，表明牡蛎体内 Cu^{2+} 排出缓慢，与排出实验结论相同；0.005 mg·L^{-1}、0.01 mg·L^{-1} 低浓度组的太平洋牡蛎对铜富集无明显规律；0.025 mg·L^{-1}、0.05 mg·L^{-1}、0.10 mg·L^{-1} 实验组，随着暴露水体 Cu^{2+} 浓度的增大，各组富集参数 k_1 先增大后减少，k_2、c_{Amax} 逐渐增加，BCF、$B_{1/2}$ 逐渐变小。

表 1　Cu^{2+} 在太平洋牡蛎体内富集动力学参数汇总表

c_w (mg·L^{-1})	k_1	k_2	R^2	BCF	c_{Amax}	$B_{1/2}$
0.005	424.287 4	0.009 5	0.508 8	44 709	346.941 0	73.0
0.01	660.083 4	0.014 0	0.417 6	47 183	602.048 9	49.5
0.025	595.991 7	0.011 5	0.686 1	51 825	1 438.672 1	60.3
0.05	604.720 6	0.020 9	0.753 8	28 920	1 525.827 7	33.1
0.10	546.997 2	0.034 7	0.881 1	15 755	1 618.935 1	20.0

注：水体中 Cu^{2+} 本底浓度为 0.002 76 mg·L^{-1}。

研究表明[22]，即使亲缘关系很近的生物种，体内对同种重金属的富集能力存在不同。李学鹏[23]研究发现，Cu^{2+} 浓度过低时，0.010 45 mg·L^{-1} 组褶牡蛎对铜富集无规律性，0.047 80 mg·L^{-1}、0.098 05 mg·L^{-1} 组褶牡蛎对 Cu^{2+} 富集明显。近江牡蛎对铜的累积实验[24]表明，富集 10 d 后，0.003 3 mg·L^{-1} 组富集系数 BCF 高达 46 715，0.031 6~0.316 mg·L^{-1} 组 BCF 为 7 727~2 765，且逐渐变小，0.1 mg·L^{-1} 近江牡蛎组暴露 12 d 后排出净化 35 d，$B_{1/2}$ 值为 131 d。根据表 1，0.025 mg·L^{-1}、0.05 mg·L^{-1}、0.10 mg·L^{-1} 太平洋牡蛎组 BCF 逐渐变小，与 0.031 6~0.316 mg·L^{-1} 褶牡蛎组 BCF 变化规律较为一致，但数值明显偏高；0.1 mg·L^{-1} 太平洋牡蛎组暴露 35 d 后排出 30 d，$B_{1/2}$ 为 20.0 d，远小于 0.1 mg·L^{-1} 褶牡蛎组。研究结果存在差异应该是生物物种、外部环境、实验设置等多种因素共同造成。

2.4　富集平衡状态下 c_{Amax} 与暴露水体 Cu^{2+} 浓度的关系

由图 4 可知，0.005 mg·L^{-1}、0.01 mg·L^{-1}、0.025 mg·L^{-1}、0.05 mg·L^{-1}、0.10 mg·L^{-1} 实验组的 c_{Amax}，随着暴露溶液中 Cu^{2+} 浓度增加而逐渐增大，与富集实验结果相一致。其中，0.10 mg·L^{-1} 太平洋牡蛎组 c_{Amax} 高达 161 9 mg·kg^{-1}，主要原因是牡蛎游走的白血球对 Cu^{2+} 具有很强的富集力[25]。

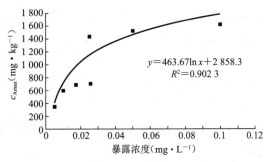

图 4　太平洋牡蛎体内 Cu^{2+} 含量与暴露水体中 Cu^{2+} 浓度的关系

3 结论

在实验条件下,太平洋牡蛎对Cu^{2+}具有较强的富集能力,0.05 mg·L^{-1}、0.10 mg·L^{-1}组太平洋牡蛎富集达到平衡状态的时间延长;0.005 mg·L^{-1}、0.01 mg·L^{-1}、0.025 mg·L^{-1}低浓度组太平洋牡蛎体内Cu^{2+}排出缓慢。双箱动力学模型适用于太平洋牡蛎对Cu^{2+}的生物富集与排出实验,0.025 mg·L^{-1}、0.05 mg·L^{-1}、0.1 mg·L^{-1}组富集参数k_1先增大后减少,k_2、c_{Amax}逐渐增加,BCF、$B_{1/2}$逐渐变小。0.005 mg·L^{-1}、0.01 mg·L^{-1}、0.025 mg·L^{-1}、0.05 mg·L^{-1}、0.10 mg·L^{-1}组富集平衡状态下c_{Amax}随着暴露溶液中Cu^{2+}浓度增加逐渐增大($R^2 = 0.902$)。

参考文献

[1] 任以顺. 我国近岸海域环境污染成因与管理对策[J]. 青岛科技大学学报(社会科学版),2006,22(3):106-111.

[2] 吴海一,詹冬梅,刘洪军,等. 鼠尾藻对重金属锌、镉富集及排放作用的研究[J]. 海洋科学,2010,34(1):69-74.

[3] Shuai J S, Wang L. Discussion about the health impact of heavy metal and the countermeasure [J]. Environment and Exploitation, 2001, 16(4):62.

[4] Liu Z K, Lan Y F. The pollution of heavy metal and human health [J]. Science Garden Plot, 1991(2):35.

[5] Guo D F. Environment sources of Pb and Cd and their toxicity to man and animals [J]. Advances in Environment Science, 1994, 2(3):71-76.

[6] Funes V, Alhama J, Navas J I, et al. Ecotoxicological effects of metal pollution in two mollusc species from the Spanish South Atlantic littoral [J]. Environmental Pollution, 2006, 139(2):214-223.

[7] Miller B S. Mussels as biomonitors of point and diffuse sources of trace metals in the clyde sea area, Scotland [J]. Water Science and Technology, 1999, 39(12):233-240.

[8] Cajaraville M P, Bebianno M J, Blasco J, et al. The use of biomarkers to assess the impact of pollution in coastal environments of the Iberian Peninsula: a practical approach[J]. Science of the Total Environment, 2000, 247(2-3):295-311.

[9] Wagner A, Boman J. Biomonitoring of trace elements in Vietnamese freshwater mussels [J]. Spectrochimica Acta PartB: Atomic Spectroscopy, 2004, 59(8):1 125-1 132.

[10] Romeo M, Frasila C, Gnassia-barelli M, et al. Biomonitoring of trace metals in the Black Sea(Romania) using mussels *Mytilus* galloprovincialis[J]. Water Research, 2005, 39(4):596-604.

[11] 王亚炜,魏源送,刘俊新. 水生生物重金属富集模型研究进展[J]. 环境科学学报,2008,28(1):12-20.

[12] Roditi H A, Fisher N S, Sanudo-Wilhelmy S A. Field testing a metal bioaccumulation model for zebra mussels[J]. Environmental Science & Technology, 2000, 34(13): 2817-2825.

[13] 王晓丽, 孙耀, 张少娜, 等. 牡蛎对重金属生物富集动力学特性研究[J]. 生态学报, 2004, 24(5): 1086-1090.

[14] 郭远明. 海洋贝类对水体中重金属的富集能力研究[D]. 青岛: 中国海洋大学, 2008.

[15] Nriagu J O. Zinc in the Environment, part II: Health Effects[M]. New York: John Wiley, 1980.

[16] Banerjee S, Sugait R H. A simple method fordetermination bioconcentration parameters of hydrapholiccompounds[J]. Environ Sci. Technol, 1984, 18(2): 79-81.

[17] Florence B. Bioaccumulation and retention of lead in the mussel *Mytilus galloprovincialis* following uptake from seawater[J]. The Science of the Total Environment, 1998, 222(1-2): 56-61.

[18] Kahle J, Zauke G P. Bioaccumulation of trace metals in the copepod Calanoides acutus from the Weddell Sea(Antarctica): comparison of two-compartment and hyperbolic toxicokinetic models[J]. Aquatic Oxicology, 2002, 59(1-2): 115-135.

[19] 汪小江, 黄庆国, 王连生. 生物富集系数的快速测定法[J]. 环境化学, 1991, 10(4): 44-49.

[20] 王修林, 马延军, 郁伟军, 等. 海洋浮游植物的生物富集热力学模型—对疏水性污染有机物生物富集双箱热力学模型[J]. 青岛海洋大学学报(自然科学版), 1998, 28(2): 299-306.

[21] 薛秋红, 孙耀, 王修林, 等. 紫贻贝对石油烃的生物富集动力学参数的测定[J]. 海洋水产研究, 2001, 22(1): 32-36.

[22] 张少娜. 经济贝类对重金属的生物富集动力学特性的研究[D]. 青岛: 中国海洋大学, 2003.

[23] 李学鹏. 重金属在双壳贝类体内的生物富集动力学及净化技术的初步研究[D]. 杭州: 浙江工商大学, 2008.

[24] 陆超华, 谢文造, 周国君. 近江牡蛎作为海洋重金属Cu污染监测生物的研究[J]. 海洋环境科学, 1998, 17(2): 17-23.

[25] 陈金堤, 缪惠彬, 郑建春, 等. 九龙江河口海区生物体内汞、铜、铅、锌和镉含量的初步调查[J]. 厦门大学学报, 1981(4): 458-467.

(孙元芹, 孙福新, 王颖, 吴志宏, 刘天红, 李晓, 聂爱宏)

第五章

水生动物病害防治

一种水产迟钝爱德华氏菌快速药敏检测方法的研究

迟钝爱德华氏菌（*Edwardsiella tarda*）是世界范围内水产养殖鱼类的一种重要致病菌，可感染包括淡水与海水养殖的多种鱼类，给渔业经济带来了重大损失[1-3]。目前，在水产养殖过程中，抗生素的使用仍是治疗细菌性疾病的重要手段，但由于抗生素的广泛长期使用，致使水产耐药微生物种类及数量不断攀升[4-7]。近年来，大量迟钝爱德华氏菌耐药菌株在世界范围内陆续被分离，菌株的抗药性也由单一耐药逐渐发展为多重耐药，且不同分离菌株在耐药特性谱上存在一定差异[8-9]。在这种情况下，如果盲目使用抗生素，非但达不到理想的治疗效果，反而会使得菌株的耐药性加剧，给水产养殖业甚至人类生命健康安全带来严重威胁。

抗生素敏感实验通过对病原微生物的药物敏感性检测，指导临床科学、准确、及时用药，在避免疾病的流行、药物残留及微生物耐药性加剧等方面起着重要作用[10]。传统药敏实验大多需在专业实验室条件下进行，且需专业人员操作，存在操作烦琐、周期长等问题[11]。另外，目前虽然已有一些快速药敏检测的技术方法，但大多需要专业仪器设备辅助，所以难以在水产养殖生产现场推广使用[12]。为了实现临床现场快速、简便的药敏检测，氧化还原指示剂常被辅助用于药敏检测快速研究，并已在人体病原微生物的快速药敏检测方面取得了丰硕的研究成果[13-14]，但目前在水产养殖业中却少有应用。

本研究利用阿尔玛蓝作为细菌生长指示剂开展了迟钝爱德华氏菌的快速药敏检测方法的研究，研究结果将为水产病原微生物的快速药敏检测技术的建立与发展提供重要参考。

1 材料与方法

1.1 实验菌株

迟钝爱德华氏菌 JF-1 由本实验室从患腹水症的牙鲆体内分离获得，前期感染实验显示菌株 JF-1 对健康牙鲆的 LD_{50} 为 2.8×10^5 $CFU·mL^{-1}$。

1.2 试剂和耗材

培养基（北京陆桥技术有限责任公司，上海生工生物工程公司），抗生素为 USP 级（上海源叶生物科技有限公司）；阿尔玛蓝（美国 Invitrogen 公司）；96 孔细胞培养板（美国 Corning 公司）。

1.3 增菌液筛选

为实现迟钝爱德华氏菌快速生长以缩短药敏检测过程,在 MHB 培养基(美国临床实验室标准化协会 CLSI 药敏检测基础培养基)配方的基础上,对其进行改良以制成增菌液,改良配方为 MH0(牛肉浸粉 6 g、可溶性淀粉 1.5 g、酪蛋白水解物 17.5 g、NaCl 10 g、$CaCl_2$ 2.8 mg、$MgCl_2$ 4 mg、蒸馏水 1L)、MH1(牛肉浸粉 6 g、可溶性淀粉 1.5 g、酪蛋白水解物 17.5 g、NaCl 10 g、$CaCl_2$ 2.8 mg、$MgCl_2$ 4 mg、10% 鱼汤、蒸馏水 1 L)和 MH2(牛肉浸粉 6 g、可溶性淀粉 1.5 g、酪蛋白水解物 17.5 g、NaCl 10 g、$CaCl_2$ 2.8 mg、$MgCl_2$ 4 mg、鱼肉蛋白胨 10 g、蒸馏水 1 L)。分别吸取 1 mL 过夜培养的迟钝爱德华氏菌 JF-1 转入 100 mL MH0、MH1 和 MH2 中,混合均匀后分别取 5 mL 混合液加入 13 支无菌试管中,置于 28℃ 摇床 180 $r·min^{-1}$ 振荡培养,每隔 2 h 取样一次,于 600 nm 波长下测定 OD 值,以培养基作为空白对照,绘制菌株 JF-1 在不同培养基中的生长曲线。

1.4 药敏检测接菌密度选定

以 MH0 培养液将菌株 JF-1 以 10 倍梯度稀释为每毫升 $1×10^3 \sim 1×10^8$ 个,分别接种于无菌 96 孔板,每孔 80 μL,每个密度 3 个重复,加入 10 μL 阿尔玛蓝指示剂,28℃ 避光培养,每小时取出观察颜色变化,以初步筛选适宜药敏检测的接菌密度。

经初筛选定 $1×10^5$ 个·mL^{-1} 和 $1×10^6$ 个·mL^{-1} 两个菌液密度,以链霉素为测试药物做进一步实验。用无菌超纯水配制链霉素并稀释至 0.256 mg·mL^{-1}、0.128 mg·mL^{-1}、0.064 mg·mL^{-1}、0.032 mg·mL^{-1}、0.016 mg·mL^{-1}、0.008 mg·mL^{-1}、0.004 mg·mL^{-1},平行接种于 96 孔细胞培养板和无菌酶标板内(A1-G6),每孔 10 μL,每行为同一质量浓度。在药物阴性对照孔(H1～H6)和空白对照孔内(A7～H7)加入 10 μL 无菌超纯水。将 $1×10^5$ 个·mL^{-1} 和 $1×10^6$ 个·mL^{-1} 两个密度菌液分别接种于细胞培养板和无菌酶标板内,每孔 80 μL,每个质量浓度设 3 个重复,空白对照孔内接种 MH0 培养液。在细胞培养板每孔内分别加入 10 μL 阿尔玛蓝指示剂,28℃ 避光培养,每 2 h 观察并记录颜色变化。当细胞培养板内药物阴性对照孔颜色变粉红后,取出无菌酶标板,以酶标仪于 595 nm 波长下测定 OD 值,并参照美国临床实验室标准化协会发布的水产细菌药敏检测标准(M49-A)方法计算细菌存活率,将细菌存活率≤20% 微孔内的最低药物质量浓度判定为最小抑菌质量浓度[14]。细菌存活率/% =(药物组 OD -空白对照组 OD)/(药物阴性对照组 OD -空白对照组 OD)×100%。

1.5 利用阿尔玛蓝显色法测定迟钝爱德华氏菌

JF-1 对 11 种药物的敏感性。

1.5.1 药敏检测微孔板的制备

依据水产常用药物种类和禁用药物目录,选择氨苄青霉素、氟苯尼考、链霉素、阿米卡星、土霉素、新霉素、强力霉素、多粘菌素 B、复方新诺明、恩诺沙星、利福平制备药敏检测板。根据不同药物的特性分别采用不同的溶剂准确配制成初始质量浓度为 6.4 mg·mL^{-1}、6.4 mg·mL^{-1}、5.12 mg·mL^{-1}、6.4 mg·mL^{-1}、6.4 mg·mL^{-1}、5.12 mg·mL^{-1}、6.4 mg·mL^{-1}、1.28 mg·mL^{-1}、5.12 mg·mL^{-1}、2.56 mg·mL^{-1}、3.2 mg·mL^{-1} 的抗菌药物储液,经 0.22 μm 滤膜过滤后,并依次加入药敏检测区(A1～H11)内,每孔加入 10 μL,最终药敏检测板包被的抗菌药物见图1。在生长对照区(A12～D12)和空白对照区(E12～H12)内每孔加入 10 μL 无菌超纯水作为对照。

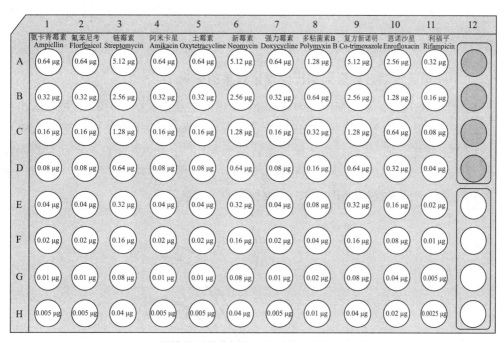

图 1 药敏检测微孔板内药物种类及包被量示意图

注:1～11 不同药物种类;A～H 不同药物量;A1～H11 药敏检测区;A12～D12 生长对照区;E12～H12 空白对照区。

1.5.2 根据颜色判断不同药物的最小抑菌质量浓度

将菌株 JF-1 接种于 MH2 培养基中进行快速增殖,待菌液浊度达到 0.5 个麦氏比浊度时,用 MH0 稀释为每毫升 $1×10^5$ 个,加入药敏检测微孔板的药敏检测区及生长对照区,每孔 80 μL。在空白对照区内每孔滴加 80 μL MH0 培养液,在所有微孔内分别加入 10 μL 阿尔玛蓝指示剂,置于 28℃ 培养箱中静置避光培养 8～14 h。待生长对照区由蓝色变为粉色时,取出药敏检测微孔板,肉眼观察记录各微孔内的颜色变化情况。每列中与粉红色微孔相邻的蓝色(或蓝紫色)孔所对应的药敏包被浓度即为该药物对菌株 JF-1 的最小抑菌质量浓度。

1.6 根据 OD 值判断不同药物的最小抑菌质量浓度

取一块预先参照 1.5.1 同等操作制备的包被不同药物的 96 孔无菌酶标板,参照药敏检测微孔板平行对应地加入待检菌液,置于 28℃ 培养箱中静置培养。在对上述快速药敏检测微孔板根据颜色变化进行最小抑菌质量浓度结果判读的同时,将接种有待检菌的酶标板用酶标仪在 595 nm 波长下测定各微孔的 OD 值,并参照 1.4 所述方法计算各微孔内的细菌存活率并判定最小抑菌质量浓度。

1.7 利用常规试管稀释法进行药物敏感性测定

在一系列无菌透明试管中分别接种如图 1 所示的含 8 个质量浓度梯度的 11 种药物的

菌液,每管接种 800 μL,菌液密度为每毫升 $1×10^5$ 个,每个药物质量浓度设 3 个重复,以通气硅胶塞封口后置于 28 ℃培养箱中静置培养,肉眼连续观察试管内菌液浊度变化,直至各试管内浊度稳定后,记录结果,以未出现浑浊试管所对应的最小药物质量浓度为最小抑菌质量浓度。

2 结果

2.1 不同增菌液对迟钝爱德华氏菌增殖效果的影响

通过菌株 JF-1 在增菌液 MH0、MH1 和 MH2 内的生长曲线情况(图 2),可以看出改良后的 MH1 和 MH2 增菌效果均优于 MH0,不仅能够缩短菌株 JF-1 的生长延滞期,使细菌在 10 h 内进入指数生长期,且最终生物量也显著高于 MH0,由于鱼肉蛋白胨产品批次间差异较自制鱼汤小,因此将 MH2 作为药敏快速检测方法的增菌培养基,为了避免添加鱼肉蛋白胨对药敏检测结果的干扰,以 MH0 作为药敏检测的基础培养基。

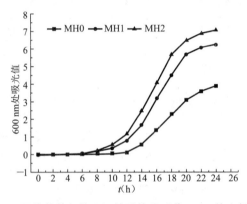

图 2 不同培养基条件下迟钝爱德华氏菌 JF-1 的生长曲线

2.2 药敏检测菌液接种密度的确定

通过在不同密度菌液中加入阿尔玛蓝指示剂后,$1×10^8$ 个·mL^{-1} 菌液在接种 1 h 后,由蓝色完全变为粉红色,$1×10^7$ 个·mL^{-1} 菌液在 2 h 之后完全变为粉红色,$1×10^6$ 个·mL^{-1} 菌液在 7 h 之后完全变为粉红色,$1×10^5$ 个·mL^{-1} 菌液在 12 h 之后完全变为粉红色,$1×10^4$ 个·mL^{-1} 菌液在 16 h 之后完全变为粉红色,$1×10^3$ 个·mL^{-1} 菌液在 17 h 之后完全变为粉红色。考虑快速药敏检测的时间跨度需求,并能使药物对细菌生长抑制效果有足够时间得以体现,初步选定 $1×10^5$ 个·mL^{-1} 和 $1×10^6$ 个·mL^{-1} 菌液密度进行药敏检测实验,以确定最适药敏检测接种密度。

$1×10^5$ 个·mL^{-1} 和 $1×10^6$ 个·mL^{-1} 接种菌液在不同质量浓度链霉素条件下,阿尔玛蓝指示剂颜色随着时间延长呈现连续差异变化。其中,接种 $1×10^6$ 个·mL^{-1} 菌液的药物阴性对照孔在 8 h 后颜色由蓝色变为粉色,此时药物质量浓度≤3.2 μg·mL^{-1} 的测试孔均变为粉色,其他测试孔变为紫色(图 3);接种 $1×10^5$ 个·mL^{-1} 菌液的药物阴性对照孔在 12 h 后变为粉色,此时药物质量浓度≤1.6 μg·mL^{-1} 的测试孔均变为粉色,其他测试孔均保持蓝色不变,且在此后4 h时间孔内颜色未再发生变化(图4)。

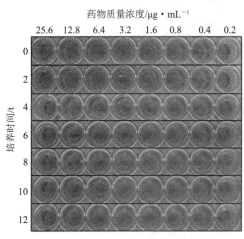

图3 接种1×10^6个·mL^{-1}迟钝爱德华氏菌对链霉素敏感性检测12 h内的显色变化

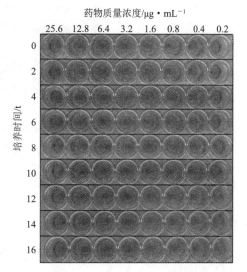

图4 接种1×10^5个·mL^{-1}迟钝爱德华氏菌对链霉素敏感性检测16 h内的显色变化

在接种12 h后,通过测定平行接种的无菌酶标板内的OD值,结果显示1×10^5个·mL^{-1}和1×10^6个·mL^{-1}接种菌液在3.2～25.6 μg·mL^{-1}药物质量浓度范围内细菌存活率均小于20%,具有显著抑菌效果,由此得出链霉素对迟钝爱德华氏菌的最小抑菌质量浓度为3.2 μg·mL^{-1}(表1)。将以上肉眼观察的颜色变化结果与细菌存活率结果比对发现,1×10^5个·mL^{-1}接种菌液颜色判定最小抑菌浓度结果与细菌存活率判定结果一致,而与1×10^6个·mL^{-1}接种菌液结果存在一定偏差,因此综合考虑药敏检测的准确性及肉眼可判性,选定快速药敏检测最适接种密度为1×10^5个·mL^{-1}。

表1 迟钝爱德华氏菌JF-1在不同质量浓度链霉素作用12 h后的存活率(%)

接菌密度 个·mL^{-1}	药物质量浓度(μg·mL^{-1})						
	25.6	12.8	6.4	3.2	1.6	0.8	0.4
1×10^6	12.3	12.4	12.9	15.8	39.7	67.8	82.5
1×10^5	11.2	11.2	11.7	12.4	34.2	62.5	78.2

2.3 阿尔玛蓝显色法测定迟钝爱德华氏菌JF-1对11种药物的敏感性结果

在制备的药敏检测板微孔内接种1×10^5个·mL^{-1}菌液,培养12 h后,阿尔玛蓝指示剂显色结果见图5。不同药物的不同质量浓度对迟钝爱德华氏菌JF-1的生长呈现不同抑制作用,根据颜色指示可判定,氨苄青霉素、氟苯尼考、链霉素、阿米卡星、土霉素、新霉素、强力霉素、多粘菌素B、复方新诺明、恩诺沙星、利福平对迟钝爱德华氏菌的最小抑菌质量浓度分别为0.4 μg·mL^{-1}、0.8 μg·mL^{-1}、3.2 μg·mL^{-1}、0.4 μg·mL^{-1}、0.4 μg·mL^{-1}、

1.6 μg·mL^{-1}、0.4 μg·mL^{-1}、0.8 μg·mL^{-1}、6.4 μg·mL^{-1}、3.2 μg·mL^{-1}、0.05 μg·mL^{-1}。

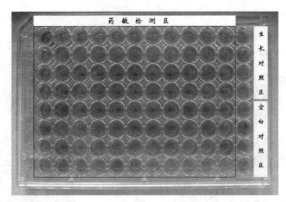

图5 利用阿尔玛蓝为指示剂的快速药敏检测法对迟钝爱德华氏菌JF-1的药敏检测结果

注：药物种类和质量浓度设置同图1。

2.4 分光光度法测定迟钝爱德华氏菌JF-1对11种药物的敏感性结果

在快速药敏检测微孔板内生长对照区变红时（接种12 h后），测定平行接种的酶标板内各微孔OD值，进而计算细菌存活率，结果见表2。以细菌存活率≤20%微孔内的最低药物质量浓度判定为最小抑菌质量浓度，由此得出氨苄青霉素、氟苯尼考、链霉素、阿米卡星、土霉素、新霉素、强力霉素、多粘菌素B、复方新诺明、恩诺沙星、利福平对迟钝爱德华氏菌的最小抑菌质量浓度分别为0.4 μg·mL^{-1}、0.8 μg·mL^{-1}、3.2 μg·mL^{-1}、0.4 μg·mL^{-1}、0.4 μg·mL^{-1}、1.6 μg·mL^{-1}、0.4 μg·mL^{-1}、0.8 μg·mL^{-1}、6.4 μg·mL^{-1}、3.2 μg·mL^{-1}、0.05 μg·mL^{-1}，结果与显色法完全吻合。

表2 分光光度法测定11种药物梯度稀释浓度对迟钝爱德华氏菌JF-1存活率的影响结果 %

不同稀释度	包被药物种类										
	氨苄青霉素	氟苯尼考	链霉素	阿米卡星	土霉素	新霉素	强力霉素	多粘菌素B	复方新诺明	恩诺沙星	利福平
A	9.2	8.9	10.6	9.5	11.1	9.7	10.1	9.6	12.4	11.5	9.1
B	9.4	9.2	11.1	9.7	11.2	9.8	10.4	9.8	13.3	11.6	9.1
C	9.8	9.7	11.5	10.1	11.4	10.1	10.6	10.1	14.1	13.6	9.2
D	10.1	10.5	11.6	10.3	11.7	10.3	10.4	10.4	15.7	14.1	9.2
E	12.3	33.6	13.4	11.3	12.5	10.5	10.8	10.8	26.7	64.0	9.4
F	24.2	40.2	31.9	34.5	50.9	17.4	35.9	47.2	43.1	69.6	9.4
G	56.7	42.2	67.3	52.8	77.9	38.2	65.7	51.8	51.3	71.3	9.7
H	87.8	66.8	89.2	58.8	90.5	40.1	72.6	58.5	57.9	74.9	34.8

注："A～H"字母代表与图1示意图相对应的不同药物包被质量浓度；黑体标识为最小抑菌质量浓度对应孔。

2.5 常规试管稀释法测定迟钝爱德华氏菌JF-1对11种药物的敏感性结果

通过观察试管稀释法测定最小抑菌质量浓度的结果显示，各试管的浊度需要在28℃培养24 h后才能趋于稳定,结果见表3(药物质量浓度设置同图1),以肉眼无法观察到明显浑浊,试管中药物的最低质量浓度为最小抑菌质量浓度,氨苄青霉素、氟苯尼考、链霉素、阿米卡星、土霉素、新霉素、强力霉素、多粘菌素B、复方新诺明、恩诺沙星、利福平对迟钝爱德华氏菌的最小抑菌质量浓度分别为0.2 μg•mL^{-1}、0.8 μg•mL^{-1}、3.2 μg•mL^{-1}、0.4 μg•mL^{-1}、0.4 μg•mL^{-1}、1.6 μg•mL^{-1}、0.4 μg•mL^{-1}、0.8 μg•mL^{-1}、3.2 μg•mL^{-1}、3.2 μg•mL^{-1}、0.05 μg•mL^{-1},其中氨苄青霉素和复方新诺明检测结果与显色法及分光光度法存在差异,其他药物检测结果完全吻合。

表3 试管稀释法测定11种药物梯度稀释浓度对迟钝爱德华氏菌JF-1的生长影响结果

不同稀释度	试管内溶解的药物种类										
	氨苄青霉素	氟苯尼考	链霉素	阿米卡星	土霉素	新霉素	强力霉素	多粘菌素B	复方新诺明	恩诺沙星	利福平
A	−	−	−	−	−	−	−	−	−	−	−
B	−	−	−	−	−	−	−	−	−	−	−
C	−	−	−	−	−	−	−	−	−	−	−
D	−	−	−	−	−	−	−	−	−	−	−
E	−	+	−	−	−	−	−	−	+	−	−
F	−	+	−	+	+	−	+	+	+	+	−
G	+	+	−	+	+	+	+	+	+	+	−
H	+	+	+	+	+	+	+	+	+	+	+

注:"−"代表试管观察结果为澄清;"+"代表试管观察结果为浑浊;"A~H"字母代表与图1示意图相对应的不同药物包被质量浓度。

3 讨论

3.1 方法与显色指示剂选用

目前,药敏检测常规方法主要采用K-B纸片法与肉汤稀释法,但K-B纸片法存在操作烦琐、工作量较大、稳定性和准确性较低等问题,无法获得药物的最小抑菌浓度[15]。普通的肉汤稀释法需要专业的仪器设备辅助,且对结果判读不够直观[16]。这两种方法均不适合在养殖生产中应用推广。为解决这个问题,本研究以阿尔玛蓝染料作为细菌生长指示剂,在对检测系统各项参数优选的基础上,通过观测药敏检测微孔板内测试孔的颜色差异变化,实现对药物最小抑菌质量浓度的直观判定,检测结果与分光光度法及试管稀释法基本保持一致,说明本研究的快速药敏检测方法切实可行。

本研究基于氧化/还原反应原理,当细菌生长增殖时,由于细菌细胞内生化反应产生的还原力可将阿尔玛蓝染料还原,从而使其颜色由氧化态下的蓝色转变为还原态下的粉红色,这一颜色变化可利用肉眼进行直接判断。由于阿尔玛蓝染料对细胞无毒害作用,不影响细菌生长,因此可直接将其预先添加在药敏检测板微孔内,从而使得检测操作更加简便,而且可连续监测细菌的增殖动态,使药敏检测更为简便和快捷。

3.2 药敏检测接种密度

药敏检测接种密度的选择对于快速药敏检测结果的准确性和实用性十分重要,由于如果接菌密度过高,细菌即使受到药物作用增殖的抑制,如果接种菌体未能在短时间内被杀死,其本底细菌在经过一段时间的生命化学活动后而产生还原力也能使得阿尔玛蓝指示剂发生颜色变化,从而使检测结果失真;如果接菌密度过低又将会大大延长药敏检测的时间跨度,使快速药敏检测失去意义。本研究在经过初筛选定 1×10^5 个·mL^{-1} 和 1×10^6 个·mL^{-1} 两个菌液密度,通过进一步药物检测实验结果显示,1×10^6 个·mL^{-1} 菌液在接种 8 h 后分光光度法和显色法检测结果仍存在微小偏差,而 1×10^5 个·mL^{-1} 接种密度能很好地保证结果可靠,因此本研究的快速药敏检测体系以 1×10^5 个·mL^{-1} 作为接种密度。

3.3 不同药敏检测方法结果比较

本研究通过运用分光光度法及试管稀释法两种传统药敏检测方法与基于颜色判定的快速药敏检测进行了对比,结果显示分光光度法检测结果与显色法完全一致,而试管稀释法却存在一定偏差,其对氨苄青霉素和复方新诺明检测的最小抑菌质量浓度分别为 0.2 μg·mL^{-1} 和 3.2 μg·mL^{-1},比显色法测定的最小抑菌质量浓度低一个梯度,推测其原因可能是由于培养条件差异引起的。由于溶氧效率是限制静止培养条件下好氧菌生长的重要影响因素,一般情况下体积越小比面积越大,在高比面积的培养模式下外界向培养基内溶解氧气的效率越高,细菌生长条件越优越,越有利于快速增殖,这时同等药物浓度有可能会对生长条件较差菌群形成更好的抑制效果,因此试管稀释法出现了两种药物最小抑菌质量浓度低于微孔显色法的,这也是为什么试管稀释法需要培养 24 h 之后浊度才能趋于稳定的原因[17]。另外,需要指出的是本研究建立快速药敏检测方法体系,包括菌体接种浓度、不同药物浓度梯度设置以及结果判定时间范围可能仅针对迟钝爱德华氏菌适用,当用于其他菌种快速药敏检测时会出现一定的偏差(该结果未在本论文中列出),这可能跟不同菌种的生理代谢特点存在联系,因此,如果将本方法用于其他菌种的药敏检测时,仍需对本方法体系具体参数进行调整和修正。

本研究通过开展迟钝爱德华氏菌快速药敏检测方法研究,构建了该菌的快速药敏检测试剂盒的雏形,也将为今后开发简便、快捷、敏感、高效的水产病原细菌药敏检测产品提供基础资料和参考。

参考文献

[1] 王亚婷,李晓明,赵宝华. 鱼类迟钝爱德华菌病诊断与防治研究进展[J]. 动物医学进展,2009,30(3):77-81.

[2] Mohanty B R, Aahoo P K. Edwardsiellosis in fish: a brief review[J]. Journal of Biosciences, 2007, 32(7): 1 331-1 344.

[3] Xiao J F, Wang Q Y, Liu Q, et al. Isolation and identification of fish pathogen *Edwardsiella tarda* from mariculture in China[J]. Aquaculture Research, 2009, 40(1): 13-17.

[4] 郭国强. 水产养殖病害防治中的抗药性及其对策[J]. 中国水产, 2005(5): 52-55.

[5] 陈清华. 水产养殖业中抗生素使用的风险及其控制[J]. 水产科技情报, 2009, 36(2): 67-72.

[6] 王瑞旋, 冯娟, 耿玉静, 等. 水产细菌耐药性的最新研究概况[J]. 海洋环境科学, 2010, 29(5): 770-776.

[7] Kim S R, Nonaka L, Suzuki S. Occurrence of tetracycline resistance genes tet(M) and tet(S) inbacteria from marine aquaculture sites[J]. FEMS Microbiology Letters, 2004, 237(1): 147-156.

[8] Sun K, Wang H L, Zhang M, et al. Genetic mechanisms of multi-antimicrobial resistance in a pathogenic *Edwardsiella tarda* strain[J]. Aquaculture, 2009, 289(3): 134-139.

[9] 张晓君, 战文斌, 陈翠珍, 等. 牙鲆迟钝爱德华氏菌感染症及其病原的研究[J]. 水生生物学报, 2005, 29(1): 31-37.

[10] Jorgensen J H, Ferraro M J. Antimicrobial susceptibility testing: a review of general principles and contemporary practices[J]. Clinical Infectious Diseases, 2009, 49(11): 1 749-1 755.

[11] Wheat P F. History and development of antimicrobial susceptibility testing methodology[J]. Journal of Antimicrobial Chemotherapy, 2001, 48(Suppl): 1-4.

[12] Caviedes L, Delgado J, Gilman R H. Tetrazolium microplate assay as a rapid and inexpensive colorimetric method for determination of antibiotic susceptibility of Mycobacterium tuberculosis[J]. Journal of Clinical Microbiology, 2002, 40(5): 1 873-1 874.

[13] Pettit R K, Weber C A, Kean M J. Microplate Alamar Blue assay for Staphylococcus epidermidis biofilm susceptibility testing[J]. Antimicrobial Agents and Chemotherapy, 2005, 49(7): 2 612-2 617.

[14] Clinical and Laboratory Standards Institute. Approved Guideline(M49-A), Methods for Broth Dilution Susceptibility Testing of Bacteria Isolated From AquaticAnimals[S]. The United States of America, 2006.

[15] Smith P. Breakpoints for disc diffusion susceptibility testing of bacteria associated with fish diseases: a review of current practice[J]. Aquaculture, 2006, 261(4): 1 113-1 121.

[16] Wiegand I, Hilpert K, Hancock R E W. Agar and brothdilution methods to determine the minimal inhibitory concentration(MIC) of antimicrobial substances[J]. Pharmacology and Toxicology, 2008, 3(2): 163-175.

[17] Chen C H, Lu Y, Sin M L Y, et al. Antimicrobial susceptibility testing using high surface-to-volume ratio microchannels[J]. Journal of Analytical Chemistry, 2010, 82(3): 1 012-1 019.

(刁菁, 杨秀生, 叶海斌, 于晓清, 许拉, 李天保, 王勇强)

脂多糖与 β 葡聚糖对迟钝爱德华氏菌亚单位疫苗的免疫促进效果研究

引言

接种疫苗是预防水产养殖鱼类发生传染性疾病的有力措施,它可以避免因抗生素在疾病治疗中长期使用而带来的微生物耐药性问题,是未来水产动物疾病防控的重要发展方向[1-2]。为了提升疫苗的接种效果,在接种疫苗时往往会辅助使用免疫佐剂或免疫刺激剂,以增强水产动物机体对疫苗的免疫应答程度,使动物机体获得更强的免疫保护力[3-4]。

免疫刺激剂种类很多,主要分为化学合成和生物源两大类,其中化学合成类常用的主要有左旋咪唑、胞壁酰二肽、FK-565 等,而生物源类可分为菌源分子、多糖类、动植物提取物、营养因子及激素与细胞因子等[5]。脂多糖(Lipopolysaccharides,LPS)与 β- 葡聚糖(β-glucan)均属于菌源类免疫刺激剂,其中 LPS 为革兰氏阴性菌细胞壁的重要成分,前期研究显示 LPS 能刺激鱼体 B 淋巴细胞增殖、增强细胞迁移与吞噬能力以及促进细胞因子的分泌[6]。β-glucan 是真菌、植物及一些细菌细胞壁的重要构成成分,研究显示它是水产动物最具应用前景的免疫刺激剂之一,它通过与鱼体内免疫细胞表面相应受体分子的相互结合,起到增强鱼体免疫应答水平,提高抗感染能力的作用[7]。但是,目前对 LPS 及 β-glucan 协同刺激鱼体所引起的在细胞及基因水平上变化的研究较少。

迟钝爱德华氏菌(*Edwardsiella tarda*)是一种水产动物重要的致病菌,可以感染包括淡水与海水养殖的多种鱼类,并能在短期内引起大量死亡[8-9]。本研究通过原核重组表达 *E. tarda* 一个重要疫苗候选蛋白甘油醛 -3- 磷酸脱氢酶(GAPDH)[10],以 LPS 和 β-glucan 混合重组 GAPDH 蛋白免疫接种牙鲆(*Paralichthys olivaceus*),比较检测其与单独接种重组 GAPDH 蛋白引起鱼体在细胞、抗体及免疫相关基因水平上的应答差异,以期深入了解 LPS 和 β-glucan 作为免疫刺激分子对鱼体免疫系统的作用机制。

1 材料与方法

1.1 材料和试剂

健康牙鲆购于青岛市胶州某牙鲆养殖场,体长约 13 cm,体重 30 g 左右;实验前于循环水暂养15天,水温21℃。

致病性 E. tarda 菌株 JF-1 由本实验前期分离保藏;限制性内切酶 BamH I 和 Xho I、T4 DNA 连接酶、rTaq DNA 聚合酶、dNTPs、DNA 片段回收试剂盒及 SYBR® Premix Ex Taq™ 均购于 TaKaRa 公司;High-Capacity cDNA Reverse Transcription Kit、Trizol 和 RNAlater 购于 Life technologies 公司;质粒抽提试剂盒、PCR 产物回收试剂盒和凝胶回收试剂盒购于北京百泰克(Bioteche)生物技术有限公司;DNA 抽提试剂盒购于北京天根公司;抗牙鲆免疫球蛋白 M 单克隆抗体购于苏格兰 Aquatic Diagnostic 公司,碱性磷酸酶标记的羊抗鼠二抗、LPS(大肠杆菌 0111:B4)、酵母 β-glucan 均购自 Sigma 公司。

1.2 GAPDH 原核重组表达与纯化

以 DNA 抽提试剂盒提取菌株 JF-1 的核基因组 DNA,以其为模板设计 GAPDH 上下游扩增引物 rGAPDH-F 和 rGAPDH-R(表1),分别含有限制性酶切位点 BamH I 和 Xho I(下划线表示),将 PCR 扩增产物经双酶切后连接 pET-32(a)+质粒,转化感受态大肠杆菌细胞 BL21(DE3),涂布平板培养过夜。挑取单克隆菌落进行菌落 PCR 鉴定,并对阳性克隆菌落进行测序确认。将经测序鉴定正确的阳性克隆菌用异丙基-β-D-硫代吡喃半乳糖苷(IPTG)进行诱导表达,以 Ni^{2+} 亲和层析柱(GE)纯化重组 rGAPDH 蛋白,将纯化蛋白以 0.01 $mol·L^{-1}$ 的磷酸盐缓冲液重悬(PBS, pH = 7.2)并以 Bradford 法测定蛋白浓度,将浓度调整至 1 $mg·mL^{-1}$ 冻存备用。同时,利用 SDS-PAGE 分析蛋白重组表达及纯化结果。

表1 本研究所使用的引物及其序列信息

引物名称	正向引物序列(5′→3′)	反向引物序列(5′→3′)
rGAPDH	CGGGGATCCATGACTATCAAAGTAGGTATTAACG	CCGCTCGAGCTTAGAGATGTGAGCGATTAGGTC
EF-1α	CTCGGGCATAGACTCGTGGT	CATGGTCGTGACCTTCGCTC
IL-1/β	CAGCACATCAGAGAAGACAACA	TGGTAGCACCGGGCATTCT
IL-6	CAGCTGCTGCAAGACATGGA	GATGTTGTGCGCCGTCATC
MHC-IIα	GCCAGACTGAAATTCATCGCT	CCAGATCTTGGTCAGTGATTGG
IgM	ACAAAAGCCATTGTGAGATCCA	TTGACCAGGTTGGTTGTTTCAG
TCRα	GGTCTGATGCTTCACAGTGTGAG	ACCGCCGGATCTTTCTTCA
C-type lysome	TGTCATTGTGGCGATCAAATG	GCTCCGATCCCGTTTGG

1.3 免疫与取样

实验前将牙鲆分为3组,每组100尾,第一组每尾鱼体肌肉注射 100 μL 重组 GAPDH 蛋白(1 $mg·mL^{-1}$);第二组每尾鱼体肌肉注射 100 μL rGAPDH 蛋白(1 $mg·mL^{-1}$),内含 LPS 及 β-glucan 各 50 μg;第三组每尾鱼肌肉注射 100 μL PBS 作为对照。在免疫后第14天,各组鱼体以同样的剂量与方式进行加强免疫一次。

在免疫后第 0.5、1、2、3、5、7、14、21、30 天从各实验组随机选取 5 尾鱼,取其脾脏组织保存于 RNAlater 溶液中,用于后续 RNA 抽提。在免疫后第 7、14、30 天从各实验组随机选取 5 尾鱼体,抽取外周血,分离获得抗血清。取免疫前鱼体的脾脏及血清作为对照。

1.4 ELISA检测免疫后特异性抗体水平变化

取 96 孔酶标板,每孔加入 100 μL 重组 GAPDH 蛋白溶液(含 2 μg 蛋白),4℃包被过夜;以 PBST(含 0.05% 吐温的 PBS)洗涤 3 次,每次 5 min,然后每孔加入 200 μL 含 4% BSA 的 PBS 溶液,37℃封闭 1 h;PBST 洗涤 3 次后,将不同时间点分离获得的牙鲆抗血清进行连续 2 倍梯度稀释,然后将不同稀释度的抗血清加入酶标板,每孔 100 μL,22℃孵育 2 h;以 PBST 洗涤 3 次,然后每孔加入 100 μL 经稀释 33 倍的鼠抗牙鲆 IgM 单克隆抗体,37℃孵育 1 h;同上洗涤后,每孔加入经 4 000 倍稀释的 100 μL 碱性磷酸酶标记的羊抗小鼠 IgG 单抗,37℃孵育 1 h;同上洗涤后,每孔加入 100 μL 的 pNPP 底物溶液,室温孵育 20 min 后,用 3 mol·L^{-1} NaOH 终止反应,在 405 nm 处测定吸收值。以免疫前血清作为阴性对照,以吸光值 P/N > 2 时的待测血清最大稀释度作为各时间点血清样品的效价。

1.5 荧光定量PCR检测免疫相关基因的应答变化

以 Trizol 试剂提取不同免疫组各时间点牙鲆脾脏组织的总 RNA,以 High Capacity cDNA ReverseTranscription Kit 参照说明书反转录合成 cDNA 第一链。设计特异性扩增牙鲆白介素 1β(IL-1β)、白介素 6(IL-6)、主要组织相容复合物 II α(MHC-IIα)、免疫球蛋白 M 重链(IgM)、T 淋巴细胞受体 α 链(TCRα)及 C 型溶菌酶(C-type lysozyme)的引物(表 1),以延伸因子 1α(EF-1α)作为内参基因,PCR 反应在 CFX96 实时荧光定量 PCR 检测系统(Bio Rad,USA)中进行,所有反应均设置 3 个重复,热循环条件如下:95℃预变性 10 min;95℃ 10 s,60℃ 30 s,40 个循环;应用 CFX96 Manager 软件分析实验数据。以免疫前样品作为参照,计算各基因在免疫后不同时间点的相对表达量。

1.6 攻毒实验

为了检测不同免疫组牙鲆对迟钝爱德华氏菌的相对免疫保护率,在免疫后 30 天,从各实验组随机挑取 40 尾健康牙鲆,每尾肌肉注射 100 μL 活的迟钝爱德华氏菌菌液(含 1.0×10^6 CFU),攻毒后连续记录牙鲆死亡情况,计算各实验组的相对免疫保护率。

1.7 数据分析

实验所得数据结果以平均数 ± 标准误差($\bar{x}\pm SE$)形式表示。数据的统计分析采用 SPSS 11.0 软件进行单因素方差分析(ANOVA),以 $P < 0.05$ 为差异显著。

2 结果与分析

2.1 迟钝爱德华氏菌GAPDH的重组表达与纯化

GAPDH 的 ORF 包含 993 bp 编码 331 个氨基酸,理论分子量为 35 kDa,将扩增获得的 GAPDH 全长编码基因插入表达载体 pET32a 质粒后转化为大肠杆菌进行诱导表达。SDS-PAGE 分析显示,与未诱导菌体相比(图 1,泳道 1),诱导后的阳性克隆菌株成功表达 1 条分子量为 56 kDa 的融合蛋白(图 1,泳道 2),内含一个分子量为 21 kDa 的标签蛋白,与理论值相符,经亲和纯化后获得较高纯度的 rGAPDH 蛋白(图 1,泳道 3),可用于后续免疫。

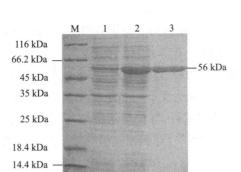

图 1　SDS-PAGE 分析迟钝爱德华氏菌 GAPDH 的重组表达与纯化

M:标准分子量蛋白;1:未诱导的大肠杆菌菌体蛋白电泳图谱;2:诱导后的大肠杆菌菌体蛋白电泳图谱;
3:纯化的重组 GAPDH 蛋白。

2.2　ELISA 检测免疫后特异性抗体水平变化

ELISA 检测结果如图 2 显示,相比注射 PBS 对照组,免疫组牙鲆在免疫后抗体效价逐渐升高,在第 14 天免疫组抗体效价显著高于对照组($P < 0.05$),且在免疫后第 30 天达到最高值,其中 LPS 和 β-glucan 与 rGAPDH 蛋白共免疫组牙鲆的抗体效价显著高于单独免疫 rGAPDH 蛋白的牙鲆,其效价值为 $2^{11.76}$。

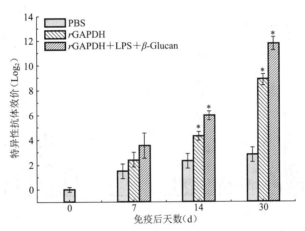

图 2　免疫后不同实验组牙鲆特异性抗体效价的变化

2.3　免疫相关基因的应答变化

荧光定量 PCR 检测结果如图 3 显示,整体上相比 PBS 对照组,2 个免疫组牙鲆在注射免疫后,脾脏组织中 6 种免疫相关基因表达量均出现不同程度的上调,而其中 LPS 和 β-glucan 与 rGAPDH 蛋白共免疫组牙鲆在免疫后多个时间点其基因表达水平均高于单独免疫 rGAPDH 蛋白的牙鲆。具体如下,LPS 和 β-glucan 与 rGAPDH 共免疫能较强地诱导 IL-1β 和 IL-6 基因的表达,在免疫后 1 天两者表达量达到最高值,约为对照组的 50～60 倍左右,然后逐渐下调;MHC-IIα 基因在免疫后出现一定程度的上调表达,在免疫后 1～2 天达到最大值,然后出现缓慢下调,但在第 14 天加强免疫作用之后其表达量又再次出现显著上调;IgM 重链编码基因在免疫后发生上调表达,在免疫后第 7 天 rGAPDH 单独免疫组与

LPS 和 β-glucan 共免疫组其表达量均显著高于对照组,然后 rGAPDH 单独免疫组出现下调表达,在第 14 天其表达量与 PBS 对照差异不显著,但在第 14 天加强免疫作用之后其表达量又再次出现显著上调,在首次免疫后第 21 天及 30 天其表达量均显著高于对照组,而 LPS 和 β-glucan 共免疫组牙鲆在初次免疫后始终呈现上调表达趋势,在免疫后第 30 天达到最高值,约为对照组的 5 倍左右;TCRα 与 C 型溶菌酶基因在免疫后呈现相似的应答表达动态,在免疫后 2 天内均出现上调表达,达到最高值后然后缓慢下调,其中 LPS 和 β-glucan 与 rGAPDH 蛋白共免疫相比单独免疫 rGAPDH 蛋白能诱导更高水平的基因表达。

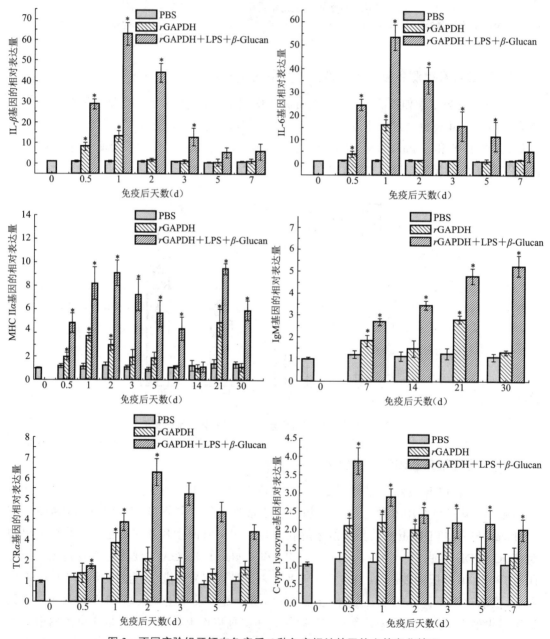

图 3 不同实验组牙鲆在免疫后 6 种免疫相关基因的应答变化情况

2.4 攻毒实验

攻毒实验结果如图4显示,PBS对照组牙鲆在攻毒后第3天出现死亡,至攻毒后第13天累计死亡率为95%,而免疫组牙鲆在攻毒后累计死亡率显著低于PBS对照组,其中单独免疫 rGAPDH 蛋白组直至攻毒后第14天累计死亡率为50%,相对免疫保护率为47%,而 LPS 和 β-glucan 与 rGAPDH 蛋白共免疫组牙鲆直至攻毒后第14天累计死亡率为30%,相对免疫保护率为68%。

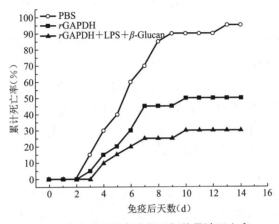

图4 攻毒后不同实验组牙鲆的累计死亡率

3 讨论与结论

前期研究显示对鱼体单独注射使用 LPS 和 β-glucan 能有效增强鱼体对病原的非特异性抵抗能力[11-12]。另外,在基因和蛋白水平上的研究显示,LPS 和 β-glucan 能促进淋巴细胞的分化增殖[13-15],增强巨噬细胞的吞噬和杀菌活性[12,16],上调包括白细胞介素、补体分子、抗体等免疫相关因子的表达分泌[14-15,18-20]。本研究为了从分子水平研究分析 LPS 和 β-glucan 对迟钝爱德华氏菌重组亚单位疫苗的免疫刺激效果,将 LPS 和 β-glucan 与 rGAPDH 混合免疫牙鲆,通过检测牙鲆抗体水平、免疫相关基因表达及免疫保护力三方面指标,发现相比单独免疫 rGAPDH 组牙鲆,LPS 和 β-glucan 与 rGAPDH 蛋白共免疫组能够显著提高牙鲆特异性抗体效价,上调涉及特异性与非特异性免疫相关基因的表达,最终表现出较高的抗迟钝爱德华氏菌感染能力。

MHC-Ⅱ分子存在于大部分脊椎动物抗原递呈细胞的表面,它是由 α 和 β 2个亚基组成的异源二聚体,主要负责在免疫应答初始阶段将经处理的外源性抗原片段递呈给 CD_4^+ T 淋巴细胞以激活、调控体液免疫和细胞免疫应答。TCR 分子同样由 α 和 β 两条肽链组成的异二聚体,它通过与递呈抗原分子的 MHC 分子相结合而激活 T 细胞参与体液免疫和细胞免疫应答[21]。因此这2类分子在鱼体免疫应答反应中发挥着重要作用。本研究结果显示 LPS 和 β-glucan 能显著诱导 TCRα 和 MHC-Ⅱα 基因的上调表达,同时能在基因和蛋白水平上提高特异性抗体表达和分泌,提示 LPS 和 β-glucan 能有效促进鱼体对外源抗原的递呈作用,增强体液与细胞免疫应答能力。在虹鳟(*Oncorhynchus mykiss*)和斑点叉尾鮰(*Ictalurus punctalus*)上的研究也同样显示 LPS 和 β-glucan 均能促进鱼体抗体的分泌表达[22,23]。另外,本研究结果显示 LPS 和 β-glucan 能增强非特异性免疫因子 C 型溶菌酶编码基因的上调表达。前期类似研究同样显示,利用 LPS 和 β-glucan 刺激大西洋鲑鱼前肾巨噬细胞能有效诱导溶菌酶的分泌表达[24]。

IL-1β 属于 IL-1 家族成员,是参与宿主防御的一种重要细胞因子,在炎症反应中能够激活淋巴细胞、诱导和增加各种免疫相关基因的表达,在机体面对微生物侵染、炎症及组织损伤时起着关键的免疫调控作用[25]。多项研究发现 LPS 和 β-glucan 对鱼体 IL-1β 的诱导表达与鱼体免疫防御力之间存在密切联系[26]。本研究结果也同样显示,LPS 和 β-glucan 能够较强地诱导牙鲆 IL-1β 的上调表达,同时对 IL-6 表现出较强的诱导作用。IL-6 作为一种多功能细胞因子,主要由巨噬细胞、T 细胞、B 细胞等多种细胞产生,它可调节多种细胞的生长与分化,具有调节免疫应答、急性期反应及造血功能,并在机体的抗感染免疫反应中发挥重要作用[27]。在高等哺乳动物中研究显示 IL-1β 的表达分泌也能诱导 IL-6 的表达[28]。因此,白介素因子的上调表达对于调控、增强鱼体免疫应答水平起着重要作用,推测本研究中 LPS 和 β-glucan 与重组蛋白共免疫组牙鲆的高免疫保护率与白介素表达水平之间存在密切相关性。

总之,本研究表明 LPS 和 β-glucan 可作为亚单位疫苗的协同刺激分子使用,它们能有效提高免疫亚单位疫苗后鱼体的免疫应答水平,增强鱼体对病原感染的抵抗能力,在鱼类疫苗研制和使用过程中具有较大的应用前景。

参考文献

[1] Magnadottir B. Immunological control of fish diseases[J]. Marine Biotechnology, 2010, 12(4): 361-379.

[2] Defoirdt T, Sorgeloos P, Bossier P. Alternatives to antibiotics for the control of bacterial disease in aquaculture[J]. Current Opinion in Microbiology, 2011, 14(3): 251-258.

[3] Anderson D P. Immunostimulants, adjuvants, and vaccine carriersin fish: Applications to aquaculture[J]. Annual Review of Fish Diseases, 1992(2): 281-307.

[4] Bricknell I, Dalmo R A. The use of immunostimulants in fish larval aquaculture[J]. Fish and Shellfish Immunology, 2005, 19(5): 457-472.

[5] Sakai M. Current research status of fish Immunostimulants[J]. Aquaculture, 1999, 172(1-2): 63-72.

[6] Selvaraj V, Sampath K, Sekar V. Administration of lipopolysaccharide increases specific and non-specific immune parameters and survival in carp (*Cyprinus carpio*) infected with Aeromonas hydrophila[J]. Aquaculture, 2009, 286(3-4): 176-183.

[7] Meena D K, Das P, Kumar S, et al. Beta-glucan: an ideal immunostimulant in aquaculture (a review)[J]. Fish Physiology and Biochemistry, 2013, 39(3): 431-457.

[8] 王亚婷,李晓明,赵宝华. 鱼类迟钝爱德华菌病诊断与防治研究进展[J]. 动物医学进展, 2009, 30(3): 77-81.

[9] Mohanty B R, Aahoo P K. Edwardsiellosis in fish: a brief review[J]. Journal of Biosciences, 2007, 32(3): 1331-1344.

[10] Liu Y, Oshima S, Kurohara K, et al. Vaccine efficacy of recombinant GAPDH of *Edwardsiella tarda* against edwardsiellosis[J]. Microbiology and Immunology, 2005, 49(7): 605-612.

[11] Robertsen B, Rorstad G, Engstad R E, et al. Enhancement of non-specific disease resistance in Atlantic salmon *Salmo salar* L., by a glucan from Saccharomyces cerevisiae cell wall[J]. Journal of Fish Disease, 1990, 13(5): 391-400.

[12] Robertsen B. Modulation of the non-specific defence of fish by structurally conserved microbial polymers[J]. Fish and Shellfish Immunology, 1999, 9(4): 269-290.

[13] Kozinska A, Guz A. The effect of various Aeromonas bestiarum vaccines on non-specific immune parameters and protection of carp(*Cyprinus carpio* L.)[J]. Fish and Shellfish Immunology, 2004, 16(3): 437-445.

[14] Selvaraj V, Sampath K, Sekar V. Extraction and characterization of lipopolysaccharide from Aeromonas hydrophila and its effects on survival and hematology of the carp, *Cyprinus carpio*[J]. Asian Fisheries Science, 2004(17): 163-173.

[15] Selvaraj V, Sampath K, Sekar V. Administration of yeast glucan enhances survival and some non-specific and specific immune parameters in carp (*Cyprinus carpio*) infected with Aeromonashydrophila[J]. Fish and Shellfish Immunology, 2005, 19(4): 293-306.

[16] Dautremepuits C, Fortier M, Croisetiere S, et al. Modulation of juvenile brook trout (*Salvelinus fontinalis*) cellular immune system after Aeromonas salmonicida challenge[J]. Veterinary Immunology and Immunopathology, 2006, 110(1-2): 27-36.

[17] Engstad R E, Robertsen B, Frivold E, et al. Yeast glucan induces increase in activity of lysozyme and complement-mediated hemolytic activity in Atlantic salmon blood[J]. Fish and Shellfish Immunology, 1992, 2(4): 287-297.

[18] Verlhac P, Gabaudan J, Obach A, et al. Influence of dietary glucan and Vitamin C on non-specific and specific immune responses of rainbow trout (*Oncorhynchus mykiss*)[J]. Aquaculture 1996, 143(3): 123-133.

[19] Secombes C J, Zou J, Laing K, et al. Cytokine genes in fish[J]. Aquaculture, 1999, 172(1-2): 93-102.

[20] Fujiki K, Shin D H, Nakao M, et al. Molecular cloning and expression analysis of carp (*Cyprinus carpio*) interleukin-1β, high affinity immunoglobulin E γ subunit, and serum amyloid A[J]. Fish and Shellfish Immunology, 2000, 10(3): 229-242.

[21] Roitt I, Brostoff J, Male D. Immunology[M]. Fifth Edition. London: Mosby, 1998: 71-78.

[22] Chen D, Ainsworth A J. Glucan administration potentiates immune defence mechanisms of channel catfish, Ictalurus punctalus Rafinesque[J]. Journal of Fish Disease, 1992, 15(4): 295-304.

[23] Nakhla A N, Szalai A J, Banoub J H, et al. Serum anti LPS antibody production by rainbow trout (*Oncorhynchus mykiss*) in response to the administration of free and liposomally incorporated LPS from Aeromonas salmonicida[J]. Fish and Shellfish Immunology, 1997, 7(6): 387-401.

[24] Paulsenf S M, Engstadf R E, Robertsen B. Enhanced lysozyme production in Atlantic salmon (*Salmo salar* L.) macrophages treated with yeast β-glucan and bacterial lipopolysaccharide[J]. Fish and Shellfish Immunology, 2001, 11(1): 23-37.

[25] Dinarello C A. Immunological and inflammatory functions of the interleukin-1 Family[J]. Annual Review of Immunology, 2009(27): 519-550.

[26] Selvaraj V, Sampath K, Sekar V. Adjuvant and immunostimulatory effects of β-glucan administration in combination with lipopolysaccharide enhances survival and some immune parameters in carp challenged with Aeromonas hydrophila[J]. Veterinary Immunology and Immunopathology, 2006, 114(1-2): 15-24.

[27] Barton B E. IL-6: insights into novel biological activities[J]. Clinical immunology and immunopathology, 1997, 85(1): 16-20.

[28] Suzukia M, Tetsukaa T, Yoshida S, et al. The role of p38 mitogen-activated protein kinase in IL-6 and IL-8 production from the TNF-α- or IL-1β-stimulated rheumatoid synovial fibroblasts[J]. FEBS letters, 2000, 465(1): 23-27.

（刁菁，叶海斌，于晓清，许拉，樊英，李天保，王淑君，王娟）

刺参用新型免疫增强剂的应用

近年来,随着我国北方仿刺参养殖业的大力发展以及南方海参越冬的开发,海参已成为最大的养殖品种之一[1]。然而,随着海参养殖的规模化、集约化发展,海参病害的发生频率及程度越来越高,这些已受到研究者和养殖者的重视。自海参"腐皮综合征"发生以来,寻求绿色环保、无公害的免疫增强剂便成为预防海参疾病发生的研究热点。仿刺参属棘皮动物,非特异性免疫是抵御外来侵害的重要途径。免疫增强剂可通过提高机体的非特异性免疫来增强对外界病害的抵抗力,对机体本身是安全的。目前,在水产养殖中常用的免疫增强剂主要有细菌提取物、动植物提取物、化学合成物质及维生素类[2-5]。黄芪多糖、枸杞多糖是多糖类免疫增强剂中研究较多较深入的植物源免疫多糖,它们通过作用于机体的多靶点而促进非特异性免疫力的提高,同时能够增强肠道内菌群的变化而提高自身免疫功能[6];黄柏等作为常用的抗菌中草药类已被认可,具有抗病毒、抑制有害免疫反应的作用[7];菊粉、天蚕素等天然物质的免疫作用已被重视,研究表明,它们不但能从营养学方面增强机体免疫功能,而且能够从免疫学方面提高其抗病力[8-9];但它们对仿刺参的免疫研究尚未报道。本实验利用植物提取物作为免疫增强剂,研究其对仿刺参体腔细胞各免疫指标的影响,探讨不同的免疫增强剂的应用,旨在为仿刺参免疫增强剂或配合饲料添加剂的研发提供科学依据。

1 材料与方法

1.1 材料

供实验仿刺参购于山东青岛王哥庄某养殖场,初始体重为(30.00±2.00) g。PMSF、NBT、EGTA 购于 Sigma 公司。

1.2 动物饲养与管理

正式实验前,仿刺参于实验室内暂养 7 d,依仿刺参的摄食情况进行适当调整达到饱食投喂,每天 9:00、15:00 投喂,投喂前吸除残饵和粪便,同时补充新鲜海水。实验期间连续充气,水温控制在(14±0.5)℃,盐度 32,pH 7.8 ~ 8.2,溶解氧 > 5 mg·L^{-1}。

1.3 实验设计与样品采集

暂养结束后将仿刺参饥饿 24 h 后分苗称重,挑选个体均匀的健康仿刺参分配到不同的实验桶内,随机分为7组,每组3个重复,每个重复放6只仿刺参,实验为期7 d。各组仿刺参体腔内注射相同体积(500 μL)的免疫增强剂(含量为1.0 mg·mL^{-1}),分别是黄柏提取物、苦参提取物、枸杞多糖提取物、黄芪多糖提取物、菊粉和天蚕素,对照组注射相同体积的无菌生理盐水。注射免疫增强剂后第1、3、5天在每个桶中随机挑选3只仿刺参分别从其肛门处抽取体腔液进行免疫指标测定。

1.4 指标测定

1.4.1 体腔细胞总数量(total coelomocytes counts, TCC)

按体腔液与抗凝剂(0.02 mol·L^{-1} EGTA、0.48 mol·L^{-1} NaCl、0.019 mol·L^{-1} KCl、0.068 mol·L^{-1} Tris-HCl, pH 7.6)体积比为1:1充分混合,电子显微镜下通过血球计数板进行体腔细胞计数。于5 000 r·min^{-1}、4℃离心8 min,弃上清液,沉淀物迅速用4℃冰冻的等渗缓冲液[0.001 mol·L^{-1} EGTA、0.53 mol·L^{-1} NaCl、0.01 mol·L^{-1} Tris-HCl, pH7.6]调整体腔细胞数量到2×10^{6}个·mL^{-1}。取600 μL上述体腔细胞悬液用于仿刺参体腔细胞O_2^-产量的测定,其余样品用于酶活分析。

1.4.2 体腔细胞破碎物上清液(coelomic supernatant, CLS)的制备

体腔细胞样品于4℃下加入PMSF(0.1 mmol·L^{-1}),用超声波匀浆6 s(输出22 kHz, 0℃),于10 000 r·min^{-1}、4℃离心8 min,所得CLS用于免疫指标的测定。

1.4.3 呼吸爆发活性测定

准确吸取200 μL体腔细胞悬液,加入等体积的2 mg·mL^{-1}的NBT(溶在含2% NaCl的Tris-HCl中,pH 7.6),室温下避光反应1 h,于500 r·min^{-1}离心5 min,去除上清,用等渗缓冲液洗涤后加入200 μL甲醇,室温固定10 min,800 r·min^{-1}离心8 min,去除上清,50%的甲醇洗涤3次,去除上清于室温下晾干;干燥后加入240 μL 2 mol·L^{-1} KOH和280 μL DMSO,充分溶解后测定其在波长630 nm下的光密度(D)。

1.4.4 吞噬活性的测定

取100 μL抗凝体腔液加入96孔板中,贴壁30 min后弃上清液,加入100 μL 0.001 mol·L^{-1}中性红溶液,室温吞噬30 min,用生理盐水洗掉未被吞噬的中性红,加入100 μL细胞裂解液(冰醋酸与无水乙醇按1:1体积比配制),裂解20 min,测定其在波长540 nm处的D,以实验条件下每10^{6}个体腔细胞对应的D来表示吞噬活性。

1.4.5 酚氧化酶(phenol oxidase, PO)活性的测定

取50 μL制备的CLS样品与50 μL胰蛋白酶溶液(0.1 mg·mL^{-1})放入96孔板中,充分混匀,室温下温育10 min,然后加入50 μL 3 mg·mL^{-1}左旋多巴(L-DOPA)溶液,室温下温育10 min,在495 nm下测定D,以实验条件下每毫升样品每分钟D每增加0.001定义为一个酶活力单位(U)。

1.4.6 超氧化物歧化酶(superoxide dismutase, SOD)和酸性磷酸酶(acid phosphatase, ACP)活性测定

CLS样品中SOD和ACP活性使用南京建成试剂盒测定。SOD酶活性单位定义为每毫

升样品在 1 mL 反应液中 SOD 抑制率达到 50%时所对应的 SOD 为 1 个酶活性单位,活性表示为 $U·mL^{-1}$;CLS 中 ACP 酶活性单位定义为每毫升样品在 30 min 产生 1 mg 游离酚为 1 个酶活性单位,活性表示为 $U·mL^{-1}$。

1.5 数据处理

采用 SPSS 17.0 对所得数据进行单因素方差分析,若差异显著,则用 Duncan 检验法进行多重比较,显著性水平为 $P<0.05$。

2 结果与分析

2.1 不同检测指标的变化

从图 A 中可看出,注射后第 1 天与对照组相比,枸杞多糖对仿刺参 TCC 无显著影响,而其他各实验组均显著高于对照组($P<0.05$);注射黄柏提取物和菊粉后第 3 天,两实验组仿刺参 TCC 均与对照组差异显著($P<0.05$),分别达到 $1.5×10^7$ 个·mL^{-1}、$1.4×10^7$ 个·mL^{-1};在注射后第 5 天,各实验组仿刺参 TCC 均出现了不同程度的下降,且与对照组之间差异不显著,但仍以黄柏提取物和菊粉实验组最高。

从图 B 中可看出,注射后第 1 天只有苦参提取物对仿刺参呼吸爆发产生显著的影响($P<0.05$),其他各免疫增强剂均无显著差异;第 3 天,以菊粉实验组差异性最显著($P<0.05$),其次是黄柏提取物($P<0.05$);第 5 天,各组水平相当,但均与对照组差异性显著($P<0.05$),呼吸爆发活性与时间不呈正比。

从图 C 中可看出,第 1 天只有苦参提取物对仿刺参吞噬活性产生显著影响($P<0.05$);第 3 天,不同免疫增强剂产生了不同的效果,菊粉和苦参提取物实验组差异性最显著($P<0.05$),D_{540} nm 达 0.4,其次是黄芪多糖;第 5 天,黄芪多糖和苦参提取物实验组下降趋势缓慢,其他实验组下降趋势明显。

从图 D 中看出,仿刺参 PO 活性对不同免疫增强剂产生的变化不同。枸杞多糖和天蚕素实验组在第 1 天产生了最大影响,黄柏提取物和菊粉实验组则在第 3 天产生了最大影响,且效果最显著($P<0.05$);第 5 天,黄芪多糖和苦参提取物实验组产生最大影响,而其他实验组随着时间延长发生了下降趋势。

从图 E 中看出,仿刺参体腔液中 SOD 活性均在第 1 天产生显著差异($P<0.05$),且达到最大值,其中以菊粉效果最显著,为 97 $U·mL^{-1}$,而天蚕素实验组仿刺参则在第 5 天达到最大值,且实验期间各组 SOD 活性变化趋势平稳。

从图 F 中看出,第 1 天各实验组仿刺参 ACP 活性无显著变化,第 3 天,枸杞多糖、黄柏提取物和菊粉实验组差异显著,以黄柏提取物实验组活性最高,为 0.065 $U·mL^{-1}$;黄芪多糖实验组在第 5 天骤然提高,达到 0.062 $U·mL^{-1}$,其他实验组呈现了下降趋势,与对照组无显著差异($P>0.05$)。

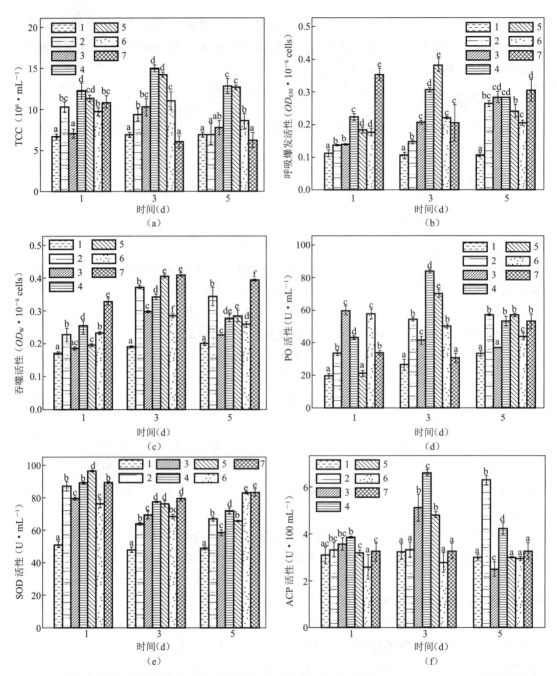

图 1 不同免疫增强剂对仿刺参体腔细胞总数量、呼吸爆发活性、吞噬活性、PO、SOD 及 ACP 活性的影响
1：对照组；2：黄芪多糖；3：枸杞多糖；4：黄柏提取物；5：菊粉；6：天蚕素；7：苦参提取物
数据为平均值 ± 标准误差，不同字母表示差异性显著（$P < 0.05$）。

3 讨论

3.1 不同免疫增强剂对仿刺参体腔细胞功能的影响

仿刺参的体腔细胞是其抵御外来侵害的第一道防线和关键部分。体腔细胞可通过自我和非自我的识别、吞噬、包裹形成排除异物，体现吞噬功能的变化，直接参与免疫反应[10]。经免疫增强剂激活后的体腔细胞则可以产生很多活性氧，如 H_2O_2、O_2^- 等杀菌物质，能够提高机体的抗病力[2,11-14]。本实验的研究结果也发现，通过注射不同的免疫增强剂均能在不同程度上影响仿刺参体腔细胞的数量且激活了体腔细胞的呼吸爆发和吞噬活性。TCC 数量的增加表明了黄柏提取物和菊粉能够显著刺激仿刺参体腔细胞繁殖分裂，从而提高自身的免疫能力；而苦参提取物对仿刺参 TCC 未发生显著影响，可能其免疫功能的改变与这一检测指标无相关性，未能体现其作用，这与 Zhao et al[15]的研究结果相似。实验研究结果显示，苦参提取物对仿刺参体腔细胞吞噬活性有显著提高作用，与对照组差异显著，且随着时间的延长下降趋势缓慢，其次是菊粉、黄芪多糖实验组，这可能与不同免疫增强剂的作用机制有关。

3.2 不同免疫增强剂对仿刺参体腔细胞免疫酶活性的影响

对缺乏特异性免疫的棘皮动物来说，PO 系统在免疫防御中起着重要作用。Zhao et al[15]发现 2.50 g β-glucan·kg^{-1} 对仿刺参体腔细胞 PO 活性的影响最显著，间接提高了仿刺参的免疫力和抗病力；张琴等[3]在研究中发现，饲料中不添加维生素 E 时，仿刺参 PO 活性随硒酵母的添加量上升而上升，饲喂不同剂量的维生素 E 时仿刺参 PO 活性并不显著；在本实验研究中，黄柏提取物和菊粉在第 3 天对仿刺参体腔细胞 PO 活性影响最显著，而苦参提取物无显著性差异，这可能是不同的免疫增强剂激活 PO 原系统的作用不同，或仿刺参体腔细胞中对不同免疫增强剂的受体不同造成的。

SOD 是衡量生物体健康状况的一个主要指标，机体内该酶的活性高低反映了抗氧化能力的大小[3,13,16]。张琴等[3]研究表明，饲料中添加 100 mg·kg^{-1} 和 200 mg·kg^{-1} 的甘草酸可以显著提高刺参体腔细胞的 SOD 活性。本实验结果中仿刺参 SOD 活性同样因为免疫增强剂的注射发生了改变，反映了机体对不同免疫增强剂的刺激产生了不同的承受能力，应对外界的抗氧化能力及抵御敌害的免疫力发生了不同的变化。

ACP 是巨噬细胞溶酶体的标志酶，也是巨噬细胞内最有代表的水解酶之一[17-18]。本实验通过 ACP 活性进一步体现仿刺参体腔细胞消除异物颗粒的能力，结果表明，不同的免疫增强剂也对仿刺参体腔细胞 ACP 活性产生不同的影响，且出现最高活性的时间不同，这可能与不同免疫增强剂的成分及结构相关。

3.3 不同免疫增强剂的研究进展

目前，国内外已报道多种免疫增强剂具有增强水产动物免疫功能的作用，而针对仿刺参的研究很少，且一般集中在多糖类物质上，如肽聚糖、寡糖、脂多糖、免疫多糖等，另有一些营养素类（VC、VE 等等）和益生菌制剂[19-23]。Gu et al[24]通过体外实验了不同免疫增强剂对仿刺参体腔细胞功能的影响，结果发现，β-葡聚糖，寡甘露聚糖（MOS）和未甲基化的寡聚脱氧核苷酸（CpG ODN）均能显著提高体腔细胞吞噬活性、呼吸爆发活性及 SOD 活性、总一氧化氮酶（T-NOS）活性；而乳铁蛋白只是提高了体腔细胞呼吸爆发及 SOD 活性，对吞噬活性及 T-NOS 活性没有显著影响；维生素 C 则提高了 SOD 及 T-NOS 活性，对吞噬活性及呼吸爆发活性未产生显著影响。

本研究中选择的菊粉在自然界中分布广泛，主要来源是植物，具有稳定性等众多特征，主要是由呋喃果糖以ß-2,1-D-糖苷键连接形成，能够增殖有益菌，调节肠道功能，促进矿物质元素的吸收，抑制内毒素等物质的产生，激发免疫活性，提高免疫功能，等等。本实验结果中菊粉对仿刺参免疫功能的影响即通过以上这些方面体现，最终达到提高仿刺参免疫力的目的。中草药黄柏经研究证实具有抗菌、抗病毒、促进消化系统胰腺分泌等作用，本实验中黄柏对仿刺参免疫产生的实验结果可能从这些方面进行解析，对仿刺参产生的免疫抑制作用与其自身具有的免疫应答抑制效果相关；由于中草药的药理作用复杂，其具体的刺激作用需要更加深入的探究；且中草药等各类免疫增强剂的长期服用可引起免疫疲劳[25]，持续投喂免疫增强剂时免疫指标会产生下降的趋势。从本实验中发现，改变投喂方式、将多种免疫增强剂交替使用或开发复合免疫增强剂等是解决实际应用问题的有效途径。中草药类免疫增强剂在养殖业中应防重于治，其作为一种有效控制疾病的物质在水产动物尤其是仿刺参病害防治中担当着重要的角色，具有良好的安全性和可靠性，开发研制复合型的长效、高效、速效的新型免疫增强剂已成为发展的趋势，本实验正为这一趋势提供基础材料和参考数据。

参考文献

[1] 张春云，王印庚，荣小军．养殖刺参腐皮综合征病原菌的分离与鉴定[J]．水产学报，2006，30（1）：118-123．

[2] 陈效儒，张文兵，麦康森，等．饲料中添加甘草酸对刺参生长、免疫及抗病力的影响[J]．水生生物学报，2010，34（4）：731-738．

[3] 张琴，麦康森，张文兵，等．饲料中添加硒酵母和维生素E对刺参生长、免疫力及抗病力的影响[J]．动物营养学报，2011，23（10）：1 745-1 755．

[4] 樊英，王淑娴，叶海斌，等．黄芪多糖对仿刺参非特异性免疫功能的影响[J]．水产科学，2010，29（6）：321-324．

[5] 王淑娴，李天保，樊英，等．茯苓多糖对刺参体腔液中免疫因子活性的影响[J]．饲料研究，2010（1）：59-61．

[6] 韩立丽，王建发，王凤龙，等．黄芪多糖对肠道免疫功能影响的研究进展[J]．中国畜牧兽医，2009，36（8）：133-135．

[7] 胡俊青，胡晓．黄柏化学成分和药理作用的现代研究[J]．当代医学，2009，15（7）：139-141．

[8] 上官明军，王芳，张红岗，等．菊粉对蛋雏鸡生长性能、免疫器官指数和血清免疫球蛋白的影响[J]．动物营养学报，2009，21（1）：118-122．

[9] 刘莉如．天蚕素抗菌肽对蛋用仔公鸡生长、免疫及相关细胞因子mRNA表达水平影响的研究[D]．乌鲁木齐：新疆农业大学，2012．

[10] Kudriavtsev I, Polevshchikov A. Comparative immunological analysis of echinodern cellular and humoral defense factors [J]. Zh Obshch Biol, 2004, 65(3): 218-231.

[11] Coteur G, Warnau M, Jangoux M, et al. Reactive oxygen species (ROS) production by

amoebocytes of *Asteriasrubens* (*Echinodermata*) [J]. Fish Shellfish Immunol, 2002, 12: 187-200.

[12] Sritunyalucksana K, Sithisarn P, Withayachumnarnkul B, et al. Activation of prophenoloxidase, agglutinin and antibacte-rial activity in haemolymph of the black tiger prawn, Penaeus monodon, by immunostimulants [J]. Fish Shellfish Immunol, 1999, 9: 21-30.

[13] Sun Y V, Jin L, Wang T T. Polysaccharides from *Astragalus membranaceus* promote phagocytosis and superoxide anion (O_2^-) production by coelomocytes from sea cucumber *Apostichopus japonicus* in vitro [J]. Comp Biochem Phys, Part C, 2008, 147(3): 293-298.

[14] Wang K, Liu Z, XU Y, et al. Effect of L-ascorbic acid asimmunity enhancer for juvenile sea cucumber, *Apostichopus japonicus* [J]. J Biotechnol, 2008, 136 (Sup1): 556-557.

[15] Zhao Y C, Ma H M, Zhang W B, et al. Effects of dietary β-glucan on the growth, immune responses and resistance of sea cucumber, *Apostichopus japonicus* against *Vibrio splendidus* infection [J]. Aquaculture, 2011, 315: 269-274.

[16] 樊英,王淑娴,李天保,等. 微胶囊剂型黄芪多糖对刺参生长性能、免疫力及抗病力的影响 [J]. 渔业科学进展, 2013(1): 119-125.

[17] 李继业. 养殖刺参免疫学特征与病害研究 [D]. 青岛:中国海洋大学, 2008.

[18] 常杰. 对虾和刺参敏感免疫学指标的筛选和评价 [D]. 青岛:中国海洋大学, 2010.

[19] 周进,黄捷,宋晓玲. 2011. 免疫增强剂在水产养殖中的应用 [J]. 海洋水产研究, 2003, 24(4): 70-79.

[20] 张伟妮,林旋,王寿昆,等. 黄芪多糖对罗非鱼非特异性免疫和胃肠内分泌功能的影响 [J]. 动物营养学报, 2010, 22(2): 401-409.

[21] 周慧慧,马洪明,张文兵,等. 仿刺参肠道潜在益生菌对稚参生长、免疫及抗病力的影响 [J]. 水产学报, 2010, 34(6): 955-963.

[22] Zhang Q, Ma H M, Mai K S, et al. Interaction of dietary *Bacillus subtilis* and fructooligosaccharide on the growth performance, non-specific immunity of sea cucumber, *Apostichopus japonicus*[J]. Fish Shellfish Immunol, 2010, 29: 204-211.

[23] Zhang L, Ai Q H, Mai K S, et al. Effects of dietary peptidoglycan level on the growth and non-specific immunity of Japanese seabass, Lateolabrax japonicus [J]. Periodical of Ocean University of China, 2008, 38(4): 551-556.

[24] Gu M, Ma H M, Mai K S, et al. Immune response of sea cucumber *Apostichopus japonicus* coelomocytes to several immunostimulants in vitro [J]. Aquaculture, 2010, 36: 49-56.

[25] Chang C, Chen H, Su M, et al. Immuomodulation by β-1,3-glucan in the brooders of the black tiger shrimp *Penaeus monodon* [J]. Fish Shellfish Immunol, 2000, 10: 505-514.

（樊英,李乐,于晓清,李天保,王淑娴,刁菁,王勇强）

不同免疫增强剂对仿刺参肠道消化酶活性及组织结构的影响

免疫增强剂是一类通过不同作用方式提高机体免疫功能的物质,可单独或同时与抗原使用增强机体的免疫应答。目前,研究使用的免疫增强剂很多[1-7],对不同动物的使用机理也逐渐被熟悉,主要集中于机体细胞免疫和体液免疫。中草药等植物源免疫增强剂为广谱的非特异性免疫促进剂,具有替代抗生素抑制病原微生物、促进动物生长的作用,比抗生素更安全,比疫苗作用范围更广,适于在水产养殖业推广应用,尤其是对以非特异性免疫为主的仿刺参(*Apostichopus japonicas*)[6,8,9]。本实验室研究表明,黄芪多糖能够显著增强仿刺参体腔细胞免疫活性,不同的给予方式效果不同[8,10];枸杞多糖、菊粉为新型免疫增强剂,作用于机体的多靶点而提高非特异性免疫力[11];黄柏等作为常用的抗菌中草药具有抗菌、消炎、改善免疫系统功能的作用[12];抗菌肽是宿主免疫防御系统中一类对抗外界病原体感染的肽类活性物质,它们能从营养学方面增强机体免疫功能,从免疫学方面提高其抗病力[13,14];党参广泛应用到小鼠的免疫研究中,不仅可提高机体免疫细胞活性,还可改善肠黏膜结构[15]。对仿刺参消化系统的生物化学及组织学已有研究[16-18],但本研究中涉及的不同免疫增强剂对其的影响还未见报道。本研究采用注射方式从仿刺参肠道系统剖析了免疫增强剂的作用机理和影响效果,揭示不同免疫增强剂的作用特征,拓展了更广泛的研究方向,为仿刺参高效配合饲料的研发和指导仿刺参免疫增强剂的实际应用提供参考。

1 材料与方法

1.1 材料

实验用仿刺参购于山东省青岛市崂山某养殖场;免疫增强剂购于青岛百澳兰博工贸有限公司,纯度≥85%;其他试剂均为化学分析纯。

1.2 实验设计及样品采集

实验前,仿刺参暂养于实验室,以基础饲料(海泥:鼠尾藻质量比1∶1)饱食投喂,温度控制在(15±0.5)℃;暂养7 d后,将实验参饥饿24 h,称重,挑选个体均匀、外观无疾病症状的健康仿刺参随机分配到不同实验水槽(长70 cm×宽30 cm×高40 cm)内。实验于2013年5月8日~5月15日、2013年5月18日~5月25日进行。实验用仿刺参初始体质量为(21.00±

2.00)g,随机分为10组(处理组A-J),每组2个平行,每个平行12头仿刺参。根据摄食情况,每天10:00、16:00饱食投喂,吸除残饵和粪便,补充新鲜海水。实验期间连续充气,盐度32,pH 7.8～8.2,溶解氧 > 5 mg·L^{-1}。

处理组A为对照组,在距离头部2 cm处给仿刺参体腔内注射400 μL无菌生理盐水(避开呼吸树等组织结构),处理组B～J分别注射相同体积的下述免疫增强剂溶液:黄芪多糖(B)、枸杞多糖(C)、黄柏提取物(D)、苦参提取物(E)、党参提取物(F)、菊粉(G)、天蚕素(H)、神曲提取物(I)、山楂提取物(J)(质量浓度都为1.2 mg·mL^{-1})。注射免疫增强剂后第1、3、5 d,分别从每个水槽中随机抽取3头仿刺参,在冰盘中取出肠道,称取0.5 g,加入10倍体积(v/w)的预冷重蒸水,在冰浴中(0～4℃)组织匀浆5 min,10 000 r·min^{-1}冷冻离心15 min,取上清液测定消化酶活力。

1.3 检测指标

1.3.1 蛋白酶活力

蛋白酶活力采用福林酚法测定。活力单位定义为在40℃下保温20 min,1 g仿刺参消化道在1 min内水解酪蛋白产生1 μg酪氨酸即为1个蛋白酶活力单位(μg·g^{-1}·min^{-1})。

1.3.2 淀粉酶活力

淀粉酶活力按照南京建成生物技术公司的试剂盒测定。淀粉酶活力定义为100 mL液体中淀粉酶在37℃条件下与底物作用30 min,水解10 mg淀粉为一个单位(U·dL^{-1})。

1.3.3 纤维素酶活力测定

纤维素酶活力按照3,5-二硝基水杨酸法测定。在该条件下以每min水解羧甲基纤维素钠释放出相当于1.0 μg葡萄糖含量时所需的酶量为1个酶活力单位(μg·g^{-1}·min^{-1})。

1.3.4 褐藻酸酶活力

褐藻酸酶活力按照3,5-二硝基水杨酸法测定。每min催化褐藻酸钠水解生成1 μg葡萄糖的酶量定义为一个活力单位(μg·g^{-1}·min^{-1})。

1.3.5 蛋白质浓度

采用南京建成生物技术公司的考马斯亮蓝试剂盒测定样品中蛋白质的浓度。不同时间不同处理组的消化酶变化通过酶比活力进行比较。酶比活力表示每毫克蛋白质所显示的活力(U·mg^{-1}蛋白)。

1.3.6 组织切片

实验5 d后将实验仿刺参饥饿24 h,解剖,小心去除与消化道相连的呼吸树,将前肠组织置于Bouin氏液中静置24 h,进行常规石蜡连续切片,厚度为7 μm,苏木素-伊红(HE)染色,Olympus显微镜下进行观察、拍照。

1.4 数据统计分析

实验数据采用SPSS 17.0软件进行ANOVA、LSD单因素分析和Duncan比较,显著性差异在$P < 0.05$水平上。

2 结果

2.1 不同免疫增强剂对仿刺参肠道消化酶活力的影响

由表1可知,注射后第3 d,免疫增强剂不同程度地影响仿刺参肠道内蛋白酶、淀粉酶、纤维素酶和褐藻酸酶的活性。仅黄柏提取物处理组(D)蛋白酶活力降低($P > 0.05$),其他处理组均升高;菊粉处理组(G)蛋白酶活性最高,达到15.16 g·(g·min)$^{-1}$,与对照组(7.07 μg·g^{-1}·min^{-1})差异显著($P < 0.05$),其次是黄芪多糖(B)和党参提取物(F)组。第3 d,不同处理组淀粉酶活性变化趋势稳定,其中以神曲提取物(I)影响最大,酶活力达到72.57 U·dL^{-1},与对照组(53.2 U·dL^{-1})差异显著($P < 0.05$)。仿刺参肠道内纤维素酶和褐藻酸酶活性较低,只有菊粉(G)和山楂提取物(J)对纤维素酶活性影响显著($P < 0.05$),而其他处理组与对照组均无明显变化($P > 0.05$);不同处理组褐藻酸酶活性虽低,但与对照组差异显著($P < 0.05$),黄芪多糖处理组(B)活性最高,达到2.06 μg·g^{-1}·min^{-1},其次是菊粉处理组(G)(2.02 μg·g^{-1}·min^{-1})。

表1 注射免疫增强剂后第3 d仿刺参肠道消化酶活力的变化

处理组	测定指标			
	蛋白酶 (μg·g^{-1}·min^{-1})	淀粉酶 (U·dL^{-1})	纤维素酶 (μg·g^{-1}·min^{-1})	褐藻酸酶 (μg·g^{-1}·min^{-1})
对照组	7.07±0.26^a	53.20±0.71^a	0.36±0.37^a	0.39±0.00^a
黄芪多糖	15.16±0.60^b	61.93±0.21^b	0.49±0.10^a	2.06±0.07^b
枸杞多糖	10.82±0.63^c	61.34±0.27^b	0.46±0.03^a	1.64±0.17^c
黄柏提取物	6.86±0.86^a	59.81±0.67^b	0.32±0.09^a	0.87±0.35^d
苦参提取物	9.29±0.03^d	59.40±1.93^b	0.41±0.01^a	1.01±0.04^d
党参提取物	11.41±0.84^e	63.01±0.13^c	0.48±0.03^a	1.89±0.06^e
菊粉	15.16±0.15^f	62.51±0.92^{bc}	0.67±0.06^b	2.02±0.06^b
天蚕素	9.38±0.49^d	59.10±0.35^b	0.49±0.02^a	1.52±0.04^c
神曲提取物	10.74±0.56^c	72.57±0.41^d	0.51±0.03^a	1.91±0.04^b
山楂提取物	11.56±0.43^e	61.09±0.31^b	0.73±0.09^c	1.59±0.14^c

注:同列数据肩标不同字母表明差异显著($P < 0.05$)。

2.2 不同处理组仿刺参肠道消化酶活性的变化

养殖期间,不同免疫增强剂对仿刺参肠道消化酶比活力的影响如图1所示。由图1A可知,第3 d各处理组蛋白酶比活力均较高,之后又降低,第5 d降低后酶比活力仍比第1 d稍高,且与对照组差异明显($P < 0.05$);不同处理组变化幅度不同,其中黄芪多糖(B)、菊粉(G)对仿刺参肠道蛋白酶比活力影响较大,黄柏(D)、苦参(E)提取物对仿刺参肠道蛋白酶比活力影响不显著($P > 0.05$),黄柏提取物(D)组酶比活力比对照组稍低。由图1B可见,淀粉酶比活力变化幅度较小,只有神曲提取物处理组(I)出现明显差异,第3 d肠道淀粉酶比活力最高（$P<0.05$），第 5 d 降低，变化趋势与蛋白酶基本相同。由图 1C 可见，菊粉（G）、山楂（J）提取物对仿刺参肠道纤维素酶比活力影响较大，在第 3 d 纤维素酶比活力达到最大值，之后随时间延长，酶比活力降低，其他处理组变化不明显。由图 1D 可见，不同处理组仿刺参肠道褐藻酸酶比活力变化幅度明显，菊粉处理组（G）较稳定；第 3 d 黄芪多糖（B）、党参（F）组的酶比活力提升较快，变化幅度大，第 5 d 稍有降低；而黄柏提取物组（D）在第 3 d 升高后第 5 d 则降到低于对照组的水平。

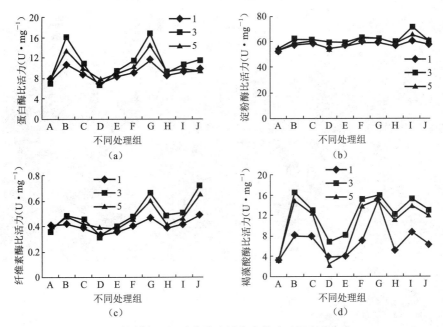

图 1　仿刺参不同消化酶比活力在养殖时间内的变化

A:对照组；B:黄芪多糖；C:枸杞多糖；D:黄柏提取物；E:苦参提取物；F:党参提取物；G:菊粉；
H:天蚕素；I:神曲提取物；J:山楂提取物；1:第一天；3:第三天；5:第五天

2.3　不同免疫增强剂对仿刺参肠道组织结构的影响

从图 2A 中看出，仿刺参肠道黏膜层形成高且窄的褶皱，富含血窦，上皮细胞细胞核呈椭圆形，游离端纹状缘染色较深，富含较多的核酸或分泌物；黏膜下层为生发层细胞，细胞核呈圆形且排列紧密，小淋巴细胞居多；肌层较薄，由单层平滑肌纵排列构成；浆膜层由疏松结缔组织的单层扁平细胞或复层上皮细胞构成。与对照图 2A 比较，图 2B 中除了黏膜细胞及分泌物增多，外肠壁组织结构变化较小，可见黄芪多糖改善了肠组织结构，促进细胞增殖、分泌；图 2C 黏膜层上皮中含有大量嗜碱性细胞，部分皱褶顶端纹状缘受损；图 2D 中可见肠壁黏膜下层出现细胞死亡分解现象（箭头 1），纹状缘层脱落（箭头 2），可能是黄柏提取物对肠壁结构及细胞造成一定程度的损伤；图 2E 肠道上皮细胞损伤程度较图 2D 轻，部分细胞死亡，可见分解现象；图 2F 与图 2B 相似；图 2G 显示黏膜层球形细胞较多，分泌旺盛，粘膜下层、肌层及浆膜层结构未见异常变化；图 2H 中黏膜层上皮细胞分泌旺盛，黏膜下层结缔组织（箭头）增厚；图 2I、2J 中血窦由扁平细胞组成，排列紧密（箭头），增强其吸收、运输营养的功能，促进细胞分泌消化酶，提高肠道消化能力。

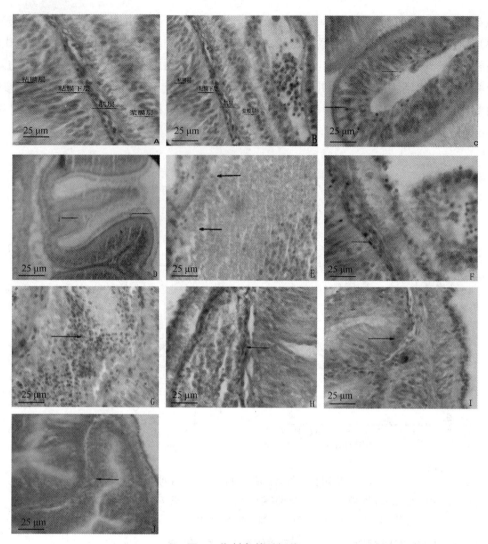

图 2 仿刺参前肠切片

A:对照组;B:黄芪多糖;C:枸杞多糖;D:黄柏提取物;E:苦参提取物;F:党参提取物;
G:菊粉;H:天蚕素 I:神曲提取物;J:山楂提取物

3 讨论

3.1 仿刺参肠道消化酶

仿刺参肠道消化酶种类很多,主要是蛋白酶、淀粉酶、脂肪酶、纤维素酶和褐藻酸酶等。影响消化酶活性的因素很多,包括生物种类、规格及发育阶段、环境温度、pH 及饲料等。本实验通过消化酶活性研究不同免疫增强剂的作用,效果可靠。袁成玉等[19]研究发现,微生态制剂明显促进了仿刺参肠道中淀粉酶、蛋白酶的活性,对纤维素酶活性影响较小;王吉桥等[20]发现,Hg^{2+} 和 Ag^{2+} 对仿刺参消化道蛋白酶呈现极强的抑制作用。在本实验条件下,仿刺参前肠中蛋白酶活性极高,变化幅度明显,不同免疫增强剂对仿刺参肠道蛋白酶活性具有不同的促进作用,如黄柏提取物致使肠道内蛋白酶活性降低,这可能与黄柏提取物的药理作用相关；菊粉和黄芪多糖、党参提取物对仿刺参前肠蛋白酶表现出明显的增强作用；不同免疫增强剂颗粒链接到不同的细胞受体上，因其本身的结构特征改变细胞膜的结构和呈递作用等，促使细胞分泌和表达。

仿刺参肠道中淀粉酶与蛋白酶同等重要。王羽等[21]推测仿刺参前肠中主要以 β- 淀粉酶为主，后肠淀粉酶活力最高，是淀粉消化吸收的主要场所，中肠淀粉酶活力较高，前肠淀粉酶活力最低。本研究中，前肠淀粉酶活性相对较低，变化比较稳定，只有神曲提取物组变化幅度大，这可能是神曲性平、消食调中的作用所致。

王吉桥等[18]认为，仿刺参消化道内的纤维素酶并非自身分泌，是由进入其中的细菌等微生物产生。本实验结果看出，不同免疫增强剂对酶活性的影响不同，分析是从影响微生物菌系和数量的水平上间接产生的效果。王吉桥等[18]已证实，仿刺参消化道具有该酶活性，但仿刺参从幼参到成参褐藻酸酶活力一直处于较低水平，表明仿刺参对海带和裙带菜等富含褐藻酸的大型藻消化能力较弱。这与本研究的结果相似，褐藻酸酶活性较蛋白酶、淀粉酶较低，但变化幅度较大，不同处理组之间的差异性较大，菊粉和黄芪多糖因其自身结构与生物活性特征对褐藻酸酶产生激活效果。

从不同酶在养殖时间内的变化可看出，不同免疫增强剂可影响仿刺参前肠的酶纯度，从而影响消化能力。从图 2 中可知，注射免疫增强剂后第 3 d，不同处理组均产生最高比活力，而黄柏提取物处理组的蛋白酶、纤维素酶比活力降低，第 3 d、第 5 d 均产生了抑制效果，这可能与免疫增强剂特性相关，也可能与机体的整体代谢调控水平相关。在整个养殖期间，机体内消化酶的分泌量受其分泌因素的调控，始终与机体的代谢水平相适应。在配合饲料的研制过程中应全面、深入地研究不同成分对仿刺参自身消化酶活性的适应性和促进程度，更好地提高使用效果和利用率，降低养殖成本。

3.2 仿刺参肠道组织学结构

仿刺参的胃直接连接着粗细大致均匀的肠道，肠道首先在体右侧，向体后端，此段称第一小肠，即前肠，前肠的前段有较多黏液细胞；然后在左侧折向上方，称第二小肠，即中肠；再在体中央折向下方，为大肠，即后肠，后肠终于体末端的肛门。崔龙波等[23]描述了仿刺参消化道管壁由黏膜层、黏膜下层、肌肉层和外膜层组成，不同部位承担着不同的生理功能，其中前肠和中肠上皮具有蛋白酶、脂酶和非特异性酯酶活性，是消化吸收的主要场所。王霞等[23]通过解剖和组织切片观察了不同再生阶段仿刺参消化道的组织结构。本实验观察了免疫增强剂对仿刺参前肠结构的影响，发现黄芪多糖对仿刺参肠道结构的副作用较少，多糖的构效促进了前肠上皮黏液细胞的增殖，产生更多的分泌物，间接改善了肠道的消化免疫功能；枸杞多糖组肠壁结构的厚度和密集度上有一定程度的稀疏，褶皱顶端纹状缘出现轻微受损，可能是由于枸杞多糖具有特殊的结构和特性，含有—COOH、—OH 和—NH$_2$ 或—NH 基团，在促进细胞分裂增殖的同时也诱导细胞的凋亡，导致结构上的部分损伤，也可能是部分的机械性损伤，具体是哪一因素的作用还需进一步验证。菊粉可水解生成低聚果糖，提高动物机体免疫力、调节肠道功能、增殖有益菌等功能。从实验结果上看，仿刺参前肠细胞分泌旺盛，有效促进肠活动，这正与菊粉本身的功能相呼应。天蚕素处理组肠道结缔组织增厚，其本身具有积极的免疫促进作用,具有抑菌作用,在破坏细胞膜完整性的同时使组织结构增厚,具体作用机制仍在研究中。黄柏提取物和苦参提取物对仿刺参肠道结构的影响与免疫增强剂自身特性相关;黄柏、苦参皆性寒,药理作用显示可促进肠收缩,虽减轻炎症等损伤,但同时从不同程度上抑制免疫反应。不同免疫增强剂可从不同部位、不同方向上影响仿刺参的肠道结构,肠道免疫在一定程度上直接反应机体的健康状况,该研究将为免疫增强剂的筛选和配合饲料的研制提供了参考。

参考文献

[1] Gu M, Ma H M, Mai K S, et al. Immune response of sea cucumber (*Apostichopus japonicus*) coelomocytes to several immunostimulants in vitro[J]. Aquaculture, 2010, 306(1/4): 49-56.

[2] 谭崇桂,冷向军,李小勤,等. 多糖、寡糖、蛋白酶对凡纳滨对虾生长、消化酶活性及血清非特异性免疫的影响[J]. 上海海洋大学学报, 2013, 22(1): 93-99.

[3] 宫魁,王宝杰,刘梅,等. 全营养破壁酵母对仿刺参非特异性免疫及肠道菌群的影响[J]. 中国水产科学, 2012, 119(4): 641-646.

[4] Zhang Q, Ma H M, Mai K S, et al. Interaction of dietary *Bacillus subtilis* and fructooligosaccharide on the growth performance, non-specific immunity of sea cucumber, *Apostichopus japonicus*[J]. Fish & Shellfish Immunology, 2010, 29(2): 204-211.

[5] Zhao Y C, Ma H M, Zhang W B, et al. Effects of dietary β-glucan on the growth, immune responses and resistance of sea cucumber, *Apostichopus japonicus* against *Vibrio splendidus* infection[J]. Aquaculture, 2011, 315(3): 269-274.

[6] 张琴,麦康森,张文兵,等. 饲料中添加硒酵母和维生素E对刺参生长、免疫力及抗病力的影响[J]. 动物营养学报, 2011, 23(10): 1 745-1 755.

[7] 李继业. 养殖刺参免疫学特征与病害研究[M]. 青岛: 中国海洋大学, 2008.

[8] 樊英,王淑娴,李天保,等. 微胶囊剂型黄芪多糖对刺参生长性能、免疫力及抗病力的影响[J]. 渔业科学进展, 2013, 34(1): 119-125.

[9] 陈效儒,张文兵,麦康森,等. 饲料中添加甘草酸对刺参生长、免疫及抗病力的影响[J]. 水生生物学报, 2010, 34(4): 731-738.

[10] 樊英,王淑娴,叶海斌,等. 黄芪多糖对仿刺参非特异性免疫功能的影响[J]. 水产科学, 2010, 29(6): 321-324.

[11] 韩立丽,王建发,王凤龙,等. 黄芪多糖对肠道免疫功能影响的研究进展[J]. 中国畜牧兽医, 2009, 36(8): 133-135.

[12] 胡俊青,胡晓. 黄柏化学成分和药理作用的现代研究[J]. 当代医学, 2009, 15(7): 139-141.

[13] 上官明军,王芳,张红岗,等. 菊粉对蛋雏鸡生长性能、免疫器官指数和血清免疫球蛋

白的影响[J]. 动物营养学报, 2009, 21(1): 118-122.

[14] 刘莉如. 天蚕素抗菌肽对蛋用仔公鸡生长、免疫及相关细胞因子 mRNA 表达水平影响的研究[D]. 乌鲁木齐: 新疆农业大学, 2012.

[15] 晏永新, 张丽, 贾海芳, 等. 党参多糖口服液对小鼠免疫功能的影响[J]. 中国兽药杂志, 2013, 47(3): 18-20.

[16] 苏琳. 夏眠刺参消化道组织学特征及表观修饰基因表达模式分析[M]. 青岛: 中国科学院海洋研究所, 2012.

[17] 汪婷婷, 孙永欣, 徐永平, 等. 多糖类免疫增强剂对海参肠道菌群的影响[J]. 饲料工业, 2008 29(4): 19-20.

[18] 王吉桥, 唐黎, 许重, 等. 仿刺参消化道的组织学及其4种消化酶活力的周年变化[J]. 水产科学, 2007, 26(9): 481-484.

[19] 袁成玉, 张洪, 吴垠, 等. 微生态制剂对幼刺参生长及消化酶活性的影响[J]. 水产科学, 2006, 25(12): 612-615.

[20] 王吉桥, 唐黎, 许重, 等. 温度、pH 和金属离子对仿刺参蛋白酶活力影响的研究[J]. 海洋科学, 2007, 31(11): 14-19.

[21] 王羽, 孙永欣, 王婷婷, 等. 海参消化酶的研究进展[J]. 中国饲料, 2008, 13: 38-44.

[22] 崔龙波, 董志宁, 陆瑶华. 仿刺参消化系统的组织学和组织化学研究[J]. 动物学杂志, 2000, 35(6): 2-4.

[23] 王霞, 李霞. 仿刺参消化道的再生形态学与组织学[J]. 大连水产学院学报, 2007, 22(5): 340-346.

(樊英, 于晓清, 李乐, 李天保★, 叶海斌, 王勇强)

黄芪多糖微胶囊制备及对刺参抗病力的影响

黄芪多糖(AstragalusPolysaccharides APS)是从中药黄芪中提取的具有免疫活性的天然多糖,作为免疫增强剂能激活动物免疫系统,增强其对细菌、病毒等病原微生物的抵抗力[1,2]。樊英等[3]向刺参体腔中注射无菌黄芪多糖溶液后,通过测定其体腔液中溶菌酶、超氧化物歧化酶、碱性磷酸酶及补体C3的含量,证明黄芪多糖具有增强刺参免疫功能的作用。由灿烂弧菌(*Vibrio splendidus*)引起的海参腐皮综合征是当前刺参养殖生产中最常见、危害最严重的一种疾病,其死亡率可达90%以上[4,5]。Sun等[6]采用不同工艺处理的黄芪和APS分别作为饲料添加剂进行刺参的养殖和人工攻毒感染实验,证明APS和黄芪化微粉(添加化学助剂,39~125 μm)能显著提高养殖刺参免疫力,积极预防海参腐皮综合征的发生;而3%剂量添加的黄芪粗粉(250 μm)和超微粉(39~125 μm)的免疫促进作用效果不明显。

黄芪多糖属于水溶性的植物源免疫多糖,在实际应用过程中,采用注射或者口服投喂的方式,不是操作烦琐就是损失多,不利于在刺参养殖生产中的应用和推广,微胶囊技术为解决这一问题提供了新的思路。本研究拟采用锐孔喷雾凝固浴的方法,将黄芪多糖作为芯材,采用海藻酸钠作为壁材进行包覆,制备微胶囊,防止APS在水中溶解浪费,同时满足刺参的摄食颗粒大小,以期为黄芪多糖在刺参养殖生产中的应用提供新的方式;并探讨其对刺参抗病力的影响。

1 材料与方法

1.1 黄芪多糖微胶囊的制备

配制2%浓度的海藻酸钠(化学纯,国药集团)溶液并充分溶胀至无气泡,按照4:1的比例混合包埋黄芪多糖粉剂(硫酸-苯酚法测定多糖含量约63%,石家庄光华药业),包埋30 min,利用锐孔喷雾凝固浴方法(图1)喷入3% $CaCl_2$ 溶液中,成型固化15 min,洗涤,干燥,制成微胶囊颗粒,备用[7-9]。

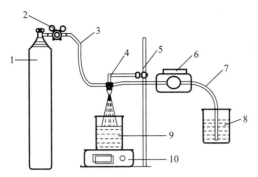

图 1　锐孔喷雾凝固浴方法示意图

1—液氮罐;2—减压阀;3—导气管;4—双流体喷嘴;5—金属支架;6—恒流泵;
7—导液管;8—芯壁材;9—接收器;10—磁力搅拌器

1.2　黄芪多糖微胶囊中多糖含量的测定

称取 50 mg 制备的黄芪多糖微胶囊,溶解于 100 mL 5% 柠檬酸三钠溶液中,以葡萄糖为标准品,经乙醇沉淀后,通过苯酚-硫酸比色法测定微胶囊中多糖含量[10],从而计算出黄芪多糖微胶囊的载药量和包埋率。其中载药量为每克微胶囊中含有多糖的质量,包埋率＝微胶囊中包埋多糖粉剂的量／制备过程中添加黄芪多糖粉剂的量 ×100%。

1.3　实验海参饲养与管理

实验用刺参为 2011 年 8 月购于山东青岛胶南一商业育苗场同一批次培育的成参。正式实验前,刺参放于室内海水循环系统中暂养,以实验基础饲料(海泥:鼠尾藻粉＝1:1),饱食投喂,温度控制在 (17 ± 1) ℃,使之逐渐适应实验环境。暂养结束后(2011 年 8 月底),挑选个体大小均匀健康的刺参,称重,随机分配到室内海水循环系统中的 18 只玻璃钢桶中(200 L)进行饲养。实验参初始体重 (30.00 ± 1.00) g,随机分为 6 组,其中 2 组投喂基础饲料(对照组)、另外 4 组分别投喂添加了 3% 空白微胶囊(仅壁材)(实验组 1)、1% 黄芪多糖微胶囊(实验组 2)、3% 黄芪多糖微胶囊(实验组 3)和 5% 黄芪多糖微胶囊(实验组 4)的基础饲料,每组 3 个重复,每个重复 30 头刺参。饲养持续 5 周,初始投喂饵量为刺参体重的 1%,根据每天各桶海参的摄食情况进行适当调整达到饱食投喂,每天投喂 1 次,投喂时间为 16:00,次日 9:00,吸除残饵和粪便,并补充新鲜海水。饲养期间连续充气,水温控制在 (17 ± 1) ℃,盐度 28～30,pH 7.8～8.2,溶解氧不低于 5 mg·L^{-1}。

1.4　LD$_{50}$ 测定与攻毒感染实验

养殖 5 周结束时,进行攻毒感染实验,攻毒实验使用的灿烂弧菌(*V. splendidus*)由中国水科院黄海水产研究所提供。弧菌用胰蛋白胨大豆肉汤培养基(TSB)在 28 ℃下培养 24 h,然后用无菌生理盐水冲洗菌落,并调整浓度为 10^9 CFU·mL^{-1}。攻毒实验前选取 1 组投喂基础饲料的刺参,通过预实验确定灿烂弧菌对刺参的半致死浓度 LD$_{50}$(7D)为 5.3×10^8 CFU·mL^{-1}。采用浓度为 1×10^9 CFU·mL^{-1} 的菌悬液用 1 mL 无菌注射器经腹腔注射对刺参进行感染,每头注射量为 0.1 mL,每组继续投喂与之相对应的实验饲料。记录

14 d内刺参发病情况并统计其累计发病率。

1.5 计算公式及统计方法

计算公式:存活率%＝$N_t/N_0×100\%$（N_t和N_0分别为每个重复海参初始头数和终末头数）；累积发病率%＝$D_t/D_0×100\%$（D_0和D_t分别为攻毒过程中刺参初始头数和累计发病头数）；免疫保护率＝（1－实验组累计发病率／对照组累计发病率）×100%。

统计分析方法:采用SPSS 17.0 for Windows对所得数据进行单因素方差分析,若差异显著,则用Duncan检验法进行多重比较,显著性水平为$P<0.05$。

2 结果

2.1 黄芪多糖微胶囊的制备

本研究以黄芪多糖为芯材,海藻酸钠为壁材,通过锐孔喷雾凝固浴方法制备的黄芪多糖微胶囊呈麦黄色,粉状,不溶于水,颗粒均匀,大小在100～150目（100～150 μm）之间（图2）。采用苯酚－硫酸比色法,以葡萄糖为标准品,测得微胶囊的载药量为10^8 mg·g^{-1}；包埋率为85.7%。

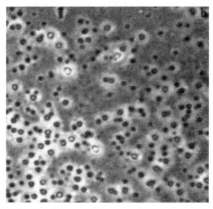

图2 黄芪多糖微胶囊
a:微胶囊干态样品；b:微胶囊样品显微图像（×40倍）

2.2 攻毒实验

灿烂弧菌攻毒14 d后,对照组刺参累计发病率为40.00%,与3%空白微胶囊添加组（实验组1）(37.78%)差异不显著（$P>0.05$）,而显著高于1%、3%和5%黄芪多糖微胶囊添加组（实验组2、实验组3和实验组4）(32.22%、13.33%和12.22%)（$P<0.05$）,但是实验组1和实验组2之间刺参累计发病率差异不显著（$P>0.05$）；实验组3和实验组4之间刺参累计发病率同样差异不显著（$P>0.05$）,却显著低于其他组别（$P<0.05$）(图3)。

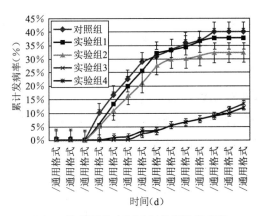

图 3 灿烂弧菌攻毒后刺参累计发病率

统计计算出 3% 和 5% 黄芪多糖微胶囊添加组（实验组 3 和实验组 4）对刺参的免疫保护率分别为 66.67% 和 69.44%，两组之间差异不显著（$P > 0.05$），均显著高于实验组 1 和实验组 2（$P < 0.05$）（见表 1）。

表 1 黄芪多糖微胶囊对刺参抗致病菌灿烂弧菌能力的影响

组别	攻毒总数量	发病总数量	累积发病率 AM(%)	免疫保护率 PR(%)
对照组	30±0	12.00±0.577[a]	40.00±0.033[a]	0.00±0.0481[a]
实验组 1	30±0	11.33±0.333[ab]	37.78±0.019[ab]	5.56±0.048[ab]
实验组 2	30±0	9.67±0.882[b]	32.22±0.051[b]	19.44±0.127[b]
实验组 3	30±0	4.00±0.577[c]	13.33±0.033[c]	66.67±0.083[c]
实验组 4	30±0	3.67±0.333[c]	12.22±0.019[c]	69.44±0.048[c]

注：同一列数据右上角不同字母代表有显著差异（$P < 0.05$）。

3 讨论

3.1 黄芪多糖微胶囊的制备

本研究中制备的黄芪多糖微胶囊，选用海藻酸钠作为壁材，在食品、医药领域也常常使用其做成膜材料，海藻酸钠在微胶囊制备过程中的凝固浴中遇到 Ca^{2+} 能形成包覆膜，无毒，有足够的韧性强度，并具有半透性。

黄芪多糖微胶囊制备方法，采用锐孔喷雾凝固浴方法，直接选用前期实验优化的最佳条件[11]：喷雾气压 0.1 MPa，物流速度 0.08 mL·s^{-1}，气液高度 10 cm，芯壁材比例 1∶4，氯化钙浓度 3% 等。该方法制备微胶囊不需形成水包油或油包水体系，避免微胶囊带有有机油剂，恒温干燥后得到的黄芪多糖微胶囊粉状，大小在 100~150 目（100~150 μm）之间适宜刺参的摄食，通过显微观察养殖大桶的底污和粪便，均未见到刺参未摄食和未消化的微胶囊颗粒，说明本研究的黄芪多糖微胶囊能被养殖刺参摄食消化吸收。

本研究制备的黄芪多糖微胶囊通过硫酸苯酚法测得载药量为 108 mg·g^{-1}，按照刺参体重 1% 投喂饵料，3% 微胶囊的添加量计算，理论上每头刺参每天平均能摄入近 1 mg 的黄芪多糖。樊英等[3]通过向刺参体腔中分别注射 0.2 mg·头$^{-1}$、0.4 mg·头$^{-1}$、0.6 mg·头$^{-1}$ 的黄芪多糖，证实 0.6 mg·头$^{-1}$ 剂量组能显著提高刺参溶菌酶、超氧化物歧化酶、碱性磷酸酶的活性。

3.2 黄芪多糖微胶囊对刺参抗病力影响

本研究采用注射方式对刺参进行攻毒，通过测定累计发病率和计算免疫保护率考察黄芪多糖微胶囊对刺参抗病力的影响。实验结果表明，刺参在经过5周的饲养管理后进行攻毒实验，添加3%和5%黄芪多糖微胶囊组累计发病率最低（13.33%和12.22%）；对养殖刺参的免疫保护率达到 66.67% 和 69.44%。据 Wang 等[12]报道，养殖刺参饲料中添加 APS 和黄芪化微粉，人工攻毒实验后刺参的发病率分别为 25.00% 和 16.67%，显著低于饲料中添加黄芪粗粉（50.00%）和超微粉（66.67%）的养殖刺参。结果均说明黄芪多糖对刺参能产生较好的免疫保护作用，提高刺参的抗病力。然而，由于黄芪多糖属于水溶性的植物源免疫多糖，以及刺参的生活习性和摄食习惯，所以更优化的加工工艺（微胶囊剂型），可以进一步提高刺参对黄芪多糖的消化和吸收，以提高刺参的抗病力。在 APS 对刺参的免疫促进机理方面，孙永欣等[13]证实 APS 能提高刺参体腔细胞中溶菌酶 mRNA 基因的表达，同时促进刺参体腔中吞噬细胞的吞噬活性，诱导细胞超氧阴离子（O_2^-）的产生，从而使刺参提高抗病原菌感染力。

本研究制备的黄芪多糖微胶囊，按照3%和5%添加到养殖刺参饲料中，均能显著提高刺参的抗病力和免疫保护率，3%和5%黄芪多糖微胶囊添加组差异不显著，理论上刺参饲料中添加3%本实验制备的黄芪多糖微胶囊，每头刺参每天可获得 1 mg 的黄芪多糖，根据樊英等[3]的报道，可显著提升刺参体内各种免疫指标的提高；同时考虑成本等因素，建议在刺参养殖过程中在饲料中添加3%黄芪多糖微胶囊来提高刺参的免疫力和抗病力。孙永欣等[13]报道长期使用免疫刺激剂可能会导致免疫抑制（或免疫疲劳）作用，是否黄芪多糖对刺参也会产生这种作用有待于进一步研究。

参考文献

[1] 姚秀娟，王米，江善祥，薛飞群. 黄芪多糖药理作用及在动物生产中的应用研究进展[J]. 饲料工业, 2009, 30(18): 1-3.

[2] 吕宗友，李艳，苏衍菁，赵国琦，郭旭东. 黄芪在水产动物中的研究进展[J]. 中国饲料添加剂, 2010, 95(5): 34-37.

[3] 樊英，王淑娴，叶海斌，许拉，朱安成，杨秀生，李天保. 黄芪多糖对仿刺参非特异性免疫功能的影响[J]. 水产科学, 2010, 29(6): 321-324.

[4] 王印庚，方波，荣小军. 养殖刺参保苗期重大疾病"腐皮综合征"病原及其感染源分析[J]. 中国水产科学, 2006, 13(4): 610-616.

[5] 张春云，王印庚，荣小军. 养殖刺参腐皮综合征病原菌的分离与鉴定[J]. 水产学报, 2006, 30(1): 118-123.

[6] Sun Y X, Jin L J, Wang T T, et al. Polysaccharides from Astragalusmem branaceus promote phagocytosis and superoxide anion (O_2^-) production by coelomocytes from sea cucumber *Apostichopus japonicus in vitro* [J]. Comparative Biochemistry and Physiology Part C: Toxicology & Pharmacology, 2008, 147(3): 293-298.

[7] 苏美琼. 大蒜提取物微胶囊技术研究 [J]. 西北农林科技大学, 2004: 22-26.

[8] 田云, 卢向阳, 何小解, 易克, 黄成江. 微胶囊制备技术及其应用研究 [J]. 科学技术与工程, 2005, 5(1): 44-47.

[9] 陈效儒, 张文兵, 麦康森, 谭北平, 艾庆辉, 徐玮, 马洪明, 王小洁, 刘付志国. 饲料中添加甘草酸对刺参生长、免疫及抗病力的影响 [J]. 水生生物学报, 2010, 34(4): 731-737.

[10] 蔡涛, 王丹, 宋志祥, 佘万能. 微胶囊的制备技术及其国内应用进展 [J]. 化学推进剂与高分子材料, 2010, 8(2): 20-26.

[11] 李万才. 黄芪多糖的提取工艺及含量的测定研究 [J]. 安徽农业科学, 2009, 37(10): 4 493-4 498.

[12] 樊英, 许拉, 于晓清, 王淑娴, 李天保, 叶海斌, 刁菁, 王勇强. 黄芪多糖—海藻酸钠微胶囊的制备及释放性能研究 [J]. 饲料研究, 2011, 11(6): 6-8.

[13] Wang T T, Sun Y X, Xu Y P, et al. Enhancement of non-specific immune response in sea cucumber *Apostichopus japonicus* by *Astragalus membranaceus* and its polysaccharides [J]. Fish & Shellfish Immunology, 2009, 27(6): 757-762.

[14] 孙永欣. 黄芪多糖促进刺参免疫力和生长性能的研究 [J]. 大连理工大学, 2008, 58-74.

（许拉, 樊英, 李天保, 于晓清, 王淑娴, 于晓清, 盖春蕾, 叶海斌, 刁菁）

微胶囊剂型黄芪多糖对刺参生长性能、免疫力及抗病力的影响

近年来,我国刺参养殖业迅速发展,养殖规模不断扩大,但由于密度过高、操作技术不规范导致病害状况日益严重[1,2];为了避免疾病发生,养殖过程中使用了大量的抗生素和化学药物,但传统上使用抗生素并不能有效地防治疾病,且副作用非常明显,从而导致了细菌的耐药性、动物机体中的药物残留以及环境的污染等问题,对水产养殖动物和人类健康也产生了影响。因此,免疫增强剂的应用逐渐成为增强水产动物免疫力及抗病力的有效途径之一[3-5]。

多糖类免疫增强剂被认为是一种广谱的非特异性免疫促进剂,具有替代抗生素抑制病原微生物、促进动物生长的作用,比抗生素更安全,比疫苗作用范围更广,适于在水产养殖业中推广应用[5,6],尤其是对以刺参为例的非特异性免疫为主的无脊椎动物来说其应用更为重要。黄芪多糖(APS)是黄芪(*Astragalus membranaceus*)的主要活性成分,在提高机体的特异性和非特异性免疫方面具有重要作用[5-7]。然而,APS属于水溶性物质,口服虽具有较多优点但损失多,对于海参的摄食性来说,在实际应用中口服水溶性多糖类物质效率较低,经济效益差,而注射或浸泡方式在实际应用中费时费力,较难达到规模化。微胶囊是免疫增强剂及药物的新剂型,在饲料添加剂及免疫增强剂的开发中应用广泛[8]。微胶囊剂型黄芪多糖的使用避免了水溶性的缺点,加强了使用效果,拓展了使用途径,解决了在刺参养殖中的使用局限性。本研究拟以刺参为研究对象,将微胶囊剂型黄芪多糖添加到海参饲料中进行投喂实验和致病菌攻毒实验,研究微胶囊剂型黄芪多糖对刺参机体的综合影响,探讨其营养及免疫效果,为免疫增强剂新剂型的开发提供依据,为高效绿色饲料的研制提供参考。

1 材料与方法

1.1 实验材料及饲养管理

微胶囊剂型黄芪多糖为本实验室于2011年6月制备,微胶囊芯壁材为黄芪多糖(含量达70%)和海藻酸钠,载药量为17%;空白微胶囊即为海藻酸钠。刺参于2011年7月采自青岛胶南某养殖场,平均体重(22.0 ± 1.0) g。基础饲料为海泥和马尾藻(*Sargassum*)粉。

AKP、SOD、MPO试剂盒均购于南京建成生物工程研究所,其他试剂均为化学分析纯。

正式实验时间为2011年7月19日～9月10日,刺参饲养于自动控温循环系统中(20 L),水温约16.5℃,pH 7.8;足量投喂,暂养7 d后用于实验;实验中连续充气,每日吸除粪便,换水50%,隔日倒池,自然光照(室内)。

1.2 实验设计

实验中基础饲料处理:海泥和马尾藻粉(1∶1)充分溶于过滤海水中,煮沸,冷却,备用。

微胶囊添加方式:称取一定量的微胶囊加入到冷却后的基础饲料中,充分混匀后投喂。

实验共分5组:空白组,基础饲料组;阴性对照组,空白微胶囊添加组;实验组,微胶囊剂型黄芪多糖添加组,添加量分别为马尾藻粉质量的1%、3%、5%;每组三个平行,每个平行12只刺参,并设重复实验。

1.3 取样方式及指标测定

1.3.1 取样

投喂后第7、14、21、28、35 d分别从刺参腹部靠近口部约2 cm处抽取体腔液500 μL,一部分直接经4 000 r·min^{-1}离心8 min后取上清液-20℃保存备测(ACP、SOD),一部分置于-20℃反复冻融2次后离心(4 000 r·min^{-1}, 8 min),上清液保存备测(MPO)。

1.3.2 生长性能测定

5周饲喂实验结束后,对刺参进行称重,计算刺参的特定生长率。

计算公式:特定生长率(%·d^{-1})(SGR) = $100 \times (\ln W_t - \ln W_0)/t$

其中,W_t和W_0分别为刺参的终体重和初体重,t为实验天数。

1.3.3 免疫指标测定

SOD、ACP、MPO活性均按试剂盒方法测定。其中SOD按照总超氧化物歧化酶活性进行测定,定义为每毫升反应液中SOD抑制率达50%时所对应的SOD量为一个SOD活力单位(U)。ACP、MPO按照血清中酶活性进行测定。ACP定义为100 mL血清在37℃与基质作用30 min产生1 mg酚为1个活力单位。MPO定义为每毫升血清中在37℃的反应体系中H_2O_2被分解1 μmol为1个酶活力单位。

1.3.4 攻毒实验

攻毒感染实验使用的灿烂弧菌由中国水产科学研究院黄海水产研究所提供,活化后的灿烂弧菌经胰蛋白胨大豆肉汤培养基(TSB) 28℃培养24 h,用无菌生理盐水调整浓度为10^9 CFU·mL^{-1}(预实验得到半致死浓度(LD_{50}, 7 d)为5.3×10^8 CFU·mL^{-1})。实验结束后,随机抽取24头海参进行攻毒实验,每头海参经体壁注射剂量为0.1 mL的灿烂弧菌稀释液,对照组注射相同量的生理盐水,继续投喂基础饲料,及时记录刺参的日死亡情况,14 d后结束感染实验并统计其累积死亡率。计算公式如下:

累积死亡率% = 刺参累积死亡数量/初始数量 × 100%

1.4 数据分析处理

对所得数据利用软件 SPSS 17.0 进行分析和多重比较,显著性差异在 $P<0.05$ 水平上。

2 结果

2.1 生长性能

实验结束后对不同添加剂量的实验组刺参进行特定生长率统计(表1)。结果显示,各实验组刺参 SGR 均高于对照组(<0.05),其中以5%实验组最高,微胶囊添加剂量与 SGR 之间存在正相关性。

表1 不同剂量微胶囊剂型黄芪多糖对刺参生长性能(SGR)的影响(平均值 ± 标准误差)

组别	数量	时间	初体重(均值)(g)	终体重(均值)(g)	SGR
0 添加剂	36	35	22.7±0.46[a]	25±0.23[a]	0.275 7±0.012 2[a]
1% APS 添加剂	36	35	20.3±0.26[b]	22.7±0.46[b]	0.319 2±0.011 6[b]
3% APS 添加剂	36	35	22.1±0.60[a]	26.3±0.46[ac]	0.497 1±0.005 6[c]
5% APS 添加剂	36	35	22.6±0.33[a]	27.0±0.51[c]	0.511 1±0.010 7[c]

同列数据肩标表明,在同一列,不同小写字母上标平均值差异显著($P<0.05$)(表2同)。

表2 微胶囊剂型黄芪多糖对刺参抗致病菌灿烂弧菌能力的影响(平均值 ± 标准误差)

组别	攻毒总数量	死亡总数量	累积死亡率(%)
0 添加剂	24	11.7±0.33[a]	49.7±0.33[a]
1% APS 添加剂	24	5.6±0.33[b]	20.6±1.02[b]
3% APS 添加剂	24	2.7±0.32[c]	11.7±0.33[c]
5% APS 添加剂	24	3.0±0.33[c]	12.0±0.32[c]

2.2 酸性磷酸酶 ACP 活性

图1显示不同添加量实验组刺参体腔液 ACP 活性,添加量达3%时效果最佳,添加量与 ACP 活性不成正比例关系,高添加量(5%实验组)时刺参 ACP 活性反而降低。以3%剂量添加微胶囊时,刺参体腔液中 ACP 活性在第28天达到最高水平,为 $11.2\ U\cdot(100\ mL)^{-1}$,与对照组存在显著性差异($P<0.05$);ACP 活性随饲料中添加微胶囊的时间延长有上升趋势,但时间过长会出现不同程度的下降(图4)。

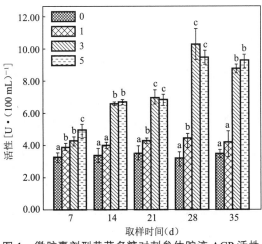

图1 微胶囊剂型黄芪多糖对刺参体腔液ACP活性的影响

0：空白组；1：1% APS；3：3% APS；5：5% APS（以下同）
注：不同小写字母表示差异显著（$P<0.05$）（以下同）。

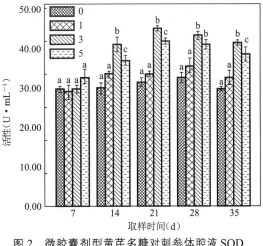

图2 微胶囊剂型黄芪多糖对刺参体腔液SOD活性的影响

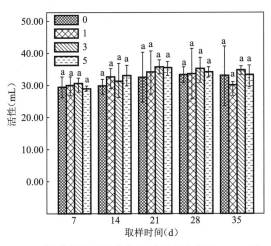

图3 微胶囊剂型黄芪多糖对刺参体腔液MPO活性的影响

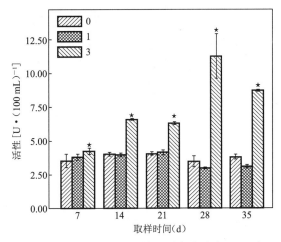

图4 微胶囊剂型黄芪多糖对刺参体腔液ACP活性的影响

0：空白组 1：阴性对照 3：实验组3%（以下同）。

2.3 超氧化物歧化酶SOD活性

不同添加量实验组刺参体腔液中SOD活性如图2所示，添加量为3%时刺参体腔液SOD活性优于其他实验组，且与对照组之间存在显著性差异（$P<0.05$）。当添加量为3%时，SOD活性在第21天达到最高水平，为63.3 $U·mL^{-1}$，且随着时间的延长，SOD活性会出现不同程度的下降（图5）。

2.4 髓过氧化物酶MPO活性

不同剂量的微胶囊剂对刺参体腔液中MPO活性产生一定的影响，其中以3%添加量产生的影响最大，但与对照组之间差异性不显著（$P>0.05$）（图3）。以3%添加量投喂刺参时，

MPO 活性在第 21 天达到最高值,每毫升为 40 MPO U·mL^{-1},与对照组之间差异性不显著($P > 0.05$);且在实验期间 MPO 变化趋势不明显(图 6)。

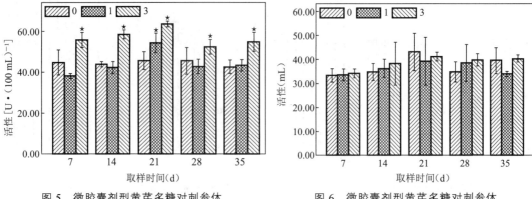

图 5　微胶囊剂型黄芪多糖对刺参体腔液 SOD 活性的影响

图 6　微胶囊剂型黄芪多糖对刺参体腔液 MPO 活性的影响

2.5　攻毒感染

在基础饲料中添加微胶囊可明显提高刺参的抗病力。感染灿烂弧菌 14 d 后,3%、5% 实验组累积死亡率为 10%,显著低于对照组(50%)($P < 0.05$)(表 2)。从图 7 中可以看出不同实验组感染灿烂弧菌后累积死亡率的变化,3%、5% 实验组与对照组比较出现死亡的时间明显推迟,变化趋势缓慢。

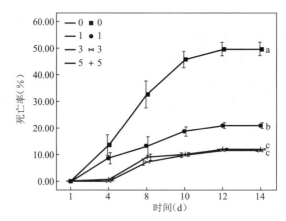

图 7　灿烂弧菌攻毒后 14 d 内刺参累积死亡率
0:空白组;1:1% APS 微胶囊;3:3% APS 微胶囊;5:5% APS 微胶囊
注:不同字母表示 4 个处理间有显著性差异($P < 0.05$)。

3　讨论

3.1　微胶囊剂型黄芪多糖对刺参生长性能的影响

研究表明,多糖类免疫增强剂在促进机体免疫力的同时,或对动物生长产生一定的抑制,故在评价机体免疫指标的同时对刺参生长性能进行研究[9, 10]是必要的;且 *SGR* 反映的是瞬时增长率,即某一点的生长速率,它能很好地描述动物当时的生长趋势。一些研究报道了多糖类免疫增强剂能够促进水产动物的生长,如肽聚糖可以提高鲈鱼的特定生长率[11],免疫多糖可以提高刺参幼参的体重[12]。本实验证明了微胶囊剂型黄芪多糖能够明显提高刺参的特定生长率,且不同的添加量影响效果不同,没有出现高剂量组生长滞后的现象,添加量与生长率成正比例递增关系;实验结束后测得,5%添加量实验组刺参特定生长率最高,达到 $0.51\% \cdot d^{-1}$;添加不同剂量的微胶囊能够不同程度地提高刺参的非特异性免疫以及刺参体质和健康状况,进而加快生长速度,但关于免疫增强剂促进水产养殖动物生长的机理目前尚不十分清楚。

3.2 微胶囊剂型黄芪多糖对刺参体腔液中免疫指标的影响

酸性磷酸酶(acid phosphatase,ACP)是吞噬细胞溶酶体的标志酶,尤其是在缺乏特异性免疫球蛋白的软体动物体内。研究表明,血清中的 ACP 可改变细菌等的表面结构,增强其异己性,从而加快对异物的识别、吞噬和清除,对于被识别并吞噬的病毒或细菌,溶酶体能将其杀死并进一步降解[13]。孙永欣指出,在海参免疫系统中 ACP 被证实具有调理素作用,能诱导阿米巴细胞对外来物质进行吞噬和包囊。本实验结果表明,刺参体腔液 ACP 对于微胶囊剂型黄芪多糖表现出灵敏的反应,其中以 3%添加量实验组提高程度最强,与对照组存在显著性差异($P < 0.05$),且添加量与免疫效果之间呈现不规律的变化趋势,当添加量达 5%时刺参体腔液中 ACP 活性反而低;当添加 3%微胶囊时,每隔 7 d 测定 ACP 活性结果显示,第 28 天活性最高,为 $11.2\ U \cdot (100\ mL)^{-1}$,与对照组差异性显著($P < 0.05$),第 35 天有所降低,但下降趋势缓慢,故微胶囊的添加时间与刺参体腔液 ACP 活性之间存在一定的相关性。

超氧化物歧化酶(superoxide dismutase,SOD)是衡量生物体健康状况的一个主要指标[15-17],机体内该酶的活性高低反映了抗氧化能力的大小,当处于疾病或逆境条件下机体的抗氧化能力会有所降低。本实验室通过注射方式研究的 APS 对刺参非特异性免疫实验表明,APS 能够显著提高刺参体腔液中 SOD 活性,增强抗氧化能力,这可能与黄芪成分中的黄酮和皂甙消除氧自由基的作用相关[18];通过浸泡方式研究黄芪多糖对金丝鱼(*Tanichthrs altbonubes*)的效果实验得出,黄芪多糖可显著提高鱼体内的 SOD 活力[19];这些研究证实了黄芪多糖的免疫增强作用,但实施方式不适宜推广应用。本实验结果证实,微胶囊剂型黄芪多糖可直接进行投喂,颗粒大小便于刺参摄食,减少了黄芪多糖在水体中的溶解损失,对刺参体腔液 SOD 活性的影响效果同样显著,在推广养殖中实用性更强,容易形成规模化、科学化发展,与注射方式比较更容易被养殖者接受。本实验中不同的微胶囊添加量表现了不同的促进作用,其中以 3%添加组效果最好;当添加量为 3%时,刺参体腔液 SOD 活性在第 21 天最高,为 $63.3\ U \cdot mL^{-1}$,与对照组差异性显著($P < 0.05$),第 28 天出现缓慢的下降趋势;即微胶囊的使用效果与使用剂量、使用时间之间存在明显的相关性,且不成正比例关系,这可能与黄芪多糖自身的结构、免疫调节机制以及刺参体内免疫系统的作用机制有关。

髓过氧化物酶(myeloperoxidase,MPO)又称过氧化物酶,是一种重要的含铁溶酶体,存在于髓系细胞(主要是中性粒细胞和单核细胞)的嗜苯胺蓝颗粒中,是髓细胞的特异性标志;MPO 基因多态性可导致个体对一些疾病易感性的差异,与多种疾病的发生、发展密切相关。

王方雨[20]研究了温度变化对刺参体内MPO活性的影响,结果表明,周年内MPO变化存在几个不同的转折点。本实验研究在10~11月份进行,测得刺参体腔液内MPO活性很低,且微胶囊对刺参体腔液中MPO活性影响不显著,这可能与刺参在该环境下的免疫机制或MPO存在位置相关,具体影响因素需进一步深入探讨。

3.3 微胶囊剂型黄芪多糖对刺参抗灿烂弧菌感染能力的影响

攻毒实验是反映免疫增强剂效果最直接的方式,灿烂弧菌是刺参腐皮综合征的致病菌,对刺参养殖危害严重。本实验攻毒结果表明,饲料中添加微胶囊连续投喂刺参后产生了免疫保护作用,且3%添加量组累积死亡率最低(10%),显著高于对照组(50%)($P < 0.05$)。相对其他研究结果而言,微胶囊新剂型在减少多糖溶失的同时大大提高了消化吸收和免疫作用,如孙永欣的研究结果显示,投喂黄芪化微粉和黄芪多糖60 d之后刺参的患病率仍为16.67%和25.0%[14],远远高于本实验中微胶囊取得的结果;本实验室也进行了不同剂型的黄芪多糖对刺参抗病力的影响的研究,结果同样证实了微胶囊新剂型的作用(结果在整理发表中)。

众所周知,益生元的作用是可选择地刺激一种或多种细菌的生长与活性,从而产生对宿主来说有益或有害的影响[21-23],这可能与本研究中黄芪多糖可提高刺参抗病力的原因相似,黄芪多糖可发挥益生元的作用,通过刺激细胞因子的分泌来提高机体的免疫功能,改善葡萄糖的耐受,调节肠道菌群平衡和代谢环境,从而调节微生物的发酵,降低pH值和氨的产生,对养殖刺参产生有益影响。

4 结论

本研究获得了以下结论:① 不同添加量的微胶囊剂型黄芪多糖能够有效促进刺参生长性能及体腔液中免疫指标水平,同时增强了刺参抗致病菌灿烂弧菌的能力。② 微胶囊剂型黄芪多糖的添加剂量、添加时间与免疫效果之间存在一定的相关性,3%添加量取得的效果最佳,ACP、SOD活性与对照组差异性显著,MPO活性与对照组无显著性差异。③ 微胶囊剂型黄芪多糖的应用为其他免疫增强剂的推广提供了参考,拓展了其在刺参养殖中的应用形式。

致谢

本研究实施过程得到了山东东方海洋科技股份有限公司三山岛分公司的协助和该公司周文江总经理等同仁的支持和帮助,在此一并表示衷心感谢。

参考文献

[1] 张春云,王印庚,荣小军.养殖刺参腐皮综合征病原菌的分离与鉴定[J].水产学报,2006,30(1):118-123.

[2] 马悦欣,徐高蓉,张恩鹏,王品虹,常亚青.仿刺参幼参急性口围肿胀症的细菌性

病原[J]. 水产学报, 2006, 30(3): 377-382.

[3] 周进, 黄健, 宋晓玲. 免疫增强剂在水产养殖中的应用[J]. 海洋水产研究, 2003, 24(4): 70-79.

[4] 孔伟丽. 免疫增强剂及疫苗对刺参 (*Apostichopus japonicus*) 免疫酶活性及抗病力影响的初步研究[D]. 青岛: 中国海洋大学, 2008.

[5] 张琴, 麦康森, 张文兵, 马洪明, 艾庆辉, 徐玮, 刘付志国. 饲料中添加硒酵母和维生素E对刺参生长、免疫力及抗病力的影响[J]. 动物营养学报, 2011, 23(10): 1 745-1 755.

[6] 白东清, 吴旋, 郭永军, 朱国霞, 邢克智, 宁博. 长期投喂黄芪多糖对黄颡鱼抗氧化剂非特异性免疫指标的影响[J]. 动物营养学报, 2001, 23(9): 1 622-1 630.

[7] 刘红柏, 卢彤岩, 张春燕, 孙大江, 白秀娟. 黄芪对史氏鲟抗氧化能力及免疫力的影响[J]. 大连水产学院学报, 2006, 21(3): 231-235.

[8] 林承仪. 兽药新剂型与新技术——微囊化技术[J]. 兽药与饲料添加剂, 2003, 8: 27-30.

[9] Gu M, Ma H M, et al. Effects of dietary β-glucan, mannan oligosaccharide and their combinations on growth performance, immunity and resistance against Vibrio splendidus of sea cucumber, *Apostichopus japonicas*[J]. Fish & Shellfish Immunology, 2011, 31(2): 303-309.

[10] Zhao Y C, Ma H M, Zhang W B, et al. Effects of dietary β-glucan on the growth, immune responses and resistance of sea cucumber, *Apostichopus japonicus* against *Vibrio splendidus* infection[J]. Aquaculture, 2011, 315(3-4): 269-274.

[11] Zhang L, Ai Q H, Mai K S, Zheng Sh X. Effects of dietary peptidoglycan level on the growth and non-specific immunity of Japanese seabass, Lateolabrax japonicus [J]. Periodical of Ocean University of China, 2008, 38(4): 551-556.

[12] 马跃华, 胡守义. 免疫多糖投喂海参幼体试验[J]. 河北渔业, 2006, 151(7): 22-23.

[13] 常杰. 对虾和刺参敏感免疫学指标的筛选和评价[D]. 青岛: 中国海洋大学, 2010.

[14] 孙永欣. 黄芪多糖促进刺参免疫力和生长性能的研究[D]. 大连: 大连理工大学, 2008.

[15] Sun Y X, Jin L J, Wang T T, et al. Polysaccharides from *Astragalus membranaceus* promote phagocytosis and superoxide anion (O_2^-) production by coelomocytes from sea cucumber *Apostichopus japonicas* in vitro[J]. Comparative Biochemistry and Physiology PartC: Toxicology & Pharmacology, 2008, 147(3): 293-298.

[16] 陈效儒. 对虾与海参高效免疫增强剂的筛选[D]. 青岛: 中国海洋大学, 2009.

[17] 张伟妮, 林旋, 王寿昆, 张小莲, 黄玉章, 王全溪, 陈佳铭, 赵堇. 黄芪多糖对罗非鱼非特异性免疫和胃肠内分泌功能的影响[J]. 动物营养学报, 2010, 22(2): 401-409.

[18] 樊英, 王淑娴, 叶海斌, 许拉, 朱安成, 杨秀生, 李天保. 黄芪多糖对仿刺参非特异性免

疫功能的影响[J]. 水产科学, 2010, 29(6): 321-324.

[19] 吴旋, 白东清, 李玉华, 张雪涛, 楚伟, 宁博. 两种中草药多糖对金丝鱼生化指标的影响[J]. 饲料工业, 2010, 31(22): 25-27.

[20] 王方雨, 杨红生, 高菲, 刘广斌. 刺参体腔液几种免疫指标的周年变化[J]. 海洋科学, 2009, 33(7): 75-80.

[21] 周慧慧, 马洪明, 张文兵, 徐玮, 刘付志国, 麦康森. 仿刺参肠道潜在益生菌对稚参生长、免疫及抗病力的影响[J]. 水产学报, 2010, 34(6): 955-963.

[22] Vine N, Leukes W, Kaiser H. Probiotics in marine larviculture[J]. FEMS Microbiology Reviews, 2006, 30(3): 404-427.

[23] Zhang Q, Ma H M, et al. Interaction of dietary *Bacillus subtilis* and fructooligosaccharide on the growth performance, non-specific immunity of sea cucumber, *Apostichopus japonicus*[J]. Fish & Shellfish Immunology, 2010, 29(2): 204-211.

(樊英, 王淑娴, 李天保, 许拉, 于晓清, 叶海斌, 刁菁, 王勇强)

致病性灿烂弧菌的分离鉴定及药敏特性研究

随着海水养殖业的蓬勃发展,大量病害也频繁发生。细菌性病害如溶藻胶弧菌、鳗弧菌、哈维氏弧菌、副溶血弧菌、创伤弧菌和灿烂弧菌对鱼类、贝类、刺参等具有很高的致死率[1-3],特别是灿烂弧菌,它对多种海洋动物都具有致病性。研究发现,灿烂弧菌能够引起扇贝幼苗[4]、大菱鲆[5]、牡蛎[6-8]和刺参[9-10]的大量死亡。这种致病菌能引起被感染的鱼体两侧特别是靠近尾部出现出血点,皮肤腐烂,严重的形成溃疡,背鳍、胸鳍、尾鳍的鳍条基部充血,肾脏、肝脏糜烂等症状[11-12],还能导致刺参出现"腐皮综合征"[9-10]。在本研究中,我们从患病的刺参体内分离出一株灿烂弧菌,对其致病性、生理生化指标和药敏反应等进行深入研究,旨在为防治我国海水养殖动物由灿烂弧菌引起的疾病提供理论依据。

1 材料和方法

1.1 材料

(1)菌株及培养基:菌株 W-1 分离自山东胶南某养殖场患有典型症状刺参个体的溃烂组织。TSA、TSB 培养基购自北京陆桥生物试剂有限公司。

(2)主要试剂和仪器:Premix Taq DNA 聚合酶(TaKaRa);引物合成(上海生工);生理生化特性微量发酵管(北京陆桥生物试剂有限公司);药敏纸片(杭州微生物试剂有限公司);PCR 仪(日本 Bio-Rad 公司),微量加样(Eppendorf 公司);凝胶成像系统(BIO-RAD 公司)。

1.2 人工感染实验

将菌株 W-1 传代培养 3 次,28℃培养 24 h 后,吸取 1 mL 菌液,灭菌生理盐水梯度稀释后用血球计数板计数。经过预实验确定攻毒量为 $9.0×10^9$ CFU·mL^{-1}。取健康刺参 40 头平均分成 4 组,其中 2 组作为实验组,每头刺参腹腔注射 0.2 mL 菌液;另外 2 组作为对照组,每头刺参注射相同剂量的无菌生理盐水。注射后观察刺参的发病死亡情况,并进行死亡刺参的及时剖检和致病菌的再次分离。

1.3 病原菌形态观察

将纯化的细菌画线接种于 TSA 和 TCBS 平板,28℃培养 24 h 后,观察菌落特征。取 TSA 平板 24 h 培养物,革兰氏染色,光学显微镜观察细菌形态。

1.4 病原菌理化特性鉴定

病原菌理化特性的鉴定参照伯杰细菌检定手册[13]和常见细菌系统鉴定手册[14]进行。

1.5 16S rDNA 序列测定及分析

采用细菌 16S rRNA 序列扩增的通用引物,正向引物为 27f: 5′-AGAGTTTGATCCTGGCTCAG-3′,反向引物为 1492r: 5′-TACGGCTACCTTGTTACGACTT-3′。PCR 反应体系(50 μL)为 Premix Taq 25 μL;10 μm·L^{-1} 的正反引物各 1 μL;纯化的液体菌株 1 μL;灭菌超纯水 22 μL。PCR 反应条件为 94℃预变性 5 min;95℃变性 1 min,55℃复性 1 min,72℃延伸 1 min 30 s,30 个循环;72℃温育 10 min。取 PCR 产物 6 μL,经 1.0%的琼脂糖凝胶电泳,于凝胶成像仪观察并拍照。其余 PCR 产物送至上海生工生物有限公司测序,测序结果登陆 GenBank 进行 BLast 比对,构建系统发育树。

1.6 药物敏感实验

采用 KB 纸片扩散法[15]。纯化菌液通过梯度稀释,平板计数的方法配制成 1.0×10^8 CFU·mL^{-1} 的菌液,吸取 100 μL 菌液均匀涂布在 TSA 平板上。用无菌镊子将抗生素纸片轻轻贴在培养基表面,28℃恒温培养 24 h 后,测定抑菌圈的直径,根据杭州微生物试剂有限公司网站上给出的药敏试纸片的抑菌范围解释标准,判断致病菌株对药物的敏感程度。

2 结果与分析

2.1 人工感染实验

腹腔注射菌株 W-1 的活菌液 1～3 d 后,实验组刺参开始发病死亡,而对照组刺参不表现任何症状。人工感染后发病的刺参主要表现为典型的皮肤溃烂的迹象,以及腹胀、黏附力下降、不摄食、肿嘴的症状,与自然发病刺参症状和病变相似。从感染死亡刺参再次分离细菌,获得与 W-1 形态与生理生化性状一致的菌落,并再次感染成功,证明所分离的细菌为刺参的致病菌。

2.2 菌株 W-1 的形态特征

菌株 W-1 在 TSA 培养基培养 24 h 的菌落呈圆形、半透明,表面光滑、边缘整齐,直径为 8～10 mm;在 TCBS 培养基上菌落呈黄色,直径 25～30 mm;菌株 W-1 革兰氏染色阴性,杆状,可运动。

2.3 生理生化特征

W-1 为发酵型具有运动能力的革兰氏阴性杆菌,氧化酶阳性,在 0% NaCl 胨水中不生长,8% 和 10% NaCl 胨水中能生长;能在 42℃生长;精氨酸双水解酶、赖氨酸脱羧酶、鸟氨酸脱羧酶阴性;硝酸盐还原、明胶酶为阳性,ONPG、枸橼酸盐、水杨素、七叶苷、VP 为阴性,吲哚为阳性,不产生 H$_2$S,利用葡萄糖产酸,不利用肌醇、蔗糖、甘露糖和阿拉伯糖。其生理生化性状见表 1。由表 1 可以看出,W-1 菌株的生理生化指标与灿烂弧菌生物 II 型完全符合。

表1 菌株 W-1 的生理生化特征

鉴定项目	菌株 W-1	灿烂弧菌	
		生物Ⅰ型	生物Ⅱ型
革兰氏菌株	−	−	−
鞭毛	m	m	m
运动性	+	+	+
氧化发酵	F	/	/
氧化酶	+	+	+
过氧化氢酶	+	+	+
O/129（10 μg）敏感性	S	S	S
O/129（150 μg）敏感性	S	S	S
TCBS 培养基	黄色	黄色	黄色
4℃生长情况	+	+	+
35℃生长情况	+	+	+
42℃生长情况	+	+	+
0% NaCl 胨水生长情况	−	−	−
1% NaCl 胨水生长情况	+	+	+
3% NaCl 胨水生长情况	+	+	+
6% NaCl 胨水生长情况	+	d	+
8% NaCl 胨水生长情况	+	+	+
10% NaCl 胨水生长情况	+	+	+
赖氨酸脱氢酶	−	−	−
精氨酸脱氢酶	−	/	/
鸟氨酸脱氢酶	−	−	−
精氨酸双水解酶	−	+	+
蔗糖	−	d	−
甘露醇	−	−	−
葡萄糖	+	+	+
阿拉伯糖	−	−	−
乳糖	−	−	−
纤维二糖	−	+	d
肌醇	−	−	−
水杨素	−	−	−
枸橼酸盐	−	−	−
VP 反应	−	−	−
甲基红反应	−	−	−

续表

鉴定项目	菌株 W-1	灿烂弧菌	
		生物Ⅰ型	生物Ⅱ型
吲哚	+	+	+
H₂S	-	-	-
脲酶	-	-	-
硝酸盐还原	+	+	+
七叶苷	-	-	-
β-半乳糖苷酶	+	+	+
明胶	-	-	-

注:"+"代表阳性反应;"-"代表阴性反应;"m"代表单鞭毛;"S"代表敏感;"F"代表发酵;"d"代表不确定。

2.4 基因序列与系统发育树的构建

通用引物 27f 和 1492r 所扩增的 16S rRNA 基因序列,除去引物结合区,长度为 1458 bp(GenBank 登录号:KC851801)。将菌株 W-1 的 16S rRNA 基因序列用 BLast 在国际互联网上进行检索,发现其与弧菌属的 16S rRNA 基因序列聚为一群,从同源性较高的序列中选取典型的序列进行系统发育学分析,结果显示菌株 W-1 与 *V. splendidus*(FJ457573.1)和 *V. splendidus*(EF187006.1)聚合(见图 1)。

综合菌株 W-1 的生理生化特征和 16S rRNA 基因序列分析结果,将致病菌 W-1 鉴定为灿烂弧菌。

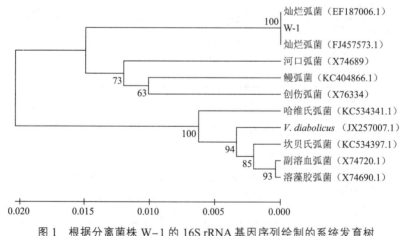

图 1　根据分离菌株 W-1 的 16S rRNA 基因序列绘制的系统发育树
注:分支上的数字表示这一分支的可靠程度;长度表示进化距离。

2.5 药敏实验结果

由表 2 可知,该菌株对苯唑青霉素、头孢氨苄、头孢唑林、头孢拉定、头孢呋新、菌必治、先锋必素、麦迪霉素、氟哌酸、环丙沙星、万古霉素、痢特灵、丁胺卡那、庆大霉素、强力霉素、氯洁霉素等抗生素高度敏感,对氨苄青霉素、羧苄青霉素、氧哌嗪青霉素、复达欣新霉素、四环素等药物中度敏感,对青霉素、多粘菌素、复方新诺明、卡那霉素、美满霉素和红霉素等药物不敏感。

表2 菌株 W-1 药敏实验结果

药物	药片浓度(μg·片$^{-1}$)	抑菌圈直径(mm)	敏感性
青霉素	10	16	R
苯唑青霉素	1	25	S
氨苄青霉素	10	15	I
羧苄青霉素	100	21	I
氧哌嗪青霉素	100	20	I
头孢氨苄	30	29	S
头孢唑林	30	32	S
头孢拉定	30	30	S
头孢呋新	30	30	S
复达欣	30	16	I
菌必治	30	26	S
先锋必素	75	26	S
麦迪霉素	30	18	S
氟哌酸	10	25	S
奥复星	5	25	S
环丙沙星	5	28	S
万古霉素	30	19	S
多粘菌素B	300	7	R
复方新诺明	23.75	/	R
痢特灵	300	25	S
氯霉素	30	8	R
丁胺卡那	30	23	S
庆大霉素	10	23	S
卡那霉素	30	8	R
新霉素	30	16	I
四环素	30	18	I
强力霉素	30	23	S
美满霉素	30	14	R
红霉素	15	/	R
氯洁霉素	2	22	S

注:S 为敏感;I 为中度敏感;R 为不敏感。

3 讨论

本研究从患溃烂症的刺参中分离到一株革兰氏阴性短杆菌(W-1),经人工感染实验证实其对健康刺参有较强致病和致死作用,而且感染病参的症状与自然发病参的症状相同,因此证实该菌为其致病菌。

我们采用一对通用引物扩增出了该菌的 16S rRNA 基因片段,并进行了序列分析,将所获得的 16S rRNA 基因序列与 GenBank 数据库中已知的微生物 16S rRNA 基因序列进行同源性比对和系统发育分析,结果表明该菌的 16S rRNA 基因序列与灿烂弧菌 16S rRNA 基因序列的同源性最高,且在系统发育树上与灿烂弧菌菌株聚成一簇。

灿烂弧菌分为生物Ⅰ型和生物Ⅱ型,两种生物型都具有致病性。近年来,由灿烂弧菌造成的水产动物病害也频频出现。张春云等[9]首次揭示了灿烂弧菌导致养殖刺参大规模死亡;王印庚等[16]报道灿烂弧菌是患烂胃病仿刺参耳状幼体的致病原之一;在养殖鱼类中,灿烂弧菌致病的实例已有多次报道,Gatesoupe 等[17]发现 6 株从大菱鲆(*Scophthalmus maximus*)幼体中分离出的灿烂弧菌可以引起大菱鲆很高的死亡率。在西班牙西北部加利西亚省报道的养殖大菱鲆嘴部出血病,病原鉴定为灿烂弧菌生物Ⅰ型[18]。在中国,莫照兰等[19]把患腹水症的牙鲆苗中分离的病原菌鉴定为灿烂弧菌生物Ⅱ型,该病原菌导致牙鲆苗明显的病变和死亡。然而,本次实验分离得到的灿烂弧菌的生物类型初步判定为生物Ⅱ型,还有待进一步研究和分析。

对 30 种药物的敏感实验结果表明,菌株 W-1 对苯唑青霉素、头孢氨苄、菌必治、环丙沙星、痢特灵等 16 种抗生素高度敏感,对青霉素、多粘菌素、复方新诺明、卡那霉素、美满霉素和红霉素等 6 种药物有耐药性,这对刺参的灿烂弧菌病的合理用药提供了依据。但在养殖生产中为了更有效地控制该病的发生与流行,需对该菌的致病机理等问题进一步深入研究,以制定出科学、合理的防治措施。

参考文献

[1] Karunasagar I, Pai R, Malathi G R, Karunasagar I. Mass mortality of *Penaeus monodon* larvae due to antibiotic-resistant *Vibrio harveyi* infection[J]. Aquacult, 1994, 128: 203-209.

[2] Mohney L L, Lightner D V, Bell T A. An epizootic of vibriosis in Ecuadorian pondreared Penaeus vannamei Boone (Crustacea: Decapoda)[J]. J. World Aquac. Soc., 1994, 25: 116-125.

[3] Toranzo A E, Magariñ~os B, Romalde J L. A review of the main bacterial fish diseases in mariculture systems[J]. Aquacult, 2005, 246: 37-61.

[4] Nicolas J L, Corre S, Gauthier G, Robert R, Ansquer D. Bacterial problems associated with scallop *Pecten maximus* larval culture[J]. Dis Aquat Org, 1996, 27: 67-76.

[5] Gatesoupe F J, Lambert C, Nicolas J L. Pathogenicity of *Vibrio splendidus* strains

associated with turbot larvae, *Scophthalmus maximus*[J]. J Appl Microbiol, 1999, 87: 757-763.

[6] Sugumar G, Nakai T, Hirata Y, Matsubara D, Muroga K. *Vibrio splendidus* biovar II as the causative agent of bacillary necrosis of Japanese oyster *Crassostrea gigas* larvae[J]. Dis Aquat Org, 1998, 33: 111-118.

[7] Ludwig W, Klenk H P. Overview: a phylogenetic backbone and taxonomic frame work for prokaryotic systematics[M]. New York: Bergey's manualr® of systematic bacteriology, 2nd edn. Springer-Verlag, New York, 2001: 49-65.

[8] Waechter M, Le R F, Nicolas J L, Marissal E, Berthe F. Characterisation of *Crassostrea gigas* spat pathogenic bacteria[J]. C R Acad Sci, 2002, 325: 231-238.

[9] 张春云,王印庚,荣小军,等. 养殖刺参腐皮综合征病原菌的分离与鉴定[J]. 水产学报, 2006, 30(1): 118-124.

[10] 王印庚,方波,张春云,等. 养殖刺参保苗期重大疾病"腐皮综合征"病原及其感染源分析[J]. 中国水产科学, 2006, 30(1): 118-123.

[11] Lupiani B, Dopazo C P, Ledo A, Fouz B, Barja J L, Hetrick F M, Toranzo A E. New syndrome of mixed bacterial and viral etiology in cultured turbot *Scophthalmus maximus*[J]. Aquat Anim Heal, 1989, 1: 197-204.

[12] Myhr E, Larsen J L, Lille H A. Characterization of *Vibrio anguillarum* and closely related species isolated from farmed fish in Norway[J]. Appl Environ Microb, 1991, 57(9): 2 750-2 757.

[13] Buchanan R E, Gibbons N E. 伯杰细菌鉴定手. 第八版[M]. 北京:科学出版社, 1984.

[14] 东秀珠,蔡妙英. 常见细菌系统鉴定手册[M]. 北京:科学出版社,2001.

[15] 徐叔云,卞如濂,陈修. 药理实验方法学[M]. 北京:人民卫生出版社,2002: 1 651-1 654.

[16] 王印庚,孙素凤,荣小军. 仿刺参幼体烂胃病及其致病原鉴定[J]. 中国水产科学, 2006, 13(6): 908-916.

[17] Lupiani B, Dopazo C P, Ledo A, et al. New syndrome of mixed bacterial and viral etiology in cultured turbot *Scophthalmus maximus*[J]. Journal of Aquatic Animal Health, 1989, 1: 197-204.

[18] Gatesoupe F J, Lambert C, Nicolas J L. Pathogenicity of *Vibrio splendidus* strains associated with turbot larvae, *Scophthalmus maximus*[J]. Journal of Applied Microbiology, 1999, 87(5): 757-763.

[19] 莫照兰,茅云翔,陈师勇,等. 养殖牙鲆鱼苗腹水症病原菌的鉴定及系统发育学分析[J]. 海洋与湖沼, 2003, 34(2): 131-141.

(王淑娴,于晓清,魏鉴腾,许拉,李乐,叶海斌,李天保,王勇强)

中国对虾和日本对虾对白斑综合征病毒（WSSV）敏感性的比较

白斑综合征（WSS）目前仍是造成养殖对虾死亡的主要病症，养殖池内一旦暴发WSS，大部分对虾会在短时间内死亡[1-3]。在已报道的对虾病毒中，白斑综合征病毒（WSSV）毒性最强、危害最大，且其地域及宿主分布广泛[4]。尽管我国水产科研工作者们对对虾爆发性流行病的病原学、病理学、流行病学以及诊断学研究已深入到分子水平，但由于对虾自身对WSSV病毒的敏感性，到目前为止仍未能有效控制WSSV的大面积爆发和流行[5]。中国对虾和日本对虾是山东地区对虾养殖的主要品种，尽管二者对WSSV抗性不明显，但在山东地区，日本对虾养殖成功率较高，其发病率明显低于中国对虾。有研究发现，不同的对虾种类、感染方式和感染剂量，使对虾的死亡时间存在差别[6-7]。凡纳滨对虾和斑节对虾在人工感染条件下，其病毒复制时间及抵抗力存在着差异[8]；中国对虾自然感染与人工感染WSSV，其部分家系对WSSV抗病力较强[9]；在不同浓度的WSSV感染下，斑节对虾对病毒的敏感性也存在差异[10]。笔者拟从中国对虾和日本对虾对WSSV敏感性的差异方面，探讨日本对虾低发病率的原因，以期为WSSV病害防治提供参考。

1 材料和方法

1.1 实验条件

实验用海水为经沙滤的自然海水，海水盐度为30，水温（24±2）℃。实验水槽中盛放海水30 L。

1.2 实验动物

实验材料为健康的中国对虾和日本对虾，取自山东昌邑示范基地未发病虾池，体长6～7 cm。实验虾在室内水泥池暂养14 d，每天投喂配合饲料或鲜活饵料，每天吸污2次，换水1次，换水量约50％。实验前随机抽取10尾对虾进行WSSV二步PCR法检测，结果均为阴性。

1.3 WSSV粗提液的制备

取甲壳有明显白斑、身体褪色、濒死的发病对虾，经PCR一扩检测WSSV呈阳性，将其

保存于 -70℃冰箱中。病虾头胸部去甲壳和肝胰腺后,在冰浴条件下剪碎,按 0.1 g 组织加 1 mL 0.01 mol·L^{-1} 磷酸缓冲液(pH 7.4),于匀浆器中匀浆。匀浆液经 200 目筛绢网过滤,再经 0.45 μm 微孔滤膜过滤,即制成 WSSV 粗提液。采用荧光实时定量 PCR 仪对 WSSV 粗提液进行定量分析,确定其浓度为 10^8 拷贝·毫升$^{-1}$。然后将 WSSV 粗提液倍比稀释,以备攻毒使用。

1.4 实验分组

日本对虾和中国对虾感染实验各分为 10^5 拷贝、10^4 拷贝和 10^3 拷贝 3 个 WSSV 病毒注射剂量组,每个剂量组设 3 个平行,另设 1 个空白对照。每个实验水槽内饲养 15 尾对虾。感染实验组从虾体第 2 和第 3 腹间侧面向心脏方向入针注射相应浓度的 WSSV 病毒粗提液;空白对照组每尾虾注射 0.05 mL、0.01 mol·L^{-1} 的磷酸盐缓冲液。

1.5 数据统计及分析

准确记录注射 WSSV 后,日本对虾组和中国对虾组每尾虾的存活时间,并及时捞出发病死亡的对虾,直至对虾全部死亡。计算不同 WSSV 剂量下每组对虾的平均存活时间,结果以平均值 ± 标准差形式表达。采用 SPSS 9.0 软件进行数据统计,用单因素方差进行差异分析,若 $P<0.05$,则为差异显著;$P<0.01$ 为差异极显著。

2 结 果

2.1 WSSV 对中国对虾和日本对虾的致病性

人工注射 WSSV 后,两种对虾的平均存活时间见表 1。在 10^5 拷贝剂量下,日本对虾比中国对虾平均存活时间延长 23.4 h;10^4 拷贝剂量下,日本对虾比中国对虾平均存活时间延长 34.6 h;10^3 拷贝剂量下,日本对虾比中国对虾平均存活时间延长 93.8 h。对照组在实验期间没有出现死亡,而 WSSV 感染组的死亡率均为 100%。

表 1 中国对虾和日本对虾人工注射不同剂量 WSSV 的平均存活时间

病毒剂量(拷贝)	中国对虾存活时间(h)	日本对虾存活时间(h)
10^5	54.21±0.60^D	77.61±4.45^C
10^4	71.26±4.26^{CD}	105.84±6.36^B
10^3	75.04±5.73^C	168.82±13.15^A

注:数据右上角不同字母代表有显著差异($P<0.05$)。

2.2 不同剂量病毒下中国对虾和日本对虾存活时间的差异比较

进一步用单因素方差分析,比较 WSSV 3 种剂量下两种对虾存活时间的差异,结果显示:(1) 中国对虾感染后的存活时间,10^5 拷贝组与 10^4 拷贝组之间、10^4 拷贝组与 10^3 拷贝组之间均无显著性差异($P>0.05$);10^5 拷贝组与 10^3 拷贝组之间差异显著($P<0.05$)。(2) 日本对虾感染后的存活时间,10^5 拷贝组与 10^4 拷贝组之间、10^4 拷贝组与 10^3 拷贝组

之间均有显著性差异($P < 0.05$);10^5拷贝组与10^3拷贝组之间差异极显著($P < 0.01$)。(3) 在同一剂量下,3 个剂量组中国对虾与日本对虾的存活时间均有显著性差异($P < 0.05$),后者的存活时间明显比前者长。综合对比,在同等剂量 WSSV 的感染下,日本对虾对 WSSV 的抵抗力较中国对虾强。

3 讨论

本实验 WSSV 3 个人工注射剂量组,感染后中国对虾和日本对虾的存活时间表现出明显差异,其原因可能有种间差异和饵料差异两个方面。

3.1 种间差异

不同种类的对虾,其感染病毒后的存活时间会存在差别[9]。李素红等[11]的研究也表明,即使同一种属不同家系之间的中国对虾,对 WSSV 的敏感性也存在较大差异。中国对虾和日本对虾属于不同种,其自身也对 WSSV 抗性不一。

3.2 饵料差异

与脊椎动物的特异性免疫反应不同,甲壳类没有产生免疫蛋白的免疫反应。但对虾体内存在众多的抗病因子(如各种水解酶、溶解酶、抗菌肽等),它们具有相当的抗病能力。饵料不同会造成抗病因子也存在差异[12]。董世瑞等[13]报道,投喂卤虫成体和鱼肉的中国对虾与投喂配合饵料的中国对虾相比,其攻毒存活率要高,且差异极显著($P < 0.01$)。这说明饵料中的营养成分与对虾的抗病力可能存在重要关系。饲养日本对虾以投喂蓝蛤等动物性饵料为主,蛋白质含量高;而饲养中国对虾多投喂配合饵料,蛋白质含量较低。虾的免疫功能有其固有的蛋白基础,Pascual 等[14]报道,当凡纳滨对虾摄食蛋白含量为 40% 的饵料时,一些免疫指标(血淋巴细胞总数、基础和激活的呼吸爆发)显著高于摄食蛋白含量为 5% 和 15% 的饵料。刘栋辉等[15]也报道,当饵料蛋白含量在 20% 时,凡纳滨对虾的血淋巴指标,如细胞总数、酚氧化敏活性、血蓝蛋白和血淋巴蛋白均显著较低。这些非特异免疫指标的高低可反映对虾的免疫状况,从而影响对虾对病毒的抵抗力。因此,饵料的差异可能是导致中国对虾和日本对虾抗病性存在差异的一个重要因素。

参考文献

[1] 何建国,翁少萍,邓敏,等. 斑节对虾白斑综合征病原与病理[J]. 中山大学学报论丛(自然科学版),1996(增刊):12-15.

[2] 何建国,莫福. 对虾白斑综合征病毒爆发流行与传播途径,气候和水体理化因子的关系及其控制措施[J]. 中国水产,1999(7):34-41.

[3] 何建国,周化民,姚泊,等. 白斑综合征杆状病毒宿主种类和感染途径[J]. 中山大学学报(自然科学版),1999,38(2):65-69.

[4] 雷质文,黄捷,杨冰,等. 对虾病毒病的研究现状[J]. 海洋水产,2002,1(2):75-85.

[5] 魏克强,许梓荣. 对虾白斑综合征病毒研究进展[J]. 中国兽医杂志, 41(5): 39-41.

[6] 江世贵,何建国,吕玲,等. 白斑综合征病毒对斑节对虾亲虾的感染及垂直传播的初步研究[J]. 中山大学学报, 2000, 39(增刊): 164-171.

[7] 江世贵,何建国,马之明,等. 白斑综合征病毒对斑节对虾幼体和仔虾的致病性[J]. 中山大学学报(自然科学版), 2000, 38(增刊): 172-176.

[8] 孙成波,何建国,黎子兰,等. 凡纳滨对虾和斑节对虾对WSSV敏感性的比较[J]. 湛江海洋大学学报, 2006, 26(3): 17-20.

[9] 张天时,李素红,孔杰,等. 中国对虾自然感染与人工感染WSSV抗病力的比较[J]. 海洋与湖沼, 2010, 41(5): 763.

[10] 张涛. 斑节对虾抗WSSV家系筛选[D]. 上海: 上海海洋大学, 2012: 16-33.

[11] 李素红,张天时,孟宪红,等. 中国对虾杂交优势对自然感染白斑综合征病毒的抗病力分析[J]. 水产学报, 2007, 31(1): 69-71.

[12] Soderhall K. Invertebrate immunity[J]. Dev Comp Immunol, 1999, 23(4-5): 413-421.

[13] 董世瑞,高焕,孔杰,等. 不同饵料对中国对虾幼虾生长及感染WSSV存活率的影响[J]. 中国水产科学, 2006, 13(1): 55-56.

[14] Pascual C, Zentenob E, Cuzonc G, et al. *Litopenaeus vannamei* juveniles energetic balance and immunological response to dietary protein[J]. Aquaculture, 2004, 236: 431-450.

[15] 刘栋辉,何建国,刘永坚,等. 极低盐度下饲料蛋白质量分数对凡纳滨对虾生长表现和免疫状况的影响[J]. 中山大学学报(自然科学版), 2005, 44(增刊): 217-222.

(盖春蕾,许拉,叶海斌,于晓清,王勇强)

Adjuvant and Immunostimulatory Effects of LPS and β-glucan on Immune Response in Japanese Flounder, Paralichthys Olivaceus

1 Introduction

Infectious diseases are a major problem in aquaculture causing heavy loss to fish farmers[1]. Chemotherapy, vaccination, and other prophylactic measures are generally adopted to control the infectious diseases. Since the use of chemotherapeutic agents will lead to development of drug resistance in organisms, vaccination is widely acceptable as one of the most promising approach for prophylaxis of fish diseases[2,3]. In order to enhance the efficacy of vaccine, immunostimulants and adjuvants are often used in vaccination to augment the immune response of vaccine, thereby enhancing the protective immunity against the targeted disease[4].

Immunostimulants can be grouped under chemical agents, bacterial preparations, polysaccharides, animal or plant extracts, nutritional factors and cytokines[5]. Use of these immunostimulants is an effective means to increase the immunocompetency and disease resistance of fish and shellfish. Researches on fish immunostimulants are developing and many agents are currently in use in the aquaculture industry[6]. Among them, considerable attention has been paid to lipopolysaccharides (LPS) and β-glucan[7,8]. LPS possesses certain conserved structural regions and acts as an immunodominant molecule with profound effect on the host exerting multiple responses such as immunological, pathological, physiological, and several other effects in animals[9,10]. β-glucan is the major cell wall structural component in fungi, plants and some bacteria, which is usually used as immunostimulant and possesses several beneficial properties, including enhancing protection against infections[11], tumor development[12] and sepsis[13]. The β-glucan could bind to several receptors on leucocytes and resulted in the stimulation of immune responses, such as bacteria killing activity[14], modulation of cytokine production[15] and survival promotion at the cell, organ and whole animal levels [16].

Previously, *in vivo* administration of LPS and β-glucan independently were demonstrated to be capable of boosting protection against several major fish pathogens such as *Edwardsiella ictaluri*, *Vibrio anguillarum*, *V. salmonicida*, *Yersinia rukeri*, *Aeromonas bestiarum* and *A. hydrophila* in different fish species such *as eels Anguilla japonica*, *channel catfish Ictalurus punctatus*, Atalantic salmon *Salmo salar* [17, 18] and carp *Cyprinus carpio* [19, 14]. However, no comparative study of the adjuvanticity of LPS and β-glucan in teleost fish model has been reported. To achieve more insights into the immunostimulatory effects of LPS and β-glucan on teleost fish, in present work we described some different cellular and molecular responses induced in Japanese flounder by the administration of a highly effective vaccine candidate for *E. tarda* known as glyceraldehyde-3-phosphate dehydrogenase (GAPDH) containing LPS or β-glucan[20]. The resultant data would enable further understanding of immune response mechanisms in teleost fish species in general, and have a certain potential applicative value in vaccine formulation strategies.

2 Materials and methods

2.1 Expression of GAPDH

The strain of E. *tarda* JF-1 was previously isolated from Japanese flounder suffered from edwardsiellosis by our laboratory. *E. tarda* was grown at 28 ℃ on tryptic soy agar (TSA, Difco) for 36 h, then washed off with Tris-HCl buffer (TB, 20 mmol·L^{-1} Tris-HCl, pH 7.2), and harvested by centrifugation at 6,000 g for 5 min.

Genomic DNA of strain JF-1 was extracted by using the Genomic DNA Purification Kit (Thermo Scientific). The gene encoding *E. tarda* GAPDH was amplified by PCR with the specific primer set rGAPDH-F and rGAPDH-R (Table 1) with recognition sequences for BamH I and Xho I restriction enzyme (underlined). The purified PCR product was inserted into pET32a plasmid to generate pET32a-GAPDH. The recombinant plasmid was then transformed into *Escherichia. coli* BL21 (DE3), and the positive clones were screened by PCR and confirmed by sequencing. The expression of GAPDH gene was induced with isopropyl-β-D-thiogalactopyranoside (IPTG) in LB medium. The recombinant GAPDH (rGAPDH) with Trx/His/S-tag was purified with Ni^{2+}-affinity column (HiTrap HP column, GE) as described by the manufacturer's instruction. The samples, including non-induced *E. coli*, induced *E. coli* and purified rGAPDH were analyzed by SDS-PAGE and stained with coomassie brilliant blue R250. The concentration of rGAPDH protein was determined by Bradford assay.

2.2 Fish and immunization

Healthy Japanese flounder with the length of (13±1) cm and weight of (30±5) g were provided by a fish farm in Shandong Province, China. Total 400 fish were averagely placed into four indoor pools with re-circulated seawater at 22 ℃ and fed pellet feed daily. After acclimation for 2 weeks, the fish in the control pool were injected intramuscularly (i. m.) with 100 μL PBS, and the fish of the other three groups were immunized by intramuscular injection of 100 μL rGAPDH (1 mg·mL^{-1}), 100 μL rGAPDH + 50 μg LPS (Escherichia coli 0111:B4, Sigma), 100 μL rGAPDH + 50 μg yeast β-glucan (Sigma) respectively. The same booster dose was administered at 14 days after primary immunization, and time course sampling was performed as indicated below.

2.3 Sampling

Sera from 5 fish per group were obtained from clotted blood at day 0, 7, 14, 21 and 30. For gene expression analyses, 5 fish/group/time point were sampled. From each individual fish the spleen was removed after immunization at hours: 0, 12, 24; and at days: 3, 7, 14, 21 and 30. The sampled spleen was immersed in 1 mL of RNAlater solution (Ambion), labelled and stored at −20℃ until further use.

After blooding for serum isolation, lymphocytes were subsequently isolated from the head kidney of the same samples at day 0, 14 and 30 using a Percoll centrifugation method. Briefly, the head kidneys were extirpated and the cell suspensions were prepared in mRPMI buffer (RPMI-1640 (Gibco) containing 20 IU·mL^{-1} heparin and 1% (w/V) bovine serum albumin, pH 7.4) by squeezing the tissue pieces through a nylon gauze filter. Then, the cell suspensions were layered over a discontinuous gradient of Percoll (Pharmacia AB, Sweden) diluted in PBS to densities of 1.020 and 1.070 g·cm^{-3} for lymphocytes separation[21]. After centrifugation for 30 min at 840 g, cells at the 1.020 ~ 1.070 interface were harvested and washed twice with PBS containing 4% (V/V) newborn calf serum for 5 min at 700 g, the cell pellets were resuspended in PBS used for flow cytometric analysis.

2.4 Specific Ig*M* detection by ELISA

For specific Ig*M* detection, wells of flat bottom microplate (96 wells, costar) were coated with rGAPDH (20 μg/well) in 100 μL of carbonate-bicarbonate buffer (CB buffer, 35 mmol·L^{-1} NaHCO$_3$, 15 mmol·L^{-1} Na$_2$CO$_3$, pH 9.6) in triple and incubated overnight at 4℃. The wells were washed thrice with PBST (PBS containing 0.05% Tween-20) and blocked with 200 μL PBS containing 4% BSA for 1 h at 37℃. After washing thrice, the sera collected from three groups at day 0, 7, 14, 21 and 30 after immunization were all diluted in a two-fold series with PBS, and 100 μL per well was added and incubated for 2 h at 22℃. After washing as above, 100 μL per well of anti-Japanese flounder monoclonal antibody (Aquatic Diagnostic, Scotland) was added and incubated for 1 h at 37℃, then washed thrice and incubated for 1 h at 37℃ with 100 μL per well of goat anti-mouse Ig-alkaline phosphatase (Sigma) diluted 1∶500 with PBST. Finally, 100 μL of 0.1% (w/V) pNPP diluted in pNPP buffer (1% diethanolamine, 0.5 mmol·L^{-1} MgCl$_2$, pH 9.8) was added to each well of the plate. The reaction was allowed to proceed for 30 min at 37℃ and stopped with 50 μL per well of 2 mol·L^{-1} NaOH. The plate was read at 405 nm in an ELISA reader (Tecan infinite 200 pro).

The highest dilutions of Japanese flounder sera after immunization showing at least double optical density when compared to that of pre-immune sera were considered as end points of the antibody titer of the sera collected at different time points in the three groups. The geometric mean titer was expressed as reciprocal log2 values of the highest dilution of five samples.

2.5 Flow cytometry

Lymphocytes (5×10^6 cells) isolated from head kidney at day 0, 14 and 30 after immunization were incubated with 1 mL anti-Japanese flounder monoclonal antibody in Eppendoff tubes for 1 h at 37℃ with gentle shaking, then washed thrice with PBS and incubated for 1 h at 37℃ with goat-anti-mouse Ig-FITC (GAM-FITC, Sigma). After washing thrice by centrifugation, the cell suspension was suspended in 500 μL PBS for flow cytometric analysis with a FACStar flow cytometer (Becton Dickinson, FACSCalibur^{TM}) equipped with a 5 W argon laser, tuned at 488 nm. As control, incubation with PBS instead of the anti-Japanese flounder monoclonal antibody was carried out.

2.6 Quantitative PCR

Total RNA was isolated from spleen with Trizol reagent (Takara) following the manufacturer's instructions. RNA was suspended in DEPC treated water and used for quantitative PCR (qPCR). First strand complementary DNA (cDNA) was synthesized utilizing a random hexamer primer using Superscript (Life Technologies, Inc.). The transcription levels of the genes interleukin 1-beta (IL-1β), interleukin 6 (IL-6), alpha chain of class II major histocompatibility complex (MHC-IIα), immunoglobulin M (IgM), alpha chain of T-cell receptor (TCRα), C-type lysozyme, tumor necrosis factor alpha (TNF-α) and interferon gama (IFN-γ) were determined with CFX96 real time PCR system (Bio-rad) using SYBR Premix Ex Taq II (Takara) following the manufacturer's instructions. Specific PCR primers (Table 1) were designed for the amplification of products from the constant region of all genes analysed and elongation factor-1α (EF-1α) as housekeeping gene. Approximately 20 ng of cDNA template was used in each PCR reaction. The PCR conditions were as follows: 95℃ for 30 s, followed by 40 cycles of 95℃ for 5 s and 60℃ for 30 s. Reactions were performed in triplicate for each template cDNA, which was replaced with water in all blank control reactions. Each run was terminated with a melting curve analysis which resulted in a melting peak profile specific to the amplified target DNA. A relative quantification was performed comparing the levels of the target transcript to a reference transcript and the pre-immune samples were used as calibrator and defined as 1.0 value. The relative mRNA levels of all genes were calculated by the real time quantitative PCR $2^{-\Delta\Delta Ct}$ method. Five individual fish were analyzed at each sampling point, and the results were expressed as the $\bar{x} \pm SD$.

2.7 Challenge

The immunized fish were random selected for challenge test at day 30 after immunization, 40 fish were adopted for each challenge. The fish were challenged by intramuscular injection with alive E. tarda, challenge dose was 100 μL (containing 1.0×10^6 CFU) per fish. The fish immunized with PBS were challenged as control. Mortality was recorded for 20 days post-challenge. The relative percent survival (RPS) was calculated as [22].

2.8 Statistic

The statistical analysis was performed using Sigma Stat software (SPSS Inc.), the results were expressed as $\bar{x} \pm SE$ and differences were considered significant at $P < 0.05$.

Table 1　Names and sequences of the primers used in this study

Primer names	Sequences (5'→3')	GenBank accession
For GAPDH expression		
rGAPDH-F	CGGGATCCATGACTATCAAAGTAGGTATTAACG	AB198939
rGAPDH-R	CCGCTCGAGCTTAGAGATGTGAGCGATTAGGTC	
For quantitative PCR		
EF-1α F	CTCGGGCATAGACTCGTGGT	AU090803
EF-1α R	CATGGTCGTGACCTTCGCTC	
IL-1β F	CAGCACATCAGAGCAAGACAACA	AB720983
IL-1β R	TGGTAGCACCGGGCATTCT	
IL-6 F	CAGCTGCTGCAAGACATGGA	DQ267937
IL-6 R	GATGTTGTGCGCCGTCATC	
TNF-α F	CGAAGGCCTAGCATTCACTCA	AB040448
TNF-α R	TCGTGGGATGATGATGTGGTT	
IFN-γ F	TGTCAGGTCAGAGGATCACACAT	AB435093
IFN-γ R	GCAGGAGGTTCTGGATGGTTT	
MHC-Ⅱ α F	GCCAGACTGAAATTCATCGCT	AY997530
MHC-Ⅱ α R	CCAGATCTTGGTCAGTGATTGG	
IgM F	ACAAAAGCCATTGTGAGATCCA	AB052744
IgM R	TTGACCAGGTTGGTTGTTTCAG	
TCRα F	GGTCTGATGCTTCACAGTGTGAG	AB053227
TCRα R	ACCGCCGGATCTTTCTTCA	
C-type lysozyme F	TGTCATTGTGGCGATCAAATG	AB050469
C-type lysozyme R	GCTCCGATCCCGTTTGG	

3 Reusult

3.1 Recombinant expression of GAPDH

The GAPDH gene encoding 331 amino acids with a theoretical molecular weight of 35 kDa was inserted into the pET32a vector and expressed in E. coli BL21 (DE3) as a fusion protein by 0.5 mM IPTG induction. According to SDS-PAGE, GAPDH with a 21 kDa Trx/His/S-tag was successfully expressed in the induced *E. coli* with an expected molecular weight of about 56 kDa in comparison with the uninduced bacteria (Figure 1, lane 1 and 2). After purification by affinity chromatography, the purified rGAPDH was confirmed to be approximately 56 kDa without any other protein bands by SDS-PAGE (Figure 1, lane 3).

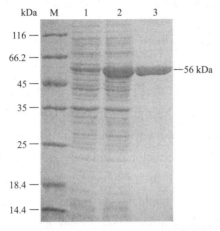

Figure 1　SDS-PAGE analysis of the GAPDH expressed in *E. coli* and the purified rGAPDH. Lane M: molecular weight protein marker; lane 1: protein profile of uninduced bacterial cell lysate; lane 2: protein profile of induced bacterial cell lysate; lane 3: purified rGAPDH with molecular weight of about 56 kDa.

3.2 ELISA for specific IgM detection

The mean antibody titers of the sera collected after immunization from control and experimental groups were shown in Fig 2. The specific antibody titers to rGAPDH in three experimental groups (rGAPDH, rGAPDH + LPS and rGAPDH + β-glucan) showed an increasing after immunization, which were significantly higher ($P < 0.05$) than the control group on day 14. Among them, the antibody titers of rGAPDH + LPS and rGAPDH + β-glucan immunization groups were significantly higher than the rGAPDH immunization group. The highest mean antibody titer of $2^{11.25}$ to rGAPDH was observed on day 30 after immunization in rGAPDH + β-glucan group, which was significantly higher that the other two experimental groups ($P < 0.05$).

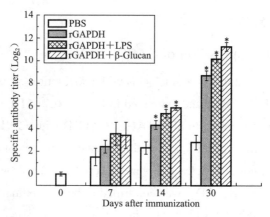

Figure 2   ELISA for detecting specific antibody titer in Japanese flounder sera after immunization. The asterisk represents the statistical significance ($P < 0.05$) compared to the control groups.

3.3 Flow cytometric analysis

Detected by FACS, the lymphocytes isolated from the head kidney were analyzed for forward (FS) and sideward (SS) scatter patters. The gated lymphocytes in FS/SS dot plot and three representative fluorescence histograms of rGAPDH + β-glucan immunization group at day 0, 14 and 30 post immunization were shown in Figure 3. The lymphocytes stained with anti-Japanese flounder IgM monoclonal antibody exhibited two peaks on fluorescence histograms, the second peak (P2) with strong fluorescence indicates the subpopulation of surface immunoglobulin M positive (sIg+) lymphocytes. Based on the histograms, the changes of the percentages of sIg+ lymphocytes in different groups during 30 days after immunization were summarized in Figure 4. In comparison with the control group, the percentages of sIg+ lymphocytes in three immunization groups significantly increased after immunization, which were significantly higher than the control group at day 14 after immunization ($P > 0.05$), and reached their peak levels (16.56% in rGAPDH group, 18.13% in rGAPDH + LPS group, 19.76% in rGAPDH + β-glucan group) at day 30 after immunization. Whereas, different immunization groups showed different levels of sIg+ lymphocytes, among them, sIg+ lymphocytes in rGAPDH + LPS and rGAPDH + β-glucan group showed significant higher levels than the rGAPDH immunization group and the control group ($P < 0.05$). However there was no significant difference between rGAPDH + LPS and rGAPDH + β-glucan groups ($P > 0.05$).

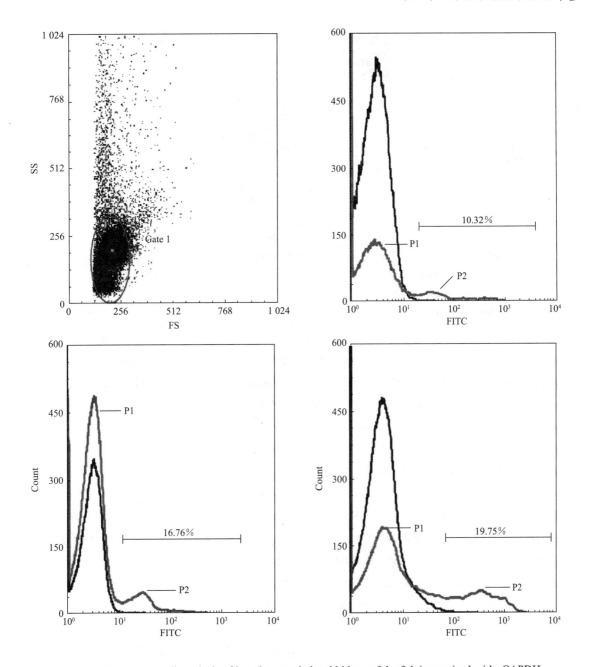

Figure 3　Flow cytometric analysis of lymphocytes in head kidney of the fish immunized with rGAPDH containing β-glucan. (A) Lymphocytes were gated (gate 1) on a FS/SC dot plot. (B-D) Combined FITC fluorescence histogram of gated lymphocytes (gate 1) showing the positive percentage sIg + lymphocytes at day 0 (B), day 14 (C) and day 30 (D) after immunization.

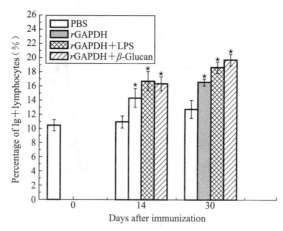

Figure 4　The percentages of sIg + lymphocytes in head kidney of the fish immunized with different vaccines. The asterisk represents the statistical significance ($P < 0.05$) compared to the control.

3.4 Quantification of expression of immune-related genes

The cDNAs obtained from spleens of five sampled fish were subjected to quantitative PCR for selected genes to test their transcription levels by using the quantitative real time PCR described above, and the results were shown in Figure 5. In general, the transcription levels of all selected genes except TNF-α gene displayed up-regulation after immunization in three immunization groups, and immunization with rGAPDH containing LPS or β-glucan could induce significantly higher levels of gene transcription than that induced only by rGAPDH. More specifically, the IL-1β and IL-6 genes showed similar temporal kinetics, with a strong increase at 12 h or day 1 after immunization, and then followed by a gradual decrease. Among them, the rGAPDH + β-glucan group showed a significant higher level than the other groups ($P < 0.05$), which had a 50-fold increase at day 1 after immunization. The IFN-γ, C-type lysozyme, TCRα, MHC-IIα and IgM genes had a modest increase after immunization (< 10-fold). Among them, the IFN-γ and C-type lysozyme genes showed similar expression pattern in response to the immunizations, which reached peak levels at 12 h and followed by a decrease, however the rGAPDH + LPS group exhibited a faster decrease than the rGAPDH + β-glucan group. The TCRα and MHC-IIα genes displayed similar temporal kinetics within 7 days, which reached peak levels at day 1 or 2 and then gradually decreased. A further increase in transcription of the TCRα gene was observed at day 21 after boosting at day 14, and then the expression decreased with time. The IgM gene showed an up-regulated expression after immunization, and the expression levels in rGAPDH + β-glucan group steadily increased and reached peak level at day 30 (4.8-fold), however the expression levels in rGAPDH and rGAPDH + LPS groups showed a slight decline after day 7, and further up-regulations were both observed after booster immunization at day 14.

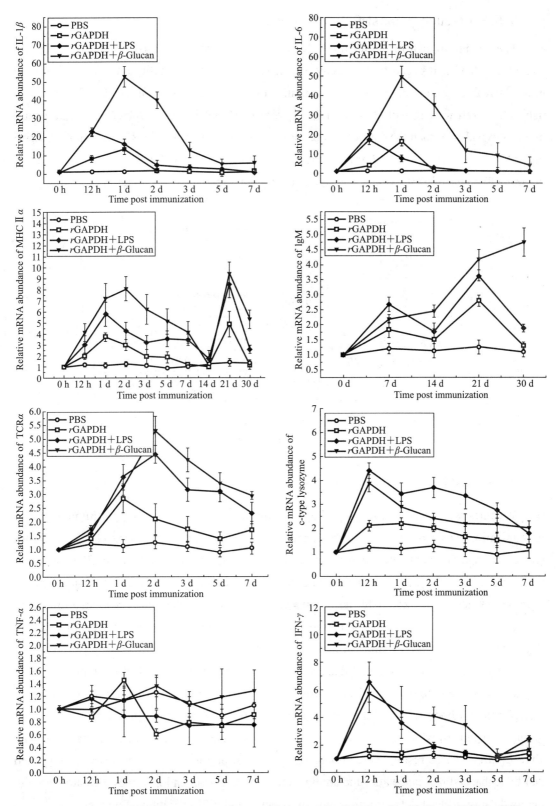

Figure 5　Effects of different vaccines on the transcription levels of IFN-γ, IL-1β, IL-6, TNF-α, TCRα, IgM, C-type lysozyme and MHC-Ⅱ genes in spleen.

3.5 Protection against E. tarda infection

The change of fish mortality rate after being challenged with alive E. tarda was shown in Figure 6. The fish began to die at day 3 after challenge, the mortality rate of unimmunized group increased rapidly at 3-7 days and continued to increase to 95% at day 13. However, the fish immunized with rGAPDH, rGAPDH + LPS or rGAPDH + β-glucan had significantly higher survival rates than the control group. The relative percent survival (RPS) calculated varied between the different challenge groups, the fish immunized with rGAPDH + β-glucan had an highest RPS value of 63%, which was significantly higher than the other immunization groups.

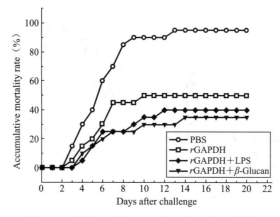

Figure 6 Accumulative mortalities of Japanese flounder after challenge with *E. tarda* in different immunization groups.

4 Discussion

Vaccines were designed to protect against diseases by inducing specific immunity, and immunization was a proven tool for controlling and even eradicating diseases [23]. Vaccines require optimal adjuvants including immunostimulants and delivery systems to offer long term protection from infectious diseases in animals, so adjuvants are highly valuable additions to vaccines, which could modulate the quality and quantity of the immune response following vaccination[24]. The current study aimed to investigate the immunostimulant effects of LPS and β-glucan against *E. tarda* subunit vaccine.

Our present research showed that the fish immunized with rGAPDH containing LPS or β-glucan could promote a significant increase of sIg + lyphocytes proliferation and increase the specific antibody titer and the selected genes expression involved in innate and acquired immune responses, which finally showed significantly higher resistance against challenge with alive *E. tarda*. These results were supported by several previous researches, which suggested that the enhanced resistance after the administration of β-glucan and LPS was mediated through the modulation of host defences by promoting growth and differentiation of lymphoctes [25, 19, 14] and increasing immune parameters such as bacterial killing activity, phagocytosis [5, 17, 26], interleukins [27, 28, 29, 14], complement activity [30, 31, 7] and antibody titer [32, 33].

In mammals, MHC-Ⅱ molecules on the surface of antigen-presenting cells, which consist of α and β chains, can present immunogenic peptides derived mainly from exogenous proteins and activate CD_4^+ T cells. TCRs are heterodimers consisting of either α/β or γ/δ polypeptide combinations, and recognize MHC-presented epitopes[34]. These molecules take an important part in acquired immune response. Our present research showed that injection with rGAPDH containing LPS or β-glucan would induce significant higher expression of TCRα and MHC-Ⅱ, which might result in up-regulated expression of IgM gene, the increasing of antibody titer and sIg + lymphocyte percentages. To be noted, rGAPDH with β-glucan could trigger a steady up-regulated expression of IgM gene without a decrease at day 14 compared with the other immunization groups, which might finally result in the highest specific antibody titer at day 30. In addition, LPS and β-glucan could also induce higher level expression of INF-γ and C-type lysozyme genes, which involved in innate immune response. Similarly, a previous research demonstrated that Atlantic salmon head kidney macrophages grown in the presence of yeast β-glucan and LPS showed increased production of lysozyme in the culture supernatants compared to non-treated controls[35].

Previously, it has been suggested that the observed enhanced resistance after the administration of β-glucan and LPS could be mediated through the modulation of host defences by increasing IL-1β [27, 28, 29, 14, 36]. Our present findings showed that IL-1β and IL-6 genes transcription could be strongly induced by muscular injection of rGAPDH containing β-glucan or LPS. In mammals, IL-1β was shown to induce production of acute phase proteins and inflammatory cytokines such as TNF-α and IL-6. Previous study also showed that oral administrated β-glucan in tilapia (Oreochromis niloticus) for 5 days would stimulate production of cytokine-like proteins of TNF-α and IL-1β in fish plasma[37]. However, in present study, no significant higher expression levels of TNF-α were detected in the fish of three immunization groups. It was possible that the induction might be transient and the expression of the TNF-α gene had peaked prior to the present sampling period.

This preliminary study gave an indication that LPS and β-glucan could be used as immune synergists of vaccine adjuvant, which would enhance immune response as well as protect the fish against pathogens. However, previous researches showed that LPS might be involved with pyrogenicity, cytotoxicity, tumour necrotizing syndrome, endotoxic shock and metabolic disorders[38]. So, β-glucan was thought to be a more potent, valuable and promising immunostimulant for improving immune status and controlling diseases in fish culture.

Acknowledgement

This study was supported by the Shandong province Excellent Youth Scientist Award Foundation of China (Grant BS2010NY021).

References

[1] Toranzo A E, Magariños B, Romalde J L. A review of the main bacterial fish diseases in mariculture systems[J]. Aquaculture, 2005, 246: 37-61.

[2] Magnadottir B. Immunological control of fish diseases[J]. Mar Biotechnol, 2010, 12: 361-379.

[3] Defoirdt T, Sorgeloos P, Bossier P. Alternatives to antibiotics for the control of bacterial disease in aquaculture[J]. Curr. Opin. Microbiol, 2011, 14: 251-258.

[4] Bricknell I, Dalmo R A. The use of immunostimulants in fish larval aquaculture[J]. Fish Shellfish Immunol, 2005, 19: 457-472.

[5] Sakai M. Current research status of fish Immunostimulants[J]. Aquaculture, 1999, 172: 63-72.

[6] Tafallaa C, Bøgwaldb J, Dalmo R A. Adjuvants and immunostimulants in fish vaccines: Current knowledge and future perspectives[J]. Fish Shellfish Immunol. http://dx.doi.org/10.1016/j.fsi.2013.02.029.

[7] Swain P, Nayak S K, Nanda P K, et al. Biological effects of bacterial lipopolysaccharide (endotoxin) in fish: A review[J]. Fish Shellfish Immunol, 2008, 25: 191-201.

[8] Meena D K, Das P, Kumar S, et al. Beta-glucan: an ideal immunostimulant in aquaculture (a review)[J]. Fish Physiol. Biochem, 2008, 39: 431-457.

[9] Magnadottir B, Gudmundsdottir B K, Lange S, et al. Immunostimulation of larvae and juveniles of cod, *Gadus morhua* L[J]. J Fish Dis, 2006, 29: 147-155.

[10] Nayaka S K, Swainb P, Nandab P K, et al. Immunomodulating potency of lipopolysaccharides (LPS) derived from smooth type of bacterial pathogens in Indian major carp[J]. Vet. Microbiol, 2011, 151: 413-417.

[11] Guselle N J, Markham R J, Speare D. J. Intraperitoneal administration of beta-1, 3/1, 6-glucan to rainbow trout, *Oncorhynchus mykiss* (Walbaum), protects against *Loma salmonae*[J]. J. Fish Dis. 2006, 29: 375-381.

[12] Cheung N K, Modak S. Oral (1 → 3), (1 → 4) -beta-d-glucan synergizes with antiganglioside GD2 monoclonal antibody 3F8 in the therapy of neuroblastoma[J]. Clin. Cancer Res. 2002, 8: 1 217-1 723.

[13] Sener G, Toklu H, Ercan F, et al. Protective effect of beta-glucan against oxidative organ injury in a rat model of sepsis[J]. Int. Immunopharmacol, 2005, 5: 1 387-1 396.

[14] Selvaraj V, Sampath K, Sekar V. Administration of yeast glucan enhances survival and some non-specific and specific immune parameters in carp (*Cyprinus carpio*) infected with *Aeromonas hydrophila*[J]. Fish Shellfish Immunol, 2005, 19: 293-306.

[15] Soltys J, Quinn M T. Modulation of endotoxin- and enterotoxin-induced cytokine release by in vivo treatment with beta-(1, 6)-branched beta-(1, 3)-glucan[J]. Infect Immun, 1999, 67: 244-252.

[16] Sandvik A, Wang Y Y, Morton H C, et al. Oral and systemic administration of beta-glucan protects against lipopolysaccharide-induced shock and organ injury in rats[J]. Clin. Exp. Immunol, 2007, 148: 168-177.

[17] Robertsen B. Modulation of the non-specific defence of fish by structurally conserved microbial polymers[J]. Fish Shellfish Immunol, 1999, 9: 269-290.

[18] Guttvik A, Paulsen B, Dalmo R A. et al. Oral administration of lipopolysaccharide to Atlantic salmon (*Salmo salar* L.) fry. Uptake, Distributation, influence on growth and immune stimulation[J]. Aquaculture, 2002, 214: 35-53.

[19] Selvaraj V, Sampath K, Sekar V. Effect of lipopolysaccharide (LPS) administration on survival and some immune parameters in carp (*Cyprinus carpio*) infected with *Aeromonas hydrophila*. Vet. Immunol[J]. Immunopathol, 2006, 114: 15-24.

[20] Liu Y, Oshima S, Kurohara K. et al. Vaccine efficacy of recombinant GAPDH of *Edwardsiella tarda* against edwardsiellosis[J]. Mirobiol. Immunol, 2005, 49: 605-612.

[21] Van Der Heijden M H T, Rooijakkers J B M A, Booms G H R, et al. Production, characterisation and applicability of monoclonal antibodies to European eel (*Anguilla anguilla* L., 1758) immunoglobulin[J]. Veterinary Immunology and Immunopathology, 1758, 45: 151-164.

[22] Kawai K, Liu Y, Ohnishi K, et al. A conserved 37 kDa outer membrane protein of *Edwardsiella tarda* is an effective vaccine candidate[J]. Vaccine, 2004, 22: 3 411-3 418.

[23] Anderson D P. Immunostimulants, adjuvants, and vaccine carriers in fish: Applications to aquaculture. Annu[J]. Rev. Fish Dis, 1992, 2: 281-307.

[24] Aguilar J C, Rodríguez E G. Vaccine adjuvants revisited[J]. Vaccine, 2007, 25: 3 752-3 762.

[25] Kozinska A, Guz A. The effect of various *Aeromonas bestiarum* vaccines on non-specific immune parameters and protection of carp (*Cyprinus carpio* L.)[J]. Fish Shellfish Immunol, 2004, 16: 475-491.

[26] Dautremepuits C, Fortier M, Croisetiere S. et al. Modulation of juvenile brook trout (*Salvelinus fontinalis*) cellular immune system after Aeromonas salmonicida challenge[J]. Vet. Immunol. Immunopathol, 2006, 110: 27-36.

[27] Secombes C J, Zou J, Laing K. et al. Cytokine genes in fish[J]. Aquaculture, 1999, 172:

93-102.

[28] Fujiki K, Shin D H, Nakao M. Molecular cloning and expression analysis of carp (*Cyprinus carpio*) interleukin-1β, high affinity immunoglobulin E γ subunit, and serum amyloid A[J]. Fish Shellfish Immunol, 2000, 10: 229-242.

[29] Engelsma M Y, Stet R J M, Schipper H. et al. Regulation of interleukin 1 beta RNA expression in the common carp, *Cyprinus carpio* L. [J]. Dev. Comp. Immunol, 2001, 25: 195-203.

[30] Engstad R E, Robertsen B, Frivold E. Yeast glucan induces increase in activity of lysozyme and complement-mediated hemolytic activity in Atlantic salmon blood[J]. Fish Shellfish Immunol, 1992, 2: 287-297.

[31] Verlhac P, Gabaudan J, Obach A, Schuep W, Hole R. Influence of dietary glucan and Vitamin C on non-specific and specific immune responses of rainbow trout (*Oncorhynchus mykiss*)[J]. Aquaculture, 1996, 143: 123-133.

[32] Chen D, Ainsworth A J. Glucan administration potentiates immune defence mechanisms of channel catfish, *Ictalurus punctatus* Rafinesque[J]. J. Fish Dis. 1992, 15: 295-304.

[33] Nakhla A N, Szalai A J, Banoub J H, Keough K M W. Serum anti LPS antibody production by rainbow trout (*Oncorhynchus mykiss*) in response to the administration of free and liposomally incorporated LPS from *Aeromonas salmonicida*[J]. Fish Shellfish Immunol, 1997, 7: 387-401.

[34] Takano T, Iwahori A, Hirono I, Aoki T. Development of a DNA vaccine against hirame rhabdovirus and analysis of the expression of immune-related genes after vaccination[J]. Fish Shellfish Immunol, 2004, 17: 367-374.

[35] Paulsenf S M, Engstadf R E, Robertsen B. Enhanced lysozyme production in Atlantic salmon (*Salmo salar* L.) macrophages treated with yeast β-glucan and bacterial lipopolysaccharide[J]. Fish Shellfish Immunol, 2001, 11: 23-37.

[36] Selvaraj V, Sampath K, Sekar V. Extraction and characterization of lipopolysaccharide from Aeromonas hydrophila and its effects on survival and hematology of the carp, *Cyprinus carpio*[J]. Asian Fish. Sci, 2004, 17: 163-173.

[37] Whittington R, Lim C, Klesius P H. Effect of dietary β-glucan levels on the growth response and efficacy of Streptococcus iniae vaccine in Nile tilapia, *Oreochromis niloticus*[J]. Aquaculture, 2005, 248: 217-225.

[38] Nya E J, Austin B. Use of bacterial lipopolysaccharide (LPS) as an immunostimulant for the control of Aeromonas hydrophila infections in rainbow trout *Oncorhynchus mykiss* (Walbaum)[J]. J. Appl. Microbiol, 2009, 108: 686-694.

(Diao Jing, Ye Haibin, Yu Xiaoqing, Fan Ying, Xu La, Li Tianbao, Wang Yongqiang)

Synergy of Microcapsules Polysaccharides and *Bacillus Subtilis* on the Growth, Immunity and Resistance of Sea Cucumber *Apostichopus Japonicus* against *Vibrio Splendidus* Infection

Introduction

As a traditional food and invigorant, sea cucumber nowadays has been extensively cultivated in China, which also brings severe diseases. That's why antibiotics and chemotherapeutics is used today. However, the abusing also results in the spread of drug-resistant pathogens, environmental pollution and unexpected residues in aquaculture [1-4]. As an echinoderm species, sea cucumbers is lack of an adaptive immune system, and its key defenses against different substances are cellular and humoral immune responses. So the most promising method for controlling the sea cucumber disease in the aquaculture is to strengthen its defense mechanisms by prophylactic administration of immunostimulants [5].

Many Chinese herbs, such as *Astragalus membranaceus* and Tuckahoe, have been used as an immune booster for nearly 2000 years [6-9]. Many feeding trials and other tests had shown that polysaccharides have significant immunostimulatory effects through different mechanisms, for example by activating mouse B cells and macrophages, regulating the intestinal microbiota to improve the productive performance as well as to enhance the nonspecific immunity of some animals, such as lysozyme, superoxide, alkaline phosphatase activities in fish or *A. japonicus*[10-13]. But application of microcapsule technology in polysaccharides has not been investigated, it has not appeared on immunity of *A. japonicus* either.

Most researchers applied only Chinese herb or Bacillus as immunostimulants in their studies[13-15] and a few of them have combined different kinds of Chinese herbs or active polysaccharides or *Bacillus* alone in order to amplify the immune response of aquatic animals [16-18], but their synergistic effects have not been confirmed. In the previous work we found that there was better function by injecting APS and TPS to sea cucumber, APS could enhance the immunity of *A. japonicus* [19]. In the present study, microcapsule technology can decrease the dissolve problem of polysaccharides, and polysaccharide can directly be fed in aquaculture. To the best of our knowledge, effects of (APS + TPS) microcapsules + *B. subtilis* supplementation on growth, immune responses and disease resistance of sea cucumber have not been defined.

Materials and methods

Experimental animals and culture condition

Healthy sea cucumbers (initial weight 40.2±2.0 g, mean±S.E) were obtained from a farm in Qingdao (China) and kept in cylindrical 60 L tanks with recirculating seawater for 2-week conditioning period. During the experiment, the seawater temperature was 15~18℃, pH was 7.8~8.2, salinity was 31~32 PSU, dissolved oxygen was > 5 mg·L^{-1}. One-half of the seawater in the recirculating system was replaced by fresh seawater once per day and all was replaced once per week to maintain the water quality.

Experimental design and diets

Sea cucumbers were randomly divided into six groups, three replicate per group and twelve sea cucumbers per replicate. The basal diet with dried seaweed *Sargassum thunbergii* meal (group 1) was fed superfluously at a rate of 2% body weight; basal diet supplemented with blank microcapsules (group 2), APS microcapsules (group 3), TPS microcapsules (group 4), (APS + TPS) microcapsules (group 5), (APS + TPS) microcapsules + *B. subtilis* (group 6) were other practical groups, these supplementations were fed at a rate of 3% basal diet. All experimental animals were fed with different diets at 16:00 PM.

APS and TPS were extracted from Chinese herbs *Astragalus membranaceus* and Tuckahoe by the method of water decoction, polysaccharide content of APS was up to 37% and TPS was 50%. Microcapsules were prepared through the spray methods of "tiny hole and solidifying bath", the encapsulation rate was up to 85% and loading dose was 17%. *B. subtilis*, the number of living bacteria was 10^{11} CFU·g^{-1}, bought from Qingdao Biocom Biology Technology Company, added at a rate of 2×10^7 CFU·g^{-1} body weight.

Experimental procedure and sampling procedure

Three individuals in each replicate were randomly sampled for immune indices assays on the days of 7th, 14th, 21st and 28th. Coelomic fluid was collected with a 1 mL sterile syringe through the body wall and was froze-thawed again. For serum separation, the collected coelomic fluid was spun down at 4 000 rpm for 10 min at 4℃. The supernatant was stored in sterile microcentrifuge tubes at -20℃ for using. At the end of 4-week feeding trial, the remaining sea cucumbers were weighted to monitor growth, and challenged against *V. splendidus*.

Specific growth rate

The *SGR* is an important factor for weighing the growth. We monitored by collectively weighing sea cucumber of each group (twelve animals for each replicate). The growth was calculated by the formula: Specific growth rate $(SGR) = (\ln W_t - \ln W_0) * 100/t$; where W_t and W_0 were final and initial sea cucumber weight respectively; t was duration of experimental days.

Lysozyme activity

LSZ activity was measured by blank control method using a LSZ detection kit (Nanjing Jiancheng Bioengineering Institute, China). The increase in the transmittance of the sample at 530 nm was determined after 15 min of incubation at 37℃. One unit of LSZ activity was defined as the amount of enzyme causing a reduction in absorbance of $0.001 \cdot min^{-1}$.

Superoxide dismutase activity

SOD was measured by its ability to inhibit superoxide anion generated by xanthine and xanthine oxidase reaction system with the SOD assay kit (Nanjing Jiancheng Bioengineering Institute, China). The optical density was measured at 550 nm. One unit of SOD was defined as the amount required for inhibiting the rate of xanthine reduction by 50% in 1 mL reaction system.

Alkaline phosphatase activity

AKP activities were determined by the method of using disodium phenyl phosphate as substrate with a chemical detection kit (Nanjing Jiancheng, Bioengineering Institute, China). The unit definitions of AKP enzymatic activity corresponds to the degradation of 1 mg phenol per 100 mL serum at 37℃ within 15 min.

Content of complement component 3 (C3)

The content of C3 was measured by a detection kit of Zhejiang Elikan Biological Technology. The increase in the absorbance of the Sample at 340 nm was determined after 10 min of incubation at 37℃. The content of C3 was proportional to the amount of added antibody.

V. splendidus challenge

The virulent strain was originally isolated from sea cucumbers diagnosed with skin ulceration disease, which was provided by Yellow-sea Fishery Research Institute, Chinese Academy of Fishery Sciences (Qingdao, China)[20]. The LD50 for 7 days determined before challenge was $5*10^8$ CFU·mL^{-1}. *V. splendidus* was grown in tryptic soy broth (TSB) medium with 1.5% NaCl at 28℃ for 24 h, and then was adjusted to 10^9 CFU·mL^{-1}. At the end of the feeding trial, twelve sea cucumbers from every aquarium were injected 0.1 mL with live *V. splendidus* for twice. The mortality was monitored for 14 days.

Statistical analysis

All statistical analyses were performed with SPSS version 17. 0. The results were presented as $\bar{x} \pm SE$ (standard error of the means). Data were analyzed by one-way analysis of variance (ANOVA). When overall differences were significant at less than 5% level, Tukey's multiple range tests were used to compare the means among individual treatments.

Results

Growth performance

After 4-week feeding, SGR of sea cucumbers were significantly affected by different dietary supplementations (Figure 1). There were no significant differences between group 2 (0. 34%) and the control (0. 31%) ($P > 0. 05$), other groups showed significantly higher compared with the control ($P < 0. 05$), especially group 6 (0. 97%).

LSZ activity

After feeding for 28 days, LSZ activities of sea cucumbers were increased obviously with dietary different supplementations (Figure 2a). The sea cucumber fed diet supplemented with (APS + TPS) microcapsules + B. subtilis exhibited the highest activity of LSZ on the 7th day ($P < 0. 05$), was 246 U·mL^{-1}, but there was not significant difference compared with group 5 ($P > 0. 05$). And the activities were dropped along with the time, which were lower on the 14th and 28th days.

SOD activity

From Figure 2b we could see that the SOD activity of sea cucumbers fed diet supplemented with (APS + TPS) microcapsules + B. subtilis was the highest ($P < 0. 05$) on the 14th day, up to 91. 7 U·mL^{-1}, and there was an irregular changes among other groups. However along the extension of time, the activities were decreasing, there were no significantly difference among each group ($P > 0. 05$).

AKP activity

The AKP activity value in the coelomic fluid of sea cucumbers was lower (Figure 2c). Dietary supplementation with (APS + TPS) microcapsules + B. subtilis significantly influenced activity, achieved the highest value (273. 8 nkat·L^{-1}) on the 21st day, it was significant compared with the control ($P < 0. 05$). The group 5 fed diet supplemented with (APS + TPS) microcapsules showed obvious advantage, increased to 234. 9 nkat·L^{-1} on the 21st day ($P < 0. 05$). In addition to groups 5 and 6, there were no significant increase between other groups and the control ($P > 0. 05$).

Content of C3

The content of C3 was significantly affected by dietary different supplementations, and the result was as Figure 2d. The combination of (APS + TPS) microcapsules and *B. subtilis* could attain the best effect, which was 0.17 g·L^{-1} on the 21st day ($P < 0.05$), but the control group produced the lowest value.

V. splendidus challenge

The cumulative mortality rate within 14 days of sea cucumbers fed with (APS + TPS) microcapsules + *B. subtilis* was only 8.3%, which was significantly lower than those of sea cucumbers fed with the control diet (49.6%) ($P < 0.05$). The dead time of sea cucumbers fed with control diet was relatively earlier than other groups (Figure 3). The challenge test showed that oral administration of (APS + TPS) microcapsules + *B. subtilis* for 4 weeks significantly enhanced the protection against *V. splendidus* infection.

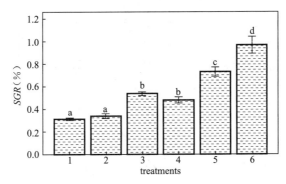

Figure 1 Effect of different treatments on the growth of *Apostichopus japonicus*

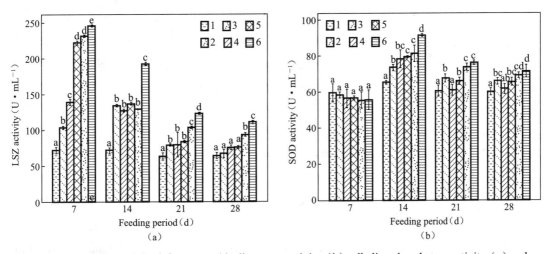

Figure 2 lysozyme activity (a), superoxide dismutase activity (b), alkaline phosphatase activity (c) and complement 3 content (d) of *Apostichopus japonicus* fed with different diets for 4 weeks.

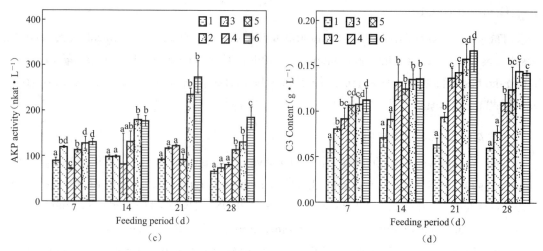

Figure 2 (continue) lysozyme activity (a), superoxide dismutase activity (b), alkaline phosphatase activity (c) and complement 3 content (d) of *Apostichopus japonicus* fed with different diets for 4 weeks.

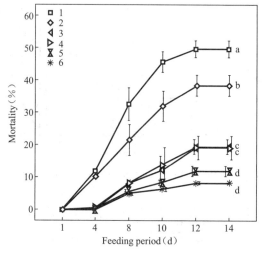

Figure 3 Cumulative morbidity during a 14 day Vibrio splendidus challenged of *Apostichopus japonicus* fed with different diets.

1: control; 2: blank microcapsule; 3: Astragalus polysaccharide (APS) microcapsule; 4: Tuckahoe (TPS) microcapsule;
5: APS + TPS microcapsule; 6: (APS + TPS) microcapsule + Bacillus subtilis.

Values are means and standard errors of three replicates ($\bar{x} \pm SE; n = 3$).

Treatments with different letters are significantly different ($P < 0.05$).

Discussion

Growth performance

The effect of Chinese herbs and their polysaccharides have been studied before, successfully used in aquaculture and were verified to effect the growth and non-specific immunity [9, 14, 21, 22]. Wang et al [14] showed that 3% conventional fine powder (CP) or superfine powder (SP) of *Astragalus membranaceus* root or 0.3% APS over a period of 60 days were supplemented, which could enhance the immune responses of *A. japonicus*. Some studies showed that feeding Chinese herbs polysaccharides or their combinations could improve the growth of animals [18, 23], such as Gu et al [15] demonstrated that dietary β-glucan, manna oligosaccharide (MOS) and their combinations for 4 weeks had obvious effects on the growth performance of sea cucumber A. japonicus. However, little work has been undertaken to study the application of microcapsules polysaccharides in aquaculture, there are neither application of microencapsulation technology products in aquaculture, nor the effect on *A. japonicus*. In the present work, it was suggested that feeding the combinations of (APS + TPS) microcapsules and *B. subtilis* significantly increased the SGR of sea cucumbers ($P < 0.05$). It reached 0.97%, higher than (APS + TPS) microcapsules or APS microcapsules or TPS microcapsules. It could be suggested that among different active substances of Chinese herbs there are significant synergies, for example between APS and TPS, and the *B. subtilis* could farther enhance their effect, this may be due to their regulatory role at the environment or ecology.

Probiotics (as *Bacillus*), defined as micro-organisms, whose products are healthy to the host, is known for its antagonism to pathogen, enhancement of growth, immune response and feeding efficiency, improvement of micro flora balance in human and animals [24-27]. The genus *Bacillus* has been used extensively as feed additives that can be resistant to high temperature and high pressure [28-30]. Some studies showed that dietary *B. subtilis* can improve the growth of aquatic animals, but suitable doses in diet are needed [31-33]. It could be attributed to the differences in strains, animals (species and sizes) and experimental conditions [13, 17, 34, 35]. Zhang et al [17] demonstrated that a commercial *B. subtilis* could significantly increase growth of A. japonicus at 1.82×10^7 CFU·g^{-1} diet for 56 days. Compared to those reports, in the present study, the dietary level of *B. subtilis* was near 2×10^7 CFU·g^{-1}, which could enhance synergistic effect on the *SGR* of *A. japonicus*. But Zhao et al [13] showed that the dietary level of *B. subtilis* T13 was much higher (10^9 CFU·g^{-1}), significantly improved the *SGR* of sea cucumbers.

Moreover, in the current study APS and TPS microcapsules could directly mix with the basal diet and then the mixture were sprayed evenly into the aquaria, so the lose of polysaccharides was decreased. Microcapsule is a new dosage form of immune enhancement agent, applied in aquaculture, especially suitable for some animals as the feeding characteristics of sea cucumber.

Immune response

Modulation of immune system is one of the ordinary benefits about the Chinese herb active substances and probiotics. The present study also demonstrated that APS, TPS and *B. subtilis* could significantly stimulate the immune response of sea cucumbers. As we all know, sea cucumbers lack an adaptive immune system, their humoral immune responses are the second line of defense against infections and injuries [5, 36]. And in the humoral immune responses, lysosomal enzymes, superoxide dismutase, alkaline phosphatase and complement together participate in the destruction of external substances, so that they can play a protective role. Single chinese herb of *A. membranaceus* or APS had been shown to increase lysozyme activity in fish blood and in sea cucumber [8, 9, 14, 19]. However, combination of polysaccharides and *B. subtilis* has not been reported, either the microcapsule technology. In the present study, single APS microcapsules or TPS microcapsules could increase the lysozyme values ($P < 0.05$) during the experiment to different extent, on the 7th day it reached the highest point, the maximum value appeared earlier and it did show a time-effect sector, the same as the group 5 and 6. Moreover combination of APS and TPS microcapsules, combination of (APS + TPS) microcapsules and *B. subtilis* indicated a stronger effect, the combined effect among different Chinese herbs could have a complementary synergy, which is usually called compatibility. Furthermore, the role of *B. subtilis* that regulated micro-ecological balance and water quality indirectly enhanced the growth and immune effect of sea cucumber, as the performance of LSZ activity.

SOD catalyses the dismutation of the extra bactericidal highly reactive O_2^- to O_2 and less reactive H_2O_2, and it is an important component of antioxidant defense system of the organism [37, 38]. In our laboratory the tests by injecting APS and TPS into *A. japonicus* suggested that APS and TPS could significantly increase SOD activity in the coelomic fluid of sea cucumber, and enhance the antioxidant capacity, which could be related to the role that flavonoids and saponins of *A. membrance* eliminate oxygen free radicals. The effect of dietary administration of APS, TPS and *B. subtilis* on SOD activity of sea cucumber was embodied with different results in the present study. And significant difference was observed at the group 6 on the 14th day, it was 91.7 U·mL^{-1} ($P < 0.05$). Other treatments were also higher values on the 14th day, there was a rise-drop trend between the time and the effect, it could be associated with polysaccharide's structure and the mechanisms of immunomodulatory as well as immune system of sea cucumber. The results of the present study confirmed that the APS and TPS microcapsules could be directly feed, the size of microcapsule was facilitate for sea cucumber, at the same time it could reduce the loss of polysaccharide in the seawater; the microcapsule in actual application is suitable for breeding and easily accepted by farmers.

Alkaline phosphatase is a marker enzyme of the phagocytes lysosomal, especially in the mollusks with the absence of specific immunoglobulin. Sun Y X et al [39] pointed out that AKP in the sea cucumber immune system has opsonized role as to induce amoeba cells to swallow the foreign substances. The experimental results indicated that AKP activity showed a sensitive response to the combination of (APS + TPS) microcapsules and *B. subtilis*, reached the highest value (273.8 nkat·L^{-1}) on the 21st day ($P < 0.05$). However the activity decreased on the 28th day. So we educed that there was a certain degree of correlation between the dietary time and activity.

At present the complement system is a highly sophisticated defense system against common pathogens acting in the innate immunity of invertebrates and vertebrates, which is induced by antigen-antibody interactions in the traditional pathway. As a central component in the complement system, complement component 3 is an intermediary between innate and adaptive immune system [40, 41]. During the past few years, the homologs of C3 have been identified from higher vertebrates to lower protostomes including human, fish, amphioxus, sea squirt, sea urchin, horseshoe crab, coral, and sea anemone [42-44]. In the past study it showed that there was analogues of complement in Asterias forbesi, and in its coelomic cells there was C3b and C3bi complement receptor [45, 46]. By enzyme-linked chemiluminescence immune detection (Chemiluminesent Immunoassay, CLIA), they found complement analogues in the coelomic fluid of sea cucumber, the content of C3 is (6.58 ± 1.4) μg·mL^{-1}, C4 was (0.67 ± 0.3) μg·mL^{-1}, these are foundation about complement of sea cucumber $A. japonicus$, but also provide theoretical basis for the development of new immunostimulants [47, 48]. Zhou et al [49] studied the molecular characterization and expression analysis of C3 in the sea cucumber ($A. japonicus$), it was suggested that AjC3-2 and AjC3 genes play a pivotal role in immune responses to the bacterial infection in sea cucumber. The results showed that complement of $A. japonicus$ played an important role in the immune system. In the present study, the content of C3 was the highest on the 21st day at group 6 and reached 0.17 g·L^{-1}, it had significant difference comparing to the control and group 2, 3 and 4 ($P < 0.05$). The demonstration about C3 of sea cucumber need farther research. The content of C3 and activities of other enzyme reached highest value at the different time. This may be related to regulation machinism of immunostimulants, different immune indices have different response.

Challenge assay

The challenge assay is the direct way to reflect the effect of dietary immunostimulants. $V. splendidus$ is the pathogen of skin ulcer syndrome, which can cause serious harm to sea cucumber aquaculture. Dong et al [3] have shown that exposure of $A. japonicus$ to $V. splendidus$ at a concentration of 10^6 cells·mL^{-1} for 6 days could result in the occurrence of diseases. To determine the efficacy of dietary different supplementations, it has been shown that the survival rate of A. japonious and its resisitance to $V. splendidus$ could be enhanced by administration of Astragalus and APS [14]. The present study showed that the oral administration of (APS + TPS) microcapsules and $B. subtilis$ reduced the mortality of sea cucumber after being challenged by $V. splendius$. The improved resistance of sea cucumber may be partly attributable to the increased activities of different enzymes. There was significant different between blank microcapsule and the control, which could be due to the effects of sodium alginate. Sodium alginate is alginate extract in seaweed, and other factors could cause the errors. The resistance of sea cucumber were further improved after adding APS and other microcapsules, however there was no significant difference between groups 5 and 6, but group 6 also reflected increase under the action of *B. subtilis*, that probably was due to the improvement of water quality. Zhao et al [13] reported that *A. japonicus* fed with probiotic *B. subtilis* T13 show significant improved resistance against *V. splendidus*.

As we all know, the role of prebiotics could selectively stimulate the growth and activity of one or more bacteria, so result in beneficial or harmful effects on the host [24, 50]. This may be like as the reasons that APS, TPS and *B. subtilis* could improve the resistance to disease of sea cucumber in the present study. Polysaccharides could play the role of prebiotics and stimulate the secretion of cytokines to improve immune function and increase glucose tolerance.

Acknowledgements

We would like to thank the Fund Project for Marine and Fishery Department and Finance department of Shandong Province (2010 GHY10501), Public Welfare Project (200905020), China. Also thank Dr Diao and Chen for their contribution on checking the manuscript.

References

[1] Reilly A, Käferstein F. Food safety hazards and the application of the principles of the Hazard Analysis and Critical Control Point (HACCP) system for their control in aquaculture production[J]. Aquac Res, 1997, 28(10): 735-752.

[2] Bachère E. Anti-infectious immune effectors in marine invertebrates: potential tools for disease control in larviculture[J]. Aquaculture, 2003, 227: 427-438.

[3] Dong Y, Deng H, Sui XL, Song L. Ulcer disease of farmed sea cucumber (*Apostichopus japonicus*)[J]. Fisheries Sci (China), 2005, 24: 4-6 [in Chinese, with English abstract].

[4] Deng H, He C B, Zhou Z C, et al. Isolation and pathogenicity of pathogens from skin ulceration disease and viscera ejection syndrome of the sea cucumber *Apostichopus japonicus*[J]. Aquaculture, 2009, 287: 18-27.

[5] Sun Y X, Qang J Q, Wang T T, et al. A Review: Defense Mechanism in sea cucumber[J]. Fisheries Sci (China), 2007, 26: 358-361 [in Chinese, with English abstract].

[6] Bedir E, Pugh N, Calis I, et al. Immunostimulatory effects of cycloartane-type triterpene glycosides from astragalus species[J]. Biol Pharm Bull, 2000, 23: 834-837.

[7] Tan B K, Vanitha J. Immunomodulatory and antimicrobial effects of some traditional chinese medicinal herbs: a review[J]. Curr Med Chem, 2004, 11: 1 423-1 430.

[8] Chansue N, Ponpornpisit A, Endo M, et al. Improved immunity of tilapia *Oreochromis niloticus* by CUP III, a herb medicine[J]. Fish Pathol, 2000, 35: 89-90.

[9] Jian J C, Wu Z H. Influences of traditional Chinese medicine on non-specific immunity of

Jian carp (*Cyprinus carpio* var. *Jian*)[J]. Fish Shellfish Immun, 2004, 16: 185-191.

[10] Shao B M, Xu W, Dai H, et al. A study on the immune receptors for polysaccharides from the roots of *Astragalus membranaceus*, a Chinese medicinal herb[J]. Biochem Biophy Res Commun, 2004, 320: 1 103-1 111.

[11] Seguin-Devaux C, Hanriot D, Dailloux M, et al. Retinoic acid amplifies the host immune response to LPS through increased T lymphocytes number and LPS binding protein expression[J]. Mol Cell Endocrinol, 2005, 245: 67-76.

[12] Dalmo R A, Bøgwald J. β-glucans as conductors of immune symphonies[J]. Fish Shellfish Immun, 2008, 5: 384-396.

[13] Zhao Y C, Zhang W B, Xu W, et al. Effects of potential probiotic *Bacillus subtilis* T13 on growth, immunity and disease resistance against *Vibrio splendidus* infection in juvenile sea cucumber *Apostichopus japonicus*[J]. Fish Shellfish Immun, 2012, 32: 750-755.

[14] Wang T T, Sun Y X, Jin L J, et al. Enhancement of non-specific immune response in sea cucumber (*Apostichopus japonicus*) by *Astragalus membranaceus* and its polysaccharides[J]. Fish Shellfish Immun, 2009, 27: 757-762.

[15] Gu M, Ma H M, Mai K S, et al. Effects of dietary β-glucan, mannan oligosaccharide and their combinations on growth performance, immunity and resistance against *Vibrio splendidus* of sea cucumber, *Apostichopus japonicas*[J]. Fish Shellfish Immun, 2011, 31: 303-309.

[16] Ortuño J, Cuesta A, Esteban A, Meseguer J. Effect of oral administration of high vitamin C and E dosages on the gilthead sea bream (*Sparus aurata* L.) innate immune system[J]. Vet Immunol Immunop, 2001, 79: 167-180.

[17] Zhang Q, Ma H M, Mai K S, Interaction of dietary *Bacillus subtilis* and fructooligo saccharide on the growth performance, nonspecific immunity of sea cucumber, *Apostichopus japonicus*[J]. Fish Shellfish Immun, 2010, 29: 204-211.

[18] Selvaraj V, Sampath K, Sekar V. Adjuvant and immunostimulatory effects of β-glucan administration in combination with lipopolysaccharide enhances survival and some immune parameters in carp challenged with *Aeromonas hydrophila*[J]. Vet Immun Immunop, 2006, 114: 15-24.

[19] Fan Y, Wang S X, Ye H B, et al. Effects of Polysaccharides from *Astragalus membranaceus* on Non-specific Immune in Sea Cucumber *Apostichopus japonicus*[J]. Fisheries Sci (China), 2010, 29: 321-324 [in Chinese, with English abstract].

[20] Zhang C Y, Wang Y G, Rong X J. Isolation and identification of causatie pathogen for skin ulcerative syndrome in *Apostichopus japonicus*[J]. J fishsci China, 2006, 30: 118-106.

[21] Yin G J, Jeney G, Racz T, et al. Effect of two Chinese herbs (*Astragalus radix and*

Scutellaria radix) on nonspecific immune response of tilapia, *Oreochromis niloticus*[J]. Aquaculture, 2006, 253: 39-47.

[22] Huang X X, Zhou H Q, Zhang H. The effect of *Sargassum fusiforme* polysaccharide extracts on vibriosis resistance and immune activity of the shrimp, *Fenneropenaeus chinensis*[J]. Fish Shellfish Immun, 2006, 20: 750-757.

[23] Gu M, Ma H M, Mai K S, et al. Immune response of sea cucumber *Apostichopus japonicus* coelomocytes to several immunostimulants *in vitro*[J]. Aquaculture, 2010, 306: 49-56.

[24] Suzer C, Çoban D, Kamaci H O, et al. *Lactobacillus* spp. bacteria as probiotics in gilthead sea bream (*Sparus aurata* L.) larvae: Effects on growth performance and digestive enzyme activities[J]. Aquaculture, 2008, 280: 140-145.

[25] Wang Y B, Li J R, Lin J D. Probiotics in aquaculture: Challenges and outlook[J]. Aquaculture, 2008, 281: 1-4.

[26] Gatesoupe F J. The use of probiotics in aquaculture[J]. Aquaculture, 1999, 180: 147-65.

[27] Li J Q, Tan B P, Mai K S. Dietary probiotic Bacillus OJ and isomalto oligosaccharides influence the intestine microbial populations, immune responses and resistance to white spot syndrome virus in shrimp (*Litopenaeus vannamei*)[J]. Aquaculture, 2009, 291: 35-40.

[28] Rengpipat S, Rukpratanporn S, Piyatiratitivorakul S, et al. Immunity enhancement in black tiger shrimp (*Penaeus monodon*) by a probiont bacterium (*Bacillus* S_{11})[J]. Aquaculture, 2000, 191: 271-288.

[29] Rengpipat S, Phianphak W, Piyatiratitivorakul S. Effects of a probiotic bacterium on black tigers shrimp *Penaeus monodon* survival and growth[J]. Aquaculture, 1998, 167: 301-313.

[30] Ochoa-Solano J L, Olmos-Soto J. The functional property of *Bacillus* for shrimp feeds[J]. Food Microbiol, 2006, 23: 519-525.

[31] Liu C H, Chiu C S, Ho P L, Wang S W. Improvement in the growth performance of white shrimp, Litopenaeus vannamei, by a protease-producing probiotic, *Bacillus subtilis* E20, from natto[J]. J Appl Microbiol, 2009, 107: 1031-1041.

[32] Tseng D Y, Ho P L, Huang S Y, et al. Enhancement of immunity and disease resistance in the white shrimp, *Litopenaeus vannamei*, by the probiotic, *Bacillus subtilis* E20[J]. Fish Shellfish Immun, 2009, 26: 339-344.

[33] Aly S M, Mohamed M F, John G. Effect of probiotics on the survival, growth and challenge infection in *Tilapia nilotica* (*Oreochromis niloticus*)[J]. Aquac Res, 2008, 39: 647-656.

[34] Nayak S K. Probiotics and immunity: a fish perspective[J]. Fish Shellfish Immun, 2010,

29: 2-14.

[35] Sun Y Z, Yang H L, Ma R L, Lin W Y. Probiotic applications of two dominant gut *Bacillus strains* with antagonistic activity improved the growth performance and immune responses of grouper *Epinephelus coioides*[J]. Fish Shellfish Immun, 2010, 29: 803-809.

[36] Canicatti C, Parrinello N. Hemaglutinin and hemolysin level in coelomic fluid from *Holothuria polii* (Echinodermata) following sheep erythrocyte injection[J]. J Biol Bull, 1985, 168: 175-182.

[37] Fu L L, Shuai J B, Xu Z R. Immune responses of *Fenneropenaeus chinensis* against white spot syndrome virus after oral delivery of VP28 using *Bacillus subtilis* as vehicles[J]. Fish Shellfish Immun, 2010, 28: 49-55.

[38] Castex M, Lemaire P, Wabete N, et al. Effect of probiotic *Pediococcus acidilactici* on antioxidant defences and oxidative stress of *Litopenaeus stylirostris* under *Vibrio nigripulchritudo* challenge[J]. Fish Shellfish Immun, 2010, 28: 622-631.

[39] Sun Y X, Jin L J, Wang T T, et al. Polysaccharides from *Astragalus membranaceus* promote phagocytosis and superoxide anion (O_2^-) production by coelomocytes from sea cucumber *Apostichopus japonicus in vitro*[J]. Comp Biochem Phys C, 2008, 147: 293-298.

[40] Dunkelberger J R, Song W C. Complement and its role in innate and adaptive immune responses[J]. Cell Res, 2010, 20: 34-50.

[41] Fujita T. Evolution of the lectin-complement pathway and its role in innate immunity[J]. Nat Rev Immunol, 2002, 2: 346-353.

[42] Boshra H, Li J, Sunyer J O. Recent advances on the complement system of teleost fish[J]. Fish Shellfish Immun, 2006, 20: 239-262.

[43] Dishaw L J, Smith S L, Bigger C H. Characterization of a C3-like cDNA in a coral: phylogenetic implications[J]. Immunogenetics, 2005, 57: 535-548.

[44] Fujito N T, Sugimoto S, Nonaka M. Evolution of thioester-containing proteins revealed by cloning and characterization of their genes from a cnidarian sea anemone, *Haliplanella lineate*[J]. Dev Comp Immunol, 2010, 34: 775-784.

[45] Berthuessen K, Seljelid R. Receptors for complement on echinoid phagocytes. The opsonic effect of vertebrate sara on echinoid phagocytosis[J]. Dev Comp Immunol, 1982, 6: 423-431.

[46] Leonard L A, Strandberg J D, Winkelstein J A. Complement-like activity in the sea star, *Asterias forbesi*[J]. Dev Comp Immunol, 1990, 14: 19-30.

[47] Zhang F, Gong J, Wang H F, et al. The detection of complement analogues AjC3, and AjC4 in the sea cucumber *Apostichopus japonicus*[J]. J Dalian Fisheries Univ, 2007, 22: 246-248 [in Chinese, with English abstract].

[48] Zhang F, Wang H F, Gong J. Detection method of complement analogues of coelomic fluid in *Apostichopus japonicus* by chemiluminescent Immunoassay[J]. J Nuc Agricul Sci (JNAS), 2007, 21: 413-416 [in Chinese, with English abstract].

[49] Zhou Z C, Sun D P, Yang A F, et al. Molecular characterization and expression analysis of a complement component 3 in the sea cucumber (*Apostichopus japonicus*)[J]. Fish Shellfish Immun, 2011, 31: 540-547.

[50] Vine N, Leukes W, Kaiser H. Probiotics in marine larviculture[J]. FEMS Microbiol Rev, 2006, 30: 404-427.

(Fan Ying, Yu Xiaoqing, Xu La, Wang Shuxian, Ye Haibin, Diao Jing, Yang Xiusheng, Li Tianbao)

Effects of Small Peptide on Non-specific Immune Responses in Sea Cucumber, *Apostichopus Japonicus*

Sea cucumber, *Apostichopus japonicas* (selenka) is one of the most important holothurian species[1], which is naturally distributed in the coasts of Bohai Sea and Yellow Sea, China. Due to its nutritional and curative properties, *A. japonicas* becomes one of the most valuable sea foods in Asian countries such as China, Japan and Korea[2]. During the past decade, farming of *A. japonicus* has become widespread in northern coast of China and the production has increased rapidly, in response to over-exploitation of the wild stocks and the rising demand from domestic and international markets. However, the rapid expansion has resulted in various diseases caused by bacteria or viruses. The use of antibiotics has partially solved this problem, but at the same time, it has raised another new problem of antibiotic residues in sea cucumber and environments[3].

An immunostimulant is a chemical, drug, stressor or action that enhances the innate or non-specific immune response by interacting directly with cells of the system activating them. In practice, immunostimulants are promising dietary supplements to potentially aid in disease resistance by causing up regulation of host defense mechanisms against opportunistic pathogen microorganisms in the environment[4]. Small peptides, belonging to the group of oligopeptide, are comprised of 2~3 amino acids generally. It has been reported that small peptides can enhance the immune system of fish, improve the survival rate of fish farming, improve feed utilization of various minerals, improve feed conversion rate, improve protein synthetic capacity of fish and promote growth of fish[5]. Recently, the bioactivities of small peptides have attracted more attention due to their green, environmentally friendly, non-toxic characteristic and broad market prospects[6]. Small peptides have been successfully used in aquaculture and been verified to have effects on the non-specific immunity[7]. However, little work has been undertaken to study the effect of small peptide on the immunity of *A. japonicus*.

In this study, we analyzed the effects of small peptide on the immune responses and resistance of sea cucumber, *Apostichopus japonicus* against *Vibrio splendidus* infection.

Materials and Methods

Feeding Experiment

Apostichopus japonicus individuals weighing 45 to 55 g were used for all experiments. Sea cucumbers were obtained from Jimo farm (Qingdao, China). The formulation of basal diet contained 10% gulfweed powder and 90% sea mud, which met nutrient requirements of sea cucumber. Feed amount was 1% of body weight. Prior to initiation of this experiment, the sea cucumbers were subjected to a 1-week conditioning period in sea water recirculating system. The basal diet was fed to all sea cucumbers during the 1-week conditioning period. Sea cucumbers were distributed into 12 aquaria using a completely randomized design with one control group and 3 treatment groups (3 replicate aquaria per group). Each replicate (24 L/aquaria) was stocked with 10 sea cucumbers. Water temperature was remained at (16 ± 1) ℃ throughout the experiment. Salinity was maintained at 28 to 30 with pH 8.0 ± 0.3. Low pressure electrical blowers provided aeration via air stones and maintained dissolved oxygen (DO) levels at or near air-saturation.

Injecting Experiment

Small peptide was provided by Vitech Bio-chem Co., Ltd (Hubei, China). Stock solutions of 0 (control), 0.6 mg·mL^{-1}, 1.0 mg·mL^{-1}, and 1.4 mg·mL^{-1} were prepared with seawater. All the solutions and seawater used here were filtered through 0.22 μm film. After temporary feeding for a week, three treatment groups were injected 0.3 mg, 0.5 mg, 0.7 mg (per one cucumber) small peptide respectively and the control group was only injected seawater.

Sample Collection

On the 2nd, 4th and 7th day after the start of the experiment respectively, three sea cucumbers of each replicate (10 animals) were for coelomic collection. Coelomic fluid from sea cucumber was withdrawn with a 1 mL syringe. The coelomic fluid from three sea cucumbers from each aquarium was for immunological analyses. After an aliquot of the coelomic fluid sample was taken for total coelomocytes counts (TCC), phagocytosis activity test and respiratory burst analysis, the remaining coelomic fluid sample was centrifuged at $3\,000\times g$, 4℃ for 10 min to collect coelomocytes. Coelomocytes were resuspended in 600 μL cool 0.85% saline and then sonicated at 22 kHz for 25 s at 0℃ followed by centrifugation at $4\,000\times g$, 4℃ for 10 min. After centrifugation, cells lysate supernatant (CLS) were stored at -80℃ for acid phosphatase (ACP), alkaline phosphatase (AKP) and superoxide dismutase (SOD) activity assay.

Total Coelomocytes Counts (TCC)

Coelomocytes were counted and calculated as cells per mL using a hemocytometer under light microscope at 400× magnification.

Phagocytic Assay

Coelomocytes phagocytosis was evaluated by neutral red method [8, 9]. Three replicates of 100 μL sea cucumber coelomic fluid from each aquarium were added to a 96-well plate and incubated at 25℃ for 30 min. The supernatant was removed and 100 μL 0.029% neutral red (Shanghai, China) was added to each well. The plate was then incubated at 25℃ for 30 min. Cells were then washed with PBS for 3 times and incubated with cell lysis buffer (acetic acid∶ethanol = 1∶1) for 20 min. The results were recorded with a universal microplate spectrophotometer (Thermo, Waltham, MA, USA) using a test wavelength of 540 nm. The absorbance of 10^6 cells represents the capability of coelomocytes phagocytosing neutral red.

Respiratory Burst Activity

Production of superoxide anion was evaluated using nitroblue tetrazolium (NBT, Amresco, Solon, OH, USA) following the method as described previously[10]. The wells of 96-well plate were coated with 100 μL 0.2% poly-L-lysine (Sigma, St. Louis, MO, USA) solution to increase coelomocytes adhesion. Three replicates of 100 μL aliquot of coelomic fluid from sea cucumbers in each aquarium were added to wells and centrifuged at 300×g for 10 min at 4℃. The supernatant was discarded and 100 μL phorbol 1, 2-myristate 1, 3-acetate (PMA, Calbiochem, La Jolla, CA, USA) (1 μg·mL^{-1}) was added to each well. Then the plate was incubated at 37℃ for 30 min. The cells in each well were then stained with 100 μL 0.3% NBT at 37℃ for 30 min. Absolute methanol was added to terminate the staining. Each well was washed three times with 70% methanol and air-dried. Then 120 μL 2 mol·L^{-1} KOH and 140 μL dimethyl sulfoxide (DMSO, Amresco, Solon, OH, USA) were added and the colour was subsequently measured at 630 nm with a universal microplate spectrophotometer (Thermo, Waltham, MA, USA) using KOH/DMSO as a blank. The absorbance of 10^6 cells represents the capability of coelomocytes respiratory burst activities.

Assays of Immune Enzymes

The acid phosphatase (ACP), alkaline phosphatase (AKP) and superoxide dismutase (SOD) activities were determined according to King[11] and Ji[12] with the assay kits (Nanjing Jiancheng, China) respectively. The optical density of ACP/AKP was measured at 520 nm. The unit definitions of ACP/AKP enzymatic activity correspond to the degradation of 1 mg phenol per 100 mL supernatant at 37℃ within 15 min. The optical density of SOD was measured at

550 nm. An SOD unit is defined as the amount of enzyme that inhibits the superoxide-induced oxidation by 50%.

V. splendidus Injection Challenge

A virulent strain of *V. splendidus* was provided by Yellow-sea Fishery Research Institute, Chinese Academy of Fishery Sciences (Qingdao, China). A 7-day LD_{50} (*V. splendidus* dose that killed 50% of the test sea cucumbers) was determined before challenge test and the result showed that the LD_{50} for 7 days was 10^9 CFU·mL^{-1}. *V. splendidus* was grown in trypticase soy broth (TSB) medium at 28℃ for 48 h. On the 8th day after injecting small peptide, 10 sea cucumbers from each group (each treatment has 30 animals) were injected intramuscularly with 0.1 mL PBS containing 9×10^9 CFU live *V. splendidus* respectively. The mortality had been monitored for 12 days.

Statistical Analysis

Data from each treatment were subjected to one-way ANOVA with SPSS 17.0 for windows. Statistical significance was chosen at $P < 0.05$ and the results were presented as $\bar{x} \pm SE$.

Result

Small Peptide did not Influence the TCC of Sea Cucumbers

Total coelomocytes counts of individual sea cucumbers in the present study ranged from 1.57×10^6 cells·mL^{-1} to 3.41×10^7 cells·mL^{-1}. Influences of small peptide on total coelomocytes counts were not significant (Figure 1).

Small Peptide Enhanced the Phagocytic Activity of Sea Cucumbers

The effects of different preparations of small peptide on the phagocytic capacity of sea cucumbers were shown in Figure 2. While 0.3 mg group showed no difference in phagocytic capacity relative to that of the control on the 2nd day, phagocytic capacity of 0.5 and 0.7 mg groups increased significantly ($P < 0.05$) relative to that of the control. Significant differences in phagocytic capacity were detected between the control and each of the three tested groups on the 4th and 7th day. Within groups, 0.3 mg, 0.5 mg and 0.7 mg groups showed significant increase in phagocytic capacity in 4 days, but had some decrease on the 7th day. Benefit for phagocytic capacity was obtained with the three tested groups. The value of 0.5 mg group was highest on the 4th day and was 2.3 times as high as that of the control group.

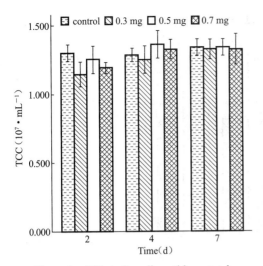

Figure 1 Effect of small peptide on total coelomocytes counts of sea cucumbers. Values are means and standard errors of three replicates ($\bar{x} \pm SE; n = 3$)

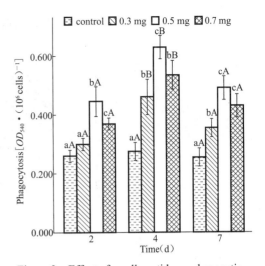

Figure 2 Effect of small peptide on phagocytic activity of sea cucumbers. Values are means and standard errors of three replicates ($\bar{x} \pm SE$; $n = 3$). a, b, c: Significant difference ($P < 0.05$) among different groups within the same period. A, B: Significant difference ($P < 0.05$) within the same group among different periods.

Small Peptide Enhanced Respiratory Burst Activity of Sea Cucumbers

Respiratory burst activity of 0.5 mg group increased significantly ($P < 0.05$) relative to that of the control on the 2nd day (Figure 3). And on the 4th day, respiratory burst activity of 0.3 and 0.5 mg groups increased significantly ($P < 0.05$) relative to that of the control and 0.5 mg group showed the maximum increase. However, respiratory burst activity of the control was higher ($P < 0.05$) than that of 0.7 mg group after 4 days. On the 7th day, only respiratory burst activity of 0.3 mg group was higher significantly than that of the control while 0.5 mg group had similar respiratory burst activity to that of the control. Increase in respiratory burst activity was also obvious ($P < 0.05$) within 0.3 and 0.5 mg groups over the first two periods. 0.3, 0.5 and 0.7 mg groups had some decrease on the 7th day, with 0.5 and 0.7 mg showing the obvious ($P < 0.05$) decrease. Less variation in respiratory burst activity was observed for the control over the three different periods. None of the three test groups maintained a consistent increase in respiratory burst activity over that of the control, but 0.5 mg group appeared to have the most effect on respiratory burst activity in sea cucumber. The value of 0.5 mg group was 1.4 times as high as that of the control group on the 4th day.

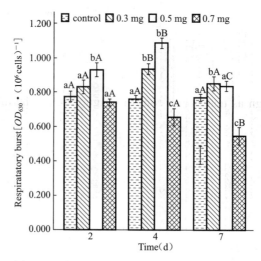

Figure 3 Effect of small peptide on respiratory burst activity of sea cucumbers. Values are means and standard errors of three replicates ($\bar{x} \pm SE$; $n = 3$). a, b, c: Significant difference ($P < 0.05$) among different groups within the same period. A, B, C: Significant difference ($P < 0.05$) within the same group among different periods.

Small Peptide Enhanced the Immune Enzyme Activity of Sea Cucumber

Over the three different periods, the three test groups exhibited significant increase in ACP activity ($P < 0.05$) relative to that of the control group, with 0.5 mg group being obvious higher ($P < 0.05$) than the other two test groups. While no significant difference in ACP activity was observed between 0.3 and 0.7 mg group (Figure 4A). On the 4th day, the ACP activities of 0.3, 0.5 and 0.7 mg groups were about 2.0-fold, 2.3-fold and 2.1-fold, respectively, as high as that of the control (Figure 4A). The three test groups regained a significant increase in ACP activity in 4 days, and showed significant reduction on the 7th day. The ACP activity of the control group remained relatively unchanged. The biggest effect on ACP activity was caused by being injected with 0.5 mg small peptide on the 4th day.

Over the three different periods, 0.5 mg group exhibited significant increase in AKP activity ($P < 0.05$) relative to that of the control group and the value was 2.2 times as high as that of the control group on the 4th day (Figure 4B). On the 2nd and 4th day, 0.3 mg group exhibited significant increase in AKP activity ($P < 0.05$) relative to that of the control group. Only on the 4th day, 0.7 mg group exhibited significant increase in AKP activity ($P < 0.05$) relative to that of the control group. 0.5 mg and 0.7 mg groups regained a significant increase in AKP activity in 4 days, and showed significant reduction in AKP activity on the 7th day (Figure 4B). The ACP activity of the control group remained relatively unchanged, while 0.3 mg group showed significant reduction in AKP activity in 7 days. The biggest effect on ACP activity was caused by being injected with 0.5 mg small peptide on the 4th day.

Over the three different periods, 0.5 and 0.7 mg groups exhibited significant increase in SOD activity ($P < 0.05$) relative to that of the control group, with 0.7 mg group being obvious higher ($P < 0.05$) than the other groups on the 7th day. While no significant difference in SOD activity was observed among the three test groups (Figure 4C). On the 7th day, the SOD activities of 0.3, 0.5 and 0.7 mg groups were about 1.8-fold, 1.8-fold and 2.0-fold, respectively, as high as that of the control (Figure 4C). The three test groups regained a significant increase in SOD activity in 7 days, and the SOD activity of the control group remained relatively unchanged. The biggest effect on SOD activity was caused by being injected with 0.7 mg small peptide on the 7th day.

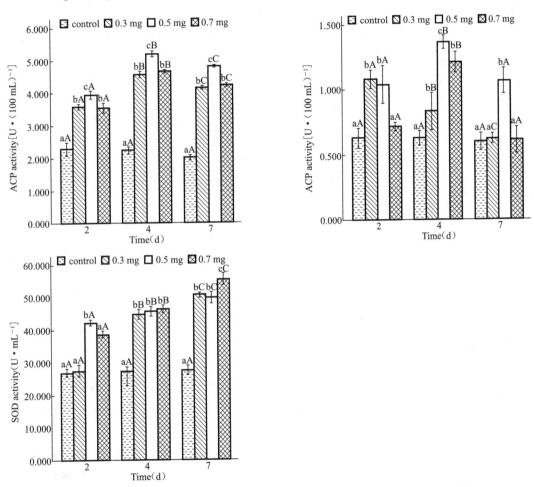

Figure 4 Effect of small peptide on immune enzyme activity of sea cucumbers. Values are means and standard errors of three replicates ($\bar{x} \pm SE; n = 3$). a, b, c: Significant difference ($P < 0.05$) among different groups within the same period. A, B, C: Significant difference ($P < 0.05$) within the same group among different periods.

Small Peptide Enhanced the Prevention Capability of Bacterial Diseases of Sea Cucumber

The moribund sea cucumbers showed typical signs of skin ulceration disease caused by

V. splendidus infection including failure in retracting tentacles, impaired adhesion capacity, anorexia, erratic shaking and tumid mouth. In addition, the skin of infected sea cucumbers showed white lesions. Those signs were in agreement with signs of skin ulceration disease described by Wang et al[13] and Zhang et al[14].

At the end of the challenge, the cumulative mortality rate of sea cucumber injected 0.5 mg small peptide was 43.3%, which was significantly lower than that of the control group (66.7%). However, mortality of sea cucumber injected 0.3 mg small peptide was 56.7%, which was not significantly different from the control group. Mortality of sea cucumber injected 0.7 mg small peptide was 53.3%, which was not significantly different from 0.5 mg group (Figure 5). The challenge test showed that the two groups injected 0.5 and 0.7 mg small peptide were significantly enhanced the protection against *V. splendidus* infection.

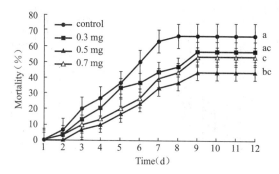

Figure 5 Cumulative mortality during a 12-day *V. splendidus* challenge of sea cucumbers which were injected different doses of small peptide. Symbols represent means and standard errors of three replicate groups ($\bar{x} \pm SE$; $n = 3$). Different letters indicate significant difference in mean cumulative mortality after a 12-day *V. splendidus* challenge ($P < 0.05$).

Discussion

It is well known that sea cucumber depends more heavily on nonspecific defense mechanism than do mammals[27]. The key defenses of sea cucumbers against foreign entities are cellular and humoral immune responses. Coelomocytes are involved in immune responses and they play an important role in sea cucumber defense[15, 16]. So a strategy to enhance the immune activity of coelomocytes would be an appropriate approach for improving the resistance of sea cucumbers to infectious microbial diseases.

Immunostimulants increase resistance to infectious disease, not by enhancing the acquired immune response, but by enhancing innate humoral and cellular defense mechanisms. In order to research the humoral and cellular component activations, it is necessary to study a number of biologically relevant assays such as phagocytosis, due those are a good choice for monitoring whether the innate immune system is activated, since clearly they contribute directly to any increase killing activity and the way to analyze such responses is relatively simple[4].

In this study we found that small peptide could significantly enhance the immune activity of coelomocytes. Therefore, small peptide has a potential to become feed additive for the prevention of the bacterial diseases.

Sun et al. found that the differences in coelomocytes concentration were obtained in different individuals. This variability can be attributed to different factors. It was reported that the concentration of coelomocytes in molluscs varied among species and specimens, depending on age, heart rate, reproductive cycle, seasonality, stress (sampling, pathogens challenge, pollutant exposure, etc.) or even bleeding technique [17-21]. But statistical result showed that TCC was not influenced by the administration of small peptide. This finding was in accordance with effects of dietary β-glucan on sea cucumber TCC[22]. Additionally, the findings with TCC in the present study demonstrated that small peptide increased the immunity of sea cucumber not by increasing the total numbers of coelomocytes.

All phyla of invertebrates possess amoeboid cells which are capable of recognizing parasites and other foreign bodies and reacting to them by phagocytosis[23]. Most of the immune responses are actually induced by amoebocytes[24]. Since phagocytes act as dominant defense cells, an enhancement of phagocyte function is expected to be appropriate for resisting microbial infections[25]. In the present study phagocytosis activity was significantly enhanced by the administration of small peptide.

In sea cucumbers, ingestion of particles is accomplished by a petaloid form of phagocytic amoebocytes[24]. These amoebocytes are the main immunocyte in echinoderms. Stimulation of these cells results in greatly increased uptake of oxygen and generation of superoxide anions (O_2^-), which in turn leads to production of other highly reactive oxidants (e.g., hydrogen peroxide, hydroxyl radicals, singlet oxygen, and hypochlorite) that function as powerful microbicidal and cytotoxic agents[26]. Since superoxide anion (O_2^-) is the first product to be released from the respiratory burst, the measurement of superoxide anion has been accepted as a precise way for measuring respiratory burst[25]. The adherence/NBT (nitroblue tetrazolium) assay is an easy test for detecting intracellular O_2^- [27]. The O_2^- production of 0.3 and 0.5 mg groups in the study was increased and then decreased in 7 days, but the O_2^- production of 0.7 mg group was decreased constantly, that was a self-protection mechanism of the organism. It is known that the high concentration of O_2^- would be harmful or even lethal to the cells and organism[28].

Canicatti and Miglietta[29] found three kinds of spherical cells in the body of sea cucumber, *Holothuria Polii*, suggesting that were connected with hydrolase activities (ACP, AKP and SOD). ACP is a characteristic enzyme of lysosome which has a variety of hydrolytic enzyme. Lysosome is a kind of organelle that has a digestion role in the ingestion of foreign particles. Lysosome quantity and ACP activity can reflect the strength of phagocytosis in a certain extent. In this study, over three different periods, the three test groups exhibited significant increase in ACP activity ($P < 0.05$) relative to that of the control group. Conclusion is consistent with that ACP can be stimulated by foreign materials [30, 31] fed sea cucumbers with seaweed-sulfated polysaccharides and chitosan and the conclusion was similar with the present result. AKP (a zinc enzyme) is ubiquitous in animal and microbial community and plays an important role in the process of material metabolism [32]. In this study, 0.5 mg group exhibited significant increase in AKP activity ($P < 0.05$) relative to that of the control group and the value was 2.2 times as high as that of the control group on the 4th day. [33] found out AKP activity significantly increased in the coelomic fluid of sea cucumbers after being injected pachymaran. SOD is known to play an important role as cellular antioxidant against oxidative damage. SOD activity is closely related with the immunity of biology. It plays an important role in enhancing defense capability of phagocytic cells and immune function of whole body [34]. In the present experiment, 0.5 and 0.7 mg groups exhibited significant increase in SOD activity ($P < 0.05$) relative to that of the control group. Similar result in SOD activity was previously observed for shrimp, *M. lrosenbergii*, which was stimulated with *Coriolus versicolor* polysaccharide [35]. The present study demonstrated that immunity-improving effects of small peptide were dose-dependent. The conclusion was similar to β-glucans effects on shrimp (*Paneaus monodon*) [36] and juvenile *Penaeus vannamei* [37].

Dong et al [38] have shown that exposure of *A. japonicus* to *V. splendidus* at a concentration of 10^6 cells·mL^{-1} for 6 days could result in the occurrence of diseases. To determine the efficacy of small peptide as an immunostimulant, the extent of protection against pathogens for sea cucumbers which were injected in small peptide was investigated. The present study showed that the administration of small peptide at 0.5 and 0.7 mg per one significantly reduced cumulative mortality of sea cucumber after being challenged by *V. splendius*. The improved resistance of sea cucumber after challenge may be partly attributable to the increased phagocytosis, O_2^- and activities of immunoenzymes of sea cucumber coelomocytes. However, the dose of small peptide at 0.3 mg per one did not significantly improve the resistance to *V. splendius* although the phagocytosis, O_2^- and immunoenzyme activities of sea cucumber coelomocytes were increased. The conclusion is similar to β-glucans effects on sea cucumber [22]. Therefore, the findings indicated that the increased resistance to *V. splendius* of sea cucumber was not only related to the increased immune responses but also related to other factors. It was verified that profiling [39], mannan-binding lectin [40], the complement component C3 protein, B protein [41], and toll-like receptors (TLRs) [42] were related to phagocytosis in echinoderms. Especially, TLRs belong to a class of pattern-recognition receptors that play an important role in host defense against pathogens. TLRs also regulate cell proliferation and survival by expanding useful immune cells. TLRs recognize a wide variety of pathogen-associated molecular patterns to activate a series of signal paths and cause synthesis and secretion of immune cells [43]. Therefore, we infer that small peptide perhaps can strengthen the function of this kind of factors (e.g. TLRs) and improve the immunity level of *Apostichopus japonicus*.

Acknowledgements

This work was supported by the Fund Project for Shandong Key Technologies R&D Programme, China (No. 2010 GHY10501) and National Department Public Benefit Research Foundation of China (No. 200909020).

References

[1] Wang F, Yang H, Gao F, et al. Effects of acute temperature or salinity stress on the immune response in sea cucumber, *Apostichopus japonicus*[J]. Comp Biochem Physiol A Mol Integr Physiol, 2008, 151: 491-498.

[2] Dong Y, Dong S, Ji T. Effect of differentthermalregimes on growth and physiological performance of the sea cucumber Apostichopus japonicas Selenka[J]. Aquaculture, 2008, 275: 329-334.

[3] Yang A, Zhou Z, He C, et al. Analysis of expressed sequence tags from body wall, intestine and respiratory tree of sea cucumber (*Apostichopus japonicus*)[J]. Aquaculture, 2009, 296: 193-199.

[4] Galindo-Villegas J, Hosokawa H. Immunostimulants: Towards temporary prevention of diseases in marine fish. In: Cruz Suárez, L E, Ricque Marie, D, Nieto López, M G, Villarreal D, Scholz U and González, M. Avances en Nutrición Acuícola VII. Memorias del VII Simposium Internacional de Nutrición Acuícola. 16-19. Noviembre, 2004. Hermosillo, Sonora, México.

[5] Ma X Z, Chen X Q. Research and Application of small peptides in aquaculture[J]. Feed Research, 2006, 1: 24-26. [in Chinese]

[6] Yang L, Zhang Y H, Gong J X, et al. The function of small peptides and their application in aquaculture[J]. Hebei Fisheries, 2006, 11: 1-2. [in Chinese]

[7] Xu P Y, Zhou H Q. The impact of small peptides on the growth of *Penaeus vannamei* and non-specific immunity[J]. China Feed, 2004, 17: 13-15. [in Chinese]

[8] Cao Q Z, Lin Z B. Antitumor and anti-angiogenic activity of *Ganoderma lucidum* polysaccharides peptide[J]. Acta Pharmacologica Sinica, 2004, 25: 833-838.

[9] Zhang Q, Ma H M, Mai K S, et al. Interaction of dietary *Bacillus subtilis* and fructooligosaccharide on the growth performance, nonspecific immunity of sea cucumber, *Apostichopus japonicus*[J]. Fish & Shellfish Immunology, 2010, 29: 204-211.

[10] Song H L, Hsieh Y T. Immunostimulation of tiger shrimp (*Penaeus monodon*) hemocytes for generation of microbicidal substances: analysis of reactive oxygen species[J].

Developmental and Comparative Immunology, 1994, 18: 201-209.

[11] King J. The hydrolases-acid and alkaline phosphatases. In: Van D (Ed.), Practical Clinical Enzymology. Nostrand Company Limited, London, UK, 1965: 191-208.

[12] Ji J P. An ultramicroanalytic and rapid method for determination of superoxide dismutase activity[J]. Journal Nanjing Railway Medical College, 1991, 10: 27-30.

[13] Wang Y G, Zhang C Y, Rong X J, et al. Diseases of cultured sea cucumber, *Apostichopus japonicus*, in China. In: Lovatelli, A. (Ed.), Advances in Sea Cucumber Aquaculture and Management. Food and Agriculture Organization of the United Nations, Rome, Italy, 2004: 297-310.

[14] Zhang C Y, Wang Y G, Rong X J. Isolation and identification of causative pathogen for skin ulcerative syndrome in *Apostichopus japonicus*[J]. Journal Fishery Science of China, 2006, 30: 118-123.

[15] Canicatti C, Seymour J. Evidence for phenoloxidase activity in (*Holothuria tubulosa*) (Echinodermata) brown bodies and cells[J]. Parasitology Research, 1991, 77: 50-53.

[16] Eliseikina M G, Magarlamov T Y. Coelomocyte morphology in the Holothurians *Apostichopus japonicus* (Aspidochirota: Stichopodidae) and *Cucumaria japonica* (Dendrochirota: Cucumariidae)[J]. Russian Journal Marine Biology, 2002, 28: 197-202.

[17] Oubella R, Paillard C, Maes P, et al. Changes in hemolymph parameters in the manila clam *Ruditapes philippinarum* (Mollusca: Bivalvia) following bacterial challenge[J]. Journal of Invertebrate Pathology, 1994, 64: 33-38.

[18] Malham S K, Coulson C L, Runham N W. Effects of repeated sampling on the haemocytes and haemolymph of *Eledone cirrhosa* (Lam.)[J]. Comparative Biochemistry Physiology, 1998, 121A: 431-440.

[19] Fisher W S, Oliver L M, Winstead J T, et al. A survey of oysters *Crassostrea virginica* from Tampa Bay, Florida: associations of internal defence measurements with contaminant burden[J]. Aquatic Toxicology, 2000, 51: 115-138.

[20] Cochennec-Laureau N, Auffret M, Renault T, Langlade A. Changes in circulating and tissue-infiltrating hemocyte parameters of European flat oysters, *Ostrea edulis*, naturally infected with Bonamia ostreae[J]. Journal of Invertebrate Pathology, 2003, 83: 23-30.

[21] Soudant P, Paillard C, Choquet G, et al. Impact of season and rearing site on the physiological and immunological parameters of the Manila clam Venerupis (= Tapes, = Ruditapes) philippinarum[J]. Aquaculture, 2004, 229: 401-418.

[22] Zhao Y C, Ma H M, Zhang W B, et al. Effects of dietary β-glucan on the growth, immune responses and resistance of sea cucumber, *Apostichopus japonicus* against *Vibrio splendidus* infection[J]. Aquaculture, 2011, 315: 269-274.

[23] Glinski Z, Jarosz J. Immune phenomena in echinoderms[J]. Archivum Immunologiae et Therapiae Experimentalis, 2000, 48: 189-193.

[24] Smith V J. Echinoderms. In: Ratcliffe NA, Rowley AF, editors. Invertebrate blood cells[M]. vol. 2. London: Academic Press, 1981: 513-562.

[25] Wang T T, Sun Y X, Jin L J, et al. Enhancement of non-specific immune response in sea cucumber (*Apostichopus japonicus*) by *Astragalus membranaceus* and its polysaccharides[J]. Fish & Shellfish Immunology, 2009, 27: 757-762.

[26] Coteur G, Warnau M, Jangoux M, Dubois P. Reactive oxygen species (ROS) production by amoebocytes of (*Asterias rubens*) (Echinodermata)[J]. Fish & Shellfish Immunology, 2002, 12: 187-200.

[27] Anderson D P, Moritomo T, De Grooth R. Neutrophil, glassadherent, nitroblue tetrazolium assay gives early indication of immunization effectiveness in rainbow trout[J]. Veterinary Immunology and Immunopathology, 1992, 30: 419-429.

[28] Sun Y X, Jin L J, Wang T T, et al. Polysaccharides from *Astragalus membranaceus* promote phagocytosis and superoxide anion (O_2^-) production by coelomocytes from sea cucumber *Apostichopus japonicus in vitro*[J]. Comparative Biochemistry and Physiology, 2008, 147: 293-298.

[29] Canicatti C A, Miglietta. Arylsulphatase in echinoderm immunocompetent cells[J]. The Histochemical Journal, 1989, 21: 419-424.

[30] Meng Z, Shao J, Xiang L. CpG oligodeoxynucleotides activate grass carp (*Ctenopharyngodon idellus*) macrophages[J]. Developmental & Comparative Immunology, 2003, 27: 313-321.

[31] Liu Y, Kong W L, Jiang G L, et al. Effects of two kinds of immunopolysaccharide on the activities of immunoenzymes in sea cucumber, *Apostichopus japonicus*[J]. Journal of Fishery Sciences of China, 2008, 15: 787-793.

[32] Zhang R Q, Chen Q X, Zheng W Z. Inhibition kinetics of gree crab (*Scylla serrata*) alkaline phosphatase activity by dithiothreitol or 2-mercptoethanol[J]. International Journal of Biochemistry & Cell Biology, 2000, 32: 865-872.

[33] Wang S X. Effects of pachymaran on the activities of immunoenzymes in sea cucumber, *Apostichopus japonicus*[J]. Feed Research, 2010, 1: 59-61. [in Chinese]

[34] Hermes-Lima M, Storey J M, Storey K B. Antioxidant defenses and metabolic depression. The hypothesis of preparation for oxidative stress in land snails[J]. Comparative Biochemistry and Physiology, 1998, 120: 437-448.

[35] Zhu Y X, Wei Y H, Gong C L. Two antioxidant enzyme activities of shrimp, *M. lrosenbergii*, and the impact of *Coriolus versicolor* polysaccharide[J]. Inland Fisheries, 2000, 7: 6-7.

[36] Sung H H, Koum G H, Song Y L. Vibrosis resistance induced by glucan treatment in tiger shrimp (*Paneaus monodon*)[J]. Fish Pathology, 1994, 29: 11-17.

[37] Scholz U, Garcia G, Ricque D. Enhancement of vibriosis resistance in juvenile *Penaeus*

vannmei by supplementation of diets with defferent yeast products[J]. Aquaculture, 1999, 176: 271-283.

[38] Dong Y, Deng H, Sui X, Song L. Ulcer disease of farmed sea cucumber (*Apostichopus japonicus*)[J]. Journal of Fisheries Science, 2005, 24: 4-6.

[39] Smith L C, Britten R J, Davidson E H. Lipopolysaccharide activates the sea urchin immune system[J]. Developmental & Comparative Immunology, 1995, 19: 217-224.

[40] Bulgakov A A, Nazarenko E L, Petrova I Y. Isolation and properties of a mannan-binding lectin from the coelomic fluid of the holothurian *Cucumaria japonica*[J]. Biochemistry (Moscow), 2000, 65: 933-939.

[41] Multerer K A, Smith L C. Two cDNAs from the purple sea urchin, *Strongylocentrotus purpuratus*, encoding mosaic proteins with domains found in factor H, factor I, and complement components C6 and C7[J]. Immunogenetics, 2004, 56: 89-106.

[42] Hibino T, Loza-Coll M, Messier C, et al. The immune gene repertoire encoded in the purple sea urchin genome[J]. Journal of Developmental Biology, 2006, 300: 349-365.

[43] Takeuchi O, Akira S. Pattern recognition receptors and inflammation[J]. Cell, 2010, 140: 805-820.

(Wang Shuxian, Ye Haibin, Li Tianbao, Yang Xiusheng, Fan Ying, Yu Xiaoqing, Wang Yongqiang)

Rapid, Simple, and Sensitive Detection of *Vibrio Alginolyticus* by Loop-Mediated Isothermal Amplification Assay

Introduction

Vibrio alginolyticus has gained attention in the recent years as a prominent fish pathogen. It is a halophilic and mesophilic rod-shaped flagellated Gram-negative bacterium and causes high mortality vibriosis in various fish species such as sea bream, grouper, large yellow croaker, kuruma prawn[1]. And recent studies show that although *V. alginolyticus* is most commonly associated with wound infections, otitis media, and otitis externa[2, 3], it is increasingly recognized as an important intestinal pathogen in humans[4]. There are many techniques widely used to control the diseases, such as using antibiotics and chemotherapy. Treatment of vibriosis with antibiotics in the early stages is effective, but once the disease has progressed to its chronic phase, treatment times are longer and relapses are common, resulting in high mortality. Therefore, In order to lessen harm to organism, the early rapid diagnosis of diseases is an important task for the further study of disease control.

The use of conventional detection methods is limited because of the lack of well-equipped laboratory facilities in the culture area. Therefore, developing a simple, rapid, and sensitive detection method for *V. alginolyticus* is necessary for fast and local diagnosis. The current detection methods for *V. alginolyticus* mainly include microscopic examination and bacterial culture, followed by biochemical identification5. The direct smear method is rapid and economical, but has low specificity and detection rates. Thus, discriminating *V. alginolyticus* from other Vibrio species is difficult using this method. API 20E identification is currently the standard technique for the detection of *V. alginolyticus*. However, this method is time-consuming and requires laboratory facilities of relatively high standard. This requirement can lead to a delay, which is beyond the optimum time window for treatment. PCR detection is highly sensitive, and a specific PCR assay is recommended for reasonable quantitative analysis. However, PCR is not suitable for point-of-care testing because it requires high-standard testing equipment and operators[6]. Loop-mediated isothermal amplification (LAMP) is a sensitive, specific, and simple nucleic acid amplification method that can generate up to 10^9-fold amplification in less than 1 h under isothermal conditions (60 ℃ to 65 ℃) 7. In this study, we developed a rapid LAMP assay, a potentially rapid and simple diagnostic tool for *V. alginolyticus* infection, to detect *V. alginolyticus* using the *V. alginolyticus* gyrB (a Type II topoisomerase found in bacteria) gene as the target gene.

Material and methods

Primer design

The nucleotide sequence of the gyrB gene (GenBank Accession No. EJY3 CP003241.1) specifically expressed by *V. alginolyticus* was retrieved from GenBank, and used as a target gene in the assay. The primers were designed using Primer Explorer 4.0 online software (http://primer-explore.jp/e/v4-manual/index.html). The LAMP primers were designed according to their conserved regions. Primers were synthesized by Sangon Biotech (Shanghai, China). The primer sequences are shown in Table 1.

Table 1 Primers of gyrB gene of Vibrio alginolyticus for LAMP assay

Primers	Sequences (5′ → 3′)	Length/bp
F3	GCGGGTATTAAACTGGCGG	19
B3	TTCGTAGCTGTACTGGCTTG	20
FIP	TTGCTCTGGCGTTAGGCGAGTTTTCGTTACCCAAGTGCTTTGGT	44
BIP	TGCCATGACGCATCAGTTGTGGTTTTACCCACTTCTTTCGCATTCA	46

Reaction protocol and system optimization for LAMP

DNA of *V. alginolyticus* was extracted according to the instructions provided in a bacterial DNA extraction kit (TaKaRa). The concentration of bacterial genomic DNA was determined by a nucleic acid and protein analyzer (Biodropsis BD-1000). All LAMP reactions were performed in a 25 μL reaction volume containing 1.6 μM of each of the FIP and BIP primers, 0.2 μM of the F3 and B3 primers, 6.0 mM $MgCl_2$, 1.0 M betaine, 1.0 mM deoxynucleoside triphosphate (dNTP), 2.5 μL of reaction reagent, and 8 U Bst DNA polymerase. The mixture in the reaction tube was incubated isothermally in a thermostat water bath at 57.5 ℃, 59.8 ℃, 60.8 ℃, 63.5 ℃, and 65 ℃, respectively, for 60 min, and then at 80 ℃ for 2 min to terminate the reaction. After amplification, the LAMP products were examined by electrophoresis on 2% agarose gels stained with ethidium bromide. After determining the optimum reaction temperature, the LAMP reaction time was set at 15, 30, 45, and 60 min to determine the optimum reaction time. The concentrations of Mg^{2+} (3 mM to 7 mM) and dNTP (0.6 mM to 1.2 mM) were optimized.

Sensitivity of the LAMP assay

To evaluate the sensitivities of the *gyr*B LAMP assay, 20.8 ng·μL^{-1} genomic DNA of *V. alginolyticus* was diluted into seven serial solutions. From every diluted solution, an aliquot of 1 μL was subjected for LAMP amplification. To determine the detection limit, the reaction products were analyzed by electrophoresis on agarose gels and visually inspected after the addition of 1 μL of 1 000× GeneFinderTM. All detection assays were performed in triplicate. The bacterial DNA template was replaced by sterile water as a negative control.

Specificity of the LAMP assay

We used the following 13 strains of bacteria in this study: *V. alginolyticus*, *Vibrio splendidus*, *V. parahaemolyticus*, *V. anguillarum*, *V. harveyi*, *Grimontia hollisae*, *Photobacterium damselae* subsp. *Damselae*, *Salinivibrio costicola* subsp. *Costicola*, *Edwardsiella ictaluri*, *Escherichia coli*, *Staphylococcus aureus*, *Pseudoalteromonas*, and *Bacillus subtilis*. These 13 strains of bacteria were recovered, cultured, and passaged. The DNA of these strains was extracted by the aforementioned method to investigate the specificity of the LAMP method. The bacterial DNA template was replaced by sterile water as a negative control. The reaction products were analyzed by electrophoresis and visual inspection.

Results

Reaction protocol and system optimization for LAMP

Genomic DNA of *V. alginolyticus* was used as a template to optimize the reaction system. The gradient bands of amplified products were observed after visualization of the electrophoresis results at 57°C to 65°C and 30 min to 60 min (Figure 1 and Figure 2). The optimum temperature and time were determined as 63.5°C and 45 min, respectively. The products were amplified when the concentrations of Mg^{2+} and dNTP were 3 mM to 7 mM and 0.6 mM to 1.2 mM, respectively (Figure 3 and Figure 4). After repeated testing, the optimum concentrations of Mg^{2+} and dNTP were determined as 5 and 1 mM, respectively.

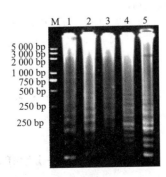
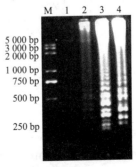

Figure 1　Optimization of temperature. Lane 1～5. 57.5, 59.8, 60.8, 63.5, 65°C; M. 5 000 bp marker

Figure 2　Optimization of time. Lane 1～4. 15, 30, 45, 60 min; M. 5 000 bp marker

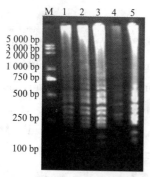

Figure 3 Optimization of Mg^{2+}. Lane 1 ～ 5. 3, 4, 5, 6, 7 mM; M. 5000 bp marker

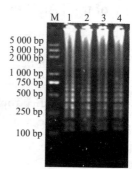

Figure 4 Optimization of dNTPs. Lane 1 ～ 4. 0.6, 0.8, 1.0, 1.2 mM; M. 5000 bp marker

Sensitivity of the LAMP assay

The following process was conducted to determine the detection limit of the LAMP assay. LAMP amplification of DNA was performed. DNA was extracted from seven serial 10-fold dilutions of *V. alginolyticus*, ranging from 2.08×10^{-6} ng·μL^{-1} to 2.08 ng·μL^{-1}. The gradient bands of amplified products were observed in solutions of 2.08×10^{-5} ng·μL^{-1} to 2.08 ng·μL·μL^{-1} (Figure 5A). GeneFinderTM was added into the reaction system to examine the results of naked-eye observations of LAMP. After the addition of GeneFinderTM, a pale brown color appeared in the negative reaction tubes, whereas a yellowish-green color was found in the positive reaction tubes (Figure 5B). With a detection limit of 2.08×10^{-5} ng·μL^{-1}, the sensitivity of the naked-eye observation test was comparable with that of electrophoresis.

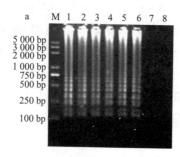

Figure 5 Sensitivity of the LAMP Assay.

a. Electrophoresis analysis of *Vibrio alginolyticus* DNA LAMP reaction. Lane 1 ～ 7. *Vibrio alginolyticus* concentration: 2.08, 2.08×10^{-1}, 2.08×10^{-2}, 2.08×10^{-3}, 2.08×10^{-4}, 2.08×10^{-5}, 2.08×10^{-6} ng·μL^{-1}; lane 8. negative control; M. 5000 bp marker

b. Visual inspection of LAMP amplification products. Lane 1 ～ 7. *Vibrio alginolyticus* concentration: 2.08, 2.08×10^{-1}, 2.08×10^{-2}, 2.08×10^{-3}, 2.08×10^{-4}, 2.08×10^{-5}, 2.08×10^{-6} ng·μL^{-1}; lane 8. negative control

Specificity of the LAMP assay

Thirteen bacterial strains were amplified to determine the specificity of the LAMP assay for *V. alginolyticus*. The results after LAMP reaction are shown in Figure 6. Among all the tested bacteria, only the amplified *V. alginolyticus* DNA yielded positive results, whereas the amplified

DNA from other bacteria rendered negative results. These results indicate that the gyrB LAMP assay was specific for *V. alginolyticus*.

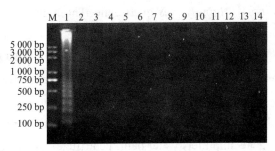

Figure 6 Specificity of the LAMP Assay. Lane 1 ~ 13. *Vibrio alginolyticus*, *Vibrio splendidus*, *Vibrio parahaemolyticus*, *Vibrio anguillarum*, *Vibrio harveyi*, *Grimontia hollisae*, *Photobacterium damselae* subsp. *Damselae*, *Salinivibrio costicola* subsp. *Costicola*, *Edwardsiella ictaluri*, *Escherichia coli*, *Staphylococcus aureus*, *Pseudoalteromonas*, *Bacillus subtilis*; lane 14. negative control; M. 5000 bp marker

Discussion

LAMP is a simple technique that rapidly amplifies specific DNA sequences with high sensitivity under isothermal conditions[7]. In the LAMP assay, two pairs of primers are specially designed to recognize six regions within the target gene. Strand displacement DNA synthesis is initiated and self-cycled continuously using high-activity Bacillus stearothermophilus DNA polymerase[6].

The concentration of Mg^{2+} in the LAMP assay is the main factor affecting the LAMP reaction. Very high or very low Mg^{2+} concentration can affect the amplification efficiency. The reaction temperature is also an important factor, which is mainly determined by the activity of *Bst* DNA polymerase. When the temperature is at the optimum temperature for enzymatic reaction, the amplified product will reach the maximum yield within a short time. dNTPs are raw materials of the reaction, but adding too many is wasteful and reduces reaction specificity of the reaction; adding too little will reduce reaction sensitivity. Betaine is added to maintain activity and stability of the enzyme.

In this process, the stem-loop amplification product was obtained under isothermal conditions of 57℃ to 65℃. An extensive and rapid amplification of the target gene was achieved within 30 min to 60 min. When the concentrations of Mg^{2+} and dNTP ranged from 3 mM to 7 mM and 0.6 mM to 1.2 mM, respectively, the target gene could be amplified. The reaction was identified using agarose gel electrophoresis[7, 8], and observed by the naked eye by applying appropriate chromogenic reagents such as calcein[9] or hydroxynaphthol blue[10].

In this study, we developed a sensitive and specific LAMP assay based on the *gyr*B gene5 of *V. alginolyticus*. Several publications have suggested that *gyr*B provides suitable sequence data for bacterial phylogenies, possessing essential attributes such as limited horizontal transmission and presence in all bacterial groups11, 12. We found that the established LAMP method was specific for *V. alginolyticus*, and had no amplified products for other bacteria, thereby suggesting high specificity of the assay. This result also indicates that the primers designed for the reaction were highly specific to the *V. alginolyticus gyr*B gene. The high specificity of the assay was attributed to the two pairs of primers, which could recognize six independent regions within the target gene. By contrast, only one pair of primer is used in the PCR assay. The *V. alginolyticus gyr*B gene shows high specificity in the detection and identification of *V. alginolyticus*. Conventional PCR assay is also highly specific. However, the current PCR method has limited applications in the field and point-of-care testing because it requires high-level laboratory equipment, such as PCR gene amplifier, water bath, centrifuge, and super-clean bench, and has a complicated reaction protocol. Unlike the thermal cycles essential to PCR assay, the LAMP reaction can be performed under isothermal conditions[6]. The LAMP method developed for the detection of *V. alginolyticus* demonstrated a low detection limit of 2.08×10^{-5} ng·μL^{-1}. This result was similar to the reported detection limits for the identification of other pathogens, such as *V. parahaemolyticus*[13].

The LAMP method has several limitations. For instance, it places higher standards on primers (i.e., more than one pair of primers are needed for amplification), and the length of amplified target sequences should be lower than 300 bp. The electrophoresis results of LAMP reaction products are illustrated in the form of gradient bands, which cannot be easily discriminated from nonspecific amplification of other DNA. The reaction is highly vulnerable to contamination because of its high sensitivity, and requires close attention[8].

Conclusions

LAMP is extensively used in the detection of viruses[14, 15], bacteria[16, 17], and parasites[18] for food safety[19, 20] and aquaculture[21, 22]. LAMP is characterized as a rapid testing technique with high sensitivity and specificity. However, no literature explains the rapid detection of *V. alginolyticus* using the LAMP assay. To fulfill the requirements of point-of-care testing, we developed a rapid LAMP assay for detecting *V. alginolyticus* using *V. alginolyticus gyr* B as the target gene.

Acknowledgements

This study was supported by Shandong Province, Modern Agricultural Technology System Japonicus Industrial Innovation Team Building Programs.

References

[1] Liu H, Gu D, Cao X, et al. Characterization of a new quorum sensing regulator *luxT* and its

roles in the extracellular protease production, motility, and virulence in fish pathogen *Vibrio alginolyticus*[J]. Arch. Microbiol. , 2012, 194: 439-452.

[2] Hlady W G, Klontz K C. The epidemiology of *Vibrio* infections in Florida, 1981-1993[J]. J. Infect. Dis. , 1996, 173: 1176-1183.

[3] Newton A, Kendall M, Vugia D J, et al. Increasing rates of vibriosis in the United States, 1996-2010: review of surveillance data from 2 systems[J]. Clin. Infect. Dis. , 2012, 54 (Suppl5): S391-S395.

[4] Cao Y, Liu X F, Zhang H L. et al. Draft Genome Sequence of the Human-Pathogenic Bacterium *Vibrio alginolyticus* E0666[J]. *Genome. Announc*, 2013, 1(5): e00686-13.

[5] Wang X Y, Zhou Z C, Guan X Y, et al. Rapid PCR Detection for *Vibrio alginolyticus* and *Vibrio splendidus* in Sea Cucumber *Apostichopus japonicas* and its Culturing Environment[J]. J. Agr. Sci. Tech. , 2010, 12(3): 125-130.

[6] Jiang D N, Pu X Y, Wu J H, et al. Rapid, Sensitive, and Specific Detection of *Clostridium tetani* by Loop-Mediated Isothermal Amplification Assay[J]. J. Microbiol. Biotechnol. , 2012, 23(1): 1-6.

[7] Notomi T, Okayama H, Masubuchi H, et al. Loop-mediated isothermal amplification of DNA[J]. Nucleic. Acids. Res. , 2000, 28(12): E63.

[8] Yano A, Ishimaru R, Hujikata R. Rapid and sensitive detection of heat-labile I and heat-stable I enterotoxin genes of enterotoxigenic *Escherichia coli* by loop-mediated isothermal amplification[J]. J. Microbiol. Methods. , 2007, 68: 414-420.

[9] Tomita N, Mori Y, Kanda H, et al. Loop mediated isothermal amplification (LAMP) of gene sequences and simple visual detection of products[J]. Nat. Protoc. , 2008, 3: 877-882.

[10] Wang X, Zhang Q, Zhang F, et al. Visual detection of the human metapneumovirus using reverse transcription loop-mediated isothermal amplification with hydroxynaphthol blue dye[J]. Virol. J. , 2012, 9: 138.

[11] Yamamoto S, Harayama S. PCR amplification and direct sequencing of *gyr*B genes with universal primers and their application to the detection and taxonomic analysis of *Pseudomonas putida* strains[J]. Appl. Environ. Microbiol. , 1995, 61: 1104-1109.

[12] Watanabe K, Nelson J, Harayama S, et al. ICB database: the *gyr*B database for identification and classification of bacteria[J]. Nucleic. Acids. Res. , 2001, 29: 344-145.

[13] Cheng X Y, Liu Q H, Huang J. Establishment of Loop-Mediated Isothermal Amplification for Detecting *Vibrio Parahaemolyticus tdh* Gene[J]. J. Chin. Inst. Food. Sci. Tech. , 2012, 12(8): 156-162.

[14] Enomoto Y, Yoshikawa T, Ihira M, et al. Rapid diagnosis of herpes simplex virus infection by a loop-mediated isothermal amplification method[J]. J. Clin. Microbiol. , 2005, 43: 951-955.

[15] Peng Y, Xie Z, Liu J, et al. Visual detection of H3 subtype avian influenza viruses by reverse transcription loop-mediated isothermal amplification assay[J]. Virol. J., 2011, 8: 337.

[16] Song T, Toma C, Nakasone N, et al. Sensitive and rapid detection of Shigella and enteroinvasive *Escherichia coli* by a loop-mediated isothermal amplification method[J]. FEMS Microbiol. Lett., 2005, 243: 259-263.

[17] Mao Z, Qiu Y, Zheng L, et al. Development of a visual loop-mediated isothermal amplification method for rapid detection of the bacterial pathogen Pseudomonas putida of the large yellow croaker (*Pseudosciaena crocea*)[J]. J. Microbiol. Methods., 2012, 89: 179-184.

[18] Njiru Z K, Mikosza A S, Matovu E, et al. African trypanosomiasis: Sensitive and rapid detection of the sub-genus *Trypanozoon* by loop-mediated isothermal amplification (LAMP) of parasite DNA[J]. Int. J. Parasitol., 2008, 38: 589-599.

[19] Ohtsuka K, Yanagawa K, Takatori K, et al. Detection of *Salmonella Enterica* in naturally contaminated liquid eggs by loop-mediated isothermal amplification, and characterization of *Salmonella* isolates[J]. Appl. Environ. Microbiol., 2005, 71: 6 730-6 735.

[20] Fall J, Chakraborty G, Kono T, et al. Establishment of loop-mediated isothermal amplification method (LAMP) for the detection of *Vibrio nigripulchritudo* in shrimp[J]. FEMS Microbiol. Lett., 2008, 288: 171-177.

[21] He L, Zhou Y Q, Oosthuizen M C, et al. Loop-mediated isothermal amplification (LAMP) detection of Babesia orientalis in water buffalo (*Bubalus babalis, Linnaeus, 1758*) in China[J]. Vet. Parasitol., 2009, 165: 36-40.

[22] Plutzer J, Torokne A, Karanis P. Combination of ARAD microfibre filtration and LAMP methodology for simple, rapid and cost-effective detection of human pathogenic *Giardia duodenalis* and *Cryptosporidium spp.* in drinking water[J]. Lett. Appl. Microbiol., 2010, 50: 82-88.

(Wang Shuxian, Wei Jianteng, Ye Haibin, Xu La, Li Le, Fan Ying, Li Tianbao)

Immunopotentiating Effect of Small Peptides on Primary Culture Coelomocytes of Sea Cucumber, *Apostichopus Japonicus*

Sea cucumber, *Apostichopus japonicus* (Selenka), is one of the most economically important holothurian species, which is the main breed in the north of China. Despite the rapid expansion and industrialization of sea cucumber farming, this industry has been negatively affected by infectious diseases causing huge economic losses and presenting major constraint to the expansion of this industry [1-5]. The use of antibiotics has partially solved this problem. However, it has also raised a new problem of antibiotic residues in sea cucumber and in the environment. Therefore, immune prevention has become the preferred route and an inevitable trend, and research on the fundamental immunology of sea cucumbers is the foundation and prerequisite for disease prevention. As an echinoderm species, sea cucumbers lack an adaptive immune system. Their key defenses against foreign (nonself) entities are cellular and humoral immune responses. Coelomocytes are involved in both immune responses [6-7]. Therefore, enhancing the immune activity of coelomocytes is important given the important role of coelomocytes in sea cucumber defense.

The traditional method of screening immunostimulants requires the use of many animals along with their maintenance. In addition, the operation is tedious and the costs are higher. Cell culture technology has been widely used in the areas of cell engineering, virology, and immunology. Much research has been undertaken on the development of in vitro techniques on aquatic vertebrates with the establishment of numerous fish cell lines and primary cultures, particularly for use in aquatic toxicology [8-10]. In mollusks, tissue cell culture was found to be viable only in a few species, such as *Pteria*, *Chlamys farreri*, and *Haliotis discus hannai* [11-13]. However, to date cell lines have not been established. In crustaceans, the primary culture of tissues or organs in shrimp has been developed [14-16]. In echinoderms, the primary culture methods of coelomocytes in sea cucumber have been reported [17].

Small peptides belonging to a group of oligopeptides are generally composed of two to three amino acids. Previous studies performed in our laboratory showed the in vivo stimulatory effect of small peptides on superoxide anion production and phagocytosis of sea cucumber coelomocytes [18]. To the best of our knowledge, the effects of small peptides on the immune responses of sea cucumber in vitro have not been defined.

This work was conducted to determine the influences of small peptides on the immunity of sea cucumber, *A. japonicus* in vitro and to analyze whether the experimental results in vivo and in vitro are consistent or not.

Materials and Methods

Experimental Animals

All sea cucumbers, *A. japonicus*, with body weight of 45-55 g, were collected from the coastal pond located in Jimo, Qingdao City, Shandong Province, China. They were kept in an aquarium with running sea water at 16℃ for 3 weeks and were not fed the diet.

Isolation and Primary Culture of Coelomocytes

Sea cucumbers were narcotized in 6.7% magnesium chloride for 30 min and sterilized in 7% benzalkonium bromide and 75% ethanol for about 2 min, respectively. Then, they were dissected using aseptic surgery technique, as described by Xing[19]. The coelomic fluids were collected and mixed with the anticoagulant solution (0.02 mol·L^{-1} EGTA, 0.34 mol·L^{-1} NaCl, 0.019 mol·L^{-1} KCl, 0.068 mol·L^{-1} Tris-HCl; pH 7.6; Jun et al.)[20] in a 1∶1 (V∶V) ratio. The cell suspension was filtered through a 100 μm nylon mesh to remove large tissue debris, and then centrifuged at 2000 rpm and 18 C for 5 min. The cells were washed twice with isotonic buffer (0.001 mol·L^{-1} EGTA, 0.34 mol·L^{-1} NaCl, 0.01 mol·L^{-1} Tris-HCl; pH 7.6;)[20] and resuspended in Leiboviz's L-15 cell culture medium (Invitrogen Corporation, CA, USA) with the antibiotics penicillin (100 U·mL^{-1}) and streptomycin sulfate (100 μg·mL^{-1}), as well as NaCl (31 g·L^{-1}), to adjust the osmotic pressure. The cell suspension was adjusted to 10^6 cells·mL^{-1}. Cell viability was determined by MTT test and was maintained at a stable level for a week. *OD* values were about 0.45. Aliquots of 200 μL cell suspension were dispensed into wells of 96-well culture microplates for the superoxide anion assay. Aliquots of 400 μL cell suspension were dispensed into wells of 48-well culture microplates for phagocytosis assay and enzyme activity assay. The coelomocytes were incubated in 18 ℃ for 24 h in darkness prior to the addition of immunostimulant.

Incubation of Coelomocytes with Small Peptides

Small peptides were provided by Vitech Biochem Co., Ltd (Hubei, China). It was dissolved in L-15 medium into prepared concentrations as follows: 0 (control), 5, 25, and

100 μg·mL^{-1}. After 24 h of cultivation, cells were centrifuged at 2000 rpm at 18℃ for 10 min (Thermo, Waltham, MA, USA) and the supernatant was removed. Then, each medium containing a certain concentration of small peptides was added. The coelomocytes were incubated for 1, 3, 6, 12 and 24 h, and then the immune parameters of coelomocytes were assayed. Each concentration had four replicates.

Phagocytic Assay

Coelomocytes phagocytosis was evaluated by neutral red method[21, 22]. Microplates were centrifuged at 4 000 rpm at 18℃ for 10 min. The supernatant was removed and 400 μL 0.029% neutral red (Shanghai, China) was added to each well. The plate was then incubated at 18℃ for 30 min. Cells were then washed with PBS for three times and incubated with cell lysis buffer (acetic acid: ethanol = 1∶1) for 20 min. The results were recorded with a universal microplate spectrophotometer (Thermo, Waltham, MA, USA) using a test wavelength of 540 nm. The absorbance of 10^6 cells represents the capability of coelomocytes phagocytosing neutral red.

Respiratory Burst Activity

Production of intracellular O_2^- by coelomocytes was evaluated by using the nitroblue tetrazolium (NBT) method[23]. Microplates were centrifuged at 4000 rpm at 18 ℃ for 10 min (Sorvall Legend RT, Germany) and the supernatant was removed. NBT (Sigma) was dissolved in L-15 medium to give a final concentration of 2 mg·mL^{-1}. Aliquots of 200 μL NBT L-15 solution were added to coelomocytes and incubated for 30 min at 18 ℃. Supernatant was removed from each well and the cells were fixed by adding 200 μL 100% methanol and incubating for 10 min. Subsequently, the cells were washed twice with 70% methanol to remove unreduced NBT, air-dried. Reduced NBT was dissolved by adding 120 μL 2 mol·L^{-1} KOH, followed by 140 μL DMSO. The production of superoxide anion was expressed as the absorption value of 10^6 cells at 630 nm.

Assays of Immune Enzymes

The medium with coelomocytes was replaced by an equal volume of ice-cold PBS. The coelomocytes were then homogenized on ice with a sonicator (Sonic, USA) for 10 s at 20% amplitude and centrifuged at 11,000 rpm for 5 min (Heraeus Biofuge Stratos, Germany). Supernatants were collected for enzyme assay and acid phosphatase (ACP), alkaline phosphatase (AKP), and superoxide dismutase (SOD) activities were determined according to King[24] and Ji[23] using assay kits (Nanjing Jiancheng, China). The optical density of ACP/AKP was measured at 520 nm. The unit definitions of ACP/AKP enzymatic activity corresponded to the degradation of 1 mg phenol per 100 mL supernatant at 37℃ within 15 min. The optical density of SOD was measured at 550 nm. An SOD unit is defined as the amount of enzyme that inhibits superoxide-induced oxidation by 50%.

Statistical Analysis

Data from each treatment were subjected to one-way ANOVA with SPSS 17.0 for Windows. Statistical significance was chosen at $P < 0.05$, and the results were presented as $\bar{x} \pm SE$.

Results

Small Peptides Enhanced the Phagocytic Activity of Sea Cucumbers

The effects of different preparations of small peptides on the phagocytic capacity of coelomocytes are shown in Figure 1. Phagocytosis of coelomocytes incubated with 25 μg·mL^{-1} of small peptides was significantly higher than that of the control at 1, 3, 6 and 12 h ($P < 0.05$). However, each group showed no difference in phagocytic capacity relative to that of the control at 24 h. Benefit for phagocytic capacity was obtained with the three tested groups. The value from the 25 μg·mL^{-1} group was highest at 6 h and was 1.6 times as high as that of the control group.

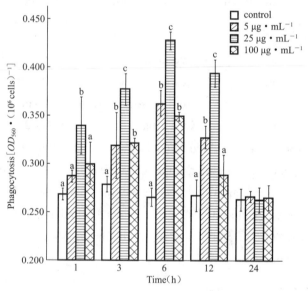

Figure 1 Effect of small peptides on phagocytic activity of sea cucumbers coelomocytes. Values are $\bar{x}$ and standard errors of three replicates ($\bar{x} \pm SE; n = 3$). a, b, c, d: Significant difference ($P < 0.05$) among different groups within the same period.

Small Peptides Enhanced Respiratory Burst Activity of Sea Cucumbers

The effects of different preparations of small peptides on the respiratory burst activity of coelomocytes are shown in Figure 2. The respiratory burst activity by coelomocytes incubated with all three concentrations of small peptides was significantly higher than that of the controls at 6 h ($P < 0.05$). Less variation in respiratory burst activity was observed for controls over 24 h. None of the three test groups maintained a consistent increase in respiratory burst activity over that of the control, but the 25 μg·mL^{-1} group appeared to have the most effect on respiratory burst activity in sea cucumbers. The values of the 25 μg·mL^{-1} group were 1.1 times as high as that of the control group at 6 h.

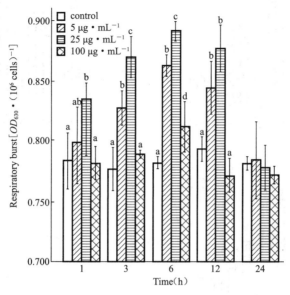

Figure 2 Effect of small peptides on respiratory burst activity of sea cucumbers coelomocytes. Values are $\bar{x}$ and standard errors of three replicates ($\bar{x} \pm SE; n = 3$). a, b, c, d: Significant difference ($P < 0.05$) among different groups within the same period.

Small Peptides Enhanced the Immune Enzyme Activity of Sea Cucumbers

Over a 1 to 6 h period, the three test groups exhibited significant increases in ACP activity ($P < 0.05$) relative to that of the control group. In addition, the activity of the 25 μg·mL^{-1} group was obviously higher ($P < 0.05$) than that of the other two test groups at 3 and 6 h (Figure 3a). The ACP activity of the control group remained relatively unchanged. The biggest effect on ACP activity was caused by being incubated with 25 μg·mL^{-1} small peptides at 6 h and the value was 1.4 times as high as that of the control group.

Over a 3 to 12 h period, the three test groups exhibited significant increases in AKP activity ($P < 0.05$) relative to that of the control group and the value of the 25 μg·mL^{-1} group was 1.3 times as high as that of the control group at 6 h (Figure 3b).

Over 1 to 12 h period, the 5 μg·mL^{-1} and 25 μg·mL^{-1} groups exhibited a significant increase in SOD activity ($P < 0.05$) relative to that of the control group. Although no significant difference in SOD activity was observed among the three test groups (Figure 3c) at 6 h, the SOD activities of the 5, 25, and 100 μg·mL^{-1} groups were all about 1.4-fold as high as that of the control.

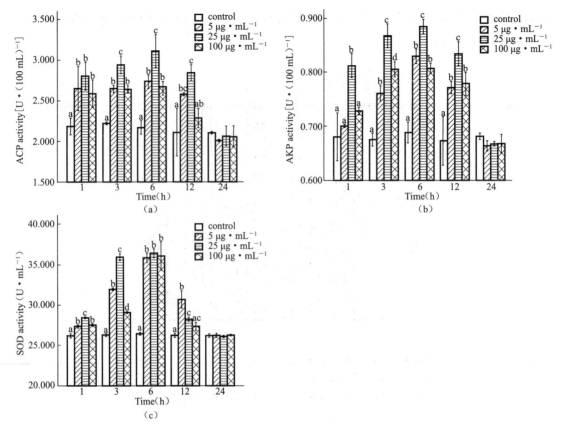

Figure 3　Effect of small peptides on immune enzyme activity of sea cucumbers coelomocytes. Values are $\bar{x}$ and standard errors of three replicates ($\bar{x} \pm SE$; $n = 3$). a, b, c, d: Significant difference ($P < 0.05$) among different groups within the same period.

Discussion

Coelomocytes, which are the major line of defense of echinoderms against infections and injuries, phagocytose, entrap, and encapsulate invading microorganisms[26]. The most obvious advantages of screening immunostimulants by using of cell culture technology are higher efficiency and lower consumption compared with traditional individual injection experiments.

In innate immune system, pattern-recognition proteins (PRPs) recognize and bind pathogen-associated molecular patterns (PAMPs), which are highly conserved within microbial species but generally absent in the host[27]. The recognition and binding in turn evoke subsequent internal defense. These PAMPs include β-glucans, lipopolysaccharides (LPS), peptidoglycans and some nucleic acid motifs such as CpG DNA[28, 27, 29]. Some successfully used immunostimulants are basically this category of molecules. In our study, small peptides were selected as PAMPs molecule. All immune parameters tested that coelomocytes were incubated with a certain concentration of small peptides were significantly increased, suggesting that sea cucumber has similar recognition mechanism for small peptides.

All phyla of invertebrates possess amoeboid cells that are capable of recognizing parasites and other foreign bodies and reacting to them by phagocytosis[26]. During phagocytosis, stimulation of these phagocytes results in greatly increased uptake of oxygen and generation of superoxide anions (O_2^-), which are the first products to be released from the respiratory burst, thus, the measurement of superoxide anions has been accepted as a precise way of measuring respiratory burst activity[30]. In the present study phagocytosis activity and respiratory burst activity were significantly enhanced by the administration of small peptides. These findings are in accordance with the in vivo results of Wang et al[18].

Lysosomal enzymes play an important role in the lysis of phagocytosed particles. ACP and AKP activities can be used as reliable indices in the assessment of immune status in penaeid prawns[31]. In the present study, ACP and AKP activities of coelomocytes incubated with a certain concentration of small peptides could be significantly enhanced. The results were similar to those of other studies performed in vivo[18]. SOD catalyzes the dismutation of the superoxide anion to molecular oxygen and hydrogen peroxide and is an important component of the antioxidant defense system of the organism[32]. In a previous study[18], the results demonstrated that small peptides significantly increased the SOD activity in sea cucumber, *A. japonicus*. Similarly, in this experiment, higher SOD activities of incubated coelomocytes were observed.

Besides the positive immune-enhancing effects, high levels of immunostimulant showed the suppression of immune capacity of sea cucumber coelomocytes in vitro[33]. Excessive incubation with immunostimulants may result in immunosuppression, which has been observed in many aquatic animals[34]. By contrast, long-term immunostimulant exposure could also lead to negative results. In this respect, no significant difference was observed in phagocytosis activity, respiratory burst activity, as well as ACP, AKP and SOD activities of sea cucumber coelomocytes incubated with all three concentrations of small peptides for 24 h. Immunity fatigue was also observed in black tiger shrimps, *Penaeus monodon*[35] and Indian white shrimp, *Fenneropenaeus indicus* fed with β-glucan for 40 days[34].

Acknowledgments

This study was supported by Shandong Province, Modern Agricultural Technology System Japonicus Industrial Innovation Team Building Programs, Fund Project for Shandong Key Technologies R&D Programme, China (No. 2014GHY115024) and Presidential Foundation of Marine Biology Institute of Shandong Province, China (No. SZJJ201303).

References

[1] Wang Y G, Zhang C Y, Rong X J, et al. Diseases of cultured sea cucumber, *Apostichopus*

japonicus, in China. In: Lovatelli, A. (Ed.), Advances in Sea Cucumber Aquaculture and Management[M]. Food and Agriculture Organization of the United Nations, Rome, Italy, 2004: 297-310.

[2] Wang Y G, Fang B, Zhang C Y, et al. Etiology of skin ulcer syndrome in cultured juveniles of *Apostichopus japonicus* and analysis of reservoir of the pathogens[J]. Journal of Fishery Sciences of China, 2006, 13: 610-616. [in Chinese]

[3] Wang P H, Chang Y Q, Yu J H, et al. Acute peristome edema disease in juvenile and adult sea cucumbers *Apostichopus japonicus* (Selenka) reared in North China[J]. Journal of Invertebrate Pathology, 2007, 96: 11-17.

[4] Li H, Qiao G, Gu J Q, et al. Survey of bacteria diversity associated with diseased *Apostichopus japonicus* and bacterial pathologies during the winter[J]. Journal of Biotechnology, 2008, 136S: S607-S619.

[5] Deng H, He C B, Zhou Z C, et al. Isolation and pathogenicity of pathogens from skin ulceration disease and viscera ejection syndrome of the sea cucumber *Apostichopus japonicus*[J]. Aquaculture, 2009, 287: 18-27.

[6] Canicattí C, Seymour J. Evidence for phenoloxidase activity in *Holothuria tubulosa* (Echinodermata) brown bodies and cells[J]. Parasitology Research, 1991, 77: 50-53.

[7] Eliseikina M G, Magarlamov T Y. Coelomocyte morphology in the Holothurians *Apostichopus japonicus* (Aspidochirota: Stichopodidae) and *Cucumaria japonica* (Dendrochirota: Cucumariidae)[J]. Russian Journal of Marine Biology, 2002, 28: 197-202.

[8] Dowling K, Mothersill C. Use of rainbow trout primary epidermal cell cultures as an alternative to immortalized cell lines in toxicity assessment: a study with Nonoxynol[J]. Environmental Toxicology and Chemistry, 1999, 18: 2 846-2 850.

[9] Strum A, Cravedi J P, Perdu E, et al. Effects of prochloraz and nonylphenol diethoxylate on hepatic biotransforation enzymes in trout: a comparative in vitro/in vivo-assessment using cultured hepatocytes[J]. Aquatic Toxicology, 2001, 53: 229-245.

[10] Nichols J W, Schultz I R, Fitzsimmons P N. In vitro-in vivo extrapolation of quantitative hepatic biotransformation data for fish I. A review of methods, and strategies for incorporation intrinsic clearance estimates into chemical kinetic models[J]. Aquatic Toxicology, 2006, 78: 74-90.

[11] Awaji M, Suzuki T. The pattern of cell prol iferation during pearl sac form at ion in the pearl oyster[J]. Fisheries Science, 1995, 61: 747-751.

[12] Lang G H, Wang Y, Liu W S, et al. Study on primary culture of *Chlamys farreri* mantle cells[J]. Journal of Ocean University of Qingdao, 2000, 30(1): 123-126. [in Chinese]

[13] Li X, Liu S F. The tissue culture of *Haliotis discus hannai*[J]. Journal of Fisheries of China, 1997, 21(2): 197-198. [in Chinese]

[14] Lang G H, Wang Y, Wang M, et al. The long-term primary culture of *Penaeus Chinensis* lymphoid tissue and a preliminary study of its chemical transformation[J]. Journal of Ocean University of Qingdao, 2001, 31(3): 411-414. [in Chinese]

[15] Wang J X, Wang W N, Wang A L, et al. Primary culture of hemolymph and muscle of *Penaeus japonicus*[J]. Marine Sciences, 2003, 27(3): 61-63. [in Chinese]

[16] Guo Z H, Kang X J, Mu S M, et al. Primary culture of male germ cells in *Macrobrachium nipponense*[J]. Chinese Journal of Zoology, 2007, 42(1): 89-93. [in Chinese]

[17] Chi G, Li Q, Wang Y, et al. The primary culturemethods of coelomocytes in sea cucumber *Apostichopus japonicus*[J]. Journal of Dalian Fisheries University, 2009, 24: 181-184. [in Chinese]

[18] Wang S X, Wei J T, Ye H B, et al. Effects of Small Peptides on Nonspecific Immune Responses in Sea Cucumber, *Apostichopus japonicus*[J]. Journal of the World Aquaculture Society, 2013, 44: 249-258.

[19] Xing J, Leung M F, Chia F S. Quantitative analysis of phagocytosis by amebocytes of a sea cucumber, *Holothuria leucospilota*[J]. Invertebrate Biology, 1998, 117: 13-22.

[20] Jun X, Leung M F, Chia F S. Quantitative analysis of phagocy-tosis by amebocytes of a sea cucumber, *Holothuria leucospilota*[J]. Invertebrate Biology, 1998, 117(1): 67-74.

[21] Cao Q Z, Lin Z B. Antitumor and anti-angiogenic activity of *Ganoderma lucidum* polysaccharides peptide[J]. Acta Pharmacologica Sinica, 2004, 25: 833-838.

[22] Zhang Q, Ma H M, Mai K S, et al. Interaction of dietary *Bacillus subtilis* and fructooligosaccharide on the growth performance, nonspecific immunity of sea cucumber, *Apostichopus japonicus*[J]. Fish & Shellfish Immunology, 2010, 29: 204-211.

[23] Song H L, Hsieh Y T. Immunostimulation of tiger shrimp (*Penaeus monodon*) hemocytes for generation of microbicidal substances: analysis of reactive oxygen species[J]. Developmental and Comparative Immunology, 1994, 18: 201-209.

[24] King J. The hydrolases-acid and alkaline phosphatases. Pages 191-208 in D. Van, editor. Practical Clinical Enzymology[J]. Nostrand Company Limited, London, UK, 1965.

[25] Ji J P. An ultramicroanalytic and rapid method for determination of superoxide dismutase activity[J]. Journal Nanjing Railway Medical College, 1991, 10: 27-30.

[26] Gliński Z, Jarosz J. Immune phenomena in echinoderms[J]. Archivum Immunologiae et Therapiae Experimentalis (Warszawa), 2000, 48: 189-193.

[27] Janeway C A, Medzhitov R. Innate immune recognition: mechanisms and pathways[J]. Annual Review of Immunology, 2002, 20: 197-216.

[28] Yu X Q, Zhu Y F, Ma C, et al. Pattern recognition proteins in Manduca sexta plasma[J]. Insect Biochemistry and Molecular Biology, 2002, 32: 1 287-1 293.

[29] Sung H H, Chen P H, Liu C L. Initiation of signal transduction of the respiratory burst of prawn haemocytes triggered by CpG oligodeoxynucleotide[J]. Fish & Shellfish

Immunology, 2008, 24: 693-700.

[30] Wang T T, Sun Y X, Jin L J, et al. Enhancement of non-specific immune response in Aea cucumber (Apostichopus japonicus) by Astragatus membranaceus and its polysaccharides[J]. Fish & shellfish Immunlolgy, 2009, 27: 757-762.

[31] Sarlin P J, Philip R. Efficacy ofmarine yeasts and baker's yeast as immunostimulants in *Fenneropenaeus indicus*: a comparative study[J]. Aquaculture, 2011, 321: 173-178.

[32] Yang S P, Wu Z H, Jian J C, et al. Effect of marine red yeast *Rhodosporidium paludigenum* on growth and antioxidant competence of *Litopenaeus vannamei*[J]. Aquaculture, 2010, 309: 62-65.

[33] Gu M, Ma H M, Mai K S, et al. Immune response of sea cucumber *Apostichopus japonicus* coelomocytes to several immunostimulants in vitro[J]. Aquaculture, 2010, 306: 49-56.

[34] Sajeevan T P, Philip R, Singh I S. Dose/frequency: a critical factor in the administration of glucan as immunostimulant to Indian white shrimp *Fenneropenaeus indicus*[J]. Aquaculture, 2009, 287: 248-252.

[35] Chang C F, Chen H Y, Su M S, et al. Immunomodulation by dietary β-1, 3-glucan in the brooders of the black tiger shrimp *Penaeus monodon*[J]. Fish & Shellfish Immunology, 2000, 10: 505-514.

(Wang Shuxian, Li Tianbao, Ye Haibin, Xu La, Li Le, Fan Ying)

第六章

讨论与建言

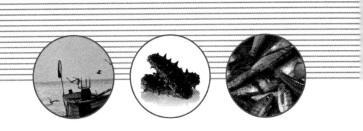

山东省环渤海区域主要鱼类资源变化的研究

山东省环渤海区域位于渤海南部,在北纬37°07′～38°34′,东经117°45′～121°04′之间,包括海域、海岛总面积 $1.21×10^4$ km^2,岸线西起漳卫新河河口,东至山东半岛北岸蓬莱角,长 926 km,占山东海岸线总长度的 27.68%[1]。该区域水利条件优越、营养物质丰富,是多种鱼类的产卵场、索饵场和栖息地。然而,随着海洋经济的飞速发展,围填海面积逐年增加,工业排污与生活污水大量注入,山东省环渤海区域沿岸的海洋生态环境遭到不同程度的损坏,渔业结构破坏严重[2]。本文以山东省环渤海区域的重要经济鱼类小黄鱼、带鱼、鲐、蓝点马鲛、银鲳、鲮、真鲷、鳀为研究对象,统计上述鱼类自1996年到2012年的捕捞产量,分析其变化趋势与资源现状,对科学开发山东省环渤海区域渔业资源、维持渔业资源的可持续发展具有一定的参考价值。

1 材料与方法

本文所用的统计数据来自1996年至2012年的《山东省渔业统计年鉴》。山东省渤海区域的鱼类数据为东营、滨州、潍坊,以及烟台的莱州、招远、龙口、蓬莱在该区域的捕捞产量统计数据的总值[3],包括小黄鱼(*Larimichthys polyactis*)、带鱼(*Trichiurus lepturus*)、鲐(*Scomber japonicus*)、蓝点马鲛(*Scomberomorus niphonius*)、银鲳(*Pampus echinogaster*)、鲮(*Chelonhaematocheilus*)、真鲷(*Pagrus major*)、鳀(*Engraulis japonicus*) 8 种主要经济鱼类的产量。

2 结果与分析

2.1 鱼类捕捞总产量的变化

由图1我们可以看出,1996～2012年山东省环渤海区域主要经济鱼类捕捞总产量以2007年为界,分为2个阶段。2007年以前捕捞总量总体为增长势头。1996～1998年捕捞总量增长迅速,2001年捕捞量下降明显,2002年又增长至原有水平,之后捕捞总量保持平稳,年增长率维持在 ±1% 左右,至2007年鱼类捕捞总量骤然下降,2008年总量保持稳定,2009年捕捞产量再次呈现较大幅度负增长,2010年以后捕捞总量呈缓慢增长态势,产量基本保持在 $18.0×10^4$ t 左右。

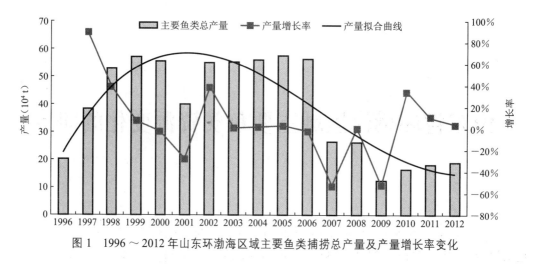

图1 1996～2012年山东环渤海区域主要鱼类捕捞总产量及产量增长率变化

2.2 鱼类捕捞量的鱼种结构变化

将1996～2012年分成4个区间,计算各主要鱼类品种在时间区间内的年平均产量占总产量的比例,分析结构变化情况。由图2可知,1996～2000年,占主要鱼类总产量5%以上的优势种是鳀、蓝点马鲛;2001～2005年的优势种为鳀、蓝点马鲛、带鱼;2006～2010年为鳀、鲐、蓝点马鲛、带鱼;2011～2012年为鳀、鲐、蓝点马鲛。

总体来看,1996年以来,山东环渤海区域的鱼种产量结构较为稳定,优势种更加多元化。1996～2012年,鳀一直保持较高比例,是稳定的优势鱼种;蓝点马鲛在2001～2005年产量比例稍有下降;带鱼在2001～2010年期间曾是优势种,但在2009年后产量比例大幅下降;鲐在2006年后成为仅次于鳀的优势种。

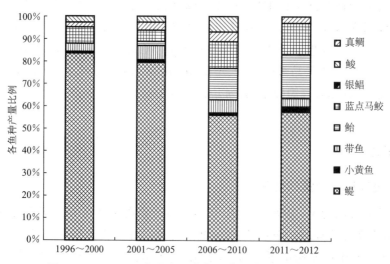

图2 1996～2012年山东环渤海区域的捕捞鱼类产量结构

表1 1996～2012年主要鱼类产量结构(%)

	1996～2000	2001～2005	2006～2010	2011～2012
小黄鱼	0.20	0.82	0.84	1.97
带鱼	3.72	6.45	5.75	3.92
鲐	0.38	1.81	14.20	19.48
蓝点马鲛	7.48	5.21	11.79	14.31
银鲳	1.63	3.38	4.20	2.29
鲅	2.73	2.47	6.83	0.17
真鲷	0.02	0.03	0.02	0.01
鳀	83.83	79.84	56.36	57.88

2.3 主要捕捞鱼类的资源状态

将除鳀以外的7种主要经济鱼类1996～2012年的产量叠加作图。由图3可知，1996～2006年，除小黄鱼在2004年后有衰退外，其余种类均稳定增加，资源量良好。2007年以后，可以明显看到带鱼、鲅衰退较为明显。尤其是鲅，2012年捕捞量仅为310 t。蓝点马鲛、小黄鱼捕获量基本稳定，而鲐的产量则是稳中有升。

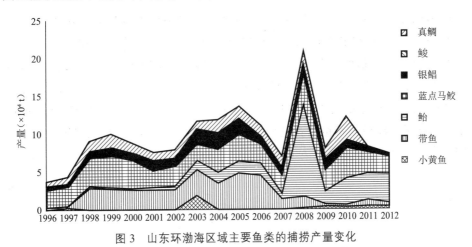

图3 山东环渤海区域主要鱼类的捕捞产量变化

2.4 优势种的年间动态变化

2.4.1 蓝点马鲛

蓝点马鲛(*Scomberomorus niphonius*)为大型中上层鱼类，是山东环渤海渔民采捕的重要经济品种[4]。20世纪60年代，捕捞方式一般采取棉线流刺网捕捞[5]，捕捞强度较低，年渔获量较低。20世纪70年代以后，开始使用底拖网渔船进行蓝点马鲛的采捕，年渔获量逐年增加，到20世纪80年代末期，蓝点马鲛的年均渔获量已经达到$1.46×10^4$ t。进入1990年以后，因为变水层疏目拖网的应用，蓝点马鲛渔获量迅速上升，至1999年已经达到$4.19×10^4$ t。不过，经历了20世纪80年代初和90年代中期两次跃进式发展后，蓝点马鲛资源衰竭明显,1999年后渔获量明显下降,2003年渔获量仅为 $2.20×10^4$ t,为1999年的一半。随着黄渤海蓝点马鲛渔业管理法规和伏季休渔制度的逐渐落实,蓝点马鲛渔业资源的开发利用更加趋于合理[6],捕获量基本稳定在 $2.8×10^4$ t左右[3]。

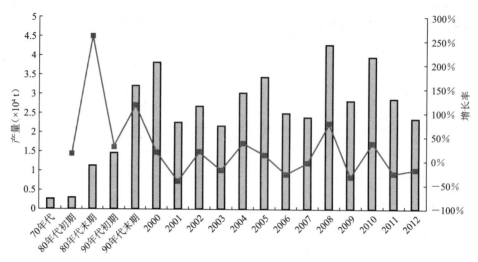

图4 山东环渤海区域蓝点马鲛捕捞产量及产量增长率变化

2.4.2 带鱼

带鱼(*Trichiurus lepturus*)是重要的经济鱼类。我国带鱼主要有两个种群,分别为东海种群和黄渤海种群[7]。带鱼在20世纪60年代前期就已成为黄渤海区的重要捕捞对象。20世纪60年代秋汛对虾底拖网渔业的兴起并迅速发展兼捕,使得带鱼资源遭到严重破坏,渔获量开始大幅度减少,总体上就已处在捕捞过度的状态[8]。进入20世纪80年代,带鱼资源有所好转;20世纪90年代后,随着捕捞技术的改进,带鱼渔获量整体呈增长趋势;由图5可知,2005年山东环渤海海域的带鱼渔获量达到了历史新高,为 $4.71×10^4$ t;2007年以后,带鱼渔获量大幅下降,2012年捕捞量仅为 $0.55×10^4$ t。

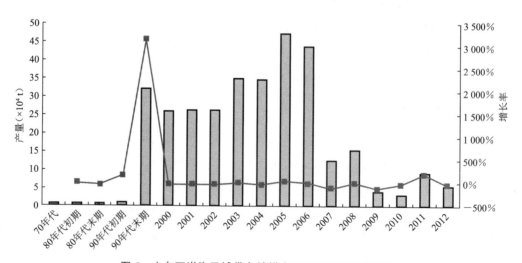

图5 山东环渤海区域带鱼捕捞产量及产量增长率变化

2.4.3 鳀

鳀(*Engraulis japonicus*),属于鲱形目,鳀科,在世界渔业产量中有重要位置。我国仅有日本鳀一种,主要分布于东海、黄海和渤海海域[9]。20世纪80年代前,因鳀为低值、小型鱼类,其并未引起人们高度重视,仅作为部分拖网、定置网等渔具的兼捕对象;20世纪90年代后,随着主要传统经济鱼类如黄鱼、带鱼等资源的严重衰退,鳀资源逐步变为主要捕捞对象,进而开始了大规模的开发利用[10]。由图6可知,鳀渔业也经历了资源开发—充分利用—过度利用三个阶段。随着鳀鱼粉产业的迅速发展,1995年后鳀拖网捕捞业已经形成较大规模,并逐渐成为捕捞业的主导产业,鳀的捕捞量迅速增加,至1999年,已达46.85×10^4 t。经过多年的充分开发利用,2006年开始,鳀资源开始出现严重衰退;2010年,捕捞产量为3.87×10^4 t,仅为1999年的1/12;2011年以后,鳀捕捞量稍有回升;2012年,鳀捕捞量在10×10^4 t左右。

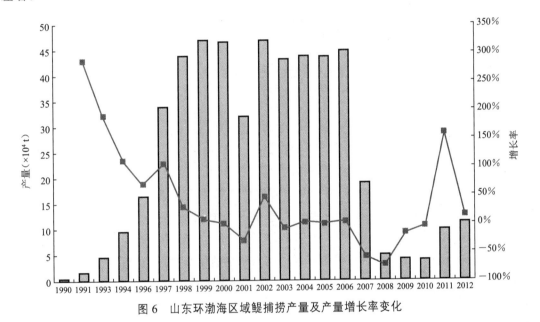

图6 山东环渤海区域鳀捕捞产量及产量增长率变化

2.4.4 鲐

鲐(*Scomber japonicus*)隶属于鲈形目,鲭科,鲭属,俗名鲐巴鱼、青花鱼。其广泛分布于黄海、渤海、东海、南海,以及日本海和日本列岛的太平洋沿岸[11]。鲐是黄海重要的经济鱼类之一,在全国的经济鱼类中占有重要地位。20世纪70年代初,鲐开始规模化开发,捕捞方式以近岸产卵、索饵群体的围网瞄准捕捞和春季流网生产为主,产量大幅度增加[12]。20世纪80年代和90年代前期,鲐资源处于低水平时期,到20世纪90年代中期,鲐资源有所恢复。2006年后,鲐成为山东环渤海区域的优势种,2008年捕捞量更是达到了12.0×10^4 t。近年,鲐鱼捕捞量基本维持在3.5×10^4 t左右。

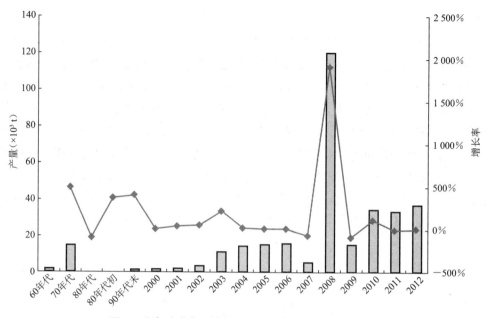

图 7 山东环渤海区域鲅捕捞产量及产量增长率变化

3 讨论

山东环渤海区域的主要鱼类的捕捞量在 2007 年结束了持续增长的势头,出现了大幅度下降并逐渐趋于稳定;鱼种渔获物经过 20 世纪七八十年代的大规模开发,原来的优势种带鱼、大黄鱼等高值肉食性鱼类已经被中等营养级的鳀等中上层鱼类所代替。然而随着中上层鱼类资源的丰富,加上底层鱼类资源的衰退,渔业捕捞开始以中上层鱼类为目标;在高强度的捕捞压力下,鳀等鱼类资源也出现了明显下降。鱼类优势种不再明显,反而呈现出多元化的现象。相比而言,鳀、蓝点马鲛是该区域较为稳定的优势种,大黄鱼、鲅、带鱼、银鲳衰退明显。许思思等进行了渤海渔业资源的演变分析,结果显示大黄鱼、带鱼等高营养级渔业资源生物的生物量百分比呈现逐步下降的趋势[13];邓景耀等[17]对莱州湾和黄河口的渔业生物多样性进行的研究结果表明:1959 年,莱州湾的生物优势种为带鱼、小黄鱼等高值底层鱼类,而至 1998 年优势种就逐步变为了鳀等小型中上层鱼类[14]。李凡等 2011 年对莱州湾动物群落结构组成进行了研究,得出莱州湾的游泳动物优势种的更替为带鱼→黄鲫→鳀→赤鼻棱鳀→枪乌贼,并不断朝更小型化的方向演替的结论[15]。

通过对主要优势种的年间动态变化分析可知,蓝点马鲛在经历了 20 世纪 80 年代初和 90 年代中期 2 次因捕捞手段的进步引起的跃进式发展后资源衰竭明显,之后随着渤海蓝点马鲛渔业管理法规的实施和伏季休渔制度的落实,蓝点马鲛渔业资源的开发利用已经趋于稳定,但其生物学特征与单位产量的变动表明其资源已处于衰退状态[16]。邓景耀对黄渤海鲅鱼资源的变动进行的研究证明了这一观点,研究表明黄渤海蓝点马鲛 1990 年以后就已经开始衰退,渔获物优势年龄组成从 3 龄和 2 龄组变为 1 龄和 2 龄组;平均叉长从 583 mm 降至 574 mm;性成熟年龄从 4 龄组降至 2 龄组[17]。

20世纪60年代兴起的秋汛对虾底拖网渔业兼捕,损害了大量的带鱼幼鱼,使得带鱼资源衰退明显[18],几乎灭绝,之后资源稍有恢复,但2006年以后,再次大幅下降。鲐属外海性鱼类,并且小型化趋势明显。小型鲐以食浮游生物为主,与鳀、太平洋鲱之间有种间的竞争,资源也存在周期性的变动[19]。鳀因为经济价值较低,在传统经济鱼类资源衰退以后,才成为主要捕捞品种;1995年,鳀拖网捕捞业已形成较大规模,其捕捞量迅速增加,至1999年已达46.8万吨;但2006年以后,鳀资源出现了严重衰退,2012年,其捕捞量仅为1999年的1/5。李显森等[20]对山东半岛南部鳀生殖群体组成进行了研究,发现鳀已经趋于小型化,生殖力提高明显,曾玲[21]也对鳀的生殖力做了研究,认为这是鳀群体对长期的捕捞压力及环境压力做出的适应性反应,这也进一步表明鳀资源已经处于衰退状态。

目前,山东省环渤海区域的主要经济鱼类大部分处于充分利用与过度利用状态,有的衰退严重。究其原因,一方面,山东省环渤海区域大量的围填海工程使得鱼类的产卵场、栖息地和索饵场遭到不同程度的挤占,工程产生的污水排放又破坏了鱼类赖以生存的生态环境[22-23];另一方面,海洋捕捞方式落后,幼鱼资源遭到严重破坏,加上沿海渔民渔业资源保护意识较低,出现了渔获物越少越不论大小进行捕捞的恶性循环,致使渔业资源渐失自我恢复功能,严重影响了鱼类资源的合理可持续利用,山东省环渤海区域主要经济鱼类的资源现状不容乐观。

参考文献

[1] 我国近海海洋综合调查与评价专项成果——《山东海情》[M]. 北京:海洋出版社,2010.

[2] 李进道. 莱州湾海洋渔业现状[J]. 海洋湖沼通报,1994(3):83-87.

[3] 山东省渔业统计年鉴[R]. 济南:山东海洋与渔业厅,1996-2012.

[4] 邱盛尧,叶懋中,王世信,等. 黄渤海鲅鱼资源现状及前景分析[J]. 海洋渔业,1997(3):126-128.

[5] 孙本晓. 黄渤海蓝点马鲛资源现状及其保护[D]. 中国农业科学院,2009.

[6] 邱盛尧,李登来,徐彬. 论我国渔业管理对黄渤海蓝点马鲛资源的贡献[J]. 齐鲁渔业,2007(3):39-42.

[7] 邓景耀,赵传絪. 海洋渔业生物学[M]. 北京:农业出版社,1991:111-119.

[8] 王跃中,孙典荣,林昭进等. 捕捞压力和气候因素对黄渤海带鱼渔获量变化的影响[J]. 中国水产科学,2012(6):1 043-1 050.

[9] 张志南,慕芳红,于子山,韩洁,周红. 南黄海日本鳀产卵场小型底栖生物的丰度和生物量. 青岛海洋大学学报,2002,32(2):251-258.

[10] 唐明芝,连大军,卢岩,尹希万. 东黄海区鳀资源变动及渔业管理[J]. 水产科学,2002(2):110-112.

[11] 徐兆礼,陈亚瞿. 东黄海秋季浮游动物优势种聚集强度与鲐鲹渔场的关系[J]. 生态

学杂志,1989,(4):13-15.

[12] 程家骅,林龙山.东海区鮐鱼生物学特征及其渔业现状的分析研究[J].海洋渔业,2004(2):73-78.

[13] 许思思,宋金明,段丽琴,吴晓丹,徐亚岩.渤海主要渔业资源结构的演变分析[J].海洋科学,2010(6):59-65.

[14] 郑元甲,李建生,张其永等.中国重要海洋中上层经济鱼类生物学研究进展[J].水产学报,2014(1):149-160.

[15] 李凡,张焕君,吕振波,徐炳庆,郑亮.莱州湾游泳动物群落种类组成及多样性[J].生物多样性,2013(5):537-546.

[16] 邱盛尧.黄渤海鲅鱼资源变动与渔业管理研究[C].纪念中国水产学会成立30周年学术会议论文集:淡水渔业特刊.北京:农业出版社,1994:34-39.

[17] 邓景耀,金显仕.莱州湾及黄河口水域渔业生物多样性及其保护研究[J].动物学研究,2000(1):76-82.

[18] 赵洪强.东海带鱼摄食习性的研究[D].浙江海洋学院,2014.

[19] 盖清霞.不同历史时期渤海莱州湾鮐鱼资源初探[J].青岛职业技术学院学报,2014(5):20-24.

[20] 李显森,赵宪勇,李凡,等.山东半岛南部产卵场鳀生殖群体结构及其变化[J].海洋水产研究,2006,27(1):46-53.

[21] 曾玲,李显森,赵宪勇,等.黄海中南部鳀的生殖力及其变化[J].中国水产科学,2005,12(5):569-574.

[22] Chen D G, Shen W Q, Liu Q, et al. The geographical characteristics and fish species diversity in the Laizhou Bay and Yellow River estuary[J]. Journal of Fishery Sciences of China, 2000, 7(3):46-52.

[23] 张益民,凌成健.海洋工程对海洋生态影响及渔业资源损失的定量分析——以江苏LNG项目为例[J].海洋开发与管理,2006(3):108-113.

(李翘楚,邹琰,张少春,王英俊,赵丹,宋爱环)

加快推进我省刺参生态健康养殖发展的建议

刺参以其极高的营养与药用价值备受人们青睐。自2003年"非典"事件以来,人们的保健意识不断加强,刺参的市场需求空间开始扩大,年需求量增长保持在10%以上,刺参养殖产业步入了辉煌增长期,我国已形成以刺参养殖为标志的第五次海水养殖浪潮。

随着黄河三角洲高效生态经济区建设和山东半岛蓝色经济区建设两大国家战略的实施,我省刺参养殖产业面临着新的机遇与挑战。如何进一步优化产业结构,以资源高效利用和生态环境改善为主线,将我省打造成为具有高效生态经济特色的重要增长区域,建设成为海洋经济发达、产业结构优化、人与自然和谐共存的蓝色经济区已成为当前推动我省刺参养殖产业进一步发展的重要引擎。

山东省是我国主要的刺参原产地,刺参养殖总产量占全国的六成以上。伴随着"刺参养殖热"的持续升温,我省充分发挥特有的渔业与科研资源优势,以科技带动产业发展,从刺参的种质改良与提纯复壮到优质健康苗种扩繁与高效健康养殖新工艺,从科学管理及规划到产品质量控制与品牌的形成,不断涌现出一系列新的成果与亮点,刺参养殖产业成为我省渔业经济的支柱产业。然而,面对如此大好的发展形势,我们应当居安思危,清醒地认识到在当前刺参产业发展中,仍不同程度地存在着制约及潜在制约其健康持续发展的"瓶颈"问题,做到未雨绸缪、防患于未然,加快推进我省刺参生态健康养殖的高效持续发展。为此,水产分团就我省刺参生态健康养殖状况进行了专题调研,根据调研结果,特提出加快推进我省刺参生态健康养殖发展的建议。

1 我省刺参养殖产业现状

我省刺参养殖产业历经近十年的迅猛发展,现已打造出多家在当地具有影响力、号召力以及示范、引领作用的刺参生产龙头企业。在刺参主产地及适养生产区形成了具有当地特色、符合当地资源优势的五大产业区:以烟台产区为主的连片池塘与围堰养殖及增殖养护产业区、以威海产区为主的原良种场建设及增养殖产业区、以青岛产区为主的池塘生态健康养殖产业区、以日照产区为主的工厂化高效养殖产业区、以东营和滨州为主的刺参养殖新兴产业拓展区。

注:1亩 = 666.67平方米。

据 2011 年我省渔业统计报表及相关统计资料,全省刺参育苗水体超过 100 万立方米水体,年产大规格参苗 100 亿头以上,养殖面积约 60 万亩,年产鲜参约 7.3 万吨,产值达 150 亿元。其中,烟台约占全省的 40%,威海约占 45%,青岛约占 10%,东营及滨州约占 4.5%,日照约占 0.5%。近几年,烟台、威海及青岛地区池塘刺参养殖面积正在逐年减少,但通过人工造礁、建设海洋牧场,底播增养殖的比例正在逐年增加。另外,刺参消费需求的多样化也带动了相关贸易和加工产业的发展,加工产品不再局限于传统的干刺参、盐渍刺参等,即食刺参、刺参罐头、刺参胶囊、口服液、饮料、酒等新产品不断推出,在我省已形成较完善的刺参育苗、养殖、加工及市场开发的产业链体系。

2 我省刺参生态健康养殖面临的问题

2.1 种质资源日渐衰退

刺参种质资源是生态健康养殖发展的根本。近几年,由于消费市场需求的扩大,刺参种质资源破坏严重,野生资源日渐匮乏,且省内缺乏专用以刺参野生种质资源养护的生产与供应基地。目前增养殖用苗均来自养殖群体做亲本扩繁的苗种,经累代自繁,参苗已不同程度地呈现生长缓慢、个体差异大、病害频发、成活率低等现象,刺参种质资源日渐衰退。尽管当前刺参种质提纯复壮与良种选育研究工作已取得突破性进展,但在产业中推广应用还为时尚早。因此,种质资源问题仍是当前制约我省刺参产业健康持续发展的关键因素。

2.2 饲料及药物市场混乱、病害快速检测手段差

刺参养殖产业的发展,极大地促进了刺参饲料及药物市场的快速发展。但相关药物产品配方多由其他养殖品种的配方改进而来,缺乏统一的产品生产标准,加之相关专业研发人才短缺等原因,导致刺参饲料产品质量参差不齐、针对刺参不同病害的疗效药物匮乏,使从业者无从选择。据调查研究,许多刺参病害的发生是由投喂的配合饲料质量差、营养配比不合理所造成的。另外,由于运用疾病检测试剂盒对刺参病原菌的即时检测目前还仅限于在实验室进行,缺乏快速有效的检测诊断技术,致使刺参发病后得不到及时有效的对症治疗,不仅威胁到刺参产品的质量安全,还对产业的持续发展造成一定的负面影响。

2.3 基础研究薄弱

目前,有关刺参的基础研究还比较薄弱,远远滞后于产业发展进程。其中,生物学、遗传学及生理生态学研究可更好地为刺参种质改良及完善刺参生产工艺提供理论支持;免疫学、流行病学的研究可有效解决当前存在的病害频发问题;饲料学的研究可解决当前天然饵料不足以及饲料配方混杂、效果不稳定等问题;营养学的研究则可有效推进刺参精深加工产品的研发。以上研究尚未取得突破性进展,不同程度地影响并制约了刺参产业的健康持续发展。

2.4 产业发展理论研究不成熟

刺参产业相对于其他成熟产业仍属新兴产业,有关产业发展过程中的发展规律、发展周期、影响因素、资源配置、发展政策等问题的理论研究仍处于初级阶段。具体表现在规划建

设不合理、法律法规等保障措施不健全、发展政策不完善、产品市场不规范等方面。

3 加快推进我省刺参生态健康养殖发展的建议

3.1 严把亲本源头关、倡导原生态参苗生产

完善并加大对刺参原、良种场建设的支持力度,提高我省刺参原、良种的种质水平,同时制定业内法规,规定刺参苗种生产企业所用亲本须来自国家级、省级刺参原、良种场。大力倡导利用养殖池塘、封闭或半封闭式港湾等资源发展刺参原生态苗种培育及中间育成,生产与自然野生参苗品质相近的优质健康原生态参苗,在有效保护生态环境、降低生产成本、减少能源消耗及育苗尾水排放的同时,对刺参种质资源进行自然提纯与复壮,避免因种质问题影响刺参养殖产业的发展。

3.2 整治刺参饲料及药物市场、引导健康养殖

联合相关部门,制定刺参饲料及药物相关标准,扶持打造龙头生产企业,加大研发力度,清理整治产品市场,杜绝劣质饲料与含有违禁成分的药物进入生产环节。同时,充分发挥渔技等相关部门的作用,做好刺参饲料及用药安全知识宣传工作,提高企业产品质量意识,引导生产单位规范用药,并在少用或不用药的前提下,大力推广微孔增氧、微生态制剂及中草药防病等健康养殖新技术,减少生产对药物的依赖性。

3.3 建立健全产品质量管理体系、杜绝药物残留

对全省刺参苗种生产企业的生产场地、水源、亲本来源、技术管理、生产设施、规范用药以及产品质量等指标进行综合考评,按考评结果实行分级管理。对考评优秀的企业颁发"信得过"海参育苗企业认证证书,在行业内予以大力宣介,并给予适当的优惠政策及资金扶持等奖励,充分发挥优质苗种生产企业的市场竞争优势。对考评达标的企业统一核发苗种生产许可证,同时修改现行渔业法中"自产自销产品无须办证"的相关规定,做到生产企业持证上岗。每年在刺参生产进出环节的关键时期(4～5月、7～8月、10～11月),对全省范围内的刺参生产企业进行分批次定期药残检测,对药残超标的生产企业实行"零容忍"政策,从源头上抓好刺参产品质量安全,严防刺参质量安全事故的发生。

3.4 打造企业梯度发展格局、健全各类合作组织

针对我省从事刺参生产的企业众多、产业整体无序提升的现状,建议政府在实行"强大扶小"的发展战略,打造大、中、小型企业梯度发展格局的同时,指导龙头企业联合科研院所带动其他中小型企业成立产业技术创新战略联盟,形成产业集群效应,加快科研成果转化。同时,鼓励各地组织合作社为生产企业提供产前、产中和产后一条龙服务,整合企业资源及先进技术推动产业的创新发展,并在产后销售环节更好地把握市场信息,对外扩大产品影响,突出我省刺参产业的优势地位和品牌效应,全力打造"胶东刺参"品牌。

3.5 加强行业自律、建立产品安全溯源及责任追究体系

以海参协会作为主要监督机构,各会员单位充分发挥示范带动作用,严格按照《海参行

业自律公约》切实做好行业自律工作,逐步形成自我管理、自我约束、自我监督的自律机制。同时,利用现代化信息技术对每批次产品标上号码与标签,建立生产档案,保存相关管理信息等记录,并通过地方立法的形式建立健全刺参产品安全溯源及责任追究体系,明晰管理部门和被管理企业的责任,及时召回不符合质量安全标准的产品,追究责任来源并予以处罚整治,从而保障刺参从苗种及养殖到加工整个产业链的产品质量安全,有效保障我省刺参产业的健康持续发展。

3.6 突出西部刺参新兴产业拓展模式

黄河三角洲地区已成为我省刺参产业拓展的新战场,随着"东参西养"的成功,东营、滨州迅速崛起多家大型刺参苗种生产及养殖龙头企业。然而,相当部分企业由于种种原因投产至今仍未见效,规模上去了,产量却不尽如人意。可见仅仅依靠生产性工艺的突破是不够的,西部地区刺参产业发展不能完全照搬东部发展模式,应根据当地优势有选择性地创新发展,针对当地水质、底质条件,合理设置参礁、调控水质,集成创新刺参养殖技术工艺,突出西部地区刺参新兴产业的拓展模式。建议:东营地区可利用丰富的海区资源,打造大规格参苗标准化池塘高效生态养殖基地;滨州地区可利用优良的水质和丰富的饵料资源,重点发展优质健康刺参苗种扩繁,打造优质健康刺参苗种生产与供应基地。

(李成林,王春生,朱日进)

黄三角地区刺参产业状况与发展建议

近年来,随着"东参西养"的推进,在以东营、滨州、潍坊为代表的黄河三角洲地区,刺参养殖得到了飞速发展,育苗、养殖、加工、流通一体化的产业格局渐已形成,突破了刺参传统生产的地域限制,打开了刺参养殖的空间,扩大了刺参养殖的规模。然而,在产业迅猛发展的同时,一系列制约及潜在制约黄三角地区刺参产业健康发展的问题也日益凸现。2013年夏季的极端天气对黄三角地区的刺参养殖造成严重损失,使产业发展与养殖信心遭受不同程度的影响。为此,水产分团根据黄三角地区的生境条件和产业状况,针对一些亟待解决的突出与关键问题进行了系统梳理,以期为黄三角地区刺参产业的健康持续发展提供技术支持,并为政府决策导向提供参考。

1 黄三角地区刺参产业现状

自2003年开始在尚无刺参自然分布的黄三角地区进行试养,2005年试养成功并提出"东参西养"发展战略,2009年我省将刺参养殖作为加快推进"蓝黄两区"建设的重点支持发展产业,产业规模得到快速拓展。至2013年黄三角地区已发展刺参养殖规模33.7万亩,占全省增养殖规模的30.3%,占全省池塘养殖面积的69.5%,年产值61.2亿元,形成了集中连片大水面刺参池塘养殖特色产业区。

1.1 生产情况

东营市是黄三角地区最早开展刺参养殖的地市。近年来,在政府及相关部门的大力扶持下,迅猛发展的刺参养殖产业已成为东营市海水养殖的主导产业之一,建设的东营现代生态渔业示范园区为全国最大陆基刺参养殖区。目前,全市刺参养殖企业达42家,池塘养殖面积26万亩,产值46.8亿元。

滨州市现有刺参养殖企业7家,池塘养殖5万亩,产值约9亿元。其中,无棣县是滨州地区刺参养殖的核心区,以规模化苗种扩繁及标准化池塘养殖为发展重点,刺参苗种培育水体13万立方米,标准化池塘养殖2.4万亩;北海新区自2010年4月成立以来,已发展成为省内盐碱滩涂最大的刺参苗种生产基地,苗种培育水体12万立方米,池塘养殖2.6万亩。

潍坊市北部沿海的昌邑下营镇自2010年在集成胶东、东营及大连等地刺参池塘养殖经验的基础上,迈出了潍坊地区刺参养殖的第一步。目前,全市刺参养殖3万亩,年产鲜参

3 000 吨,产值 5.4 亿元。

1.2 市场状况

近年来,黄三角地区刺参大规格苗种价格持续下跌,100～300 头/斤参苗价格由 2011 年的 120～300 元/斤跌至 2014 年的 50～60 元/斤,跌幅在 58.3%～80%,2014 年育保苗总量较 2013 年减少约 30%。

鲜参价格由于受国家政策等因素的影响也一度出现持续下跌,2014 年 5 月为 42 元/斤,较 2012 年的 60 元/斤跌幅达 30%,已基本无利润空间,但随着消费渠道的拓宽以及消费人群的不断扩大,鲜参价格经过两年的持续下滑后开始触底反弹,11 月初价格为 52 元/斤。

2 现存问题分析

2.1 客观条件制约,风险意识淡薄

黄三角地区沿海是由黄河等河流入海冲积而成,滩涂平坦、潮间带跨度较大,刺参养殖池塘多建在离低潮线较远的潮上带,进排水须经狭长水道,极为不便,且在夏季和汛期易受光照、降雨的影响造成养殖池水温度过高、盐度过低,大大增加了养殖风险。

近年来,刺参养殖产业发展顺风顺水,规模不断扩大,投资回报率保持较高水平和预期,导致从业者普遍缺乏风险防范意识,未能根据黄三角地区特殊的环境条件来完善养殖设施,应对 2013 年夏季极端天气时措手不及,使养殖生产和从业信心遭受重创。

2.2 优势产业不突出,无序扩张埋隐患

刺参养殖高额的利润、较低的入行门槛以及相应的扶持政策,使黄三角地区众多养殖业者纷纷丢下传统的优势大宗养殖品种转产养参。但由于受环境条件和技术水平的限制,黄三角地区的刺参无论在产量还是品质上均难以与胶东地区等原产地的刺参相媲美,且较之传统滩涂贝类、虾蟹类等大宗养殖品种在产出效益方面的优势逐渐缩小。本埠的苗种、加工、销售等配套产业未能同步发展,给黄三角地区刺参养殖产业的发展埋下了隐患。

2013 年夏灾之后,对虾养殖行情看好,黄三角地区养殖业者又纷纷跟进转产养虾。这种盲目跟风、一拥而上的发展模式过于重视眼前利益,缺乏长远科学规划,最终将导致黄三角地区再难形成突出优势产业,对整个地区的水产养殖业发展也将造成不利影响。

2.3 苗种业产能不足,本埠化程度不高

目前,黄三角地区刺参苗种产能远不能满足养殖需求,规模化苗种扩繁技术集成与熟化仍欠不足,养殖用苗多依赖从烟台及青岛等地购买,不仅增加了养殖成本,同时也增加了苗质风险。

黄三角地区特殊的环境条件对优质抗逆苗种的需求相当迫切,但优势性状刺参良种选育工作尚在起步发展中,目前针对黄三角地区的优质抗逆苗种尚未形成,不同程度地影响并制约了刺参产业的提升发展。

注:1 斤 = 500 克。

2.4 模式创新欠缺,配套设施不完善

黄三角地区刺参产业起步较晚但起点较高,池塘标准化程度优于胶东地区,由于在生产上多为照搬"胶东模式",缺乏自主创新,尚未形成具有创新特色的黄三角刺参养殖模式,产出水平远低于胶东地区,高投入并未产生高效益。

此外,黄三角地区刺参养殖池塘虽然建设标准较高,但针对夏季高温、汛期低盐和软泥底质等特殊环境的配套设施,诸如大型蓄水池、排淡阀以及防沉淤附着基等很不完善,且有相当部分池塘是由虾塘改造而成,存在池深不足、池水交换不彻底等问题,易造成刺参养殖抗风险能力差且易引发病害。

2.5 人才储备不足,品牌效应薄弱

黄三角地区刺参产业起步晚,从业技术人员多由外部引进,影响新技术、新模式的研发与普及,限制了产业的提升与发展。

随着近几年的政策倾斜和财政扶持,黄三角地区刺参加工产业得以逐步发展,但多以初级产品为主,营销手段简单,尚未形成拿得出、叫得响的品牌,尤其在当前刺参市场不畅、价格低迷的大环境下,加工能力不足、品牌效应偏弱的黄三角刺参的竞争优势更显不足。

2.6 养殖风险难控制,保障机制不健全

目前,我省设立的渔民互助合作保险仅限于渔业船舶和海上作业等捕捞行业,尚未设立养殖灾害保险,区域性专业合作社及协会也均未涉及或发挥风险保障作用,如遇自然灾害,损失只能由生产者自负,这对刺参养殖风险相对较高的黄三角地区更为不利。

3 对策与建议

3.1 合理利用地缘优势,适度开发刺参养殖

黄三角地区浅海滩涂水域由于河流大量营养盐和有机物的注入,十分有利于大型藻类及单胞藻类的生长繁殖,海泥质量优良,丰富的地下水及地热资源可充分开发用于调节冬夏季养殖水温,以延长生长期、降低养殖成本,为刺参及滩涂贝类、虾蟹类等品种养殖提供了绝佳的饵料供应和环境条件基础。

为避免盲目跟风、无序开发导致区域优势产业不突出的问题,建议在巩固黄三角地区传统优势养殖品种的基础上,鼓励环境状况优、池塘条件好的地域适度开发刺参养殖,条件不具备的区域限制开发刺参养殖。

3.2 培育适合本埠品种,集成创新技术模式

提高本埠苗种单位水体产能,打造西部地区苗种自给与供应生产基地,加快引进、筛选、培育具有耐高温、耐低盐、抗病、速生等优势性状的刺参新品系。

目前,黄三角地区刺参养殖单位产能尚有较大提升空间,因此应不断加强新技术、新模式的优化集成创新,加快科技成果的转化推广。一是要大力发展"大水面小网箱"和"网箱生态苗种培育+大规格苗种养殖"的池塘立体生态养殖模式,提高水体利用率。二是要开发

轮放、轮收的多梯次池塘轮养模式,提高养殖池塘回报率。三是要提升发展刺参、对虾接力式循环养殖模式,提高养殖效益,降低养殖风险,即10月底放养8～12头/斤参苗养至翌年5月收获,随后放养虾苗,如此进行"刺参→对虾"接力式循环养殖。四是要优化改造现有养殖池塘,如在刺参活跃地带设置"浅环沟"以增加水深改善刺参栖息环境等,确保刺参安全度夏、越冬,提高亩产量。

3.3 加强人才队伍建设,完善基础设施配套

重视本地技术型、管理型人才的培养与储备,加强与科研院所的交流合作,引进或聘请高端人才,培养基层技术骨干,形成"高层＋中层＋基层"的研发人才梯队,全面提升黄三角地区从业者业务素质。

针对黄三角地区汛期、高温期池水交换困难等问题,加大公益性投入,采取财政扶持与片区间合作集资等方式,划建应急用大型蓄水池以防止水质突变,同时规范养殖池塘建设标准,完善海水井、增氧、排淡、遮阳等基础设施配套。

3.4 提升精深加工水平,打造知名地域品牌

提高刺参加工高科技含量和产品附加值,根据人们对营养、保健及药用的多功能需求构建丰富合理的产品线,实现刺参产品加工精深化、产品高质化、种类多样化。同时,加大品牌宣介力度,扩大市场占有率,通过有效的营销手段尽快将"黄河口海参"打造成继"胶东刺参"之后我省的又一个地域性知名刺参品牌。

3.5 完善健全保障机制,充分发挥产业联盟作用

积极探索刺参产业政策性保险制度,共同抵御养殖风险,稳定生产者信心。充分发挥黄河口刺参产业联盟的桥梁纽带作用,提高产业组织化程度,突出资源共享,统一购销,加强行业自律,形成合作共赢、抱团发展的良好态势,完善黄三角地区刺参产业健康持续发展保障机制。

(李成林)

关于山东省推进浅海底栖渔业资源开发战略的设想

1 引言

海洋是地球上所有生命的摇篮,是维系全球生态平衡、可持续发展的重要支撑,为人类的可持续发展提供了宝贵的空间和财富。科学、合理地开发海洋资源已经成为国际趋势。山东省海洋资源丰富,区域优势明显,是我国海洋渔业大省和海洋经济强省。全省海岸线总长3 345 km,占全国海岸线总长的1/6,近海海域总面积约159 600 km^2,发展空间广阔,开发潜力巨大[1]。近些年,"蓝黄"两区发展规划的实施以及习总书记提出的建设海洋强国的伟大决策和部署,有力地推动了山东省海洋经济的发展,山东半岛这片"海洋热土"进入了一个"蓝色经济"的崭新时代。然而,海洋经济的快速发展给传统的海水养殖业带来了一系列的冲击[2]。传统养殖生物的增殖空间被大量挤占、高密度无序化的养殖模式导致附近海域环境恶化、大量养殖废水排放引起的食品安全问题陆续出现,资源环境的刚性约束与渔业可持续发展之间的矛盾日益尖锐,"质量效益型"和"负责任型"的海洋产业需求日益突出[3]。

党的十八大报告提出了"提高海洋资源开发能力,发展海洋经济,保护海洋生态环境,坚决维护国家海洋权益,建设海洋强国"的"四十字方针",海洋经济首次从国家层面被提到了空前突出的地位[4]。《中共中央关于制定"十二五"规划的建议》确立了发展海洋经济的百字方针,将"制定和实施海洋发展战略""合理开发利用海洋资源""保护海洋生态环境"等提到议事日程[5]。《中共山东省委关于制定山东省国民经济和社会发展第十二个五年规划的建议》提出"科学开发海洋资源、培育海洋优势产业、实施科教兴海战略",大力发展海洋经济,形成陆海统筹发展新格局[6]。因此,针对我省目前海水增养殖产业发展所面临的空间、资源、环境等问题,充分利用水深10 m以内海域空间,进行贝类、鱼类、海珍品等底栖渔业资源的增殖,建立示范区,拓展山东海洋渔业发展空间,前景非常广阔。

2 山东省推进浅海底栖渔业资源开发战略的时代背景

随着当今海洋科学技术的迅速发展,世界各国纷纷将发展的重点指向海洋,海洋产业已成为全球经济新的增长点[7]。而海洋生物资源的开发利用,尤其是海水增养殖业更是发展海洋经济的重要组成部分。通过借鉴国内外在浅海底栖渔业资源开发方面的技术经验,山东省实施浅海底栖渔业资源开发战略,拓展海洋渔业资源开发利用的空间,该战略符合当今海洋科学技术的发展趋势,不仅是对"十二五"期间合理利用海洋资源、优化海洋经济空间布局的积极响应,也符合《全国科技兴海规划纲要》的基本要求和《山东半岛蓝色经济区发展规划》的战略构想。

2.1 国际背景

当今海洋科学技术的发展具有典型的国际化和大科学的特征[8]。海洋已成为地球上"最后的开辟疆域"。英国、澳大利亚等国家已经采用渔业确权、发放许可证和规模限定等措施,加强了对本国海域资源的综合利用[9]。美国在1976年就完成了生产型向管理型的转变,1981年成立了由科研工作者、渔民、政府官员等参加的联合组织,共同参与海洋渔业的管理。为了促进海洋产业的发展,美国计划大力发展200海里专属经济区的深水养殖,以生产更多的海产品[10];日本的《海洋基本法》指出要"保持日本在水产业上的传统优势"。日本自1976年就开始全面开发20海里专属经济区海域,对全国沿海200 m水深以内的3 066万平方千米海域,制订了改善基础环境的长期建设规划[11]。以日本北海道虾夷扇贝为例,人工增殖以前它的产量波动很大,人工增殖以后其产量持续稳定在1 000千克/亩以上[12]。欧盟"共同渔业政策绿皮书"突出可持续自给的目标,大力发展基于生态系统水平的海水养殖业[9]。联合国把治理海洋生态荒漠化摆在人类生存战略地位,发展生态型海洋农业成为谋求全球性食物安全的人类大计。

2.2 国内背景

国内学者对如何解决我国存在的水域生态系统荒漠化及如何合理开发海洋渔业资源等问题做了较多研究。著名海洋生物学家曾呈奎院士早在20世纪80年代就提出了海洋农牧化的发展方向[13];2002年我国十多名院士与专家联名建议"尽快制订国家行动计划,切实保护水生生物资源,有效遏制水域生态荒漠化"[14-15];农业部关于《海洋生物资源开发问题研究报告》中指出:经济发展已经进入资源环境瓶颈期,"十二五"期间必须重视和加快海洋生物资源开发,大力发展"蓝色农业";2013年国务院首次专门就海洋渔业发展出台了《关于促进海洋渔业持续健康发展的若干意见》,文件中强调加强海洋渔业资源修复和生态环境保护[16]。农业部牛盾副部长在解读文件时,也强调要坚持生态优先、养捕结合、控制近海、拓展外海、发展远洋的生产方针,科学合理布局,保障海洋渔业资源持续健康发展[17]。

目前,我国在拓展海洋渔业增殖空间方面也取得了一系列进展。獐子岛渔业已经有大部分虾夷扇贝在30~40 m水深的海域内养殖,目前所确权的深水海域可以形成每年5万吨以上的虾夷扇贝产量[18];长岛县自20世纪80年代即开展海参、虾夷扇贝、鲍等海珍品种类的底播养殖,目前已经成为全国最大的海珍品底播养殖基地,养殖水深达到40余米[19];荣成好当家开发苏山岛(领海基点岛)南部667 km²(10万亩)海域进行海珍品底播养殖,平均水深约30 m[20];自20世纪90年代就开始在胶州湾20 m以内海域进行菲律宾蛤仔、牡蛎增殖,增殖效果显著,目前年生产量达3 000~6 000 t·km^{-2}。

3 山东省推进浅海底栖渔业资源开发战略的迫切性

2013年,山东省渔业总产值1 482.8亿元,其中海水养殖的产值为749.0亿元,占渔业总产值的 50.5%。海水水产品总产量 863.16 万吨,其中海水养殖产量为 456.64 万吨,海洋捕捞业的产量为 231.52 万吨,海水养殖产量已经连续 16 年超过海洋捕捞产量[21]。2013年,山东省底播增殖面积 22.90 万公顷,产量 178.63 万吨,分别占海水养殖的 41.89%、39.12%,大多分布于黄河三角洲地区及沿海较大海湾潮间带滩涂和浅海,底播增殖已与池塘养殖、筏式养殖共同成为海水养殖的支柱产业。然而,目前我省底播增殖的发展也正在遭遇着严重的资源和环境威胁。

3.1 浅海渔业开发规模区域集中

据 908 的调查数据显示,我省浅海开发 90%的面积主要集中于沿海滩涂和水深 0~15 m 等深线浅海,而水深 15~50 m 外海浅海底面开发规模和比例很小或基本未开发[22]。目前,0~15 m 等深线浅海的开发面积为 1 556 km², 占总开发面积(1 668 km²)的 93.3%,基本处于饱和开发状态;15~25 m 浅海底面开发规模和比例较小;25 m 以上深海域底面基本未开发。

表 1 山东省不同等深线范围可利用的海域面积

浅海底面开发海域水深 (除潮间带)(m)	规划海域面积 (km²)	可利用的海域面积 (km²)	已开发的底播养殖面积 (km²)
0~15	14 454.75	12 330.74	1 556
15~25	26 645.42	23 893.41	93
25~50	29 228.34	27 643.65	19
总计	70 328.51	63 867.80	1 668

3.2 近岸海洋生态安全形势不容乐观

近 50 年来,随着养殖技术的不断突破,"鱼、虾、贝、藻、参" 5 次产业浪潮的接踵形成,我国海水养殖业得到了蓬勃发展,已经成为我国海洋产业经济的重要增长点。然而,发展是一把双刃剑,海水养殖业快速发展的同时,传统养殖模式占地面积大、养殖效率低、环境污染重等影响海水养殖业健康可持续发展的瓶颈问题也日益加重[23]。赤潮、绿潮、水母、海星已成为频发性自然生态灾害。其次,我国的海洋经济正处于快速发展期,用海活动频繁,对海域的需求旺盛,而围填海造地因其具有快速、高效的特点成为沿海城市城市化发展的必然选择。填海造地给沿海城市带来了巨大的社会效益与经济效益,如增加食物供给、吸引更多的投资、为城市提供新的发展空间等。但同时也永久改变了海域自然属性,破坏了海洋动力系统、导致了海洋环境质量下降,海洋生物产卵场、索饵场、越冬场、洄游通道遭破坏等一系列生态问题[24]。

3.3 浅海底栖渔业资源不断衰退

水深 6~30 m 海域是我国刺参、鲍、魁蚶、栉孔扇贝、大竹蛏等底层高值经济生物种的主要产地,因多种原因,这些经济品种的产量和资源量出现明显下降。目前在我国已形成产业化规模的浅海底层生物资源中,以蛤、牡蛎等低值种类为主,占年产量的 70%~80%,而一些具有重要经济价值的底层生物开发规模较小,海珍品和大型高值贝类底播增养殖面积加起来尚不足蛤类的16%,开发拓展的潜力很大。以黄海北部底栖贝类魁蚶为例,现年产量约2万吨,若实施生态化开发,年产量恢复到历史最高的约40万吨,可形成产值140多亿元,市场前景广阔,开发潜力巨大。

因此,为了更好地实现"蓝色经济"的可持续发展,缓解近岸海域无序增殖面临的各种压力应立足山东省海洋渔业发展的现状,遵循科学开发海洋资源的趋势,积极规划我省沿海50 m以深海域浅海底面开发战略,向我省开发不足和尚未开发以及我省常规管辖海域进军已成为新时代海洋渔业发展的必然需求,对调整我省海洋渔业产业发展结构、拓展海洋渔业发展空间和履行负责任国国际义务、发展碳汇渔业、促进渔业可持续发展、维持水域生态安全和生态文明、维护我国海洋权益意义重大。

4 山东省推进浅海底栖渔业资源开发战略的优势认证

山东省地处暖温带,濒临渤海和黄海。大陆海岸线北起冀、鲁交界处的漳卫新河口,南至鲁、苏交界处的绣针河河口。滩涂水域广阔,水质肥沃,气候适宜,海洋初级生产力较高,海洋浮游动植物的丰度和广度都非常适合海洋经济生物的繁衍生息。得天独厚的优越条件造就了山东沿海的生物多样性,水产种质资源非常丰富,有利于海水增养殖业的发展。

4.1 地缘优势,广阔的浅海底面空间

山东半岛临黄海和渤海,海岸线位居全国第二,海岸沿线岛屿众多,水域辽阔。拥有岛屿296个,岛屿岸线总长688千米;沿岸有海湾200多处,其中优良港湾70多处;近海海域面积16万平方千米,与全省陆地面积15万平方千米相当,故称"海上山东"[25]。近海捕捞作业渔场总面积22万多平方千米,占黄海和渤海总面积的51%。

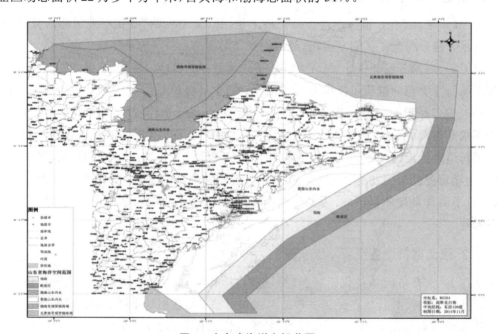

图1 山东省海洋空间范围

山东浅海底质主要由粉砂质黏土、黏土质粉砂、砂以及砂粒基岩四大类组成,以黏土质粉砂和砂为主,可利用面积分别为 28 973.19 km², 19 764.11 km²,是比较理想的海洋农牧化基地,尤其适合多种贝类生长栖息,是全国著名的贝类产区。整个山东沿海的底质对于浅海底面的开发具有很大的适宜性。其中,山东省在黏土粉沙以及沙质的底质进行底播养殖面积占总可底播养殖面积的76%。

表2 山东省不同底质可利用的海域面积

等深线分布(m)	粉砂质黏土(km²)	黏土质粉砂(km²)	砂(km²)	砂砾基岩(km²)	总计(km²)
0～15	618.43	6 567.45	5 000.18	144.68	12 330.74
15～25	3 622.35	14 011.21	6 223.44	36.41	23 893.41
25～50	10 680.03	8 394.53	8 540.49	28.60	27 643.65
总计	14 920.81	28 973.19	19 764.11	209.69	63 867.80

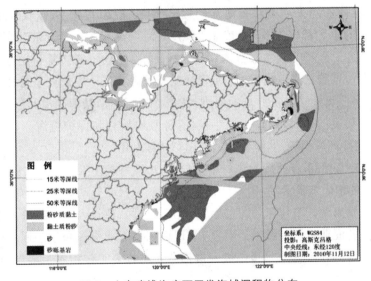

图2 山东省浅海底面开发海域沉积物分布

4.2 资源优势,充足的海洋初级生产力

海洋初级生产力是海洋生态系统中最主要的驱动因子,其动态变化直接影响到生态系统的结构与功能。根据食物链能流转移理论,估算资源量公式:

$$F = P \times E^n$$

式中,F 为潜在资源量,P 为初级生产量,E 为营养转换效率(取15%),n 为营养阶层的级数(分别取1,2,3),有机碳与生物量鲜重之比为1:20。

从表3可以看出,按照历史调查资料计算,山东省沿海海域初级生产力每年可以支撑2 110万吨的渔业资源量,其中进行浅海底面开发尚可支撑1 260万吨渔业资源(贝类、海参等)量;根据908调查资料,山东省沿海海域每年可以支撑5 290万吨的渔业资源量,其中进行底面开发尚可支撑4 060万吨渔业资源(贝类、海参等)量。因此,进行浅海底栖渔业资源开发尚有充足的初级生产力可以利用。

表3 山东海域初级生产力可支撑开发资源量统计表

估算类别	山东海域初级生产力可支撑开发资源量	
	30余年历史调查资料	908调查资料
年初级生产力（C·km^{-2}·a^{-1}）	113	307.55
年产有机碳（万吨）	600	1 547
共可支撑资源量（万吨）	食植动物　1 800	食植动物　4 600
	食肉动物　270	食肉动物　690
现年产资源量（万吨）	626.39	626.39
可开发资源量（万吨）	1 444	4 664
可开发食植动物资源量（万吨）	1 260	4 060

4.3 产业优势,有初见成效的工作基础供借鉴

山东省委、省政府历来高度重视海洋的战略地位,于20世纪90年代初就在全国率先做出向海洋进军的重大战略抉择,把依靠"科技兴海"、建设"海上山东"和开发黄河三角洲列为两项跨世纪工程;《山东生态省建设规划纲要》将渔业资源修复和生态保护作为重要内容[26];2005年山东省正式启动了《山东省渔业资源修复行动规划》,坚持资源利用和资源修复并重、资源保护和资源修复并重的原则,在严格执行休渔禁渔制度和限额捕捞制度、逐步压减近海捕捞强度的同时,通过人工手段,有计划地培育和保护近海和内陆水域渔业资源,重建沿海和内陆湖库渔场,实现渔业资源的可持续利用[27]。

20世纪80年代,山东省就开始进行增殖放流,增殖种类主要是中国对虾。1990年后逐渐开始其他品种的增殖放流活动[28]。《山东省渔业资源修复行动规划》实施之后,大规模的增殖放流活动开始出现。多年来,增殖放流、设立保护区、建设人工鱼礁等人工修复措施的实行对减缓山东省渔业资源持续衰退势头、实现山东省渔业资源和生态逐步达到健康水平起到了积极的作用;同时,为下一步继续开展渔业资源修复工作积累了宝贵的经验,奠定了坚实的基础。

4.4 人才优势,高水平的海洋科技研究团队

山东省是中国海洋科技事业发展的摇篮,海洋科技资源优势明显。山东省是我国海洋科研力量的"富集区"和海洋科技创新的核心基地,拥有中国海洋大学、中国科学研究院海洋所、农业部黄海水产研究所、国家海洋局第一海洋研究所、国土资源部海洋地质研究所等一大批国内一流的国家、省、市级海洋科研和教学机构50多所;拥有青岛海洋科学与技术国家实验室、海洋科学综合考察船、国家深海基地等一批"国"字号的大型科技项目和重要科研基地;建成4个海洋领域的国家级工程技术研究中心、16个省级工程技术研究中心、6个国家863计划产业化基地、5个国家级科技兴海示范基地;发展以企业为主体、市场为导向、产学研结合为载体的创新联合体,成立了20家海洋领域产业技术创新战略联盟,其中有3家国家级试点联盟,9家省级示范联盟[29]。山东省目前海洋科技人员已达10 000多名,高层次海洋科技人才总数约占全国的一半,中央驻地的海洋科研教学单位有15个,两院院士

35 名,博士生导师 300 多名,博士点 50 余个,硕士点 130 多个[30],海洋研究水平先进,科技力量雄厚。

5 山东省推进浅海底栖渔业资源开发战略初步构想

5.1 划分山东省浅海底栖渔业资源开发产业带

依据山东省海域环境状况、生物区域分布、生产水平、技术支撑能力以及现有的区域和功能规划,将水深 0～50 m 等深线范围规划为三个产业带:生态渔业利用产业带、生态渔业发展产业带、生态渔业拓展产业带(图3)。

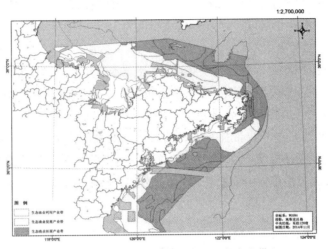

图 3　山东省浅底栖渔业资源开发产业带

5.1.1 生态渔业利用产业带

生态渔业利用产业带总面积 14 455 km², 可用面积 12 331 km², 可用率达 85.31%。该区紧邻陆地,大量的陆源物质补充和大气雨水沉降使该海域海水中营养盐浓度较高;水体的垂直混合作用较强,垂直方向上营养盐和温度分布较为均匀。附有植物、大型藻类可大量生长,因此,初级生产力较高,平均在 400 mg·C·m^{-2}·d^{-1} 以上,年初级生产总量为 270 万吨有机碳,可支撑食植动物产量 1 174 万吨。

该区域遵循"护养为主、逐步修复,适度开发、提高质量"的开发策略:控制 0～6 m 水深范围海域的开发强度,适度开发 6～15 m 水深范围海域;待增殖种类形成稳定的自繁群体后,采取轮捕轮作方式开发;在生态位互补的前提下,侧重优质高值种类的开发。采用的开发方式主要有三种:护养、底播增殖放流和构建人工鱼礁。

5.1.2 生态渔业发展产业带

生态渔业发展产业带总面积为 26 645 km², 可用面积为 23 893 km², 可用率达 89.67%, 是目前生产技术水平可达到的区域。该产业区一般为海底堆积平原,地形平缓,坡度一般为 0.01%～0.03%,受海流的影响堆积速度较缓慢;生产力平均在 300 mg·C·m^{-2}·d^{-1} 以上, 相对于生态渔业利用区偏低。生态渔业发展产业带已开发养殖面积为 93 km², 仅占可用面积的 0.476%, 底面利用率极低,可供开发的面积广阔。

遵循"全面展开、重点推进、品种兼顾、协调发展"的开发策略,以5年为一个阶段对底面进行有计划、有层次、有步骤的开发,最终实现形成以自然增殖为主、人工增殖放流为辅的生态友好型可持续渔业发展模式。采用的开发方式有两种:底播增殖放流和构建人工鱼礁。各类增殖品种综合投入产出比都在1:20以上。底播增殖种类主要有:菲律宾蛤仔、虾夷扇贝、魁蚶、三疣梭子蟹等。人工鱼礁多为增殖型鱼礁,用于刺参、皱纹盘鲍、半滑舌鳎、牙鲆等,目前已建设完成的鱼礁主要位于日照前三岛、烟台豆卵岛与金岛、海阳千里岩等海域,其良好的经济效益和发展前景已经显现。

5.1.3 生态渔业拓展产业带

生态渔业拓展产业带总面积为 29 228.34 km², 可利用面积为 27 643.65 km², 可利用率达到 94.58%。生态渔业拓展区已开发养殖面积仅为 19 km², 占可用面积的 0.07%, 受限于生产水平,该区域底面利用率极低。

基于生态渔业拓展产业带的开发现状,该区开发本着实验、示范、推广的原则,以"实验为基础,试点为引领"作为发展策略,将底播增殖作为产业发展的主要手段,开展可持续渔业研究与示范,为最终实现放牧性渔业奠定基础。

目前,在生态渔业拓展产业带拥有确权的开发海域主要位于长岛海域和荣成鸡鸣岛南部海域。长岛海域开展了虾夷扇贝、刺参、皱纹盘鲍等海珍品种类的底播增养殖;荣成鸡鸣岛南部海域通过投放大型礁体,构建人工牧场的方式,开展了刺参、皱纹盘鲍、海胆等海珍品养殖,并已初见成效。

5.2 建立重点种类增殖示范区

在对全省浅海海洋渔业资源开发利用现状的调查与分析基础之上,根据不同海域的环境资源特点,将魁蚶、柿江珧、西施舌、栉孔扇贝、大竹蛏、菲律宾蛤仔、长牡蛎、文蛤、毛蚶、刺参、皱纹盘鲍、半滑舌鳎、牙鲆、三疣梭子蟹等作为开发的重点,形成高值贝类增殖区、大宗贝类增殖区、海珍品增殖区、鲆鲽鱼类增殖区、蟹类增殖区五大重点特色区域,选划典型海区进行重点布局,兼顾资源多样性,以点带面,待形成良好的增殖效果后进行示范推广(如图4所示)。

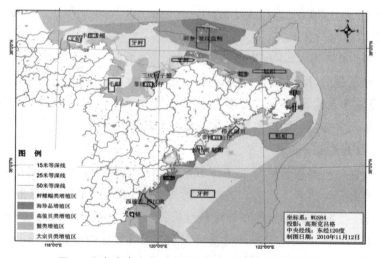

图4 山东省浅海底栖渔业资源重点种类开发示范区

5.2.1 高值贝类增殖区

高值贝类增殖区以魁蚶、栉孔扇贝、大竹蛏、栉江珧、西施舌等高值贝类的增殖开发为主,横跨生态渔业利用区和生态渔业发展区。建立魁蚶增殖区 300 km^2、魁蚶-栉孔扇贝增殖区 300 km^2、大竹蛏增殖区 100 km^2、栉江珧增殖区增殖区 50 km^2、西施舌增殖区 50 km^2,新增产量 35 万吨,新增产值 50 亿元。

5.2.2 大宗贝类增殖区

黄河三角洲区域与莱州湾区域水深 10 m 以内的区域适宜菲律宾蛤仔、长牡蛎、毛蚶、文蛤等大宗贝类的增殖开发。规划建立菲律宾蛤仔增殖区 150 km^2,长牡蛎增殖区 50 km^2,文蛤增殖区 100 km^2,毛蚶增殖区 100 km^2;大力开展毛蚶的资源修复与增殖开发,新增产量 30 万吨,新增产值 22 亿元。

5.2.3 海珍品增殖区

在庙岛群岛、莱州湾东北部区域和半岛北部建立刺参、皱纹盘鲍等海珍品增殖区 300 km^2,以刺参与皱纹盘鲍的底播增殖为主,结合人工渔礁建设,新增产量 7 万吨,新增产值 100 亿元。

5.2.4 鲆鲽鱼类增殖区

渤海湾水深 15~20 m 区域重点开发半滑舌鳎、牙鲆等种类。建立半滑舌鳎增殖区 50 km^2、牙鲆增殖区 150 km^2,兼顾其他鱼类增殖,新增产量 5 万吨,新增产值 30 亿元。

5.2.5 蟹类增殖区

莱州湾东部、中部水深 15 m 以内区域规划建立蟹类增殖区 100 km^2,着力开发三疣梭子蟹、日本鲟等蟹类的增殖,新增产量 0.8 万吨,新增产值 2 亿元。

6 结语

实施浅海底栖渔业资源开发,拓展山东海洋渔业发展,是缓解目前我省海洋渔业发展面临瓶颈的有效措施。生态化开发浅海底层生物资源,可以加速传统增养殖业结构升级换代,进一步有效利用黄渤海区域海洋空间资源,是发展海洋农牧化的重要组成部分。预计利用 10 年时间,规划开发 8 810 km^2 浅海底层海域,使全省的海水养殖总产量增加 280 万吨,直接经济效益增加 590 亿元,带动水产品加工、贮藏、流通业等相关产业生产总值增加近 2 000 亿元,在当前渔业经济总产值的基础上实现翻番,年均增长率可达 7%。新增就业 30 万人。最终达到开拓浅海渔业资源增殖的发展空间、建立海洋生态环境修复的典型示范、建设资源养护型的渔业增殖新模式、引领海洋渔业产业未来的发展方向、满足人类生活日益增长的蛋白需求、培养专业素质高的创新型海洋人才之目的,并能为到 2030 年我国人口达到 16 亿所需要增加的蛋白质提供可靠的来源,实现较显著的经济、生态和社会价值。

参考文献

[1] 侯英民. 山东海情[M]. 北京:海洋出版社,2010.

[2] 秦宏,刘国瑞.建设"蓝色粮仓"的策略选择与保障措施[J].中国海洋大学学报(社会科学版),2012(2):50-54.

[3] 傅秀梅,宋婷婷,戴桂林等.山东海洋渔业资源问题分析及其可持续发展策略[J].海洋湖沼通报,2007(2):164-170.

[4] 中国共产党第十八次全国代表大会文件汇编[G].北京:人民出版社,2012.

[5] 中共中央关于制定国民经济和社会发展第十二个五年规划的建议[EB/OL].新华网.http://www.china.com.cn/,2010.

[6] 中共山东省委关于制定山东省国民经济和社会发展第十二个五年规划的建议[N].大众日报,2010.

[7] 方景清.天津滨海新区海洋经济可持续发展潜力研究[D].中国海洋大学,2011.

[8] 徐冠华,邓楠,孙家广等.未来中国科技发展的战略选择(二)[J].中国软科学,2003(2):1-15.

[9] Hilborn R. Future directions in ecosystem based fisheries management: A personal perspective[J]. Fisheries Research,2011,108(2/3):235-239.

[10] 杨宇峰,王庆,聂湘平,王朝晖.海水养殖发展与渔业环境管理研究进展[J].暨南大学学报(自然科学与医学版),2012(5):531-541.

[11] 徐绍斌.我国海洋水产资源增殖开发研究中若干问题的探讨[J].现代渔业信息,1991(7):1-6.

[12] 徐绍斌.日本的资源生产型渔业的划时代意义及其开发概况[J].河北渔业,1986(2):1-48.

[13] 廖振远.海洋水产农牧化的先驱——著名海洋生物学家曾呈奎院士[J].中国科学院院刊,2004(4):296-299.

[14] 保护水生生物资源遏制水域生态荒漠化[N].中国渔业报,2010.

[15] 专家致信中央领导建议实施遏制水域生态荒漠化国家行动计划[J].中国渔业经济,2002(4):3.

[16] 国务院关于促进海洋渔业持续健康发展的若干意见[EB/OL].中华人民共和国中央人民政府政府公告.http://www.gov.cn/gongbao/content/2013/content_2441008.htm,2013.

[17] 农业部副部长牛盾解读《关于促进海洋渔业持续健康发展的若干意见》[EB/OL].人民网.http://finance.people.com.cn/n/2013/0626/c1004-21982738.html.2013.

[18] 獐子岛建成中国最大虾夷扇贝海上牧场[N].中华工商时报,2003.

[19] 宋滨.长岛县已形成国内最大的海珍品底播养殖区[J].海洋渔业,1992(6):281.

[20] 好当家:同意利用苏山岛以南未开发海域进行海珍品底播养殖[EB/OL].人民网.搜狐财经网.http://business.sohu.com/20080325/n256025784.shtml.

[21] 山东省渔业统计年鉴[R].济南:山东海洋与渔业厅,2013.

[22] 侯英民. 我国近海海洋综合调查与评价专项成果——《山东海情》[M]. 北京：海洋出版社，2010.

[23] 刘鹰，刘宝良. 我国海水工业化养殖面临的机遇和挑战[J]. 渔业现代化，2012（6）：1-9.

[24] 于定勇，王昌海，刘洪超. 基于PSR模型的围填海对海洋资源影响评价方法研究[J]. 中国海洋大学学报，2011（41）：170-175.

[25] 王夕源. 山东半岛蓝色经济区海洋生态渔业发展策略研究[D]. 青岛：中国海洋大学，2013.

[26] 山东省人民政府关于印发《山东生态省建设规划纲要》的通知[EB/OL]. 山东省人民政府网. http://www.shandong.gov.cn/art/2005/11/14/art_3883_2407.html

[27] 山东省渔业资源修复行动规划（2005-2015）[EB/OL]. 海上山东. http://www.hssd.gov.cn/readnews.asp?id=12623.

[28] 涂忠. 山东省渔业资源修复功能区划[D]. 青岛：中国海洋大学，2008.

[29] 李乃胜. 海洋科技推动山东半岛蓝色经济区更"蓝"[J]. 中国农村科技，2013，（11）：66-69.

[30] 廖洋，李相博，寇大鹏. 以科技推动海洋产业全面发展—访青岛国家海洋科学研究中心副主任王登启[N]. 科学时报，2008-12-1.

（邹琰，朱安成，刘广斌，刘洪军，郑永允，宋爱环）

我国海上筏式养殖模式的演变与发展趋势

海上筏式养殖模式与滩涂贝类养殖、海水池塘养殖统称为海水养殖业的三大主要养殖方式[1]。狭义的海上筏式养殖是指在浅海水面上利用浮子和绳索组成浮筏，并用缆绳固定于海底，使海藻(如海带、紫菜)和固着动物(如贻贝)幼苗固着在吊绳上，悬挂于浮筏的养殖方式；广义的海上筏式养殖，则涵盖了从垂下式养殖到网箱养殖等多种海上养殖方式。随着科学技术的进步和时代的发展，网箱养殖已经逐步成为一个独立的、前沿的养殖模式。本文仅从狭义的海上筏式养殖模式出发，对筏式养殖的起源、养殖品种、存在问题和发展趋势进行粗浅的探讨。

1 筏式养殖的起源

对于海水养殖而言，筏式养殖自海洋贝类的养殖起始，如今已经被广泛应用于牡蛎、扇贝和大型藻类的养殖中。海洋贝类(如牡蛎)的养殖经历了投石、插竹、打桩垂下等方式。打桩垂下式养殖，即是筏式养殖的雏形。而牡蛎的插竹养殖可追溯到宋代，至明、清一直以投石为主。自筏式养殖牡蛎开始，逐渐开展了珍珠贝、贻贝以及各种海藻，如海带、紫菜、裙带菜等的筏式养殖[2-5]。

2 筏式养殖品种

海水养殖业是我国渔业经济的主要构成部分。2006年我国海水养殖产量创出新高，全面超过了海洋捕捞产量，是世界上唯一养殖产量高于捕捞产量的国家，到2011年我国海水养殖产值1 931.36亿元，占渔业产值的24.50%，占全社会渔业经济总产值的12.87%。作为我国海水养殖业的养殖主体，海洋贝类和海洋藻类也是筏式养殖的主要对象。

2.1 海洋贝类

牡蛎养殖经历了投石、插竹、打桩垂下等方式，但其中投石和插竹已经逐步被滩涂水泥柱插桩养殖所取代，并衍生出浮筏吊养、延绳养殖、棚架吊养、吊笼养殖等多种方式，因牡蛎品种不同而采取不同方式。近江牡蛎的主要养殖模式为浮筏式吊养、棚架式吊养和滩涂水泥柱插桩养殖；太平洋牡蛎的主要养殖模式为棚架养成、筏式养成(吊绳和吊笼)和滩涂播养[6-8]。

扇贝养殖业于 20 世纪 70 年代末兴起。为了改变当时我国浅海养殖业滑坡的困境,选取扇贝养殖作为突破口而大力开展。扇贝(海湾扇贝、栉孔扇贝)的养殖以浮筏吊养为主,也有底播增养殖(虾夷扇贝)[9-11]。

贻贝养殖具有悠久的历史,最早是插杆养殖,1946 年,西班牙开始用垂养法养殖贻贝,开始了贻贝的筏式养殖。在我国,20 世纪 50 年代末开始贻贝的养殖,80 年代作为对虾的饵料被大量利用,养殖模式以浮筏养殖为主[12,13]。

鲍鱼养殖业起始于 20 世纪 70 年代,90 年代形成了较大规模。主要的养殖品种为皱纹盘鲍、九孔鲍和杂交鲍,均以浮筏吊养为主[14,15]。

2.2 海洋藻类

我国的海带属于外来种,海带的养殖经历了绑苗投石、采苗沉筐及"浮筏养殖法"等研究阶段,最终形成了海带筏式养殖技术,并沿用至今。海带筏式养殖技术的完善与成熟,引领了我国第一次海水养殖热潮,带动了整个沿海渔业经济的发展。我国海带年产量达到 80 多万吨,占世界海带产量的 90% 以上[16,17]。

裙带菜的养殖研究起始于增殖,在我国 20 世纪 60 年代兴起人工养殖。裙带菜主要在日本、韩国和中国养殖,另外法国 1990 年后也开始养殖裙带菜,养殖方式最初为投石养殖,现在主要以浮筏养殖和浮绳养殖为主[18,19]。

羊栖菜的主要养殖生产国是韩国,我国浙江省自 1989 年开始进行羊栖菜的人工养殖,主要方式是浮筏式养殖,投入产出比可达 1:2[20,21]。

龙须菜的人工养殖在我国开展较早,20 世纪 80 年代即有龙须菜浮筏栽培研究,但真正意义上的大规模栽培始于 1988 年龙须菜南移福建连江进行栽培,而 1997 年更是南移至广东湛江,龙须菜的南移栽培始获成功。自 1998 年获得选育的 981 良种之后,龙须菜栽培逐渐发展成为我国的又一新兴海藻产业。受益于其他海藻产业的栽培模式,龙须菜养殖方式主要是浮筏养殖[22-25]。

条斑紫菜的人工养殖兴起于 20 世纪 70 年代,目前江苏每年的紫菜产业产值可达 10 亿元,其主要养殖模式为潮间带的半浮动筏式、潮下带浅水区的支柱式和全浮动筏式。坛紫菜的人工养殖源自于 1966 年的坛紫菜育苗成功,1998 年福建坛紫菜产量 2.4 万吨,其主要养殖模式为浅海浮筏养殖[26-29]。

2.3 其他新兴养殖品种

近几年以海参为代表的海珍品养殖业大力发展,日渐成为一项新兴的养殖产业。海参的养殖以浅海围网养殖、围堰养殖、池塘养殖及人工控温工厂化养殖为主,近年来也发展了筏式养殖和海底沉笼养殖[30-32]。

随着科技的进步,各种底播的贝类如魁蚶、毛蚶等也进行了筏式养殖[33-35],新兴的养殖种类如鼠尾藻等也有筏式养殖的实验进行[36,37]。另外也有海胆、蟹类等筏式养殖的研究报道[38,39]。

3 筏式养殖的模式

3.1 筏式单养

对于大规模产业化生产的对象,大多采取筏式单养的方式,如海带、龙须菜、羊栖菜、牡蛎、扇贝养殖等。筏式单养的优势在于便于管理和收获,但容易造成养殖水体的资源浪费。由于单品种的养殖过分强调单一生物因子,容易导致养殖水体的物种组成失衡,物质和能量的转化效率降低,这些固有的缺陷,导致筏式单养不再是筏式养殖的主流方向。

3.2 混养

混养是随着海水养殖对象的不断增加而逐渐兴起的。不同品种的混养,可以实现对海水资源的综合利用,通过人为的手段将互利互生的不同养殖种类按照合理的数量关系搭配在同一个养殖环境内进行养殖,从而实现养殖生态系统的动态平衡,达到多元化的生态养殖。通过多元化的生态养殖,可以最大限度地利用有限的天然资源,利用贝类等动物与大型藻类的生态互补,实现对养殖环境的生物修复和生态调控[40]。

3.2.1 贝藻间的混养

北方海区的贝藻混养自20世纪70年代中期开始,贝藻混养是大多数海藻养殖区的套养模式,桑沟湾内浅海处即以海带和贝类兼养为主[41,42]。广东省进行了太平洋牡蛎与龙须菜的套养技术研究,结果表明此技术充分利用了海水养殖区的立体空间,提高了养殖产量和效益,有效保护了海岛养殖海区的生态环境,减少了病害发生,降低了赤潮的影响[43]。不同密度栉孔扇贝和海带配比实验表明,间养互利的基本机制促进了扇贝和海带的生长及产量[41]。其他常见的贝藻混养还有贻贝与海带的混养、合浦珠母贝与异枝麒麟菜的混养等[44-46]。

3.2.2 参贝间的混养

海洲湾进行了浅海筏式刺参与鲍鱼混养的实验,充分利用刺参摄食习性,清除并利用鲍鱼养殖产生的生物沉积物,降低了贝类养殖系统的自身污染程度[47]。对贝类和刺参混养实验表明,刺参对浅海筏式贝类养殖系统具有较大的生物修复潜力,可以显著增加养殖生产的经济效益[48]。

3.2.3 筏式养殖与底播结合的立体混养

俚岛海洋科技股份有限公司通过多元生态养殖技术的建立,实现鲍参藻的综合筏式养殖,带来了显著的生态效益和经济效益,实验表明亩效益可达到15万元以上[40]。

3.2.4 其他混养情况

海胆与鲍的混养可以有效防止苔藓虫的附着,是筏式养殖鲍鱼越冬的手段之一[49];栉孔扇贝与虾夷扇贝的混养可以预防栉孔扇贝在养殖过程中死亡,栉孔扇贝的成活率较单养情况下提高了62%[50]。

4 筏式养殖过程中存在的问题

无序的、超负荷的筏式养殖,对养殖水域的整体容纳量构成了极大的影响。筏式养殖是浅海养殖的主要组成部分,在海洋藻类及海洋贝类等的筏式养殖过程中,为了提高对养殖区域的充分利用,越来越趋于高密度的养殖,盲目地扩大规模,忽视了海区的负载能力,无序的超负荷养殖带来了很多不良后果。养殖环境的恶化或老化带来了栉孔扇贝大面积死亡,局部海区养殖密度过高、布局不合理及自身的污染导致了鲍养殖过程中较低的成活率,太平洋牡蛎的大面积死亡原因也在于局部养殖规模过大、密度偏高等[51-54]。秦皇岛市的扇贝养殖中,单台筏架吊养达130笼,超出标准笼数20%～50%,养殖规模远远超出了养殖水域的容纳量[55]。

动物性养殖带来的污染物对海水环境的影响不容忽视。烟台四十里湾内12 000亩养殖面积,仅栉孔扇贝养殖即可年排粪$4.7×10^6$ t,长海海域一年内可累计产生$3.89×10^6$ t干重的生物沉积物;而大规模的筏式养殖对潮流的阻碍作用很强,可使海流流速降低28%～54%,严重影响了养殖区海水的交换[51,56-61]。

养殖工艺陈旧、机械化程度低、劳动强度较大,是传统筏式养殖过程中存在的旧有问题。尽快提升筏式养殖过程中的科技含量、提高机械化水平,并进行相关海洋设备的开发和应用,将是今后筏式养殖过程中需要解决的问题。

针对筏式养殖过程中出现的问题,国内专家进行了研究和探讨。张继红等[62]认为,高温期扇贝网笼内的水质状况及食物限制可能与养殖栉孔扇贝的死亡有关;樊星等[58]研究发现,高密度养殖对潮流的阻碍作用很强,特别是贝类和海带混养区内,海带吊放在贝类养殖笼之间,对流速的阻碍作用更为显著。基于此,我国学者开始进行浅海筏式养殖系统养殖容量方面的研究,明确了建立评价体系对浅海筏式养殖海区养殖容量进行科学评估,才可以为养殖面积和放养密度等提出可靠的理论依据[63];并提出了解决相关海域养殖现状的优化措施[64]。

5 筏式养殖的未来发展趋势

5.1 高新技术的应用

已有的养殖发展过程告诉我们,在每一次海水养殖热潮中,总是从技术难关的攻克开始。海带夏苗培育和全人工筏式养殖,对虾人工育苗和养成技术,栉孔扇贝的养殖和海湾扇贝的引进,鲆鲽鱼类的工厂化育苗和养殖,无一不是高新技术与生产实践有机结合而结出的硕果[65]。高新技术的研究与应用是保障海水养殖产业高效、优质、健康发展的关键,理论基础、技术基础和实践基础是产业发展的基石。在筏式养殖模式的发展过程中,必须要大力进行高新技术的研究,并开展在实际生产中的应用,才能让筏式养殖这一模式保持广阔的发展前景。

5.2 生态养殖模式的开展

不同的养殖海域拥有不同的养殖容量[63]。把不同营养级的海水养殖品种进行合理的规划组合,实现在不同营养层次上的高效养殖,可以有效降低海水养殖对生态系统的危害,筏式养殖也可以在不同营养层次上进行开展。改变筏式养殖过程中单一型的养殖模式为多元化的生态养殖模式,提高单位水体养殖生物产量,从而开创环境和谐的、资源可持续利用的海水养殖产业开发新局面[66]。

5.3 基础研究理论支持

我国海水养殖产业在高速发展,但是基础理论研究严重滞后的问题依然是制约整个产业健康持续发展的关键因素。如何获得并持续利用优良的种质、提供理论依据以保证筏式养殖过程中的合理规划、探索新的筏式养殖对象及其产物生理生化特征等,都是海水筏式养殖模式发展过程中需要解决的基础问题[67]。在基础研究理论的有力支持下,在现代科学技术飞速发展的推动下,我国海水养殖产业才能保持强大的生命力和竞争力,海水筏式养殖模式才能在技术上日臻成熟和完善,养殖品种不断增加,始终保持广阔的前景。

参考文献

[1] 赵广苗. 当前我国的海水池塘养殖模式及其发展趋势[J]. 水产科技情报, 2006, 33(5): 206-207.

[2] 李宏基. 中国海带养殖若干问题[M]. 北京: 海洋出版社, 1996.

[3] 王经坤, 刘镇昌, 杨洪生. 筏式养殖筏架虚拟设计及仿真应用[J]. 渔业现代化, 2008, 35(1): 32-35.

[4] 梦瑶. 海底牛奶—牡蛎[J]. 中国食品, 2011(21): 64-65.

[5] 杨瑞堂. 福建牡蛎养殖古今考[J]. 科学养鱼, 1988(3): 30.

[6] 李坚明, 刘坚红. 广西近江牡蛎产业发展现状与对策[J]. 中国水产, 2008. 389(4): 82-83.

[7] 张豫, 宋爱环. 太平洋牡蛎人工育苗及养殖现状[J]. 齐鲁渔业, 2008, 25(4): 26-28.

[8] 徐鹏飞. 优良牡蛎品种—太平洋牡蛎[J]. 科学种养, 2011(6): 49-50.

[9] 张福绥. 中国海湾扇贝养殖业的发展[J]. 海洋科学, 1992(4): 1-4.

[10] 魏利平. 山东省扇贝养殖现状及持续发展的技术措施[J]. 齐鲁渔业, 2000, 17(2): 21-23.

[11] 李成林, 宋爱环, 胡炜等. 山东省扇贝养殖产业现状分析与发展对策[J]. 海洋科学, 2011, 35(3): 92-98.

[12] 吴康. 贻贝养殖历史及面临的问题[J]. 现代渔业信息, 1991, 6(9): 30.

[13] 冯玉法. 贻贝养殖及贻贝扇贝轮养[J]. 科学养鱼, 1990(2): 14-15.

[14] 艾红, 李永振. 我国养殖鲍病害及防治研究现状[J]. 齐鲁渔业, 2003, 20(5): 30-32.

[15] 欧俊新. 莆田市鲍增养殖现状、问题与发展对策[J]. 福建水产, 2002(1): 74-77.

[16] 李基磐. 中国海带养殖业回顾与展望[J]. 中国渔业经济, 2010, 28(1): 12-15.

[17] 金振辉, 刘岩, 张静等. 中国海带养殖现状与发展趋势[J]. 海洋湖沼通报, 2009(1): 141-150.

[18] 李宏基. 我国裙带菜(*Undaria pinnatifida*(*Harv.*)*Suringar*)养殖技术研究的进展[J].

现代渔业信息，1991，6（6）：1-4.

[19] 胡晓燕．裙带菜的养殖加工及应用[J]．海洋科学，1998（3）：15-18.

[20] 林增善．羊栖菜及其养殖技术[J]．科学养鱼，1998（2）：28-29.

[21] 章立浩，章俊－洞头发展羊栖菜养殖业的优势[J]．浙江气象，2009，30（2）：31-35.

[22] Li R Z, Chong R Y, Meng Z C. A preliminary study of raft cultivation of Gracilaria verrucosa and Gracilaria sjooestedti [J]. Hydrobiologia, 1984, 116/117: 252-254.

[23] Fei X G, Zhang X C, Sun G Y, et al. Southward transplant research of Gracilaria lemaneiformis [J]. Abstracts of 4th International Phycological Congress. J. Phycol, 1991, 27(3)(Supl.): 21.

[24] 张学成，费修绠，王广策等．江蓠属海藻龙须菜的基础研究与大规模栽培[J]．中国海洋大学学报（自然科学版），2009，39（5）：947-954.

[25] 严志洪．龙须菜南移栽培技术[J]．中国水产，2003（8）：62-63.

[26] 商兆堂，蒋名淑，濮梅娟．江苏紫菜养殖概况和气候适宜性分析[J]．安徽农业科学，2008，36（13）：5 315-5 319.

[27] 唐箭飞．条斑紫菜养殖技术指要[J]．水产养殖，2010（12）：39-41.

[28] 游华．平潭县坛紫菜养殖现状与发展对策[J]．水产科技情报，1999，26（6）：272-273.

[29] 王有政．坛紫菜浅海浮筏升降养殖技术[J]．科学养鱼，2011（12）：37-38.

[30] 张春云，王印庚，荣小军等．国内外海参自然资源、养殖状况及存在问题[J]．海洋水产研究，2004（3）：89-97.

[31] 王磊，赵文．辽东湾沿海刺参池塘养殖现状及存在问题[J]．中国水产，2007，380（7）：56-57.

[32] 常忠岳．海参的几种养殖模式及技术要点[J]．齐鲁渔业，2003．20（1）：23.

[33] 战江祥，刘刚，王永安等．海州湾毛蚶浅海筏式养殖试验[J]．齐鲁渔业，2002，19（11）：13.

[34] 孙日东．人工筏式养殖魁蚶[J]．中国水产，1990（5）：34.

[35] 马述法，柳钟景，王仁先等．魁蚶筏式养殖技术试验报告[J]．齐鲁渔业，1996，13（6）：8-9.

[36] 邹吉新，李源强，刘雨新等．鼠尾藻的生物学特性及筏式养殖技术研究[J]．齐鲁渔业，2005，22（3）：25-29.

[37] 原永党，张少华，孙爱凤等．鼠尾藻劈叉筏式养殖试验[J]．海洋湖沼通报，2006，（2）：125-128.

[38] 王兴章，常忠岳，吕劭伟等．马粪海胆筏式养殖技术[J]．中国水产，2005（2）：62-63.

[39] 邵才国，张爱如．梭子蟹吊笼养殖试验[J]．苏研科技，2002（3）：19.

[40] 方建光，环境友好型多元生态养殖技术与模式[J]．中国科技成果，2011（5）：10-11.

[41] 韦玮,方建光,董双林等．贝藻混养互利机制的初步研究［J］．海洋水产研究,2002, 23（3）：20-25.

[42] 史洁,魏皓．半封闭高密度筏式养殖海域水动力场的数值模拟［J］．中国海洋大学学报（自然科学版）,2009,39（6）：1 181-1 187.

[43] 马庆涛,陈伟洲,康叙钧等．太平洋牡蛎与龙须菜套养技术［J］．海洋与渔业,2011（11）：52-53.

[44] 孙永杰,潘培舜,王林夫等．贻贝与海带兼养技术推广试验［J］．齐鲁渔业,1991,33（2）：16-17.

[45] 吴树敬．海带贻贝套养技术［J］．中国水产,1997（8）：30-31.

[46] Qian P Y, Wu C Y, Wu M, et al. Development of ecological farming: integrated cultivation of alga $Kappaphycus\ alvarezii$ and pearl oyster $Pinctada\ fucata$［J］. Aquaculture, 1996（147）：21-35.

[47] 杨淑岭,刘刚,丁增明等．浅海筏式刺参与鲍鱼混养技术［J］．现代农业科技,2009（4）：226.

[48] 袁秀堂,杨红生,周毅等．刺参对浅海筏式贝类养殖系统的修复潜力［J］．应用生态学报,2008,19（4）：866-872.

[49] 孔泳滔,王琦,程振明等．皱纹盘鲍与光棘球海胆越冬期筏式混养的初步研究［J］．水产科学,1999（2）：12-14.

[50] 马强,于瑞海,王昭萍等．防栉孔扇贝养成死亡的新方法——栉孔扇贝与虾夷扇贝混养试验［J］．海洋湖沼通报,2005（2）：51-54.

[51] 蒋增杰,方建光,门强等．桑沟湾贝类筏式养殖与环境相互作用研究［J］．南方水产,2006,2（1）：23-29.

[52] 宋微波,王崇明,王秀华等．栉孔扇贝大规模死亡的病原研究新进展［J］．海洋科学,2001,25（12）：23-26.

[53] 孙景伟,王志松,王富贵等．太平洋牡蛎大量死亡原因与防治对策［J］．水产科学,1997,16（3）：3-7.

[54] 隋锡林等．大连浮筏养殖太平洋牡蛎死亡原因的调查与分析［J］．水产科学,1996,15（5）：3-7.

[55] 曹现锋,夏雪岭,何建平．秦皇岛市扇贝养殖业现状及科学发展建议［J］．河北渔业,2010（4）：45-47.

[56] 高昊东,邓忠伟,孙万龙等．烟台四十里湾海域红色裸甲藻赤潮发展过程及其成因［J］．中国环境监测,2011,27（2）：50-55.

[57] 张明军,袁秀堂,柳丹等．长海海域浮筏养殖虾夷扇贝生物沉积速率的现场研究［J］．海洋环境科学,2010,29（2）：233-237.

[58] 樊星,魏皓．近岸典型养殖海区潮流垂直结构的数值研究［J］．渔业科学进展,2010,31（4）：78-84.

[59] Pilditch C A, Grant J, Bryan K R. Seston supply to sea scallops (*Placopecten magellanicus*) in suspended culture [J]. Can J Fish Aquat Sci, 2001, 58(2): 241-253.

[60] Boyd A J, Heasman K G. Shellfish mariculture in the Benguela system: Water flow pattern within a mussel farm in Saldanha Bay, South Africa [J]. J Shellfish Res, 1998, 17(1): 25-32.

[61] Gibbs M M, James M R, Pickmere S E, et al. Hydrodynamic and water column properties at six stations associated with mussel farming in Pelorus Sound, 1984-85 [J]. Mar Freshwater Res, 1991, 25(2): 239-254.

[62] 张继红,王巍,蒋增杰等. 桑沟湾夏季栉孔扇贝养殖笼内水质变化 [J]. 渔业科学进展, 2010, 31(4): 9-15.

[63] 杨红生,张福绥. 浅海筏式养殖系统贝类养殖容量研究进展 [J]. 水产学报, 1999, 23(1): 84-89.

[64] 方建光,匡世焕,孙慧玲等. 桑沟湾栉孔扇贝养殖容量的研究 [J]. 海洋水产研究, 1996, 17(2): 18-31.

[65] 张振华,韩士群,严少华. 我国对虾养殖的现状及持续发展对策 [J]. 江苏农业科学, 2002(3): 69-71.

[66] 王清印. 海水养殖生物资源的基础研究与重点领域 [J]. 中国科学基金, 2005(6): 334-338.

[67] 唐启升. 海洋生物资源可持续开发利用的基础研究 [J]. 中国科学基金, 2000(4): 233-235.

(丁刚,吴海一,郭萍萍,李美真)

斑点鳟网箱养殖技术

斑点鳟(*Oncorhynchus mykiss*),俗称尊贵鱼,因全身布满斑点而得名,属冷水性溯河洄游鱼类,是由现代生物学技术精心选育而成的三文鱼新品种,2010年由山东省海水养殖研究所联合青岛福卡海洋生物科技有限公司引入我国。

斑点鳟是广温、广盐性鱼类,生存温度0～24℃,适宜水温8～21℃,最适宜生长水温10～18℃,在0～33盐度范围内均能存活,抗病力强,生长速度快,饲料转化率高达1.1:1,在10～18℃的淡水或海水中,1年即可长至2～3 kg,2年可达3～5 kg。斑点鳟不论工厂化养殖或网箱养殖均可,这里主要介绍一下网箱养殖的技术方法等。

1 养殖设施

斑点鳟海上网箱养殖主要使用传统简易网箱或HDPE深水网箱。传统简易网箱结构简单,抗流抗风浪能力差,使用寿命短,但是价格便宜,制作方便,适合小规模及近岸浅海养殖。HDPE深水网箱有圆形及多边形等多种形式,周长30～100 m,网深5～20 m,抗流及抗风浪能力强,产量高,但是价格较贵,适合大规模离岸养殖。

2 环境条件

网箱养殖海区水质理化因子应符合下列要求。

水质:养殖区附近海面无污染源,水质清澈,符合国家渔业二级水质标准。

风浪:以所用养殖网箱的抗风浪规格为准,通常最大浪高不超过5 m,最大流速不超过1 m·s^{-1},选择流速0.3～0.8 m·s^{-1}的海区较为理想。

温度、盐度:斑点鳟是广温、广盐性鱼类,生存温度0～24℃,适宜水温8～21℃,最适宜生长水温10～18℃,在0～33盐度范围内均能存活。因此斑点鳟养殖过程中的主要难点是度夏问题,养殖海区夏季最高水温不应超过24℃,18℃以上投饵量减半,超过21℃建议停食并沉降网箱,待水温回落21℃以下开始投喂。

3 养殖密度

据斑点鳟的不同规格确定放养密度,一般投放50克/尾以上的苗种,通常放养密度是每立方米100～200尾;如放养的鱼种规格为100～150 g,放养密度为每立方米30～50尾,

最终的养殖产量在 $15 \sim 25 \text{ kg} \cdot \text{m}^{-3}$。一般养殖产量最高设计不超过 $40 \sim 50 \text{ kg} \cdot \text{m}^{-3}$。

4 饲料及投喂

成鱼的饲养主要投喂人工合成的全价颗粒饲料。斑点鳟养殖所用的饲料采用鲑鳟鱼配合饲料，其中包含有适量的多种维生素、矿物质和高度不饱和脂肪酸等。所用饲料要容易投喂，饲料颗粒成型良好，在水中不易溃散。在选购饲料时，应检查饲料标签是否标明以下内容："本产品符合饲料卫生标准"字样（明示产品符合 GB 13078 的规定）；标明主要成分保证值，即粗蛋白、粗纤维、粗灰分、钙、总磷、食盐、水分、氨基酸等的含量；标明生产该产品所执行的标准编号、生产许可证、产品批准文号、规格、型号、净重、生产日期、保质期、生产者的名称和地址等。

5 日常管理

日常管理工作的好坏，不仅影响产量，而且直接关系到网箱养鱼成败，为此，应做好以下几项工作。

定期检查网箱：网箱养鱼最怕网破逃鱼，一般每周检查 1 次，一般在风浪小的天气，上午或下午进行检查，要特别注意水面下 $30 \sim 40 \text{ cm}$ 的网衣，该处因常受漂浮物的撞击，以及水老鼠等敌害侵袭，很容易破损逃鱼。检查网身后，再检查底网及网衣与网框连接的各点，这些地方的网衣容易磨损或撕裂而形成漏洞，凡缝合接线处都要仔细检查，防止发生松结。发现漏洞，及时补好。

防风防浪：在暴风雨汛期洪水来临之前，要检查框架是否牢固，加固锚绳、木桩，防止网箱沉没和被海浪冲走，防止被漂浮物撞击。

适时沉箱：夏季高温季节，水温超过 24℃时，应将网箱沉入较深的水下，降低水温。

坚持勤洗箱：网箱下水后，易着生青泥苔等藻类黏附堵塞网目，影响水体交换，增加网箱体重，腐蚀网片材料，潜伏鱼类病原体，严重影响养殖效果。因此，必须及时捞出网箱中的残渣剩饵和死鱼，坚持定期清洗网箱。

6 病害防治

鱼类在网箱中养殖，一般不易生病。一旦生病，则危害严重。一般来说，大部分鱼病是由水质和饵料的不适引起的。水质和饵料的不适引起机体抗病能力下降，为病原体的入侵创造了条件。因此，要注意水质和饵料质量的管理。海水网箱养殖的防病措施包括以下几种。

改善网箱养殖环境。经常保持养殖水域的卫生，打捞网箱内的残渣污物，使水流畅通。

控制和消灭病原生物，鱼苗入网箱前，进行消毒。养殖期间，定期进行药物预防，包括挂袋消毒和投喂药物。此外，定期用淡水浸泡鱼体，可防治皮肤病和体外寄生虫病。

增强鱼体的抗病力。保持合适的放养密度，投喂充足的饵料，使鱼体快速生长，可提高鱼体抗病力。

7 灾害防护

灾害性天气是指风暴潮、暴雨及洪水、水温突变等突发性情况,如不引起重视,将会造成重大损失。

根据台风或热带风暴预报信息,一般在台风来临前1～2天将网箱稍沉入水中,台风过后及时将网箱升出水面并检查箱体及网衣有无损伤,观察鱼类活动情况,采取相应处理措施。

(王雪,张少春,菅玉霞,郭文)

海域承载力研究进展

承载力(Carrying Capacity)原为工程地质领域中的一个力学概念,指物体在不产生任何破坏时所能承受的最大负荷,20世纪初这一概念被逐渐引入至人口统计学,种群生态学等领域,主要是指在一定条件下,一定区域范围可以容纳的最大人口(或种群)的数量[1]。承载力理论内涵的起源甚至可追溯至 Malthus 在1798年提出的需求供应失衡理论[2],其后历经200多年时间的发展,经过从种群承载力—资源承载力—环境承载力—生态承载力的演进过程,现已成为了人类可持续发展度量和管理的重要依据[3],并在陆地区域环境系统内得到了广泛的应用[4-7]。

近年来,由于海洋资源掠夺性开发与沿海环境污染等问题不断加剧,海洋生态系统结构日益遭受破坏,为促进海洋经济可持续发展,迫切需要开展涉海承载力的相关研究工作。狄乾斌等是国内较早开展涉海承载力研究的学者,并提出"海域承载力"的概念,即一定时期内,以海洋资源的可持续利用、海洋生态环境的不被破坏为原则,在符合现阶段社会文化准则的物质生活水平下,通过海洋的自我调节、自我维持,海洋能够支持人口、环境和经济协调发展的能力或限度[8]。韩立民等则直接指出海域承载力的实质为海洋对人类活动的最大支持程度[9]。目前,国内有关海域承载力的研究报道逐渐增多,依据具体研究对象主要分为海洋生态环境承载力、海岸带承载力、海水养殖承载力三个方面,见表1。本文在对这三种海域承载力报道系统总结的基础上,提出海域承载力研究当前面临的挑战和未来的研究趋势,以期为推进承载力理论在我国海洋科学的研究水平提供参考。

表1 海域承载力的分类

类型	研究对象	研究目标及内容
海洋生态环境承载力	近岸海域、半封闭型海湾	估算海洋环境系统的生态纳污能力及其对沿海社会经济发展支撑能力,为沿海区域开发提供科学依据
海岸带承载力	海岸带、沿海省市区域	评估海岸带所能承受的人类经济活动强度和产业规模状况,加强和实现海岸带的综合管理(ICZM)
海水养殖承载力	海水养殖的生物资源	估算养殖区域可供合理养殖的鱼、虾、贝等种群生物数量,促进海洋生物资源的可持续利用

1 海洋生态环境承载力

事实上,海洋生态环境承载力(Marine Ecological Environment Carrying Capacity)是从海洋环境容量(Marine Environment Capacity)的基础上演化发展而来的。1953年,新潟发生的水俣病事件震惊了全世界,日本政府随即开展了对濑户内海的治理和管理工作,学者们也提出了"环境容量"的概念,并对海湾内污染物排放总量进行了研究和讨论[10]。1986年,联合国海洋污染专家小组(GESAMP)将"环境容量"正式定义为"环境容量为环境的特性,即在不造成环境不可承受的影响前提下,环境所能容纳某污染物的能力(aproperty of the environment and can be defined as its ability to accommodate a particular activity or rate of activity without unacceptable impact)",并提出了包括污染输入、输出和悬浮物输出等三个过程的箱式估算模型[11]。后来,世界各地的学者们不断对箱式模型进行改进,逐渐将人为或其他要素考虑进去,相继发展为数学规划模型、模糊线性规划方法和动力水质模型,并在全球范围内对海湾的COD、活性磷酸盐、无机氮等的环境容量进行了估算[12-17],为海湾环境的治理和规划提供了重要的科学依据。由上述定义及模型可见,环境容量研究以估算特定海湾的最大排污量为目标,侧重分析海湾环境的空间容纳功能。

近年来,随着可持续发展观念的深入人心,部分学者开始借鉴国内外区域承载力研究思路与方法,将海洋环境视作滨海区域生态系统的子系统,在分析海湾的环境纳污能力的基础上,增加考虑资源供给、社会服务、生态调节等功能,综合评估其支撑沿海地区发展的最大支撑能力。基于资源供给和环境纳污角度,苗立娟等率先提出了"海洋生态环境承载力"的概念,将其定义为"在满足一定生活水平和环境质量要求下,在不超出海洋生态系统弹性限度条件下,海洋资源、环境子系统的最大供给与纳污能力,以及对沿海社会经济发展规模及相应人口数量的最大支撑能力",并初步构建了近海海洋生态环境承载力的评价体系[18](图1)。刘容子等在极大丰富苗立娟所建评价指标体系的基础上,明确融入生态系统服务功能价值的探讨,系统地建立了资源—生态—环境—经济复合的海洋承载力评价体系(以下称"复合评价体系"),并以渤海为研究区域,提出了合理利用渤海资源环境承载力的框架方案,开拓了海洋环境承载力研究的新局面[19]。

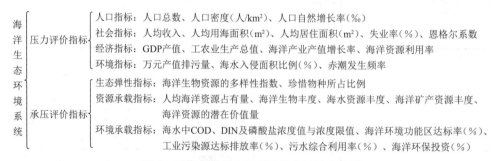

图1 近海海洋生态环境承载力的评价体系

在实证研究中,学者们多根据掌握的数据资料等情况对"复合评价体系"做出修改和补充,构建了适合的海洋环境承载力评价体系,并采用模糊综合评判的方法来完成对研究区域承载力的评估。邓观明、李志伟、曹可等引入社会经济学影响因素如恩格尔系数、科技发展状况等作为承压部分,进一步完善了"复合评价体系",分别对宁波、河北和辽宁的海洋生态环境承载力状况进行估算和评价[20-22]。石洪华等在对广西5个海湾进行环境承载力评估时,增加了对海洋环境的气体调节、气候调节的功能考虑,并提出"海湾环境承载力"的概念,将其定义为"在一定时期内,在保持海湾生态系统健康的条件下,海湾环境所能承受的人类活动的能力与为人类提供的环境福利之和"[23]。时至今日,海洋(湾)生态环境承载力的相关研究报道陆续增多,虽然在生态—环境—经济复合系统层面探讨海洋生态环境的研究已成共识,但恰恰由于复合系统的庞大复杂性、模糊性和影响因素的多样性,海洋环境承载力既未形成统一的概念界定,也未形成公认的指标体系和综合评价模型,海域环境承载力的研究尚处在起步探索阶段[24]。

2 海岸带承载力

自20世纪60年代以来,全球许多国家陆续开展海岸带综合管理的实践与探索,特别是在《21世纪议程》提出了"沿海和海洋环境综合管理和可持续发展"之后,协调海岸带区域综合承载力与经济社会可持续发展的关系,实施海岸带可持续发展战略是当今政府与社会各界关注的热点[25-27]。Shea等在13th Biennial Coastal Zone Conference上提出一种"基于产出模式"的效果评价框架,促进了海岸带可持续发展研究逐渐走向综合性和定量化[28]。此后,技术上凭借着3S(RS, GIS和GPS)等高新技术手段的日益发展和运用,海岸带可持续发展研究的科技水平得到了极大的提高,海岸带研究的范围和领域不断扩展,逐渐演变成多学科交叉、综合与集成的研究[29]。目前,海岸带可持续发展及评价研究越来越受到重视,从海岸带自然—社会—经济复合系统层面加强和实施海岸带综合管理(ICZM)已成为全球的普遍共识,并已在很多国家和地区积累了丰富和成功的实践经验[30-31]。

石纯、金建君、李健等较早地在国内开展了海岸带可持续发展评价体系及方法模型的研究,主要采用层次分析法(AHP)构建了不同的评价体系,评价指标均涵盖了资源、经济、社会和环境的内容,分别对上海、辽宁、大连等沿海行政省市单元进行了初步的评价研究[32-34]。但是,这些评价指标体系中的某些指标数据(沿岸海域水质综合指数)往往难以搜集或者检测,且缺少综合反映海岸带地区环境、经济和社会发展状况和水平的指标参数,部分参数仍需要经定性分析得到。熊永柱率先提出了"海岸带环境承载力(Coastal Environmental Carrying Capacity)"的概念,即"一定时期内,海岸带地区环境系统在保持其正常功能的前提下所能承受的人类社会和经济活动强度的能力大小",并创建了包含综合协调度、可持续性和可持续发展度3个指数的评价体系和概念模型[35]:

$$P = f(x_1, x_2, x_3, \cdots, x_n) \tag{1}$$

式中,P为海岸带环境承载力;x为回归后的评价指标;n为回归后的评价指标个数,其中每一项指标基本都可以量化,且较易于获取,促进海岸带可持续发展状态评价研究向定量化发展。张婧等[36]基于生态系统安全的角度构建了包含40个指标的海岸带评价指标体系,并分别采用综合指数法和模糊评价法对胶州湾海岸带10年的生态安全状况进行了定量评价分析。郭晶等[37]以环境承载力综合指数为依据,利用BP神经网络对1995~2012年我国沿海地区环境承载力进行了评价和预测。

然而,由于目前将"海岸带"表述为"由海岸线向陆海两侧扩展一定宽度的带形区域,是海洋与陆地相互交接、相互作用的地带",只是笼统地界定了大致边界,缺乏确切的范围划定,不同"海岸带承载力"研究间在尺度上存在着很大的差异,可从小型滨海城镇到沿海城市,以至于拓展至整个大陆海岸[35-38]。此外,刘康等还指出由于"海岸带承载力"是涉及多方面的综合概念,存在海岸带资源和环境的复杂性以及地域差异性,不同主体对"海岸带承载力"的评估研究往往带有主观性[39]。同海洋生态环境承载力相似,海岸带承载力研究也还未形成一个被广泛认可的方法体系,仍然需经过更多的实证分析才能不断完善。

3 海水养殖承载力

海水养殖承载力(Marine Aquaculture Carrying Capacity)主要指养殖海域取得最大产量的同时,对生长速率不产生负面影响的最大放养密度,相关研究大多针对浅海贝类、海水网箱养殖等进行,而且国内在引用时很少用"养殖承载力"的表述,基本都将其译为"养殖容量"。养殖容量的研究始于20世纪70年代末,日本学者率先发现贝类养殖量的大小与病害率和死亡率有直接关系,Inglis将养殖的容纳量分为物理容量(physical carrying capacity)、养殖容量(production carrying capacity)、生态容量(ecological carrying capacity)和社会容量(social carrying capacity)[40],见表2。

表2 Inglis关于养殖容量的分类

类型	概念	关键影响因素
物理容量	在适于养殖的物理空间所能容纳的最大生物数量	取决于满足生物生长、生存所必需的自然条件,如底质、水文、温、盐等
养殖容量	产量最大时的养殖密度	取决于物理养殖容量和养殖技术,其容量估算与初级生产力及悬浮颗粒有机物的浓度等密切相关
生态容量	不引起负面生态效应的最大养殖密度	取决于生态系统功能,将整个生态系统和养殖的全过程视为养殖机体(包括从苗种的采集、生长、收获及加工过程)
社会容量	在包涵以上三个层次的基础上,兼顾社会经济因素,不引起负面社会效应的临界养殖密度	保证经济效益最大,并且符合养殖海域经济可持续发展要求

我国海水养殖容量研究起步较晚,方建光等在国内率先以Chl-a为有机碳供应指标建立了养殖容量计算公式,对山东桑沟湾栉孔扇贝的养殖容量进行估算,其技术方法由于简单易用的特点得到了广泛的应用[41]。黄小平等以水体富营养化的限制因子N和P的最高限制值作为控制值,利用数学模型(二维浅水潮波方程)模拟公湾海域环境对其网箱养殖容量的限制情况,推测公湾海域环境所能承受的网箱养殖容量规模约为6 500个网箱[42]。董双林等将养殖系统分为自然营养型和人工营养型两类,认为对自然营养型可以从初级生产力和营养需求入手研究养殖容量[43]。事实上,养殖容量是诸多生态环境因子与养殖生物相互

作用后达到的动态平衡，受营养水平、气候、水化学、水文、物理和生物等诸多因素影响。另外，养殖生物通过摄食控制浮游植物现存量的同时，还会促进浮游植物的生产力，正确确定估算养殖容量的关键因子，是正确估算养殖容量的关键。朱明远、张学雷等根据养殖海区的供饵力和养殖扇贝的生长估计建立了贝藻混养生态模型，同时引入了人的活动对养殖对象的效应因素，为进一步引入社会经济模块，进行中长期效应的综合养殖容量研究奠定了基础[44-45]。尹晖等通过历史资料收集、现场调查、现场模拟实验、室内模拟实验等综合性方法研究了滤食性海水滩涂贝类养殖容量研究中涉及的主要过程，以浮游植物、浮游动物、养殖贝类、有机碎屑四个状态变量构建了乳山湾滩涂贝类养殖容量评估模型，并对乳山湾滩涂贝类养殖现状进行评估分析[46]。

近年来，随着生态动力学和计算技术的发展，通过将物理、生物过程定量化，运用生态系统动力学模型进行养殖容纳量的研究成为了新的趋势。目前，国外学者广泛应用的模型方法主要有DEPOMOD（图2）和ECOPATH两种，前者根据颗粒物沉降轨迹依赖于水动力学的特性建立，主要用于预测鱼类、贝类的养殖水平对底栖生物群落结构的影响程度；后者是基于能量平衡（biomass-balance）原理直接构造生态结构，用线性齐次方程描述能量流动以及确定生态参数，在诸多水生生态系统研究中都得以广泛应用[47-49]。这两种生态动力学模型在估算养殖容量方面有着巨大的贡献，但依然存在技术缺陷，都是从部分生态要素出发，不足以全面反映生态系统的复杂性，需要对整个生态系统的机能进行深入的研究，才能使容纳量的评估模型更为完善[50]。近年来，Byron等人在综合养殖生态环境和社会经济发展的基础上，结合社会管理学理论，提出以海湾养殖资源量为主，兼顾环境、社会、经济总量的综合承载力，并以Narragansett海湾的牡蛎养殖承载力为例进行了相应的评估研究[51]。

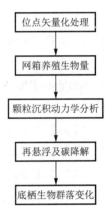

图2　DEPOMOD模型简要示意图

4 分析与展望

时至今日，海洋环境承载力和海岸带承载力的研究大多在通过借鉴陆地区域承载力的空间状态模型基础上，结合近岸地区社会经济发展的特点，构建相应的评价指标体系，并以此来量化和评判研究海湾或海岸带地区的承载力状况。而海水养殖承载力起初属于资源承载力的范畴，随着承载力概念的整体发展，涵义越来越广泛，逐渐演变成了以生物资源为主的，可持续承载生物资源的生态容量、环境质量和社会、经济总量的综合生态承载力的研究[52]。综上可见，海域承载力的研究目前都已上升至综合生态承载力的层面，已成为协调和决策区域海洋产业经济发展的理论基础。

海域承载力的研究视角多为"自然—社会—经济"复合巨系统，具体研究对象既涉及生物、水质、气候等自然生态因子，又涵盖生产、消费、服务等海洋经济生态过程，还包括设施、文化等滨海生态格局，再加之时空的变动性、体系的多层性以及评价的主观性决定了海域承载力研究的复杂性。目前，海域承载力的研究在获得越来越多认可的同时，其研究体系和内容却面临诸多困难和挑战。一方面,尽管海域承载力研究已明确了方向,但许多问题只能从理论上探讨,尤其是复合巨系统中许多机制的模糊性使得当前海域承载力的内涵更像一个发展的框架,需要继续补充和完善。另一方面,现今的研究方法还停留在单资源承载力或因子效应简单复合层面,且大多数方法仅针对结果和现象,缺乏对研究过程的深入探讨,已落后于海域承载力的任务需求。因此,进一步开拓生态系统的认知进程,提升分析和模拟研究的精度,开创更有效的、过程化的研究方法,成为了当前海域承载力研究最重大的挑战,直接影响到海域承载力的生命力和未来的发展。

参考文献

[1] Price D. Carrying Capacity Reconsidered[J]. Population and Environment, 1999, 21(1): 5-27.

[2] Malthus T R. An essay on the principle of population[M]. London: Pickering, 1798.

[3] 张林波,李文华,刘孝富,等. 承载力理论的起源、发展与展望[J]. 生态学报, 2009, 29(2): 878-888.

[4] 程国栋. 承载力概念的演变及西北水资源承载力的应用框架[J]. 冰川冻土, 2002, 4(4): 361-367.

[5] Nam J, Chang W, Kang D. Carrying capacity of an uninhabited island off the southwestern coast of Korea[J]. Ecological Modelling, 2010, 221(17): 2 102-2 107.

[6] Rajaram T, Das A. Screening for EIA in India: Enhancing effectiveness through ecological carrying capacity approach[J]. Journal of Environmental Management, 2011, 92(1): 140-148.

[7] 何仁伟,刘邵权,刘运伟. 基于系统动力学的中国西南岩溶区的水资源承载力——以贵州省毕节地区为例[J]. 地理科学, 2011, 31(11): 1 376-1 382.

[8] 狄乾斌,韩增林,刘恺. 海域承载力研究的若干问题[J]. 地理与地理信息科学, 2004, 20(5): 50-53.

[9] 韩立民,栾秀芝. 海域承载力研究综述[J]. 海洋开发与管理, 2008, 25(9): 32-36.

[10] 张高立. 环境管理: 上册[M]. 北京: 教育科学出版社, 1999.

[11] IMO/FAO/UNESCO/WMO/WHO/IAEA/UN/UNEP Joint Group of Experts on the Scientific Aspects of Marine Pollution. Environmental Capacity: An approach to marine pollution prevention[R]. UNEP: UNEP Regional Seas Reports and Studies, 1986.

[12] Tedeschi S. Assessment of the environmental capacity of enclosed coastal sea[J]. Marine Pollution Bulletin, 1991, 23: 449-455.

[13] Mahajan A U, Chalapatirao C V, Gadkari S K. Mathematical modeling-a tool for coastal water quality management[J]. Water Science and Technology, 1999, 40(2): 151-157.

[14] Yao Y J, Yin H L, Li S. The computation approach for water environmental capacity in

tidal river network[J]. Journal of Hydrodynamics: Ser. B, 2006, 18(3): 273-277.

[15] 王长友,王修林,李克强,等. 东海陆扰海域铜、铅、锌、镉重金属排海通量及海洋环境容量估算[J]. 海洋学报, 2010, 32(4): 62-76.

[16] 夏华永,李绪录,韩康. 大鹏湾环境容量研究 I: 自净能力模拟分析[J]. 中国环境科学, 2011, 31(12): 2 031-2 038.

[17] 夏华永,李绪录,韩康. 大鹏湾环境容量研究 II: 环境容量规划[J]. 中国环境科学, 2011, 31(12): 2 039-2 045.

[18] 苗丽娟,王玉广,张永华,等. 海洋生态环境承载力评价指标体系研究[J]. 海洋环境科学, 2006, 25(3): 75-77.

[19] 刘容子,吴姗姗. 环渤海地区海洋资源对经济发展的承载力研究[M]. 北京:科学出版社, 2009.

[20] 邓观明,马林,钟昌标. 区域海域生态环境人文影响评价方法的构建及其应用——基于状态空间法的研究[J]. 海洋环境科学, 2009, 28(4): 442-448.

[21] 李志伟,崔力拓. 河北省近海海域承载力评价研究[J]. 海洋湖沼通报, 2010(4): 87-94.

[22] 曹可,吴佳璐,狄乾斌. 基于模糊综合评判的辽宁省海域承载力研究[J]. 海洋环境科学, 2012, 31(6): 838-842.

[23] 石洪华,王保栋,孙霞,等. 广西沿海重要海湾环境承载力评估[J]. 海洋环境科学, 2012, 31(1): 62-66.

[24] 韩立民,罗青霞. 海域环境承载力的评价指标体系及评价方法初探估[J]. 海洋环境科学, 2010, 29(3): 446-450.

[25] Ankerh T, Nellemann V, Sverdrup-Tensen S. Coastal zone management in Denmark: ways and means for further integration[J]. Ocean & Coastal Management, 2004, 47(9-10): 495-513.

[26] Zhou L M, Lu C Y. Study on strategic management plan for the second integrated coastal management (ICM) in Xiamen[J]. Journal of Oceanography in Taiwan Strait, 2006, 25(2): 303-308.

[27] 范学忠,袁琳,戴晓燕,等. 海岸带综合管理及其研究进展[J]. 生态学报, 2010, 30(10): 2756-2675.

[28] Shea E L. Our Shared Journey: Coastal Zone Management Past, Present and Future[C]// Proceedings of the 13th Biennial Coastal Zone Conference, Baltimore. 2003: 13-17.

[29] 熊永柱. 海岸带可持续发展研究评述[J]. 海洋地质动态, 2010, 26(2): 13-18.

[30] Meiner A. Integrated maritime policy for the European Union-consolidating coastal and marine information to support maritime spatial planning[J]. Journal of Coastal Conservation, 2010, 14(1): 1-11.

[31] Gourmelon F, Robin M, Maanan M, et al. Geographic Information System for Integrated

Coastal Zone Management in developing countries: cases studies in Mauritania, C te d'Ivoire, Guinea-Bissau and Morocco[J]. Geomatic Solutions for Coastal Environments, 2010: 347-360.

[32] 石纯. 海岸带地区可持续发展调控管理模式的构建[D]. 上海:华东师范大学, 2001.

[33] 金建君, 恽才兴, 巩彩兰. 海岸带可持续发展及其指标体系研究——以辽宁省海岸带部分城市为例[J]. 海洋通报, 2001, 20(1): 61-66.

[34] 李健. 海岸带可持续发展理论及其评价研究[D]. 大连:大连理工大学, 2005.

[35] 熊永柱. 海岸带可持续发展评价模型及应用研究——以广东省为例[D]. 广州:中国科学院研究生院(广州地球化学研究所), 2007.

[36] 张婧, 孙英兰. 海岸带生态系统安全评价及指标体系研究——以胶州湾为例[J]. 海洋环境科学, 2010, 29(6): 930-934.

[37] 郭晶, 何广顺, 赵昕. 因子分析-BP神经网络整合方法的沿海地区环境承载力预测[J]. 海洋环境科学, 2011, 30(5): 707-710.

[38] 王启尧. 海域承载力评价与经济临海布局优化研究[M]. 北京:海洋出版社, 2011.

[39] 刘康, 霍军. 海岸带承载力影响因素与评估指标体系初探[J]. 中国海洋大学学报(社会科学版), 2008(4): 8-11.

[40] Inglis G J, Hayden B J, Ross A H. An overview of factors affecting the carrying capacity of coastal embayment for mussel culture[R]. New Zealand: Ministry for the Environment, 2000.

[41] 方建光, 张爱君. 桑沟湾栉孔扇贝养殖容量的研究[J]. 海洋水产研究, 1996, 17(2): 18-31.

[42] 黄小平, 温伟英. 上川岛公湾海域环境对其网箱养殖容量限制的研究[J]. 热带海洋, 1998, 17(4): 57-64.

[43] 董双林, 李德尚, 潘克厚. 论海水养殖的养殖容量[J]. 中国海洋大学学报, 1998, 28(2): 253-258.

[44] 朱明远, 张学雷, 汤庭耀. 应用生态模型研究近海贝类养殖的可持续发展[J]. 海洋科学进展, 2002, 20(4): 34-42.

[45] 张学雷. 滤食性贝类与环境间的相互影响及其养殖容量研究[D]. 青岛:中国海洋大学, 2003.

[46] 尹晖, 孙耀, 徐林梅, 等. 乳山湾滩涂贝类养殖容量的估算[J]. 水产学报, 2007, 31(5): 669-674.

[47] Grant J, Cranford P, Hargrave B, et al. A model of aquaculture biodeposition for multiple estuaries and field validation at blue mussel(Mytilusedulis)culture sites in eastern Canada[J]. Canadian Journal of Fisheries and Aquatic Sciences, 2005, 62(6): 1 271-1 285.

[48] Weise A M, Cromney C J, Callier M D, et al. Shellfish-DEPOMOD: Modelling the biodeposition from suspended shellfish aquaculture and assessing benthic effects[J].

Aquaculture, 2009, 288(3-4): 239-253.

[49] Jiang W M, Gibbs M T. Predicting the carrying capacity of bivalve shellfish culture using a steady, linear food web model[J]. Aquaculture, 2005, 244(1-4): 171-185.

[50] 张继红,方建光,王巍. 浅海养殖滤食性贝类生态容量的研究进展[J]. 中国水产科学, 2009, 16(4): 626-632.

[51] Byron C, Link J, Costa-Pierce B, et al. Calculating ecological carrying capacity of shellfish aquaculture using mass-balance modeling: Narragansett Bay, Rhode Island [J]. Ecological Modelling, 2011, 222(10): 1 743-1 755.

[52] 刘述锡,崔金元. 长山群岛海域生物资源承载力评价指标体系研究[J]. 中国渔业经济, 2010, 28(2): 86-91.

(周健,王其翔,刘洪军,赵文溪,刘梦侠)

试论我国无居民海岛开发与保护——从海洋国家利益的战略高度

随着我国对于海岛维护社会稳定、国防安全战略意义认识的加深,海岛经济在国民经济建设中的地位日益提升,国家各级人民政府对海岛综合管理的重视程度在不断提高,海岛综合管理已经提到国家重要议事日程。2003年7月1日起施行的《无居民海岛保护与利用管理规定》,为各级海洋行政主管部门依法管理海岛和规范海岛的开发利用提供了法律依据。2008年,国务院在启动新一轮机构改革和职能调整中,着力强化海岛管理工作,要求由国家海洋局"承担海岛生态保护和无居民海岛合法使用的责任",第一次将海岛开发、建设、保护与管理纳入国务院部门职能工作,海岛工作迎来了前所未有的发展机遇。目前《中华人民共和国海岛保护法》立法工作正在进行,国家有关部门正在编制《全国海岛保护与开发规划》。我国海岛法律法规体系逐步完善。在未来可预见的"海洋世纪"中,数量众多、区位特殊的无居民海岛资源及其环境将发挥越来越重要的作用。

科学合理地保护和利用无居民海岛资源,充分发挥其固有的战略、经济、社会、生态、旅游等价值,对于各级人民政府和广大关注海岛工作的各界人士来说任重而道远。本文将重点分析我国海岛基本情况、开发利用存在的主要问题,并提出需要采取的措施与对策,以促进我国海岛资源的可持续利用。

1 我国无居民海岛的基本情况

我国是一个海陆兼备的国家,拥有18 000多千米的大陆海岸线和14 000多千米的岛屿岸线,辽阔的海域散布着众多的海岛和岛群。据《全国海岛资源综合调查报告》显示,中国拥有面积大于500平方米的海岛6 500多个(不包括海南岛及台湾、香港、澳门诸岛);面积在500平方米以下的海岛和岩礁万余。我国海岛星罗棋布,极不均匀地散布在浩瀚的渤海、黄海、东海和南海上。东海的岛屿最多,约占全国海岛总数的58%;南海占28%;黄、渤海最少,仅占14%。

1.1 我国无居民海岛基本构架分布特征

我国无居民海岛基本构架受大陆地质地貌控制,在地理分布上具有以下特征。

大部分无居民海岛分布在沿海海域,距离大陆小于10千米的海岛约占我国无居民海岛总数的70%左右,而且数量相对集中,陆域面积都很小,面积很少有大于1平方千米的。

基岩岛数量最多,占全国海岛总数的93%;沙泥岛(冲积岛)占6.2%,主要分布在渤海和一些大河河口;珊瑚岛数量很少,仅占0.4%,主要分布在台湾海峡以南海区。海岛呈明显的链状或群状分布,多以列岛或群岛的形式出现。

1.2 我国无居民海岛地理气候特征

我国的无居民海岛地处太平洋和欧亚大陆之间的过渡地带,受大洋和大陆环境的双重影响,其气候类型以季风型与过渡型为主,海洋性气候特征明显。

陆海过渡型气候明显,大风及雾日频繁。具体表现在:温暖湿润、雨热同季、灾害天气类型多、频次高,大风较沿海大陆年平均风速高出近1倍,年大风日数高出近5倍,年雾日数也明显偏多。

海拔低,裸岩多,植被少。在众多的无居民海岛中,大多数海岛海拔高度不超过100米。小海岛的裸岩比例较大,少有植被生长,距大陆较近的大岛有松树及灌木生长,但总量不大。

海洋生物多样性随纬度的增加而递减,海岛周围海域随海流特征形成渔场。

生态环境脆弱,面临恶化趋势。除悬沙浓度较大的近岸无居民海岛外,多数海岛周围水域具有较高的初级生产力,生物种类和数量较为丰富。但由于入海生活污水和工业废水的增加,营养物质和有机质过多地排放入海,大部分岛区海域呈富营养化。一些海岸、海洋工程及其他的开发利用缺乏生态保护措施,造成了对海洋生态环境的破坏。

2 开发利用无居民海岛的重大价值意义

众多的无居民海岛是海洋开发的重要基地,是对外开放的窗口和国防的前沿,是特殊的海洋资源与环境复合区。从社会和经济的可持续发展角度来看,无居民海岛具有巨大的价值意义。

2.1 维护权益价值

按照《联合国海洋法公约》规定,一个开阔海中的小岛可以拥有43万平方千米的专属经济区和更加广阔的大陆架,拥有该岛的国家将对这一广大区域的生物资源和海底矿产资源拥有主权权利。按此海岛成为国家海洋管辖权和海洋权益的标志和象征,孤悬海外的弹丸小岛的存在和归属,可能决定一大片海域管辖权和海洋权益的得失。目前,南沙群岛已有40多个岛礁被周边一些国家无理侵占,钓鱼岛及其附近岛区的实际控制权也遭侵犯,对无居民海岛的管理直接关系到我国的海洋权益和海洋经济的可持续发展。

2.2 军事利用价值

海岛所起的军事作用主要由海岛的位置、大小、形态以及在国家政治、经济、军事活动中的地位决定。从军事利用的角度,作为特殊的战场空间,海岛可以为控制海权提供重要的保证。我国绵延数千千米、由岛屿所构成的海上第一道防线是世界上不可多得的天然屏障,是我国建设的国防要塞。海岛是连接内陆和海洋的"岛桥",是海洋开发的前哨和基地,具有优越的地理位置和特殊的战略位置,被称作"不沉的航空母舰"。

2.3 自然资源价值

自然资源价值包括陆域资源、水域资源、滩涂资源、气候资源和空间资源。我国无居民海岛拥有丰富的港址资源、水域空间资源、渔业资源、旅游资源,这些都是不同于大陆国土的特殊优势资源。海岛港口、海岛仓库、海岛补给中转站等是陆地经济的重要补充;渔业经济、海岛旅游、生物医药、良种育苗等特殊功能区是海洋经济建设的重要载体;海岛及周边海域资源丰富,发展潜力巨大,是海洋经济新的增长点。海岛自然资源的合理开发利用能够拓展资源市场和消费市场,缓解内陆发展的空间压力,增强国家经济发展的弹性。

2.4 生态经济价值

生态经济价值包括可度量的市场价值,还包括非市场价值。如有些岛屿成为海洋生物种群鸟类、蛇类及其他珍稀动物的栖息地、繁育场、索饵场和重要的洄游路线;有些无居民岛上蕴藏着特有的稀有矿物资源,尤其是处于油气资源盆地的岛屿更被人们视为"海上聚宝盆"。根据生态经济原则,有选择性地划定各种类型的自然保护区:如湿地自然保护区、珍稀与濒危动物自然保护区、原始岛屿保护区等。对这些保护区进行规划保护,以求保留、保存天然的海洋自然景观风貌,对改善海洋生态环境和生命维持系统,促进海洋生物资源的恢复、繁衍和发展具有重要意义。海岛是海洋的一部分,是整个海洋生态系统的重要组成,不仅存在生态经济价值,在区域经济中也具有毋庸置疑的重要地位。

2.5 科学研究价值

地质地貌景观、典型地层剖面、地质构造形迹、典型地质灾害遗迹等,都具有重大的科学研究价值,是科学研究的"实验室"。

由此可见,无居民海岛对于我国经济发展、社会稳定、国防安全具有重要的现实意义和长远发展的战略意义。

3 当前无居民海岛开发利用特点及存在的问题

3.1 我国海岛管理中存在的问题

3.1.1 海岛管理体制不健全

我国海岛管理是传统陆地管理方式的延伸。我国海岛开发和管理工作分散到多个部门和多种行业,条块分割,职责交叉,海洋产业及海岛开发管理部门都根据各自的需要从事海岛开发、规划和管理,缺乏统一规划和综合管理,难以实现海岛地区经济、环境和社会效益的统一。从已开发的无居民海岛看,海岛开发存在多头审批或未经批准、擅自开发的现象;部分单位和个人的海岛国有资源意识淡薄,造成国有资产流失和管理混乱;无序、无度开发,造成海岛及周围海域生态环境的破坏。

3.1.2 海岛资源管理机制不健全

海岛资源属国家所有,具有经济学意义的价值。长期以来,在海岛资源开发利用过程中,实际上执行的是资源无价或低价使用的政策。虽然通过改革加强了海岛资源的所有权管理,但是适应开发趋势的海岛资源管理机制仍未完全建立,资源遭受破坏以及浪费等问题仍比较严重。再者由于海岛管理必须具备船舶等工具和手段,海岛分布上的分散性增加管理难度,海岛自然条件的多样性更增加海岛管理的复杂性,使管理成本太大,导致管理难以到位,造成了理论上有人管理而实际上又无人管理的局面。

3.1.3 海岛开发管理法规不完善

法制建设在海岛管理工作中具有重要的意义,是保证海岛管理体系形成和完善的条件。新中国成立以来,我国已制定了一系列有关海岛的法规,但尚未形成完整的法规体系,且大多数是单项法规,基本上是陆地法规的延伸。同时很多海岛地区还存在有法不依、执法不严的倾向,不利于我国海岛开发管理工作的顺利实施。无居民海岛是国土的组成部分,大陆上的各项法律也都适用于此,但海岛的地理环境和自然环境的特点,往往使得大陆上的管理模式无法延伸至此,难以对海岛实现有效的管理。总的来说,是"整体比较弱,局部地区开发过度,大部分区域处于待开发状态"。一些海岛存在着权属之争,造成管理困难,主要表现在:(1)过去相应的法律、法规未出台,无居民海岛的法律依据不足;(2)管理主体不明确;(3)无居民海岛管理的基础性工作尚不完善。海岛的开发利用必须纳入统筹考虑,建立海岛综合管理体制,这是世界海洋管理的大趋势。

3.2 已开发海岛在开发利用和经济发展中遇到的问题

3.2.1 海岛地区经济基础薄弱发展困难

目前海岛发展的困难和问题主要表现在水、电、路、资金、人才、信息等方面,海岛社会事业严重滞后。水、电、交通尤其淡水缺乏,严重影响了海岛人民生活和海岛经济的发展。对外交通困难,岛内交通十分不便,能源不足也制约着海岛的持续发展。资金问题在海岛更为突出,尤其港口开发等重大基础设施建设需要大量资金,而单依靠海岛自身财力是难以解决的。其次,人才问题也是海岛一大难题。许多海岛县既难以培养和引进人才又难以蓄养人才,人才外流现象非常普遍。再次,信息闭塞是海岛县较为普遍的问题。文化宣传落后,文化基础设施薄弱,存在"无、旧、小"等问题,大部分海岛乡镇基本没有文化站;广播电视覆盖率低,且接收频道少,信息流入渠道少,与外界信息交流受限制。

3.2.2 海岛开发粗放单一

中国海岛开发目前还处于起步阶段,大部分海岛重开发轻保护,开发程度不高,资源未能得到合理利用。如旅游景点的开发,尚未形成以自然景观为主导,兼顾休假疗养、消遣娱乐为重要内容的系统功能,旅游期较短,经济效益较差,同时缺乏规划和管理,对资源的破坏较为严重。

3.2.3 海岛开发利用产业布局不合理

海岛产业的形成和分布受资源和技术影响较大。就单个海岛来说,由于特有的资源、经济和环境条件,决定了其在区域经济分工中的角色各不相同。随着改革开放及城市化进程的推进,那些距中心城区或大岛较近的无居民海岛的开发利用已逐渐被看好或初见成效,但另一些远离城区或大岛的海岛仍处于自然"沉睡"状态,没有一套合理的规划方案来合理开发利用其自然资源,以致无居民海岛的开发利用相当不平衡,严重制约了海岛区域、物质、空间资源的利用和发展。

3.3 不合理开发海岛使海洋生态环境资源受到严重破坏

3.3.1 海岛生物多样性的丧失

我国海岛生态系统具有丰富的生物多样性。近年来,由于人类对海岛生物资源掠夺式的开发利用以及外来物种的引入等原因,海岛生物资源正面临着比以往任何时期都严重的威胁。捕鱼方式的增多和海岛旅游业的发展,破坏了珊瑚礁、湿地等生态系统,使生物多样性遭到破坏。海岛围海造地、建港等开发活动使海洋生物最为丰富的潮间带不断萎缩,导致大量物种消失。海岛的粗放开发导致海岛效益利用低下,污染和损害海岛生态环境的事件频发,海岛周围海域赤潮增多,部分海岛的资源环境已遭破坏。

3.3.2 海岛垃圾问题严重

人口增多造成垃圾量增多,处理措施相对滞后,使得垃圾问题日益严重。垃圾未经任何处理就随意堆放,产生大量的甲烷、氨气等污染物质,污染空气环境。同时掩埋的垃圾可以造成地下水和周围海水的污染以及病原微生物的传播,严重破坏了海岛的自然景观。

3.3.3 自然灾害加剧

海岛地区大规模的开发建设,使得地质灾害日渐突出。很多工程开挖坡脚、采石、爆破等活动改变坡体原始平衡状态,导致崩塌等自然灾害的突然发生。挖掘后废弃的采石场等未经治理可能导致水土流失加剧,易形成风沙灾害。过度开采地下水也将引起海水倒灌等灾害的发生。另外炸岛、炸礁、炸山取石等改变海岛地貌和形态的事件时有发生,极可能改变我国领海基点位置,从而使我国丧失大片主权和管辖海域。

3.3.4 海岛淡水资源紧张,周围海域污染严重

由于特定的地理环境,大部分海岛都以大气降水为淡水的主要来源,海岛溪流短且少,蓄水能力差,很多地下水源已枯竭或海水倒灌已无法取用,有的地表水也因为污染而急需更换水源点。工业废水和生活污水的排放,化肥和农药的使用,以及淡水养殖等因素导致水质恶化,加剧了海岛淡水资源的紧张。海洋捕捞、海上石油勘探、开采及运输等也会造成海岛周围海域的污染。

4 海岛综合管理的对策

目前,无居民海岛的管理只是陆地上职能部门的延伸,缺乏规划与管理。随着路上资源的日益枯竭,人们把发展的眼光自然投向占地球表面71%的海洋,作为"海上明珠"的海岛更是海洋开发关注的焦点所在。因此,海岛的开发与管理应纳入国家和地方政府重要议事日程,通过无居民海岛开发和管理的研究,促进无居民海岛的开发与管理走上科学化、规范化、法制化轨道,为我国海岛的立法工作提供理论依据。

4.1 理顺海岛管理机制,建立统一有效的综合管理体制

海岛管理是一个系统工程,海岛开发涉及海洋与渔业、军事、国土、环境、公安边防、财政、税收、工商、通信、交通、旅游、林业等多个部门,实际工作中职责交叉、条块分割,造成管理混乱。在海岛管理体制上建立相对集中且功能专门化的管理机制是一种发展趋势。根据决策理论,管理主体越多越分散,管理责任就越会趋于松弛,难以实现既定目标。因此,在我国海岛管理领域既需要适度集权,也需要分权与平衡。统一的综合管理模式是在新形势下海岛管理的前提条件,即以国家海洋局为主体,其他相关部门相互配合,对海洋的空间、资源、环境和权益等进行全面、统筹协调的管理。这种综合管理体制对我国现行的"统一管理与分部门、分级管理相结合"管理模式有积极的改进作用。在统一综合管理的基础上,我国也可以考虑建立一个协调机构来执行政策协调、监测数据处理、交流与共享、海上执法任务调度以及海上救济等职能。该机构可以由相关部门代表组成,以有助于政策协调与效率提高。目前,我国基本上每年举行一次全国性的海岛市、县长联席会和全国海岛市、县(区)科委主任联席会。这两个联席会都是在各海岛市、县的共同倡议下召开的,由自愿参加的各海岛市、县轮流承办。我们考虑,在不增设机构和增编的条件下,在海岛市、县长联席会议基础上,成立全国海岛开发建设协调委员会,建立起固定的协商制度,并在国家海洋局设立海岛管理司,成为委员会的日常办事机构和海洋局的一个职能部门。这样对海岛的利用、保护和生态建设十分有利。据悉,国家海洋局已经成立了领导小组办公室,具体负责海岛工作的协调和组织实施,并制定了工作方案。地方海岛管理机制可尝试在沿海地区建立跨行政区域的综合管理协调机制,如环渤海地区相关政府建立综合管理协调机制,针对这一海域包括海岛的问题进行跨行政区的统筹和协调。

4.2 研究制定无居民海岛开发保护政策,合理开发利用无居民海岛资源

在坚持"科学规划、保护优先、合理开发、永续利用"的前提下,依照"有利于保护和改善海岛生态系统和有利于海岛经济社会的可持续发展"的原则,鼓励保护性开发,限制破坏和损害海岛及其周围海域资源和生态环境的开发活动,提倡资源综合利用。在资金筹措上要发挥市场机制作用,采取政府投入为引导,地方和社会投入为主体,其他投入为补充的多元投入机制;制定海岛建设的财税、土地、海域使用和人才引进优惠政策,落实贫困渔民经济扶持和教育、卫生、文化等补贴政策;在项目建设和管理上要引入产业化机制,按市场机制进行运营管理,坚持有序开发,科学把握开发建设的时序和规模,集中力量,分阶段有重点地、梯次纵深推进海岛、海岛链综合开发。突出解决海岛经济发展"散、乱、差"的状况,即海岛开发分散、粗放,产业结构雷同,低水平重复建设,岛陆之间、海洋经济各产业之间缺乏统一规划,对近岸岛屿的破坏性占用,局部海岛海洋生态环境恶化等突出问题,实现协调有序发展。

通过制定优惠政策,规范海岛申请审批程序,引导海岛开发建设方向,为海岛营造一个良好的发展环境,促进海岛招商引资,促进海岛有序开发和综合利用,从而促进海岛社会经济的可持续发展。

4.3 建立无居民海岛功能区划分类体系

根据我国整体功能区划和海洋开发的要求,制定科学的海岛保护和利用规划。不同类型的海岛都有其特殊的生物群落与小环境,从而形成独特的生态系统。按照海岛自然地理环境、资源及社会经济条件各不相同,又由于历史、社会、军事、地理等因素,海岛具有的特殊价值,提出下列无居民海岛功能区划分类体系,并根据各体系提出相关的无居民海岛的保护建议。

4.3.1 具有战略价值的无居民海岛

具有战略价值的海岛是指对于维护国家权益、巩固国防安全、促进我国经济发展、保障我国的经济利益具有重大影响的海岛,可以分为有海洋权益价值的海岛和有国防安全价值的海岛。有海洋权益价值的海岛是指对维护我国海洋权益和海域主权有重要影响的海岛。其判断指标主要有:是领海基点所在的岛屿;是主权归属存在争议的海岛。有国防安全价值的海岛是指对保障我国的国土安全、海上交通、国家利益、有重要影响的海岛。其判断指标有:是军事海岛(军事驻地、军事训练基地、建有重要军事设施的海岛);是国防前哨;建有导航灯塔、海洋观测站等设施。

具有海洋权益的海岛保护与利用要严格保护领海基点及其海岛。对适合作为领海基点,但没有被我国政府宣布的无居民海岛应当切实加以保护,并加强对领海基点及岛屿效力的研究和勘测工作。以优惠政策扶持具有海洋权益的海岛的开发和保护。具有国防安全价值的海岛要加强保护与建设,以开发利用保障边远海岛的实际占有权。同时,要从战略角度出发,对海岛进行全面规划和布局,形成一级、二级、三级等不同级别的国防岛链,分级进行管理,以利于海防的巩固,形成防可守、攻可进的钢铁海防。

4.3.2 具有经济资源价值的无居民海岛

把具有经济资源价值的海岛分为三个部分:海岛资源价值的天然部分、人类发现海岛资源投入的劳动所产生的价值和人工增殖海洋资源产生的价值。对无居民海岛来说,人类投入的劳动产生的价值相当小,因此无居民海岛的资源价值主要体现在其天然价值上。无居民海岛的主要经济资源分为两种,一种是直接利用的资源,如生物资源(经济植物、经济动物、珊瑚礁)、空间资源(港口或机场资源、滩涂资源、土地资源)、矿产资源(建筑材料、油气资源、固体矿产、海盐资源)等;另一种是间接利用的资源,如可再生能源淡水资源等。

具有经济资源价值海岛的开发和保护从两个方面考虑:一是鼓励及加快开发利用的经济资源;二是限制或禁止开发利用的经济资源。具有下述经济资源的海岛可加快开发利用:经济植物、经济动物、港口或机场资源、滩涂资源、土地资源、油气资源、固体矿产、化学资源等。但必须制定相应的法律法规来规范和管理,使无居民海岛的开发从一开始就有章可循、有法可依,尽最大可能避免先开发、后规范、再治理现象的发生。应当禁止建筑材料和珊瑚礁资源的开发利用。海岛建筑材料的开采和炸岛炸礁采石是一种不计后果的、得不偿失的开发利用,严重的可能造成海岛的消失,有的可能使领海基点消失。另外,要禁止其他一切危害珊瑚礁生态环境的项目与作业,如珊瑚礁的开采、周围拖网捕鱼和炸鱼等。

4.3.3 具有生态环境价值的无居民海岛

判断海岛具有生态环境价值的指标有：

(1) 拥有典型的生态系统和生态关键区(红树林生态系统、珊瑚礁生态系统、潟湖、其他特殊生态系统如蛇岛等)的海岛；

(2) 拥有极大物种多样性的海岛；

(3) 拥有珍稀或濒危物种的海岛；

(4) 对有重要经济价值的海洋生物生存区域或地方性海洋生物有重要影响的海岛。

关于具有生态环境价值的海岛的开发与保护的建议可分为应适当限制开发利用的经济资源和应严格禁止开发利用的经济资源。对下列海岛应进行保护与开发并举：具有典型生态系统和关键区价值的海岛，包括具有红树林、珊瑚礁、潟湖等资源的海岛；对有重要经济价值的海洋生物生存区域或地方性海洋生物有重要影响的海岛。注意开发程度不能太大，以保证海岛保护的有效性。开发项目要有利于海岛的保护。具有生态环境价值的海岛可以租赁给具有一定信誉和知名度较高的较大企业，进行高质量的开发利用。拥有极大物种多样性的海岛和拥有珍稀动植物或濒危物种的海岛应禁止开发，建立海岛生态保护区，以求保留、保存天然的海洋自然风貌，改善海洋生态过程和维持生命系统，促进资源的恢复、繁衍和发展。

4.3.4 具有社会文化价值的无居民海岛

社会文化价值是指具有历史遗迹和地质遗迹、典型的海岛景观等，可供人们旅游观光、运动休闲、考古及科学研究的海岛。判断海岛具有社会文化价值的标准包括① 属于自然历史遗迹，如各种地貌景观；② 属于人类历史遗迹海岛，如遗址、传说、宗教发源地；③ 为遗留的军事设施(可进行爱国教育)；④ 有特殊航标等其他标志，如珞珈山灯塔；⑤ 拥有美丽自然风光；⑥ 海洋科普素材丰富，具有科学研究的价值；⑦ 旅游资源丰富。

对具有社会文化价值的无居民海岛，应开发与保护并举，以保护为主，在不破坏其价值的基础上进行开发利用。

4.3.5 具有特殊价值的无居民海岛

对具有特殊价值的海岛，要建立海岛珍稀濒危物种自然保护区。我们应特别注意对领海基点所在岛屿和具有国防安全、海洋权益、特殊资源、生态保护价值的岛、礁、滩等实行严格的保护制度。通过建立自然保护区，选择具有代表性的或某类特殊性的海岛生态系统、珍稀濒危或有特殊保护价值的动植物的海岛，保护海岛的海洋资源与环境，使海岛成为物种天然的"资源库"，以供人类观察研究各类海岛自然生态环境及其过程。

4.4 海岛立法需要明确的工作

坚持"有利于保护和改善海岛生态系统和有利于海岛经济社会的可持续发展"原则，建立一个适合我国国情的海岛开发利用与保护管理体制，海岛立法是依法管理海岛的基本前提。要通过海岛立法，建立海岛开发保护规划和严格的环境保护制度，恢复海岛及其周围海域生态环境，促进我国海岛的可持续利用。

4.4.1 开展海岛资源环境综合调查,全面掌握海岛基本状况

我国现有基础数据资料不能正确反映当前我国海岛的真实情况。如果根据不确切甚至误差很大的资料进行海岛规划、决策和立法,将使资源和环境很脆弱的海岛区域出现严重问题,给国家造成重大损失,甚至威胁到国家海洋权益和国防安全。因此,必须尽快开展海岛资源和环境综合调查,采用高新技术手段,全面查清我国海岛自然地理和自然环境状况,查明资源的种类、储量、质量和分布,摸清海岛环境承载能力,全面更新我国海岛资源环境基础信息,建立高精度、大比例尺、实用可靠的"数字海岛"系统,为我国海岛立法提供坚实可靠的依据。

4.4.2 海岛立法的制度设想

关于海岛立法的制度设计,本文认为主要应包括海岛权属管理、海岛功能区划和规划、海岛有偿使用、海岛的开发保护与整治等制度。海岛立法首先应该明确海岛属于国家,任何人利用海岛(主要是无居民海岛)应当依法取得海岛使用权。建立海岛规划制度是国家对海岛开发利用实施宏观调控、实现海岛科学保护和合理利用的基本依据,其核心是根据海洋功能区划和我国经济社会发展的需要,确定各海岛在不同发展时期保护利用的方向,确定海岛保护与利用的统一方案。为此,海岛立法应将规划分为有居民海岛的保护规划和无居民海岛的保护与利用规划,并对规划的编制主体及职责、规划的分类和协调、规划的编制原则、规划的审批和修改、规划的公布与效力等做出相应规定。此外,还应该设立海岛有偿使用制度,用经济杠杆调节海岛资源开发利用与保护之间的关系,处理海岛开发而引起的矛盾和冲突,保证国有资源的有效使用,实现海岛经济的可持续发展。海岛生态脆弱,破坏容易恢复难,如何统筹协调海岛的保护与利用是海岛立法要解决的主要问题之一。保护海岛生态,应该严格限制海岛建筑物和设施的建设,严格限制填海连岛工程,严格限制在海岛上采石、挖砂、砍伐、炸礁行为,严格保护海岛沙滩、珊瑚礁、人文历史遗迹和海岛物种,严格保护海岛淡水资源。领海基点海岛、国防用途海岛及其他特殊功能的海岛,应当实施比普通海岛更为严格的保护制度。

4.4.3 积极推进海岛保护和管理配套制度建设

要建立起一套科学的、规范的现代海洋行政管理制度,即对无居民海岛的动态和静态基础信息管理制度。严格地讲,全国海洋管辖区内有多少个无居民海岛,就应该建立多少个无居民海岛的动态和静态基础信息档案。这主要包括一是无居民海岛的环境调查基础数据和资料;二是无居民海岛的各种监测监视信息;三是无居民海岛的有关标准数据和数据统计;四是无居民海岛的开发利用信息;五是各级行政管理机关和公务人员对无居民海岛实施管理的信息;六是无居民海岛开发利用与管理工作中需要解决的问题。

5 结论与展望

21世纪是海洋世纪,发展海洋事业,是中国走向现代化的必由之路。海岛是我国经济发展中的一个很特殊的区域,在国防、权益、资源等多个方面都有着极其重要的地位。海岛开发、建设、保护与管理是我国社会主义和谐社会建设的重要组成部分,开发好、利用好、保护

好海岛,对于维护国家权益和民族利益意义深远。我们要充分认识海岛工作的重要意义,增强使命感和责任感,坚定信心,迎难而上,扎实工作,努力推动海岛工作迈上新的台阶!我们相信,本着开发与保护并重的原则,面向全社会开放海岛,鼓励一切有志于保护无居民海岛开发的单位和个人,实施保护性开发,海岛建设一定能为我们伟大祖国的发展再添新动力。

参考文献

[1] 滕祖文. 加强北海区无居民海岛开发利用的管理[J]. 海洋开发与管理,2005(2):44-47.

[2] 吕彩霞. 海岛工作迎来了前所未有的发展机遇[J]. 海洋开发与管理,2009,26(3):9-10.

[3] 李克金. 开发无居民海岛也应走可持续发展道路[J]. 海洋开发与管理,2004(1):47-50.

[4] 邢晓军. 马尔代夫海岛开发考察[J]. 海洋开发与管理,2005,22(2):41-43.

[5] 郭文. 浅谈无居民海岛的开发与保护[J]. 中国海洋大学学报(社会科学版),2004(3):20-22.

[6] 张宏声. 全面启动无居民海岛管理工作[J]. 中国海洋报,2003(5).

[7] 王曙光. 推动海岛开发促进海洋经济发展[J]. 维普资讯,2002(6):3-6.

[8] 韩秋影,黄小平,施平. 我国海岛开发存在的问题及对策研究[J]. 湛江海洋大学学报,25(5):7-10.

[9] 李伟国. 加快重点海岛建设. 福建省人民政府发展研究中心发展研究[J].2007(11):46-47.

[10] 虞丰权,金国跃. 浅谈岱山县无居民海岛开发与管理[J]. 中国水产,2004(5):28-29.

(于晓清,王诗成,陈伟杰,李红艳,李晓,刘天红,樊英)

山东省休闲渔业建设及发展探讨

休闲渔业是把旅游业、旅游观光、水族观赏等休闲活动与现代渔业方式有机结合起来的新型渔业[1]。自20世纪60年代以来,休闲渔业最先在拉丁美洲的加勒比海地区发展起来,并逐渐向欧美、亚太等一些经济较为发达的沿海国家和地区扩展并迅速崛起[2]。经济发达国家将其作为一种主体产业进行发展和大力扶持,进而形成这些国家现代渔业的支柱产业。

我国农业部渔业局在2000年我国渔业发展目标中明确指出,要适应消费市场变化,在有条件的地方积极发展休闲渔业。通过十几年的发展,从最初的浙江、山东、江苏等沿海省市到内陆省份,休闲渔业遍地开花。山东省作为最早开展休闲渔业的沿海省份之一,休闲渔业在产业发展中占据重要一环,2012年3月,山东省海洋与渔业厅、省发改委和省财政厅联合印发《山东省省级现代渔业园区建设规划(2011—2015年)》,其中确定将在2015年建成55个休闲渔业园区,山东省的休闲渔业,将会有长足的发展。本文就山东省休闲渔业的形式、特点、意义及存在问题、发展方向进行了初步的探讨。

1 山东省休闲渔业的形式

我国的休闲渔业方式多种多样,不同于国外以单一垂钓型为主。山东省休闲渔业的方式也是多种多样。总体来讲,山东省的休闲渔业有生产经营类、休闲垂钓类、生态观光类、展示教育类等几大类型。

生产经营类,包括众多的以渔业生产为主、以垂钓为辅的发展方式,主营业务是渔业生产,生产方式粗放,这是目前广泛存在的一种休闲渔业方式。

休闲垂钓类,包括专业的垂钓园和设施比较完备的垂钓场,主营业务是以垂钓为主,辅以游乐、餐饮、健身等项目,是最早的休闲渔业形式。

生态观光类,是围绕水资源的开发,整合公园、山区、沿海地区的旅游资源,形成的满足休闲、度假、观景、旅游等多项需求的一种休闲渔业方式。

展示教育类,是集实施科普教育和观赏娱乐为一体的各种展览馆,包括各种水族馆以及博物馆等。

2 山东省休闲渔业发展的特点

山东省是全国的渔业大省,2011年渔业经济总值达到2 676.4亿元,多年来一直位居全国前茅。休闲渔业作为新兴的产业,在山东省的发展较快,效益好、潜力大的优势不断显现出来。

2.1 发展速度快、效益良好

山东省海水、淡水渔业资源丰富,海岸线长3 171千米,沿岸分布着326个岛屿,70多处优良港湾,有经济价值的水生生物资源400多种,内陆淡水自然水面30多万公顷,在休闲渔业的发展方面具有得天独厚的自然资源。休闲渔业的概念在国内甫一形成,就在山东省得到了快速的发展。

国民经济的迅速发展、人民生活水平的提高、城镇居民休闲时间的增多、户外运动的兴起,为休闲渔业的发展提出了刚性的需求;一批休闲渔业娱乐公司的组建、海钓活动区的兴建、涉渔旅游项目的设立,为休闲渔业的发展提供了良好的支持;相关政策的引导、相关制度的制定为休闲渔业的发展提供了软件的保障。《山东省渔业发展第十二个五年规划》中指出,"十二五"期间山东省将实现渔业大省向渔业强省的跨越,力争到2015年,渔业经济总产值4 000亿元,而休闲渔业将与养殖、增殖、捕捞、加工一起构建成山东渔业的"五大产业体系"。

到2010年,山东省休闲渔业总产值39.0亿元[3];2011年上半年,山东省临沂市就已发展各类休闲渔业点310处,省级休闲渔业示范点4处,面积4 500万公顷,年产值近亿元;滕州市拥有休闲渔业场所28个,规模超过1 000万公顷,2011年休闲渔业吸引游客10万人次,实现产值8 000万元;山东省垦利县建成了多处省级休闲渔业示范区,到2011年底全县休闲渔业产值突破1亿元,成为全县海洋渔业经济新的增长点。

快速发展的休闲渔业,正在成为山东各地海洋渔业经济的主要增长点之一。休闲渔业的发展,带来了产业结构的优化调整,通过资源的整合配置,将旅游、度假和现代渔业有机结合起来,实现了第一产业和第三产业的互相转化,进而实现了较高的经济效益和社会效益。

2.2 方向多元化

山东省的休闲渔业,淡水地区以济宁市为龙头,海水地区则以威海市为龙头。济宁市的休闲渔业发展,以现有的1.3万公顷塌陷地为基础兴建休闲渔业场所,主打方向是以品尝水产品为主,集休闲、购物于一体的"渔家乐"型,兼以垂钓、旅游等。威海市的休闲渔业发展则是依托海岸线并结合本地的资源优势,重点打造以海上各类垂钓为主,兼以特色旅游、渔家宴等。山东各地均是因地制宜,充分发挥地区特色,既有主打方向,又有多元发展,逐步从单一的垂钓观赏型向赶海、垂钓、观赏、品尝、休闲等多方向发展,从单纯的休闲渔业生产向集观光农业、服务业、旅游业于一体的新格局转变,从单项休闲渔业开发向农业示范园区、无公害基地建设、与旅游度假区配套等区域化方向发展。

2.3 区域特色明显

山东省的渔业资源丰富,拥有海域面积近17万平方千米,淡水水域面积4 000 km^2。各地休闲渔业的发展具有明显的区域特色。

沿海地市均充分利用海洋资源进行休闲渔业的开展。青岛市拥有丰富的旅游资源,针对旅游者的水族馆业非常发达,近年逐步开展了垂钓、赶海等休闲渔业方式;威海市休闲渔业产业带的建设以渔家宴、民俗游等带动产业发展,充分利用海洋文化内涵,逐步开展了垂钓、文化节等新生项目;烟台市休闲渔业形成了以垂钓为主,餐饮、渔家乐、养殖观赏等多类型共同发展的新格局;潍坊市以渔为媒,休闲渔业集旅游、休闲、娱乐、餐饮为一体,形成渔业发展的新亮点;东营市推进渔业"一产三产化",形成了多处集垂钓、娱乐、餐饮为一体的高档渔业休闲会所,年可实现旅游及相关收入千万以上。

内陆地区积极转变渔业发展方式,推行休闲渔业的发展模式。济宁市作为山东省淡水渔业第一大市,已建成1 200余处集垂钓、餐饮、娱乐为一体的休闲渔业场所;枣庄市借助"墨子故里、江北水乡"的建设,将渔业生产和垂钓、观光、旅游、餐饮结合起来,形成垂钓休闲渔业这一新的产业,年产值可达8 600万元;临沂市以观光渔业为主,开辟渔业产业新领域,开展了集垂钓、娱乐、休闲等为一体的多种休闲渔业项目。

2.4 潜力巨大

山东省的休闲渔业是渔业结构调整过程中快速发展的新兴产业,目前尚处在初级阶段。在6 000余处休闲渔业点中,基本上是以企业或个人自主开发为主,未实现合理规划和有效管理。只有以相应法律法规为保障,以相应规范标准为引导,休闲渔业在健康发展的路上才能走得更远。随着相应制度的完善、相应管理经验的积累、相应功能的转变,休闲渔业将会走上规范、高效的发展之路,体现出更高的经济效益和社会效益。

3 山东省休闲渔业发展的意义

山东省位于我国东部沿海地区,三面环海,海岸线长3 171 km,占全国大陆海岸线的1/6;分布着326个岛屿,70多处优良港湾,沿海滩涂面积约3 000 km^2;同时渔业资源丰富,有海水鱼、虾260多种,是我国渔业第一大省[4]。多年的渔业产业发展尤其是海水养殖业的发展,奠定了养殖业的主体地位和主导地位。2006年,我国海水养殖产量全面超过了海洋捕捞产量,成为世界上唯一养殖产量高于捕捞产量的国家,我国的海水养殖业产值在国民生产总值中的比重越来越大。渔业产业形式单一,导致了渔业经济发展结构的严重不平衡。渔业资源日益衰退,传统的养殖业和捕捞业,首先会受到冲击。休闲渔业的适时开展,将会带来积极的效果。

首先,随着休闲渔业的开展,渔业产业结构会优先得到调整,并且会带动交通、旅游、餐饮、住宿、商贸等第三产业的发展。休闲渔业在改善渔业产业结构方面的作用不言而喻。山东沿海以海洋渔业产业为主的威海、烟台等地,将会逐步摆脱对单一的渔业生产的依赖性,形成养殖生产与垂钓、餐饮、旅游度假为一体的新型经营模式,第三产业将得到长足发展。

其次,随着休闲渔业的开展,将会在大范围上提供渔业剩余劳动力的就业机会,从而解决渔业产业工作人员的转产专业问题,同时缓解渔业生产和渔业经济生活的矛盾,有力地促进社会安定和繁荣昌盛。

再次,随着休闲渔业的开展,捕捞强度得到限制,近岸渔业资源得以保护,利于休养生息。整合渔业资源并进行合理开发、综合利用,无论是对于近岸地区、沿海地区还是海岛地区,均是保护渔业资源、实现资源增殖、开拓发展空间、稳定生态环境的有效手段。山东省的海岛资源丰富,共有海岛456个,开发潜力巨大,目前已成为壮大海洋经济、拓展发展空间的重要依托,在发展海洋经济、推进海洋战略中占据重要地位。海岛经济的合理发展,可以打造海岛相关休闲渔业品牌,实现海岛资源的综合开发和合理利用。

4 山东省休闲渔业发展存在的问题

作为一个新兴产业,休闲渔业在山东省的发展处于起步阶段,存在不少问题和困难,主要有以下几个方面。

4.1 无序发展,产业规模小

山东省的休闲渔业发展,基本上是以家庭经营为主,经营方式分散,休闲娱乐项目单一。发展休闲渔业较早的长岛,目前仍然是以"渔家乐"为主,其他项目均未形成规模。虽然致力于打造中国北方海岛度假中心、中国北方妈祖文化中心和中国北方休闲渔业中心三大品牌,但大规模、综合性休闲场所建设依然非常缺乏[5]。长岛的休闲渔业发展是整个山东的一个缩影,遍地开花、一哄而上的现象,依然在休闲渔业发展过程中屡见不鲜。盲目上项目、优势项目不明显、重点项目不突出,限制了产业规模的扩大。

4.2 管理松散,管理手段落后

山东省的休闲渔业发展多为自主发展,缺少国家和各级政府的整体规划,以及相关法律、法规的引导和约束,只是局限于一般的号召和普通的宣传。这种自发的、初级意识的发展模式,难以在产业水平上实现整体的管理。要走有序竞争的整体发展之路,在管理水平和管理方式上,需要解决的问题还有很多。

4.3 从业人员素质亟须提高

由于休闲产业的生产单位基本是以家庭经营为主,规模小,竞争力弱,从业者多是渔民。他们从传统的捕捞业转业而来,文化程度偏低,缺乏相关知识和技能,尤其是经营管理水平和服务能力较低,应对市场化的能力不强。只有将从业人员的素质提高,进行管理经营和市场竞争等方面的学习和提高,提升文化档次,才能有效提高休闲渔业的整体质量水平。

4.4 缺少产业联合

山东省是渔业大省,在经济发展的过程中,渔业经济多以捕捞和养殖产量为指标,缺少第一产业和第三产业、第三产业之间的有效联合。在休闲渔业的发展过程中,在渔业结构调整的过程中,受到传统生产经营方式的影响,不能进行大胆的探索和积极的尝试。缺少了产业联合,休闲渔业的功能相对薄弱,项目相对单一,相应的设施配套差、服务能力弱等问题日渐突出,产业想做大做强,还有相当长的路。

5 山东省休闲渔业的发展方向

山东省渔业发展,将会围绕"一区两带六园"的总体格局来规划,即建设山东半岛现代渔业示范区,打造沿黄河生态渔业产业带和沿海岸带半岛高效渔业产业带,创建海洋牧场、标准鱼塘、浅海设施、工厂化、渔港经济和休闲渔业六大现代渔业重点产业园区。山东省休闲渔业的发展,可以从以下几个方面进行。

5.1 陆海联合的大空间休闲渔业

结合山东半岛蓝色经济区建设和黄河三角洲高效生态经济区建设，进行沿海和内陆休闲渔业的大空间陆海联合，充分发挥蓝区建设和黄区建设的优越性，调动渤海沿岸、黄海沿岸、黄河沿岸、内地淡水湖泊等的区位联动积极性，进行多项联合，将休闲渔业发展与旅游、餐饮等服务业的建设相结合，形成集聚效应，实现休闲渔业在山东省的组团发展，由点及面，推动全省范围的休闲渔业发展。

5.2 精品建设带动下的特色休闲渔业

依托山东特色的山海旅游，强化休闲渔业特色，增强区域资源的整体吸引力和竞争力。打造齐鲁文化背景下的特色休闲渔业，建设多项目综合开发、重点项目优势发展的精品休闲渔业项目，形成拳头产品。对传统优势项目如垂钓、渔家乐等进行精品化包装和建设，形成政府职能调控和市场规律影响下的区域特色项目，以精品建设带动休闲渔业的整体发展。

5.3 海岛特色的综合休闲渔业

依托山东省众多的海岛作为休闲渔业发展新的支点，发挥海岛特殊的自然资源和人文景观特色，通过海洋牧场建设、人工渔礁建设等，开展具有海岛特色的娱乐、游钓、餐饮、服务等休闲渔业项目，优化海岛开发的空间布局，实现对海岛的综合利用和合理开发，充分彰显海岛的自然、人文特点。

5.4 合理规划引导下的大尺度休闲渔业

休闲渔业的快速、健康发展，离不开政府的主导作用。进行合理的规划和科学的引导，将休闲渔业的建设提高到全省的角度来设计。充分发挥政府的规划、协调、保障、监督等功能，不要仅仅局限于条条框框，要打破成规定式，摒弃本位主义，大胆进行休闲渔业的规划、设计和开展，使其符合山东省的基本情况，符合全国的发展战略需求。

参考文献

[1] 邴绍倩，张相国. 当前我国休闲渔业的发展状况及其战略研究 [J]. 上海水产大学学报. 2003，12(3)：278-281.

[2] 苏昕，王波. 大力发展休闲渔业 积极培植渔业经济新亮点 [J]. 海洋水产研究，2006，27(3)：93-96.

[3] 李明爽. 休闲渔业发展现状及对策 [J]. 科学养鱼，2011(10)：71-72.

[4] 山东省人民政府. 关于山东海洋经济发展的公报 [EB]. http://www.shandong.gov.cn/2009-03-10/2010-04-05.

[5] 陈明宝，任广艳. 长岛县休闲渔业的发展及对策研究 [J]. 渔业经济研究，2007(3)：37-40.

（丁刚，刘洪军，吴海一，麻丹萍，李美真）

养殖海藻种质资源保存研究进展

养殖海藻是指有一定的经济价值,已经开展人工养殖研究的大型海藻。它们不仅是工业原料和食品,同时也是海洋生态环境修复的工具藻种[1],具有重要的经济和生态价值,因此需要重视海藻资源的保护,而保存它们的种质就是一项有效的措施,这些种质不仅可以为科学研究提供材料,而且可以为养殖业持续健康提供帮助。种质保存研究随着海藻生物学和实验技术的发展而不断创新,目前,这方面的研究已广泛开展。

1 种质资源现状

目前,世界上的养殖海藻主要包括红藻中的紫菜属(*Porphyra*)、江蓠属(*Gracilaria*)、红毛菜属(*Bangia*)[2]、麒麟菜属(*Eucheuma*)[3]、石花菜属(*Gelidium*)、海萝属(*Gloiopeltis*)[4]和卡帕藻属(*Kappaphycus*)[5];褐藻中的海带属(*Laminaria*)、马尾藻属(*Sargassum*)、羊栖菜属(*Hizikia*)、鹿角菜属(*Silvetia*)[6]和裙带菜属(*Undaria*);绿藻中的石莼属(*Ulva*)[7]。它们的种质资源一般是以种质库的形式保存。

世界上第一座专门的养殖海藻种质资源库是中国海洋大学方宗熙等人于1975年建立的,重点进行海带、裙带菜种质资源的收集、保藏与研究工作,目前的名称是典型经济褐藻种质资源库(Culture Collection of Typical Multipurpose Use of Phaeophyta, CCTP),其保存有海带属的8个种300余个种系、裙带菜属的1个种60余个种系,并开展了超低温微量冻存、基因文库构建、种质活力等研究。国内其他规模较大的种质库有两个,一是成立于1996年的中国科学院典型培养物保藏委员会的海藻种质库,它位于青岛的中国科学院海洋研究所,目前拥有完备的海藻培养系统,保存有海带属、裙带菜属、紫菜属、羊栖菜(*H. fusiformis*)、龙须菜(*G. lemaneiformis*)、铜藻(*S. horneri*)和石莼属等,并且利用这些种质开展了一系列的研究;二是位于集美大学的福建省坛紫菜(*P. haitanensis*)种质资源库,它成立于2005年,保存福建省不同生境的野生坛紫菜,建立了各种坛紫菜纯系丝状体的指纹图谱,开展了种质低温保存、遗传多样性等研究。另外,黄海水产研究所、山东东方海洋科技股份有限公司等单位也保存了一定量的种质。

随着藻类研究的发展,尤其是近十几年来,各方面对藻类研究的重视,我国种质资源的保存条件和丰富度得到较大发展。一是种质库管理不断规范化,上面中提及的三个种质库已实现了自动化、信息化管理,并且有了专项资金的支持,种质安全有了保障;二是资源量不断丰富,种质资源不仅包括世界各地的原种,也包括我国自主选育的养殖品系,尤其有一些养殖品种(系)的父母带和子代,为我国的海藻研究奠定了坚实的基础;三是种质库作用的延伸,它的作用不仅仅是保存种质,还是种质利用,比如育种的平台。

国外保存有养殖海藻种质的种质库主要有英国的藻类和原生动物培养库(Culture Collection of Algae and Protozoa, CCAP)、德国哥廷根大学的藻种库(Culture Collection of Algae, SAG)、美国德克萨斯州大学的海藻保存库(The Culture Collection of Algae at the University of Texas at Austin, UTEX)和国家海藻保存中心(National Center for Culture of Marine Algae and Microbiota, NCMA)。这些种质库保存的种质都可以购买,为科研提供了方便,但国外没有专门的养殖海藻种质库的报导,一般种质库都是微藻和养殖海藻种质共同保存,保存种类大多是微藻。

表1 国外主要种质库养殖海藻种质资源

名称	从属机构	成立年份	保存藻种
藻类和原生动物培养库	苏格兰海洋研究所	1920	*Bangia*: *B. atropurpurea* *Gracilaria*: *G. cervicornis*、*G. chilensis*、*G. chorda*、*G. conferta*、*G. gracilis*、*G. perplexa*、*G. vermicullophylla* *Laminaria*: *L. digitata*、*L. saccharina*、*M. pyrifera* *Porphyra*: *P. linearis*、*P. miniata*、*P. pulchella*、*P. umbilicalis* *Ulva*: *U. intestinalis*
哥廷根大学藻库	德国哥廷根大学	1928	*Bangia*: *B. atropurpurea* *Gracilaria*: *G. americanum* *Porphyra*: *P. leucosticta*
德克萨斯州大学海藻保存库	美国德克萨斯州大学奥斯汀分校	1953	*Bangia*: *B. fusco-purpurea*、*B. atropurpurea* *Gracilaria*: *G. foliifera* *Porphyra*: *P. umbiliacalis*、*P. leucosticta*
美国国家海藻保存中心	美国比奇洛海洋科学实验室	1980	*Porphyra*: *P. plocamiestriscf*、*P. calcitrans*、*P. pulchella*、*P. lucasii* *Ulva sp*(5个)

国内外种质资源区别主要有三个:一是资源类别,国外保存的都是自然种,我国还保存了很多的养殖品种(品系),这与我国海藻养殖规模较大、历史较长有关;二是研究内容,国外的研究主要集中在种质资源保存方法及理论研究,我国科研人员利用种质做了很多繁育生物学与育种研究,在应用方面领先;三是种质资源的信息化方面,国外著名种质库的资源信息在其网站上都有较为详尽的介绍,并且可对外提供材料,我国目前也有相关的内容,但比较滞后。

2 种质保存技术

根据种质的生理状态,可将种质保存方法分培养保存和低温保存两类。培养保存包括切断、低温弱光和固定化。其原理是种质在特定条件下会不断地营养生长而不发育,达到长期保存的目的,如果需要使用,不需要复杂的复活过程。其中切断培养因为需要模拟海藻生长的环境条件,难度较大,不易保持藻体的正常活性,一般应用于实验室短时间种质保存。

方宗熙[8]最早发明了在低温弱光的条件下利用海带和裙带菜无性繁殖系保存种质的

方法,保存的配子体大部分具有正常的生活力,在恢复正常光照后,仍能正常地发育并产生孢子体。崔竞进等[9]继续研究了不同遗传特性海带配子体对弱光的不同反应。王欢等[10]将条斑紫菜(P. yezoensis)丝状体种质包埋,然后在4℃暗光保存,发现其成活率可达71%,且能保持生长力。邹定辉等[11]发现在5℃时,能够保存干出状态的羊栖菜的生殖托。

王志勇等[12]研究了用固体培养法培养坛紫菜叶状体营养体细胞,结果表明,坛紫菜叶状体细胞可以在半固态至固态琼脂培养基上良好地存活、分裂和再生。陈昌生等[13]也发现坛紫菜在10℃固体平板上可长期保存。

低温保存,即冷藏和超低温保存,在这种情况下,种质基本停止了新陈代谢活动,在使用时需要进行复杂的复活过程。陈素文等[14]将海萝(G. furcata)风干至其鲜质量的1/4,保存在-80℃时效果最好,其孢子附着率达70%。陈昌生等[13]使用胶囊化法在-20℃低温保存坛紫菜的丝状体,其成活率超过80%。郭金耀等[15]用包埋法使条斑紫菜脱水后,-20℃保存的种质成活率可达70%。

20世纪60年代开始有将超低温保存技术应用在藻类种质保存的报道[16]。这种方法有一步法和两步法。一步法也称快速冷冻法,即将材料直接放入液氮中进行冷冻;两步法即需要先对材料进行预冻,再将预冻过的材料投入液氮中快速冷冻[17]。现在普遍使用的有玻璃化法和包埋脱水法,玻璃化法的原理是受高浓度胞内保护剂作用的细胞连同保护剂本身在快速降温中进入无定型的玻璃化状态,可避免溶液效应和冰晶对细胞的损伤。而包埋脱水法是先用藻酸钙包埋,然后再用胞外保护剂在冷冻前脱水处理,这种方法也可减轻对细胞的毒害。超低温保存尤其需要注意冷冻保护剂的选择和温度控制以避免冰晶对细胞的损害。目前应用超低温法保存的研究报道很多(表2)。

表2　养殖海藻种质的超低温保存

海藻名称	材料	保护剂	方法	存活率(%)	年份及文献作者
Gracilaria foliifera	叶状体	10%二甲基亚砜	Ⅱ玻璃化法	36	1984, van der Meer[18]
G. foliifera	幼苗	10%二甲基亚砜	Ⅱ玻璃化法	43	1984, van der Meer[18]
G. tikvahiae	叶状体	10%二甲基亚砜	Ⅱ玻璃化法	98	1984, van der Meer[18]
Ulva lactuca	叶状体	10%二甲基亚砜	Ⅱ玻璃化法	100	1984, van der Meer[18]
Porphyra haitanensis	果孢子	10%二甲基亚砜	Ⅱ玻璃化法	>90	1988, 陈国宜[19]
P. ishigecota	果孢子	5%～15%二甲基亚砜	Ⅱ玻璃化法	>90	1989, 陈国宜[20]
P. suborbiculata	果孢子	5%～15%二甲基亚砜	Ⅱ玻璃化法	>90	1989, 陈国宜[20]
Gloiopeltis sp.	四分孢子	5%二甲基亚砜	Ⅱ玻璃化法	>80	1989, 陈国宜[20]
Undaria pinnatifita	配子体	甘油	Ⅰ玻璃化法	0	1992, Ginsburger-Vogel T[21]
Porphyra yezoensis	丝状体	10%二甲基亚砜+0.5 mol·L^{-1}山梨醇	Ⅱ玻璃化法	60	1993, Kuwano[22]
P. dentata	丝状体	10%二甲基亚砜+0.5 mol·L^{-1}山梨醇	Ⅱ玻璃化法	70.5	1994 Kuwano[23]

续表

海藻名称	材料	保护剂	方法	存活率(%)	年份及文献作者
P. haitanensis	丝状体	10%二甲基亚砜+0.5 mol·L^{-1}山梨醇	Ⅱ 玻璃化法	66.4	1994, Kuwano[23]
P. pseudolinearis	丝状体	10%二甲基亚砜+0.5 mol·L^{-1}山梨醇	Ⅱ 玻璃化法	63.9	1994, Kuwano[23]
P. tenera	丝状体	10%二甲基亚砜+0.5 mol·L^{-1}山梨醇	Ⅱ 玻璃化法	58.1	1994, Kuwano[23]
P. yezoensis	叶状体	5%二甲基亚砜+5%葡聚糖	Ⅱ 玻璃化法	96.2	1996, Kuwano[24]
Laminaria digitata	配子体	/	Ⅰ 包埋脱水法	25–75	1997, Vigneron T[25]
Eisenia bicyclis	配子体	10%乙二醇+10%脯氨酸	Ⅱ 玻璃化法	62.0(♀), 52.6(♂)	1998, Kono shigeki[26]
P·haitanensis	丝状体	/	Ⅰ 包埋脱水法	65	2000, 王起华[27]
L·japonica	配子体	10%乙二醇+10%脯氨酸	Ⅱ 玻璃化法	63.9	2004, Kuwano[28]
L. longissima	配子体	10%乙二醇+10%脯氨酸	Ⅱ 玻璃化法	67.4	2004, Kuwano[28]
Kjellmaniella crassifolia	配子体	10%乙二醇+10%脯氨酸	Ⅱ 玻璃化法	73.1	2004, Kuwano[28]
Ecklonia stolonifera	配子体	10%乙二醇+10%脯氨酸	Ⅱ 玻璃化法	73.3	2004, Kuwano[28]
E. kurome	配子体	5%乙二醇+10%脯氨酸	Ⅱ 玻璃化法	56.2	2004, Kuwano[28]
U·pinnatifida	配子体	10%甘油+10%脯氨酸	Ⅱ 玻璃化法	73.1	2004, Kuwano[28]
P. haitanensis	丝状体	20%二甲基亚砜	Ⅱ 玻璃化法	>60	2005, 马宁宁[29]
U·pinnatifida	配子体	0.3 mol·L^{-1}蔗糖	Ⅰ 包埋脱水法	66	2005, 王起华[30]
L·japonica	胚孢子	10%二甲基亚砜	Ⅱ 玻璃化法	50	2007, Zhang Q S[31]
P·yezoensis	丝状体	10%二甲基亚砜+0.5 mol·L^{-1}山梨醇	Ⅱ 玻璃化法	89.4	2007, Zhou W J[32]
L·japonica	配子体	0.4 mol·L^{-1}蔗糖	Ⅱ 包埋脱水法	43	2008, Zhang Q S[33]
U·pinnatifida	配子体	/	Ⅰ 包埋脱水法	31.2(♀), 26.0(♂)	2011, Wang B[34]

Ⅰ：一步法；Ⅱ：两步法。

种质保存的技术目前有很多种，这就能够满足不同养殖海藻种质保存和不同研究的需要，它们之间各有优点和缺点。培养保存不需要昂贵的实验设备和太复杂的操作过程，细胞一直处于活动状态,也比较易于观察种质的状态,但是这种方法需要经常更换培养基,容易导致污染和混杂。低温保存一般需要专用设备,且操作较为复杂,细胞活力不易直接观察,但是它能使种质长期安全保存,日常维护较为简单[35-36]。选择保存方法可根据藻类本身的生物学特性和基础条件来确定。

3 种质检测

这部分内容主要包括种质的活力检测和种质鉴定。在长时间保存种质后,一般都需要检查种质的细胞(组织)的活力,以确定它们的利用价值,主要有三类方法:一是细胞的形态观察,主要包括细胞染色法或直接显微镜检法;二是检测生理生化指标,主要有光合放氧活性测定法[37];叶绿素含量测定法[18,29,38],以上两类方发快速简便,但是不易检测细胞的遗传变异;三是细胞的再生能力的鉴定,即细胞发育生长为成体来检测种质活性[19],这种方法可靠程度高,但是费时费力。

种质鉴定即鉴定种质的种(种系),对于自然生长的海藻,大多通过形态观察就能确定其种类,但是有的种类不同的地理种群也存在形态差异,尤其那些经过长期选育养殖海藻,其外观性状变化更大,还有就是选育的海藻与自然生长的海藻杂交是否也会有变化,要精确的确定就需要从分子水平研究。目前主要的方法有,ITS区片段的序列[39],分析构建DNA指纹图谱[40-41],DNA条形码技术[42]等。

4 展望

4.1 种质资源保存

种质资源是具有战略意义的资源,具有重大的经济和社会意义,尤其我国是一个海藻养殖大国,保存优良的种质资源可促进养殖业的持续健康发展,这需要进一步收集和保存更多的优质种质,在收集的时候要注意科学合理,以避免生物多样性减少,并且要详细记录海藻的遗传背景和生态特征等资料。

4.2 种质检测

种质活力的研究一般都是在细胞水平,采取的是检测单一的生理指标,但是单一的指标往往不能全面反映正常的藻类种质活力特性,因此需要在深入了解藻类生物学特性的基础上,找到综合指标来判断活力情况。种质鉴定工作从观察形态、组织结构,发展到基因水平,技术手段发展很快,但是实际工作也发现,对于有些种类的鉴别并不是一种技术能够确定的,需要从形态,组织结构和基因水平综合验证才能确定。

综上所述,养殖海藻的种质保存工作意义重大,研究历史较长,随着新技术的不断发展,保存种类和技术也在不断丰富更新,但是还需要不断地探索创新,以期为科研及社会生产创造更大的价值。

注:本文中的藻类属名以《中国黄渤海海藻》为标准。

参考文献

[1] 杨宇峰,费修绠. 大型海藻对富营养化海水养殖区的生物修复的研究与展望[J]. 青岛海洋大学学报, 2003, 33(1): 53-57.

[2] 黄春恺. 红毛菜人工养殖中的采苗技术研究[J]. 福建农业科技, 2003, 2: 43-44.

[3] 曾广兴. 异枝麒麟菜人工养殖技术[J]. 水产养殖, 2001, 3: 5-7.

[4] 陈锤. 海萝的栽培技术[J]. 齐鲁渔业, 2008, 25(2): 25-25.

[5] Leila H, Anicia Q H, Flower E M, et al. A Review of *Kappaphycus* Farming: Prospects and Constraints[J]. Life in Extreme Habitats and Astrobiology, 2010, 15(6): 251-283.

[6] 黄礼娟,蔡洪波,张华杰,等. 鹿角菜采苗育苗技术的研究[J]. 海洋水产研究, 2008, 29(1): 70-75.

[7] 孙光,王春生,难波武雄. 孔石莼人工培养试验[J]. 海洋湖沼通报, 1989, 10(1): 38-44.

[8] 方宗熙. 海带和裙带菜配子体无性生殖系培育成功[J]. 自然杂志, 1979, 6: 344.

[9] 崔竞进,殷毓麟. 弱光保存海带配子体的初步试验[J]. 山东海洋学院学报, 1979, 1: 132-137.

[10] 王欢,曹光辉,高艳萍,等. 包埋－脱水法常温和常低温保存条斑紫菜自由丝状体[J]. 安徽农学通报, 2007, 13(23): 86-87.

[11] 邹定辉,高坤山. 羊栖菜离体生殖托低温超低温的保存[J]. 水产学报, 2010, 34(6): 935-941.

[12] 王志勇,黄世玉. 坛紫菜叶状体营养细胞的固体培养[J]. 厦门水产学院学报, 1996, 18(1), 1-8.

[13] 陈昌生,纪德华,王秋红,等. 坛紫菜丝状体种质保存技术的研究[J]. 水产学报, 2005, 29(6): 745-750.

[14] 陈素文,吴进锋,陈利雄. 海萝种藻冷冻保存对其释放孢子量及孢子附着的影响[J]. 热带海洋学报, 2012, 31(1): 67-71.

[15] 郭金耀,杨晓玲. 条斑紫菜自由丝状体保存研究[J]. 食品科学, 2010, 31(7): 117-122.

[16] Holm-Hansen O. Viability of blue-green and green algae after freezing[J]. Physiologia plantarum, 1963, 16(3): 530-540.

[17] 何培民. 海藻生物技术及其应用[M]. 北京:化学工业出版社, 2007: 70.

[18] Van Der Meer J P, Simpson F J. Cryopreservation of *Gracilaria tikvahiae* Rhodophyta and other macrophytic marine algae[J]. Phycologia, 1984, 23(2): 195-202.

[19] 陈国宜,阙求登. 红藻－坛紫菜果孢子的液氮保存[J]. 植物生理学通讯, 1988, 2: 32-34.

[20] 陈国宜,阙求登. 几种红藻孢子的超低温保存[J]. 热带海洋, 1989, 8(1): 67-72.

[21] Ginsburger T, Arbault S, Perez R. Ultrastructural study of the effect of freezing thawing on the gametophyte of the brown alga *Undaria pinnatifida*[J]. Aquaculture, 1992, 106(2): 171-181.

[22] Kuwano K, Aruga Y, Saga N. Cryopreservation of the conchocelis of the marine alga *Porphyra yezoensis* Ueda (Rhodophyta) in liquid nitrogen[J]. Plant Science, 1993, 94(12): 215-225.

[23] Kuwano K, Aruga Y, Saga N. Cryopreservation of the conchocelis phase of *Porphyra* (Rhodophyta) by applying a simple prefreezing system[J]. Phycology, 1994, 30(3): 566-570.

[24] Kuwano K, Aruga Y, Saga N. Cryopreservation of clonal gametophytic thalli of *Porphyra* (Rhodophyta)[J]. Plant Science, 1996, 116(1): 117-124.

[25] Vigneron T, Arbeult S, Kaas R. Cryopreservation of gametophytes of *Laminaria digitata* Lamouroux by encapsulated dehydration[J]. Cryo-Letters, 1997, 18(2): 93-98.

[26] Shigeki K, Kazuyoshi K, Naotsune S. Cryopreservation of *Eisenia bicyclis* (Laminariales, Phaeophyta) in liquid nitrogen[J]. Marine Biotechnology, 1998, 6(4), 220-223.

[27] 王起华,刘明,程爱华. 坛紫菜自由丝状体的胶囊化冷冻保存[J]. 辽宁师范大学学报(自然科学版), 2000, 23(4): 387-390.

[28] Kazuyoshi K, Shigeki K, Young-Hyun J, et al. Cryopreservation of the gametophytic cells of Laminariales (Phaeophyta) in liquid nitrogen[J]. Phycology, 2004, 40(3): 606-610.

[29] 马宁宁,李梅. 培养条件对坛紫菜(*Porphyra haitanensis*)(Rhodophyta)自由丝状体超低温保存的影响[J]. 辽宁师范大学学报(自然科学版), 2005, 28(1): 100-102.

[30] 王起华,刘艳萍. 包埋脱水法冷冻保存裙带菜配子体克隆的研究[J]. 海洋学报, 2005, 27(2): 154-159.

[31] Zhang Q S, Cong Y Zh. A simple and highly efficient method for the cryopreservation of *Laminaria japonica* (Phaeophyceae) germplasm[J]. Phycology, 2007, 42(2): 209-213.

[32] Zhou W J, Li Y, Dai J X. Study on cryopreservation of *Porphyra yezoensis* conchocelis[J]. Ocean University of China (English Edition), 2007, 6(3): 299-302.

[33] Zhang Q S, Cong Y Zh, Qu S C, et al. Cryopreservation of gametophytes of *Laminaria japonica* (Phaeophyta) Using Encapsulation-dehydration with two-step cooling method[J]. Oceanic and Coastal Sea Research, 2008, 7(1): 65-71.

[34] Wang B, Zhang E D, Gu Y. Cryopreservation of brown algae gametophytes of *Undaria pinnatifida* by encapsulation-vitrification[J]. Aquaculture, 2011, 317(4): 89-93.

[35] Anna M, Jan J. R. Cryopreservation-a tool for long-term storage of cells, tissues and

organs from in vitro culture derive[J]. Biotechnologia, 2006, 4(75): 145-163.

[36] Steponkus P L. Advances in Low Temperature Biology[M]. London: Elsevier Science, 1996.

[37] Ben-Amotz A, Gilboa A. Cryopreservation of marine unicellular algae. 1. A survey of algae with regard to size, culture age, photosynthetic activity and chlorophyll-to-cell ratio[J]. Marine Ecol Prog Ser, 1980, 2: 157-161.

[38] Taylor R, Fletcher R L. A simple method for the freeze-preservation of zoospores of the green macroalga *Enteromorpha intestinalis*[J]. Phycology, 1999, 11(3): 257-262.

[39] 赵玲敏,谢潮添,陈昌生,等. 5.8S rDNA-ITS 区片段的序列分析在坛紫菜种质鉴定中的应用[J]. 水产学报, 2009, 33(6): 940-948.

[40] Weng M L, Liu B, Jin D M, et al. Identification of 27 *Porphyra* lines (Rhodophyta) by DNA fingerprinting and molecular markers[J]. Applied Phycology, 2005, 17(1): 91-97.

[41] 谢潮添,陈昌生,纪德华,等. 坛紫菜种质材料 DNA 指纹图谱的构建[J]. 水产学报, 2010, 34(6): 913-920.

[42] Emmanuelle S C, Estela M P, Rosario P, et al. The Gracilariaceae Germplasm Bank of the University of São Paulo, Brazil-a DNA barcoding approach[J]. Applied Phycology, 2012, 24(6): 1 643-1 653.

（王翔宇,吕芳,詹冬梅,李美真）

浒苔生理活性与开发利用研究进展

浒苔(*Enteromorpha prolifera*)在我国沿海如江苏、浙江、福建等海域均有分布,多为野生藻种,广泛分布于河口和中潮带的石沼中,可漂浮生长,有的浒苔个体还会附生于大型海藻的植物体和船舶外壳上,适应自然环境能力强,属广温、广盐、低辐照适应、耐酸和微嗜碱的海藻[1]。浒苔繁殖能力极强,目前已成为世界范围内"绿潮"形成的主要物种之一。随着浒苔爆发频率的增加、地理范围的扩大,其恶性繁衍对不同类群海洋生物的毒性效应、致毒机制及近岸生态环境带来的负面影响已越发引起重视;大量绿潮的腐烂可能刺激部分赤潮藻类的生长引发区域性赤潮,不仅给海上养殖业造成重大损失,还可引发次生灾害。

为开发和利用丰富的浒苔资源,及时解决突发性绿潮灾害,国内外学者针对浒苔生物活性物质及如何有效控制、安全清除、资源化利用浒苔资源等展开了一系列研究。

1 浒苔的生理活性

1.1 降血脂、降血糖、抗氧化作用

周惠萍等[2]发现,水提浒苔多糖能显著降低小鼠血清、心脏及大鼠血清脂质过氧化物含量,提高小鼠血清、脑、肝脏超氧化物岐化酶活力,具有降血脂和抗衰老等生物活性;孙士红[3]研究发现,碱提浒苔细胞壁多糖具有明显的降血糖、降血脂功效;张智芳[4]研究认为,弱酸环境下水提醇沉法提取的浒苔多糖具有减肥作用,可降低高脂血症以及试验大鼠的血清血脂水平,提高机体的抗氧化能力,延缓脂肪肝的发展;于敬沂[5]研究结果表明,管浒苔(*E. tubulosa*)水提粗多糖及多糖硫酸酯化产物对超氧负离子自由基清除作用明显。

1.2 抗菌、抗病毒活性

Hellio等[6]研究发现,肠浒苔(*E. intestinalis*)乙醇提取物对6种革兰氏细菌(抑菌圈5~6 mm)具有较强的抑菌活性,对5种革兰氏阳性细菌(抑菌圈3~4 mm)有一定的抑制活性;Vlachos等[7]发现从南非采集的浒苔提取后所得多糖对细菌的抑制能力好于酵母菌和霉菌;Hudson等[8]对13种韩国海藻甲醇提取物的研究发现,浒苔提取物抗单纯疱疹病毒和辛德毕斯病毒活性较高;此外,浒苔提取物还具有消炎、抑制艾氏癌和皮肤癌等生理功能[9-10]。

1.3 免疫活性

Rosario 等[11]研究表明,浒苔、石莼(*Ulva lactuca*)的水溶性提取物能提高大菱鲆(*Scophthalmus maximus*)的呼吸活性,提高嗜菌细胞中的中性粒细胞和巨嗜细胞杀死细菌病原体的能力;徐大伦等[12]证明浒苔多糖可显著促进华贵栉孔扇贝(*Chlamys nobilis*)血清和血细胞中超氧化物岐化酶和溶菌酶活力,增强扇贝免疫活性。

1.4 抗肿瘤活性

Okai 等[13]发现,浒苔提取物脱镁叶绿素 a 对由化学物质诱发的小鼠上皮肿瘤细胞具有很强的抑制作用;张智芳[4]认为,浒苔多糖低(200 mg·kg^{-1})、中(400 mg·kg^{-1})、高(800 mg·kg^{-1})剂量均可抑制移植瘤模型小鼠的肿瘤生长($P < 0.01$);赵素芬等[14]研究发现,在 24、48、72 h 时测定肠浒苔多糖对肿瘤细胞 K562 生长均有抑制作用,作用的浓度范围、抑瘤率因测定时间而异。

1.5 其他

与浒苔共附生的微生物也具有多种生物活性[15];随着海藻化感作用研究相继出现,不同属浒苔新鲜组织、干粉末及提取物抑藻活性研究日益引起关注,抑制效应因藻种类而异。凝集素是非免疫起源的蛋白质或糖蛋白,Ambrosio 等[16]从浒苔中分离出了 EPL-1 和 EPL-2 两种凝集素;宋玉娟等[17]分离纯化了肠浒苔凝集素,研究了其性质,测得凝聚素在 pH 4.0~10.2 时,均有活性,而在 pH 6.9~8.0 范围内活性较高,对单胞藻及兔、鲤鱼(*Cyprinus carpio*)、鲫鱼(*Carassius auratus*)、人血型红细胞均表现出一定程度的凝集活性,对鲫鱼的凝集活性最强,不受 D-果糖、D-半乳糖、葡萄糖等的抑制。

2 浒苔的开发利用

浒苔生长季节集中,易腐败变质,形成的浒苔绿潮海洋污染在养殖海域中全年均有可能发生,且具有爆发量大、紧急的特点,腐烂后释放大量铵盐、磷酸盐等,危害渔业资源。解决浒苔贮存问题,必须处置迅速,综合考虑保存效果及保存成本等因素。

林英庭等[18]将新鲜浒苔清理后挤压至不滴水,按一定比例在浒苔中添加玉米面,青贮 108 d 后,粗脂肪含量明显提高,养分损失少,保存时间较长,且成本较低、工艺简单,是浒苔短期贮存较为理想的方法。

滕瑜等[19]以浒苔作为突发原料,以制胶后的海藻渣作为常备原料,利用三级脱水分段干燥技术快速处理浒苔,使浒苔水分小于 10% 后保存 1 年;王翠苹等[20]采用离心脱水和带式干燥机相结合的方式获得的干浒苔水分含量的 5%、盐分 3.5%(以干基计);李德茂等[21]认为,低温真空干燥后的浒苔腥味较小,真空贮藏的样品比普通密封贮藏样品的叶绿素损失少,氧化程度更低;陈利梅等[22]发现,低温真空干燥浒苔试样 10℃ 的等温吸湿曲线呈反 S 形,随着温度升高等温吸湿曲线的反 S 特性逐渐减弱,含水量 24%(质量干基)是市场上安全贮藏和流通的最高含水量。

营养成分分析显示,浒苔是高蛋白、高膳食纤维、低脂肪、低能量,富含矿物质和维生素的天然营养食品原料[23],除具有较高食用和药用价值外,还可广泛地应用于化工、饲料、纺织和国防工业。

(1) 在水产养殖业中的应用。在海参饲料中添加浒苔替代鼠尾藻(*Sargassum thunbergii*),可促进海参快速生长,显著降低饵料系数,缩短养殖周期。朱建新等[24]通过不同方法处理浒苔饲喂稚、幼仿刺参(*Apostichopus japonicus*),证明用蛋白酶处理的浒苔可以作为刺参的优质饲料,具有比较好的促生长作用;梁萌青等[25]在大菱鲆配合饲料中添加浒苔干粉为诱食剂,发明了一种新型的适用于大菱鲆的配合饲料研制方法。

(2) 浒苔海藻肥。单俊伟等[26]发明一种微生物发酵法处理浒苔生产海藻肥的方法,提高了作物产量和质量,减少病虫害,并对农作物、环境及人类无任何不良影响和污染;赵明等[27]以浒苔+秸秆+EM 菌剂堆肥处理 50℃以上持续 19 d,浒苔堆肥对大白菜具有明显的增产作用;李秀珍等[28]研究表明,浒苔海藻液态肥在白菜上施用的增产效果达 15.6%,粉状肥的增产效果达 7.4%,与目前的海带海藻肥无显著差异。

2.1 浒苔用于食品工业的研发

2.1.1 安全性分析

何清等[29]分析了洞头县同水域中缘管浒苔(*E. linza*)、海带(*Laminaria japonica*)、坛紫菜(*Porphyra haitanensis*)等 5 种海藻中有毒元素砷的含量,发现缘管浒苔砷含量最低,是一种放心的食品;林英庭等[30]研究认为,浒苔中对动物有害的重金属元素(尤其是铅和砷)是同海域海藻中最低的一种;宁劲松等[31]对青岛近海浒苔安全性指标(铅、镉、无机砷、总汞、甲基汞及多氯联苯)进行分析,以干、湿质量计其结果均远低于相应标准限量要求,认为青岛近海浒苔符合食用安全的标准,可以进行食品深加工。

考虑到浒苔因种类、生长海域、生长阶段、采集时间等许多因素不同,检测结果可能有异,笔者以 2010 年夏青岛栈桥附近海域采集浒苔为样本(以干基计),检测了其砷和重金属含量,其中无机砷 0.28 mg·kg^{-1}、铅 0.677 mg·kg^{-1}、镉 0.403 mg·kg^{-1} 及甲基汞未检出,各含量均低于 GB 19643—2005 藻类制品卫生标准及欧盟限量标准。

钟礼云[32]将浒苔纯粉配成混悬液,以 15 g·kg^{-1} 剂量对试验小鼠(禁食 16 h)24 h 灌胃 3 次,观察 14 d。急性毒性试验表明,浒苔纯粉属于无毒级,食用安全,受给药浓度和灌胃容积的限制,无法测出其半数致死量。

2.1.2 浒苔深加工产品的研究

浒苔是沿海人的食用藻类,在浙江福建沿海等地可当作美味食品,也有厂家将浒苔粉作为汤料包的重要辅料,应用于面粉和面条的生产中。滕瑜等[19]制定了浒苔罐头的调味料配方和杀菌工艺;徐大伦等[33]在 85℃烫漂 3.5 min,用 10% 的乙醇脱腥 30 min 条件下,进行调味、真空包装后得到色泽翠绿,在常温下保存 6 个月的软包装产品;朱兰兰等[34]研究了不同脱盐试剂配方、烘干温度对浒苔粉生产的影响,开发的玉米味浒苔片口感良好;罗红宇等[35]以干浒苔为绿藻原料,以混合果汁作为风味添加剂制得绿藻果汁复合饮料,具有一定的保健作用。笔者以浒苔为主料,在传统风味加工基础上研制出浒苔干脆片[36]、浒苔鱼松、浒苔西点等系列即食休闲产品,为浒苔资源的综合利用开辟了新的途径。

2.1.3 浒苔叶黄素的提取

海洋植物叶绿素和辅助色素的含量普遍高于陆生植物,是开发天然叶黄素的良好原料。程红艳等[37]采用反相高效液相色谱—电喷雾电离质谱法定性、定量测定浒苔中叶黄素含量,在选定的最佳仪器条件下,叶黄素与浒苔中的其他化合物分离良好,浒苔为天然叶黄素的开发提供了丰富的资源,可广泛用于保健品的开发。

2.1.4 浒苔用作新型抗氧化剂的开发

黄海兰等[38]试验结果显示,浒苔正丁醇提取物具有较强的抑制亚油酸脂质过氧化的能力和一定的抑制猪油脂质过氧化的能力,可以减缓油脂氧化变质,提高油脂的营养价值,可作为一种新型天然食用油脂抗氧化剂,为浒苔的进一步开发提供新的途径。

2.1.5 高品质膳食纤维的提取

周静峰等[39]确定酶法提取膳食纤维和漂白的最佳条件,提取率为40.22%,产品可作为高品质膳食纤维及食品添加剂;薛勇等[40]用化学法确定浒苔膳食纤维的最优提取条件,并对碱不溶性膳食纤维主要成分进行分析,认为可作为功能性食品的膳食纤维添加剂。

2.2 其他领域的研究

2.2.1 浒苔的生物质能研究

王宁等[41]研究发现,条浒苔(*E. clathrata*)的着火点比陆生木质类生物质的着火点低,为开发浒苔生物质油提供了理论支持;张士成等[42]将浒苔通过水热液化工艺提取制得生物油;宋烨等[43]采用高温热裂解及相关技术反应研究浒苔制备生物柴油的新方法;田原宇[44]在一定条件下将新鲜含水浒苔糊化反应分离浒苔原油,经进一步提炼可制出生物汽油和生物柴油。浒苔成功转化制得生物油,使这一突发性资源成为创造新能源的绝佳原材料。

秦松等[45]将浒苔漂洗、破碎,在特定条件下调酸、水解、发酵、蒸馏后得到生物乙醇;姚东瑞[46]采用浒苔、秸秆组合发酵生产沼气,具有有机质互补、系统缓冲能力强、产气高峰早、产气时间长等优点,较单独采用秸秆发酵总气量提高了29.04%。

2.2.2 浒苔用于生态修复的研究

浒苔具有生长快、吸收营养物质多、抑制其他微藻生长等特点,鲜活的浒苔能够通过化感作用和营养竞争抑制微藻的生长,是较为理想的海洋生态修复海藻种类[47],在特定海区进行浒苔人工养殖具有积极意义。缘管浒苔新鲜组织和干粉末对赤潮异弯藻生长均有强烈的克生效应[48];条浒苔与赤潮藻类三角褐指藻(*Phaeodactylum tricornutum*)间也存在生态位上的竞争关系,其提取物对三角褐指藻的生长抑制作用明显[49];条浒苔对海水中氮元素的吸收能力较强。另有研究表明[50],用肠浒苔处理废水,吸收其中的铵效果理想,这对于富营养化海域的修复具有积极意义。

2.2.3 浒苔用作吸声材料的研究

有人曾经用干浒苔作为预制楼板的隔间材料,用于生产建筑业材料。傅圣雪等[51]采用驻波管法测定了不同厚度、不同结构的浒苔样品的吸声系数,与相近的有机和无机纤维吸声材料对比表明,浒苔的微管结构对提高其吸声性能有较大的贡献,浒苔具有很好的吸声性能,作为吸声材料具有很好地应用前景。

2.2.4 用于食用菌试验的研究

王永显等[52]尝试将浒苔和棉籽皮按不同添加比例混合在一起,在适宜的温度和适度条件下,虽然较正常情况下菌丝发育缓慢,但各食用菌栽培料里均生出了菌丝且长势良好。浒苔的营养价值如能真正被菌类吸收,与普通蘑菇同产量、高品质,社会、经济、生态价值将不可估量。

2.2.5 浒苔多糖在纺丝方面的探索

许福超[53]研究了浒苔多糖溶液的黏度、凝胶温度以及浒苔多糖膜的外观形态、力学性能、亲水疏水性等,初步探索了浒苔可溶性多糖和浒苔中的纤维素成纤的可能性,为浒苔多糖在食品和纺丝方面的应用提供了一定的理论依据。

3 讨论

我国海洋藻类生物能源的开发较为滞后,浒苔一直未能成为海藻研究和开发利用的重点,许多问题亟待解决。

浒苔资源具有广阔开发前景,但爆发的季节性难以保证稳定的资源供应;由于自然繁殖迅速,易受自然条件和环境污染的影响,原料的纯度、质量、产量要求都较难控制;新鲜浒苔含水分和杂质多,运输、贮存、分离成本较高,目前我国对浒苔的处置多以堆放和填埋为主要手段,但倾倒后可能会侵蚀土壤、改变土壤的盐碱性,极大地浪费了海洋藻类资源;高纤维素含量限制了其在海珍品饲料和鱼用饲料方面的研究;食品工业中常规方法较难将其清洗,并存在护绿和淡水脱盐易褪色的矛盾。

下一步的研究重点主要包括绿潮爆发分子机理研究、浒苔工程化快速处置与贮存方法研究、基础生物学研究、对生态修复、环境保护的影响以及高值化综合利用和产业化开发等方面。

参考文献

[1] 王建伟,阎斌伦,林阿朋,等. 浒苔(*Enteromor phaprolifera*)生长及孢子释放的生态因子研究[J]. 海洋通报,2007,26(2):60-65.

[2] 周慧萍,蒋巡天,王淑如,等. 浒苔多糖的降血脂及其对 SOD 活力和 LPO 含量的影响[J]. 生物化学杂志,1995,11(2):161-165.

[3] 孙士红. 碱提浒苔多糖降血糖、降血脂生物活性研究[D]. 长春:东北师范大学,2007,24.

[4] 张智芳. 浒苔多糖提取工艺及其降血脂和抗肿瘤功能研究[D]. 福州:福建医科大学,2009,29-33.

[5] 于敬沂. 几种海藻多糖的提取及其抗氧化、抗病毒(TMV)活性研究[D]. 福州:福建农林大学,2005:30-32.

[6] Hellio C, De La Broise D, Dufosse L, et al. Inhibition of marine bacteria by extracts of macroalgae: potentialuse for environmentally friendly antifouling paints[J]. Marine Environmental Research, 2001, 52（3）: 231-247.

[7] Vlachos V, Critchley A T, Von Holy A. Antimicrobial activity of extracts from selected southern African marine macroalgae[J]. South African Journal of Science, 1997, 93（7）: 328-332.

[8] Hudson J B, Kim J H, Lee M K, et al. Antiviral compounds in extracts of Korean seaweeds: Evidence for multiple activities [J]. Journal of Applied Phycology, 1998, 10（5）: 427-434.

[9] Higashi-Okaik, Okai Y. Potent antiinflammatory activity of pheophytin a derived from edible green alga, Enteromorpha prolifera（Sujiaonori）[J]. International Journal of Immunopharmacology, 1997, 19（6）: 355-358.

[10] Hiqashi-Oka K, Otani S, Okai Y. Potent suppressive effect of a Japanese edible seaweed, （Enteromorpha prolifera）（Sujiao-nori）on initiation and promotion phases of chemically induced mouse skin tumorigenesis[J]. Cancer Letters, 1999, 140（1/2）: 21-25.

[11] Rosario C, Ignacio Z, Jesus L. Watersoluble seaweed extracts modulate the respiratory burst activity of turbot phagocytes[J]. Aquaculture, 2004, 229（1/4）: 67-78.

[12] 徐大伦, 黄晓春, 欧昌荣, 等. 浒苔多糖对扇贝SOD酶和溶菌酶活力的影响[J]. 水利渔业, 2005, 25（3）: 22-23.

[13] Okai Y, Higashi-Okai K. Pheophytin a is a potent suppressor against genotoxin-induced umu C gene expression in Salmonella typhimurium（TA 1535/pSK 1002）[J]. J Sci Food Agric, 1997, 74（4）: 531-535.

[14] 赵素芬, 吉宏武, 郑龙颂. 三种绿藻多糖的提取及理化性质和活性比较[J]. 台湾海峡, 2006, 25（4）: 484-489.

[15] 金浩良, 徐年军, 严小军. 浒苔中生物活性物质的研究进展[J]. 海洋科学, 2011, 35（4）: 100-106.

[16] Ambrosio A L, Sanz L, Sanchez E I, et al. Isolationof two novel mannan-and L-fucose-binding lectins from the green alga（Enteromorpha prolifera）: biochemical characterization of EPL-2 [J]. Archives of Biochemistry and Biophysics, 2003, 415（2/15）: 245-250.

[17] 宋玉娟, 崔铁军, 李丹彤, 等. 肠浒苔凝集素的分离纯化及性质研究[J]. 中国海洋药物, 2005, 24（1）: 1-5.

[18] 林英庭, 刘迎春, 周前, 等. 浒苔保鲜贮存方法的初步研究[J]. 饲料工业, 2009, 30（5）: 40-42.

[19] 滕瑜, 王彩理, 尚德荣, 等. 浒苔的快速干燥技术及其初步开发[J]. 渔业科学进展, 2009, 30（2）: 110-114.

[20] 王翠苹, 刘淇, 袁婉丽. 鲜浒苔脱水干燥工艺的研究[J]. 青岛大学学报（工程技

版),2009,24(2):94-98.

[21] 李德茂,陈利梅,许小凡,等.不同处理和贮藏方法对真空冷冻干燥浒苔粉储藏性状的影响[J].江苏农业科学,2010,38(6):405-407.

[22] 陈利梅,李德茂,叶乃好.低温真空干燥浒苔等温吸湿曲线研究[J].安徽农业科学,2010,38(2):902-903.

[23] 林文庭.浅论浒苔的开发与利用[J].中国食物与营养,2007,13(9):23-25.

[24] 朱建新,曲克明,李健,等.不同处理方法对浒苔饲喂稚幼刺参效果的影响[J].渔业科学进展,2009,30(5):108-112.

[25] 梁萌青,辛福言,常青,等.以绿藻浒苔作为大菱鲆诱食剂的制备方法[J].ZL 200810249651.9,2009.

[26] 单俊伟,张俊杰,赵志强,等.微生物发酵法处理浒苔生产海藻肥的方法[J].ZL 200910014718.5[P],2009.

[27] 赵明,陈建美,蔡葵,等.浒苔堆肥化处理及对大白菜产量和品质的影响[J].中国土壤与肥料,2010(2):66-70.

[28] 李秀珍,宋海妹,单俊伟,等.浒苔海藻肥在白菜上的增产效果研究[J].现代农业科技,2011(20):292,295.

[29] 何清,胡晓波,周峙苗,等.东海绿藻缘管浒苔营养成分分析及评价[J].海洋科学,2006,30(1):34-38.

[30] 林英庭,朱风华,徐坤,等.青岛海域浒苔营养成分分析与评价[J].饲料工业,2009,30(3):46-49.

[31] 宁劲松,翟毓秀,赵艳芳,等.青岛近海浒苔的营养分析与食用安全性评价[J].食品科技,2009,34(8):74-75,79.

[32] 钟礼云.浒苔系列产品生理功能活性研究[D].福州:福建医科大学,2008.

[33] 徐大伦,王海洪,黄晓春,等.浒苔软包装产品的研制[J].广州食品工业科技,2004,20(3):94-95.

[34] 朱兰兰,刘淇,冷凯良,等.浒苔在食品中的应用研究[J].安徽农业科学,2009,37(2):719-721.

[35] 罗红宇,吴常文,陈小娥.绿藻果汁复合饮料的工艺研究[J].食品研究与开发,2002,23(2):34-36.

[36] 孙元芹,卢珺,王颖,等.浒苔干脆片的加工技术研究[J].烟台大学学报(自然科学与工程版),2009(22):103-106.

[37] 程红艳,陈军辉,赵恒强,等.反相高效液相色谱-电喷雾质谱法测定浒苔中的叶黄素[J].食品科学,2010,31(18):206-211.

[38] 黄海兰,徐可,王震功.浒苔提取物抑制食用油脂过氧化能力研究[J].食品科学,2009,30(15):124-126.

[39] 周静峰,何雄,师邱毅.酶法提取高品质浒苔膳食纤维工艺[J].食品研究与开发,2011,32(3):148-151.

[40] 薛勇,韩晓银,王超,等. 浒苔膳食纤维提取及其功能性初步研究 [J]. 食品与发酵工业,2011,37(7):193-196.

[41] 王宁,王爽,于立军,等. 海藻的燃烧特性分析 [J]. 锅炉技术,2008,39(2):75-80.

[42] 新能源资讯网. 用"绿潮"制成生物油污染元凶有望变身新能源 [EB/OL]. 2010-06-28,[2012-05-10]. http://www.23lx.com.cn/a/shengwuzhinen/2010/0628/7820.html.

[43] 浒苔制备生物柴油的新方法研究 [EB/OL]. [2012-05-10]. http://www.tiaozhanbei.net/project/662/.

[44] 中国科技资源贡献网. 山东科研人员从浒苔中提炼生物原油 [EB/OL]. 2011-07-26,[2012-05-10]. http://www.escience.gov.cn/ShowArticle2.jsp?id=10395.

[45] 秦松,冯大伟,刘海燕,等. 一种以浒苔为原料制取生物乙醇的方法 [J]. ZL 200910018119.0[P],2010.

[46] 姚东瑞. 浒苔资源化利用研究进展及其发展战略思考 [J]. 江苏农业科学,2011,39(2):473-475.

[47] Fujita R M. The role of nitrogen status in regulating transient ammonium uptake and nitrogen storage by macroalgae [J]. Journal of Experimental Marine Biology and Ecology,1985,92(2/3):283-301.

[48] 许妍,董双林,于晓明. 缘管浒苔对赤潮异弯藻的克生效应 [J]. 生态学报,2005,25(10):2861-2865.

[49] 王兰刚,徐姗楠,何文辉,等. 海洋大型绿藻条浒苔与微藻三角褐指藻相生相克作用的研究 [J]. 海洋渔业,2007,29(2):103-108.

[50] Hernandez I,Martinez-Aragon J F,Tovar A,et al. Biofiltering efficiency in removal of dissolved nutrientsby three species of estuarine macroalgae cultivated with sea bass (Dicentrarchus labrax) waste waters 2. ammonium [J]. Journal of Applied Phycology,2002,14(5):375-384.

[51] 傅圣雪,么光,李钢,等. 浒苔作为吸声材料的开发研究 [J]. 声学与电子工程,2009(2):42-44.

[52] 半岛网. 浒苔上实验长出蘑菇浒苔将真正变废为宝 [EB/OL]. 2011-12-02,[2012-05-10]. http://news.bandao.cn/news_html/201112/20111202/news_20111202_1723543.shtml.

[53] 许福超. 浒苔多糖的提取及其在纺丝方面的探索 [D]. 青岛:青岛大学,2010.

(孙元芹,李翘楚,李红艳,王颖,于晓清)

附录

鲆鲽鱼类常见病害初诊速查检索表

近几年来,鲆鲽鱼类在我国沿海地区已经形成了大规模的工厂化养殖,成为我国第四次海水养殖浪潮的支柱性产业。随着养殖规模的迅速扩大,疾病的发生已越来越频繁,其中较为严重的病毒性疾病、细菌性疾病和寄生虫性疾病等都时有发生,成为制约这一养殖产业持续发展的一个重要因素。因此,探索积极有效的疾病诊断措施,进行综合防治,对预防鲆鲽鱼类大规模疾病爆发,促进鲆鲽鱼类养殖业可持续发展有着重要意义。

本章对大菱鲆、牙鲆等我国主要鲆鲽鱼类养殖品种的病害进行搜集整理,通过对其发生在育苗期和养成期期间的主要病害特异症状的比较鉴别,借鉴生物分类检索表的形式,建立起鲆鲽鱼类育苗期和养殖期病害初诊简易快速检索表,对于及时正确地诊断鲆鲽类等病害有着十分重要的意义。

本检索表是采用平行式检索方式,即根据不同病害的症状表现特征,将每一对互相对应的特征编以同样的项号,并紧接并列,依次检索,如:

1. 病害主要发生于育苗期 ··· 2
1. 病害主要发生于养成期 ··· 8

如果符合前一项,继续查找 2.,如果符合后一项,则继续查找 8.,依此类推。

本检索表采用的病害症状表现特征主要为目测或 $10 \times (10 \sim 40)$ 倍显微观察确定的特征。鲆鲽鱼类取样为濒死或活动异常的病鱼,显微检测取样为取病灶组织做成水浸片。

本检索表的诊断结果为鲆鲽鱼类育苗期和养成期间常见病害的初诊结论,确诊尚需进一步进行病原鉴定。

鲆鲽鱼类常见病害初诊速查检索表
1. 病害主要发生于育苗期 ··· 2
1. 病害主要发生于养成期 ··· 8
2. 病鱼鱼鳍未见溃烂或变形现象 ··· 3
2. 病鱼鱼鳍可见溃烂或变形现象 ··· 4
3. 病鱼鳃和肝脏呈苍白色,肠内无食、有白色粪便,肾脾造血组织有病灶性坏死区
··· 传染性胰腺坏死病[1-2]
3. 病鱼鳃和肝脏未呈苍白色 ··· 5
4. 病鱼尾鳍和背鳍腐烂,以鱼体表为中心出现皮肤擦痕或糜烂,重症的鱼可见溃疡化··

.... 滑走细菌病[3]
   4. 鱼苗背、腹鳍变浊白,鳍的边缘略有收缩、卷曲 .... 鱼苗白鳍病[4]
   5. 镜检病鱼脑、脊索或视网膜异常,中枢神经组织和视网膜中心层空泡化
.... 病毒性神经组织坏死病[5]
   5. 镜检病鱼脑、脊索或视网膜未见异常 6
   6. 目测病鱼体表发黑或白浊 7
   6. 目测病鱼体表未见发黑或白浊,病鱼腹部内陷,解剖肠道可见其充黄白色黏液
.... 肠道白浊症[6]
   7. 病鱼体色发黑,头部大,身体相对较小 .... 黑瘦症[4]
   7. 病鱼体表白浊附有黏液,鳍基部可见出血 .... 波豆虫病[7]
   8. 目测病鱼鳍部和体表有团状的肿瘤样的肿物 .... 淋巴囊肿病[8]
   8. 目测病鱼鳍部和体表无团状的肿瘤样的肿物 9
   9. 目测病鱼眼球有突出或塌陷症状 10
   9. 目测病鱼眼球无突出或塌陷症状 11
   10. 病鱼眼部塌陷,头骨凸显,解剖观察内脏发灰,肠道出血,并积有黏液 .... 黏孢子虫病[9]
   10. 病鱼眼部无塌陷 13
   11. 病鱼体表可见明显的"黑-白"分界线,腹部肾脏区隆起,鳃丝末梢出现白色肿大物
.... 脾肾白浊病[10]
   11. 病鱼体表未见明显的"黑-白"分界线 12
   12. 病鱼体表或鳍有溃烂症状 14
   12. 病鱼体表或鳍无溃烂症状 18
   13. 病鱼鳃丝褪色 15
   13. 病鱼鳃丝未见褪色,其单眼或双眼凸起,眼周围组织浮肿呈淡红色,眼部正下位的腹
面区域也可见红肿 .... 凸眼病[10]
   14. 病鱼背部出现的数个疣状突起,大小不一,周围皮肤变为白色 .... 皮疣病[10]
   14. 病鱼背部未见疣状突起 16
   15. 镜检病鱼鳃丝可见卵圆形周身具纤毛的寄生虫体,病鱼体色发黑,腹部膨大,皮肤和
鳍多处出血 .... 纤毛虫病[11]
   15. 镜检病鱼鳃丝未见卵圆形周身具纤毛的寄生虫体 17
   16. 病鱼体表出现黄白色、圆形溃疡性伤口,镜检可见大量细菌 .... 疖疮病[10]
   16. 病鱼体表未见黄白色、圆形溃疡性伤口,病鱼背鳍、臀鳍、胸鳍和尾鳍充血发红溃烂,
严重时鳍部组织烂掉而出现缺损 .... 烂鳍病[12]
   17. 病鱼体色发黑,腹部肿胀,眼球突出,也可见鳃褪色和局部的瘀血或出血,镜检病灶
可见呈链状排列的球状细菌 .... 链球菌病[13]
   17. 病鱼头、嘴和鳍部发生出血,腹部肿胀,镜检可见肾脏和脾脏的造血组织内的黑色素
吞噬中心显著增多,镜检病灶无细菌 .... 病毒性红细胞感染症[14]

18. 病鱼腹面外观呈红色,身体皮下组织弥散性出血 ………………………… 病毒性红体病[15]
18. 病鱼腹部外观未呈现弥散性出血性红色 ………………………………………………… 19
19. 目测病鱼腹部膨大 ……………………………………………………………………… 20
19. 目测病鱼腹部未见膨大 ………………………………………………………………… 21
20. 病鱼鳍部有出血症状 …………………………………………………………………… 24
20. 病鱼鳍部未见有出血症状 ……………………………………………………………… 25
21. 病鱼腹部下凹,体色变暗,挤压腹部可见白便从肛门流出 ……………… 白便病[12]
21. 病鱼腹部未下凹 ………………………………………………………………………… 22
22. 病鱼体表可见不规则状的小面积白色斑块,鳃丝及白斑处有大量黏液和寄生虫体
……………………………………………………………………………………… 鞭毛虫病[10]
22. 病鱼体表未见不规则状的小面积斑块 ………………………………………………… 23
23. 病鱼体色发黑 …………………………………………………………………………… 26
23. 病鱼未见体色发黑 ……………………………………………………………………… 27
24. 病鱼肛门处有出血灶,解剖可见消化道充满大量黏液被涨大,病鱼腹腔内壁出血,内
充满红色腹水 …………………………………………………………………… 呼肠弧病毒病[16]
24. 病鱼肛门处未见出血灶 ………………………………………………………………… 28
25. 病鱼肛门有红肿现象,有时肠道从肛门脱出 …………………………… 腹水病[12]
25. 病鱼肛门处未见红肿现象 ……………………………………………………………… 29
26. 病鱼鳃和体表有大量黏液,可见白色斑点 ……………………………… 白点病[17]
26. 病鱼鱼体肿胀,体表黏液过多,肌肉呈胶状 …………………………… 微孢子虫病[18]
27. 病鱼体表鳃上有大量车轮状寄生虫体,可见体表白浊,有大量黏液,有时候体表可见
轻度出血现象 …………………………………………………………………… 车轮虫病[19]
27. 病鱼体表鳃上可见白色米粒状白点,皮肤、鳃丝黏液分泌增多,形成絮状白沫,解剖
可见腹部有积水,肠管上皮充血,肝脏肿大 …………………………………… 孢子虫病[20]
28. 病鱼体色发黑,口腔鳃充血出血,解剖可见病鱼肝发黄,脾暗红,消化道积水 ·· 细菌败
血症[21]
28. 病鱼鳍发红,解剖可见腹水潴留,肌肉内出血 ………………………… 弹状病毒病[15]
29. 镜检病鱼背部表皮和鳃组织可见大量异常的巨大细胞 ……… 大菱鲆疱疹病毒病[14]
29. 病鱼体色变黑,腹部膨大,解剖可见腹腔和围心腔腹水潴留,肝脏瘀血或褪色,肝脾
肿大 ………………………………………………………………………… 病毒性出血败血症[22]

参考文献

[1] Mortensen S H, Mortensen Y, Stein E, et al. The relevance of infectious pancreatic necrosis virus (IPNV) in farmed Noiwegian turbot (*Scophthalmus maxinus*) [J]. Aquaculture, 1993(115): 243-252.

[2] Ledo A, Lupiani B, Dopazo C P, et al. Fish viral infections in Northwest of Spain[J]. Microbiol SEM, 1990(6):21-29.

[3] 周丽,宫庆礼,俞开康. 牙鲆的疾病[J]. 青岛海洋大学学报, 1997, 11(3):68-72.

[4] 杨少丽. 养殖大菱鲆苗期主要细菌性疾病的研究[D]. 青岛:中国海洋大学, 2004.

[5] Bloch B, Gravn I K, Larsen J L. Encephalom yelit is among turbot associated with a picorn avirus-like agent[J]. DisAquat Org, 1991(10):65-70.

[6] 王志敏,张文香,冯力霞等. 牙鲆仔鱼肠道白浊病病原菌的分离鉴定[J]. 河北渔业, 2005(1):11.

[7] 赵伟伟. 养殖大菱鲆波豆虫的分离培养、敏感性药物分析及分子鉴定[D]. 青岛:中国海洋大学, 2012.

[8] 宋晓玲,黄捷,杨冰灯. 牙鲆淋巴囊肿病的病理和病原分离[J], 中国水产科学, 2003, 10(2):117.

[9] Palenzuela O, Redonda M J, Alvarez-Pellitero P. Description of Enteromxum scophthalmigen. and an intestinal parasite of turbot (*Scophthalmus maximus* L.) using morphological and ribosomal RNA sequence data[J]. Parasitology, 2002(124):369-379.

[10] 王印庚,张正,秦雷,等. 养殖大菱鲆主要疾病及防治技术[J]. 海洋水产研究, 2004, 25:(6) 64-65.

[11] 程开敏,俞开康,张文斌,周丽. 大菱鲆疾病的研究进展[J]. 鱼类病害研究, 2001, 23(2):33-38.

[12] 张正. 养殖大菱鲆流行病调查及主要细菌性疾病的病原学研究[D]. 青岛:中国海洋大学, 2004.

[13] 秦蕾,王印庚,阎斌伦. 大菱鲆微生物性疾病研究进展[J]. 水产科学, 2008, 27(11):599-600.

[14] 史成银,王印庚,黄捷,王清印. 大菱鲆病毒性疾病研究进展[J]. 高技术通讯, 2003(9):99-105.

[15] 史成银. 我国养殖大菱鲆病毒性红体病的研究[D]. 青岛:中国海洋大学, 2004.

[16] Lupisni B, Dopazo C P, Ledo A, et al. A new syndromeofmixed bacterial and viral etiology in cultured turbot (*Scophthalmus maximus* L.)[J]. Aquat Anim Health, 1989(1):197-204.

[17] 王印庚,刘志伟,林春媛,等. 养殖大菱鲆隐核虫病及其治疗[J]. 水产学报, 2011(7):1 106-1 107.

[18] Matthews R A, Matthews B F. Cell and tissue reaction of turbot to Tetramicra brevifilum (microspores)[J]. Fish Dis, 1980(3):495-515.

[19] 丁春林,张伟,马骞,赵兰英. 工厂化井盐水养殖大菱鲆常见病害及其防治[J]. 科学养鱼, 2005(8):54-55.

[20] Palenzuela O, Redonda M J, Alvarez-Pellitero P. Description of Enteromxum

scophthalmigen (Myxozoa) and an intestinal parasite of turbot (*Scophthalmus maximus* L.) using morphological and ribosomal RNA sequence data [J]. Parasitology, 2002(124): 369-379.

[21] 张正,王印庚,杨官品,李秋芬. 大菱鲆(*Scophthalmus maximus*)细菌性疾病的研究现状 [J]. 海洋湖沼通报, 2004(3): 85-86.

[22] Larsen J L, Pedersen K. Atypical Aeromonas salmonicida isolated from diseased turbot (*Scophthalmus maximus* L.) [J]. ActaVetScand, 1996(37): 139-146.

(盖春蕾,叶海斌,刁菁,杨秀生)

大黄鱼常见病害初诊速查检索表

通过对大黄鱼病害特异症状的比较鉴别,采用生物分类检索表的形式,建立了大黄鱼养殖病害初诊简易快速检索表,对于及时正确地诊断病害有着十分重要的意义。

本检索表采用平行式检索方式,即根据不同病害的症状表现特征,将每一对互相对应的特征编以同样的项号,并紧接并列,依次检索,如:

1. 目测病鱼肛门红肿或外凸。用手轻压腹部,有脓状液体流出。剖检可见肠壁充血发炎,肠黏膜溃烂、脱落 ··· 肠炎病
1. 目测病鱼肛门无红肿或外凸 ··· 2

如果符合前一项,本检索表则认为初步确诊,如果符合后一项,则继续查找2,依此类推。本检索表采用的病害症状表现特征主要为目测或10×(10～40)倍显微观察确定的特征。大黄鱼取样为濒死或活动异常的病鱼,显微检测取样为病灶组织做成水浸片。

本检索表的诊断结果为大黄鱼常见病害的初诊结论,以期为生产单位的技术人员提供参考,确诊尚需进一步进行病原鉴定。

大黄鱼常见病害初诊速查检索表

1. 目测病鱼肛门红肿或外凸。用手轻压腹部,有脓状液体流出。剖检可见肠壁充血发炎,肠黏膜溃烂、脱落 ··· 肠炎病
1. 目测病鱼肛门无红肿或外凸 ··· 2
2. 病鱼体表有白色或灰白色的棉絮状覆盖物,镜检可见有菌丝和孢子囊等 ······· 水霉病
2. 病鱼体表无白色或灰白色的棉絮状覆盖物 ··· 3
3. 病鱼皮肤褪色,有瘀斑,体表疖疮或溃烂,鳍条缺损 ················· 细菌性体表溃疡病
3. 病鱼皮肤无褪色现象 ··· 4
4. 病鱼体表肉眼可见白点 ··· 5
4. 病鱼体表无肉眼可见的白点 ··· 8
5. 目测病鱼可见寄生虫体,虫体长6～7 mm,呈椭圆形,背腹扁平,身体前后端均有吸盘 ··· 本尼登虫病
5. 目测病鱼未见有上述寄生虫体 ··· 6
6. 病鱼的鳞片脱落,肌肉发炎、溃烂,眼睛白浊,镜检可见上皮组织内有卵圆形、身披均匀一致纤毛的、内有4～8个卵圆形组成的念珠状大核的不透明虫体 ····················· 白点病

6. 病鱼的鳞片未脱落,鳃呈灰白色 ………………………………………………………………… 7

7. 病鱼胸鳍从体侧向外伸直,近于紧贴鳃盖,镜检患处可见有大量椭圆形、背腹扁平、在其前部及背部前缘有纤毛的半透明虫体 ……………………………………………… 瓣体虫病

7. 病鱼胸鳍未从体侧向外伸直,镜检可见上皮组织表面有大量一端有假根状突起附着于鳃表、体表上的寄生虫体 …………………………………………………… 淀粉卵涡鞭虫病

8. 病鱼头部、下颌、腹部、鳃丝及鳍部位有充血现象,解剖可见肠胃胀气或瘀血、肝充血、肾积水肿大、出血,镜检患处可见有大量短杆状细菌 ………………………………… 出血病

8. 病鱼头部、下颌、腹部、鳃丝及鳍部位无充血现象 ………………………………………… 9

9. 病鱼皮肤有大面积出血性溃烂,上下颌溃疡,背腹部有椭圆形溃疡病灶,鳃丝上布满芝麻大的小白点,剖检肾、脾脏有许多小白点,镜检患处有大量细菌 …………… 爱德华氏菌病

9. 病鱼皮肤无大面积出血性溃烂 ……………………………………………………………… 10

10. 病鱼鳃丝上肉眼可见有体长 0.5~0.8 mm 的蠕虫,鳃、皮肤黏液增多 …… 海盘虫病

10. 病鱼鳃丝上无肉眼可见的蠕虫 …………………………………………………………… 11

11. 病鱼有烂鳃症状 …………………………………………………………………………… 12

11. 病鱼无烂鳃症状 …………………………………………………………………………… 13

12. 镜检患处可见具有纤毛呈毡帽状的寄生虫体 ……………………………… 车轮虫病

12. 镜检患处未见具有纤毛呈毡帽状的寄生虫体,高倍镜下可看到能滑行的长杆菌 …………………………………………………………………………………… 细菌性烂鳃病

13. 病鱼鳃褪色,剖检可发现肝脏肿大褪色,胃肠积水 ……………………… 球菌病

13. 病鱼鳃不褪色 ……………………………………………………………………………… 14

14. 病鱼肝、肾、脾等内脏上有许多白点,特别是肾脏的白点类似结节,镜检患处可见有大量细菌 …………………………………………………………………………… 巴斯德氏菌病

14. 病鱼肝、肾、脾等内脏上无白点,但肝脏呈点状出血,或肝尖充血发红、肾脏浮肿、出血或表面有气泡鼓起,镜检患处可见有大量链状球形细菌 …………………………… 链球菌病

(盖春蕾,刁菁,许拉,杨秀生)

鲍鱼常见病害初诊速查检索表

鲍鱼是我国重要的增养殖经济贝类，养殖产量以每年约30%的比例快速增长，产量占全球的80%以上，是世界第一养鲍大国[1]。2010年全国的鲍养殖产量达到56 511吨，产值近百亿，鲍鱼养殖已成为沿海多个县市的水产支柱产业。但在鲍养殖业迅猛发展的同时，高密度养殖、苗种退化和疾病防治研究的相对滞后等因素导致了鲍病频发，对养鲍业构成严重威胁，制约了鲍养殖业健康发展。迄今已发现引起鲍发病主要有细菌性疾病如破腹病、溃烂病、脓毒败血症等，其主要致病原为坎氏弧菌和河流弧菌等[2]；寄生虫病约15种，危害严重的如帕金虫、缨鳃类多毛虫等，寄主几乎包括所有具经济价值的鲍[3]；鲍鱼病毒病也时有发生，如危害较为严重的裂壳病、冷水性病毒病。因此，加强对鲍鱼病害诊疗技术研究，预防鲍鱼大规模疾病爆发，对促进鲍鱼养殖业可持续发展有着重要意义。

本章对皱纹盘鲍、九孔鲍等我国主要鲍鱼养殖品种的病害进行搜集整理，通过对鲍鱼病害特异症状的比较鉴别，借鉴生物分类检索表的形式，建立起鲍鱼养殖期病害初诊简易快速检索表，并附以部分病害症状图片，对于及时正确地诊断皱纹盘鲍、九孔鲍等鲍鱼病害，有着十分重要的意义。

本检索表是采用平行式检索方式，即根据不同病害的症状表现特征，将每一对互相对应的特征编以同样的项号，并紧接并列，依次检索，如：

1. 目测鲍鱼足部有脓疱溃疡或隆起症状 ···2
1. 目测鲍鱼足部无脓疱溃疡或隆起症状 ···3

如果符合前一项，继续查找2.，如果符合后一项，则继续查找3.，依此类推。

本检索表采用的病害症状表现特征主要为目测或$10\times(10\sim40)$倍显微观察确定的特征。鲍鱼取样为濒死或活动异常的病鲍，显微检测取样为取病灶组织做成水浸片。

本检索表的诊断结果为鲍鱼养成期间常见病害的初诊结论，确诊尚需进一步进行病原鉴定。

鲍鱼常见病害初诊速查检索表
1. 目测鲍鱼足部有脓疱溃疡或隆起症状 ···2
1. 目测鲍鱼足部无脓疱溃疡或隆起症状 ···3
2. 镜检鲍鱼足部脓疱溃疡或隆起处可见寄生虫或孢子囊 ·································4
2. 镜检鲍鱼足部脓肿溃疡或隆起处未见寄生虫或孢子囊 ·································5

3. 病鲍消化腺、胃肿大或萎缩,足部僵硬发白,镜检鲍病灶组织可发现大量短杆状和弧状细菌 ··· 弧菌病(vibriosis)[2]

3. 病鲍消化腺、胃未明显肿大或萎缩,镜检鲍病灶组织未见大量细菌 ··············· 6

4. 病鲍头部出现肿胀,镜检足部及头部被侵染组织,可发现大量球形孢子 ··· 鲍盘蜷虫病(Labyrinthuloides haliotidis disease)[3]

4. 病鲍头部未出现肿胀 ··· 9

5. 水浸片镜检病鲍足部或外套膜隆起或溃疡处可见成团菌丝 海壶菌病(Haliphthorosis)[4]

5. 水浸片镜检病鲍足部或外套膜隆起或溃疡处未见成团菌丝 ··············· 10

6. 目测鲍壳有呼吸孔相互联通或严重变形或穿孔等症状 ··············· 12

6. 目测鲍壳无呼吸孔相互联通或严重变形或穿孔等症状 ··············· 7

7. 鲍足部及外套膜出现收缩症状 ··· 8

7. 鲍足部及外套膜未出现收缩症状 ··· 15

8. 病鲍足部肌肉收缩变硬、变黑,外套膜收缩,口器外翻 ··············· 冷水性病毒病 (Virus disease of cold water)[5]

8. 病鲍足部及外套膜萎缩,足部褐色素增加,触角收缩,鳃部色素沉积 ···· 鲍立克次体病 (Withering syndrome of abalone)[6]

9. 病鲍足部与外套膜出见脓疱,形成直径可达 8 mm 的球形褐色含干酪样沉淀物脓肿 ··· 帕金虫病(Perkinsosis)[7]

9. 镜检鲍鱼斧足水疱状包囊,可见体长 18～21 mm,含有一个 6～8 排钩的球状头茎的寄生虫 ··· 鄂口类线虫病(Gnathostomiasis disease)[3]

10. 病鲍的镜检血淋巴液可见大量弧菌 ··············· 脓毒败血症(Pyosepticemia)[8]

10. 病鲍的围心腔无膨大现象 ··· 11

11. 病鲍外套膜与鲍壳连接处变为褐色并易分离,外套膜多在内脏角状处破裂,内脏裸露 ··· 破腹病(Outer velum breaking disease)[9]

11. 病鲍外套膜与鲍壳连接处未变色分离 ··· 14

12. 目测或镜检受损鲍壳,未发现寄生虫,贝壳变薄,壳外缘稍向外翻卷,壳孔之间因贝壳的腐蚀而呈现相互联通状 ··· 裂壳病(Crack shell disease)[10, 11]

12. 目测或镜检受损鲍壳,能发现寄生虫 ··· 13

13. 病鲍有一个明显呈穹形变形的壳,当壳浸入海水,沿壳的前边在解剖镜下可见虫体鳃冠 ··· 鳃类多毛虫病(Terebrasabella heterouncinata disease)[12]

13. 鲍壳有腐蚀和穿孔现象,壳内可见黑褐色疤痂,将鲍壳对亮的光线可见直径 1～2 mm 的迂回洞穴 ··· 钻壳类多毛虫病(Polydora ciliate disease)[4]

14. 病鲍足部及外套膜肿大,肌肉失去光泽,变得有点透明,针刺肿大足部可见大股的淡黄色水样物质从刺孔迅速涌出 ··· 水肿病(Edema Disease)[13]

14. 病鲍外套膜无明显肿大现象 ··· 16

15. 病鲍消化道内有许多小气泡,吸附力下降 ··············· 气泡病(Bubble disease)[14]

15. 病鲍消化道内未见小气泡 ·· 17
16. 病鲍足肌有多处微微隆起的白色脓疱,破裂后流出大量白色脓汁,并留下 2~5 mm 不等的深孔,镜检脓汁可见杆状菌 ························ 脓疱病(Pustule disease)[15]
16. 病鲍足肌溃烂但无隆起的白色脓疱,吸附力减弱,镜检溃烂处可见细菌 ······· 溃烂病(Fester disease)[16]
17. 病鲍出现轻度机械损伤,体内各个器官均可见椭圆形的半透明锥体状寄生虫不定向游动 ··· 纤毛虫病(Ciliatosis)[3]
17. 病鲍肾上皮细胞极度肥大,压片镜检可发现大的成熟大配子体 ············· 肾球虫病(Pseudoklosis)[17]

图 1 水肿病

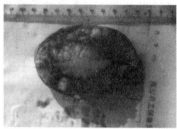
图 2 脓疱病

图 3 海壶菌病

图 4 溃烂病

图 5 破腹病

参考文献

[1] 游伟伟,骆轩,王德祥,林壮炳,林焕阳,柯才焕."东优 1 号"杂色鲍及其亲本群体的形态特征和养殖性能比较[J].水产学报,2010,34(12):1837-1837.

[2] 王瑞旋,徐力文,冯娟,王江勇.鲍类微生物性疾病研究进展[J].海洋湖沼通报,2006,2:119-119.

[3] 徐力文,刘广锋,陈毕生.鲍类寄生性病害研究进展[J].海洋环境科学,2005,24(4):71-72.

[4] 艾红.鲍病研究的综述[J].上海水产大学学报,2001,10(1):66-67.

[5] 黄森钦,郑瑞义,林玉武.杂色鲍的冷水性病毒病[J].科学养鱼,2005(3):55.

[6] 孙敬锋,吴信忠.海洋贝类类立克次体的感染[J].海洋环境科学,2006,25(1):95-98.

[7] 江育林,陈爱平. 水生动物疾病诊断图鉴[M]. 北京:中国农业出版社,2003:180-181.

[8] 马健民,王琦,马福恒,刘明清. 皱纹盘鲍脓毒败血症病原菌的发现及初步研究[J]. 水产学报,1996,20(4):333.

[9] 刘彦,窦海鸽,王广军. 人工养殖鲍鱼常见疾病防治技术[J]. 科学养鱼,2004(11):44-45.

[10] 李霞,王斌,刘淑范. 皱纹盘鲍裂壳病的病原及组织病理学研究[J]. 水产学报,1998,22(1):462-467.

[11] 李霞,王斌,刘淑范. 一种球状病毒对近海几种贝类的感染[J]. 大连水产学院学报,2000,15(2):86-91.

[12] Oakes F R, Fields R S. Infestation of Haliotis fulgens shells by a sabellid polychaeta[J]. Aquac, 1996, 140(1-2):139-143.

[13] 刘兴旺,王华郎. 鲍鱼的工厂化养殖与病害防治[J]. 河北渔业,2006(3):44-45.

[14] 杨爱国,王在卿. 皱纹盘鲍的气泡病及其防治初探[J]. 齐鲁渔业,1987,(1):24-34.

[15] 聂丽平,刘金屏,李太武,丁明进. 皱纹盘鲍脓疱病的防治方法初探[J]. 海洋科学,1995,5:4-5.

[16] 陈志胜,吕军仪,吴金英,曾华. 杂色鲍(*Haliotis diversicolor*)溃疡症病原菌的研究[J]. 热带海洋,2000,19(3):72-77.

[17] Driedman C S. Coccidiosis of California abalone, *Haliotis spp.*[J]. Shellfish Res, 1991, 10(1):236.

(盖春蕾,叶海斌,许拉,刁菁,张伟,杨秀生)